加压湿法冶金原理及应用

谢　刚　俞小花　沈庆峰 等　编著

科　学　出　版　社
北　京

内 容 简 介

本书总结了昆明理工大学课题组和共伴生有色金属资源加压湿法冶金技术国家重点实验室的科研工作，介绍了加压湿法冶金技术发展历史及现状，系统总结了该领域的主要科研成果，主要包括加压湿法冶金的理论基础、加压湿法冶金技术在复杂有色金属资源、二次资源及材料制备等方面的应用，并对加压湿法冶金主要设备进行了较详尽的介绍。

本书可供有色金属湿法冶金领域广大科研及工程技术人员和教学人员阅读参考。

图书在版编目(CIP)数据

加压湿法冶金原理及应用/谢刚等编著. —北京：科学出版社，2021.10

ISBN 978-7-03-069603-8

Ⅰ. ①加… Ⅱ. ①谢… Ⅲ. ①湿法冶金 Ⅳ. ①TF111.3

中国版本图书馆CIP数据核字(2021)第166785号

责任编辑：张 析 / 责任校对：杜子昂
责任印制：吴兆东 / 封面设计：东方人华

科 学 出 版 社 出版
北京东黄城根北街16号
邮政编码：100717
http://www.sciencep.com
北京建宏印刷有限公司 印刷
科学出版社发行 各地新华书店经销
*
2021年10月第 一 版 开本：787×1092 1/16
2022年 9 月第二次印刷 印张：28 3/4
字数：660 000

定价：198.00元

(如有印装质量问题，我社负责调换)

前　言

湿法冶金是有色金属冶金提取过程中常用的一种冶炼方法，而加压湿法冶金是指在加压条件下进行的湿法冶金过程。与传统火法冶金相比，加压湿法冶金具有以下特点：①适应性广。一些组成复杂、共伴生矿物可以通过加压湿法冶金技术进行有效处理并综合利用，特别适合于处理共伴生铅锌矿中稀贵金属和元素硫的回收利用、复杂镍钼矿有价金属回收利用等。②反应速率快。能够使一些在常压下不能进行或速率比较慢的湿法冶金过程成为可能。③加压可以使某些气体(如氧气)或易挥发性的试剂(如氨)有较高的分压，其在溶液中溶解度或浓度增加，使浸出过程能在更有效的条件下进行，强化了反应过程，提高了金属的浸出率和回收率。④由于是在密闭的容器内进行，环境污染小。⑤建厂规模灵活，可从几百吨到几十万吨，消耗的辅助材料种类少，运输量很小，适合在边远和交通不便的地区建厂。基于加压湿法冶金的特点，近年来，加压湿法冶金技术不仅用于铷(铯)、镍(钴)、氧化铝、铜、铀、钨、钼、钒、金(银)、锌、钛(金红石)、锰、铟、锗等的提取冶金中，还用于高纯材料如石英、石墨，以及难处理的混合矿如铜锌混合矿、铅锌混合矿和硅酸锌矿等的湿法处理中。目前，加压湿法冶金的应用领域还在不断扩大。

本书是在总结课题组及“共伴生有色金属资源加压湿法冶金技术国家重点实验室”在加压湿法冶金方面二十多年的科研工作和产业化应用技术基础上编写的。着重介绍了加压湿法冶金的理论基础，加压湿法冶金技术在高铁闪锌矿、多金属硫化精矿、高钛铝土矿、钛铁矿、硫化镍精矿等复杂有色金属矿物和二次资源领域的应用、工艺流程和装备，可供相关专业人员参考。

本书由谢刚教授撰写了第 1、4 章，俞小花副教授撰写了第 2、3、5、6、7 章；沈庆峰博士撰写了第 9、10、11 章；刘康高工(核工业北京化工冶金研究院)撰写了第 8 章，全书由谢刚总审。本书在撰写过程中得到了昆明理工大学马文会教授、李荣兴研究员、侯彦青教授，贵州大学金会心教授，昆明冶金研究院有限公司田林教授级高工、杨妮博士，昆明学院聂陟枫副研究员，昆明冶金高等专科学校李亚东博士的大力支持；此外，在资料收集、书稿整理、图表绘制和稿件校对等方面得到了昆明理工大学研究生陈璐、李影、于梦飞、赵天宇、崔鹏媛、冯天意、张文之、吴占新、王鑫、陈飞越、谭皓天、侯柏秋、王发强、王露、肖元东、景海龙、秦炜等的大力协助，在此表示诚挚的谢意。

因作者水平所限，书中难免有不足之处，敬请读者批评指正。

作　者

2021 年 8 月于昆明

前　言

目　录

第1章 加压湿法冶金理论基础

1.1 概 述

冶金就是从矿物中提取金属或金属化合物，用各种加工方法将金属制成具有一定性能的金属材料的过程和工艺。

冶金具有悠久的发展历史，从石器时代到随后的青铜器时代，再到近代钢铁冶炼的大规模发展。人类发展的历史融合了冶金发展的历史。

冶金的技术主要包括火法冶金、湿法冶金以及电冶金。随着物理化学在冶金中成功应用，冶金从工艺走向科学，于是有了冶金工程专业。

火法冶金是在高温条件下进行的冶金过程。矿石或精矿中的部分或全部矿物在高温下经过一系列物理化学变化，生成另一种形态的化合物或单质，分别富集在气体、液体或固体产物中，达到所要提取的金属与脉石及其他杂质分离的目的。实现火法冶金过程所需的热能通常由燃料燃烧供给，也有依靠过程中的化学反应来供给的，例如，硫化矿的氧化焙烧和熔炼就无需由燃料供热；金属热还原过程也是自热进行的。火法冶金包括：干燥、焙解、焙烧、熔炼、精炼、蒸馏等过程。

湿法冶金是在溶液中进行的冶金过程。湿法冶金温度不高，一般低于 100℃，现代湿法冶金中的高温高压过程，温度也不过 200℃，极个别情况温度可达 300℃。湿法冶金包括：浸出、净化、制备金属等过程[1]。

(1) 浸出：用适当的溶剂处理矿石或精矿，使要提取的金属呈某种离子(阳离子或络阴离子)形态进入溶液，而脉石及其他杂质则不溶解，这样的过程称为浸出。浸出后经澄清和过滤，得到含金属(离子)的浸出液和由脉石矿物组成的不溶残渣(浸出渣)。对某些难浸出的矿石或精矿，在浸出前常需要进行预备处理，使被提取的金属转变为易于浸出的某种化合物或盐类。例如，转变为可溶性的硫酸盐而进行的硫酸化焙烧等，都是常用的预备处理方法。

(2) 净化：在浸出过程中，常有部分金属或非金属杂质与被提取金属一同进入溶液，从溶液中除去这些杂质的过程称为净化。

(3) 制备金属：制备金属是用置换、还原、电积等方法从净化液中将金属提取出来的过程。

电冶金是利用电能提取金属的方法。根据利用电能效应的不同，电冶金又分为电热冶金和电化冶金。

(1) 电热冶金是利用电能转变为热能进行冶炼的方法。在电热冶金的过程中，从物理化学变化的实质来说，其与火法冶金过程差别不大，两者的主要区别只是冶炼时热能来源不同。

(2) 电化冶金(电解和电积)是利用电化学反应，使金属从含金属盐类的溶液或熔体中析出。前者称为溶液电解，如铜的电解精炼和锌的电积，可列入湿法冶金一类；后者称为熔盐电解，不仅利用电能的化学效应，而且也利用电能转变为热能，借以加热金属盐类使之成为熔体，故也可列入火法冶金一类。从矿石或精矿中提取金属的生产工艺流程，常既有火法过程，又有湿法过程，即使是以火法为主的工艺流程，如硫化铅精矿的火法冶炼，最后也需要有湿法的电解精炼过程；而在湿法炼锌中，硫化锌精矿也需要用高温氧化焙烧对原料进行炼前处理。

1.1.1 加压湿法冶金的特点

传统湿法冶金温度不高，一般低于 100℃。湿法冶金的设备和操作都相对简单，是很有发展前途的冶金方法。湿法冶金过程复杂，分类方案繁多，根据不同依据有不同的分类方法。按照操作单元不同，湿法冶金一般分为原料的浸出，金属在溶液中的分离、纯化和富集，金属或化合物产品的析出三个阶段，进一步又可细分为原料预处理、矿石浸出、液固分离、萃取、离子交换、化学除杂、置换、沉淀、电积等单元的操作过程；按照金属种类，可以分为铜湿法冶金、锌湿法冶金、镍湿法冶金等；按照溶液介质不同，可以分为酸性湿法冶金、中性湿法冶金、碱性湿法冶金和氨性湿法冶金；按照反应温度和压力，可以分为常压湿法冶金和加压湿法冶金(pressure hydrometallurgy)。

加压湿法冶金是指在加压条件下反应温度高于常压液体沸点的湿法冶金过程[1-4]。它是一种高温高压过程，反应温度可达 200～300℃，一般用于常压较难浸出的矿石。加压湿法冶金技术由于其温度高于常压液体的沸点，浸出动力学条件对金属的浸出更为有利，逐渐在湿法冶金过程中得到较广泛的应用。

与湿法冶金类似，加压湿法冶金的分类较多。按照反应单元过程，可以分为加压浸出、加压沉淀；按照反应有无氧气参与，可以分为有氧浸出和无氧浸出；按照压力来源，可以分为自加压浸出、他加压浸出、混合加压浸出三类。

(1) 自加压浸出。在密闭容器中，当反应温度大于溶液沸点时，体系的主要压力来源是水蒸气产生的压力。如拜耳法生产氧化铝过程，使用拜耳法处理一水硬铝石型铝土矿过程的温度为 260～280℃，铝酸钠溶液的相应压力为 6～8MPa，处理三水铝石矿的温度范围是 120～180℃，相应压力为 0.2～1.2MPa。

(2) 他加压浸出。在密闭容器中，当有气体参与反应时，压力来自外加的反应气体。如钙化赤泥的碳化过程，该过程可在反应温度低于 100℃时进行，但反应所需 CO_2 气体压力需达到 1MPa 左右，因此其压力来源主要为参与反应的 CO_2 气体。

(3) 混合加压浸出。在密闭容器中，当既有气体参与，温度又高于溶液沸点时，其压力由反应气体与水蒸气共同组成。如直接加压酸浸提锌过程，需向反应器内(多为卧式反应釜)通入分压为 0.5～1.0MPa 的氧气，而水蒸气压力也低于 1MPa (工业反应温度 145～150℃)。

加压湿法冶金过程按浸出剂的种类可分为酸浸、碱浸、氨浸等，按处理的金属矿物类别可分为氧化矿浸出和硫化矿浸出。加压湿法冶金具体的分类如图 1.1 所示。

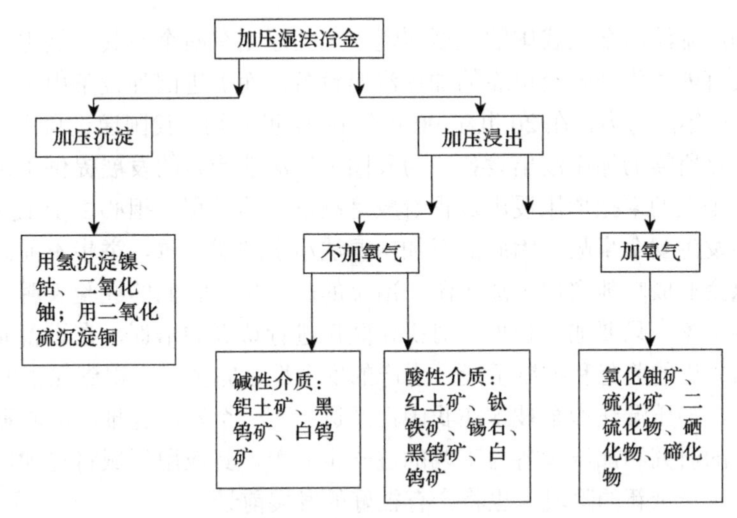

图1.1　加压湿法冶金划分

经过多年的发展，加压浸出技术已在工业上得到多方面的应用，已由最早的拜耳用加压碱浸从铝土矿中提取氧化铝，到随后的采用加压浸出技术处理铀矿、镍矿、钨钼矿和锌矿等，20世纪末其高温高压水热过程又进一步被用于新材料的制备与合成以及环境保护与治理方面[1,5]。加压浸出近来的发展趋势是，加压浸出所处理的物料已从传统的矿石或精矿逐渐扩展到冶金或化工的各种中间产品，以及再生资源的综合利用等方面，这将充分显示其在技术和环保方面的优越性[6]。

加压湿法冶金的优越性主要体现在以下几点。

(1)加压湿法冶金可用于直接处理金属硫化矿，硫化矿不经过氧化焙烧，避免了SO_2对大气的污染，是一种清洁冶金技术。

(2)传统的湿法炼锌工艺，硫以硫酸形式产出，对市场的依赖性很大，当硫酸销售不畅时，硫酸的储存是一个很大的困难，远距离外销则运输也很困难。用加压湿法冶金处理硫化矿，硫以单质硫形态产出，便于储存与运输。对于硫酸过剩或交通不便的边远地区，这一点尤其重要。

(3)由于加压湿法冶金在较高的温度下进行，过程动力学条件得到很大改善，从而加快了浸出速率，大大缩短浸出时间，能取得较高的生产率。

(4)加压湿法冶金对原料的适应性较强，可以用于处理成分复杂的冶金原料。

(5)加压湿法冶金的规模可大可小，具有很高的机动性。

加压湿法冶金技术问世以来，在有色金属及贵金属等矿产资源的保护性开发、资源的充分利用和环境保护等方面发挥了巨大的作用，随着该技术的不断发展完善，其应用前景十分广阔[7]。

近年来，随着我国经济的飞速发展，我国的矿产资源在逐步减少，一些矿山品位不断下降。人类对环境的要求越来越高，社会对资源的充分利用也越来越迫切，因此，大力推广和应用加压湿法冶金工艺技术，提高我国有色冶金产业的现代化水平就显得十分重要。

过去，加压湿法冶金在我国的发展缓慢，究其原因有两个。其一是主要受制造业的制约，我国没有能力生产安全可靠的加压浸出设备，而引进国外设备由于索价太高而难于实现。经过多年的努力，在20世纪90年代到21世纪初，我国通过自主创新，已经能够生产出产业化所需的加压浸出设备，为我国加压湿法冶金的发展提供了重要的支撑条件；其二是过去人们常把加压浸出过程看成是高危险的过程，担心由于工人队伍素质和水平低，容易发生安全事故，因此面对加压湿法冶金顾虑重重，举步不前。近几年，我国已经有几家企业成功地实现了加压湿法冶金的产业化，它们的经验表明，加压湿法冶金也并非高不可攀，只要加强管理，对操作队伍进行认真的培训，在设备制作方面严格把关，并采用先进的监督和控制手段，生产的安全性是完全可以得到保证的。

总而言之，加压湿法冶金技术在我国已经进入到一个发展和推广的时期。相信随着加压浸出过程的研究和加压设备与工艺的进一步完善，其应用领域将更加广阔，加压湿法冶金将进入一个全新的阶段，也将会有很好的发展前景。

同时，对事物的认识应该避免片面性，任何技术都不是万能的，都有其局限性。硫化矿的加压酸浸的不足之处有以下几点：

(1)对F、Cl含量高的原料不适用；

(2)所产的铁矾渣目前还无法使用，堆存则成为新的污染源，而且Pb、Ag进入铁矾渣，也会造成Pb、Ag的损失。

所以对某一种矿产资源的开发采用何种工艺应从多方面综合考虑，增加决策的科学性。

1.1.2 加压湿法冶金发展历程

加压湿法冶金中的加压沉淀起源于1859年俄国化学家Nikolai Nikolayvith Beketoff在巴黎开展的研究，该研究在Jean Baptiste Dumas指导下完成，研究发现：在氢加压条件下加热硝酸银溶液，能析出金属银。这项研究后来由Vladimir Nikolayevith Ipatieff继续在圣彼得堡进行，他在1900年进行了一系列加压条件下的重要反应研究，从水溶液中用氢还原分离金属及其化合物。在开始几年，为试验设计了安全、可靠的压力釜。1955年加拿大的Sheritt-Gordon Mines公司将加压条件下金属的沉淀实现了工业化，目前所有加拿大元的镍币用镍都采用这种技术生产[8,9]。

加压湿法冶金中的加压浸出的研究始于1887年Karl Josef Bayer在圣彼得堡开展的铝土矿加压碱浸研究，在加压釜中用氢氧化钠浸出铝土矿，在浸出温度为170℃的条件下，获得铝酸钠溶液，加入晶种分离得到$Al(OH)_3$。拜耳法生产氧化铝的出现开创了加压浸出冶金，并使氧化铝的生产得到迅速发展。1903年，M. Malzac在法国进行了硫化物的氨浸研究。20世纪50年代，加拿大、南非及美国采用碱性加压浸出铀矿实现了工业化。此外，加压浸出还用于钨、钼、钒、钛及其他有色金属的提取[5]。

20世纪后半期，加压浸出在提取重有色金属方面的进展十分显著。主要用于提取铜、镍、钴、锌和贵金属。加压湿法冶金在重有色金属方面的应用研究可追溯到20世纪40年代后期。1947年，为了寻找一种新工艺来代替硫化镍精矿熔炼，加拿大不列颠哥伦比亚大学(University of British Columbia)的Forward教授带领一组科研人员研究加压浸出。在研究中他们发现，在氧化气氛下，镍和铜都可以直接浸出而不必预先焙烧。20 世纪 50 年代，许多学者在加压浸出方面进行了大量的研究工作。1954 年，萨斯喀彻温(Saskatchewan)建立了第一个生产厂，用于处理硫化镍精矿。1969 年，澳大利亚的西方矿业公司克温那那厂(Western Mining at Kwinana，Wertern Australia)也采用了加压氨浸。酸性介质中的加压浸出在此期间也得到了迅速发展。同一时期，两座处理钴精矿的加压浸出工厂被建成。一个是在美国犹他州的加菲尔德(Garfield，Utah)，处理爱达荷州(Idaho)的黑鸟矿(black bird)产出钴精矿。另一个是美国国家铅公司用相同的流程在密苏里州的弗雷德里克镇(Frederick town)建立的处理 Co-Ni-Cu 硫化物精矿的工厂。50 年代的第四座加压浸出工厂是在美国镍港建立的，用于处理古巴毛阿湾工厂所产的 Ni-Co 硫化物精矿[10]。

20 世纪 60 年代，舍利特·高尔登公司对加压酸浸进行了更深入的研究，并建立了中间实验厂。研究了各种镍钴混合硫化物、镍锍和含铜镍锍的处理。1962 年，萨斯喀彻温建立了加压酸浸系统处理 Ni-Co 硫化物。1969 年第一个处理含铜镍锍的加压浸出工厂在英帕拉铂公司(Impala Platium)建成，之后，南非的其他铂族金属(PGM)生产厂也相继建立。

20 世纪 70 年代，加压酸浸的最大进展是在锌精矿的处理方面。舍利特·高尔登公司的研究表明，采用加压酸浸-电积工艺比传统的焙烧-浸出-电积流程更经济。加压浸出的突出优点是精矿中的硫转换成单质硫，因而锌的生产不必与生产硫酸在一起。1977 年舍利特·高尔登与科明柯(Cominco)[现泰克-科明柯(Teck-Comico)]公司联合进行了加压浸出和回收单质硫的半工业试验。另一个直接加压酸浸厂建在蒂明斯(Timmins)，设计能力 105t/d 精矿，于 1983 年投产。

20 世纪 80 年代，加压技术在有色冶金中最引人注目的应用是用于难处理金矿的预氧化方面。用加压预氧化难处理金矿以代替焙烧，大大改善了矿石的氰化浸出。加压预氧化显示了强大的生命力。80 年代至少有 4 个采用加压酸浸或碱浸的工厂投产。此外，在 80 年代还有一系列处理含铜镍锍、锌精矿的工厂投产。

近年来，又有一些采用加压浸出的工厂宣布开工或投产。加压浸出的工艺在 90 年代还得到了进一步的发展。据不完全统计，90 年代初已投产的加压浸出厂家已超过 10 个，其中也包括我国第一次用加压浸出处理高镍锍的工厂——新疆阜康冶炼厂。2004 年由云南冶金集团股份有限公司控股的云南永昌铅锌股份有限公司将硫化锌精矿加压浸出技术应用于生产，成为我国采用高压酸浸工艺技术生产电锌的第一个产业化企业。可以预料，今后一段时间内加压浸出工艺应用的领域会更加广阔，工业化的速度会加快，它将使湿法冶金进入一个崭新的时代。

1.2　发展前景

进入 21 世纪以来，随着我国经济的强劲发展，有色金属需求日益增加，有色金属工业发展迅速，产业规模和经济效益显著提升，生产成本、综合能耗等技术指标达到国际先进水平。同时整个行业也面临着资源短缺、环境污染、能源消耗等因素的制约，原有工艺技术亟须提高升级，新形势下加压湿法冶金由于其特有的技术特点和优势，更加受到业界重视，主要原因归纳如下。

(1)低品位复杂难处理矿产资源的开发利用。随着人类对自然资源的需求剧增，部分矿产资源现已趋于枯竭，高品位富矿资源越来越少，低品位、多金属共伴生矿资源越来越多，传统的选矿富集方法难以生产标准的合格精矿，只能生产低品位精矿或中矿。这些过去不易处理或难处理矿产资源的开发已成为必然，使得常规的冶金方法已不具备处理能力，迫切需要加压湿法冶金技术这类强化冶炼技术的应用。例如，镍资源包括硫化镍矿和氧化镍矿，其中硫化镍矿占镍储量的30%，氧化镍矿占镍储量的70%。由于硫化镍矿品位高、易选冶，它一直是镍冶炼行业的主要原料，红土镍矿因不能选矿富集、能耗高、酸耗高等原因一直没有被更大规模地开采，2000年以前全球镍消耗量的70%以上来自硫化镍矿资源开发。但是，随着硫化镍矿资源的不断开发和市场需求增加，近年来人们开始大量开发利用红土镍矿，世界范围内氧化矿镍产量比例已由过去的30%增长到目前的60%，针对红土镍矿开发了回转窑电炉法、回转窑直接还原法、回转窑还原氨浸法、小高炉法、高压酸浸法、堆浸法、常压浸出法等多种火法和湿法工艺。

(2)环境保护要求日趋严格。传统的有色金属硫化矿火法冶炼工艺生产时，排放大量低浓度二氧化硫，导致大气中产生酸雾和酸雨，对周围环境和人员卫生健康造成严重影响，迫使人们选择更加环保的加压湿法冶金工艺作为替代。例如，2009年中金岭南丹霞冶炼厂建设了10万t氧压酸浸工厂，取代了原有的焙烧回转窑还原挥发工艺，新工艺既可以避免二氧化硫气体的排放，又可以产出元素硫，解决了硫酸的储存和运输问题，同时实现了伴生稀有金属镓、锗的综合回收。又如一些高砷硫化矿资源，采用传统的火法熔炼或焙烧工艺，砷的存在使得制酸用五氧化二钒催化剂中毒，单独处理得到的含砷烟尘属于危险废弃物，处理费用昂贵。但采用加压浸出工艺后，砷在浸出过程中形成稳定的臭葱石，浸出渣按照一般固体废物处理即可。

(3)能源紧缺迫使人们采用更加节能的工艺。过去对加压湿法冶金的认识有一个误区，总认为加压湿法冶金高温高压，需要大量的能耗。其实不然，加压湿法冶金的温度范围通常在100～250℃，与火法熔炼在1000～2000℃范围相比，理论能耗和散热均小很多。同时加压湿法冶金过程中硫通常转化为元素硫，元素硫氧化释放的能量尚未被利用。

(4)高纯金属或氧化物制备。随着现代科学技术的发展，对一些特殊性质和用途的材料需求更大，加压湿法冶金作为发展中的新技术，可能应用到新材料制备中。

随着各种学科之间相互交叉和相互渗透，加压湿法冶金和传统工艺互相补充，在国家大力发展循环经济、清洁生产、低碳经济的形势下，加压湿法冶金将不断发展，它的作用和地位将不断提高，广大冶金工作者任重道远。

1.3 加压湿法冶金理论基础

加压湿法冶金，无论是有气体参与的反应还是无气体参与的反应，其反应过程都是气-液-固多相反应过程，其理论基础主要包括加压湿法冶金过程的基本反应原理、水溶液热力学、气-液-固多相反应动力学等。

加压湿法冶金的基本反应原理主要指在加压反应体系中所发生的主要化学反应。

水溶液热力学的具体体现形式为 φ-pH 图的绘制，φ-pH 图是溶液中金属离子基本反应的电位与 pH、离子活度的函数关系图，即在一定温度及压力条件下，在图中呈现电位与 pH 的关系。从图中可得到反应的平衡条件和组分稳定的条件范围，同时还可判定条件发生变化时平衡移动的方向和反应限度。

多相反应动力学是通过建立反应动力学模型，研究反应参数(温度、浓度、转速等)对冶金反应速率的影响，确定反应速率控制步骤。

1.3.1 加压湿法冶金热力学

金属及其化合物与水溶液中离子的平衡在实际工业中应用广泛，如湿法冶金、废水治理以及金属防腐，因此研究这些平衡条件十分重要。

温度、浓度、pH 及氧化还原电位等影响平衡的参数可用相应的热力学平衡图进行表征与分析。用平衡图表征平衡状态与各种参数的关系，往往需要用多维坐标，为简化起见，通常将某些参数固定而研究主要因素的影响，其中氧化还原电位、pH 及离子浓度是最重要的参数，因此以电位、pH 为参数绘制的 φ-pH 图最为常见，在探究系统的平衡条件及相应的冶金过程中广泛使用。

在浸出过程中，优先选择矿浆中什么组分进行浸出、各组分存在的稳定条件、反应发生达到的平衡条件，以及条件发生变化时反应平衡移动的方向及反应程度，这些属于热力学研究的范畴。矿浆中各种金属离子在溶液中呈现的状态与溶液 pH、离子活度、金属离子的电位、温度和压力等因素有关。

热力学稳定区图(优势区图，predominance area diagram)是一种包含化学反应体系的广义相图，它可以作为一种全面的、直观的反应体系的热力学研究工具，广泛用于冶金、半导体、玻璃陶瓷工业、地质及金属腐蚀方面。在湿法冶金过程的热力学研究中，常用到下列五种优势区图。

(1) φ - $\lg a_X$ 图。表示体系的平衡电位与水溶液中某一组元的活度之间的关系，最常用的有 φ - pH 图（$\mathrm{pH}=-\lg a_{H^+}$）。φ - $\lg a_X$ 图，X 为水溶液中某种阴离子。有的研究人员喜欢用 pε - pH 图。$\mathrm{p}\varepsilon=-\lg a_e$，$a_e$ 为电子活度。例如反应：

$$Cu_2O+2H^+ = 2Cu^{2+}+H_2O+2e^- \tag{1.1}$$

其平衡常数

$$K=\frac{a_{Cu^{2+}}^2 \cdot a_e^2}{a_{H^+}^2} \tag{1.2}$$

$$\lg K=2\lg a_{Cu^{2+}}-2\mathrm{p}\varepsilon+2\mathrm{pH} \tag{1.3}$$

$$\mathrm{p}\varepsilon=-\frac{1}{2}\lg K+\lg a_{Cu^{2+}}+\mathrm{pH} \tag{1.4}$$

在 pε - pH 坐标系中上式为一条直线。依此，可以将所有反应表示出来。

(2) $\lg a_{Me}$ - pH 图或 pM-pH 图。$pM=-\lg a_{Me}$，a_{Me}为水溶液中某种金属离子的活度。

(3) $\lg a_{Me}$ - $\lg a_X$ 图。

(4) φ - pH - lg[L]三维空间图。L 为某种配位体。

(5) 水溶液中水溶物种分布图a_i - pH，a_i - $\lg a_X$。a_i为 i 物种所占分数。

这些图各有其用途，其中 M.波拜克(Pourbaix)提出的φ - pH 图，因其直观易懂，概括全貌，在现代湿法冶金中广泛应用φ-pH 图来分析浸出过程的热力学条件。M. 波拜克编制的φ - pH 图集[11]收集了几乎全部元素-水系的φ - pH 图。这些图把湿法冶金反应的热力学平衡关系用图解的方法表达出来，由于直观明了，已成为化学、冶金、地质等研究的有力工具。1964 年，克里斯(Criss)与科布尔(Cobble)提出了离子熵对应原理后，很多人计算并绘制了一些元素-水系的高温φ - pH 图。20 世纪 70 年代 E. 皮特斯(Peters)对硫化物体系的φ - pH 图进行了系统研究[12]，俄塞俄-阿萨雷(Osseo-Asare)对氨浸体系及钨钼体系进行了许多研究工作，国内的学者在高温金属-水系的φ - pH 图与复杂体系的φ - pH 图方面也进行了大量的研究工作。伍兹(Woods)等提出铜-硫-水系(包括亚稳相)的φ - pH 图，从而提高了这些图的实用性[13]。

φ - pH 图是溶液中金属离子基本反应的电位与 pH、离子活度的函数关系图，即在一定温度及压力条件下，在图中呈现电位与 pH 的关系。从图中可得到反应的平衡条件和组分稳定的条件范围，同时还可判定条件发生变化时平衡移动的方向和反应限度。

绘制优势区图需要进行大量烦琐的计算，因此，自 20 世纪 60 年代以来，人们在用计算机计算与绘制优势区图方面做了大量的研究并取得了长足的进展，提出了若干算法并开发了相应的程序。P. B. 林克松(Linkson)等[14]将前人提出的方法分为三类：

(1) 逐点扫描法(point by point method)，为 P. F. 迪尤拜(Duby)等首创[15,16]；

(2) 消线法(line elimination method)，为 P. A. 布鲁克(Brook)提出[17]；

(3) 凸多边形法(convex polygon method)，为 M. H. 佛罗宁等首创[18]。

上述三种方法中以逐点扫描法效率最差，消线法较好，凸多边形法最好。后来提出的许多绘制方法大多可归类到上述三类中，是这些方法的改进和完善。

用电子计算机计算并绘制φ - pH 图的工作国内起步较晚。张索林等[19]对已有的方法做过系统的介绍。李阳[20]提出了一种称为三项点法的几何方法。尹爱君[21]在总结前人工作的基础上，提出了以“相关活度项”作为稳定性判据的优势区裁决原理，Luo[22]做出了 Cu-NH_3-H_2O 系三维图。刘海霞[23]提出了组分活度项算法并扩展到多元体系φ-pH 图的绘制，编制了通用的应用程序能够全面绘制这类图形。在组分活度项算法的基础上，提出了根据综合平衡原理绘制多元系与金属络合物体系的φ-pH 图的思路并给出了绘制这类图形的通用程序，绘制出了 Co-NH_3-H_2O 系、Zn-NH_3-H_2O 系、Ni-NH_3-H_2O 系、Ni-CN-H_2O 系的φ-pH 图。

20 世纪 80 年代以来，随着计算机科学的发展，热力学数据库的建立日益普及，大型的数据库与应用软件相联，功能大大增强，应用日益广泛。优势区图的绘制嵌入到各大型集成软件中，成为其功能模块，大大方便了用户。市场上存在的各种热力学计算软件一般能完成热力学函数计算，优势区图与φ-pH 图的绘制、相图计算、复杂化学平衡计算、反应器及过程模拟等，而且在不断更新完善。

1. φ-pH 图作图原理与方法

以 Me-H_2O 系为例说明 φ-pH 图作图原理与方法。

(1) 列出 Me-H_2O 系可能存在的物种。

首先要搞清楚一个 Me-H_2O 系中可能存在的物种，以 Zn-H_2O 系为例。

固体物种：Zn、$Zn(OH)_2$ 或 ZnO。

液体物种：H_2O。

水溶物种：Zn^{2+}、$HZnO_2^-$、ZnO_2^{2-}、H^+及 OH^-。

(2) Me-H_2O 系中各种物种间可能发生的反应。

一个 Me-H_2O 系中各物种可能发生的反应按反应物与生成物的形态可分为两大类，按有无电子与质子参加可分为三种，如表 1.1 所示。

表 1.1　Me-H_2O 系反应种类与举例

反应类型	反应物与生成物均为水溶物种	反应物与生成物至少有一种为固体
有电子参加无质子参加	$Fe^{3+}_{(aq)}+e^- = Fe^{2+}_{(aq)}$	$Zn^{2+}_{(aq)}+2e^- = Zn_{(s)}$
有质子参加无电子参加	$Zn^{2+}_{(aq)}+2H_2O_{(l)} = HZnO^-_{2(aq)}+3H^+_{(aq)}$ $Zn^{2+}_{(aq)}+2H_2O_{(l)} = ZnO^{2-}_{2(aq)}+4H^+_{(aq)}$ $HZnO^-_{2(aq)} = ZnO^{2-}_{2(aq)}+H^+_{(aq)}$	$Zn^{2+}_{(aq)}+2H_2O_{(l)} = Zn(OH)_{2(s)}+2H^+_{(aq)}$ $Zn(OH)_{2(s)} = HZnO^-_{2(aq)}+H^+_{(aq)}$ $Zn(OH)_{2(s)} = ZnO^{2-}_{2(aq)}+2H^+_{(aq)}$
有电子参加也有质子参加		$Zn(OH)_{2(s)}+2H^+_{(aq)}+2e^- = Zn_{(s)}+2H_2O_{(l)}$ $HZnO^-_{2(s)}+3H^+_{(aq)}+2e^- = Zn_{(s)}+2H_2O_{(l)}$ $ZnO^{2-}_{2(s)}+4H^+_{(aq)}+2e^- = Zn_{(s)}+2H_2O_{(l)}$

(3) 对上述各种反应逐一进行讨论并作图。

1) 反应物与生成物中至少有一种是固体的反应

湿法冶金的有关化学反应可用以下通式表示：

$$aA+nH^++ze^- = bB+cH_2O \tag{1.5}$$

根据反应有无 e^-、H^+参加，还可以分为以下 3 种情况。

(1) 只有电子参与(有电子转移)，无 H^+参加，反应只与电位有关，而与 pH 无关的氧化还原反应，其化学反应可用式(1.6)表示(为避免混乱，凡是有电子参加的反应一律写成还原式)：

$$aA+ze^- = bB \tag{1.6}$$

其 ΔG_T 为

$$\Delta G_T = \Delta G^\ominus - RT\ln\frac{a_B^b}{a_A^a} \tag{1.7}$$

此类反应又分为简单离子反应和离子间的电极反应两种。

对简单的电极反应可表示为

$$Me^{n+} + ne^- = Me \tag{1.8}$$

其电位可表示为

$$\varphi = \varphi^{\ominus} + \frac{0.0591}{n}\lg a_{Me^{n+}} \tag{1.9}$$

对离子间的电极反应，可表示为

$$Me^{x+} + ne^- = Me^{(x-n)+} \tag{1.10}$$

其电极电位可表示为

$$\varphi = \varphi^{\ominus} + \frac{0.0591}{n}\lg \frac{a_{Me^{n+}}}{a_{Me^{(x-n)+}}} \tag{1.11}$$

在 φ-pH 图上，第一类反应是一条与 pH 坐标轴平行的直线，例如：

$$Zn^{2+}_{(aq)} + 2e^- = Zn_{(s)} \tag{1.12}$$

查找相关数据并代入式(1.11)得 φ_{298}=−0.77。如图 1.2 中①线。

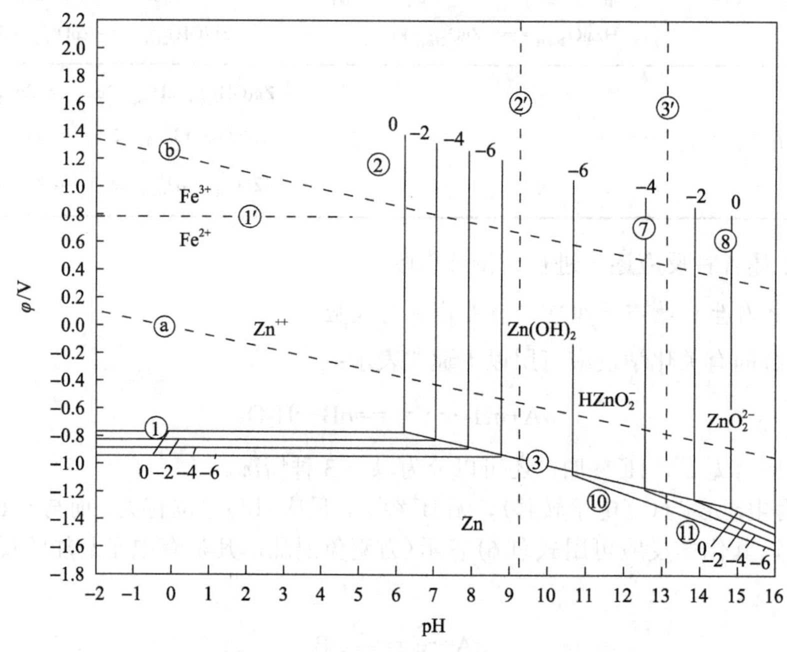

图 1.2　Zn-H_2O 系 φ -pH 图(298K)

这条直线的物理化学意义如下。

①线上的任意一点，代表单质 Zn 与 Zn^{2+}活度为 1 时水溶液的热力学平衡状态：

$$Zn_{(s)} - 2e^- \rightleftharpoons Zn^{2+}_{(aq)} \tag{1.13}$$

①线上方的区域，体系电位大于其平衡电位，体系处于非平衡状态，必然会发生改变，发生单质锌的溶解，水溶液中Zn^{2+}的活度增大，使其平衡电位达到体系电位，从而达到新的平衡。因此，在此区域内单质Zn不稳定，Zn^{2+}稳定，该区域为Zn^{2+}的“稳定场”。

①线下方区域，体系电位小于其平衡电位，体系同样也必然会发生改变，水溶液中Zn^{2+}的活度减小，发生Zn^{2+}的还原析出：

$$Zn^{2+}_{(aq)} + 2e^- \longrightarrow Zn_{(s)} \tag{1.14}$$

因此，在该区域内单质Zn稳定，Zn^{2+}则不稳定，该区域为单质Zn的“稳定场”。

(2)无电子迁移，只有H^+参加，反应只与pH有关。其化学反应可用式(1.15)表示：

$$aA+nH^+ = bB+cH_2O \tag{1.15}$$

其ΔG_T为

$$\Delta G_T=\Delta G^\ominus - RT\ln\frac{a_B^b}{a_A^a \cdot a_{H^+}^n} \tag{1.16}$$

此类反应的平衡条件为

$$pH=pH^\ominus - \frac{1}{n}\lg\frac{a_B^b}{a_A^a} \tag{1.17}$$

此类反应如金属氧化物的酸溶反应或水溶液中金属离子的水解反应：

$$Zn^{2+}_{(aq)} + 2H_2O_{(l)} = Zn(OH)_{2(s)} + 2H^+_{(aq)} \tag{1.18}$$

查找相关数据并代入式(1.17)得

$$pH = 5.48 - \frac{1}{2}\lg a_{Zn^{2+}} \tag{1.19}$$

$a_{Zn^{2+}}=1$时，pH=5.48，在φ-pH图上，第二类反应是一条与pH坐标轴垂直的直线，如图1.2中的②线。

②线上的任意一点表征$Zn(OH)_{2(s)}$与$Zn^{2+}_{(aq)}$活度为1的水溶液的平衡状态。在其左侧，体系pH小于其平衡pH，体系向$Zn^{2+}_{(aq)}$活度增大的方向变化，发生$Zn(OH)_{2(s)}$的酸溶，直到平衡pH减小到等于体系pH从而达到新的平衡，该区域为$Zn^{2+}_{(aq)}$的稳定场。在②线的右侧，体系pH大于平衡pH，体系向$Zn^{2+}_{(aq)}$活度减小的方向变化，发生$Zn^{2+}_{(aq)}$的水解，该区域为$Zn(OH)_{2(s)}$的稳定场。

(3)既有电子参与，又有H^+参与的反应，反应过程既有电子迁移，又消耗或产出H^+或OH^-，其化学反应可用式(1.5)表示。

其 ΔG_T 同式(1.7)，此类反应的电极电位为

$$\varphi=\varphi^{\ominus}-\frac{0.0591n}{z}\text{pH}+\left(\frac{0.0591}{z}\right)\lg\frac{a_{\text{B}}^{b}}{a_{\text{A}}^{a}} \tag{1.20}$$

例如：

$$\text{Zn(OH)}_{2(\text{s})}+2\text{H}_{(\text{aq})}^{+}+2\text{e}^{-}=\!=\!=\text{Zn}_{(\text{s})}+2\text{H}_2\text{O}_{(\text{l})} \tag{1.21}$$

查找相关数据并代入式(1.20)得

$$\varphi_{298}=-0.396-0.0591\text{pH} \tag{1.22}$$

在 φ-pH 坐标系中，这类反应是一条斜率为 $0.0591n\text{pH}/z$ 的斜线。如图 1.2 中的③线，直线上的点表征单质 Zn 与 $Zn(OH)_{2(s)}$ 在 298K 下的平衡状态，其上方为 $Zn(OH)_{2(s)}$ 的稳定场，其下方为 Zn 的稳定场。

(4) 活度的表达。

上述三种反应中有两种反应的平衡方程式含有一种水溶物种的活度，只有当其活度为具体值时该方程才能在 φ-pH 坐标系中以一条直线表达出来。一种水溶物种的活度有无限多种可能值，是无法、也无必要一一加以表达的。通行的做法是设定 4 个活度值，即取活度值分别为 10^0mol/L、10^{-2}mol/L、10^{-4}mol/L、10^{-6}mol/L，因此这两种反应的平衡方程式就有 4 条互相平行的线，在图上分别标以 0、–2、–4、–6 代表四种不同活度下的反应平衡状态。也可根据所研究问题的实际情况，设水溶物种的活度为某一定值，则仅有相应的两条线。而第三种反应(电子与质子同时参加)的平衡方程式如式(1.22)所示，不含水溶物种的活度，因而在 φ-pH 坐标系中仅有一条直线。

2) 反应物与生成物均为水溶物种的反应

例如有电子参加，无质子参加的反应：

$$\text{Fe}_{(\text{aq})}^{3+}+\text{e}^{-}=\!=\!=\text{Fe}_{(\text{aq})}^{2+} \tag{1.23}$$

其标准反应自由能为

$$\Delta G_T^{\ominus}=G_{\text{Fe}^{2+},T}^{\ominus}-G_{\text{Fe}^{3+},T}^{\ominus} \tag{1.24}$$

T=298K 时，$\Delta G_{298}^{\ominus}=-18.8-(-1.1)\,\text{kcal}=-74.06\text{kJ/mol}$。

其标准电极电位为

$$\varphi_{298}^{\ominus}=-\frac{\Delta G_{298}^{\ominus}}{nF}=0.768\text{V} \tag{1.25}$$

能斯特(Nernst)方程为

$$\varphi_{298}=0.768-\frac{2.303RT}{nF}\lg\frac{a_{Fe^{2+}}}{a_{Fe^{3+}}} \tag{1.26}$$

当$a_{Fe^{2+}}$与$a_{Fe^{3+}}$为定值时，φ_{298}为常数，在φ-pH坐标系中为一平行于横轴的直线。在这种情况下，方程式有两种水溶物种，在活度的表达上更为不便。于是约定了有别于前述的活度表达方式，令$a_{Fe^{2+}}=a_{Fe^{3+}}$，则式(1.26)只有一条线，如图1.2中的①'，这条虚线上的点代表反应物与生成物活度相等时的平衡状态。线上方$a_{Fe^{3+}}>a_{Fe^{2+}}$，是$a_{Fe^{3+}}$的优势场，在其下方则$a_{Fe^{2+}}>a_{Fe^{3+}}$，是$a_{Fe^{2+}}$的优势场，不再用“稳定场”这一术语，因为从热力学上不能说其上方$a_{Fe^{3+}}$不稳定，事实上$a_{Fe^{3+}}$与$a_{Fe^{2+}}$同样稳定存在，只不过其活度小于$a_{Fe^{3+}}$，离①线越远，则越小，以致可以忽略不计，因此，M. 波拜克的作图原则认定，在某一水溶物种的优势场内仅有此一种水溶物种存在，在作φ-pH图时仅考虑此物种。其他种类反应以此类推，如图1.2上的②'、③'线。②'线表征$[HZnO_2^-]=[Zn^{2+}]$的平衡状态，②'线左为Zn^{2+}的优势场，②'线右为$HZnO_2^-$的优势场。③'线表征$[HZnO_2^-]=[ZnO_2^{2-}]$的平衡状态，③'线左为$HZnO_2^-$的优势场，③'线右为ZnO_2^{2-}的优势场。

3) 水的稳定场

湿法冶金反应的特点是有水溶液参加，因此，水的稳定问题是必须考虑的。在一切水溶液与纯水中均有H^+与H_2O，它们可能发生的反应如下。

(1) H^+还原反应：

$$2H^+_{(aq)}+2e^- = H_{2(g)} \tag{1.27}$$

因为$\Delta G_T^\ominus=0$，$\varphi_T^\ominus=0$，所以

$$\varphi_{298}^\ominus=\varphi_T^\ominus-\frac{2.303RT}{2F}\lg\frac{P_{H_2}}{a_{H^+}^2}=0-0.0591pH-0.0296\lg P_{H_2} \tag{1.28}$$

在φ-pH坐标系中，当P_{H_2}为一定值时，式(1.28)为一斜线ⓐ，P_{H_2}=101325Pa的条件下，

$$\varphi_{H^+/H_2,298}^\ominus=-0.0591pH \tag{1.29}$$

该线代表在P_{H_2}=101325Pa与T=298K的条件下H^+与$H_{2(g)}$的平衡，线上的上方是H^+的稳定场，下方为$H_{2(g)}$的稳定场。若体系的电位低于ⓐ线，例如，有比H_2更负电性的金属存在或在相应的电极表面，则水溶液中的H^+被还原而释放出氢气。

(2) 水的氧化-还原反应：

$$O_{2(g)}+4H^+_{(aq)}+4e^- = 2H_2O_{(l)} \tag{1.30}$$

式(1.30)的$\Delta G_{298}^\ominus=-483.67kJ/mol$，因此，标准电极电位$\varphi_{O_2/H_2O,298}^\ominus=1.229V$，进而得出能斯特方程为

$$\varphi_{O_2/H_2O,298}=1.229-0.0591pH+0.0148\lg P_{O_2} \tag{1.31}$$

当P_{O_2}=101325Pa 时，式(1.17)简化为

$$\varphi_{O_2/H_2O,298}=1.229-0.0591pH \tag{1.32}$$

在φ-pH 坐标系中为一条斜线ⓑ，其下方为H_2O的稳定场，上方为O_2的稳定场，若体系处于该线上方的条件下，如有强氧化剂，例如，H_2O_2、Ag^+等存在或在相应的电极表面，则H_2O会被氧化放出氧气。

在每一个φ-pH 图上最好都画出ⓐ、ⓑ两线，ⓐ、ⓑ两组线是Me-H_2O与金属化合物-H_2O系φ-pH 图的组成部分。任何一个氧化还原反应$\mathrm{Red}+ne^-=\mathrm{Ox}$，若其$\varphi$-pH 线处于ⓑ线以下，则可在氧气的作用下向右进行，发生还原态的氧化反应，例如，金属硫化物的氧化$MeS_{(s)}-2e^-=\!=\!=Me^{2+}_{(aq)}+S^0_{(s)}$。同样，如果其$\varphi$-pH 线处于ⓐ线以下区域，向溶液通入$H_2$则发生氧化态的还原。例如，水溶液中金属离子$Me^{2+}$被氢气还原成金属，$Me^{2+}_{(aq)}+H_2=\!=\!=Me_{(s)}+2H^+$。

4) φ-pH 图对湿法冶金的指导作用

φ-pH 图对湿法冶金的指导作用以图 1.3 所示 Zn-H_2O系 298K 时的φ-pH 图来加以说明。

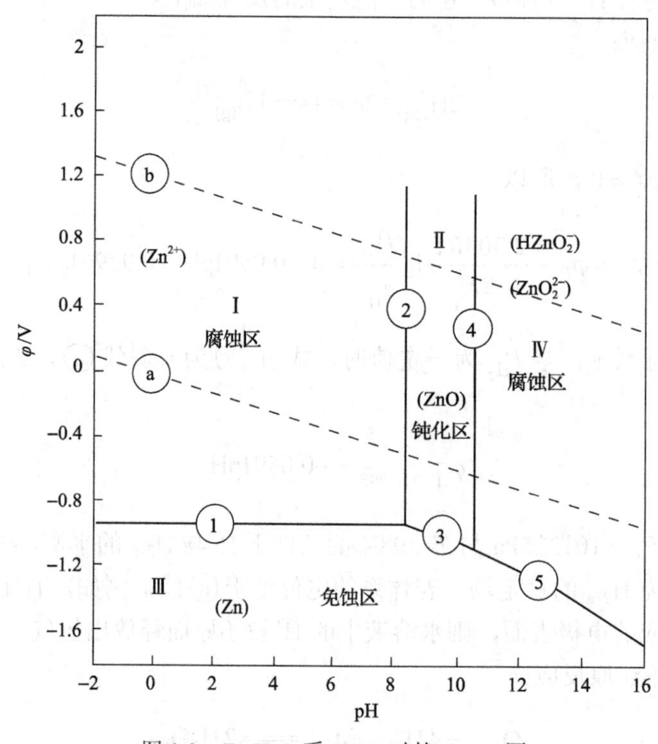

图 1.3　Zn-H_2O系 298K 时的φ-pH 图

图上共有 7 条反应的φ-pH 线，有 4 条线表达反应物与生成物中有一种固体的

反应(①、②、④、⑤)，有 1 条线(③)表达反应物与生成物均为固体，所有这些反应均列入了表 1.1。①、②、③、④、⑤线把坐标平面划分为四个区，Ⅰ、Ⅱ、Ⅲ、Ⅳ，见图 1.3。

Ⅰ区为 Zn^{2+} 的稳定场，在此区域的条件下金属锌与 $Zn(OH)_2$(或 ZnO)不稳定，溶解在酸中。欲使 Zn 或 $Zn(OH)_2$(或 ZnO)溶解，体系应处在Ⅰ区的条件下，因而在该区金属锌发生腐蚀，发生 ZnO 的酸溶。

Ⅱ区为 $Zn(OH)_2$(或 ZnO)稳定场，在此区内 Zn^{2+} 转化为 $Zn(OH)_2$ 沉淀，ZnO 不被溶解，金属锌表面生成 $Zn(OH)_2$ 固体膜而被钝化。

Ⅲ区为金属锌的稳定场，在该区内金属锌不酸溶也不会产生 $Zn(OH)_2$ 固体膜。

Ⅳ区为 $HZnO_2^-$ 与 ZnO_2^{2-} 的稳定场，在该区域内会发生 $Zn(OH)_2$、ZnO 的碱溶。

对于浸出过程，浸出体系应处在Ⅰ区与Ⅳ区的条件下 ZnO 才能被浸出。

欲把水溶液的锌沉淀出来，体系应处于Ⅱ区的条件下，溶液中的 Zn^{2+} 以 $Zn(OH)_2$ 的形式沉淀出来。

对于电沉积过程，体系应处在Ⅲ区的条件下。

总之，φ-pH 图对湿法冶金过程中浸出、水解沉淀以及电积等工艺条件的选择提供了理论依据，对金属的腐蚀与防护条件提供了判定依据，图 1.4 展示了一些金属的腐蚀区图。

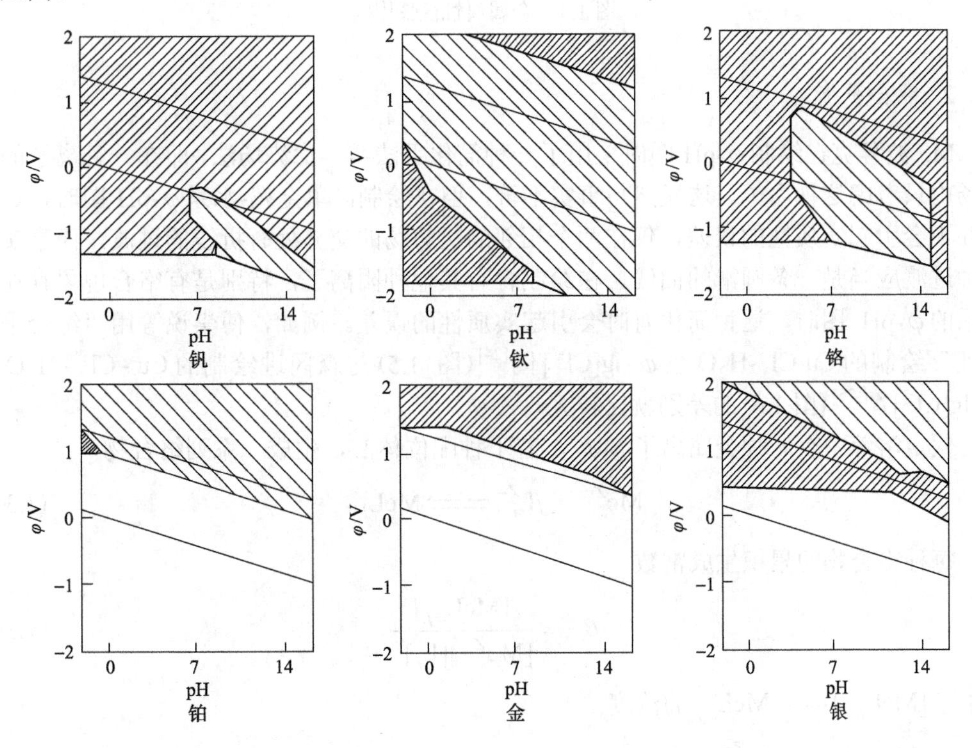

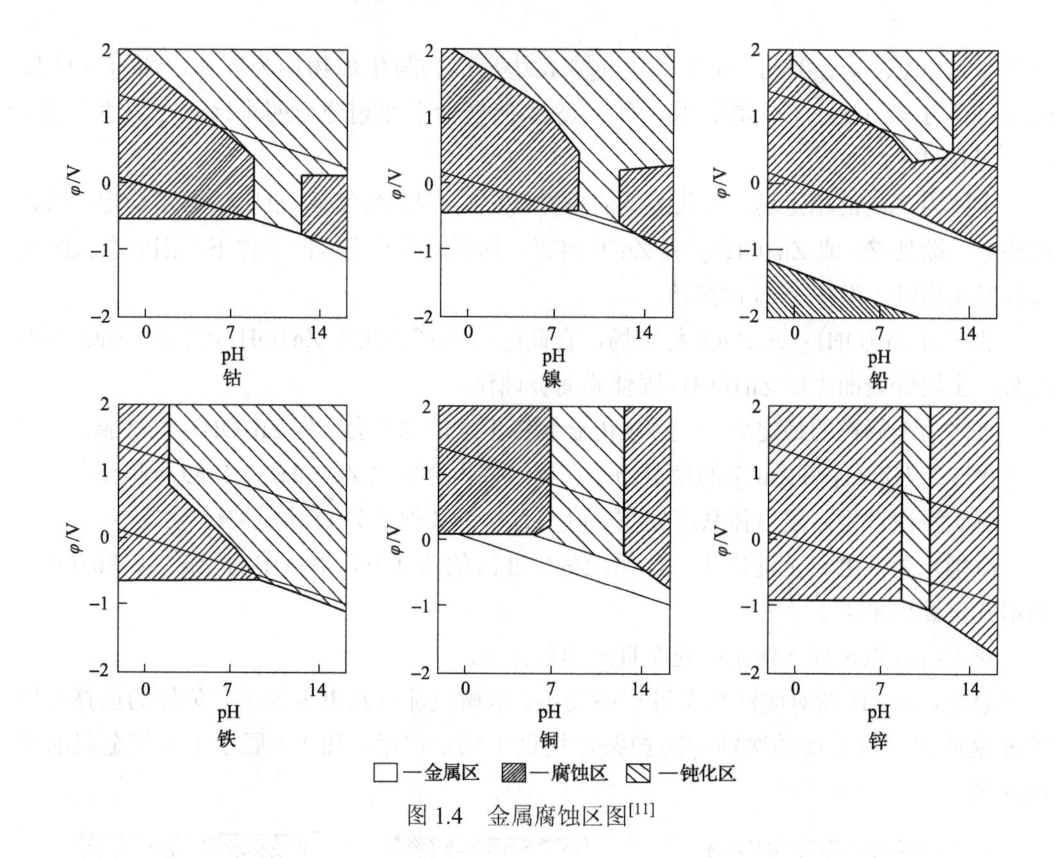

图 1.4 金属腐蚀区图[11]

2. 综合平衡

M. 波拜克在绘制φ-pH 图时采用了一种简化手法——优势场法，即在一种离子的优势场内只考虑这种离子。这显然与事实不符，但在绘制简单金属-水系φ-pH 图时，这样做并不会引起实质性的误差，仅在两个相邻的优势场的交界处有折线的过渡，而事实上这种过渡应当是一条圆滑的曲线。在绘制含有其他种阴离子，特别是有络合现象存在的体系的φ-pH 图时，这种简化有时会引起实质性的误差。例如，傅崇说等用“综合平衡原理”绘制的 $Cu\text{-}Cl^-\text{-}H_2O$ 系 φ-lg[Cl^-] 图[24](图 1.5) 与森冈进绘制的 $Cu\text{-}Cl^-\text{-}H_2O$ 系 φ-lg[Cl^-] 图[25](图 1.6) 的差别就比较大。

假定溶液中有一种金属离子 Me^{Z+}，若干种配位体 L_i，生成一系列络合物

$$Me^{Z+} + jL_i^{Z-} \rightleftharpoons MeL_{i,j} \tag{1.33}$$

每种络合物的累积生成常数

$$\beta_{i,j} = \frac{[MeL_{i,j}]}{[Me^{Z+}][L_i]^j} \tag{1.34}$$

式中，$[MeL_{i,j}]$——$MeL_{i,j}$ 的浓度；

$[Me^{Z+}]$——Me^{Z+} 的浓度；

$[L_i]$——L_i 的浓度。

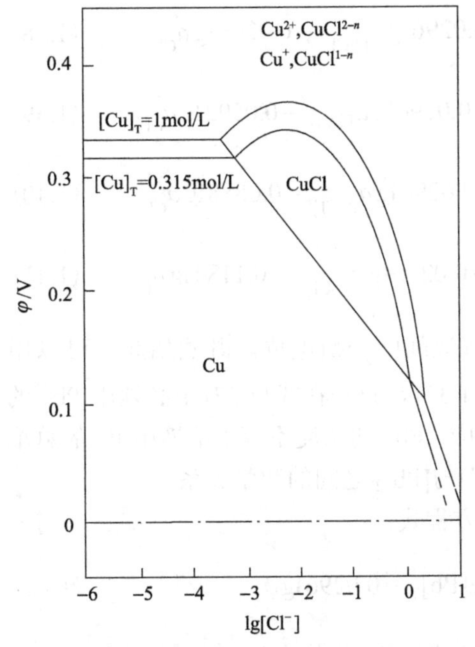

图 1.5　Cu-Cl⁻-H₂O 系 φ - lg[Cl⁻] 图[24]

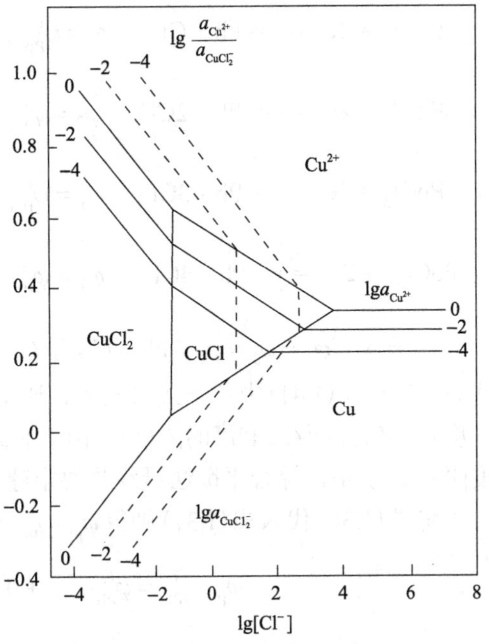

图 1.6　Cu - Cl⁻ - H₂O 系 φ - lg[Cl⁻] 图[25]

溶液中金属的物质平衡方程：

$$[\mathrm{Me}]_{\mathrm{T}}=[\mathrm{Me}^{Z+}]+\sum_{i}\sum_{j}[\mathrm{MeL}_{i,j}]=[\mathrm{Me}^{Z+}]\left\{1+\sum_{i}\sum_{j}\beta_{i,j}[\mathrm{L}_{i}]^{j}\right\} \tag{1.35}$$

式中，$[\mathrm{Me}]_{\mathrm{T}}$——金属在溶液中的总浓度。

令 $\phi=1+\sum_{i}\sum_{j}\beta_{i,j}[\mathrm{L}_{i}]^{j}$，则有

$$[\mathrm{Me}]_{\mathrm{T}}=[\mathrm{Me}^{Z+}]\phi \qquad \text{或} \qquad [\mathrm{Me}^{Z+}]=[\mathrm{Me}]_{\mathrm{T}}/\phi \tag{1.36}$$

用综合平衡法处理时要遵守以下几条原则：

(1) 在水溶液中各种可能的水溶物种总是同时存在的，在平衡态下，它们互相都处于平衡；

(2) 溶液与浸没在其中的金属或化合物之间只有一个平衡电位值，它是各物种同时存在、同时平衡的结果；

(3) 这一电位可以用其任一种溶解物种来表述，无论用哪一物种表述，其值均相等。

例如，在 Pb-Cl-H_2O 系中，L 为 Cl，Pb 以 Pb^{2+}与$\sum \mathrm{PbCl}_j^{2-j}$($j$=1、2、3、4) 五种形态存在。浸没在 Pb-Cl-H_2O 系溶液中的金属 Pb 与溶液之间只有一个平衡电位值，在 T=298K 时，它可以表述为

$$\mathrm{Pb}^{2+}+2\mathrm{e}^{-}=\!=\!=\mathrm{Pb} \qquad \varphi_0=\varphi^{\ominus}_{\mathrm{Pb}^{2+}/\mathrm{Pb}}+0.0296\lg a_{\mathrm{Pb}^{2+}} \tag{1.37}$$

$$PbCl^{+} + 2e^{-} \Longleftrightarrow Pb + Cl^{-} \quad \varphi_1 = \varphi^{\ominus}_{PbCl^{+}/Pb} + 0.0296\lg a_{PbCl^{+}} - 0.0296\lg a_{Cl^{-}} \tag{1.38}$$

$$PbCl_2 + 2e^{-} \Longleftrightarrow Pb + 2Cl^{-} \quad \varphi_2 = \varphi^{\ominus}_{PbCl_2/Pb} + 0.0296\lg a_{PbCl_2} - 0.0592\lg a^{2}_{Cl^{-}} \tag{1.39}$$

$$PbCl_3^{-} + 2e^{-} \Longleftrightarrow Pb + 3Cl^{-} \quad \varphi_3 = \varphi^{\ominus}_{PbCl_3^{-}/Pb} + 0.0296\lg a_{PbCl_3^{-}} - 0.0888\lg a^{3}_{Cl^{-}} \tag{1.40}$$

$$PbCl_4^{2-} + 2e^{-} \Longleftrightarrow Pb + 4Cl^{-} \quad \varphi_4 = \varphi^{\ominus}_{PbCl_4^{2-}/Pb} + 0.0296\lg a_{PbCl_4^{2-}} - 0.1184\lg a^{4}_{Cl^{-}} \tag{1.41}$$

$\varphi_0 = \varphi_1 = \varphi_2 = \varphi_3 = \varphi_4 =$ Pb 与其含 Cl^- 的水溶液间的平衡电位。既然如此，可以用式(1.37)～式(1.41)中任一式来表述。通常用式(1.37)，只是在式(1.37)中必须用 Pb^{2+}的浓度(未络合的游离 Pb^{2+}的浓度)。由于有络合反应，Pb^{2+}的浓度不等于溶液中 Pb 的总浓度$[Pb]_T$。于是，综合平衡法最终是要求建立$[Pb^{2+}]$与$[Pb]_T$之间的数学关系。

将式(1.36)代入式(1.37)则得 $\varphi_{Pb^{2+}/Pb}$ 的平衡方程式：

$$\varphi_{Pb^{2+}/Pb} = \varphi^{\ominus}_{Pb^{2+}/Pb} + 0.0296\lg[Pb]_T - 0.0296\lg\phi \tag{1.42}$$

依此类推，在简单 Me-H_2O 系的各平衡方程式中，凡$[Me^{Z+}]$一律以$[Me]_T/\phi$ 代替即可得 Me-L-H_2O 系中的各平衡方程式。下面以 Tl-Cl^--H_2O 系 φ-pH 图的绘制为例予以详细说明[26]。

在 Tl-Cl^--H_2O 系中存在的物种有：铊的水溶物种、$TlCl_{(s)}$、金属铊 $Tl_{(s)}$、$Tl(OH)_{3(s)}$、Cl^-、H^+与 H_2O。

(1)在 Tl-Cl^--H_2O 系水溶液中 Tl 的水溶物种。

一价铊：

Tl^+，其浓度以$[Tl^+]$表示。

$TlCl_{(aq)}$，其浓度以$[TlCl]$表示。

$Tl^+ + Cl^- \Longleftrightarrow TlCl_{(aq)}$，其累积生成常数为

$$\beta_{1.1} = \frac{[TlCl_{(aq)}]}{[Tl^+][Cl^-]} = 10^{0.52} \tag{1.43}$$

三价铊：

Tl^{3+}，其浓度以$[Tl^{3+}]$表示。

$TlCl^{2+}$，$Tl^{3+} + Cl^- \Longleftrightarrow TlCl^{2+}$，其累积生成常数为

$$\beta_{3.1} = \frac{[TlCl^{2+}]}{[Tl^{3+}][Cl^-]} = 10^{8.14} \tag{1.44}$$

$TlCl_2^+$，$Tl^{3+} + 2Cl^- \Longleftrightarrow TlCl_2^+$，其累积生成常数为

$$\beta_{3.2} = \frac{[TlCl_2^+]}{[Tl^{3+}][Cl^-]^2} = 10^{13.6} \tag{1.45}$$

$TlCl_{3(aq)}$，$Tl^{3+}+3Cl^{-}$═══$TlCl_{3(aq)}$，其累积生成常数为

$$\beta_{3.3}=\frac{[TlCl_{3(aq)}]}{[Tl^{3+}][Cl^{-}]^{3}}=10^{15.78} \tag{1.46}$$

$TlCl_4^-$，$Tl^{3+}+4Cl^{-}$═══$TlCl_4^-$，其累积生成常数为

$$\beta_{3.4}=\frac{[TlCl_4^-]}{[Tl^{3+}][Cl^{-}]^{4}}=10^{18.00} \tag{1.47}$$

(2) 水溶液中 Tl 的总浓度$[Tl]_T$为上述各物种浓度之和：

$$[Tl]_T=[Tl^+]+[TlCl_{(aq)}]+[Tl^{3+}]+[TlCl^{2+}]+[TlCl_2^+]+[TlCl_{3(aq)}]+[TlCl_4^-] \tag{1.48}$$

由上述各种 Tl 的氯络合物累积生成常数的表达式中求出相应的络合物的平衡浓度并代入式(1.48)，得出水溶液中 Tl 的总浓度的表达式：

$$[Tl]_T=[Tl^+]\{1+\beta_{1.1}[Cl^-]\}+[Tl^{3+}]\sum_{i=1}^{4}\{1+\beta_{3.i}[Cl^-]^i\} \tag{1.49}$$

令

$$\chi_1=\{1+\beta_{1.1}[Cl^-]\} \tag{1.50}$$

$$\chi_2=\sum_{i=1}^{4}\{1+\beta_{3.i}[Cl^-]^i\} \tag{1.51}$$

则有

$$[Tl]_T=[Tl^+]\chi_1+[Tl^{3+}]\chi_2 \tag{1.52}$$

式中，χ_1与χ_2——Tl^+与Tl^{3+}的络合基的加和函数。

同理，水溶液中Cl^-的总浓度为

$$\begin{aligned}[Cl^-]_T&=[Cl^-]+[TlCl_{(aq)}]+[TlCl^{2+}]+2[TlCl_2^+]+3[TlCl_{3(aq)}]+4[TlCl_4^-]\\&=[Cl^-]+\beta_{1.1}[Cl^-][Tl^+]+[Tl^{3+}]\sum_{i=1}^{4}i\beta_{3.i}[Cl^-]^i\end{aligned} \tag{1.53}$$

令

$$\psi_1=\beta_{1.1}[Cl^-] \tag{1.54}$$

$$\psi_2=\sum_{i=1}^{4}i\beta_{3.i}[Cl^-]^i \tag{1.55}$$

则有

$$[Cl^-]_T=[Cl^-]+\psi_1[Tl^+]+\psi_2[Tl^{3+}] \tag{1.56}$$

(3) 金属铊与 $Tl\text{-}Cl^-\text{-}H_2O$ 系水溶液之间的平衡。

根据综合平衡原理，在金属铊与 $Tl\text{-}Cl^-\text{-}H_2O$ 系的水溶液之间只有一个平衡电位，这个电位是上述各种形态与金属铊同时处于平衡的结果。因此，这个电位值可以由下列方程式中的任一个来确定。

$$Tl^{+}+e^{-}=\!=\!=Tl \qquad \varphi_{Tl^{+}/Tl}=-0.3339+0.0591\lg[Tl^{+}] \tag{1.57}$$

$$Tl^{3+}+3e^{-}=\!=\!=Tl \qquad \varphi_{Tl^{3+}/Tl}=0.7415+0.0197\lg[Tl^{3+}] \tag{1.58}$$

$$TlCl_{(aq)}+e^{-}=\!=\!=Tl+Cl^{-} \qquad \varphi_{TlCl_{(aq)}/Tl}=\varphi^{\ominus}_{TlCl_{(aq)}/Tl}-0.0591\lg[Cl^{-}]+0.0591\lg[TlCl_{(aq)}] \tag{1.59}$$

$$TlCl_n^{3-n}+3e^{-}=\!=\!=Tl+nCl^{-} \qquad \varphi_{TlCl_n^{3-n}/Tl}=\varphi^{\ominus}_{TlCl_n^{3-n}/Tl}-\frac{2.303nRT}{3F}\cdot\lg[Cl^{-}]+0.0197\lg[TlCl_n^{3-n}] \tag{1.60}$$

上述四种电位值在金属铊与 $Tl\text{-}Cl^-\text{-}H_2O$ 系的水溶液处于平衡时是彼此相等的。由式(1.57)和式(1.58)相等得

$$[Tl^{3+}]=[Tl^{+}]^{3}\times 10^{-54.59} \tag{1.61}$$

由式(1.61)可知，在与金属铊处于平衡的水溶液中，与$[Tl^{+}]$相比，$[Tl^{3+}]$可以忽略不计，于是式(1.52)可写成

$$[Tl]_T=[Tl^{+}]\chi_1 \tag{1.62}$$

$$[Tl^{+}]=\frac{[Tl]_T}{\chi_1} \tag{1.63}$$

把式(1.63)代入式(1.57)，计算出金属铊与溶液的电位，列于表 1.2。

表 1.2　$Tl\text{-}Cl^-\text{-}H_2O$ 系 $\varphi_{Tl^{+}/Tl}$ 值(298K)

$[Cl^-]$/(mol/L)	χ_1	$\varphi_{Tl^{+}/Tl}$/V				
		$[Tl]_T$=1mol/L	$[Tl]_T$=0.1mol/L	$[Tl]_T$=0.01mol/L	$[Tl]_T$=0.001mol/L	$[Tl]_T$=0.0001mol/L
0	1	−0.3339	−0.3930	−0.4521	−0.5112	−0.5703
10^{-6}	～1	−0.3339	−0.3930	−0.4521	−0.5112	−0.5703
10^{-4}	～1	−0.3339	−0.3930	−0.4521	−0.5112	−0.5703
10^{-3}	1.003	−0.3340	−0.3931	−0.4522	−0.5113	−0.5704
10^{-2}	1.033	−0.3347	−0.3938	−0.4529	−0.5120	−0.5711
10^{-1}	1.331	−0.3412	−0.4003	−0.4594	−0.5185	−0.5776
10^{0}	4.311	−0.3714	−0.4305	−0.4896	−0.5487	−0.6078
$10^{0.30}$	7.607	−0.3860	−0.4451	−0.5042	−0.5633	−0.6224
$10^{0.602}$	14.243	−0.4021	−0.4612	−0.5203	−0.5794	−0.6385
$10^{0.778}$	20.861	−0.4119	−0.4710	−0.5301	−0.5892	−0.6483
$10^{0.903}$	27.485	−0.4190	−0.4781	−0.5372	−0.5963	−0.6554
10^{1}	34.113	−0.4245	−0.4836	−0.5427	−0.6018	−0.6609

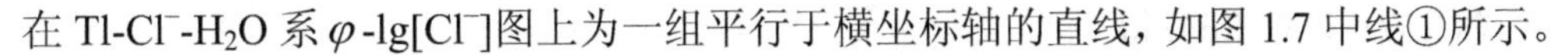

在 Tl-Cl⁻-H₂O 系 φ-lg[Cl⁻]图上为一组平行于横坐标轴的直线，如图 1.7 中线①所示。

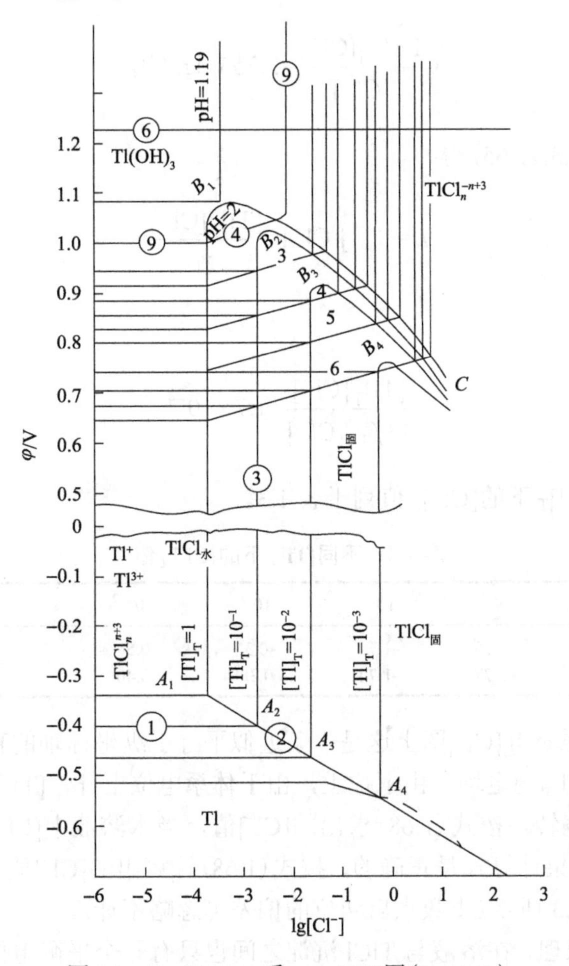

图 1.7　Tl-Cl⁻-H₂O 系 φ -lg[Cl⁻]图(T=298K)

(4) 金属 Tl 与 $TlCl_{(s)}$之间的平衡。

金属 Tl 与 $TlCl_{(s)}$之间的平衡由下面的方程式确定：

$$TlCl_{(s)} + e^- \Longleftrightarrow Tl + Cl^- \qquad \varphi_{TlCl_{(s)}/Tl} = -0.5557 - 0.0591\lg[Cl^-] \tag{1.64}$$

在 Tl-Cl⁻-H₂O 系 φ-lg[Cl⁻]图上为一条斜线，如图 1.7 中线②所示。

(5) Tl-Cl⁻-H₂O 系水溶液与 $TlCl_{(s)}$之间的平衡。

TlCl 在 25℃下的溶度积为

$$L=[Tl^+][Cl^-]=1.7\times 10^{-4} \tag{1.65}$$

根据溶度积原理，在一定的$[Tl]_T$下，[Cl⁻]达到一定值并使$[Tl^+]\cdot[Cl^-]\geqslant L$ 时，则体系中有 $TlCl_{(s)}$稳定存在。如图 1.7 所示，点 A_i 为 $TlCl_{(s)}$稳定存在区的左端点，这一点的$[Cl^-]_A$值可以计算出来。因为 A_i 点必须同时满足式(1.57)、式(1.64)、式(1.65)三个方程式，联

立式(1.57)和式(1.64)得

$$\lg\frac{1+\beta_{1.1}[Cl^-]}{[Cl^-]}=3.753+\lg[Tl]_T \tag{1.66}$$

而由式(1.63)与式(1.65)得

$$L=[Tl^+][Cl^-]=\frac{[Tl]_T[Cl^-]}{\chi_1} \tag{1.67}$$

得出

$$\frac{[Tl]_T[Cl^-]}{1+\beta_{1.1}[Cl^-]}=1.7\times10^{-4} \tag{1.68}$$

所求出的各种$[Tl]_T$下的$[Cl^-]_A$值列于表 1.3。

表 1.3 不同$[Tl]_T$下的$[Cl^-]_A$值

$[Tl]_T$/(mol/L)	1	10^{-1}	10^{-2}	10^{-3}	$10^{-3.2}$	备注
$\lg[Cl^-]_A$	−3.75	−2.75	−1.72	−0.37	0.58	按式(1.66)求出
	−3.77	−2.77	−1.74	−0.388	0.40	按式(1.68)求出

在 $Tl\text{-}Cl^-\text{-}H_2O$ 系φ-lg[Cl⁻]图上这是一条近似平行于纵坐标轴的直线，如图 1.7 中线③所示，其右为 $TlCl_{(s)}$稳定场。由下往上，由于体系电位上升，$[Tl^{3+}]$浓度增加，$[Tl^+]$浓度减小，③线向右偏转。按式(1.68)求出的$[Cl^-]$值，当水溶液中$[Cl^-]$小于此值时，体系中无 $TlCl_{(s)}$存在。如果计算式是正确的，按式(1.68)计算出的$[Cl^-]$值与式(1.66)计算出的值应该吻合，如表 1.3 所示(小数点后两位的偏差可忽略不计)。

根据综合平衡原理，在溶液与 TlCl 沉淀之间也只有一个平衡电位。这一电位值可以用下面任何一个方程来确定：

$$Tl^{3+}+2e^-+Cl^- = TlCl_{(s)} \qquad \varphi_{Tl^{3+}/TlCl_{(s)}}=1.3900+0.02957\lg[Cl^-]+0.02957\lg[Tl^{3+}] \tag{1.69}$$

$$TlCl_n^{3-n}+2e^- = TlCl_{(s)}+(n-1)Cl^- \qquad \varphi_{TlCl_n^{3-n}/TlCl_{(s)}}=\varphi^{\ominus}_{TlCl_n^{3-n}/TlCl_{(s)}}-0.02957\lg\frac{[Cl^-]}{[TlCl_n^{3-n}]} \tag{1.70}$$

在固体 TlCl 稳定存在区，水溶液中的$[Tl^+]$由式(1.65)确定，即

$$[Tl^+]=\frac{L}{[Cl^-]} \tag{1.71}$$

把式(1.71)代入式(1.52)并简化得

$$[Tl^{3+}]=\frac{[Tl]_T[Cl^-]-L\chi_1}{\chi_2[Cl^-]} \tag{1.72}$$

将式(1.72)代入式(1.69)得

$$\varphi_{Tl^{3+}/TlCl_{(s)}}=1.3900+0.02957\lg\frac{[Tl]_T[Cl^-]-L\chi_1}{\chi_2} \tag{1.73}$$

将按式(1.73)计算出来的$\varphi_{Tl^{3+}/TlCl_{(s)}}$值列入表1.4，绘出图1.7上的一组曲线$B_i$-$C_i$，即线③。

表1.4　$\varphi_{Tl^{3+}/TlCl_{(s)}}$值(298K)

$[Cl^-]$/(mol/L)	χ_1	χ_2	$\varphi_{Tl^{3+}/TlCl_{(s)}}$/V			
			$[Tl]_T$=1mol/L	$[Tl]_T$=10^{-1}mol/L	$[Tl]_T$=10^{-2}mol/L	$[Tl]_T$=10^{-3}mol/L
$10^{-3.76}$	1	$10^{6.08}$	1.0505	—	—	—
$10^{-3.70}$	1	$10^{6.20}$	1.0735	—	—	—
$10^{-3.50}$	1	$10^{6.60}$	1.0815	—	—	—
$10^{-3.30}$	1	$10^{7.00}$	1.0800	—	—	—
$10^{-3.00}$	1	$10^{7.60}$	1.0740	—	—	—
$10^{-2.70}$	$10^{0.003}$	$10^{8.20}$	1.0677	1.0200	—	—
$10^{-2.50}$	$10^{0.005}$	$10^{8.60}$	1.0618	1.0320	—	—
$10^{-2.30}$	$10^{0.007}$	$10^{9.00}$	1.0559	1.0260	—	—
$10^{-2.00}$	$10^{0.014}$	$10^{10.30}$	1.0263	0.9942	—	—
$10^{-1.70}$	$10^{0.028}$	$10^{11.20}$	1.0085	0.9790	0.9188	—
$10^{-1.50}$	$10^{0.043}$	$10^{12.00}$	0.9908	0.9612	0.9200	—
$10^{-1.30}$	$10^{0.067}$	$10^{12.80}$	0.9731	0.9435	0.9074	—
$10^{-1.00}$	$10^{0.124}$	$10^{14.00}$	0.9460	0.9168	0.8840	—
$10^{-0.35}$	$10^{0.394}$	$10^{16.60}$	0.8888	0.8592	—	0.7639
$10^{-0.20}$	$10^{0.490}$	$10^{17.20}$	0.8755	0.8459	—	0.7638
10^{0}	$10^{0.630}$	$10^{18.00}$	0.8577	0.8280	0.7986	0.7525
$10^{0.30}$	$10^{0.880}$	$10^{19.20}$	0.8134	0.8016	—	—
$10^{0.602}$	$10^{1.150}$	$10^{20.41}$	0.8042	0.7750	0.7450	0.7038
$10^{0.778}$	$10^{1.320}$	$10^{21.11}$	0.7890	0.7592	—	—
$10^{1.00}$	$10^{1.530}$	$10^{22.00}$	0.7690	0.7395	0.7100	0.6693

(6) Tl-Cl^--H_2O系水溶液与固体$Tl(OH)_3$之间的平衡。

在固体$Tl(OH)_3$与Tl-Cl^--H_2O系水溶液之间有下列平衡。

a.$Tl(OH)_3$与Tl^+的平衡

$$Tl(OH)_{3(s)}+3H^++2e^-=\!=\!=Tl^++3H_2O\qquad \varphi_{Tl(OH)_{3(s)}/Tl^+}=1.1876-0.02957\lg[Tl^+]-0.0887pH \tag{1.74}$$

b.$Tl(OH)_3$与Tl^{3+}的平衡

$$Tl^{3+}+3H_2O=\!=\!=Tl(OH)_{3(s)}+3H^+\qquad pH=-1.03-\frac{1}{3}\lg[Tl^{3+}] \tag{1.75}$$

$$TlCl_n^{3-n}+3H_2O = Tl(OH)_{3(s)}+nCl^-+3H^+ \tag{1.76}$$

$$Tl(OH)_{3(s)}+Cl^-+3H^++2e^- = TlCl_{(s)}+3H_2O \tag{1.77}$$

c.Tl(OH)$_3$与$TlCl_{(s)}$的平衡

在Tl(OH)$_3$稳定存在区，水溶液中[Tl^{3+}]由式(1.78)确定：

$$\lg[Tl^{3+}]=-3(pH+1.03) \tag{1.78}$$

从式(1.78)中求出[Tl^{3+}]代入式(1.52)，化简后得

$$[Tl^+]=\frac{[Tl]_T-\chi_2[Tl^{3+}]}{\chi_1}=\frac{[Tl]_T-\chi_2 10^{-3(pH+1.03)}}{\chi_1} \tag{1.79}$$

把式(1.79)代入式(1.74)得

$$\varphi_{Tl(OH)_{3(s)}/Tl^+}=1.1876-0.0887pH+0.02957\lg\chi_1-0.02957\lg\{[Tl]_T-\chi_2 10^{-3(pH+1.03)}\} \tag{1.80}$$

由式(1.80)计算$\varphi_{Tl(OH)_{3(s)}/Tl^+}$时，当

$$[Tl]_T-\chi_2 10^{-3(pH+1.03)}=0 \tag{1.81}$$

$\varphi_{Tl(OH)_{3(s)}/Tl^+}\to\infty$，即是说，在此种条件下，在$\varphi$-lg[$Cl^-$]坐标系中$\varphi_{Tl(OH)_{3(s)}/Tl^+}=f([Cl^-])$函数线为一平行于纵坐标轴的直线，这一直线的位置可由式(1.81)求出。

$$\lg\chi_2=\lg[Tl]_T+3(pH+1.03) \tag{1.82}$$

将所求出的[Cl^-]值列入表1.5，在按式(1.80)计算时，可以认为[Cl^-]在10^{-6}～[Cl^-]$_A$范围内$\chi_2 10^{-3(pH+1.03)}\ll[Tl]_T$，可忽略不计，则

$$\varphi_{Tl(OH)_{3(s)}/Tl^+}=1.1876-0.0887pH+0.02957\lg\chi_1-0.02957\lg[Tl]_T \tag{1.83}$$

表1.5　$\varphi_{Tl(OH)_{3(s)}/Tl^+}\to\infty$时的lg[$Cl^-$]值

pH	$[Tl]_T$=1mol/L	$[Tl]_T$=10^{-1}mol/L	$[Tl]_T$=10^{-2}mol/L	$[Tl]_T$=10^{-3}mol/L
2	−2.27	—	—	—
3	−1.47	−1.73	—	—
4	−0.71	−0.97	−1.220	—
5	0.03	−0.21	−0.475	—
6	0.77	0.52	0.270	0.020

当pH与$[Tl]_T$为定值而[Cl^-]较低时，$\chi_1\approx1$，$\varphi_{Tl(OH)_{3(s)}/Tl^+}$为一平行于横轴的直线。

在 TlCl 稳定存在的区域内有 $Tl(OH)_{3(s)}$与 $TlCl_{(s)}$之间的平衡，并由以下方程表示：

$$Tl(OH)_{3(s)}+Cl^-+3H^++2e^- \!=\!=\!= TlCl_{(s)}+3H_2O$$

$$\varphi_{Tl(OH)_{3(s)}/TlCl_{(s)}}=1.2984+0.02957\lg[Cl^-]-0.0887pH \quad (1.84)$$

在指定的 pH 下，式(1.84)在 φ-lg[Cl⁻]坐标系中为一组斜直线，分别代表不同的 pH，如图 1.7 上④线。其上方为 $Tl(OH)_{3(s)}$的稳定场，其下方为 $TlCl_{(s)}$的稳定场。图中代表式(1.84)的直线与代表式(1.83)的 *ABC* 线有两个交点。左边的交点可将$[Cl^-]_A$代入式(1.84)确定。右边的交点 *N* 则应同时满足式(1.73)、式(1.74)与式(1.84)三个方程。例如，由式(1.73)与式(1.84)联立，即是说，在 *N* 点应有

$$\varphi_{Tl^{3+}/TlCl_{(s)}}=\varphi_{Tl(OH)_{3(s)}/TlCl_{(s)}} \quad (1.85)$$

得

$$\lg\frac{[Tl]_T[Cl^-]-L\chi_1}{\chi_2[Cl^-]}=-3.111-3pH \quad (1.86)$$

由式(1.86)可求出在一定$[Tl]_T$与 pH 时的$[Cl^-]_N$值。用图解法求出的$[Cl^-]_N$列入表 1.6。

表 1.6　$\lg[Cl^-]_N$值

pH	$[Tl]_T$=1mol/L	$[Tl]_T$=10^{-1}mol/L	$[Tl]_T$=10^{-2}mol/L	$[Tl]_T$=10^{-3}mol/L
1.19	−3.482	—	—	—
2.00	−2.422	—	—	—
2.25	—	−2.50	—	—
3.00	−1.4723	−1.7275	—	—
3.45	—	—	−1.674	—
4.00	−0.722	−0.9775	−1.228	—
5.00	0.0278	−0.2275	−0.480	—
5.52	—	—	—	−0.3360
6.00	0.7725	0.5225	0.2730	0.0225

从表 1.5 与表 1.6 的数据可以看出，在大多数情况下，二者是吻合的。

在每一给定的$[Tl]_T$下，在$\varphi_{Tl^{3+}/TlCl_{(s)}}=f([Cl^-])$函数线 *A*、*B*、*C* 上必定有一点 *B*，当水溶液的 pH≤$pH_{(B)}$时，没有 $TlCl_{(s)}$存在。由式(1.84)可知，随 pH 降低，$\varphi_{Tl(OH)_{3(s)}/TlCl_{(s)}}$升高，同一$[Tl]_T$下的④线向上方平移，$[Cl]_A$与$[Cl]_N$两点之间距离变小，等 pH 增大到某一数值时，两点重合，此点以 *B* 代表，则当 pH 为一定值时，当水溶液中$[Cl]>[Cl]_N$时，无 $Tl(OH)_{3(s)}$存在，$[Cl]_N$以右为 $Tl(OH)_{3(s)}$稳定场。因此在 pH＜$pH_{(B)}$时，在指定的$[Tl]_T$和任何[Cl⁻]下均无 $Tl(OH)_3$ 与 TlCl 之间的平衡。*B* 点的参数$[Cl^-]_{(B)}$与 $pH_{(B)}$可由后续方法求出。在 *B* 点，$\varphi_{Tl^{3+}/TlCl}=f([Cl^-])$函数线 *ABC* 与直线$\varphi_{Tl(OH)_3/TlCl}=f([Cl^-])$只有一个交点，因此，*ABC* 线在 *B* 点的切线斜率应等于直线$\varphi_{Tl(OH)_3/TlCl}=f([Cl^-])$的斜率，因而有 $f([Cl^-])$［式(1.73)］的一阶导数：

$$\frac{d(\varphi_{Tl^{3+}/TlCl_{(s)}})}{d([Cl^-])}=0.01283\frac{\chi_2([Tl]_T-L\chi_1')-\chi_2'([Tl]_T[Cl^-]-L\chi_1)}{\chi_2\{[Tl]_T[Cl^-]-L\chi_1\}}=0.02957 \tag{1.87}$$

化简后得

$$\frac{[Tl]_T-L\chi_1'}{[Tl]_T[Cl^-]-L\chi_1}-\chi_2'-2.305=0 \tag{1.88}$$

解式(1.88)可求出 B 点的$[Cl^-]$值，并根据已求出的$[Cl^-]_{(B)}$求出 χ_1、χ_2，代入式(1.73)，求出给定$[Tl]_T$值时的$\varphi_{Tl^{3+}/TlCl}$，继而将所得出的$\varphi_{Tl^{3+}/TlCl}$值代入式(1.84)，即可得出相应的 $pH_{(B)}$值，计算结果如表 1.7 所示。

表 1.7 $pH_{(B)}$计算结果

$[Tl]_T/(mol/L)$	1	10^{-1}	10^{-2}	10^{-3}
$lg[Cl^-]_{(B)}$	−3.4820	−2.500	−1.674	−0.336
$pH_{(B)}$	1.29	2.17	3.45	5.52

表 1.8 列出了 $Tl\text{-}Cl^-\text{-}H_2O$ 系各反应的平衡方程式。图 1.7 是 $Tl\text{-}Cl^-\text{-}H_2O$ 系的 φ-lg$[Cl^-]$图，图 1.8～图 1.10 是 $Tl\text{-}Cl^-\text{-}H_2O$ 系 φ-pH 图。

表 1.8 $Tl\text{-}Cl^-\text{-}H_2O$ 系各反应平衡方程式

序号	反应式	平衡方程式
①	$Tl^++e^-=Tl$	$\varphi_{Tl^+/Tl}=-0.3339+0.0591lg\frac{[Tl]_T}{\chi_1}$
②	$TlCl_{(s)}+e^-=Tl+Cl^-$	$\varphi_{TlCl_{(s)}/Tl}=-0.5557-0.0591lg[Cl^-]$
③	$Tl^{3+}+2e^-+Cl^-=TlCl_{(s)}$	$\varphi_{Tl^{3+}/TlCl_{(s)}}=1.3900+0.02957lg\frac{[Tl]_T[Cl^-]-L\chi_1}{\chi_2}$
④	$Tl(OH)_{3(s)}+Cl^-+3H^++2e^-=TlCl_{(s)}+3H_2O$	$\varphi_{Tl(OH)_{3(s)}/TlCl_{(s)}}=1.2984+0.02957lg[Cl^-]-0.0887pH$
⑤	$Tl^{3+}+3H_2O=Tl(OH)_{3(s)}+3H^+$	$pH=-1.03-\frac{1}{3}lg[Tl^{3+}]$
⑥	$TlOH+e^-+H^+=Tl+H_2O$	$\varphi_{TlOH/Tl}=0.4850-0.0591pH$
⑦	$TlCl+H_2O=TlOH+Cl^-+H^+$	$pH=17.6+lg[Cl^-]$
⑧	$Tl(OH)_3+2H^++2e^-=TlOH+2H_2O$	$\varphi_{Tl(OH)_3/TlOH}=0.7780-0.0591pH$
⑨	$Tl(OH)_{3(s)}+3H^++2e^-=Tl^++3H_2O$	$\varphi_{Tl(OH)_{3(s)}/Tl^+}=1.1876-0.0887pH+0.02957lg\chi_1-0.02957lg\{[Tl]_T-\chi_2 10^{-3(pH+1.03)}\}$
⑩	$Tl^++H_2O=TlOH+H^+$	$pH=13.90-lg\frac{[Tl]_T}{\chi_2}$

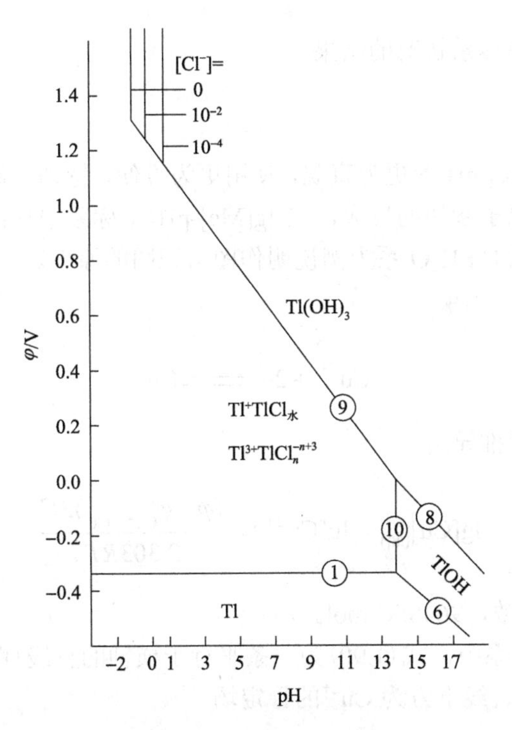

图 1.8　Tl-Cl⁻-H_2O 系 φ -pH 图

$[Tl]_T$=1mol/L，[Cl]<$10^{-3.75}$mol/L

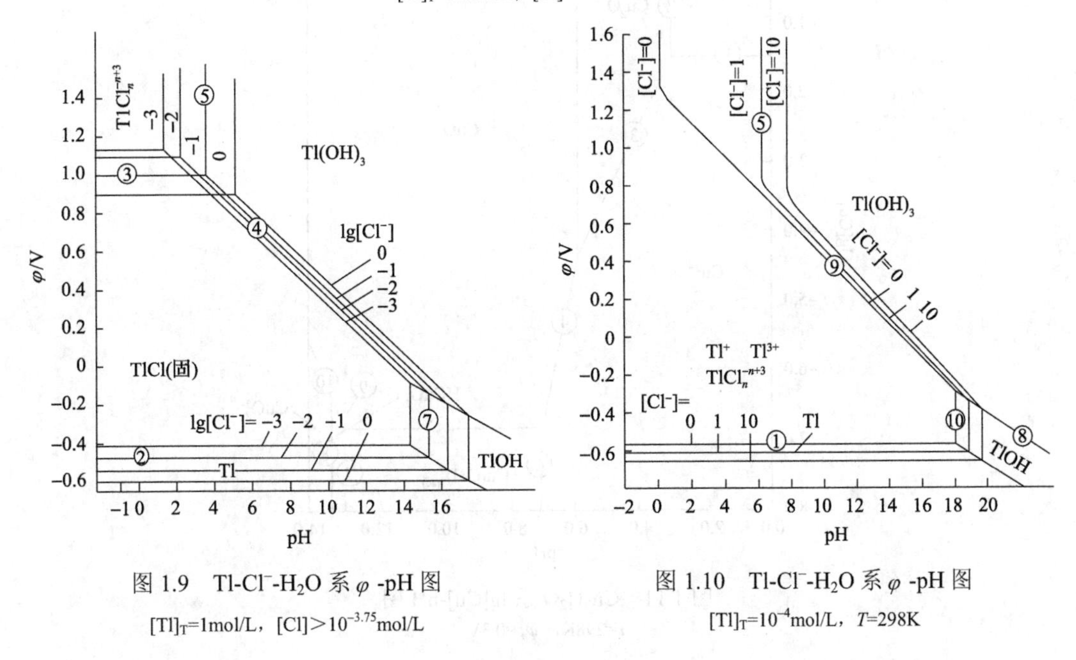

图 1.9　Tl-Cl⁻-H_2O 系 φ -pH 图

$[Tl]_T$=1mol/L，[Cl]>$10^{-3.75}$mol/L

图 1.10　Tl-Cl⁻-H_2O 系 φ -pH 图

$[Tl]_T$=10^{-4}mol/L，T=298K

Tl-Cl⁻-H_2O 系 φ -pH 图的绘制表明，虽然现在已有制作 Me-H_2O 系与 Me-L-H_2O 系（L 为配位体）φ -pH 图的软件，可用计算机作图，但软件制作时只可能考虑一般的规律，对于一些特殊情况很难完全顾及，计算机还不能完全替代人，有些时候还需要人的思维和计算才能得出全面反映体系状况的结果。

3. lg[Me]-pH 图

在某些场合，lg[Me]-pH 图更为直观，使用更为方便，特别是研究那些没有电子参加的反应过程。对于有电子参加的反应，在 lg[Me]-pH 坐标系中作图，体系的电位必须给定，即φ为常数，现以 Cu-H_2O 系为例说明作图与识图的原理。

1) Cu^{2+}与 Cu 之间的平衡

$$Cu^{2+} + 2e^- \rightleftharpoons Cu \tag{1.89}$$

由能斯特方程可以推导出

$$\lg[Cu]_{(aq)} = \lg[Cu^{2+}] = \frac{(\varphi - \varphi^{\ominus}_{Cu^{2+}/Cu})2F}{2.303RT} \tag{1.90}$$

式中，F——法拉第常数，96485C/mol。

在 lg[Cu]-pH 坐标系中，式(1.90)为一条平行于横轴的直线(图 1.11 的①线)。直线上方为 Cu 的稳定场，直线下方为 Cu^{2+}的稳定场。

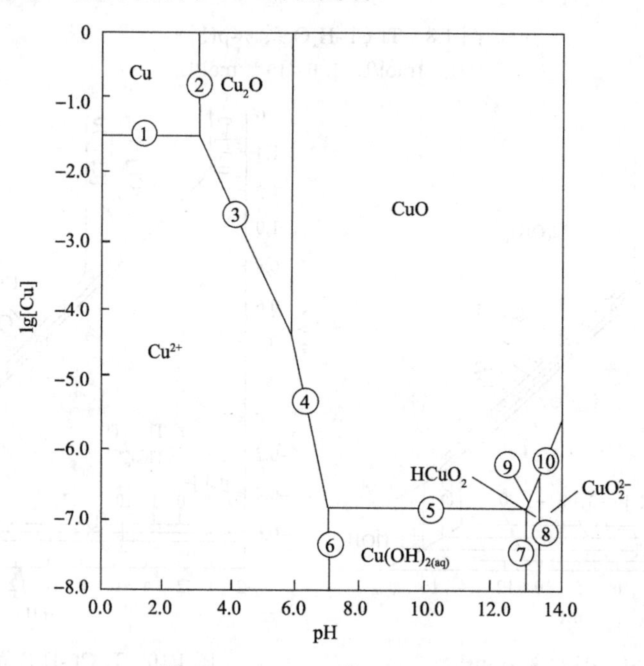

图 1.11　Cu-H_2O 系 lg[Cu]-pH 图

T=298K，φ_n=0.3V

2) Cu 与 Cu_2O 之间的平衡

$$Cu_2O + 2H^+ + 2e^- \rightleftharpoons 2Cu + H_2O$$

由上反应式的能斯特方程可以推导出平衡的 pH：

$$pH = \frac{(\varphi - \varphi^{\ominus}_{Cu_2O/Cu})F}{2.303RT} \tag{1.91}$$

在 lg[Cu]-pH 坐标系中，式(1.91)为一条垂直于横轴的直线(图 1.11 的②线)。直线左方为 Cu 的稳定场，直线右方为 Cu_2O 的稳定场。

3) Cu^{2+}与 Cu_2O 之间的平衡

$$2Cu^{2+} + 2e^- + H_2O \rightleftharpoons Cu_2O + 2H^+ \tag{1.92}$$

由能斯特方程可以推导出

$$\lg[Cu^{2+}] = \frac{(\varphi - \varphi^{\ominus}_{Cu^{2+}/Cu_2O})F}{2.303RT} - pH \tag{1.93}$$

在 lg[Cu]-pH 坐标系中，式(1.93)为一条斜线(图 1.11 的③线)。斜线上方为 Cu_2O 的稳定场，线下方为 Cu^{2+}的稳定场。

4) Cu^{2+}与 CuO 之间的平衡

$$Cu^{2+} + H_2O \rightleftharpoons CuO + 2H^+ \tag{1.94}$$

$$\lg[Cu^{2+}] = -\lg K - 2pH \tag{1.95}$$

式中，K——平衡常数。

在 lg[Cu]-pH 坐标系中，式(1.95)为一条斜线(图 1.11 的④线)。斜线上方为 CuO 的稳定场，斜线下方为 Cu^{2+}的稳定场。

5) $CuO_{(s)}$与 $Cu(OH)_{2(aq)}$的平衡

$$CuO_{(s)} + H_2O \rightleftharpoons Cu(OH)_{2(aq)} \tag{1.96}$$

$$\lg K = \lg[Cu(OH)_{2(aq)}] = \lg[Cu]_{(aq)} \tag{1.97}$$

式(1.97)为一条平行于横轴的直线(图 1.11 中的⑤线)。其上方为 CuO 的过饱和区，其下方为 CuO 的不饱和区，为液相区。

6) Cu^{2+}与 $Cu(OH)_{2(aq)}$的平衡

$$Cu^{2+} + 2H_2O \rightleftharpoons Cu(OH)_{2(aq)} + 2H^+ \tag{1.98}$$

$$pH = -\frac{1}{2}\lg K + \frac{1}{2}\lg\frac{[Cu(OH)_2]}{[Cu^{2+}]} \tag{1.99}$$

当$[Cu(OH)_{2(aq)}]=[Cu^{2+}]$时，式(1.99)为一垂直于横轴的直线(图 1.11 中的⑥线)。线左$[Cu^{2+}]>[Cu(OH)_{2(aq)}]$，为 Cu^{2+}的优势场；其右$[Cu^{2+}]<[Cu(OH)_{2(aq)}]$，为 $Cu(OH)_{2(aq)}$的优势场；在⑥线上$[Cu^{2+}]=[Cu(OH)_{2(aq)}]$。

依此类推可以研究 CuO 与 $HCuO_2^-$、CuO 与 CuO_2^{2-}、$Cu(OH)_{2(aq)}$与 $HCuO_2^-$、$HCuO_2^-$与 CuO_2^{2-}之间的平衡并得到如图 1.11 所示的相应的⑨、⑩、⑦、⑧线。图 1.12 所示为 $Cu-NH_3-H_2O$ 系的 lg[Cu]-pH 图。

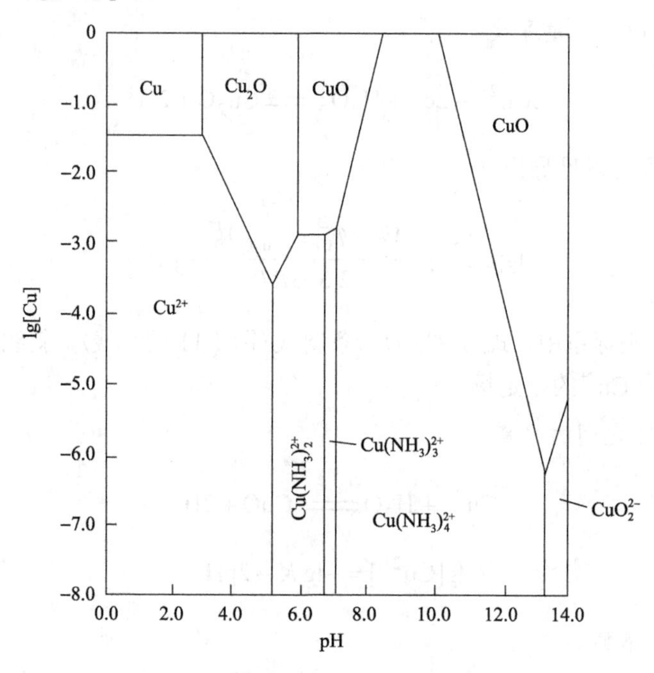

图 1.12　$Cu-NH_3-H_2O$ 系 lg[Cu]-pH 图

T=298K，φ_n=0.3V，$[NH_4+NH_3]$=1mol/L

R. G. 罗宾斯(Robins)与 T. 西村(Nishimura)等绘制了金属-As-H_2O 系、金属-As-SO_4^{2-}-H_2O 系、金属-As-CO_3^{2-}-H_2O 系的$[As]_T$-pH 图[27]。J. 克拉格滕(Kragten)绘制了 45 种金属的 Me-H_2O 系和 Me-L-H_2O 系的 $lg[Me]_T$-pH 图，L 为各种配位体[28]。

4. 悬浮液电位和实用湿法冶金体系的 φ-pH 图

用于理论研究的电位测定，当体系中有一固相存在时，需要用这一固相作为电极。例如，金属与其离子之间的平衡电位，以金属浸没在一定成分的溶液中当作一极，判定某硫化物与金属离子之间的电位时，必须以此硫化物块浸没在一定成分的水溶液中作为一极，另一极(参比电极)则可用甘汞电极或铂金电极。但从湿法冶金的实用角度来看，“悬浮液电位”似乎更为方便。

所谓悬浮液电位是固相的细微颗粒与一定成分的溶液组成的悬浮液的电位，这电位可以将一铂电极和一甘汞电极浸没在悬浮液中测得。例如，测定 Cu-SO_4^{2-}-H_2O 系统的电位，把 0.15mm 的铜粉加入到用 H_2SO_4 或 Na_2SO_4 配制的 SO_4^{2-}浓度为 1mol/L 的溶液中，在一定温度下不断搅拌，即组成所需的悬浮液。实践表明，从过滤悬浮液得到的滤液，或使悬浮液沉降后的上清液与悬浮液本身的电位没有多大的差别。当然，这一电位与用固体物质作电极而测得的电位值是有差别的，二者之间的关系现在尚未弄清。在测定悬浮液电位时，一般认为强电位容易测得，不稳定的弱电位难以测定。真溶液中的氧化还原电位一般易显出强的电位，悬浮液 CuS 则能得到明显的电位，而 S^0/H_2S 的电位弱，判定弱电位时要使用旋转铂电极。此种电极比滴汞电极的灵敏度高数百倍，必须特别注意防止铂电极表面被污染，因为它决定了整个测定过程的精度。

在湿法冶金中，悬浮液电位比理论电位更为有用，其原因有下列几个方面。

(1) 矿物大多是以微粒的悬浊液来处理的，而不是以块状来处理，随矿物的粉化程度变化，其反应性也发生变化。

(2) 一种矿物往往包含其他矿物。即使是纯矿物也会由于矿物的产地不同，而存在反应性相异的不均匀性。为此，人们用电化学方法来测定块状矿物表面的化学反应时，只抓住了最容易发生的反应，这就有可能使得所测得的反应只是这种矿物的代表性反应。而从浸出的全过程来看，从最初最容易发生的反应到末期最难发生的反应都必须测定，因此有必要把颗粒完全溶解掉。

(3) 块状电极的理论电位很难用于控制浸出工艺过程，反之，悬浮液电位则容易。

1.3.2　加压湿法冶金动力学

在冶金过程中，气-固反应实例有氧化矿的气体还原、硫化矿的氧化焙烧、石灰石的热分解等；液-固反应的实例有矿物浸出、熔渣中石灰石的熔化、离子交换、钢水中合金元素的溶解等。其特点是反应在流态相(气或液)与固相之间进行。一个完整的气(液)-固反应可表示为

$$aA(s)+bB(g,l)=\!=\!=eE(s)+dD(g,l) \tag{1.100}$$

式中，A(s)——固体反应物；

B(g,l)——气体或液体反应物；

E(s)——固体生成物；

D(g,l)——气体或液体生成物。

因具体反应过程不同，可能会缺少 A、B、E、D 中的一项或两项，但一般至少包括一个固相和一个液(气)相。在反应物 A(s)的外层生成一层产物 E(s)，其表面有一个边界层，在气相中称为气膜，若在液相中则称液膜。最外面为反应物 B(g,l)层和生成物 D(g,l)层(图 1.13)。

致密固体间发生反应时，化学反应从固体表面向内部逐渐进行，反应物 A(s)和产物 E(s)之间有明显的界面。随着反应的进行，产物层厚度逐渐增加，而作为核心的固体反应物逐渐缩小，直到消失，这就是所谓的“收缩核模型”。这种沿固体内部相界面附近区域发展的化学反应又称为区域化学反应。

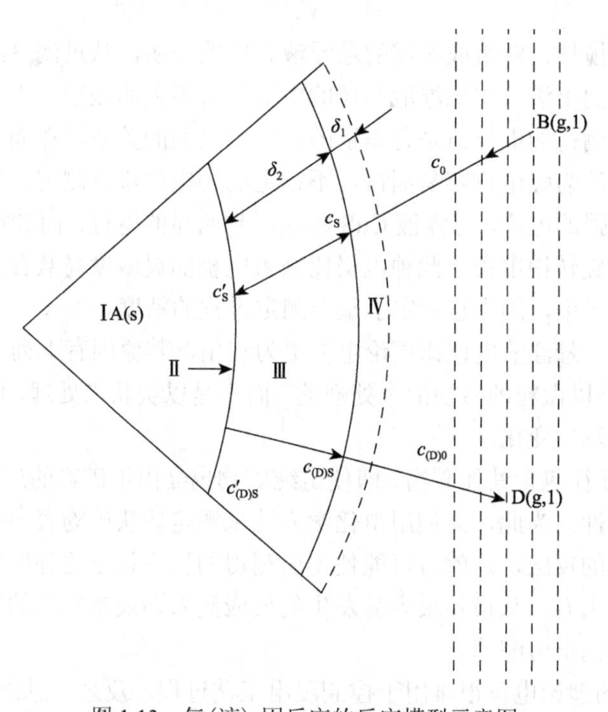

图 1.13　气(液)-固反应的反应模型示意图

Ⅰ. 未反应核；Ⅱ. 反应界面；Ⅲ. 固体产物(固膜)；Ⅳ. 边界层

区域化学反应通常按照以下步骤进行。

(1) 反应物 B(g,l) 从流体相中通过边界层向反应固体产物 E(s) 表面扩散，一般称为外扩散。

(2) 反应物 B(g,l) 通过固体生成物 E(s) 向反应界面的扩散，一般称为内扩散。

(3) 反应物 B(g,l) 在反应界面上与固体 A(s) 发生化学反应，实际通过 3 步进行。

(4) 生成物 D(g,l) 由反应界面通过固体产物层 E(s) 向边界层扩散。

(5) 生成物 D(g,l) 通过边界层向外扩散。

其中步骤(3)又分为 3 步：

第一步是扩散到 A 表面的 B 被 A 吸附生成吸附络合物 A·B：

$$A+B = A\cdot B \tag{1.101}$$

第二步是 A·B 转变为固相 E·D：

$$A+B = E\cdot D \tag{1.102}$$

第三步是 D 在固体 E 层向外扩散进而在 E 上的解吸：

$$E\cdot D = E+D \tag{1.103}$$

其中第一步、第三步称为吸附阶段；第二步称为结晶-化学反应阶段。

结晶-化学反应的显著特征是自催化，其速率曲线和示意图如图 1.14 所示。最开始反应只在固体表面某些活性点上进行。由于新相的晶核生成比较困难，反应初期反应速率增加很缓慢，这一阶段称为诱导期(图 1.14 中 I 区)：新相晶核大量生成以后，以晶核为基础继续长大就变得容易，而且由于晶体不断长大，其表面积也相应地增加。这些都会导致反应速率随着时间而增加，这一阶段称为加速期(图 1.14 中 II 区)；反应后期，相界面合拢，反应界面面积缩小，反应速率逐渐变慢。这一阶段称为减速期(图 1.14 中III区)。

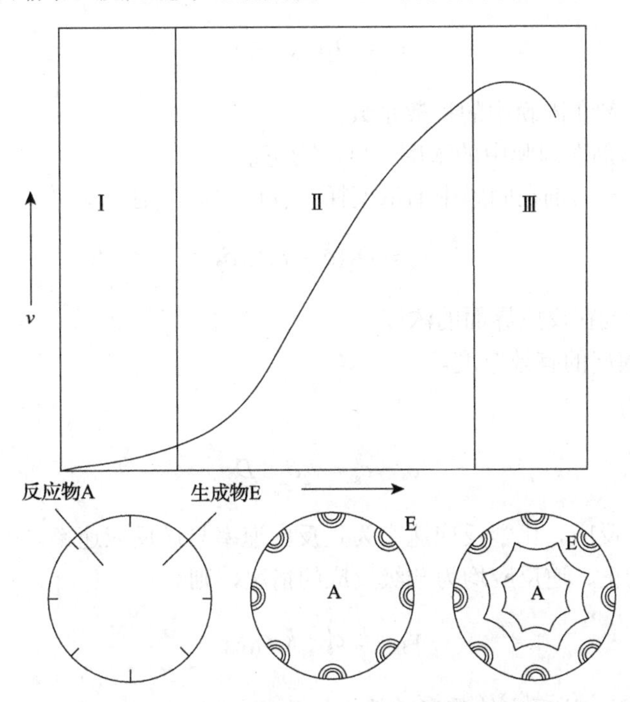

图 1.14　自催化反应的速率变化曲线和示意图

气(液)-固相反应是由前面叙述的步骤连续进行的，总的反应速率受制于最慢的环节，这一环节便是限制性环节，或称为控制步骤。应当指出，上述对气(液)-固相反应的历程分析不仅对气(液)-固相反应，而且对几乎所有多相反应过程(包括结晶、沉淀过程)都是大同小异，仅具体内容有所不同，因此可以举一反三。

为分析问题方便起见，在此以加压浸出过程(液-固反应)为例，速率以单位时间单位面积上浸出剂 B 的消耗量表示(图 1.13)。对于焙烧、还原等气-固反应，只要将相应符号进行变换，就可以得出相同结论。

由于总反应过程由 5 个步骤组成，以下研究各步骤速率及总反应速率的方程式。

步骤 1：浸出剂通过扩散层向内扩散。将扩散层内浸出剂的浓度梯度近似看作常数，据菲克第一定律得出通过扩散层扩散的速率为

$$v_1 = D_1(c_0 - c_s) / \delta_1 \tag{1.104}$$

式中，D_1——浸出剂 B 在水溶液中的扩散系数；

c_0——浸出剂 B 在边界层外的浓度；

c_s——浸出剂 B 在固体表面的浓度(或液 / 固界面的浓度)；

δ_1——浸出剂扩散层的有效厚度，会随搅拌转速的增加而减小。

式(1.104)可改写为

$$c_0 - c_s = v_1 \delta_1 / D_1 \tag{1.105}$$

步骤2：浸出剂通过固膜扩散。根据菲克第一定律，其速率为

$$v_2 = D_2 (d_c / d_r) \tag{1.106}$$

式中，D_2——浸出剂在固膜中的扩散系数；

d_c/d_r——浸出剂在固膜中的浓度梯度，为正值。

简单起见，将浸出剂在固膜中的浓度梯度看作常数，则

$$v_2 = D_2 (c_s - c_s') / \delta_2 \tag{1.107}$$

式中，c_s'——浸出剂在反应界面的浓度；

δ_2——固膜层的有效厚度。

式(1.107)可改写为

$$c_s - c_s' = v_2 \delta_2 / D_2 \tag{1.108}$$

步骤3：化学反应。化学反应速率为正反应速率与逆反应速率之差，同样为分析问题的方便，只讨论正、逆反应均为一级反应的情况，则

$$v_3 = k_+ c_s' - k_- c_{(D)S}' \tag{1.109}$$

式中，k_+、k_-——正、逆反应的速率常数；

$c_{(D)S}'$——可溶性生成物在反应界面的浓度。

式(1.109)可改写为

$$c_s' - c_{(D)S}' k_- / k_+ = v_3 / k_+ \tag{1.110}$$

步骤4：可溶性生成物D通过固膜进行扩散。其速率可用式(1.111)近似表示：

$$v_{(D)4} = D_2' [c_{(D)S}' - c_{(D)S}] / \delta_2 \tag{1.111}$$

式中，$c_{(D)S}$——可溶性生成物D在矿物表面的浓度；

D_2'——可溶性生成物D在固相膜内的扩散系数。

从式(1.111)可知生成1mol物质D应消耗b/dmol浸出剂，令$b/d=\beta$，故按浸出剂物质的量计算的速率为

$$v_{(D)4} = \beta D_2' [c_{(D)S}' - c_{(D)S}] / \delta_2 \tag{1.112}$$

式(1.112)两边同时乘以k_-/k_+，并整理得

$$[c'_{(D)S}-c_{(D)S}](k_-/k_+)=(v_4\delta_2/\beta D'_2)(k_-/k_+) \tag{1.113}$$

步骤 5：可溶性生成物 D 通过扩散层，与上一步骤类似：

$$v_5=\beta D'_1[c_{(D)S}-c_{(D)0}]/\delta_1 \tag{1.114}$$

式中，$c_{(D)0}$——生成物 D 在水溶液中的浓度；

D'_1——生成物 D 在水溶液中的扩散系数；

δ_1——生成物 D 的扩散层厚度。

式(1.114)可改写成

$$[c_{(D)S}-c_{(D)0}](k_-/k_+)=(v_5\delta_1/\beta D'_1)(k_-/k_+) \tag{1.115}$$

将式(1.105)、式(1.108)、式(1.110)、式(1.113)、式(1.115)联立并考虑到在稳定条件下各步骤的速率相等，且等于浸出过程的总速率 v_0，整理后得

$$\begin{aligned}&v_0\left[\frac{\delta_1}{D_1}+\frac{\delta_2}{D_2}+\frac{1}{k_+}+\frac{k_-}{\beta k_+}\left(\frac{\delta_2}{D'_2}+\frac{\delta_1}{D'_1}\right)\right]=c_0-c_{(D)0}\frac{k_-}{k_+}\\&v_0=\frac{\delta_1}{D_1}+\frac{\delta_2}{D_2}+\frac{1}{k_+}\left(c_0-c_{(D)0}\frac{k_-}{k_+}\right)\Bigg/\left[\frac{\delta_1}{D_1}+\frac{\delta_2}{D_2}+\frac{1}{k_+}+\frac{k_-}{\beta k_+}\left(\frac{\delta_2}{D'_2}+\frac{\delta_1}{D'_1}\right)\right]\end{aligned} \tag{1.116}$$

根据式(1.116)可得出如下结论。

(1)式(1.116)中分母项的增大导致浸出速率减小，可将整个分母项视为反应的总阻力。总阻力可分为：浸出剂外扩散阻力(δ_1/D_1)、浸出剂内扩散阻力(δ_2/D_2)、化学反应阻力($1/k_+$)以及生成物向外扩散阻力。

(2)当反应平衡常数很大时(反应基本不可逆，$k_+\gg k_-$，式(1.116)可以简化为

$$v_0=c_0\Bigg/\left(\frac{\delta_1}{D_1}+\frac{\delta_2}{D_2}+\frac{1}{k_+}\right) \tag{1.117}$$

这种情况中，生成物向外扩散的阻力忽略不计，仅考虑浸出剂内扩散阻力、外扩散阻力以及化学反应阻力对浸出过程的速率影响。

(3)浸出速率取决于阻力最大的步骤(最慢的步骤)，例如，当外扩散步骤最慢时，即

$$\frac{\delta_1}{D_1}\gg\frac{\delta_2}{D_2},\ \frac{\delta_1}{D_1}\gg\frac{1}{k_+} \tag{1.118}$$

此时

$$v_0=c_0\Bigg/\left(\frac{\delta_1}{D_1}\right)=c_0D_1/\delta_1 \tag{1.119}$$

上述过程总速率取决于外扩散步骤，外扩散成为控制性步骤，或者说过程为外扩散控制。同理，若化学反应步骤最慢，反应步骤阻力$(1/k_+)$远大于(δ_1/D_1)、(δ_2/D_2)，则

$$v_0 = c_0 \bigg/ \left(\frac{1}{k_+}\right) = c_0 k_+ \tag{1.120}$$

浸出过程总速率取决于化学反应速率，化学反应步骤成为其控制步骤。对内扩散步骤也可类推。若其中两个步骤的速率大体相等，且远小于第三步骤，则过程为两者的混合控制，或称浸出过程在过渡区进行。

(4)综上，浸出过程的速率始终近似等于溶液中浸出剂的浓度c_0除以该控制步骤的阻力。

1.3.3　加压酸浸过程的机理

硫化锌精矿加压氧化酸浸的机理基本上可分为两种类型[29]：电化腐蚀机理和吸附配合物机理。

1)电化腐蚀机理[29-31]

硫化物的溶解类似于金属腐蚀的电化反应。

阴极反应：

$$O_2 + 2H^+ + 2e^- \longrightarrow H_2O_2 \tag{1.121}$$

$$H_2O_2 + 2H^+ + 2e^- \longrightarrow 2H_2O \tag{1.122}$$

阳极反应：

$$MeS \longrightarrow Me^{2+} + S + 2e^- \tag{1.123}$$

$$MeS + 4H_2O \longrightarrow Me^{2+} + SO_4^{2-} + 8H^+ + 8e^- \tag{1.124}$$

总反应：

$$MeS + \frac{1}{2}O_2 + 2H^+ \longrightarrow Me^{2+} + H_2O + S \tag{1.125}$$

$$MeS + 2O_2 \longrightarrow MeSO_4 \tag{1.126}$$

硫化物中 S^{2-}在矿粒阳极部位氧化放出电子，通过矿粒本身送到阴极部位，使氧还原，完成一个闭路微电池。氧的还原通过一个H_2O_2中间产物进行转移。

硫化锌在100℃下进行氧压酸溶试验，其动力学曲线如图1.15所示[29]。溶液中的氧气压力与所需酸量的关系是：氧气压力越高，要求的酸浓度越高；氧气压力一定时，酸超过极限含量，反应速率则不再增大，保持一个恒值。在130℃时硫化锌进行氧压酸溶也可得到类似的曲线，证实属于电化腐蚀机理。

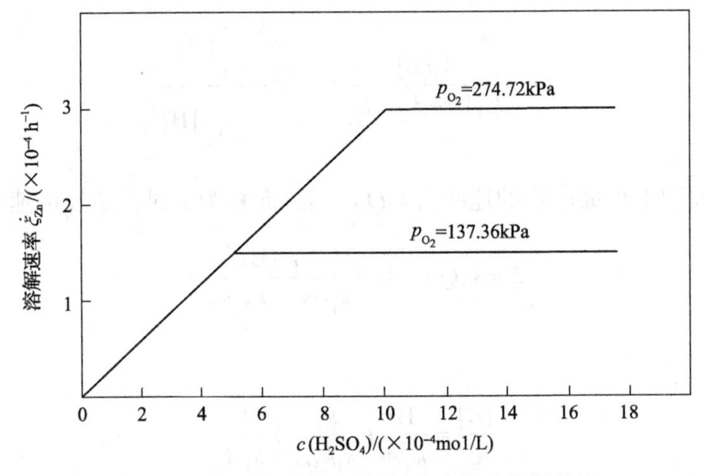

图 1.15　ZnS 在 100℃下氧压酸溶的动力学曲线

2) 吸附配合物机理

假如在固相 S 与液相 B 之间的反应中途形成吸附配合物 S·B，其反应机理可用式(1.127)表示：

$$S_{固} + B_{液} \longrightarrow S\cdot B \longrightarrow 产物 \tag{1.127}$$

吸附配合物的形成是过程的最缓慢阶段，为过程速率的控制步骤。过程的反应动力学可以推导如下。

设 Q 为形成吸附配合物过程中参与反应的部分，$1-Q$ 为没有参与反应的游离部分，设形成配合物的速率 ξ_1 为

$$\xi_1 = k_1(1-Q)[B]^n \tag{1.128}$$

式中，[B]——反应物 B 的浓度；

n——反应级数。

设配合物分解(成原组分)的速率 ξ_2 为

$$\xi_2 = k_2 Q \tag{1.129}$$

设配合物分解(成产物)的速率 ξ_3 为

$$\xi_3 = k_3 Q \tag{1.130}$$

式中，k_1、k_2、k_3——速率常数。

当 $n=1$ 反应状态稳定时，可建立如下关系式：

$$\xi_1 = \xi_2 + \xi_3 \tag{1.131}$$

或

$$k_1(1-Q)[B] = (k_2 + k_3)Q$$

$$Q=\frac{k_1[\mathrm{B}]}{k_1[\mathrm{B}]+k_2+k_3}=\frac{\dfrac{k_1}{k_2+k_3}[\mathrm{B}]}{1+\dfrac{k_1}{k_2+k_3}[\mathrm{B}]} \tag{1.132}$$

因单位表面积上形成产物的速率为k_3Q，当总面积为A时，总反应速率ξ为

$$\xi=k_3QA=k_3A\frac{k_1[\mathrm{B}]}{k_1[\mathrm{B}]+k_2+k_3} \tag{1.133}$$

整理后得到

$$\frac{[\mathrm{B}]}{\xi}=\frac{[\mathrm{B}]}{k_3A}+\frac{k_2}{k_1k_3A}+\frac{1}{k_1A} \tag{1.134}$$

假如反应过程中A为一恒值，那么在等温条件下$\frac{[\mathrm{B}]}{\xi}$对[B]的关系应该是一条直线。为了加速反应的进行，在锌精矿的焙烧过程中，主要采用提高温度的办法来增大反应速率常数。而在加压酸浸时，除了适当提高反应温度(110～116℃)外，主要是采用具有较高浓度或较大分压的氧气，所用的氧分压从几个大气压到几十个大气压不等。由于所用氧分压的增大，在质量作用定律的支配下，锌精矿的氧化反应速率也大大地增加。

参 考 文 献

[1] 杨显万, 邱定蕃. 湿法冶金[M]. 2 版. 北京: 冶金工业出版社, 2011.

[2] 陈家镛. 湿法冶金手册[M]. 北京: 冶金工业出版社, 2005.

[3] 朱屯. 现代铜湿法冶金[M]. 北京: 冶金工业出版社, 2002.

[4] 蒋开喜, 王海北. 加压湿法冶金: 可持续发展的资源加工利用技术[J]. 中国创业投资与高科技, 2002, 12: 73-75.

[5] 邱定蕃. 加压湿法冶金过程化学与工业实践[J]. 矿冶, 1994, 3(4): 55-67.

[6] Anthony M, Flett D. Pressure Hydrometallurgy: A Review[M]. UK: Mineral Industrial Research Organisation, 2001.

[7] 柯家骏. 湿法冶金中加压浸出过程的进展[J]. 湿法冶金, 1996, 58(2): 1-6.

[8] 宋复伦, 宁模功. 加压湿法冶金的过去、现在和未来[J]. 湿法冶金, 2001, 20(3): 165-166.

[9] 汪镜亮. 加压湿法冶金的研究和发展前景[J]. 四川有色金属, 1992, (1): 19-20.

[10] Habashi F. The origins of pressure hydrometallury[C]. Pressure Hydrometallurgy 2004, 2004: 3-20.

[11] Pourbaix M. Atlas of Electrochemical Equilibria in Aqueous Solutions[M]. Oxford: Pergamon Press, 1966.

[12] Peters E. Direct Leaching of Sulfides: Chemistry and Applications[J]. Metallurgical Transactions B, 1976: 505-517.

[13] Woods R, Roon R H, Young C A. E_h-pH diagrams for stable and metastable phases in the copper-sulfur-water system[J]. International Journal of Mineral Processing, 1987, 20(1-2): 109-120.

[14] Linkson P B, Phillips B D, Rowles C D. Computer methods for the generation of Eh-pH diagrams[J]. Minerals Science and Engineering, 1979, 11(2): 65-79.

[15] Duby P F. Proceeding of international conference on high temperature, high pressure electrochemistry in aqueous solution[C]. Guildford: The University of Surrey, 1973: 7-12.

[16] Newton J S, Duby P F. Construction of pourbaix diagrams for ternary systems by digital computer and thier application to stress corrosion cracking of brass[J]. Nuclear Metallurgy, 1976, 20 (2): 951-963.

[17] Brook P A. A computer method of calculating potential-pH diagrams[J]. Corrosion Science, 1971, 11(6): 389-396.

[18] Froning M H, Shanley M E, Verink Jr E D. An improved method for calculation of potential-pH diagrams of metal-ion-water systems by computer[J]. Corrosion Science, 1976, 16(6): 371-377.

[19] 张索林, 梁植林. 水溶液热力学研究——高温热力学量和 E-pH 图的电算方法[J]. 有色金属, 1982, 34(2): 65-70.

[20] 李阳. 用计算机绘制电位-pH 图的一种新方法[J]. 有色金属, 1990, 42(2): 48-54.

[21] 尹爱君. 冶金数据库系统及其应用研究[D]. 长沙: 中南大学, 1996.

[22] Luo R. Overall equilibrium diagrams for hydrometallurgical systems: Copper-ammonia-water system[J]. Hydrometallurgy, 1987, 17: 177-199.

[23] 刘海霞. 化学位图软件系统的研究与开发[D]. 长沙: 中南大学, 1999.

[24] 傅崇说, 郑蒂基. 关于 $Cu\text{-}NH_3\text{-}H_2O$ 系的热力学研究[J]. 中南矿业学院学报, 1979, (1): 27-37.

[25] 森岡進. 電位-pH 平衡図の決定とその応用[J]. 日本金属学会誌, 1968, 7(9): 485-493.

[26] 杨显万, 袁宝州. $Tl\text{-}Cl^{-}\text{-}H_2O$ 系 E-pH 图[J]. 稀有金属, 1981, (5): 1-7.

[27] 黎鼎鑫, 等. 贵金属的提取冶金[M]. 长沙: 中南工业大学出版社, 1991: 93-97.

[28] 亀谷博, 青木爱子. 90℃における電位-pH 図-5-90℃における $Fe\text{-}SO_4\text{-}H_2O$ 懸濁系電位-pH 図[J]. 日本鉱業会誌, 1975, 91(1053): 727-732.

[29] 梅光贵, 王德润, 周敬元, 等. 湿法炼锌学[M]. 长沙: 中南大学出版社, 2001.

[30] Pawlek F E. Research in pressure leaching[J]. Journal of the South Africa Institute of Mining and Metallurgy, 1969, 69(12): 632-654.

[31] Perez I P. The influence of the iron content of sphalerite on its rate of dissolution in ferric sulphate and ferric chloride media[J]. Hydrometallurgy, 1991, 26(2): 211-232.

第2章　多金属复杂硫化矿加压浸出研究

2.1　概　　述

有色金属冶金是典型的资源投入型产业，其生存与发展必须以矿产资源为依托。有色金属矿产资源是一次资源，其储量是有限的。由于不断的开发，保有储量迅速减少，优质矿床濒于耗尽，近年来，随着我国有色冶金工业的快速发展，矿产资源消耗速度加大，优质矿产资源日渐枯竭，因此，开发利用我国存储量大的低品位复杂有色金属矿产资源具有非常重要的意义，也是一项十分急迫的任务[1,2]。

我国铅锌储量居世界第二位，分布广、类型多，其中铅、锌、铜多金属复杂硫化矿比重较大。此类矿石由于嵌布粒度细，关系复杂、氧化率低，属胶状结构，难以用传统的选矿技术实现有效分离。据不完全统计，广东凡口矿，甘肃西成矿，四川白玉县呷村矿，新疆可可乃克矿，湖南水口山矿，甘肃蛟龙掌铅锌矿，青海玉树铜铅锌矿，内蒙古白音诺尔铅锌矿，甘肃祁连铜、铅、锌矿等大中型矿均属此列。此外，在新疆喀什、甘肃西河、云南保山和文山地区、河北承德、西藏山南、陕西各地也有此类矿床。云南兰坪三山地区有铜、铅、锌、银多金属复杂硫化矿大型矿区，铅和锌总储量为 100 万 t，铜总储量 50 万 t，银 5000t[3,4]。对于此类多金属复杂矿床的综合利用有两种工艺路线，一种是分选分炼，即通过选矿分别选出铅精矿、锌精矿、铜精矿，再分别处理以提取铅、锌、铜。这种工艺的最大困难是选矿，由于分选困难，不仅选矿回收率低，而且精矿质量差。国内上述各大矿均有过选矿研究，都证明了这一点。另一种工艺路线是选冶联合工艺，选矿不分选，只选出混合精矿，然后用冶金手段处理混合精矿，这样做的好处是选矿回收率大幅度提高，选矿作业简单。此种工艺路线的困难在于铜、铅、锌混合精矿的冶炼。过去采用密闭鼓风炉炼锌(ISP)法，但这种方法基建投资大，能耗高，铅、锌及贵金属的回收率低，对精矿含铜要求高(不大于 2%)，而且对环境污染严重，国外已陆续关闭了若干家。因此，开发能高效处理铅、锌、铜混合精矿的清洁冶金技术是高效利用铅、锌、铜多金属复杂硫化矿的突破口。这是全国有色冶金工业迫切需要解决的一项突出的共性关键技术。

2.1.1　复杂多金属硫化精矿选冶工艺的研究现状

我国“三江”成矿地区蕴藏丰富的复杂多金属矿床，此类矿床品位高、易开采、难分选，矿石中富含铜、铅、锌、银、锑、砷等多种金属。国内对此类矿床的选矿研究较多，而对冶炼工艺的研究较少。

华金仓等[5]对某地资源丰富的复杂多金属矿床进行了选矿研究，试验结果推荐“一段细磨(–75μm 占 85%)-铅粗精矿再磨(–43μm 占 95%)的铜-铅-锌顺序优先浮选”工艺流程，并结合使用铜、铅选择性捕收剂 BK905 和 BK906，得到的主要指标为：铜精矿品位

18.23%、回收率 84.42%，铅精矿品位 66.35%、回收率 80.78%，锌精矿品位 45.16%、回收率 84.04%。张小田等[6]对福建闽北某矿山复杂多金属矿进行了选矿试验研究，该矿石含有铜、铅、锌、铁等多种有价金属矿物，采用先浮选后磁选、部分混合浮选的流程，选出铜铅混合精矿，再进行铜、铅分离，然后浮选锌、硫，浮选尾矿经过磁选选铁，得出了铜精矿、铅精矿、锌精矿、铁精矿四种产品。谢克强等[7,8]研究了铜铅锌多金属复杂硫化矿的综合回收工艺，该复杂硫化矿中含 Pb 31.37%、Zn 23.53%、Cu 2.51%、Fe 13.18%、Ag 197.20g/t，采用加压浸出处理铜、铅、锌多金属矿，在适宜的条件下，可同时浸出锌、铜，PbS 转化为 $PbSO_4$ 留在浸出渣中，可作为含铅原料送入 Ausmelt 炉或采用水口山炼铅法底吹转炉处理。加压浸出液采用常规的湿法炼锌工艺回收锌，从铜镉渣中回收铜。

李元坤[9]针对某含银、铜、铅、锌复杂多金属硫化精矿的性质，对该矿进行了焙烧-酸浸的工艺处理，银几乎 100%进入浸出渣而不被稀硫酸浸出，通过对浸出渣进行氯盐浸出，对浸出液采用萃取、沉淀、置换等分离技术，各有价金属得到了有效的分离提取，并且他初步探讨了银矿物在焙烧中的行为，在最优条件下，Ag、Pb、Cu、Zn 的一次浸出率分别为 91.13%、99.62%、96.46%、98.24%。另外，李崇德等[10]对某钼、锌、铁复杂多金属矿的选矿工艺进行了研究。陈永强等[11]研究了铅锌混合精矿加压浸出过程。王海北等[12]研究了新疆某复杂硫化铜矿低温低压浸出工艺。

2.1.2　复杂多金属硫化精矿冶炼工艺的论证

根据我国有色金属资源以及冶金行业发展情况，我国境内蕴藏的大量复杂多金属硫化矿开采利用的必要性越来越紧迫。目前研究的复杂多金属硫化精矿是以银、铜、铅、锌为主，伴生有锑、砷等的多金属硫化矿，经过初步的选矿分离，可以得到锌精矿和复杂多金属精矿。其中后者的主要矿物组成为：方铅矿 PbS、闪锌矿 ZnS、黝铜矿 $Cu_{12}Sb_4S_{13}$、黄铁矿 FeS_2、砷黝铜矿 $(CuFe)_{12}As_4S_{13}$、黄铜矿 $CuFeS_2$、辉银矿 Ag_2S 等。由于所采的原矿样不同，浮选所获得的复杂多金属硫化精矿成分也不尽相同，复杂多金属硫化精矿含 Ag ±3500g/t、Cu ±16%、Pb ±18%、Zn ±15%、Sb ±6%，就每一种金属目前的资源情况而言，都是十分有价值的原料。

研究中所选用的复杂多金属硫化精矿的特点是铜、锌、铅、硫、银等含量都较高，是典型的硫化矿，理论上可以采用硫化矿冶金的方法进行铜、锌、铅和银的综合回收。就现有的硫化矿冶金而言，可以采用的冶金方法有铅冶金、锌冶金和铜冶金。虽然每种方法之间没有必然的联系，但其都基于硫化矿特点，具有氧化脱硫-还原或浸出的整体技术。

对于复杂多金属硫化精矿，采用以铅冶炼为主的工艺流程时，由于该精矿烧结焙烧脱硫不彻底，虽然传统方铅矿烧结焙烧效果好，但其焙烧温度低，而对含锌和铜的复杂硫化矿而言，烧结温度要求在 950℃以上，含铅高的矿容易烧结熔结，造成脱硫效果不好。若烧结块采用鼓风炉熔炼，锍量相对比较高，锍的处理同复杂多金属矿一样，比较复杂；银、铜、铅和锑在铅电解过程和阳极泥的综合回收过程中可进行分离回收，获得相应的金属产品或中间产品，锌从鼓风炉渣中进行回收。相对而言，可能 ISP 法更适合该类型精矿的综合回收利用，其能够实现锌的同时回收，减少鼓风炉渣再处理回收锌的工序。

采用以铜火法冶炼工艺为主的流程时，该精矿中的铜可在铜冶金的主流程中回收，从铜电解的阳极泥中回收银，转炉吹炼烟尘中回收铅、锌和锑，可以获得比较高的银和铜的回收率。铅含量的高低基本上不影响熔炼、吹炼过程。在熔炼过程中铅绝大部分进入冰铜中，锌和锑部分进入熔炼渣中；在转炉吹炼时，铅也绝大部分挥发入烟尘，但绝大部分锌进入转炉渣中，其返回电炉熔炼时参与造渣，不能有效回收锌。采用现代各种炼铜法如 Mitsubish 法、Noranda 法、Ausmelt 法、Inco 法、Outokumpo 法、白银熔炼法、瓦纽柯夫法、氧气顶吹熔炼法、水口山炼铜法、顶吹转炉熔炼法、Contop 熔炼法等，其情况基本与传统电炉熔炼-转炉吹炼的结果相似。

以锌冶炼为主流程时，如果采用火法炼锌技术，该精矿焙烧脱硫后还原挥发铅和锌，铜和银还原形成金属相。在传统火法炼锌中，与此相似的过程不多，需要进行专用设备的开发研究，才能使该工艺过程顺利实施。如果采用湿法炼锌技术，焙烧后酸浸时，Cu 和 Zn 都被浸出，Ag 和 Pb 残留在渣中。浸出渣可以采用鼓风炉炼铅(配矿用)或再进行湿法冶金实现综合回收。虽然焙烧-浸出工艺也是较适合该类型精矿综合回收的一种方法，但原料含铅高，焙烧温度不能提高，焙烧效果不好，不利于该精矿综合回收，致使湿法浸出时浸出效果不佳，影响全流程金属回收率和经济效益。同时，由于精矿绝对数量不大，以火法炼铜为主流程的应用受到限制，以铅冶炼工艺为主时环境污染大，传统火法炼锌存在设备开发等问题。此外，焙烧所产出的二氧化硫烟气量不大，辅助制酸过程因规模小而难以在环保上实现低排放，消除环境污染。

综上所述，对于复杂多金属硫化矿的利用必须开发新的工艺技术取代传统的焙烧技术，使硫转化为无环境污染的元素硫，再采用湿法冶金技术综合利用该资源中的各种金属，实现该复杂多金属精矿中各金属的综合回收。本章对两种较典型的复杂多金属硫化精矿进行全湿法工艺流程研究，同时也考察了所提出的工艺对该类型精矿的适用性。

2.2　高温复杂多金属硫化矿电位-pH 图

湿法冶金是有色金属冶金过程中非常重要的方法之一，近年来，由于特有的优点，如不产生烟气、能耗较低等，其逐渐被应用在有色金属硫化矿的处理中。在此过程中，为了提高反应速率、浸出率及减少环境污染，高温加压浸出法应运而生，尤其是加压酸浸对金属硫化矿的处理[13-21]。对于成分相对单一的硫化锌矿、硫化铜矿等的高温加压氧化浸出，许多学者已进行了工艺方面的研究[13-15]，并取得了较高的锌、铜浸出率，部分成果已应用到工业实践中[15]。关于各种单一硫化物的热力学，许多学者做了一定的研究[16-18]，而对于复杂多金属硫化矿的加压浸出的研究较少[19-22]，关于此过程的电位-pH 图的研究几乎没有。为此，通过热力学计算的方法绘制了 298K 和 423K 下几种典型硫化物的电位-pH 图，为含铜、铅、锌、铁的复杂多金属硫化物精矿直接高温加压氧化浸出提供一定的热力学依据。

电位-pH 图适用于水溶液体系，能反映不同条件下，不同反应的电位与 pH、离子活度之间的关系。由电位-pH 图可以看出平衡条件及不同组分的稳定区域，还可以判断不同化学反应在不同条件下的方向和限度。为了了解复杂多金属硫化精矿酸性浸出时的热力学，绘制标准状态下 Me_mS_n-H_2O（Me：Zn、Fe、Cu、Pb 等）系 φ-pH 图和 423K，$p_{O_2}=1.0MPa$ 下的 φ-pH 图，并比较了 298K 和 423K 下不同 Me_mS_n 的浸出电位值，对硫化矿的高温加压浸出过程进行了热力学分析。本章热力学计算中的数据来自于文献[22]～[26]，根据各个体系中各物质的 $\Delta G_T^{\ominus}$，通过 $\Delta G_T^{\ominus}=\sum\Delta G_{T,产物}^{\ominus}-\sum\Delta G_{T,反应物}^{\ominus}$ 来计算反应的 $\Delta G_T^{\ominus}$，最后计算电位 φ 或 pH。

2.2.1　ZnS-H_2O 系 φ-pH 图

298K 和 423K 下 ZnS-H_2O 系中不同化学反应平衡式及不同温度下 φ-pH 关系式[22]见表 2.1。

表 2.1　ZnS-H_2O 系中不同化学反应平衡式及不同温度下 φ-pH 关系式

化学反应平衡式	φ_{298}-pH 关系式	φ_{423}-pH 关系式
a.$2H^++2e^-$ ══ H_2	$\varphi=-0.0591pH-0.0296\lg p_{H_2}/p^{\ominus}$	$\varphi=-0.0839pH-0.0420\lg p_{H_2}/p^{\ominus}$
b.$O_2+4H^++4e^-$ ══ $2H_2O$	$\varphi=1.229-0.0591pH+0.0148\lg p_{O_2}/p^{\ominus}$	$\varphi=1.1257-0.0839pH+0.0210\lg p_{O_2}/p^{\ominus}$
1′.HS^-+H^+ ══ $H_2S_{(aq)}$	$pH=6.9457+\lg[HS^-]-\lg[H_2S]$	$pH=6.1066+\lg[HS^-]-\lg[H_2S]$
2′.$S^{2-}+H^+$ ══ HS^-	$pH=12.9908+\lg[S^{2-}]-\lg[HS^-]$	$pH=9.9651+\lg[S^{2-}]-\lg[HS^-]$
3′.$HSO_4^-+7H^++6e^-$ ══ $S+4H_2O$	$\varphi=0.3329-0.0690pH+0.0099\lg[HSO_4^-]$	$\varphi=0.2851-0.0979pH+0.0140\lg[HSO_4^-]$
4′.$SO_4^{2-}+H^+$ ══ HSO_4^-	$pH=1.9505-\lg[HSO_4^-]+\lg[SO_4^{2-}]$	$pH=4.9555-\lg[HSO_4^-]+\lg[SO_4^{2-}]$
5′.$SO_4^{2-}+8H^++6e^-$ ══ $S+4H_2O$	$\varphi=0.3522-0.0788pH+0.0099\lg[SO_4^{2-}]$	—
6′.$S+2H^++2e^-$ ══ $H_2S_{(aq)}$	$\varphi=0.1446-0.0591pH-0.0296\lg[H_2S]$	$\varphi=0.1224-0.0839pH-0.0420\lg[H_2S]$
7′.$S+H^++2e^-$ ══ HS^-	$\varphi=-0.0608-0.0296pH-0.0296\lg[HS^-]$	—
8′.$SO_4^{2-}+9H^++8e^-$ ══ HS^-+4H_2O	$\varphi=0.2489-0.0665pH$ $-0.0074\lg([HS^-]/[SO_4^{2-}])$	$\varphi=0.2218-0.0944pH$ $-0.0105\lg([HS^-]/[SO_4^{2-}])$
9′.$SO_4^{2-}+8H^++8e^-$ ══ $S^{2-}+4H_2O$	$\varphi=0.1529-0.0591pH$ $-0.0074\lg([S^{2-}]/[SO_4^{2-}])$	$\varphi=0.1173-0.0839pH$ $-0.0105\lg([S^{2-}]/[SO_4^{2-}])$
10′.$HSO_4^-+9H^++8e^-$ ══ $H_2S_{(aq)}+4H_2O$	—	$\varphi=0.2444-0.0944pH$ $-0.0105\lg([H_2S]/[HSO_4^-])$
11′.$SO_4^{2-}+10H^++8e^-$ ══ $H_2S_{(aq)}+4H_2O$	—	$\varphi=0.2859-0.1049pH$ $-0.0105\lg([H_2S]/[SO_4^{2-}])$
1.$Zn^{2+}+2e^-$ ══ Zn	$\varphi=-0.7629+0.0296\lg[Zn^{2+}]$	$\varphi=-0.7509+0.0420\lg[Zn^{2+}]$
2.$ZnS+2H^++2e^-$ ══ $Zn+H_2S_{(aq)}$	$\varphi=-0.8942-0.0591pH-0.0296\lg[H_2S]$	$\varphi=-0.9172-0.0839pH-0.0420\lg[H_2S]$
3.$ZnS+H^++2e^-$ ══ $Zn+HS^-$	$\varphi=-1.0996-0.0296pH-0.0296\lg[HS^-]$	$\varphi=-1.1735-0.0420pH-0.0420\lg[HS^-]$
4.$ZnS+2e^-$ ══ $Zn+S^{2-}$	$\varphi=-1.4837-0.0296\lg[S^{2-}]$	$\varphi=-1.5917-0.0420\lg[S^{2-}]$
5.$ZnS+2H^+$ ══ $Zn^{2+}+H_2S_{(aq)}$	$pH=-2.2196-0.5\lg[Zn^{2+}]-0.5\lg[H_2S]$	$pH=-1.9814-0.5\lg[Zn^{2+}]-0.5\lg[H_2S]$
6.$Zn^{2+}+S+2e^-$ ══ ZnS	$\varphi=0.2758+0.0296\lg[Zn^{2+}]$	$\varphi=0.2887+0.0420\lg[Zn^{2+}]$
7.$HSO_4^-+Zn^{2+}+7H^++8e^-$ ══ $ZnS+4H_2O$	$\varphi=0.3187-0.0517pH$ $+0.0074\lg(Zn^{2+}][HSO_4^-])$	$\varphi=0.2860-0.0735pH$ $+0.0105\lg(Zn^{2+}][HSO_4^-])$
8.$SO_4^{2-}+Zn^{2+}+8H^++8e^-$ ══ $ZnS+4H_2O$	$\varphi=0.3331-0.0591pH$ $-0.0074\lg([Zn^{2+}][SO_4^{2-}])$	—

续表

化学反应平衡式	φ_{298}-pH 关系式	φ_{423}-pH 关系式
9. $Zn(OH)_2+SO_4^{2-}+10H^++8e^-$ ══ $ZnS+6H_2O$	$\varphi=0.4448-0.0739pH+0.0074lg[SO_4^{2-}]$	—
10. $HZnO_2^-+11H^++SO_4^{2-}+8e^-$ ══ $ZnS+6H_2O$	$\varphi=0.5373-0.0813pH+0.0074lg([SO_4^{2-}][HZnO_2^-])$	—
11. $SO_4^{2-}+ZnO_2^{2-}+12H^++8e^-$ ══ $ZnS+6H_2O$	$\varphi=0.6342-0.0887pH+0.0074lg([ZnO_2^{2-}][SO_4^{2-}])$	$\varphi=0.6650-0.1259pH+0.0105lg([ZnO_2^{2-}][SO_4^{2-}])$
12. $Zn(OH)_2+2H^+$ ══ $Zn^{2+}+2H_2O$	$pH=7.5550-0.5lg[Zn^{2+}]$	—
13. $HZnO_2^-+H^+$ ══ $Zn(OH)_2$	$pH=12.5208+lg[HZnO_2^-]$	—
14. $ZnO_2^{2-}+H^+$ ══ $HZnO_2^-$	$pH=14.1052+lg[ZnO_2^{2-}]-lg[HZnO_2^-]$	—
15. $ZnO+2H^+$ ══ $Zn^{2+}+H_2O$	—	$pH=4.3434-0.5lg[Zn^{2+}]$
16. $ZnO+H_2O$ ══ $ZnO_2^{2-}+2H^+$	—	$pH=12.7394+lg[ZnO_2^{2-}]$
17. $ZnO+SO_4^{2-}+10H^++8e^-$ ══ $ZnS+5H_2O$	—	$\varphi=0.3976-0.1049pH+0.0105lg[SO_4^{2-}]$
18. $ZnO+HSO_4^-+9H^++8e^-$ ══ $ZnS+5H_2O$	—	$\varphi=0.3561-0.0944pH+0.0105lg[HSO_4^-]$

由表 2.1 中 φ-pH 关系式，假设体系中 p=1.0MPa，$[H_2S]=[HS^-]=[S^{2-}]=[HSO_4^-]=10^{-2}mol/L$，$[SO_4^{2-}]=10^0mol/L$，$[Zn^{2+}]=10^0mol/L$，$[HZnO_2^-]=[ZnO_3^{2-}]=[ZnO_4^{4-}]=10^0mol/L$，由此可绘制出 298K 和 423K 时 $ZnS-H_2O$ 系的 φ-pH 图，见图 2.1。图中虚线表示 $S-H_2O$ 系 φ-pH 图(关系式见表 2.1)。

由图 2.1 可知，在水的稳定区域内，锌主要以 ZnS、Zn^{2+}、$HZnO_2^-$等形式存在。闪锌矿浸出时对水溶液体系的酸度要求很高，pH 约为−1，因此，为了提高浸出过程发生的可能性，可采用提高电位(加氧压)和升温的方式实现闪锌矿的浸出。由图 2.1(b)可知，

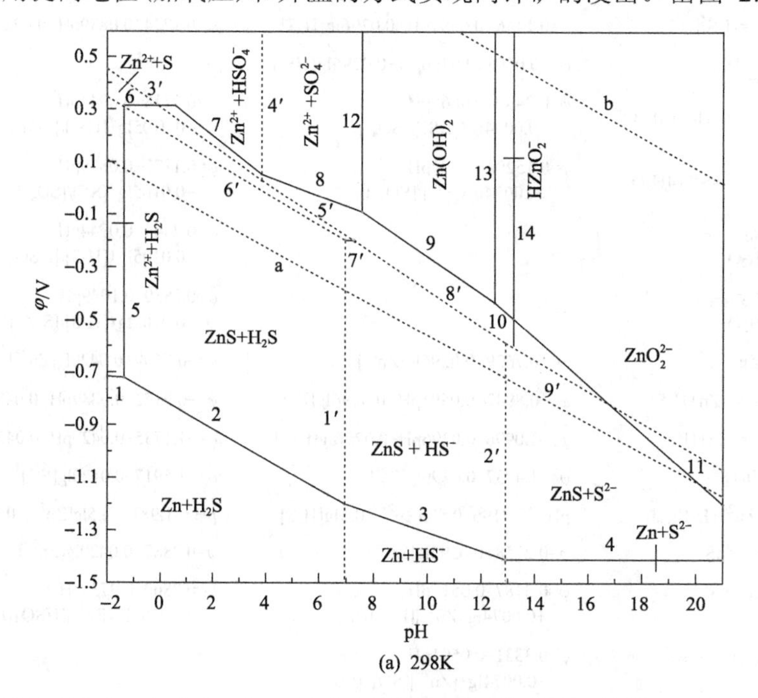

(a) 298K

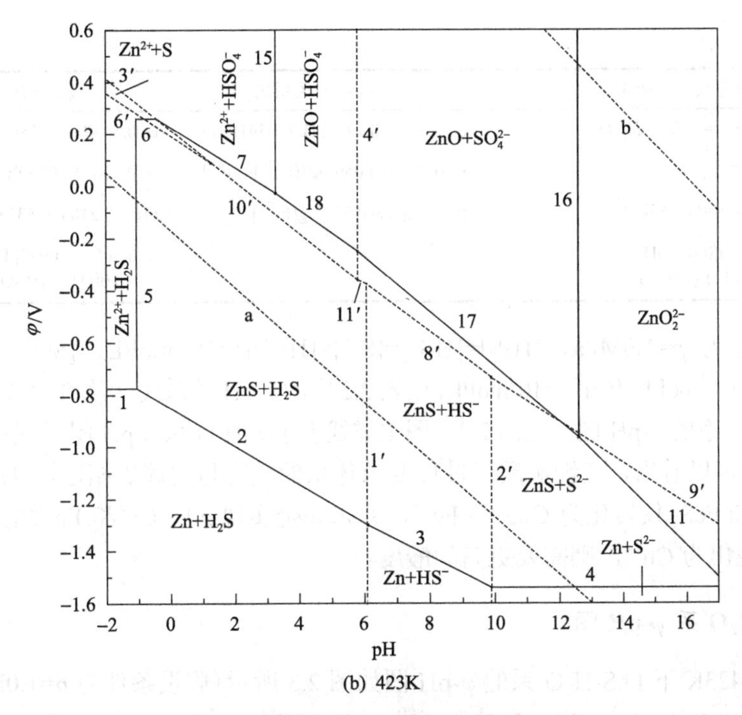

(b) 423K

图 2.1　不同温度下 ZnS-H_2O 系 φ-pH 图

当氧气压力较高，温度为 423K 时，在 pH<3 的条件下，就能实现闪锌矿的浸出。从热力学来说，闪锌矿几乎在整个 pH 的范围内都能被氧氧化，被氧化的趋势取决于氧电极与硫化物电极之间的电位差。

2.2.2　$CuFeS_2$-H_2O 系 φ-pH 图

298K 和 423K 下 $CuFeS_2$-H_2O 系中不同化学反应平衡方程式及不同温度下 φ-pH 关系式[22]，见表 2.2。

表 2.2　$CuFeS_2$-H_2O 系中不同化学反应平衡式及不同温度下 φ-pH 关系式

化学反应平衡式	φ_{298}-pH 关系式	φ_{423}-pH 关系式
1.$HSO_4^-+Cu^{2+}+7H^++8e^-$ ══ $CuS+4H_2O$	$\varphi=0.3981-0.0517pH-0.0074\lg([HSO_4^-][Cu^{2+}])$	$\varphi=0.3651-0.0735pH-0.0105\lg([HSO_4^-][Cu^{2+}])$
2. $2CuS+2H^++2e^-$ ══ $Cu_2S+H_2S_{(aq)}$	$\varphi=0.0840-0.0591pH-0.0296\lg[H_2S]$	$\varphi=0.0446-0.0839pH-0.0420\lg[H_2S]$
3.$CuS+Fe^{2+}+S+2e^-$ ══ $CuFeS_2$	$\varphi=0.3252+0.0296\lg[Fe^{2+}]$	$\varphi=0.3555+0.0420\lg[Fe^{2+}]$
4.$CuFeS_2+2H^+$ ══ $CuS+Fe^{2+}+H_2S_{(aq)}$	$pH=-4.0541-0.5\lg[Fe^{2+}]-0.5\lg[H_2S]$	$pH=-2.7762-0.5\lg[Fe^{2+}]-0.5\lg[H_2S]$
5.$2CuFeS_2+6H^++2e^-$ ══ $Cu_2S+2Fe^{2+}+3H_2S_{(aq)}$	$\varphi=-0.2772-0.1774pH-0.0296\lg([Fe^{2+}]^2[H_2S]^3)$	$\varphi=-0.4215-0.2518pH-0.0420\lg([Fe^{2+}]^2[H_2S]^3)$
6.$CuS+Fe^{2+}+HSO_4^-+7H^++8e^-$ ══ $CuFeS_2+4H_2O$	$\varphi=0.3310-0.0517pH+0.0074\lg([HSO_4^-][Fe^{2+}])$	$\varphi=0.3027-0.0735pH+0.0105\lg([HSO_4^-][Fe^{2+}])$
7.$CuS+Fe^{2+}+SO_4^{2-}+8H^++8e^-$ ══ $CuFeS_2+4H_2O$	$\varphi=0.3454-0.0591pH+0.0074\lg([SO_4^{2-}][Fe^{2+}])$	$\varphi=0.3442-0.0839pH+0.0105\lg([SO_4^{2-}][Fe^{2+}])$
8.$Cu^{2+}+SO_4^{2-}+8H^++8e^-$ ══ $CuS+4H_2O$	$\varphi=0.4126-0.0591pH+0.0074\lg([SO_4^{2-}][Cu^{2+}])$	$\varphi=0.4066-0.0839pH+0.0105\lg([SO_4^{2-}][Cu^{2+}])$

续表

化学反应平衡式	φ_{298}-pH 关系式	φ_{423}-pH 关系式
9.$Fe(OH)_3+3H^++e^-$ ══ $Fe^{2+}+3H_2O$	φ=0.9728−0.1774pH−0.0591lg[Fe^{2+}]	φ=0.8647−0.2518pH−0.0839lg[Fe^{2+}]
10.$Fe^{3+}+e^-$ ══ Fe^{2+}	φ=0.7697+0.0591lg([Fe^{3+}]/[Fe^{2+}])	φ=0.9187+0.0839lg([Fe^{3+}]/[Fe^{2+}])
11.$Fe(OH)_3+3H^+$ ══ $Fe^{3+}+3H_2O$	pH=1.1449−0.3333lg[Fe^{3+}]	pH=−0.2108−0.3333lg[Fe^{3+}]
12.$CuS+Fe(OH)_3+HSO_4^-+10H^+$ $+9e^-$ ══ $CuFeS_2+7H_2O$	—	φ=0.3651−0.0933pH +0.0093lg([HSO_4^-][Fe^{3+}])

假设条件为 p=1.0MPa，[H_2S]=[HS^-]=[S^{2-}]=[HSO_4^-]=10^{-2}mol/L，[SO_4^{2-}]=10^0mol/L，[Fe^{2+}]= [Fe^{3+}]=10^{-1}mol/L，[Cu^{2+}]=10^0mol/L，由表 2.2 中的 φ-pH 关系式，可绘制出 298K 和 423K 时 $CuFeS_2$-H_2O 系的 φ-pH 图，见图 2.2。图中虚线表示 S-H_2O 系 φ-pH 图(关系式见表 2.1)。

由图 2.2 可以看出，黄铜矿酸浸过程要求体系的酸度与闪锌矿相近，pH 约为−1，但在此条件下 $CuFeS_2$ 仅转化为 CuS 和 Fe^{2+}，并未完全实现其中 Cu 和 Fe 的浸出，若要使 CuS 进一步浸出为 Cu^{2+}，则需要更高的酸度。

2.2.3 PbS-H_2O 系 φ-pH 图

298K 和 423K 下 PbS-H_2O 系的 φ-pH 图如图 2.3 所示(假设条件为 p=1.0MPa，[H_2S]=[HS^-]=[S^{2-}]=[HSO_4^-]=10^{-2}mol/L，[SO_4^{2-}]=10^0mol/L，[Pb^{2+}]=10^{-5}mol/L，[$HPbO_2^-$] = [PbO_3^{2-}] = [PbO_4^{4-}] =10^0mol/L)。其中不同化学反应平衡式及不同温度下 φ-pH 关系式[22]见表 2.3。图中虚线表示 S-H_2O 系 φ-pH 图(关系式见表 2.1)。

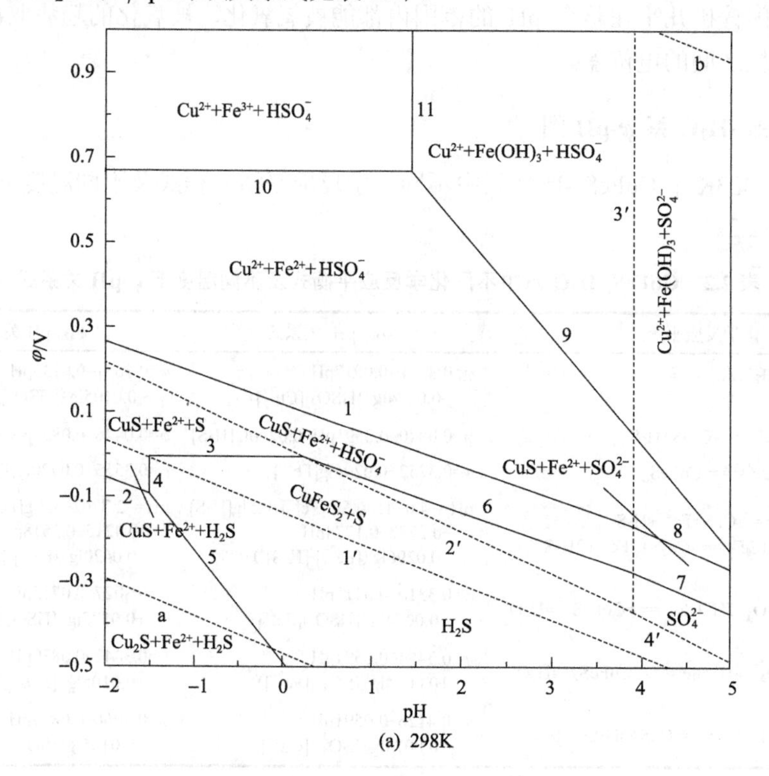

(a) 298K

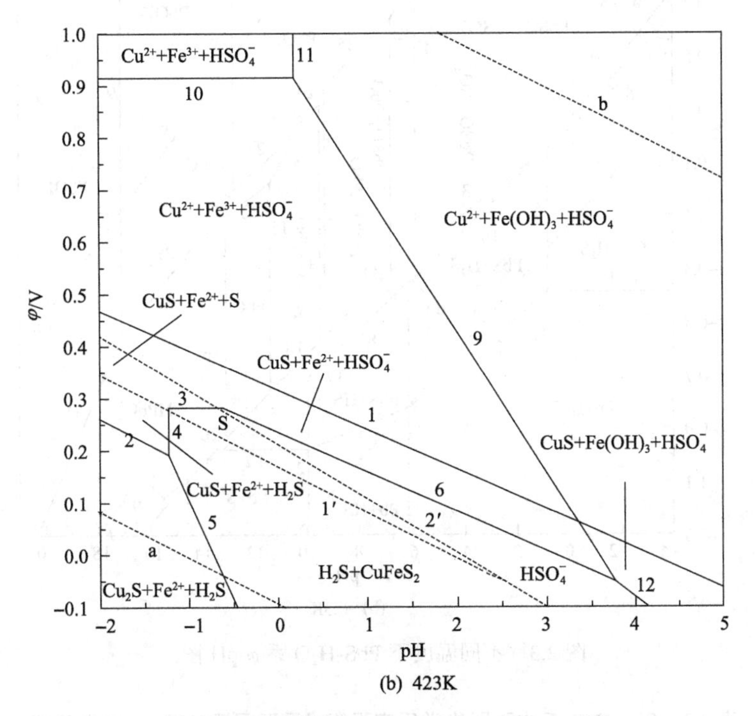

(b) 423K

图 2.2　不同温度下 $CuFeS_2$-H_2O 系 φ-pH 图

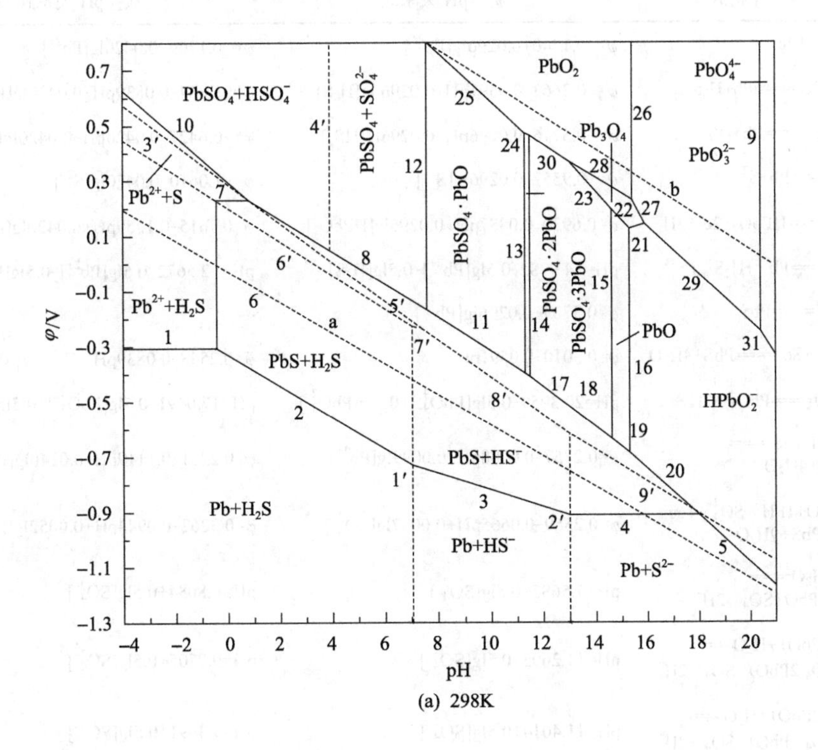

(a) 298K

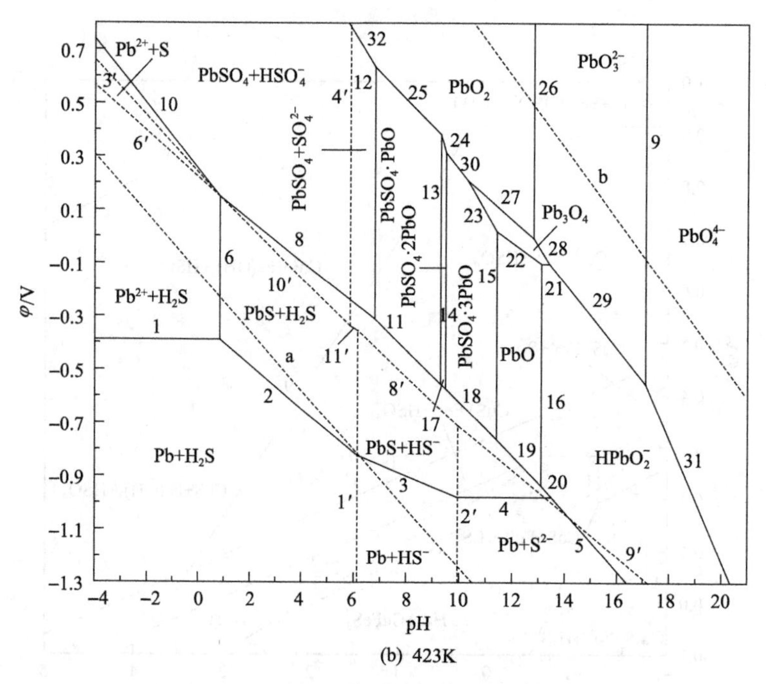

图 2.3　不同温度下 PbS-H_2O 系 φ-pH 图

表 2.3　PbS-H_2O 系中不同化学反应平衡式及不同温度下 φ-pH 关系式

化学反应平衡式	φ_{298}-pH 关系式	φ_{423}-pH 关系式
1.$Pb = Pb^{2+}+2e^-$	$\varphi=-0.1340+0.0296\lg[Pb^{2+}]$	$\varphi=-0.1709+0.0420\lg[Pb^{2+}]$
2.$PbS+2H^++2e^- = Pb+H_2S_{(aq)}$	$\varphi=-0.3663-0.0591pH-0.0296\lg[H_2S]$	$\varphi=0.3864-0.0839pH-0.0420\lg[H_2S]$
3.$PbS+H^++2e^- = Pb+HS^-$	$\varphi=-0.5716-0.0296pH-0.0296\lg[HS^-]$	$\varphi=-0.6427-0.0420pH-0.0420\lg[HS^-]$
4.$PbS+ 2e^- = Pb+S^{2-}$	$\varphi=-0.9557-0.0296\lg[S^{2-}]$	$\varphi=-1.0610-0.0420\lg[S^{2-}]$
5.$Pb+2H_2O = HPbO_2^-+2e^-+3H^+$	$\varphi=0.6930-0.0887pH+0.0296\lg[HPbO_2^-]$	$\varphi=0.7615-0.1259pH+0.0420\lg[HPbO_2^-]$
6.$PbS+2H^+ = Pb^{2+}+H_2S_{(aq)}$	$pH=-4.9282-0.5\lg[Pb^{2+}]-0.5\lg[H_2S]$	$pH=-2.5672-0.5\lg[Pb^{2+}]-0.5\lg[H_2S]$
7.$Pb^{2+}+S+2e^- = PbS$	$\varphi=0.3769+0.0296\lg[Pb^{2+}]$	—
8.$PbSO_4+8H^++8e^- = PbS+4H_2O$	$\varphi=0.3010-0.0591pH$	$\varphi=0.2548-0.0839pH$
9.$PbO_3^{2-}+H_2O = PbO_4^{4-}+2H^+$	$pH=20.3959-0.5\lg[PbO_4^{4-}]+0.5\lg[PbO_3^{2-}]$	$pH=17.0491-0.5\lg[PbO_4^{4-}]+0.5\lg[PbO_3^{2-}]$
10.$PbSO_4+8H^++6e^- = Pb^{2+}+S+4H_2O$	$\varphi=0.2757-0.0788pH-0.0099\lg[Pb^{2+}]$	$\varphi=0.2271-0.1119pH-0.0140\lg[Pb^{2+}]$
11.$PbSO_4\cdot PbO+18H^++SO_4^{2-}+16e^- = 2PbS+9H_2O$	$\varphi=0.2569-0.0665pH+0.0037\lg[SO_4^{2-}]$	$\varphi=0.3262-0.0944pH+0.0052\lg[SO_4^{2-}]$
12.$2PbSO_4+H_2O = PbSO_4\cdot PbO+SO_4^{2-}+2H^+$	$pH=7.5685+0.5\lg[SO_4^{2-}]$	$pH=6.8084+0.5\lg[SO_4^{2-}]$
13.$3(PbSO_4\cdot PbO)+H_2O = 2(PbSO_4\cdot 2PbO)+SO_4^{2-}+2H^+$	$pH=11.2695+0.5\lg[SO_4^{2-}]$	$pH=9.2705+0.5\lg[SO_4^{2-}]$
14.$4(PbSO_4\cdot 2PbO)+H_2O = 3(PbSO_4\cdot 3PbO)+SO_4^{2-}+2H^+$	$pH=11.4014+0.5\lg[SO_4^{2-}]$	$pH=9.3991+0.5\lg[SO_4^{2-}]$

续表

化学反应平衡式	φ_{298}-pH 关系式	φ_{423}-pH 关系式
15.$PbSO_4\cdot 3PbO+H_2O = 4PbO+SO_4^{2-}+2H^+$	$pH=14.4358+0.5lg[SO_4^{2-}]$	$pH=11.5254+0.5lg[SO_4^{2-}]$
16. $PbO+H_2O = HPbO_2^-+H^+$	$pH=15.2853+lg[HPbO_2^-]$	$pH=14.0878+lg[HPbO_2^-]$
17.$PbSO_4\cdot 2PbO+28H^++2SO_4^{2-}+24e^- = 3PbS+14H_2O$	$\varphi=0.3847-0.0690pH+0.0025lg[SO_4^{2-}]$	$\varphi=0.3587-0.0979pH+0.0035lg[SO_4^{2-}]$
18.$PbSO_4\cdot 3PbO+38H^++3SO_4^{2-}+32e^- = 4PbS+19H_2O$	$\varphi=0.3988-0.0702pH+0.0018lg[SO_4^{2-}]$	$\varphi=0.3751-0.0997pH+0.0026lg[SO_4^{2-}]$
19.$PbO+10H^++SO_4^{2-}+8e^- = PbS+5H_2O$	$\varphi=0.4521-0.0739pH+0.0074lg[SO_4^{2-}]$	$\varphi=0.4356-0.1049pH+0.0105lg[SO_4^{2-}]$
20.$HPbO_2^-+11H^++SO_4^{2-}+8e^- = PbS+6H_2O$	$\varphi=0.5651-0.0813pH-0.0074lg([SO_4^{2-}][HPbO_2^-])$	$\varphi=0.55729-0.1154pH-0.0105lg([SO_4^{2-}][HPbO_2^-])$
21.$Pb_3O_4+2H_2O+2e^- = 3HPbO_2^-+H^+$	$\varphi=-0.3096+0.0296pH-0.0296\times 3lg([SO_4^{2-}][HPbO_2^-])$	$\varphi=-0.6480+0.0420pH-0.0420\times 3lg([SO_4^{2-}][HPbO_2^-])$
22.$Pb_3O_4+2H^++2e^- = 3PbO+H_2O$	$\varphi=1.0460-0.0591pH$	$\varphi=0.9999-0.0839pH$
23.$4Pb_3O_4+14H^++3SO_4^{2-}+8e^- = 3(PbSO_4\cdot 3PbO)+7H_2O$	$\varphi=1.6863-0.1035pH+0.0074\times 3lg[SO_4^{2-}]$	$\varphi=1.7255-0.1469pH+0.0105\times 3lg[SO_4^{2-}]$
24.$3PbO_2+8H^++SO_4^{2-}+6e^- = PbSO_4\cdot 2PbO+4H_2O$	$\varphi=1.3607-0.0788pH+0.0099lg[SO_4^{2-}]$	$\varphi=1.3579-0.1119pH+0.0140lg[SO_4^{2-}]$
25.$2PbO_2+6H^++SO_4^{2-}+4e^- = PbSO_4\cdot PbO+3H_2O$	$\varphi=1.4717-0.0887pH+0.0148lg[SO_4^{2-}]$	$\varphi=1.4876-0.1259pH+0.0210lg[SO_4^{2-}]$
26.$PbO_2+H_2O = PbO_3^{2-}+2H^+$	$pH=15.3461-0.5lg[PbO_3^{2-}]$	$pH=12.8794-0.5lg[PbO_3^{2-}]$
27.$3PbO_2+4H^++4e^- = Pb_3O_4+2H_2O$	$\varphi=1.1136-0.0591pH$	$\varphi=1.0754-0.0839pH$
28.$3PbO_3^{2-}+10H^++4e^- = Pb_3O_4+5H_2O$	$\varphi=2.4748-0.1478pH+0.0148\times 3lg[PbO_3^{2-}]$	$\varphi=2.6902-0.2099pH+0.0210\times 3lg[PbO_3^{2-}]$
29.$PbO_3^{2-}+3H^++2e^- = HPbO_2^-+H_2O$	$\varphi=1.5467-0.0887pH+0.0296lg([PbO_3^{2-}]/[HPbO_2^-])$	$\varphi=1.5775-0.1259pH+0.0420lg([PbO_3^{2-}]/[HPbO_2^-])$
30.$4PbO_2+10H^++SO_4^{2-}+8e^- = PbSO_4\cdot 3PbO+5H_2O$	$\varphi=1.3045-0.0739pH+0.0074lg[SO_4^{2-}]$	$\varphi=1.2921-0.1049pH+0.0105lg[SO_4^{2-}]$
31.$PbO_4^{4-}+5H^++2e^- = HPbO_2^-+2H_2O$	$\varphi=2.7528-0.1478pH+0.0296lg([PbO_4^{4-}]/[HPbO_2^-])$	$\varphi=4.0086-0.2099pH+0.0420lg([PbO_4^{4-}]/[HPbO_2^-])$
32.$PbO_2+4H^++SO_4^{2-}+2e^- = PbSO_4+2H_2O$	$\varphi=1.6955-0.1183pH+0.0296lg[SO_4^{2-}]$	$\varphi=1.7733-0.1679pH+0.0420lg[SO_4^{2-}]$

由图 2.3 可知，方铅矿的浸出过程对体系酸度的要求比闪锌矿稍低，pH 约为 0，但由于方铅矿浸出后生成 $PbSO_4$ 沉淀，因此，此过程仅是方铅矿转化为 $PbSO_4$ 的过程，同样，为了降低转化过程对酸度的要求，使方铅矿尽可能完全转化为 $PbSO_4$，实际上此过程仍需要在加氧压和高温的条件下用硫酸浸出。当氧气压力较高时，在图 2.3 中的 pH 范围内，方铅矿均能转化为 $PbSO_4$。

2.2.4 FeS_2-H_2O 系 φ-pH 图

298K 和 423K 下 FeS_2-H_2O 系中不同化学反应平衡式及 φ-pH 关系式[22]见表 2.4。

表 2.4 FeS_2-H_2O 系中不同化学反应平衡式及不同温度下 φ-pH 关系式

化学反应平衡式	φ_{298}-pH 关系式	φ_{423}-pH 关系式
1.$Fe^{2+}+2e^-$ ══ Fe	$\varphi=-0.4087+0.0296\lg[Fe^{2+}]$	$\varphi=-0.3897+0.0420\lg[Fe^{2+}]$
2.$FeS_2+4H^++4e^-$ ══ $Fe+2H_2S_{(aq)}$	$\varphi=-0.2705-0.0591pH-0.0148\lg[H_2S]^2$	$\varphi=-0.2912-0.0839pH-0.0210\lg[H_2S]^2$
3.$FeS_2+2H^++4e^-$ ══ $Fe+2HS^-$	$\varphi=-0.4758-0.0296pH-0.0148\lg[HS^-]^2$	$\varphi=-0.5475-0.0420pH-0.0210\lg[HS^-]^2$
4.FeS_2+4e^- ══ $Fe+2S^{2-}$	$\varphi=-0.8600-0.0148\lg[S^{2-}]^2$	$\varphi=-0.9658-0.0210\lg[S^{2-}]^2$
5.$FeS_2+4H^++2e^-$ ══ $Fe^{2+}+2H_2S_{(aq)}$	$\varphi=-0.1322-0.1183pH$ $-0.0296\lg([Fe^{2+}][H_2S]^2)$	$\varphi=-0.1927-0.1679pH$ $-0.0420\lg([Fe^{2+}][H_2S]^2)$
6. $Fe^{3+}+e^-$ ══ Fe^{2+}	$\varphi=0.7697+0.0591\lg([Fe^{3+}]/[Fe^{2+}])$	$\varphi=0.9187+0.0839\lg([Fe^{3+}]/[Fe^{2+}])$
7. $Fe^{2+}+2S+2e^-$ ══ FeS_2	$\varphi=0.4213+0.0296\lg[Fe^{2+}]$	$\varphi=0.4376+0.0420\lg[Fe^{2+}]$
8.$2HSO_4^-+Fe^{2+}+14H^++14e^-$ ══ FeS_2+8H_2O	$\varphi=0.3456-0.0591pH$ $+0.0042\lg([Fe^{2+}][HSO_4^-]^2)$	$\varphi=0.3068-0.0839pH$ $+0.0060\lg([Fe^{2+}][HSO_4^-]^2)$
9.$2SO_4^{2-}+Fe^{2+}+16H^++14e^-$ ══ FeS_2+8H_2O	$\varphi=0.3620-0.0676pH$ $+0.0042\lg([Fe^{2+}][SO_4^{2-}]^2)$	—
10.$Fe(OH)_3+3H^+$ ══ $Fe^{3+}+3H_2O$	$pH=1.1449-0.3333\lg[Fe^{3+}]$	$pH=-0.2108-0.3333\lg[Fe^{3+}]$
11.$Fe(OH)_2+2H^+$ ══ $Fe^{2+}+2H_2O$	$pH=5.3632-0.5\lg[Fe^{2+}]$	$pH=4.1892-0.5\lg[Fe^{2+}]$
12.$Fe(OH)_3+3H^++e^-$ ══ $Fe^{2+}+3H_2O$	$\varphi=0.9728-0.1774pH-0.0591\lg[Fe^{2+}]$	$\varphi=0.8647-0.2518pH-0.0839\lg[Fe^{2+}]$
13.$Fe(OH)_2+2SO_4^{2-}+18H^++14e^-$ ══ FeS_2+10H_2O	$\varphi=0.4073-0.0760pH+0.0042\lg[SO_4^{2-}]^2$	$\varphi=0.3925-0.1079pH+0.0060\lg[SO_4^{2-}]^2$
14.$Fe(OH)_3+H^++e^-$ ══ $Fe(OH)_2+H_2O$	$\varphi=0.33385-0.0591pH$	$\varphi=0.3293-0.0839pH$
15.$Fe(OH)_2+2H^++2e^-$ ══ $Fe+2H_2O$	$\varphi=-0.0916-0.0591pH$	$\varphi=-0.1220-0.0839pH$
16.$Fe(OH)_2+2HSO_4^-+16H^++14e^-$ ══ FeS_2+10H_2O	—	$\varphi=0.3451-0.0959pH+0.0060\lg[HSO_4^-]^2$

假设条件为 p=1.0MPa，$[H_2S]=[HS^-]=[S^{2-}]=[HSO_4^-]=10^{-2}$mol/L，$[SO_4^{2-}]=10^0$mol/L，$[Fe^{2+}]=[Fe^{3+}]=10^{-1}$mol/L，由表 2.4 中 φ-pH 关系式，可绘制出 298K 和 423K 时 FeS_2-H_2O 系的 φ-pH 图，见图 2.4。图中虚线表示 S-H_2O 系 φ-pH 图(关系式见表 2.1)。

由图 2.4 可以看出，黄铁矿的浸出对水溶液体系酸度的要求较闪锌矿高，pH 约为–2，在此条件下一般生成 Fe^{2+}，若要使 Fe^{2+}进一步转化为 Fe^{3+}，则需要较高的氧化电位。当氧气压力较高，温度为 423K 时，在 pH<3 的条件下，就能实现黄铁矿的浸出。

2.2.5 Me_mS_n-H_2O 系 φ-pH 图

为了比较不同硫化物在酸性体系中的浸出性能，研究了 298K[22]和 423K 多种 Me_mS_n-H_2O 系中硫化物浸出时的电位及 pH，列于表 2.5 中，并在图 2.5 中绘制了 φ-pH 图，其中水相中各离子的活度取 1。

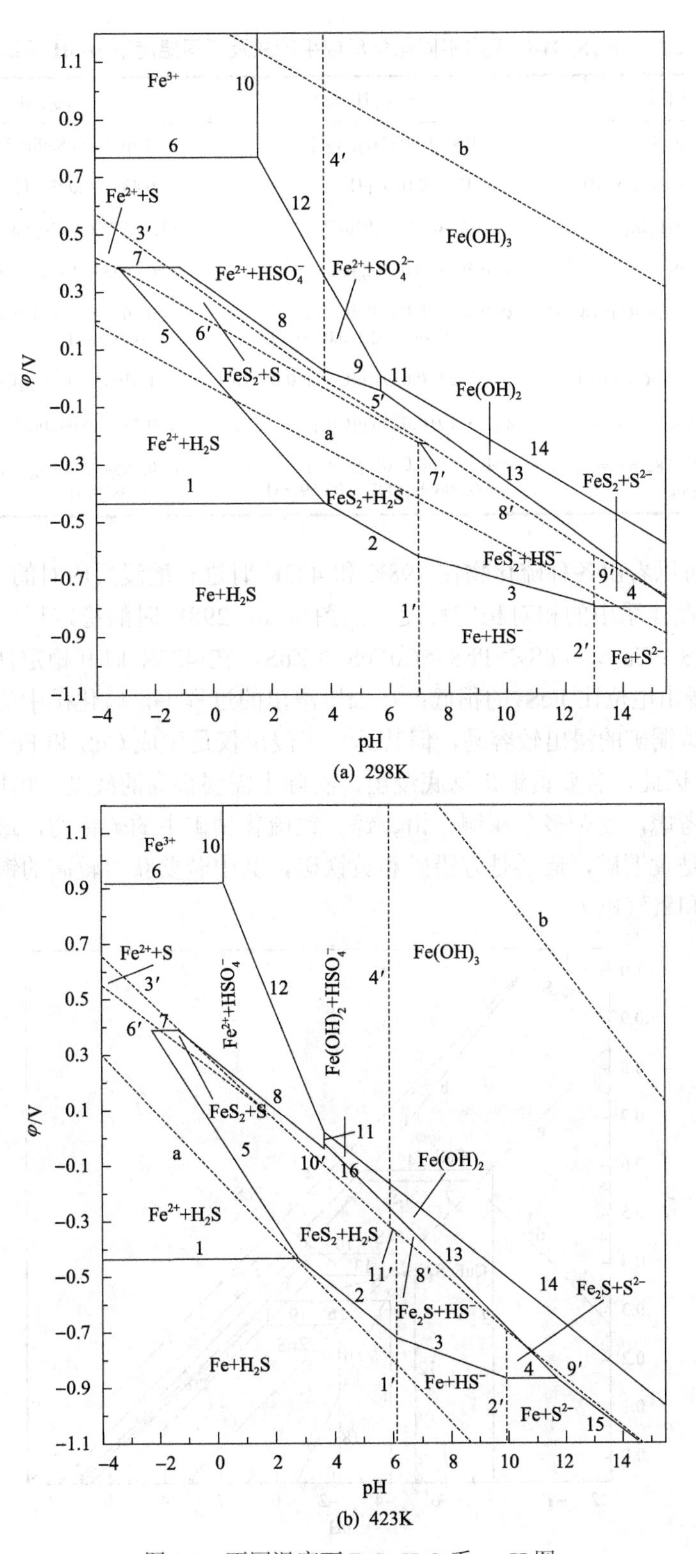

图 2.4　不同温度下 FeS_2-H_2O 系 φ-pH 图

表 2.5　Me_mS_n-H_2O 系中不同化学反应平衡式及不同温度下 φ-pH 关系式

化学反应平衡式	φ_{298}-pH 关系式	φ_{423}-pH 关系式
1.$2Ag^{+}+S+2e^{-}=Ag_2S$	$\varphi=1.0048+0.0591\lg[Ag^{+}]$	$\varphi=0.9055+0.0839\lg[Ag^{+}]$
2.$Ag_2SO_4+8H^{+}+8e^{-}=Ag_2S+4H_2O$	$\varphi=0.4793-0.0591pH$	$\varphi=0.4331-0.0839pH$
3.$CuS+2H^{+}=Cu^{2+}+H_2S_{(aq)}$	$pH=-7.745-0.5\lg[Cu^{2+}]$	$pH=-5.732-0.5\lg[Cu^{2+}]$
4.$Cu^{2+}+S+2e^{-}=CuS$	$\varphi=0.5938+0.0296\lg[Cu^{2+}]$	$\varphi=0.6053+0.0420\lg[Cu^{2+}]$
5.$Cu^{2+}+SO_4^{2-}+8H^{+}+8e^{-}=CuS+4H_2O$	$\varphi=0.4126+0.0074\lg[Cu^{2+}]$ $+0.0074\lg[SO_4^{2-}]-0.0591pH$	$\varphi=0.4066+0.0105\lg[Cu^{2+}]+0.0105\lg[SO_4^{2-}]$ $-0.0839pH$
6.$2Cu^{2+}+H_2S_{(aq)}+2e^{-}=Cu_2S+2H^{+}$	$\varphi=0.9824+0.0591\lg[Cu^{2+}]+0.0591pH$	$\varphi=1.0103+0.0839\lg[Cu^{2+}]+0.0839pH$
7.$2Cu^{2+}+S+4e^{-}=Cu_2S$	$\varphi=0.5719+0.0296\lg[Cu^{+}]$	$\varphi=0.4195+0.0420\lg[Cu^{+}]$
8.$2Cu^{2+}+2SO_4^{2-}+18H^{+}+18e^{-}=$ $Cu_2S+8H_2O+H_2S_{(aq)}$	$\varphi=0.3761+0.0066\lg[Cu^{2+}]$ $+0.0066\lg[SO_4^{2-}]-0.0591pH$	$\varphi=0.3664+0.0094g[Cu^{2+}]+0.0094\lg[SO_4^{2-}]$ $-0.0839pH$

由图 2.5 可以看出各种硫化物在 298K 和 423K 时进行酸浸反应时的 φ 和 pH，及各种硫化物在酸性体系中的相对稳定程度。由图可知，298K 时的稳定程度由高到低依次为：$Ag_2S>CuS>Cu_2S>FeS_2>PbS>CuFeS_2>ZnS$，在 423K 时其稳定性顺序有变化，其中 Cu_2S 的浸出电位比 FeS_2 的稍低；在加压浸出的过程中，硫化矿中的各种铜的硫化物较难浸出，黄铜矿的浸出较容易，但其第一步浸出仅是生成 CuS 和 Fe^{2+}(由 2.2.2 节中的研究可知)，因此，若要黄铜矿彻底浸出，实际上需要很高的酸度。由以上分析可知，从热力学角度考虑，复杂多金属铜、铅、锌、铁硫化精矿中的硫化物，最容易浸出的是闪锌矿，其次是黄铜矿，最后是方铅矿和黄铁矿，其中若要获得较高的铜浸出率，需选择较高的温度和氧气压力。

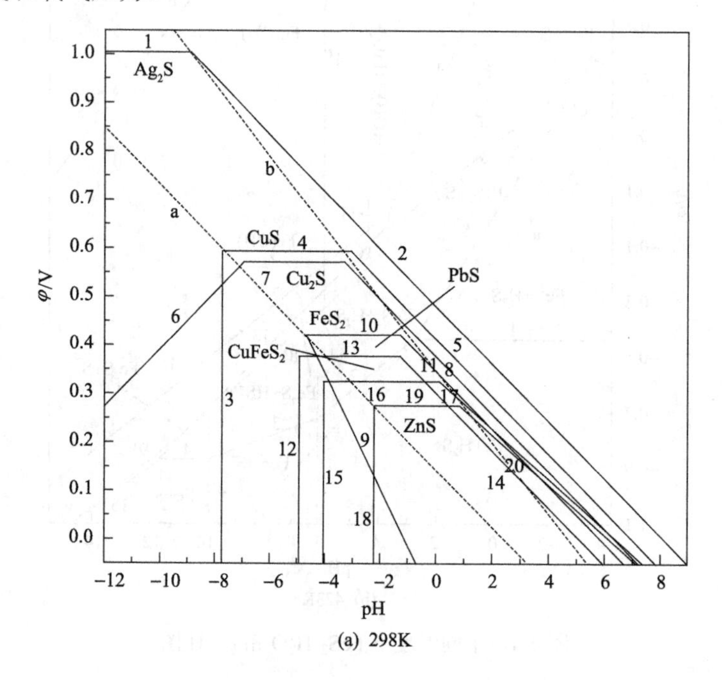

(a) 298K

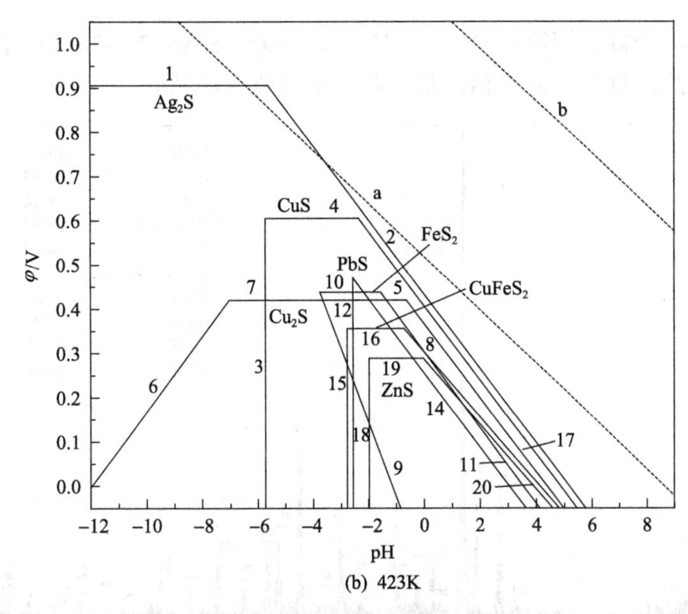

图 2.5　不同温度下 Me_mS_n-H_2O 系 φ-pH 图

9～20 线所表示的平衡方程式见 ZnS-H_2O 系、$CuFeS_2$-H_2O 系、PbS-H_2O 系、FeS_2-H_2O 系

从以上加压浸出过程热力学的分析来看，影响复杂多金属硫化精矿浸出过程的主要因素有：浸出温度、浸出过程的氧化还原电位和浸出剂的 pH，即加压浸出时氧气的压力和酸溶液的酸度。

2.3　复杂多金属硫化精矿加压酸浸工艺研究

由复杂多金属硫化精矿的化学成分(表 2.6)可知，其中铜、铅、锌和银的含量都较高，杂质铁和砷的含量也不低，两种复杂多金属硫化精矿中各元素的含量有一定的波动。

表 2.6　复杂多金属精矿 1 和 2 的化学成分　(单位：%)

精矿种类	Cu	Zn	Pb	Ag*	Fe	As	Sb	S
复杂多金属精矿 1	16.21	14.23	19.61	3566.2	7.86	2.17	5.45	27.03
复杂多金属精矿 2	7.41	10.05	36.85	1516.0	11.14	1.07	3.43	25.15

* 单位为 g/t。

由表 2.6 的分析结果可见，该矿是典型的复杂多金属硫化精矿，因此，开发利用该精矿时进行金属的综合回收是十分必要的。

试验所用的复杂多金属精矿 1 和 2 的 XRD 分析结果分别见图 2.6 和图 2.7。

由图 2.6 可知，该复杂多金属精矿 1 的主要矿物组成为：方铅矿 PbS(20.95%)、闪锌矿 ZnS(21.34%)、银黝铜矿 $Cu_{12}Sb_4S_{13}$(18.97%)、黄铁矿 FeS_2(14.37%)、砷黝铜矿 $(CuFe)_{12}As_4S_{13}$(10.83%)、黄铜矿 $CuFeS_2$(5.98%)、辉银矿 Ag_2S(0.29%)和白铅矿 $PbCO_3$(2.27%)，其他 5.00%。由图 2.7 可知，该复杂多金属精矿 2 的主要矿物组成为：方铅矿 PbS(43.63%)、闪锌矿 ZnS(14.98%)、银黝铜矿 $Cu_{12}Sb_4S_{13}$(3.97%)、黄铁矿 FeS_2(22.18%)、

黄铜矿 $Cu_{1.60}S$ (7.52%)、辉银矿 Ag_2S (0.17%)、毒砂 FeAsS (2.28%) 和金属锑 (2.27%)，其他 3.00%。因此，复杂多金属精矿是一种典型的硫化物精矿。

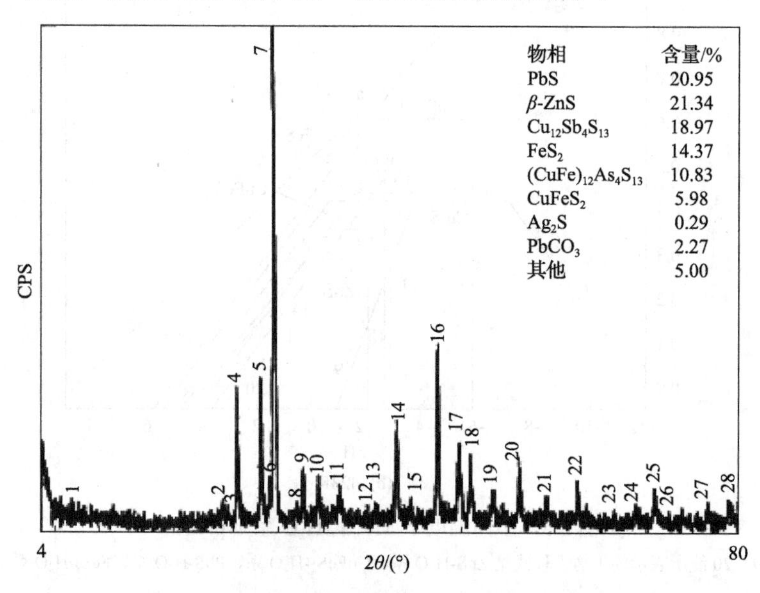

图 2.6 复杂多金属精矿 1 的 XRD 谱图

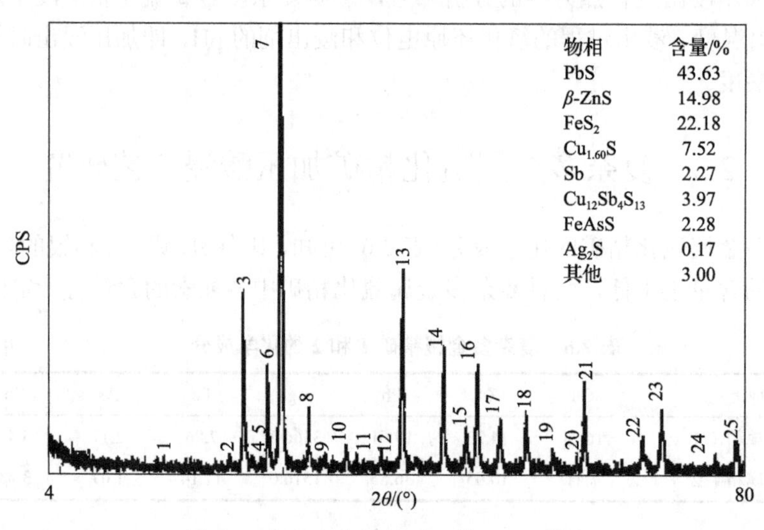

图 2.7 复杂多金属精矿 2 的 XRD 谱图

复杂多金属精矿 1、2 中各主要金属的物相分析结果分别如表 2.7、表 2.8 所示。

表 2.7 复杂多金属精矿 1 中铜、锌和铅的物相分析结果 (单位：%)

	名称	硫酸盐	游离氧化铜	结合氧化铜	硫化物及其他铜	总铜
铜物相	Cu	0.005	0.14	0.005	16.55	16.70
	分布率	0.03	0.84	0.03	99.10	100.00

续表

	名称	硫酸盐	碳酸铅	硫化物	铁酸盐及其他铅	总铅
铅物相	Pb	0.05	4.71	10.83	0.16	15.75
	分布率	0.33	29.90	68.76	1.01	100.00
	名称	碳酸锌	硅酸锌	硫化物	铁酸盐及其他锌	总锌
锌物相	Zn	0.31	0.06	15.69	0.21	16.27
	分布率	1.91	0.35	96.45	1.29	100.00

表 2.8　复杂多金属精矿 2 中铜、锌和铅的物相分析结果　（单位：%）

	名称	硫酸盐	游离氧化铜	结合氧化铜	硫化物及其他铜	总铜
铜物相	Cu	0.005	0.05	0.005	7.35	7.41
	分布率	0.07	0.67	0.07	99.19	100.00
	名称	硫酸盐	碳酸铅	硫化物	铁酸盐及其他铅	总铅
铅物相	Pb	0.06	1.14	35.42	0.23	36.85
	分布率	0.16	3.09	96.12	0.63	100.00
	名称	碳酸锌	硅酸锌	硫化物	铁酸盐及其他锌	总锌
锌物相	Zn	0.05	0.02	9.97	0.01	10.05
	分布率	0.50	0.20	99.20	0.10	100.00

从表 2.8 的结果可见，铜、铅和锌 96%以上均分布在硫化物中，再一次表明这种精矿为复杂的多金属硫化精矿。

2.3.1　复杂多金属精矿的加压浸出试验研究

分别改变 H_2SO_4 浓度、精矿粒度、氧气压力、浸出温度和浸出时间，对复杂多金属精矿 1 和 2 进行了试验，研究各个因素下的最佳浸出率。

1. H_2SO_4 *浓度试验*

从图 2.8 的结果可见，对于粒度为–38μm 占 96%以上的矿[图 2.8(a)]，当浸出原液 H_2SO_4 浓度为 135g/L 时，铜的浸出率达到 95%以上。当 H_2SO_4 浓度降到 120g/L 以下时，铜的浸出率明显降低。锌的浸出率相对于铜有点偏低。而对于粒度–48μm 占 92%以上的矿[图 2.8(b)]，通过大量的试验发现，浸出率非常不稳定，并且很难达到较高的金属浸出率，尤其是对于金属锌。为了进一步提高铜和锌的浸出率，提高氧气压力为 1.4MPa、浸出时间为 180min，对粒度为–38μm 占 96%以上的矿进行了 H_2SO_4 浓度对各金属浸出率的优化试验，结果如图 2.9 所示。

从图 2.9 的结果可知，氧气压力和浸出时间延长，铜的浸出率变化不大，而锌的浸出率稍有提高，使锌的回收率提高。在所研究的浸出原液 H_2SO_4 浓度在 150～185g/L 范围内，H_2SO_4 浓度对铜的浸出率影响不大。因此，结合两图的试验研究结果，认为对于复杂多金属精矿 1 的加压浸出，选用 150g/L 左右的 H_2SO_4 浓度为宜。

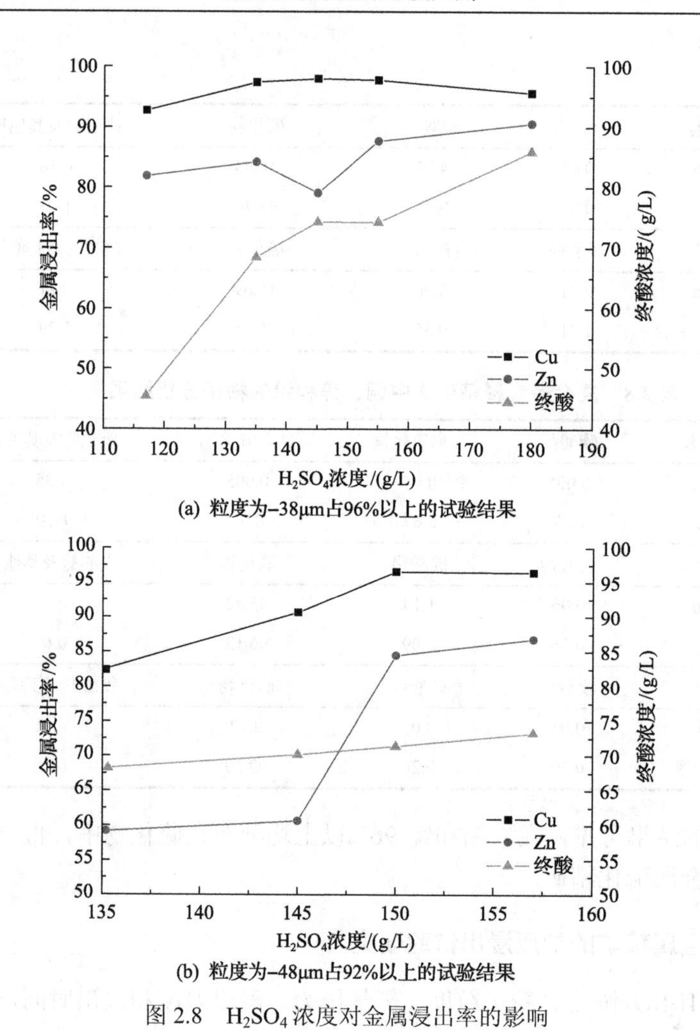

图 2.8　H_2SO_4 浓度对金属浸出率的影响

液固比为 4∶1、浸出温度为(150±5)℃、氧气压力为 1.2MPa、浸出时间为 120min、搅拌转速为 850r/min，复杂多金属精矿 1

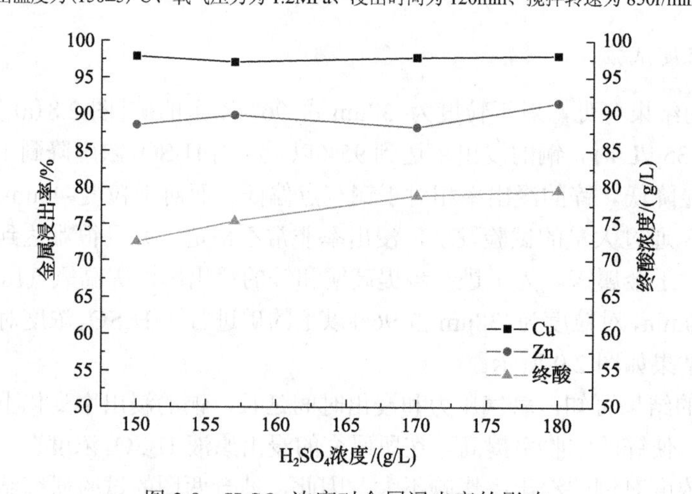

图 2.9　H_2SO_4 浓度对金属浸出率的影响

液固比为 4∶1、浸出温度为(150±5)℃、氧气压力为 1.4MPa、浸出时间为 180min、粒度为-38μm 占 96%以上，搅拌转速为 850r/min，复杂多金属精矿 1

从图 2.10 的结果可见，随着 H_2SO_4 浓度的增加，Cu 和 Zn 浸出率增加，在 H_2SO_4 浓度 140g/L 以上时增加的幅度不大。因此对于复杂多金属精矿 2 的加压浸出，合适的 H_2SO_4 浓度为 140g/L。

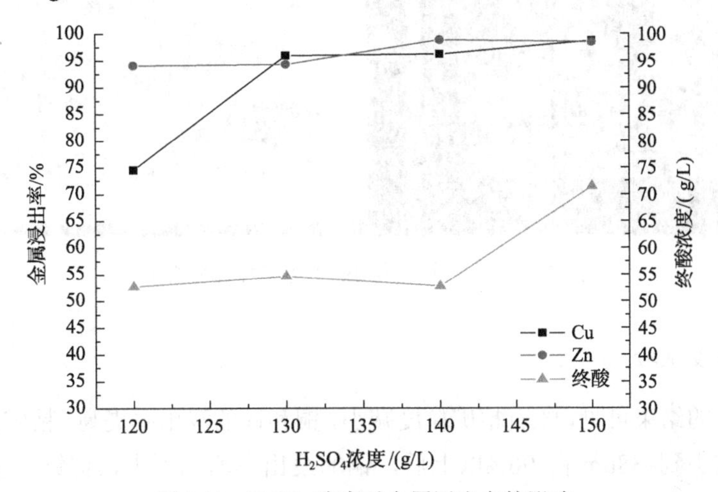

图 2.10　H_2SO_4 浓度对金属浸出率的影响

液固比为 4∶1、浸出温度为(150±5)℃、氧气压力为 1.4MPa、浸出时间为 180min、粒度为–34μm 占 99.3%以上、搅拌转速为 850r/min，复杂多金属精矿 2

根据之前的加压浸出过程热力学分析得知，在浸出过程中，硫化铜的浸出要比硫化锌矿(闪锌矿)更困难，因此，在同样的浸出条件下，铜的浸出率要比锌的低。但是，复杂多金属硫化精矿在加压浸出过程中表现出相反的浸出率，分析认为可能与此复杂多金属硫化精矿的矿物形态有关，因此，对此复杂多金属精矿 1 中的各主要元素进行了电子探针分析，分析结果如图 2.11 所示。

从图 2.11 中可见，此复杂多金属硫化精矿中的部分闪锌矿嵌布在方铅矿中，方铅矿在加压浸出过程中生成不溶于水和硫酸的硫酸铅，导致嵌布在其中的闪锌矿无法得到进一步的浸出，因此，在浸出过程中表现出了与热力学分析结果不同的现象。若要使锌的浸出率达到很高的程度，必须对精矿进行细磨，使嵌布在方铅矿中的闪锌矿裸露出来被氧化浸出。

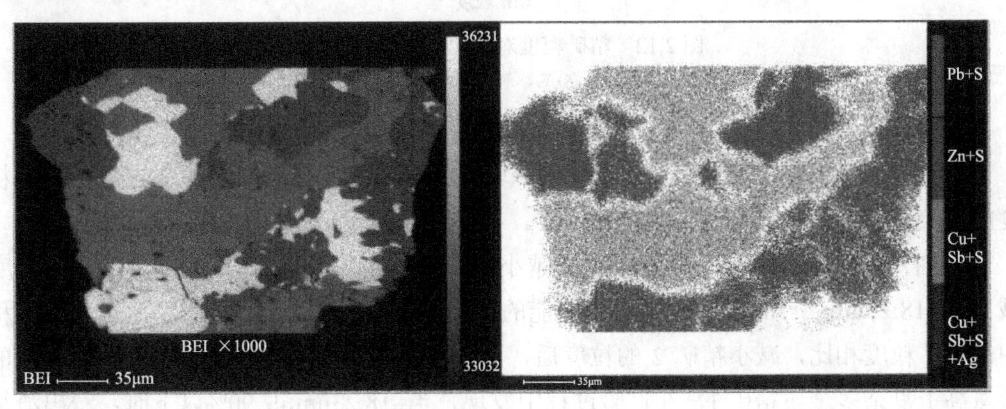

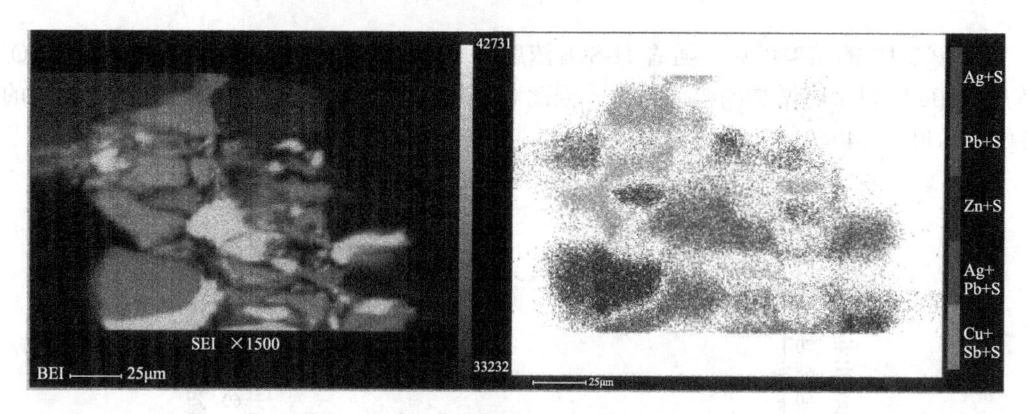

图 2.11　复杂多金属精矿 1 电子探针分析图

2. 精矿粒度试验

从图 2.12 的结果可见，随着精矿粒度减小，铜和锌的浸出率提高。精矿粒度从–48μm 占 92%以上减小到–38μm 占 96%以上后，铜的浸出率增加不大，但锌的浸出率明显增加。进一步减小精矿粒度，磨矿费用会增加，到一定的程度后粒度减小的速度变慢，粒度为–38μm 占 96%以上较为合适。

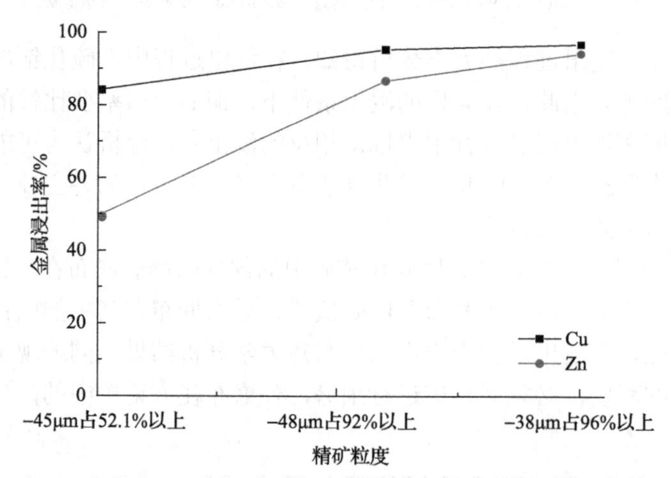

图 2.12　精矿粒度对金属浸出率的影响

液固比为 4∶1、浸出温度为(150±5)℃、氧气压力为 1.2MPa、浸出时间为 120min、H_2SO_4浓度为 150g/L、搅拌转速为 850r/min，复杂多金属精矿 1

为了进一步细化粒度对金属浸出率的试验结果，对复杂多金属精矿 2 选取了不同粒度的试验，并确定了最终选用的精矿粒度。

从图 2.13 的结果可见，精矿粒度越小，铜和锌的浸出率基本越高，在精矿粒度减小到–18.23μm 占 70%后，金属浸出性能的提高不明显。与复杂多金属精矿 1 试验过程中的精矿粒度相比，减小精矿 2 的粒度后，浸出率增加不大，但是由于此矿中方铅矿的含量高于复杂多金属精矿 1，在试验过程中发现，当–18.23μm 占 90%以下时，浸出渣很容易结块，为了消除结块现象，选择粒度为–33μm 占 99.3%以上较为合适。

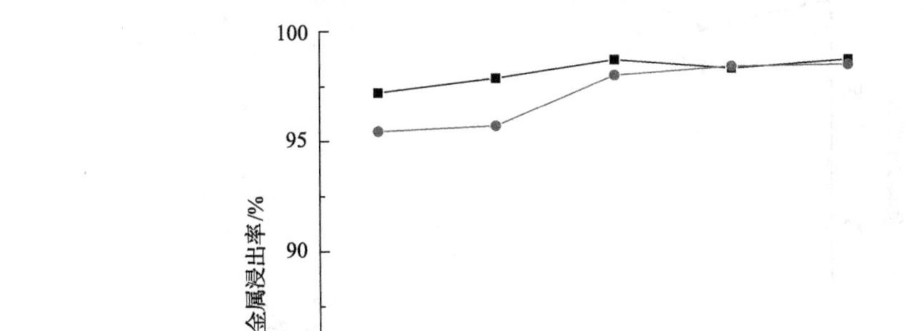

图 2.13　精矿粒度对金属浸出率的影响

液固比为 4∶1、浸出温度为(150±5)℃、氧气压力为 1.4MPa、浸出时间为 180min、搅拌转速为 850r/min、H_2SO_4浓度为 150g/L，复杂多金属精矿 2

3. 氧气压力试验

从图 2.14 和图 2.15 的结果可见，随着氧气压力的提高，铜和锌的浸出率升高(图 2.15 中 1.0MPa 时降低可认为是误差)，但氧气压力大于 1.2MPa 后，浸出率的增加不大，由于复杂多金属精矿中方铅矿含量较高，为了防止结块及硫化物的全部氧化，合适的氧气压力选择为 1.2～1.4MPa。

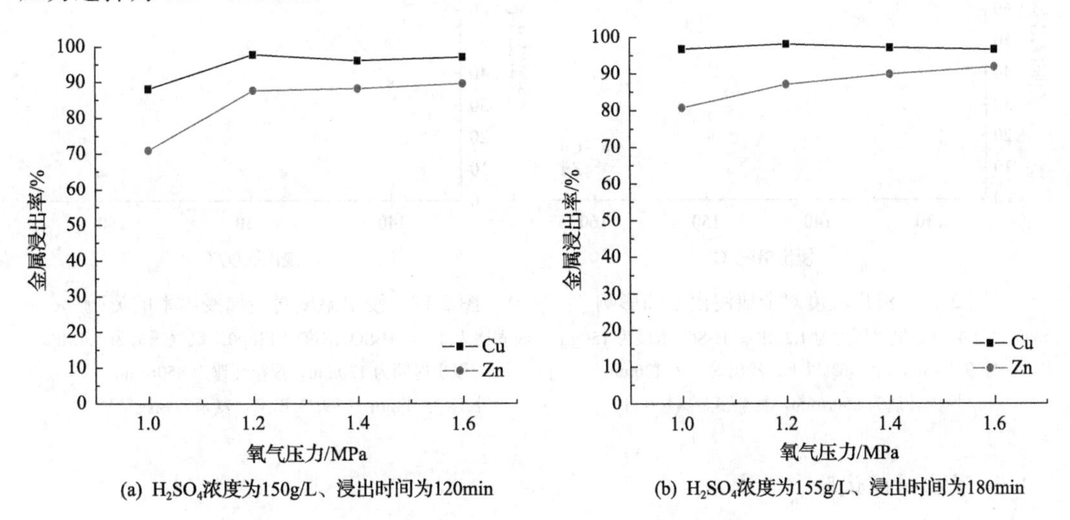

图 2.14　氧气压力对金属浸出率的影响

液固比为 4∶1、浸出温度为(150±5)℃、粒度为–38μm 占 96%以上、搅拌转速为 850r/min，复杂多金属精矿 1

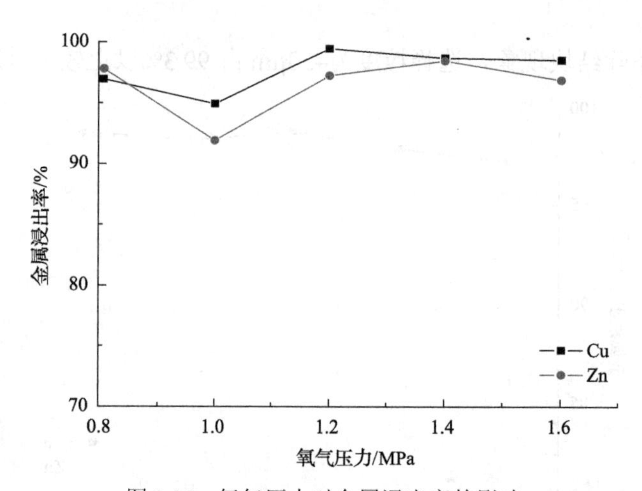

图 2.15 氧气压力对金属浸出率的影响

液固比为 4∶1、浸出温度为(150±5)℃、H_2SO_4浓度为 150g/L、浸出时间为 180min、搅拌转速为 850r/min、−33μm 占 99.3%以上，复杂多金属精矿 2

4. 浸出温度试验

从图 2.16 和图 2.17 的结果可见，温度升高，铜和锌的浸出率均有所增加，温度在 140℃以上后，对铜的浸出影响不大，但锌则随浸出温度的升高而继续升高，锌的浸出必须达到 150℃以上才能有良好的浸出效果。因此，选择合适的浸出温度为 150℃。

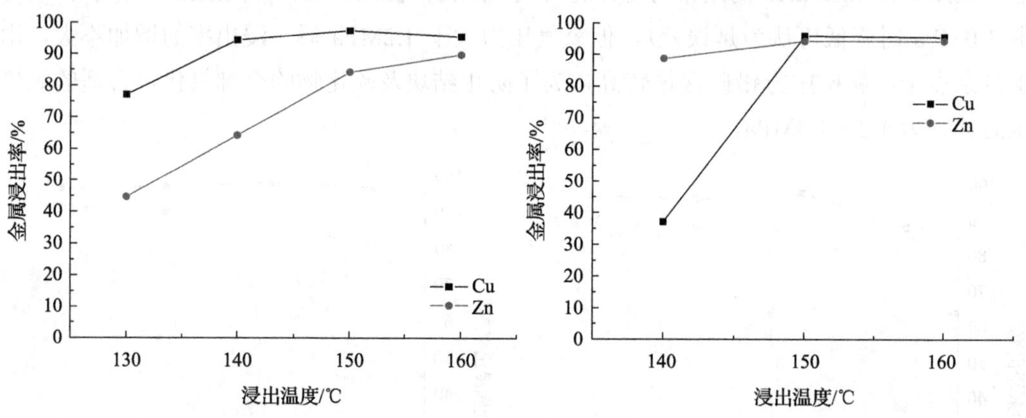

图 2.16 浸出温度对金属浸出率的影响

液固比为 4∶1、氧气压力为 1.2MPa、H_2SO_4浓度为 150g/L、粒度为−38μm 占 96%以上、浸出时间为 120min、搅拌转速为 850r/min，复杂多金属精矿 1

图 2.17 浸出温度对金属浸出率的影响

液固比为 4∶1、H_2SO_4浓度为 130g/L、氧气压力为 1.4MPa、浸出时间为 120min、搅拌转速为 850r/min、粒度为−33μm 占 99.3%以上，复杂多金属精矿 2

5. 浸出时间试验

从图 2.18 和图 2.19 的结果可见，随着浸出时间的延长，铜和锌的浸出率都有所增加。但对于复杂多金属精矿 1 在 150min 以上时，各金属浸出率的增加幅度不大，对复杂多金属精矿 2 在 160min 时，浸出率基本没有增加，整个过程中考虑到 PbS 的氧化，因此，选择合适的浸出时间为 180min。

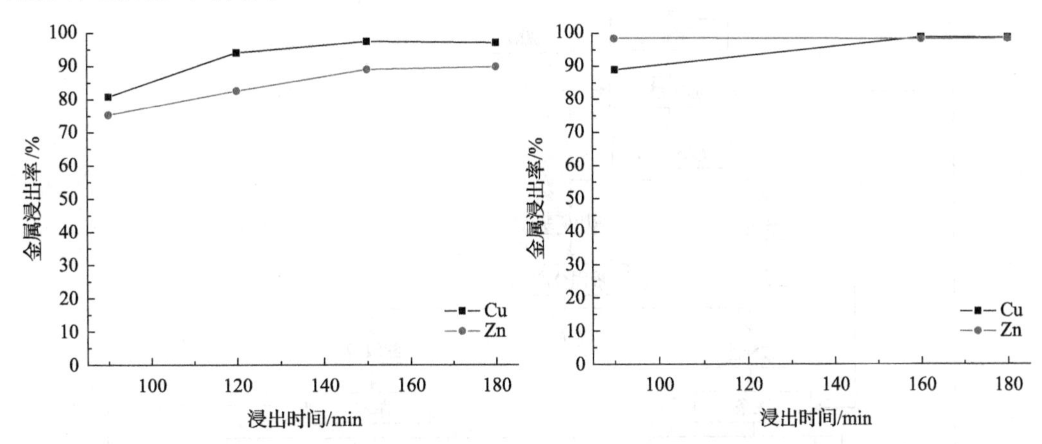

图 2.18　浸出时间对金属浸出率的影响

液固比为 4∶1、浸出温度为(150±5)℃、H_2SO_4浓度为 155g/L、粒度为–38μm 占 96%以上、氧气压力为 1.4MPa、搅拌转速为 850r/min，复杂多金属精矿 1

图 2.19　浸出时间对金属浸出率的影响

液固比为 4∶1、浸出温度为(150±5)℃、氧气压力为 1.4MPa、H_2SO_4浓度为 150g/L、粒度为–33μm 占 99.3%以上、搅拌转速为 850r/min，复杂多金属精矿 2

2.3.2　复杂多金属硫化精矿加压酸浸工艺研究

从前面的加压浸出试验研究结果可见，加压浸出的原液为纯硫酸溶液配制时，要保证铜和锌的浸出率，浸出液游离酸高达 70g/L 左右，浸出液中锌和铜离子浓度仅 35g/L 左右，虽然萃取可以实现铜和锌的分离，但萃取后溶液含锌量比较低，这对于锌的综合回收是很不利的。为了降低锌回收过程中的成本，必须提高浸出液中的锌离子浓度。因此，必须将萃余液进行必要的循环浸出，其浸出的工艺流程如图 2.20 所示。

加压浸出液经过减压蒸发，蒸发水量占溶液量的 10%～20%，溶液浓缩程度不高。减压蒸发的水可以作为浸出渣的洗涤用水。浸出液在萃取过程中，溶液量没有变化，萃取后的溶液由于含锌量低，即使在生产电积锌时废电积锌液返回加压浸出，浸出液中的锌离子浓度也仅为 85g/L 左右，即便浓缩也不过 120g/L，这对锌电积前的净化是很不利的。如果萃取后液采用氧化锌矿中和，可以保证溶液的含锌量在 140g/L 以上，能够实现锌回收过程的正常进行。在进行电积锌的生产过程中，溶液量基本没有变化，可以保证萃取与锌电积和加压浸出过程中在未考虑洗涤水时的水平衡。

浸出渣如果不洗涤，其中就会夹带浸出液中的大量有价金属，一方面，造成锌和铜的损失，另一方面，夹带的有价金属影响后续工序的正常进行，因此浸出渣必须进行洗涤。渣洗涤水量一般为渣量的 3 倍，如果采用氧化锌矿中和，氧化锌矿也需要洗涤，这样即使渣带走部分的水分，洗涤水仍将是过程中多余的水，即水很难达到平衡。虽然在生产过程中，每个操作工序中都有一定的水挥发损失，但损失量远远小于洗涤水用量。

如果锌系统采用浓缩生产硫酸锌，其数量略比洗涤水量高，洗涤水就可以完全返回加压浸出工序，浓缩的蒸发水作为洗涤用水，整个过程的水是平衡的或略有不足，不存

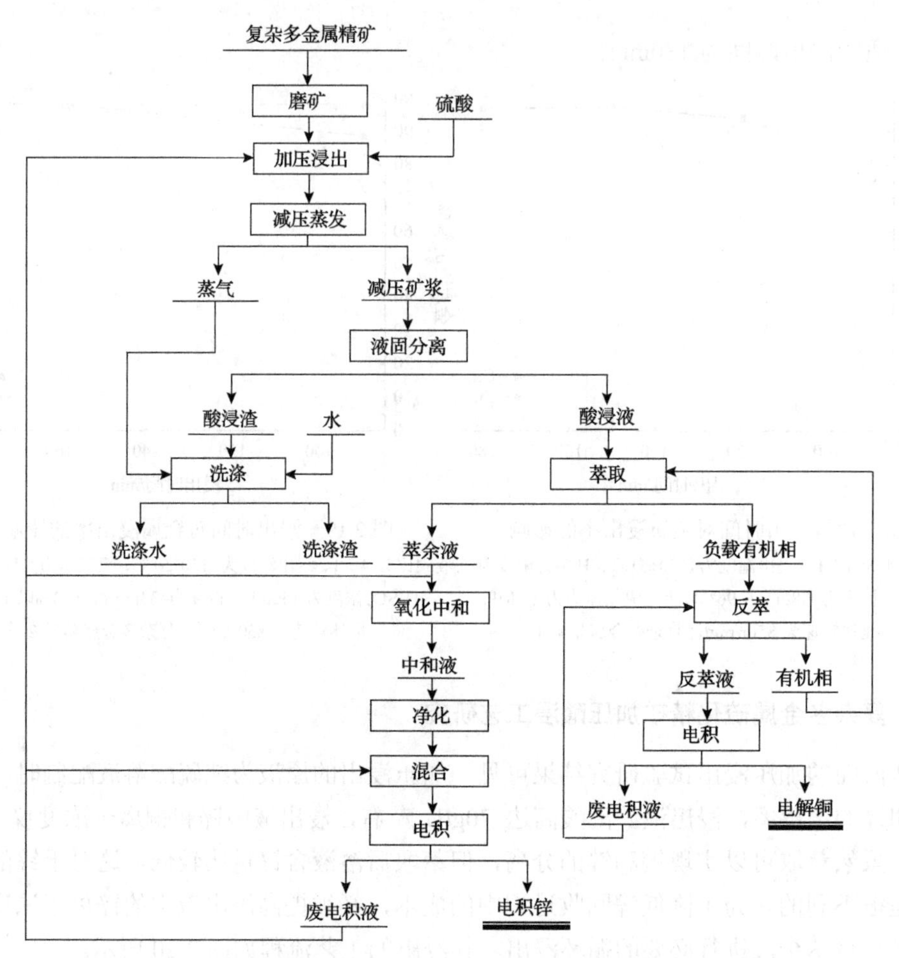

图 2.20　实际加压浸出及溶液处理工艺流程

在外排水的问题。但硫酸锌的市场销路有限，该精矿将产出大量的硫酸锌，这对市场销售压力较大。为此，必须考虑洗涤水的回收工艺。加压浸出渣的洗涤水和氧化锌矿的中和渣洗涤水处理工艺如图 2.21 所示。

加压浸出渣洗涤水经萃取铜后与氧化锌中和渣洗涤水混合，进行石灰石粉中和除酸和氧化除铁，该渣主要由石膏、石灰石和氢氧化铁组成。处理的溶液用氨水(碳氨)沉淀其中的锌，锌转化为氢氧化锌，其可以返回流程作为加压浸出液的中和剂，硫酸铵溶液用石灰苛化，转化为氨水和石膏，分离的石膏可以作为产品，氨水溶液在高温下蒸发，蒸发后的氨气作为硫酸锌溶液沉淀锌的中和剂。蒸氨后的溶液基本不含氨，将其返回流程作为各种洗涤过程的洗涤用水。

通过对洗涤水进行这样的处理，可完全消除洗涤水外排，也可保证过程中水的循环利用，但缺点是工艺相对复杂。同时石灰苛化和蒸氨过程需要进行系统研究，确定铵离子在过程中对铜是否有影响。

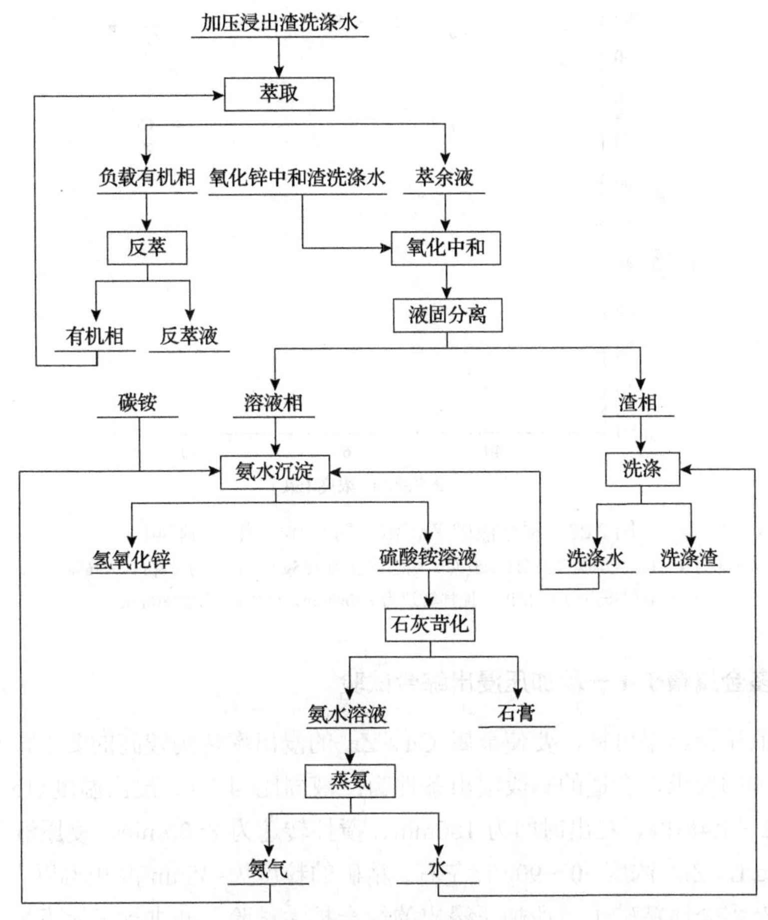

图2.21　洗涤水的综合利用原则工艺流程

此外，为了降低加压浸出液的酸度，可采用精矿进行中和，确定其可能中和的程度，同时，考虑加压浸出液的萃余液和锌电积废液返回加压过程，还需要研究高锌浸出液对该精矿加压浸出的影响，否则造成锌系统的回收成本升高和酸的消耗增加，对该精矿的开发利用不利。

2.3.3　含锌废电解液的加压浸出研究

考虑精矿直接硫酸加压浸出后 Zn^{2+}浓度较低(30～35g/L)，要获得 120g/L 以上的 Zn^{2+}浸出液浓度，浸出液至少返回系统一次，同时废电积液返回加压系统，Zn^{2+}浓度高达 50g/L 以上，因此，将含 Zn^{2+}30～90g/L 的溶液作为浸原液进行了加压浸出过程研究。加压后浸出液含 Zn^{2+}90g/L 以上，在铜萃取后，游离酸为 120g/L，氧化锌矿中和后溶液含 Zn^{2+}150g/L 以上，为后续锌的利用奠定了基础。

浸原液 Zn^{2+}浓度对各金属浸出的影响结果如图 2.22 所示。

由图 2.22 可见。当浸原液中含有一定量的 Zn^{2+}时，对铜的浸出影响不大，而对锌的浸出有一定的影响。

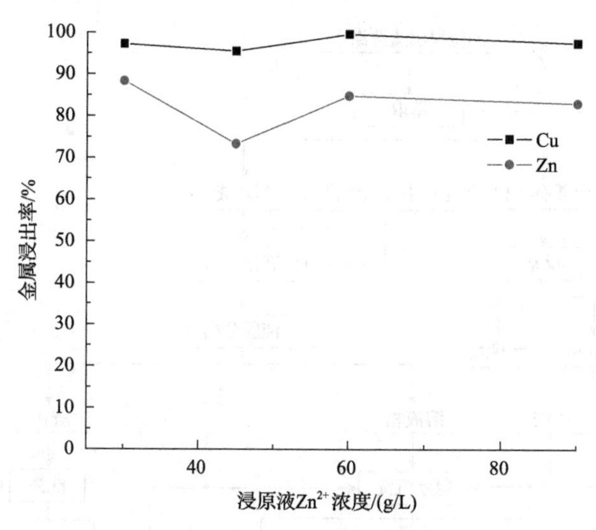

图 2.22　浸原液中 Zn^{2+}浓度对金属浸出率的影响

液固比为 4∶1、浸出温度为(150±5)℃、始酸浓度为 155g/L、粒度为–38μm 占 96%以上、氧气压力为 1.2MPa、搅拌转速为 850r/min，浸出时间为 180min

2.3.4　复杂多金属精矿 1 一段加压浸出综合试验

由前面的试验结果可见，要使金属 Cu、Zn 的浸出率达到较高的要求，并且浸出液达到后续处理的要求，合适的一段浸出条件为：液固比 4∶1、浸出温度(150±5)℃、氧气压力为 1.2～1.4MPa、浸出时间为 180min、搅拌转速为 850r/min、浸原液 H_2SO_4浓度为 145～155g/L、Zn^{2+}浓度 60～90g/L 左右、精矿的粒度为–38μm 占 96%以上。在此条件下进行了复杂多金属精矿 1 一段加压浸出的综合扩大试验，并进行了元素平衡计算。试验设备采用 5L 的加压釜，每次试验加入精矿 400g。复杂多金属精矿 1 加压浸出的综合试验结果如表 2.9 所示。

表 2.9　加压浸出试验研究结果

元素			Cu	Zn	Pb	Ag	Fe	As	Sb	S	H_2SO_4
JY 新-18-21 合	浸原液 6400mL	成分/(g/L)	0.0000	56.6202	0.0000	0.0000	0.0000	0.0000	0.0000	0.0000	157.7800
		总量/g	0.0000	362.3693	0.0000	0.0000	0.0000	0.0000	0.0000	0.0000	1009.7920
	矿石 1600g	含量/%	17.0600	16.2700	15.7500	0.3490	7.0600	2.3300	7.8100	26.2400	0.0000
		总量/g	272.9600	260.3200	252.0000	5.5840	112.9600	37.2800	124.9600	419.8400	0.0000
投入合计/g			272.9600	622.6893	252.0000	5.5840	112.9600	37.2800	124.9600	419.8400	1009.7920
JY 新-18-21 合	浸出液 6470mL	成分/(g/L)	39.8900	92.9400	0.0092	0.0001	8.9000	1.9200	0.0001	0.0000	52.0600
		总量/g	258.0883	601.3218	0.0595	0.0006	57.5830	12.4224	0.0006	0.0000	336.8282
	浸出渣 1105.1g	含量/%	0.5400	1.3200	21.6000	0.4981	5.0200	2.0800	11.4300	32.2100	0.0000
		总量/g	5.9675	14.5873	238.7016	5.5045	55.4760	22.9861	126.3129	355.9527	0.0000
产出合计/g			264.0558	615.9091	238.7611	5.5052	113.0590	35.4085	126.3136	355.9527	336.8282

续表

元素			Cu	Zn	Pb	Ag	Fe	As	Sb	S	H_2SO_4
绝对误差/g			–8.9042	–6.7802	–13.2389	–0.0788	0.0990	–1.8715	1.3536	—	—
平衡误差/%			–3.2621	–1.0889	–5.2535	–1.4121	0.0877	–5.0202	1.0832	—	—
液计浸出(入渣)率/%			94.5517	96.5685	99.9764	99.9884	50.9765	33.3219	99.9995	—	—
渣计浸出(入渣)率/%			97.8138	97.6574	94.7229	98.5763	50.8888	38.3421	101.0827	—	—
JY 新-23	浸原液 1600mL	成分/(g/L)	0.0000	56.6202	0.0000	0.0000	0.0000	0.0000	0.0000	0.0000	169.0500
		总量/g	0.0000	90.5923	0.0000	0.0000	0.0000	0.0000	0.0000	0.0000	270.4800
	矿石 400g	含量/%	17.0600	16.2700	15.7500	0.3490	7.0600	2.3300	7.8100	26.2400	0.0000
		总量/g	68.2400	65.0800	63.0000	1.3960	28.2400	9.3200	31.2400	104.9600	0.0000
投入合计/g			68.2400	155.6723	63.0000	1.3960	28.2400	9.3200	31.2400	104.9600	270.4800
JY 新-23	浸出液 1930mL	成分/(g/L)	34.3200	76.9600	0.0075	0.0000	6.5700	1.2700	0.0000	0.0000	62.4000
		总量/g	66.2376	148.5328	0.0145	0.0000	12.6801	2.4511	0.0000	0.0000	120.4320
	浸出渣 280.9g	含量/%	0.5800	1.3900	22.1000	0.5249	5.4500	2.3000	11.2300	31.7800	0.0000
		总量/g	1.6292	3.9045	62.0789	1.4744	15.3091	6.4607	31.5451	89.2700	0.0000
产出合计/g			67.8668	152.4373	62.0934	1.4744	27.9892	8.9118	31.5451	89.2700	120.4320
绝对误差/g			–0.3732	–3.2350	–0.9066	0.0784	–0.2508	–0.4082	0.3051	—	—
平衡误差/%			–0.5469	–2.0781	–1.4391	5.6192	–0.8883	–4.3798	0.9765	—	—
液计浸出(入渣)率/%			97.0657	95.4138	99.9770	100.0000	44.9012	26.2994	0.0000	—	—
渣计浸出(入渣)率/%			97.6125	94.0004	98.5379	105.6192	45.7895	30.6792	100.9765	—	—

由表2.9所列数据可知以下几点。①加压浸出的综合试验较好地验证了上述加压浸出的条件试验结果。②在液固比为4∶1、浸出温度为(150±5)℃、氧气压力为1.2～1.4MPa、浸出时间为180min、搅拌转速为850r/min、H_2SO_4浓度为145～155g/L、加入表面活性物质的条件下，对粒度为–38μm占96%以上的复杂多金属精矿1进行加压浸出试验，得到的浸出液的成分为：Zn约90g/L、Cu约40g/L、Fe约9g/L、As约2.0g/L。浸出渣产出率约为70%，其成分为：Cu约0.6%、Zn约1.4%、Fe约6%、Pb约22%、Sb约11%、Ag约4800g/t、As约2.5%、S^0约25%、$S_总$约32%。③各金属的浸出率分别可以达到Zn约94%、Cu约97%。择其具代表性的浸出渣进行XRD分析，结果如图2.23所示。

从图2.23可以看出，通过加压浸出处理，复杂多金属精矿1中的绝大部分Cu和Zn进入溶液中，而方铅矿被转化成硫酸铅进入浸出渣中，矿物中的硫绝大部分转化为元素硫。

从表2.9中的结果还可见，Cu、Zn大部分被浸出进入浸出液，Cu的浸出率均可达约97%，Zn的浸出率均可达约94%，Pb、Ag、Sb几乎全部残留在浸出渣中，入渣率可达约99.9%，As和Fe有部分进入溶液中，As有20%～30%被氧化浸出进入浸出液中，其余残留在渣中，Fe 40%～50%被浸出，其余残留在渣中。Cu、Zn、Pb和As的产出量较投入量低，可能是分析结果略有偏差造成的，铁的元素平衡误差值比较小，可以认为结果是可靠的，银的平衡偏差不大，认为在银的分析误差范围内。通过以上的元素平衡计算，可以看出研究结果的数据是可靠的。

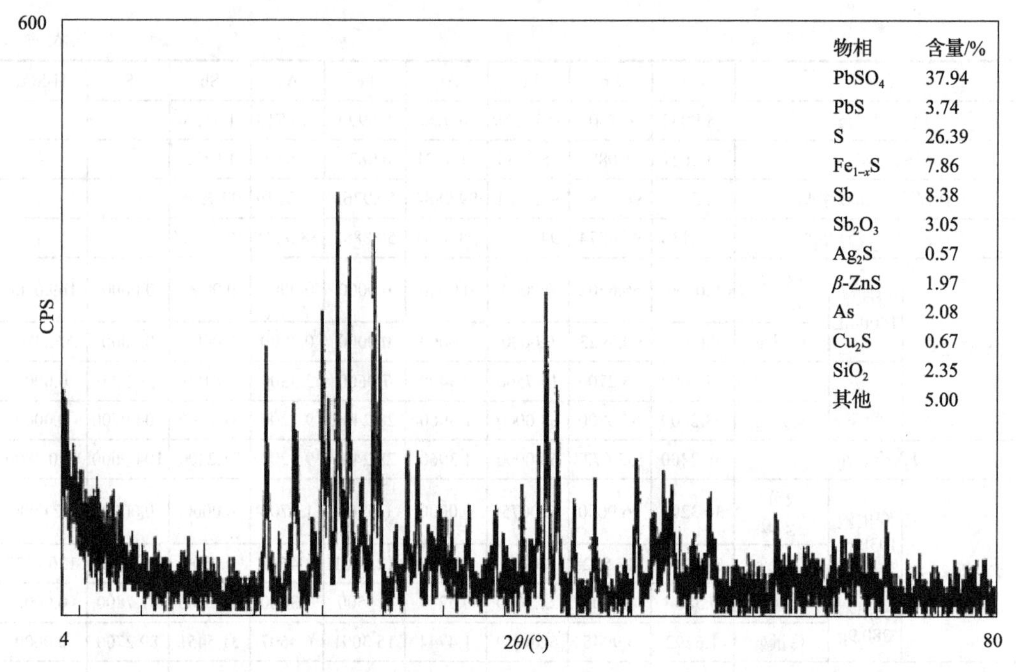

图 2.23　浸出渣 XRD 谱图

从该表中的元素分布情况看，希望浸出的 Cu、Zn 基本上被浸出，但部分杂质 As 和 Fe 也被浸出进入到溶液。在溶液萃取过程，杂质 As 和 Fe 基本不被萃取，因此杂质对萃取过程基本上没有影响。残留在萃余液中的杂质 Fe、As 等，在中和游离酸和氧化除铁的过程中一同形成稳定的化合物而被除去，与现有的锌湿法冶金过程相同。

2.3.5　复杂多金属精矿 2 一段加压浸出综合试验

通过前面的条件试验研究结果可见，合适的加压浸出条件为：酸度为 140～150g/L、氧气压力为 1.2～1.4MPa、浸出时间为 180min、浸出温度为 150℃，搅拌转速为 850r/min、精矿粒度–33μm 占 99%以上；在此条件下进行综合浸出试验，试验结果及试验过程中各元素的走向、元素平衡计算结果如表 2.10 所示。

表 2.10　复杂多金属精矿 2 加压浸出的试验结果

元素			Cu	Zn	Pb	Ag	Fe	As	Sb	S	H_2SO_4
JY-20	浸原液 800mL	成分/(g/L)	0.0000	0.0000	0.0000	0.0000	0.0000	0.0000	0.0000	0.0000	140.0000
		总量/g	0.0000	0.0000	0.0000	0.0000	0.0000	0.0000	0.0000	0.0000	112.0000
	矿石 200g	含量/%	7.4100	10.0500	36.8500	0.1516	11.1400	1.0700	4.3300	25.1500	0.0000
		总量/g	14.8200	20.1000	73.7000	0.3032	22.2800	2.1400	8.6600	50.3000	0.0000
投入合计/g			14.8200	20.1000	73.7000	0.3032	22.2800	2.1400	8.6600	50.3000	112.000
JY-20	浸出液 800mL	成分/(g/L)	18.3187	24.8487	0.0000	0.0000	18.0390	0.8517	0.0000	0.0000	68.9500
		总量/g	14.6550	19.8790	0.0000	0.0000	14.4312	0.6814	0.0000	0.0000	55.1600

续表

元素			Cu	Zn	Pb	Ag	Fe	As	Sb	S	H_2SO_4
JY-20	浸出渣 176.81g	含量/%	0.2900	0.4900	42.6100	0.1859	4.3200	0.8300	4.7300	24.9300	0.0000
		总量/g	0.5127	0.8664	75.3387	0.3287	7.6382	1.4675	8.3631	44.0787	0.0000
产出合计/g			15.1677	20.7453	75.3387	0.3287	22.0694	2.1489	8.3631	44.0787	55.1600
绝对误差/g			0.3477	0.6453	1.6387	0.0255	−0.2106	0.0089	−0.2969	—	—
平衡误差/%			2.3462	3.2106	2.2235	8.3953	−0.9453	0.4166	2.0900	—	—
液计浸出率或入渣率/%			98.8864	98.9003	100.0000	100.0000	64.7720	31.8407	100.0000	—	—
渣计浸出率或入渣率/%			96.5402	95.6897	102.2235	108.3953	65.7173	31.4242	96.5717	—	—

由表 2.10 所列数据可知以下几点。①复杂多金属精矿 2 加压浸出的综合试验较好地验证了上述加压浸出的条件试验结果。②在液固比为 4∶1、浸出温度为(150±5)℃、氧气压力为 1.2～1.4MPa、浸出时间为 180min、搅拌转速为 850r/min、H_2SO_4浓度为 140～150g/L、加入表面活性物质的条件下，对粒度为−33μm 占 99%以上的复杂多金属精矿 2 进行加压浸出试验，得到的浸出液的成分为：Zn 约 25g/L、Cu 约 18g/L、Fe 约 18g/L、As 约 1.0g/L。浸出渣产出率约 85%，其成分为：Cu 约 0.3%、Zn 约 0.5%、Fe 约 4%、Pb 约 42%、Sb 约 5%、Ag 约 1800g/t、As 约 0.8%、$S_{总}$约 25%。③各金属的浸出率分别可以达到：Zn 约 95%、Cu 约 96%。择其具代表性的浸出渣进行 XRD 分析，如图 2.24 所示。

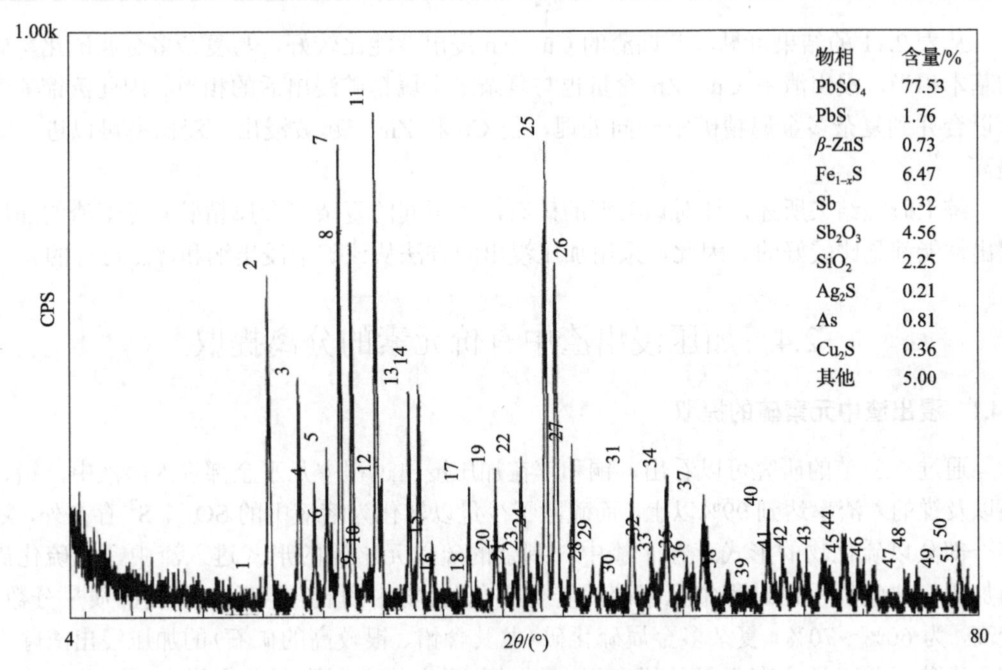

图 2.24　浸出渣 XRD 分析结果

从图 2.24 可以看出，通过加压浸出处理，复杂多金属精矿 2 中的绝大部分 Cu 和 Zn 进入溶液中，而方铅矿被转化成硫酸铅进入浸出渣中，矿物中的硫绝大部分转化为元素硫。

由表 2.10 的结果可见，Cu 和 Zn 的浸出率与条件试验的结果相当，各元素走向与复杂多金属精矿 1 的浸出结果基本一致，Cu、Zn 大部分被浸出进入浸出液，铜的浸出率均可达约 97%，锌的浸出率均可达约 95%，Pb、Ag、Sb 几乎全部残留在浸出渣中，入渣率可达约 100%，砷和铁有部分进入溶液中，As 有约 30%被氧化浸出进入浸出液中，其余残留在渣中，Fe 约 60%被浸出，其余残留在渣中。

2.3.6 蒸馏后渣的加压浸出

在浮选硫磺的过程中，加压浸出渣中未氧化浸出的硫化物也随浮选进入到硫磺精矿中，在回收硫磺后，硫化物被富集，这些硫化物有价金属含量比较高，也需要进行回收。其回收方法也采用加压浸出。试验条件：液固比为 4∶1、浸出温度为(150±5)℃、氧气压力为 1.4MPa、浸出时间为 180min、搅拌转速为 850r/min。试验结果如表 2.11 所示。

表 2.11 蒸馏渣的加压浸出试验结果

编号	原料成分/%		硫酸浓度/(g/L)	渣率/%	渣含铜/%	渣含锌/%	铜浸出率/%	锌浸出率/%	尾酸/(g/L)
	Cu	Zn							
Sck-jy	25.03	4.39	158	72.01	0.16	0.57	99.54	90.86	76.01
Sck5-jy-13	5.98	5.12	160	86.75	0.55	0.45	92.02	92.38	87.97
Sck5-jy-19	18.28	6.31	160	88.64	0.39	0.61	98.10	91.43	79.62

从表 2.11 的结果可见，蒸馏渣的 Cu、Zn 浸出性能比较好，与复杂多金属硫化精矿的基本相当，浸出渣中 Cu、Zn 含量也与复杂多金属精矿浸出后的相当。因此蒸馏残渣可以合并到复杂多金属精矿中一同处理，使 Cu 和 Zn 一起被浸出，浸出率可以进一步提高。

综上研究结果所述，针对该类型的矿石，其不同的复杂多金属精矿和蒸馏渣的加压浸出性能都是比较好的。因此，采用加压浸出的方法从该矿中浸出铜和锌是可行的。

2.4 加压浸出渣中有价元素的分离提取

2.4.1 浸出渣中元素硫的提取

通过 2.3 节的研究可以看出，铜和锌在加压浸出过程中几乎全部进入溶液中，铅、银以及锑的入渣率达到 99%以上，而硫除了少量以转化为溶液中的 SO_4^{2-}、S^{2-}存在外，还有一部分以硫化物的形式存在于渣中，剩余的硫以元素硫的形式进入渣中，在硫化矿的加压氧化酸性浸出过程中元素硫的转化率(硫化物中的硫转化为元素硫的质量分数)较高，为 60%～70%。复杂多金属硫化矿(尤其含铅、银较高的矿石)的加压浸出渣除含有元素硫以外，还含有大量的铅和银，需对此类有价金属进行分离提取。因此，为了回收渣中的元素硫，并且降低回收铅、银时的处理量，必须先对加压浸出渣进行脱硫处理。

湿法冶金中元素硫的回收方法主要分为物理法和化学法两类，分别阐述如下。

1. 物理法

物理法是利用元素硫的低熔点及黏度等物理性质使之与其他杂质相分离，具体方法如下。

(1) 高压倾析法：原理是利用高压釜在加压条件下对硫物料进行加热，使元素硫呈熔融状态沉在高压釜的底部，然后排出冷却，得到经过富集的硫磺产品。加拿大科明柯公司和舍利特·高尔登矿业公司所建造的处理锌精矿的氧压酸浸中间试验场便采用高压倾析法回收氧压酸浸渣中的元素硫[27,28]，该法是在高压釜中，在温度105℃、压力1.14MPa条件下，使元素硫熔融沉在浸出矿浆底部并放出。得到的硫磺产品中含 S^0 95.6%，杂质含Zn 1.6%、Fe 0.5%、Pb 0.1%，硫的回收率为91%。另外约9%的硫被倾析溢流带走，这部分硫可经浮选收集。采用高压倾析法回收的硫磺，因未反应的金属硫化物也熔融于其中，故硫磺质量不是很高[29]。

(2) 热过滤法：原理是利用元素硫在 125～158℃范围内具有很低的黏度(0.096～0.079P，1P=10^{-1}Pa·s)的特性，将物料加热并控制在 130～155℃，使硫熔化并具有良好的流动性(接近于水)，趁热用过滤的方法将单体硫与其他固体物料机械分离。加拿大科明柯公司对上述高压倾析法得到的硫磺产品进行了热过滤法回收硫磺的试验[27]。热过滤前硫品位95.6%，热过滤后硫磺产品含 S^0 达99.9%，热滤率达98%。产品中杂质含量低：Zn 3ppm (1ppm=10^{-6})、Fe 4 ppm、Pb 2 ppm、Cu 1 ppm、Hg＜1ppm、Se 14ppm。文献[30]～[32]也述及了用熔融真空过滤法从高铁硫化锌精矿浸出渣中提取硫磺。热过滤法因过程简单常为工业生产所采用，例如，国内外的镍冶炼厂多采用此工艺处理硫化镍电解精炼后的阳极泥，产品质量好且贵金属得到富集，但回收率往往不足70%。热过滤法适于处理含 S^0 很高的原料。原料含硫越高，热滤率就越大，且得到的硫磺质量越好。缺点是需要的设备较复杂，需进行保温过滤，热过滤渣中残余的硫较多，S^0 回收率也不高。

(3) 浮选法：工艺过程非常简单，只需加一些轻油或不需加任何药剂就可进行浮选。加拿大科明柯公司[27-29]采用浮选法回收锌精矿浸出矿浆中的硫，该法采用高压釜，矿浆直接减压，经过调解槽、浮选、浓密，得到硫的富集物。给料中固体物的成分为：S^0 47.1%、Zn 1.6%、Fe 13.2%、Pb 9.7%。浮选精矿成分为：S^0 88.0%、Zn 1.0%、Fe 2.3%、Pb 1.5%。浮选尾矿中 S^0 可降至0.07%，硫的回收率接近100%。文献[33]和[34]均提到采用浮选的办法回收硫，该法成本很低。浮选法不需要复杂的设备，能处理含大量未反应硫化物的矿浆，缺点是回收的硫磺品位较低，只能起到富集硫的作用。另外，一些有价金属也夹杂在硫富集物中，贵金属损失大。

(4) 制粒筛分法：原理是含 S^0 物料在经过加热、骤冷处理后，将元素硫形成颗粒较大的硫粒，再进行筛分回收。美国哈慈恩研究公司[29]用氧压酸浸处理重金属硫化矿，浸出渣经制粒筛分后，得到含 S^0 96%的产品，杂质主要是氧化铁和微细的黄铁矿，总Fe为1.4%。加拿大A.Vizsolyi等研究采用此工艺回收黄铜矿氧压酸浸矿浆中的元素硫，得到 S^0 的富集物，再经纯化可制得纯硫磺产品。制粒筛分工艺上较难掌握，得到的硫磺质量也不高。

(5) 真空蒸馏法：也称熔析法，原理是利用元素硫沸点(444.6℃)较低的物理性质，在高于 450℃条件下，使元素硫升华挥发，再冷凝回收。周勤俭[29]进行了含 S^0 38.02%的物料的蒸馏试验。在 427℃、用氮或水蒸气保持惰性条件，在管式反应器中进行硫的蒸馏，S^0 几乎完全蒸馏出来。硫磺产品含杂质约 0.5%，主要是铜硫化物灰尘。黄鑫等[35]也提到含硫为 82.67%的物料经过真空蒸馏得到的硫磺纯度可达到 99.95%。脱硫率达 97.08%，试验残渣含硫可降为 15.1%。蒸馏法得到的产品纯度高，但成本较高，设备要求较苛刻。

2. 化学法

化学法回收硫磺是利用可以溶解元素硫的溶剂，从含元素硫物料中溶解元素硫，再经提取得到硫磺产品。溶剂种类很多，有无机物和有机物两类，主要包括二甲苯、四氯乙烯、硫化铵等。

(1) 二甲苯提硫：利用元素硫在二甲苯溶剂中的溶解度随温度升高而明显增大的特点，可用热的二甲苯选择性溶解元素硫。溶解硫的二甲苯趁热过滤，再经过冷却后即析出高质量的硫磺产品[29,36-43]。周勤俭[36]对铜铅锌混合精矿的氧压酸浸渣进行二甲苯提硫的试验研究表明，处理含 S^0 58.77%的物料时，硫回收率达 98%；处理含 S^0 63.42%的物料时，硫回收率达 99.1%，得到的硫磺产品纯度达 99.94%。二甲苯损耗主要为浸出残渣含湿及挥发损失。二甲苯重复返回浸出不影响其使用效果。该法的优点是硫磺纯度很高，过程简单且不受物料含硫量的限制；缺点是二甲苯有一定毒性，易挥发。在实际操作中只要考虑设备的密封及加强工作环境的通风，毒性问题是不难解决的。

(2) 四氯乙烯提硫：原理和工艺流程与二甲苯相似。美国矿务局于 1971 年发表的三氯化铁浸出黄铜矿精矿的专利，就是用四氯乙烯脱浸出渣中的元素硫。但在处理大规模物料时，挥发及脱硫渣中的夹带损失将影响到经济效益。所以，虽然四氯乙烯脱硫和二甲苯脱硫一样有很多优点，但也由于它们都有一定的毒性，要达到较高的硫浸出率需要进行加热，同时过滤时需要保温，且易挥发(二甲苯易燃)，故在处理大规模物料时不合适，只有在规模小且物料含贵金属时，因不会造成贵金属损失及环境污染而显示出如上有机溶剂脱硫的优越性。唐冠中等[44]对镍阳极泥采用四氯乙烯混水法提取其中的元素硫，文献中提到采用纯四氯乙烯溶硫时，由于与空气直接接触，较高温度时四氯乙烯的挥发十分严重，四氯乙烯的密度为 $1.6227g/cm^3$，不溶于水，所以在混水体系中属双液相系，四氯乙烯被水所覆盖，对防止有机相的挥发起到了很大作用。

(3) 硫化铵脱硫：硫化铵是一种弱酸性盐，具有强碱性，是硫及硫化物的一种有效溶剂。它在常温下可与元素硫生成多硫化铵 $(NH_4)_2S_x$，溶硫后过滤出多硫化铵溶液，再经加热后分解为 S^0、NH_3、H_2S，S^0 沉淀在分解后液底部，挥发出的 NH_3 和 H_2S 经冷凝后又生成硫化铵循环使用。其反应式为

$$(NH_4)_2S + xS^0 = (NH_4)_2S_{x+1} \qquad Na_2S + xS^0 = Na_2S_{x+1} \tag{2.1}$$

脱硫后液中的硫用高温分解的方法回收：

$$(NH_4)_2S_{x+1} = (NH_4)_2S + xS^0 \qquad Na_2S_{x+1} = Na_2S + xS^0 \tag{2.2}$$

刘希澄等进行了高硫锑渣脱硫研究[45]，指出用硫化铵溶液浸出硫，浸出选择性良好，可在室温下进行，浸出速度快，只耗用单一试剂，系统简单易于控制。用分解法从浸出液中提硫时不像硫化钠法那样耗用大量的酸和碱，且能得到纯度很高的硫磺。该工艺用硫化铵密闭浸出，然后将浸出液进行热分解，从锑渣(含 Sb 0.47%、S 64.8%)中分离硫，硫的提取率为 93.5%～95%，硫磺纯度达 99.8%以上。东北大学曾研究了三氯化铁浸出、隔膜电解提铜与再生工艺，以及从浸铜渣中提取金、银、硫的方法[32]。该工艺克服了 SO_2 的污染，又免去了焙烧作业及制酸工程，较好地解决了金铜矿的处理及综合利用。采取硫化铵溶硫法，使浸铜渣脱硫达 98%～99%。美国矿务局研究的浸出黄铜矿流程[46]，浸出渣含：S^0 68.28%、Cu 0.24%、Fe 15.59%，用 25%的 $(NH_4)_2S$ 溶液在 25℃下浸出 5min，浸出液用蒸汽加热到 95℃，反应时间 1.5h，S^0 回收率约 95%。刘希澄等和张启卫等也都研究过用硫化铵提取硫磺[45,47]。用硫化铵脱硫的优点是系统简单，易于控制；缺点是硫化铵味臭，操作环境差，如果物料中含有贵金属如 Au、Pt 等，会造成贵金属的损失，损失率一般为 2%～20%。另外，该法得到的硫磺产品质量不太好，原因是硫化铵能溶解硫化物，在热分解时一起进入到硫产品中。故物料中含大量硫化物时，不宜用该法回收元素硫。

(4)其他溶剂：二氯乙烯、三氯乙烯也有溶硫能力，但稳定性差，沸点低，对硫的溶解量少，不如四氯乙烯。煤油脱硫效果较好，但因其使用危险未在生产中应用。此外也可用硫化钠、CS_2、亚硫酸钠溶解，以及稀碱液浸出等。方兆珩[48]曾研究用 CS_2 处理复杂含金硫化矿的 $FeCl_3$ 浸出渣，元素硫的产率为总硫的 71%～73%。常军等[49]则评述了硫化锌精矿在硫酸溶液中进行的直接加压酸浸工艺，其不再产生 SO_2，酸浸后的精矿中大部分硫成为元素硫(50%～95%)，还有少量呈硫化物状态或形成 SO_4^{2-}。各国流程不同，其中日本采用选矿与 CS_2 相结合处理硫化精矿，回收硫磺，当采用此法处理硫化锌精矿时，用碱液高压处理渣以回收精制硫磺。用硫化钠浸出回收硫时，耗用试剂种类多，数量大，使系统变得复杂，而且浸出速度慢，能耗也高。

综上所述，从湿法冶金渣中回收元素硫的方法很多，不同的物料特性决定选用不同的回收方法。一般而言，如果物料的处理量很大，常选用处理成本低、设备简单的浮选法；物料的量较少且含有贵金属，常选用化学法中的有机溶剂法，一方面可得到纯度很高的硫磺产品，另一方面又不会造成贵金属的损失；也可采用两种方法配套使用，以达到经济协调合理、综合回收的效果。

3. 化学法脱硫试验方法与结果

试验方法：将综合浸出渣 1 或 2 和约 90g/L 的硫化盐溶液[$(NH_4)_2S$ 或 Na_2S 溶液]按一定的液固比(10∶1)加入到烧杯中，在温度为 40～60℃的条件下，用电动搅拌器进行搅拌，搅拌时间为 40～60min，使渣中的元素硫溶解到溶液中。脱硫试验结果如表 2.12 所示。

表 2.12　综合浸出渣脱硫试验结果

样号	编号	Na_2S 浓度/(g/L)	温度/℃	时间/min	渣率/%	渣含 S^0/%	脱硫率/%
加压渣-1（S^0 含量 19.41%）	TS-1	*	30	30	69.5	2.38	91.48
	TS-2	81.25	40	60	68.52	1.90	94.62
	TS-3	88.44	40	60	69.39	3.84	87.36
	TS-4	*	35	40	67.88	5.56	80.55
	TS-5	149.77	40	40	68.94	3.07	89.10
加压渣-2（S^0 含量 19.49%）	TS-11	120	60	60	69.83	4.01	85.63
	TS-12	110	60	60	73.83	4.26	83.86
	TS-13	100	60	60	70.20	3.55	87.21
	TS-14	90	60	60	70.07	3.75	86.52
	TS-15	80	60	60	70.70	4.05	85.31
	TS-16	70	60	60	68.00	3.17	88.94
	TS-17	90	60	60	71.50	4.32	84.15
	TS-19	80	60	60	67.40	3.53	87.79
	TS-20	90	60	60	70.9	3.63	86.79
	TS-21	90	60	80	67.70	4.60	84.02
	TS-22	90	60	60	71.08	4.62	86.52
	TS-23	90	60	60	69.40	4.24	84.90
	TS-24	90	60	70	67.80	4.00	86.08
	TS-25	90	60	90	67.68	4.39	84.75

* 采用 $(NH_4)_2S$，S 浓度 8%。

由表 2.12 的数据可见，在温度 30℃以上、时间 40min 以上、液固比 10∶1 的条件下，可以将渣中的元素硫大部分浸出。

另外，对脱硫后的渣进行了 XRD 分析，分析结果如图 2.25 所示。

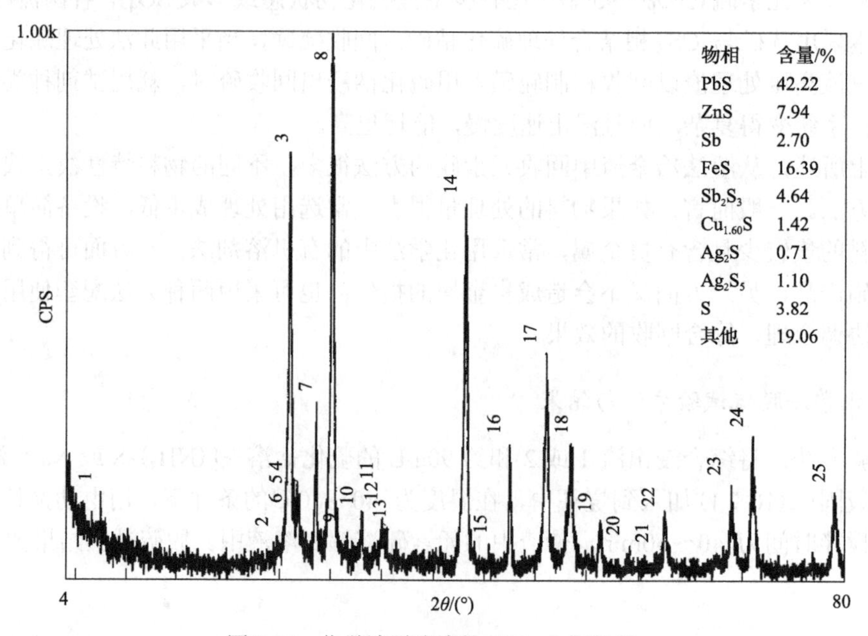

图 2.25　化学法脱硫渣的 XRD 分析结果

从图 2.25 的分析结果可见，虽然化学法脱硫可以使加压浸出渣中的元素硫大部分脱出，但是$(NH_4)_2S$或Na_2S溶液同时也将加压浸出的硫酸铅重新转化为硫化铅，给后续铅的处理带来很大的困难。另外，由于$(NH_4)_2S$和Na_2S溶液有较强的刺激性气味，因此，不推荐采用化学法脱除加压浸出渣中的元素硫。

4. 加压浸出渣浮选硫精矿试验研究

根据该类矿样的选矿经验及实际生产情况可知，该类矿样在低矿浆浓度条件下选矿对于精矿指标有益。在低浓度条件下，机械夹杂较少，浮选泡沫较“干净”，有利于得到较好指标。一般浮选浓度为 10%～20%，浮选硫试验流程见图 2.26。

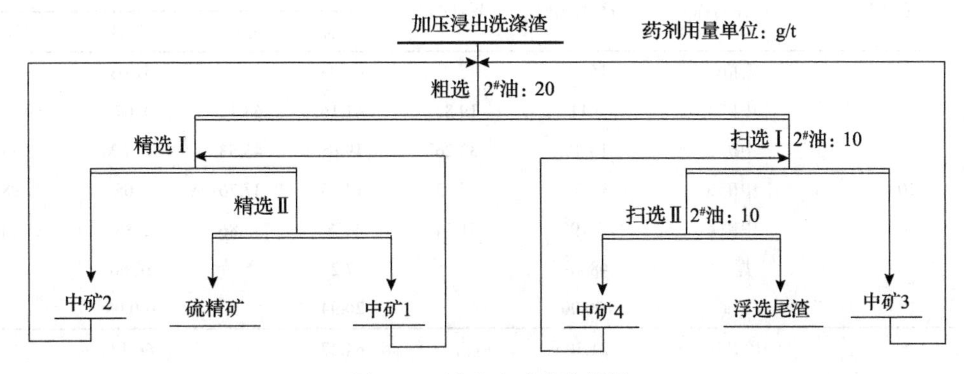

图 2.26　浮选硫试验流程图

在加压浸出渣原有粒度下，进行了不同浮选浓度情况下的试验，试验结果如表 2.13 所示。

表 2.13　浮选浓度试验结果

浮选浓度/%	产品名称	产率/%	累计/%	硫品位/%		硫回收率/%	
				个别	累计	个别	累计
10	硫精矿	21.20		66.5		66.35	
	中矿 1	1.24	22.44	28.89	62.12	1.69	68.03
	中矿 2	13.03	35.47	16.23	45.05	9.95	77.99
	中矿 3	10.44	45.92	9.2	36.82	4.52	82.51
	中矿 4	8.48	54.40	7.15	32.16	2.85	85.36
	尾矿	45.60		6.82		14.64	
	给矿	100.00①		21.25		100.00	
20	硫精矿	22.05		63.02		67.91	
	中矿 1	2.16	24.20	25.34	59.67	2.67	70.59
	中矿 2	12.18	36.38	12.12	43.75	7.22	77.80
	中矿 3	6.99	43.37	10.65	38.42	3.64	81.44
	中矿 4	8.48	51.85	6.79	33.25	2.81	84.25
	尾矿	48.15		6.69		15.75	
	给矿	100.00②		20.46		100.00	

注：浮选浓度为 10%和 20%时的给矿均为 100.00%，由于小数点误差，产矿分别为 99.99%和 100.01%。

从表 2.13 可以看出：加压渣在低浓度情况下(即浮选浓度为 10%)，硫精矿的品位及回收率较浮选浓度为 20%时的要高。

5. *磨矿后不同浮选浓度试验结果*

因为加压浸出渣在烘干过程中出现结团，另外考虑到各种矿物间的解离，故进行了必要的磨矿(棒磨时间为 20s)，然后进行了不同浮选浓度情况下的试验，试验结果如表 2.14 所示。

表 2.14 磨矿后不同浮选浓度试验结果

浮选浓度/%	产品名称	产率/%	累计/%	硫品位/%		硫回收率/%	
				个别	累计	个别	累计
10	硫精矿	15.71		68.83		51.63	
	中矿 1	4.11	19.82	41.16	63.10	8.07	59.71
	中矿 2	13.45	33.26	19.65	45.53	12.62	72.33
	中矿 3	11.09	44.35	14.45	37.76	7.65	79.98
	中矿 4	7.19	51.54	9.78	33.86	3.36	83.34
	尾矿	48.46		7.2		16.66	
	给矿	100.00		20.94		100.00	
20	硫精矿	21.30		64.27		66.14	
	中矿 1	2.31	23.61	22.13	60.15	2.47	68.61
	中矿 2	12.99	36.60	13.68	43.66	8.58	77.19
	中矿 3	7.85	44.46	10.03	37.72	3.81	81.00
	中矿 4	7.91	52.36	7.69	33.18	2.94	83.94
	尾矿	47.64		6.98		16.06	
	给矿	100.00		20.7		100.00	

注：浮选浓度为 10%和 20%时的给矿均为 100%，由于小数点误差，产矿分别为 100.01%和 99.99%。

从表 2.14 结果可以看出：加压浸出渣在磨矿后，在低浓度情况下(即浮选浓度为 10%)，硫精矿的品位较浮选浓度为 20%时的要高，而回收率略有降低。

从浮选的总结果来看，虽然浮选条件优化能够提高硫精矿的品位，但品位提高不大，因此建议采用简单的浮选流程即可。

6. *浮选产品考察*

对浮选后所得的硫精矿及尾矿进行多元素分析，其结果如表 2.15 所示。

表 2.15 浮选产品多元素分析结果

浮选产品	S/%	Fe/%	Pb/%	As/%	Zn/%	Cu/%	Sb/%	Ag/(g/t)	产率/%
硫精矿 1	68.83	3.77	8.85		6.47			4885.9	21.30
尾矿(铅)1	7.20	7.42	34.08		0.74			4356.1	78.70
硫精矿 2	64.29	2.54	6.25	1.50	1.36	9.18	5.09	2212.9	19.89

续表

浮选产品	S/%	Fe/%	Pb/%	As/%	Zn/%	Cu/%	Sb/%	Ag/(g/t)	产率/%
尾矿(铅)2	12.82	3.93	52.02	0.72	0.48	0.37	3.94	1731.8	80.11
硫精矿 3	64.58	2.75	5.48	1.73	1.42	8.75	5.49	1975.4	23.58
尾矿(铅)3	10.23	3.71	55.18	0.31	0.34	0.22	2.73	1192.8	76.42
硫精矿 4	63.04	1.78	8.84	0.53	1.07	0.68	2.53	1261.9	30.86
尾矿(铅)4	10.29	5.04	57.52	0.96	0.22	0.088	6.22	1851.4	69.14

注：1 为复杂多金属精矿 1 的加压浸出渣的浮选产物，2、3、4 为复杂多金属精矿 2 的加压浸出渣的浮选产物。

从表 2.15 的结果可见，硫精矿中硫的品位远高于尾矿(浮选渣)中硫的品位，Cu 和 Zn 也明显富集到硫精矿中，Pb、Fe 大部分富集到尾矿中。对浮选尾渣进行 XRD 分析，分析结果如图 2.27 所示。另外对浮选过程的元素进行平衡计算，元素平衡结果见表 2.16。

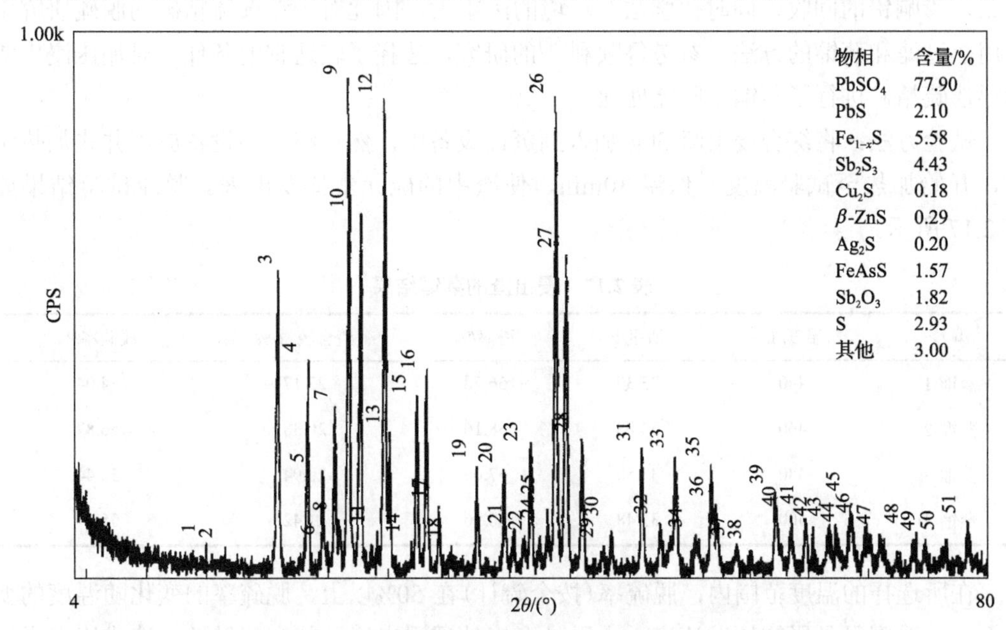

图 2.27　综合浮选尾渣 XRD 分析结果

表 2.16　加压浸出渣浮选过程的元素平衡结果

元素			Cu	Zn	Pb	Ag	Fe	As	Sb	S	合计
投入	浸出渣 150g	含量/%	0.2900	0.4900	42.6100	0.18588	4.1200	0.8300	3.7300	24.9300	77.1859
		总量/g	0.4350	0.7350	63.9150	0.27882	6.1800	1.2450	5.5950	37.3950	115.7789
产出	硫精矿 46.1g	含量/%	0.6800	1.0700	8.8400	0.12619	1.7800	0.5300	2.5300	63.0400	91.7262
		总量/g	0.3135	0.4933	4.0752	0.05817	0.8206	0.2443	1.1663	29.0614	42.2858
	尾矿(铅) 103.3g	含量/%	0.0880	0.2200	57.5200	0.18514	5.0400	0.9600	6.2200	10.2900	72.5631
		总量/g	0.0909	0.2273	59.4182	0.19125	5.2063	0.9917	6.4253	10.6296	74.9577
产出合计/g			0.4044	0.7206	63.4934	0.24942	6.0269	1.2360	7.5916	39.6910	117.2435

续表

元素	Cu	Zn	Pb	Ag	Fe	As	Sb	S	合计
绝对误差/g	–0.0306	–0.0144	–0.4214	–0.02941	–0.1531	–0.0090	1.9966	2.2960	1.4646
平衡误差/%	–7.0345	–1.9592	–0.6597	–10.5480	–2.4773	–0.7229	35.6854	6.1399	1.2650
浮选入硫精矿率/%	72.0670	67.1156	6.3760	20.8629	13.2783	19.6225	20.8454	77.7147	36.5229
浮选入尾矿率/%	20.8966	30.9252	92.9644	68.5926	84.2443	79.6546	114.8400	28.4252	64.7421

由图 2.27 和表 2.16 可见，70%左右的 Zn 和 Cu 富集到硫精矿，90%以上的 Pb 富集到尾矿中，约 80%的 Fe 和 As 富集到尾矿中，100%的 Sb 也富集到尾矿中，约 65%的 S 富集到硫精矿中，Ag 约 60%富集在尾矿中。

根据 2.4.1 小节的研究，选择化学法脱硫时，可能存在硫化物使硫酸铅重新转化为硫化铅，影响铅的回收，同时化学法对环境的污染大，因此对于浮选硫精矿的脱硫研究中采用热过滤和蒸馏的方法。参考鲁顺利[50]的研究，选择了较适宜的条件，对加压浸出渣和浮选硫精矿进行了蒸馏法脱硫处理。

试验方法：将综合浸出渣 50g 加入到蒸馏设备中，然后将蒸馏设备放入井式加热炉中，开始加热至试验温度，保温 30min，使渣中的硫元素挥发出来。脱硫试验结果如表 2.17 所示。

表 2.17　浸出渣的蒸馏结果

编号	温度/℃	渣重/g	渣率/%	渣含硫量/%	脱硫率/%
蒸馏-1	440	33.39	66.78	22.17	54.04
蒸馏-2	460	34.08	68.16	20.38	56.87
蒸馏-3	480	33.50	67.00	20.94	56.44
蒸馏-4	500	33.48	66.96	21.42	55.47

在所选择的温度范围内，脱硫率(按全硫计)在 50%以上，脱硫率的变化随温度的变化不大，温度只是影响挥发速度。由于是直接处理浸出渣，其含硫量低，造成渣率大。但可以肯定的是元素硫的蒸馏效率是比较高的。

将硫精矿 300g 放入蒸馏设备中，加热至 460℃，蒸馏 120min，蒸馏结果如表 2.18 所示，蒸馏后渣的 XRD 分析结果如图 2.28 所示。

表 2.18　硫精矿的蒸馏结果

	S^0	S	Fe	Pb	As	Zn	Cu	Sb	Ag	总重/g
蒸馏后渣	＜1.0%	28.88%	7.12%	16.71%	4.49%	4.49%	25.03%	14.50%	5677.4g/t	106.11
脱出率/%	99.93	84.11	0.85	5.43	–5.87	–16.77	3.56	–0.76	9.25	35.37

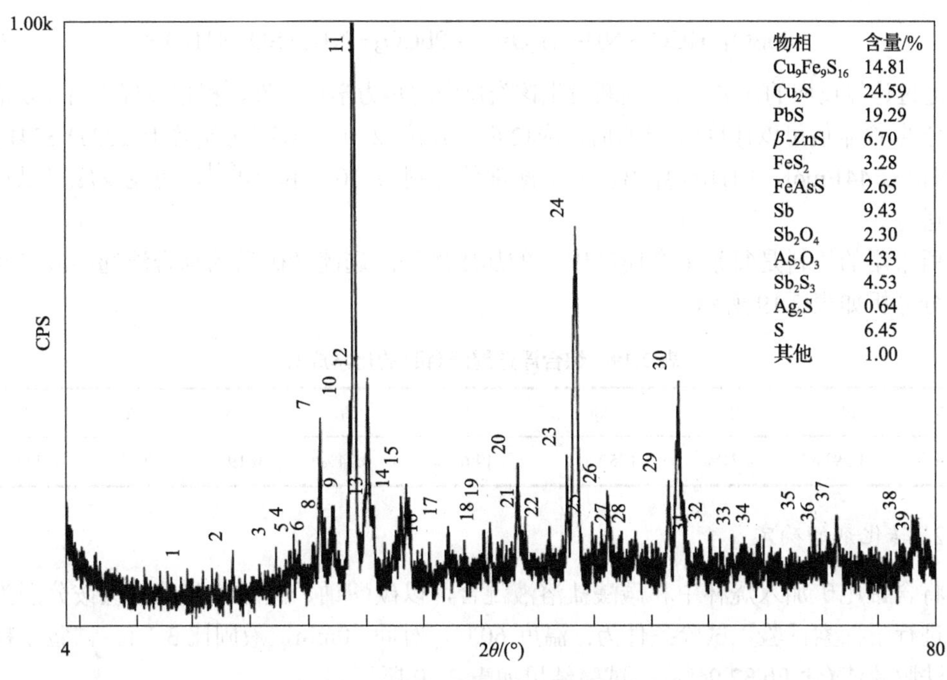

图 2.28　蒸馏后渣的 XRD 分析结果

由表 2.18 和图 2.28 的试验结果可见，通过蒸馏法，可以将硫精矿中的元素硫基本除净，蒸馏后渣中硫元素的含量可降至 1.0%以下，总硫的脱除率可达到 84.11%。而各金属元素主要以硫化物的形式存在于其中。若要进一步回收其中的金属元素，可以采用 2.3 节中所述的加压浸出法。

2.4.2　浮选尾渣的碳酸盐转化研究

浮选元素硫的尾矿（浮选渣或铅渣）主要为硫酸铅和银的渣，其中铅的含量高达 35%～50%，考虑有色金属的综合回收，需从该渣中回收铅和银。

转化-浸出是将硫酸铅转化为容易被硅氟酸浸出的碳酸铅，碳酸铅再被浸出获得硅氟酸铅溶液，其电积获得电铅，再生的硅氟酸返回浸出。

1. 硫酸铅的碳酸化原理

硫酸铅的碳酸化是将其中的硫酸铅转化为容易被硅氟酸浸出的碳酸铅，试验过程中选用的碳酸盐主要有碳酸钠、碳酸铵、碳酸氢铵+氨水，在转化过程中发生的主要反应有：

$$PbSO_4+NH_4HCO_3+NH_3\cdot H_2O = PbCO_3+(NH_4)_2SO_4+H_2O \tag{2.3}$$

$$PbSO_4+(NH_4)_2CO_3 = PbCO_3+(NH_4)_2SO_4 \tag{2.4}$$

$$PbSO_4+Na_2CO_3 = PbCO_3+Na_2SO_4 \tag{2.5}$$

发生的离子反应为

$$PbSO_4+CO_3^{2-} = PbCO_3+SO_4^{2-} \tag{2.6}$$

$$PbSO_4+HCO_3^-+NH_3 \cdot H_2O = PbCO_3+NH_4^++SO_4^{2-}+H_2O \qquad (2.7)$$

通过计算反应的$\Delta G^\ominus$值来判断发生该类反应的热力学可能性，根据过程中所涉及的主要组分的G_{298}值可以计算出 25℃时反应(2.6)和反应(2.7)的$\Delta G^\ominus$分别等于−23371.824J/mol和−29145.744J/mol，由此计算出反应平衡常数分别为 $10^{4.1}$ 和 $10^{5.11}$，可见反应可以自发向右进行。

所采用的原料是复杂多金属精矿 2 的加压渣经浮选硫精矿后的综合浮选尾渣，其化学成分分析如表 2.19 所示。

表 2.19　综合浮选尾渣(铅)的化学成分

元素	Pb	Sb	Ag	S	Cu	Zn	As	Fe
含量	51.29%	4.71%	1750.8g/t	14.61%	0.14%	0.19%	0.72%	4.09%

2. 转化剂的确定

将含铅尾矿加入烧杯中和碳酸盐溶液混合，以碳酸钠、碳酸铵和碳酸氢铵分别为转化剂进行了探索试验，试验条件为：温度 60℃，时间 60min，液固比 3∶1，试验原料为化学法脱硫渣(含 Pb 32.96%)，试验结果如表 2.20 所示。

表 2.20　不同碳酸盐用量下的转化试验研究结果

编号	料重/g	碳酸盐及用量/g	理论量的倍数	转化后液中 SO_4^{2-}/(g/L)	转化率/%
12	50	Na_2CO_3 10.19	1.2	28.69	56.32
13	50	Na_2CO_3 13.50	1.6	33.98	66.72
18	50	Na_2CO_3 16.88	2.0	34.25	67.24
14	50	$(NH_4)_2CO_3$ 9.19	1.2	20.95	41.13
15	50	$(NH_4)_2CO_3$ 12.22	1.6	21.94	43.07
19	50	$(NH_4)_2CO_3$ 15.28	2.0	22.37	43.92
16	50	NH_4HCO_3 7.55	1.2	19.45	38.19
17	50	NH_4HCO_3 10.06	1.6	20.81	40.87
20	50	NH_4HCO_3 12.58	2.0	21.57	42.34

从表 2.20 的结果可见，碳酸氢铵的转化率不高，为 40%左右；碳酸铵转化率略高于碳酸氢铵，为 41.13%～43.92%；碳酸钠的转化率可以达到 56.32%～67.24%。

由于转化后的溶液需要处理，碳酸钠转化后形成硫酸钠的溶液，其处理和回收都比较困难，主要是因为硫酸钠价值低，销路有限；碳酸铵和碳酸氢铵转化后溶液为硫酸铵溶液，其可以作为肥料销售，有一定的市场需求，因此，采用铵盐作为转化剂。但碳酸铵的价格昂贵，导致转化-浸出过程的成本比较高，希望采用价格比较低的碳酸氢铵作为转化剂，但碳酸氢铵转化率相对比较低，因此采用碳酸氢铵+氨水作为转化剂。

碳酸氢铵+氨水转化实质上也是碳酸铵转化，因为碳酸氢铵+氨水时发生如下反应：

$$NH_4HCO_3+NH_4OH = (NH_4)_2CO_3+H_2O \qquad (2.8)$$

反应生成碳酸铵，转化即成为碳酸铵的转化。在此过程中氨水的用量为碳酸氢铵与氨水的摩尔比为 1∶1。

3. 碳酸氢铵+氨水用量试验

试验条件：转化温度 40℃、液固比 3∶1、转化时间为 40min，不同碳酸氢铵+氨水用量下的转化试验结果如图 2.29 所示。

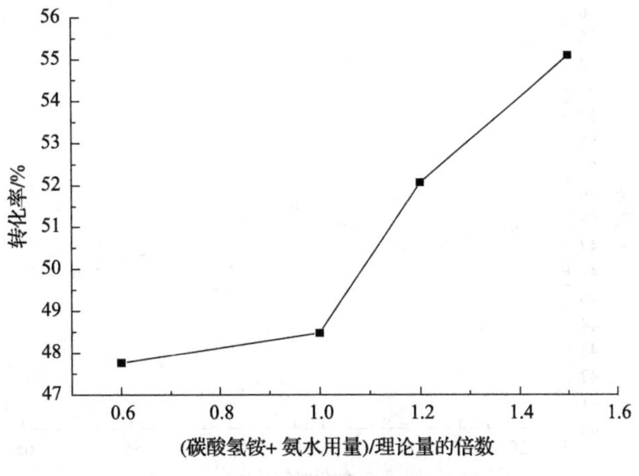

图 2.29　碳酸氢铵+氨水用量试验结果

由图 2.29 中的数据可见，采用碳酸氢铵+氨水转化硫酸铅渣时，其转化率随转化剂用量的增加而提高。

4. 液固比试验

试验条件：转化温度 40℃、碳酸氢铵+氨水用量为理论量的 1.2 倍、转化时间 30min，不同液固比下的转化试验结果如图 2.30 所示。

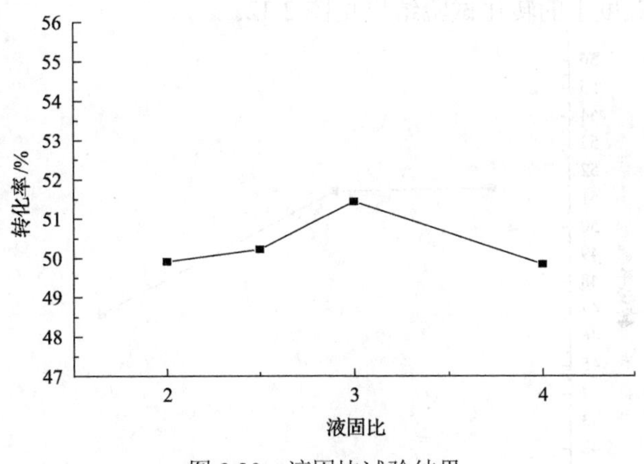

图 2.30　液固比试验结果

从图 2.30 的结果可见，液固比增加，转化率先增大后减少。在转化过程中，转化速率随转化剂浓度的增加而增加，但速率快容易使生产的碳酸铅包裹硫酸铅，反而减小转化率，所以转化剂浓度要求合适。此外液固比增大，会降低设备的处理能力，不利于提高产能和降低成本，因此采用(2.5～3)∶1 的液固比是合适的。

5. 转化时间试验

试验条件：转化温度 40℃、碳酸氢铵+氨水用量为理论量的 1.2 倍、液固比为 3∶1，不同转化时间下的转化试验结果见图 2.31。

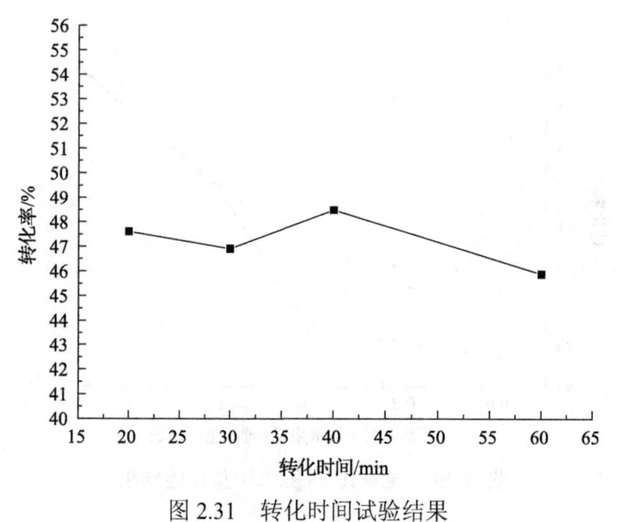

图 2.31 转化时间试验结果

从图 2.31 的结果可见，碳酸氢铵+氨水转化硫酸铅的速度相对是比较快的，在很短的时间内达到转化平衡。

6. 转化温度试验

试验条件：液固比为 3∶1、碳酸氢铵+氨水用量为理论量的 1.2 倍、转化时间为 30min，不同转化温度下的转化试验结果见图 2.32。

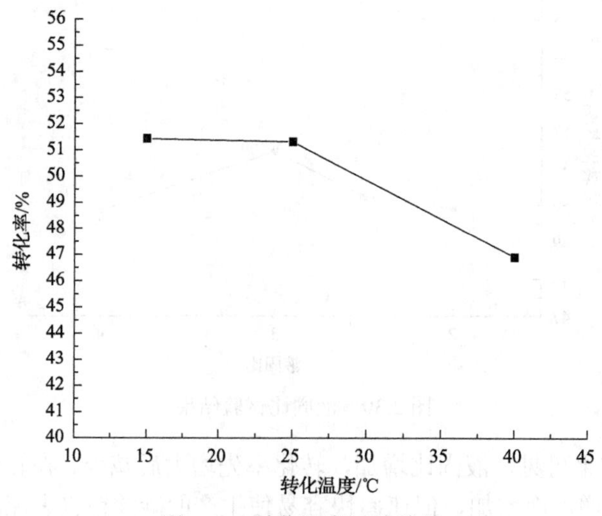

图 2.32 转化温度试验结果

从图 2.32 的结果可见，转化温度对转化率的影响不大，转化温度升高，转化率稍有下降，并且加大了氨水的挥发，因而转化温度考虑采用室温 15℃即可。

7. 含硫酸铵溶液的碳酸氢铵+氨水转化

考虑硫酸铵溶液生产硫酸铵时浓度高有利于降低蒸发能耗，同时考虑利用硫酸铵溶液中还未利用的碳酸铵，转化液需要返回利用，以提高硫酸铵的浓度。因此进行了含硫酸铵溶液的碳酸氢铵+氨水转化的试验，试验条件：液固比为 3∶1、碳酸氢铵+氨水用量为理论量的 1.2 倍、转化时间为 30min，试验结果见表 2.21。

表 2.21　转化原液中 SO_4^{2-}浓度对转化率的影响

编号	料重/g	原液 SO_4^{2-}/(g/L)	尾液 SO_4^{2-}/(g/L)	转化率/%	渣重/g	渣含硫量/%	脱硫率/%
LSA-7	50	200	269.47	76.28	45.00	8.44	48.01
LSA-6	50	160	211.18	64.55	46.48	8.70	44.64
LSA-5	50	120	183.26	79.79	45.32	8.54	47.02
LSA-1	50	80	149.21	87.28	45.00	7.85	51.64
LSA-2	50	60	122.22	78.46	46.48	8.34	46.93
LSA-3	50	40	110.25	88.59	45.32	8.15	49.44
LSA-4	50	20	84.45	81.27	46.22	8.08	48.88

由表 2.21 中数据可见，转化原液中 SO_4^{2-}的存在对硫酸铅的转化影响不大，转化率或脱硫率在所研究的硫酸根浓度 20～200g/L 的范围内变化不大，这表明转化液可以返回利用，所以提高碳酸氢铵的利用率和转化液中硫酸铵的浓度对生产是有利的。

2.4.3　硅氟酸浸出碳酸铅物料研究

1. 碳酸铅的硅氟酸浸出原理

硫酸铅经过碳酸盐转化后以碳酸铅的形式存在于渣中，然后用硅氟酸浸出渣中的碳酸铅，发生的主要反应是：

$$PbCO_3+H_2SiF_6 = PbSiF_6+CO_2+H_2O \tag{2.9}$$

另外，加压过程未能彻底氧化的少量 PbS 可能发生如下反应：

$$PbS+H_2SiF_6 = PbSiF_6+H_2S \tag{2.10}$$

离子反应式为

$$PbCO_3+2H^+ = Pb^{2+}+CO_2+H_2O \tag{2.11}$$

$$PbS+2H^+ = Pb^{2+}+H_2S \tag{2.12}$$

可以计算出 25℃时反应(2.11)和反应(2.12)的 $\Delta G^{\ominus}$ 分别等于–30066.2240J/mol 和 657498.8640J/mol，由此计算出反应(2.11)和反应(2.12)的平衡常数分别为 $10^{5.25}$ 和 10^{-115}，可见反应(2.11)可以自发向右进行，而反应(2.12)很难进行。

将碳酸盐转化后富含碳酸铅的渣和硅氟酸溶液混合，分别进行了不同硅氟酸浓度、浸原液铅离子浓度、浸出温度、浸出时间等因素对铅浸出率的影响试验，结果如下所述。

2. 浸出时间对硅氟酸浸出碳酸化后渣的影响试验

试验条件：原料为碳酸氢铵+氨水转化后的富含碳酸铅的渣(Pb 55.29%)，液固比 3∶1，温度 80℃，硅氟酸浓度 150g/L。结果见图 2.33。

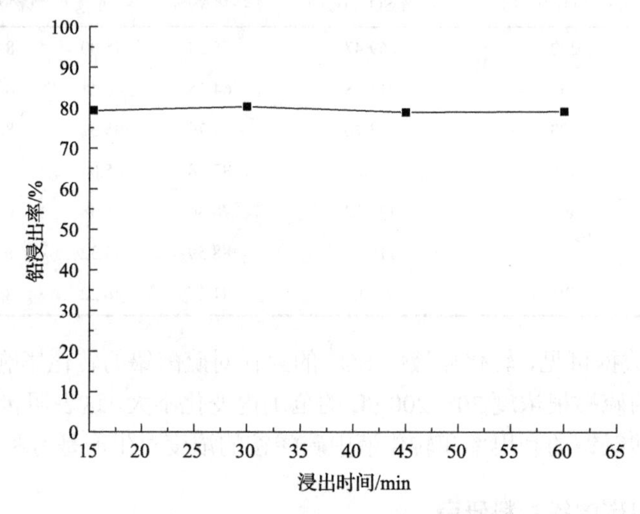

图 2.33　浸出时间对铅浸出率的影响

由图 2.33 中的数据可见，随时间变化，硅氟酸浸出铅的浸出率变化不大，说明浸出过程的反应速率很快，在比较短的时间内就能完成，因此建议浸出时间为 30min 以内。

3. 浸出温度对硅氟酸浸出碳酸化后渣的影响试验

试验条件：原料为碳酸氢铵+氨水转化后的富含碳酸铅的渣(Pb 55.29%)，液固比 3∶1，浸出时间 30min，硅氟酸浓度 150g/L。结果见图 2.34。

由图 2.34 的结果可见，浸出率随温度的升高先增大而后稍稍有所减小，这主要是由于硅氟酸在高温下易挥发，并且在试验过程中发现，在低温下浸出料浆很难过滤，因此，选择合适浸出的温度为 60℃左右。

4. 硅氟酸浓度对硅氟酸浸出碳酸化后渣的影响试验

试验条件：原料为碳酸氢铵+氨水转化后的富含碳酸铅的渣(Pb 55.29%)，液固比 3∶1，温度 80℃，浸出时间 30min。结果见图 2.35。

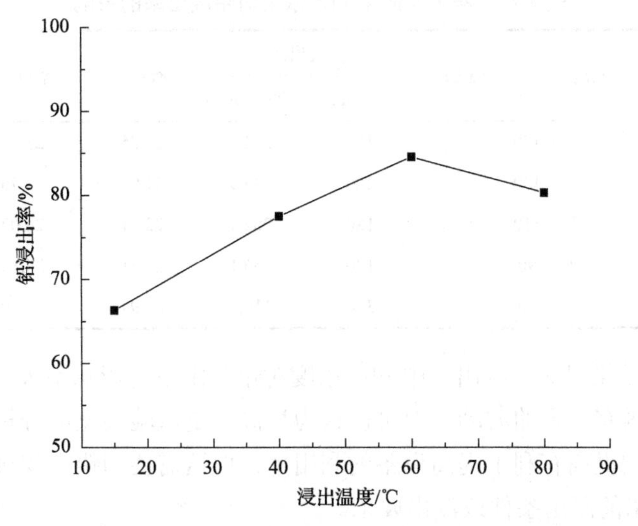

图 2.34　浸出温度对铅浸出率的影响

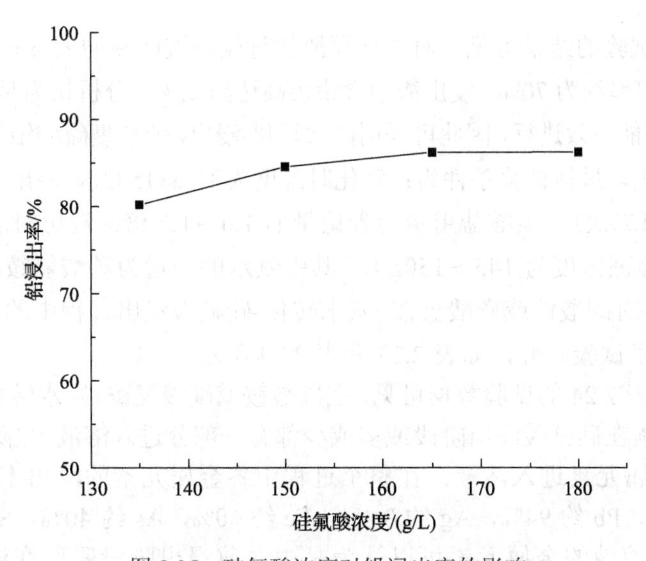

图 2.35　硅氟酸浓度对铅浸出率的影响

从图 2.35 的结果可见，随着硅氟酸浓度的增加，铅的浸出率增加。在硅氟酸浓度为150g/L 以上时，铅的浸出率保持在比较高的水平，其消耗量为理论量的 1.2 倍左右。

5. 浸原液中铅离子浓度对硅氟酸浸出碳酸化后渣的影响试验

原料是综合浮选尾渣经过一次碳酸盐转化后渣(Pb 55.85%)。试验条件：液固比 4∶1，温度 80℃，浸出时间 60min，游离 H_2SiF_6 150g/L。浸出原液中 Pb^{2+}浓度对铅浸出率的影响结果见表 2.22。

表 2.22　浸出原液中 Pb^{2+}浓度对铅浸出率的影响

编号	料重/g	原液含 Pb^{2+}量/(g/L)	浸出液		渣重/g	渣含 Pb 量/%	浸铅率/%	
			体积/mL	Pb^{2+}/(g/L)			液计	渣计
GFSJ-105	50	150	150	292.11	24.35	23.99	76.33	79.08
GFSJ-106	50	130	280	145.93	21.97	23.75	76.49	81.31
GFSJ-107	50	110	180	204.12	22.71	24.07	72.49	80.43
GFSJ-108	50	90	140	256.10	22.51	24.83	80.05	79.98
GFSJ-109	50	70	300	110.07	25.94	25.30	80.65	76.78

从表 2.22 的结果可见，浸出液中 Pb^{2+}浓度对铅浸出率的影响不大，虽然在试验研究的 Pb^{2+}浓度范围内有一定的波动，但可以认为该波动是试验误差或分析误差所造成的。浸出液 Pb^{2+}浓度的提高有利于提高设备的利用率，但这需要和铅电积过程相结合，最终才能获得合适的铅的浸出条件或浸出要求。

6. 常规转化-浸出工艺

由上述条件试验的结果可见，对浮选尾渣进行碳酸铵或碳酸氢铵+氨水转化-硅氟酸浸出时其铅的浸出率约为 70%，浸出渣中含铅仍高达约 25%，分析认为是碳酸铅包裹硫酸铅所致，使转化不能有效进行，因此可采用两次转化-浸出，使包裹硫酸铅的碳酸铅被破坏，然后再转化和浸出。最佳试验条件为：转化时温度为室温(15℃)，浸出时间为 30min(第一次)、30min(第二次)，碳酸盐用量为理论量的 1.0～1.2 倍；浸出时温度为 60℃，时间为 30min，硅氟酸浓度为 145～150g/L，其中氨水的用量为碳酸氢铵与氨水的摩尔比为 1∶1。另外，对碳酸铵或碳酸氢铵+氨水转化-硅氟酸浸出过程中的元素走向，以及元素的平衡进行了试验研究，如表 2.23 和表 2.24 所示。

从表 2.23 和表 2.24 的试验数据可见，在碳酸铵或碳酸氢铵+氨水转化-硅氟酸浸出过程中各种金属元素在硅氟酸浸出阶段或多或少都有一部分进入溶液中(除银外)，在转化过程几乎没有金属元素进入溶液。在整个过程中各金属元素的浸出率分别为：Cu 约 45%，Zn 约 30%，Pb 约 94%，Ag 约 0.4%，Fe 约 60%，As 约 40%，Sb 约 42%。在第二次转化时进入溶液的金属元素可以认为是由之前浸出阶段残留在渣中的酸所导致的。因此，在每一个转化或浸出阶段结束后要对渣进行清洗，否则会消耗过多的碳酸盐和硅氟酸。

根据前面的研究结果，得到转化-浸出在工业上的最终工艺流程，如图 2.36 所示。

在进行转化时，考虑到用硫酸铵溶液生产硫酸铵时浓度高有利于降低蒸发能耗，同时考虑到利用硫酸铵溶液中还未利用的碳酸铵，转化液需要返回利用，以提高硫酸铵的浓度。

转化渣洗涤时，由于洗涤水和部分转化液苛化形成的氨水与补加的碳酸氢铵混合是可以返回转化的，但其数量将大过转化要求的水量，因此对苛化的氨水进行蒸氨，用加入碳酸氢氨的洗涤水吸收后与少量的转化液合并返回转化工序才能保证转化时一段和二

表 2.23　碳酸盐转化-硅氟酸浸出二段过程中元素分布

过程	原料/%									结果																		
										转化液或浸出液/(g/L)									转化渣或浸出渣/%									
	重量/g	Pb	Sb	Ag#	S	Cu	Zn	As	Fe	液体积/mL	SO_4^{2-}	Pb	Sb	Ag*	Cu	Zn	As	Fe	渣重/g	Pb	Sb	Ag#	S	Cu	Zn	As	Fe	渣率
碳酸铵转化-硅氟酸浸出-1																												
转化-Ⅰ	50	52.02	3.94	1731.8	12.82	0.37	0.48	0.72	3.93	235	21.03	0.00	0.00	0.00	0.097	0.00	0.00	0.25	46.37	55.87	4.31	1867.7	7.08	0.35	0.52	0.79	4.11	92.74
浸出-Ⅰ	50	55.87	4.31	1867.7	7.08	0.35	0.52	0.79	4.11	340		64.18	1.73	0.00	0.080	0.00	0.21	2.57	24.25	33.19	7.38	4173.9	14.83	0.61	1.09	1.34	4.87	48.50
转化-Ⅱ	22	33.19	7.38	4173.9	14.83	0.61	1.09	1.34	4.87	265	10.15	0.00	0.93	20.08	0.000	0.012	0.00	0.03	21.12	32.90	8.75	4095.8	13.58	0.81	1.12	1.58	5.03	96.00
浸出-Ⅱ	20	32.90	8.75	4095.8	13.58	0.81	1.12	1.58	5.03	284		10.42	1.97	8.25	0.240	0.073	0.55	1.84	9.82	6.95	9.73	8103.2	18.25	0.96	2.07	1.63	4.92	49.10
碳酸铵转化-硅氟酸浸出-2																												
转化-Ⅰ	100	52.02	3.94	1731.8	12.82	0.37	0.48	0.72	3.93	220	22.35	0.00	0.00	11.66	0.23	0.023	0.00	0.80	91.35	55.87	4.31	1867.7	7.08	0.35	0.52	0.79	4.11	91.35
浸出-Ⅰ	100	55.87	4.31	1867.7	7.08	0.35	0.52	0.79	4.11	340		117.25	1.90	0.00	0.29	0.00	0.11	5.07	45.82	32.79	7.55	4185.5	13.44	0.55	1.15	1.64	5.21	45.82
转化-Ⅱ	35	32.79	7.55	4185.5	13.44	0.55	1.15	1.64	5.21	240	9.91	0.00	1.24	34.59	0.00	0.029	0.14	0.00	33.51	32.90	8.75	4123.9	13.78	0.76	1.18	1.61	5.46	95.74
浸出-Ⅱ	30	32.90	8.75	4123.9	13.78	0.76	1.18	1.61	5.46	225		36.48	2.85	0.00	0.49	0.00	0.93	3.43	17.61	9.58	10.01	7191.1	22.36	0.66	2.01	1.56	4.92	58.7
碳酸铵转化-硅氟酸浸出-3																												
转化-Ⅰ	100	55.18	2.73	1192.8	10.23	0.22	0.34	0.31	3.71	355	64.87	0.00	0.00	0.00	0.00	0.00	0.00	0.00	90.56	59.40	2.95	1317.3	3.48	0.26	0.42	0.37	4.18	90.56
浸出-Ⅰ	80	59.40	2.95	1317.3	3.48	0.26	0.42	0.37	4.18	302		121.80	1.19	0.00	0.00	0.00	0.00	6.28	33.04	36.25	6.25	3476.4	8.26	0.71	1.06	1.23	4.38	41.30
转化-Ⅱ	25	36.25	6.25	3476.4	8.26	0.71	1.06	1.23	4.38	185	11.34	0.00	0.97	36.94	0.078	0.00	0.44	0.14	23.29	36.33	6.58	3438.2	6.93	0.70	1.14	0.97	4.59	93.16
浸出-Ⅱ	20	36.33	6.58	3438.2	6.93	0.70	1.14	0.97	4.59	204		31.45	1.80	11.73	0.26	0.048	0.36	2.26	10.39	10.33	7.60	6387.9	13.57	0.83	2.10	1.16	4.39	51.95
碳酸氢铵+氨水转化-硅氟酸浸出-4																												
转化-Ⅰ	150	51.29	4.71	1750.8	14.61	0.14	0.19	0.72	4.09	535	62.01	0.00	0.00	0.00	0.00	0.013	<0.1	<0.5	137.51	55.94	4.76	1976.3	7.89	0.17	0.15	0.74	3.99	91.67
浸出-Ⅰ	113.7	55.94	4.76	1976.3	7.89	0.17	0.15	0.74	3.99	552		98.12	1.34	0.18	<0.01	0.042	0.23	3.49	43.07	21.92	12.33	4919.1	21.29	0.55	0.39	1.89	6.89	37.88
转化-Ⅱ	35.46	21.92	12.33	4919.1	21.29	0.55	0.39	1.89	6.89	358	4.4	0.00	2.32	0.00	0.11	0.034	0.34	0.77	33.22	23.40	10.46	5251.0	20.85	0.47	0.38	1.65	6.52	93.68
浸出-Ⅱ	30.19	23.40	10.46	5251.0	20.85	0.47	0.38	1.65	6.52	224		22.84	4.04	0.00	0.37	0.058	0.94	5.28	20.09	9.70	11.19	7981.3	31.30	0.30	0.58	1.31	4.79	66.55

单位为 g/t，* 单位为 g/L。

表 2.24 碳酸盐转化-硅氟酸浸出二段过程中元素平衡计算表

元素		Cu	Zn	Pb	Ag	Fe	As	Sb	S
碳酸铵转化-硅氟酸浸出									
原料 2500g	含量/%	0.19000	0.19000	51.29000	0.17508	4.07000	0.72000	4.71000	14.61000
	总重/g	4.75000	4.75000	1282.25000	4.37700	101.75000	18.00000	117.75000	365.25000
投入合计/g		3.50000	4.75000	1282.25000	4.37700	101.75000	18.00000	117.75000	365.25000
第一次转化液 7500mL	含量/(g/L)	0.01300	0.01300	0.00000	0.00000	1.12000	0.09000	0.00000	24.43000
	总重/g	0.09750	0.09750	0.00000	0.00000	8.40000	0.67500	0.00000	183.22500
第一次酸浸液 7500mL	含量/(g/L)	0.04800	0.04800	137.38000	0.00000	4.13000	0.46000	2.32000	0.00000
	总量/g	0.36000	0.36000	1030.35000	0.00000	30.97500	3.45000	17.40000	0.00000
第二次转化液 7500mL	含量/(g/L)	0.03500	0.03500	0.00000	0.00000	0.43000	0.15000	1.72000	1.58000
	总重/g	0.26250	0.26250	0.00000	0.00000	3.22500	1.12500	12.90000	11.85000
第二次酸浸液 7500mL	含量/(g/L)	0.05500	0.05500	22.14000	0.00000	3.05000	0.23000	1.97000	0.00000
	总量/g	0.41250	0.41250	166.05000	0.00000	22.87500	1.72500	14.77500	0.00000
渣 730.21g	含量/%	0.45000	0.45000	11.66000	0.59654	5.61000	1.46000	9.34000	25.42000
	总重/g	3.28595	3.28595	85.14249	4.35599	40.96478	10.66107	68.20161	185.61938
产出合计/g		3.69657	4.41845	1281.54249	4.35599	106.43978	17.63607	113.27661	380.69438
绝对误差/g		0.19657	–0.33155	–0.70751	–0.02101	4.68978	–0.36393	–4.47339	15.44438
平衡误差/%		5.61620	–6.98011	–0.05518	–0.47990	4.60912	–2.02186	–3.79905	4.22844
液计浸出率/%		49.28571	23.84211	93.30474	0.00000	64.34889	38.75000	38.28025	53.40862
渣计浸出率/%		43.66951	30.82221	93.35992	0.47990	59.73977	40.77186	42.07931	49.18018

续表

元素		Cu	Zn	Pb	Ag	Fe	As	Sb	S
碳酸氢铵+氨水转化-硅氟酸浸出									
原料 2500g	含量/%	0.14000	0.19000	51.29000	0.17508	4.07000	0.72000	4.71000	14.61000
	总重/g	3.50000	4.75000	1282.25000	4.37700	101.75000	18.00000	117.75000	365.25000
投入合计/g		3.50000	4.75000	1282.25000	4.37700	101.75000	18.00000	117.75000	365.25000
第一次转化液 7500mL	含量/(g/L)	0.00000	0.01600	0.00000	0.00000	1.72000	0.10000	0.00000	24.57433
	总重/g	0.00000	0.12000	0.00000	0.00000	12.90000	0.75000	0.00000	184.30748
第一次酸浸液 7500mL	含量/(g/L)	0.00000	0.05200	135.31000	0.00000	4.29000	0.41000	2.96000	0.00000
	总量/g	0.00000	0.39000	1014.82500	0.00000	32.17500	3.07500	22.20000	0.00000
第二次转化液 7500mL	含量/(g/L)	0.09000	0.03100	0.00000	0.00000	0.62000	0.28000	1.84000	3.50000
	总重/g	0.67500	0.23250	0.00000	0.00000	4.65000	2.10000	13.80000	26.25000
第二次酸浸液 3733mL	含量/(g/L)	0.31000	0.12000	34.28000	0.00000	5.28000	1.05000	4.04000	0.00000
	总量/g	1.15723	0.44796	127.96724	0.00000	19.71024	3.91965	15.08132	0.00000
渣 560.35g	含量/%	0.30000	0.58000	10.10000	0.78903	4.79000	1.33000	11.19000	31.30000
	总重/g	1.68105	3.25003	56.59535	4.42133	26.84077	7.45266	62.70317	175.38955
产出合计/g		3.51328	4.44049	1199.38759	4.42133	96.27601	17.29731	113.68460	113.78449
绝对误差/g		0.01328	−0.30951	−82.86241	0.04433	−5.47400	−0.70269	−4.06541	−3.96552
平衡误差/%		0.37943	−6.51600	−6.46227	1.01279	−5.37985	−3.90386	−3.45257	−3.36774
液计浸出率/%		52.34943	25.06232	89.12398	0.00000	68.24102	54.69250	43.29633	43.38116
渣计浸出率/%		51.97000	31.57832	95.58625	−1.01279	73.62087	58.59636	46.74890	46.74890

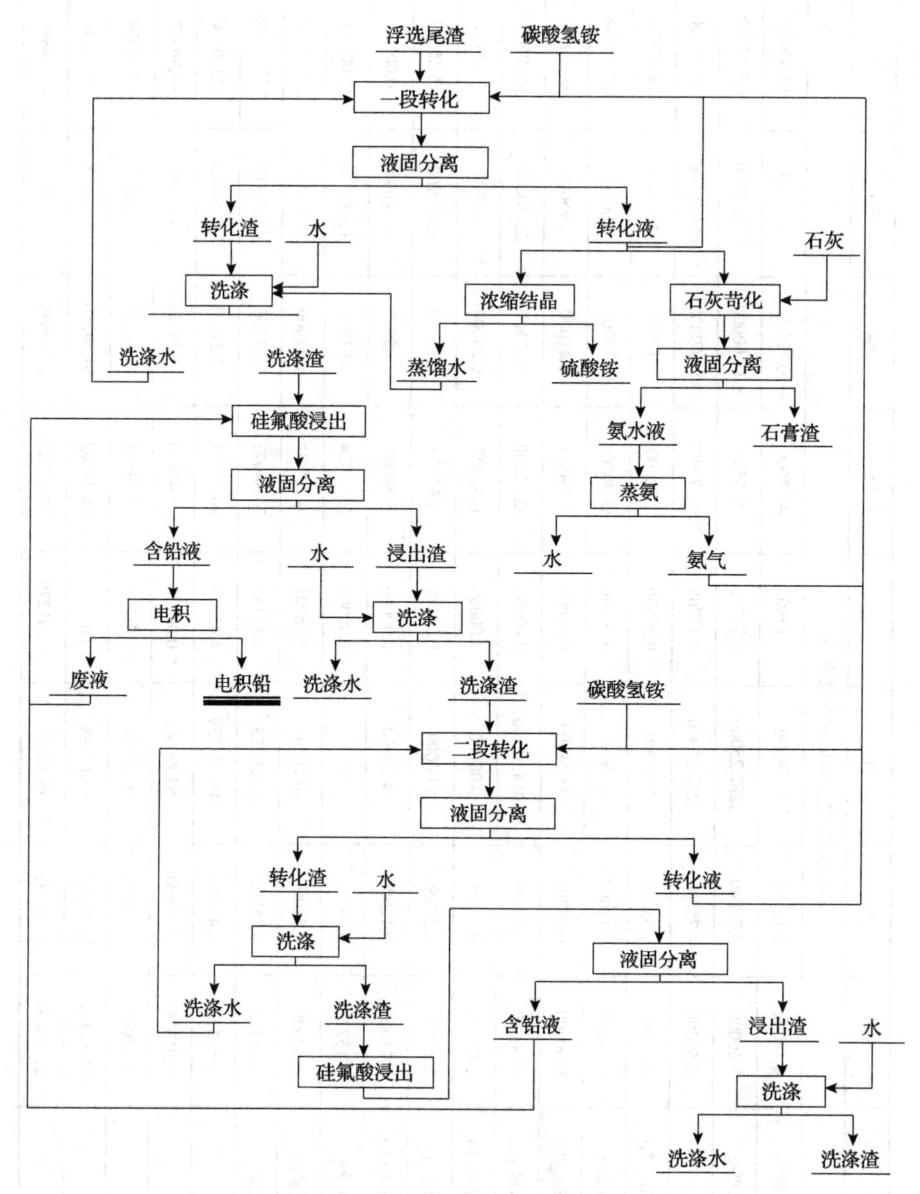

图 2.36 转化-浸出原则工艺流程图

段的水量尽可能平衡，减少新水用量。

在硅氟酸的浸出中，其浸出渣的洗涤水如何利用仍然是一个问题。其采用浓缩返回还是其他工艺方案还有待进一步的研究。此外，洗涤等过程中带入铵盐，其是否对铅的电积产生影响也需要进一步的研究才能确定。由于存在硫酸铵返回和硅氟酸铅溶液的返回，对含硫酸铵转化和含硅氟酸铅的浸出也应进行研究，以确定返回时对工艺的影响程度。

7. 棒磨转化-浸出工艺

在上述研究的基础上，为了破坏反应过程中生成的碳酸铅包裹体，进一步有效地利用转化过程中未反应的碳酸氢铵，又进行了棒磨转化-浸出的研究，主要研究了碳酸氢铵+氨水的用量对转化-浸出过程的影响。

试验方法：将浮选尾渣先在烧杯中和转化剂碳酸氢铵+氨水混合，常温搅拌 10min，然后送入棒磨机中进行搅拌，转化渣送入硅氟酸中浸出。试验条件：棒磨转化温度为室温(15℃)、浸出时间为 30min、液固比为 3∶1，浸出温度为 60℃、浸出时间为 30min、硅氟酸用量为 190～200mL/150g 浮选尾渣，试验研究结果见表 2.25。

表 2.25　棒磨转化-浸出时转化剂用量的试验结果

编号	转化剂倍数	试验结果		
		渣率/%	渣含铅量/%	脱铅率/%
MZH-SJ-8	0.7	29.91	21.12	87.69
MZH-SJ-9	0.9	28.37	18.21	89.93
MZH-SJ-10	1.1	35.04	22.40	84.70
MZH-SJ-11	1.3	29.17	19.70	88.59

由表 2.25 中的数据可见，与常规转化比较，采用棒磨转化-浸出方法，转化剂的利用率有所提高，其用量可降至理论量的 0.9 倍，并且一次转化-浸出的渣率较常规研究中的渣率低，两次转化-浸出后，渣中含铅很低(约 4.75%)，通过计算得出，若采用两次棒磨转化-浸出，其累计渣率约 20%，渣计铅的累计浸出率约为 98%。考虑到前期未研究的洗水处理，为了降低洗水量，建议采用两次棒磨转化-浸出工艺。

2.4.4　硫脲浸银试验

浮选尾渣(含铅脱硫渣)经过转化-浸出脱铅后，银几乎全部进入转化-浸出渣中，渣中的银采用目前工业上常用的硫脲法浸出，由于此渣中银的含量比较高，因此，对此渣进行了系统的硫脲浸出研究。

硫脲法提银是一项日臻完善的低毒提银新工艺。用硫脲酸性液浸出金银已有 50 多年的研究历史。试验研究表明，硫脲酸性液浸出金银具有浸出速度高、毒性小、药剂易再生回收和铜、砷、锑、碳、铅、锌、硫的有害影响小等特点，适用于从氰化法难处理或无法处理的含金银矿物原料中提取金银。据报道，墨西哥科罗拉多矿从 1982 年起用硫脲法处理含银尾矿；法国从 1977 年起用硫脲法从浮选尾矿和锌焙砂中回收金银；澳大利亚新英格兰锑矿从 1984 年起用硫脲法处理含锑金精矿；有迹象表明硫脲在苏联的黄金生产中起着重要作用。我国用硫脲酸性溶液处理重选金精矿和浮选金精矿，经多次工业试验后于 1986 年相继用于工业生产。因此，硫脲提金银已由试验研究阶段逐渐进入工业生产阶段，但仍有许多问题，有待进一步完善[48,51]。

1. 硫脲浸银原理

试验证明，在氧化剂存在下，银可溶于硫脲酸性液中，且以银硫脲络阳离子$[Ag(H_2NCSNH_2)_3^+]$形态转入硫脲酸性液中，简写为$Ag(TU)_3^+$，其络合常数为13.1[48,51]。因此，较一致地认为硫脲酸性液溶银属电化学腐蚀过程，其电化学方程可用式(2.13)表示：

$$Ag(H_2NCSNH_2)_3^+ + e^- \rightleftharpoons Ag + 3SCN_2H_4 \tag{2.13}$$

25℃时$Ag(TU)_3^+/Ag$电对的标准还原电位为−0.004V[181]，故其平衡条件为

$$\varphi = -0.004 + 0.0591\lg([Ag(TU)_3^+]/[TU]^3) \tag{2.14}$$

由式(2.14)可知，在硫脲酸性液中银被氧化溶解的平衡电位仅与硫脲的游离浓度和银硫脲络阳离子浓度有关。硫脲酸性液溶银时生成银硫脲络阳离子，使Ag^+/Ag电对的标准还原电位由0.7996V[52]降至$Ag(TU)_3^+/Ag$电对的−0.004V，因而银在硫脲酸性液中易被常用氧化剂氧化成络阳离子转入硫脲酸性液中。采用酸性液可以提高溶液中硫脲的稳定性，从而可以提高硫脲的游离浓度。

选择合适的氧化剂及其用量是实现硫脲提银的一个关键问题。常见的氧化剂的标准还原电位列于表2.26中。

表2.26 常见的氧化剂的标准还原电位[51]

氧化电对	H_2O_2/H_2O	MnO_4^-/Mn^{2+}	CrO_4^-/Cr^{3+}	Cl_2/Cl^-	ClO_3^-/Cl_2	$Cr_2O_7^{2-}/Cr^{3+}$	O_2/H_2O	MnO_2/Mn_2O_3	NO_3^-/HNO_2	Fe^{3+}/Fe^{2+}	$(SCN_2H_3)_2/SCN_2H_4$	SO_4^{2-}/H_2SO_3
φ^0	+1.77	+1.51	+1.45	+1.358	+1.385	+1.33	+1.229	+1.04	+0.94	+0.771	+0.42	+0.17

从表2.26中数据可知，从还原电位值和经济方面考虑，硫脲提银时常用氧化剂为溶解氧、二氧化锰、高价铁盐及二硫甲脒。试验表明，当采用一定量的漂白粉、高锰酸钾、重铬酸钾作氧化剂时，硫脲浸银的浸出率低，溶液中很快出现元素硫沉淀。这说明硫脲酸性液浸银使用强氧化剂时，硫脲很快就被氧化分解而失效。

硫脲浸银时可用调节溶液酸度和氧化剂用量的方法控制溶液的还原电位，使银能氧化络合浸出，使硫脲氧化分解减至最低值以获得较高的银浸出率。

2. 硫脲浸出银的热力学分析

硫脲对Ag_2S、AgCl及金属Ag等有很强的溶解性。当使用硫酸作pH调节剂，Fe^{3+}作氧化剂时，银在酸性溶液中的总反应式为

$$2Ag + 6TU + Fe_2(SO_4)_3 = [Ag(TU)_3]_2SO_4 + 2FeSO_4$$

硫化银在酸性硫脲溶液中的溶解过程分两步，用方程式表示如下：

$$Ag_2S + 2Fe^{3+} = 2Ag^+ + 2Fe^{2+} + S^0 \tag{2.15}$$

$$Ag^{+}+3TU=\!=\!=Ag(TU)_3^{+} \tag{2.16}$$

Ag_2S 的 $K_{sp}=7.3\times10^{-50}$[52]，而 $Ag(TU)_3^{+}$的络合常数为 13.10，因此在没有氧化剂 Fe^{3+} 和酸的存在下，很难氧化分解出银离子，也就很难使银离子与硫脲络合。如果加入氧化剂 Fe^{3+}[$\varphi(Fe^{3+}/Fe^{2+})=0.7697V$，$\varphi(S^0/Ag_2S)=-0.0362V$[53]]，可看出式(2.15)很容易发生。有酸存在时，可生成硫化氢气体逸出，则 Ag^+可被硫脲络合，如式(2.16)所示。

由上面分析可知，在酸性硫脲溶液中有氧化剂存在时，Ag_2S 的溶解过程可以看作是电化学腐蚀过程，其原电池反应式如下。

正极(阴极)反应：

$$Fe^{3+}+e^{-}=\!=\!=Fe^{2+} \tag{2.17}$$

$$\varphi=0.7697+0.0591\lg([Fe^{3+}]/[Fe^{2+}]) \tag{2.18}$$

负极(阳极)反应：

$$1/2Ag_2S+3TU=\!=\!=Ag(TU)_3^{+}+1/2S^0+e^{-} \tag{2.19}$$

$$\varphi=-0.0362+0.0591\lg([Ag(TU)_3^{+}]/[TU]^3) \tag{2.20}$$

原电池总反应：

$$Ag_2S+2Fe^{3+}+6TU=\!=\!=2Ag(TU)_3^{+}+2Fe^{2+}+S^0 \tag{2.21}$$

原电池电动势 E 为

$$E=0.8059+0.0591/2\lg\{([Fe^{3+}]^2[TU]^6)/([Fe^{2+}]^2[Ag(TU)_3^{+}]^2)\} \tag{2.22}$$

试验所用矿样中含有大量 Fe^{3+}，并且在试验过程中另外加入了硫酸铁，可以认为在此浸出过程中，$[Fe^{3+}]$和$[Fe^{2+}]$保持平衡，近似认为二者相等，因此对式(2.18)得 $\varphi=0.7697V$。对式(2.20)中的[TU]取实际试验中 60g/L≈0.83mol/L，因为$[Ag(TU)_3^{+}]\approx[Ag^{+}]$，按液固比为 10∶1，矿样中银含量为 5000g/t 计算，$[Ag^{+}]\approx0.005mol/L$，由此可得反应(2.22)中的 $E=0.9275V$，因此，反应(2.21)的摩尔反应吉布斯自由能 $\Delta G=-nEF=-1\times96500\times0.9275=-89.508kJ/mol$，由此可见，硫脲浸出硫化银的反应可以自发进行。

另外，对于 Ag^+，其 $\varphi^{\ominus}_{Ag^+/Ag}=0.799V$，有很强的氧化性，但由于它被硫脲络合，$\varphi_{Ag^+/Ag}$ 变小，氧化电位大大降低，其值计算如下。

$Ag(TU)_3^{+}/Ag$ 电对的电极反应为

$$Ag(TU)_3^{+}+e^{-}=\!=\!=Ag+3TU \tag{2.23}$$

$Ag(TU)_3^{+}$络离子的离解方程式为

$$Ag(TU)_3^{+}=\!=\!=Ag^{+}+3TU \tag{2.24}$$

$$K_{不稳}=[Ag^+][TU]^3/[Ag(TU)_3^+]=10^{-13.6}$$[54]

在硫脲溶液中：

$$\varphi_{Ag^+/Ag}=0.799+0.0591\lg 10^{-13.6}=-0.004V \tag{2.25}$$

又已知：[TU]≈0.83mol/L，$[Ag(TU)_3^+]\approx[Ag^+]\approx0.005mol/L$，所以

$$\varphi_{Ag(TU)_3^+/Ag}=-0.004+0.0591\lg([Ag(TU)_3^+]/[TU]^3)=-0.1256V \tag{2.26}$$

故对于 $Ag+Fe^{3+}+3TU═══Ag(TU)_3^++Fe^{2+}$，有

$$E'=\varphi_{Fe^{3+}/Fe^{2+}}-\varphi_{Ag(TU)_3^+/Ag}=0.8953V \tag{2.27}$$

式(2.22)说明，Ag^+被络合后，其氧化电位大大降低，即使单质银也能被 Fe^{3+}氧化。

将式(2.27)代入 $\Delta G=-nEF$ 中得：$\Delta G=-87.396kJ/mol$。

因此，由上面计算可知，无论是硫化银或单质银均可被 Fe^{3+}在酸性硫脲溶液中氧化，形成 $Ag(TU)_3^+$络合离子进入溶液。

用上述数据可做 $Ag_2S(Ag)$-SCN_2H_4-H_2O 系电位-pH 图，见图 2.37。图中主要线段对应的反应式见表 2.27。

从电位-pH 图可以看出，$Ag_2S(Ag)$溶解的电极电位值大小与溶液的酸度无关，实际生产中要尽量降低负极电位以增大原电池的电动势值，可以采用以下措施：①尽量增大溶液中游离的硫脲浓度；②浸出过程中及时沉淀出溶液中的银，降低 $Ag(TU)_3^+$的浓度。

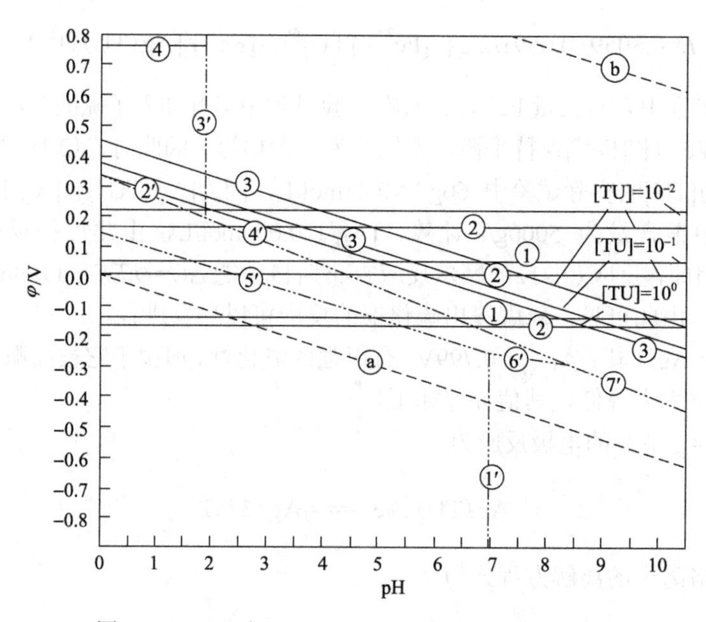

图 2.37　25℃时 $Ag_2S(Ag)$-SCN_2H_4-H_2O 系 φ-pH 图

表 2.27　$Ag_2S(Ag)$-SCN_2H_4-H_2O 系中反应平衡式及 φ-pH 关系式

反应平衡式	φ_{298}-pH 关系式
a.$2H^+ + 2e^- = H_2$	$\varphi=-0.0591pH-0.0296\lg P_{H_2}/P^0$
b.$O_2 + 4H^+ + 4e^- = 2H_2O$	$\varphi=1.229-0.0591pH+0.0148\lg P_{O_2}/P^0$
1′.$HS^- + H^+ = H_2S_{(aq)}$	$pH=7.9457+\lg[HS^-]-\lg[H_2S]$
2′.$HSO_4^- + 7H^+ + 6e^- = S + 4H_2O$	$\varphi=0.3329-0.0690pH+0.0099\lg[HSO_4^-]$
3′.$SO_4^{2-} + H^+ = HSO_4^-$	$pH=1.9505-\lg[HSO_4^-]+\lg[SO_4^{2-}]$
4′.$SO_4^{2-} + 8H^+ + 6e^- = S + 4H_2O$	$\varphi=0.3522-0.0788pH+0.0099\lg[SO_4^{2-}]$
5′.$S + 2H^+ + 2e^- = H_2S_{(aq)}$	$\varphi=0.1446-0.0591pH-0.0296\lg[H_2S]$
6′.$S + H^+ + 2e^- = HS^-$	$\varphi=-0.0608-0.0296pH-0.0296\lg[HS^-]$
7′.$SO_4^{2-} + 9H^+ + 8e^- = HS^- + 4H_2O$	$\varphi=0.2489-0.0665pH-0.0074\lg([HS^-]/[SO_4^{2-}])$
1. $Ag(TU)_3^+ + e^- = Ag + 3TU$	$\varphi=-0.004+0.0591\lg([Ag[TU]_3^+]/[TU]^3)$
2.$1/2Ag_2S + 3TU - e^- = Ag(TU)_3^+ + 1/2S^0$	$\varphi=-0.0362+0.0591\lg([Ag(TU)_3^+]/[TU]^3)$
3.$(SCN_2H_3)_2 + 2H^+ + 2e^- \rightleftharpoons 2SC(NH_2)_2$	$\varphi=0.42+0.0296\lg a_{(SCN_2H_3)_2}-0.0591pH-0.0591\lg a_{SC(NH_2)_2}$
4. $Fe^{3+} + e^- = Fe^{2+}$	$\varphi=0.7697+0.0591\lg([Fe^{3+}]/[Fe^{2+}])$

3. 硫脲浸银动力学分析

由上面的分析可见，硫脲酸性液浸银属于电化学腐蚀过程，在阳极区银(或硫化银)失去电子并与溶液中的硫脲分子络合为阳离子转入溶液中，氧化剂则在银表面的阴极区获得电子而被还原，从而形成许多微原电池。示意图如图 2.38 所示。

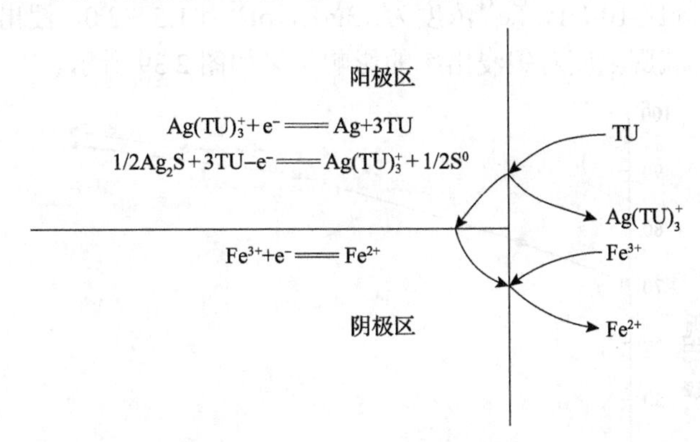

图 2.38　硫脲溶解 $Ag_2S(Ag)$ 的电化学反应示意图

胡天觉等[55]曾对硫脲浸银的动力学进行过研究，认为在有氧化剂存在的条件下，银在硫脲酸性溶液中的溶解速度取决于扩散速度。浸出反应(2.21)遵循固-液反应固膜控制下的动力学方程[55]：

$$1-\frac{2}{3}x-(1-x)^{2/3}=k't \tag{2.28}$$

式中，k'——$\frac{D_S C_{TU} C_{Fe^{3+}}}{4\rho r_0^2}$，其中，$D_S$为扩散系数，$C$为浸出剂浓度，$r_0$为固相颗粒半径，$\rho$为物料的密度；$x$为银的浸出率；$k'$为扩散速度系数；$t$为浸出时间。

式(2.28)清楚地表示了浸出率与浸出时间、扩散系数、矿物粒度等的关系。从式(2.28)可以得知，影响银浸出的因素有：

(1) D_S，表达温度的影响；

(2) r_0，表达固体反应物粒度的影响；

(3) C，表达浸出剂浓度的影响；

(4) t，表达时间的影响。

试验方法：将含银渣加入到烧杯中，然后按一定的液固比加入适量的水、Fe^{3+}和硫脲，再用5%硫酸溶液调节pH，浸出一段时间，反应结束后，分析溶液或渣中的银含量，计算银的浸出率。

浸银原料为综合浮选尾渣经过两次碳酸盐转化-两次硅氟酸浸出后的渣，其中由不同条件试验得到的不同脱硫脱铅渣，其银含量如表2.28所示。

表2.28　各种浸银原料中银的含量

原料	原料1	原料2	原料3	原料4	原料5
Ag/(g/t)	10500	12700	6981.7	5438.8	5965.4

4. *硫脲浓度试验*

试验条件：液固比10∶1，Fe^{3+}浓度为13g/L，pH为1.5～2.0，浸出温度为60℃，浸出时间为180min，硫脲浓度对银浸出率的影响结果如图2.39所示。

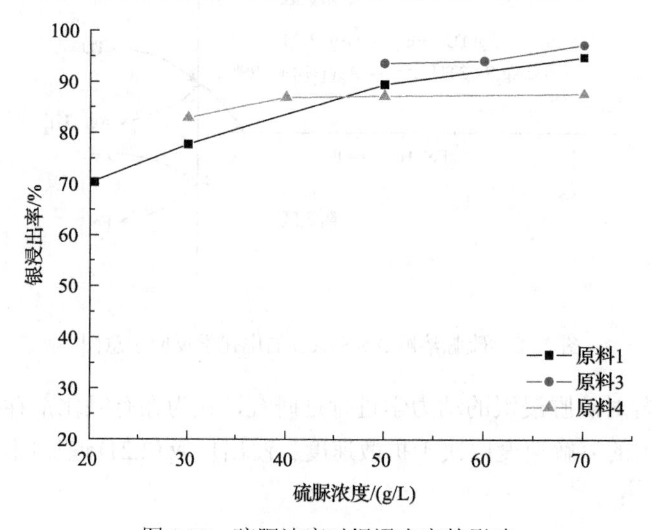

图2.39　硫脲浓度对银浸出率的影响

由图 2.39 中数据可见，当硫脲浓度增大时，银的浸出率会随之增加，当硫脲浓度为 50g/L 时，银的浸出率可达约 90%，而 70g/L 时，以液计的浸出率超过 100%，所以分析渣中银含量，从此结果看，在试验过程中选用硫脲浓度为 50～70g/L。

5. 液固比试验

试验条件：硫脲浓度为 50g/L，Fe^{3+}浓度为 13g/L，pH 为 1.5～2.0，浸出温度为 60℃，浸出时间为 180min，液固比对银浸出率的影响结果如图 2.40 所示。

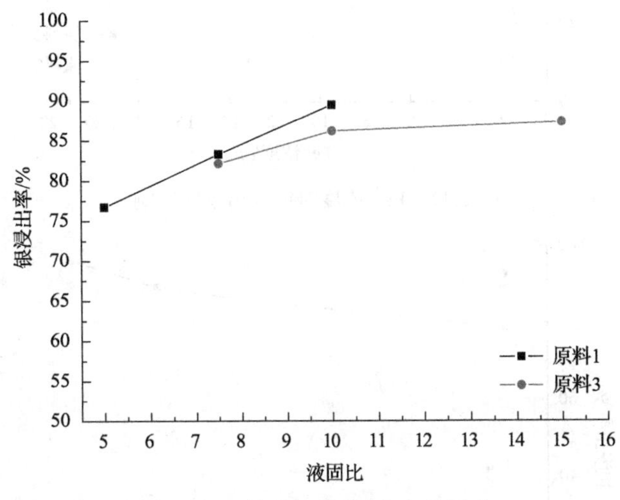

图 2.40　液固比对银浸出率的影响

由图 2.40 可见，当液固比＞7.5 时，银的浸出率增大幅度不是很大。在一定的硫脲浓度下，液固比增加，硫脲相对过量系数增加，有利于银的浸出。因此，考虑到浸出液中银离子的浓度和溶液量的处理，提高设备的利用效率，不应采用高液固比的硫脲浸出方式，采用液固比为 7.5 左右即可。

6. Fe^{3+}浓度试验

试验条件：液固比 10∶1，硫脲浓度为 50g/L，pH 为 1.5～2.0，浸出温度为 60℃，浸出时间为 180min，Fe^{3+}浓度对银浸出率的影响结果如图 2.41 所示。

由图 2.41 中所列数据可以看出，浸出原液中 Fe^{3+}浓度对银的浸出率有所影响，随其浓度的增加，银的浸出率也增加，但当 Fe^{3+}浓度＞10g/L 以上时，银的浸出率增加不大，可以认为合适的 Fe^{3+}浓度为 10g/L。

7. 浸出温度试验

试验条件：液固比为 10∶1，硫脲浓度为 50g/L，Fe^{3+}浓度为 13g/L，pH 为 1.5～2.0，浸出时间为 180min，浸出温度对银浸出率的影响结果见图 2.42。

从图 2.42 的结果可见，浸出温度对于银浸出率的影响较大，随着浸出温度的升高，银的浸出率明显增加。但据资料显示，当浸出温度过高时，硫脲会分解，使硫脲的有效浓度降低，不利于银的浸出，所以浸出温度不能过高，合适的浸出温度为 60～70℃。

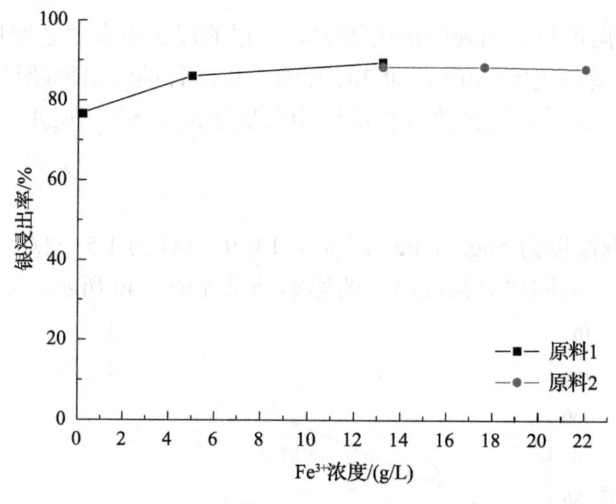

图 2.41　Fe^{3+}浓度对银浸出率的影响

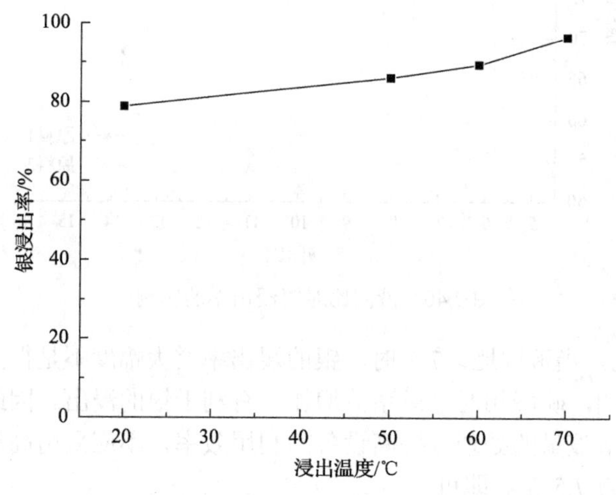

图 2.42　浸出温度对银浸出率的影响(原料 5)

8. *硫脲浸银原料试验*

由于试验过程中不同的方法处理加压浸出渣时产出不同的含银物料，为了简化工艺，提高银的回收率，对获得的银物料进行浸出研究。浸出条件：液固比为 10∶1，硫脲浓度为 60g/L，Fe^{3+}浓度为 13g/L，pH 为 1.5～2.0，浸出时间为 180min，浸出温度为 60℃，试验结果见表 2.29。

由表 2.29 中数据可见，蒸馏法脱硫后的含银物料的银浸出性能很差，这可能是由于银被包裹或经过蒸馏高温后形成复杂化合物导致其浸出性能差。在硫化钠脱硫时未脱铅，不经过高温处理，银的浸出性能仍然比较好，由此可见，高温处理过后含银渣的银浸出性能会有所下降。硫精矿含银占系统的 20%～30%，其银的回收影响全流程银的回收，需要对硫精矿的银进行系统的研究。如果硫精矿蒸馏硫后的渣加压氧化后银的浸出性能好，则可以与全系统银的回收一同考虑，否则，必须单独考虑其中银的回收。

表 2.29　不同方法处理后的含银物料的硫脲浸银结果

编号	含银渣量/g	原料中银含量/(g/t)	硫脲浓度/(g/L)	液固比	渣率/%	渣中银含量/(g/t)	渣计银浸出率/%	浸出液体积/mL	浸出液含银/(mg/L)	液计银浸出率/%	备注
JA-61	15	7794.9	60	10∶1	98.67	3145.8	60.18	214	206.7	62.17	加压渣蒸馏后渣(未脱铅)
JA-62	15	6981.7	60	10∶1	93.00	440.6	94.13	215	392.6	80.60	硫化钠脱硫渣(未脱铅)
JA-69	15	6854.9	50	10∶1	99.60	3726.3	45.64	230	206.8	46.26	加压渣蒸馏后渣(未脱铅)
JA-71	15	5677.4	60	10∶1	101.53	4749.3	14.73	223	95.0	24.88	浮选硫精矿蒸馏后渣
JA-72	15	7191.1	60	10∶1	101.16	771.9	89.14	224	388.90	80.76	碳酸铵转化-硅氟酸浸后渣
JA-74	10.527	5438.8	70	15∶1	101.74	658.0	87.69	220	260	99.91	三次硅氟酸浸后渣
JA-98	50	7884.18	70	7.5∶1	96.96	3202.0	60.62	361	652	59.71	浮选硫精矿蒸馏-加压后渣
JA-103	50	2189.0	70	7.5∶1	99.26	959.6	56.49				浮选硫精矿两次硫脲浸出

9. 硫脲提银工艺的再优化

在硫脲提银过程中，虽然银浸出率可以达到 90%，但浸银渣含银在 500g/t 以上，仍然是含银比较好的物料，为此，对浸银渣再采用硫脲浸出，即二段浸银工艺，如图 2.43 的硫脲浸出银的工艺。

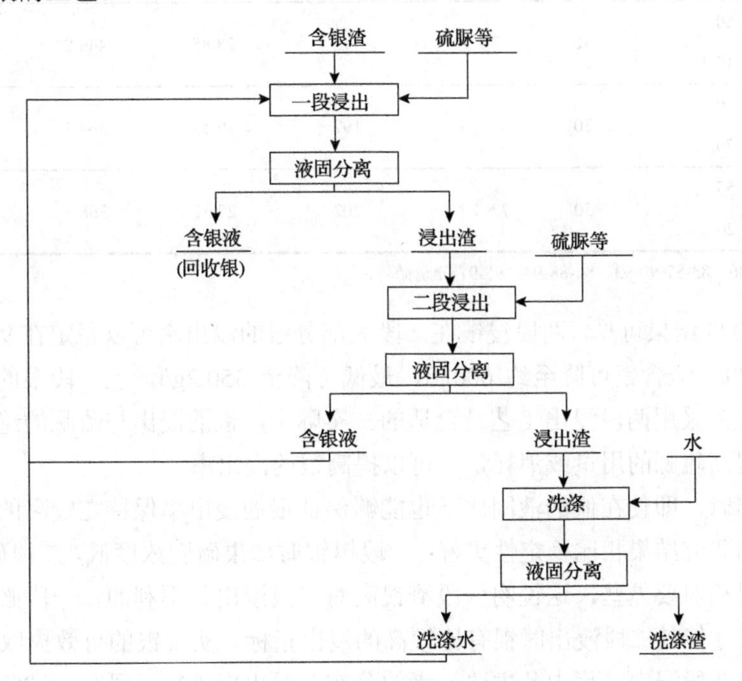

图 2.43　硫脲浸银的原则工艺流程

根据前面提银的研究结果，两段提银采用的试验条件为：浸出温度为60℃、浸出时间为3h，在此条件下表2.28所示的原料进行循环浸出，其结果见表2.30。

表2.30　两段硫脲浸银的试验结果

编号	硫脲浓度/(g/L)	原料量/g	液固比	一段液体积/mL	渣重/g	渣含银量/(g/t)	银浸出率/%
JA-82	60 25	30	7∶1	205	28.86	373.5	93.98
JA-83	45 35	30	7∶1	172	28.92	399.3	93.55
JA-84	35 45	30	7∶1	221	26.76	351.9	94.74
JA-86	25 50	30	7∶1	143	27.12	598.7	90.93
JA-87	35 40	30	7∶1	122	25.23	505.1	92.88
JA-88	30 45	30	7∶1	145	27.29	560.6	91.45
JA-90	25 50	30	7∶1	240	28.85	601.8	90.30
JA-93	55 20	30	7∶1	165	28.67	350.2	94.39
JA-94	60 15	30	7∶1	175	28.85	444.8	92.83
JA-95	70 70	30	7.5∶1	192	29.53	364.3	93.99
JA-97	55 20	30	7.5∶1	202	29.31	368.0	93.97

注：其中82-86、83-87-90-93、84-88-94、95-97分别循环。

从表2.30的结果可见，两段浸银在一段大部分银的浸出率可以稳定在90%以上，最高可达94.74%，渣含银可降至约600g/t，最低可降至350.2g/t，比一段银的浸出率明显提高，可以认为采用两段浸出工艺是合适的。实际上，银的浸出与硫脲的绝对用量呈正比例关系，提高硫脲的用量或消耗量，可以提高银的浸出率。

两段浸出时，即使在低的液固比下也能够保证银的浸出率保持在较高的水平，与一段条件试验的研究结果相比稳定性更好；一段提银时如果硫脲浓度低，二段硫脲浓度高，银的浸出效果相对要差些，这说明一段渣银高对二段浸出是不利的，一段必须要将大部分的银浸出，才能使二段浸出时银有比较高的浸出指标，实现银的有效提取。

另外，对两段浸银过程中各主要元素的分布及浸出率进行了研究。试验条件：液固比为 7.5∶1，浸出温度为 60℃、每段浸出时间为 3h、第一段硫脲浓度为 50g/L、第二段硫脲浓度为 25g/L。试验结果如表 2.31 所示。

表 2.31　两段浸银的全元素分析结果

含量	Ag	Pb	Cu	Zn	As	Sb	Fe
含银物料/%	5965.4	11.66	0.45	0.45	1.46	9.34	5.61
一段浸出液/(g/L)	0.6251	0.0392	0.395	0.1176	0.2254	0.916	8.239
二段浸出液/(g/L)	0.0689	0.0165	0.091	0.0528	0.165	0.50	9.134
渣中金属含量/%	323.8	11.10	0.0082	0.40	0.96	9.04	4.06
液计浸出率/%	87.25	0.36	81.00	28.40	20.05	11.37	—
渣计浸出率/%	94.57	4.80	81.78	11.11	34.24	3.21	27.63

从表 2.31 的结果可见，在银的浸出过程中，杂质 Pb、Cu、Zn、As、Sb、Fe 与硫脲形成稳定的络合物导致部分被浸出，消耗了硫脲，使硫脲的消耗量增加。浸出过程中，溶液含 Pb 和 Zn 不高，这说明其浸出不是十分明显，只有少量浸出，而 Cu 的浸出十分明显，浸出率达到 80%以上，Fe 的浸出量为 25%～30%，不是十分明显；在浸出过程中 As 也有一定的浸出，理论上砷酸铁不被浸出，其浸出机理有待进一步的研究；Sb 也有少量浸出，相对而言其浸出率不高，但由于 Sb 的绝对量高于 Cu、Zn、Fe 等，浸出后溶液中的含量相对比较高。

虽然杂质 Cu、As、Zn、Sb、Pb 等在银的浸出过程中部分被浸出，但它们在含银浸出液的吸附-解吸和银的电积过程中被脱除，脱除产物返回加压浸出系统或单独处理回收有价金属。

2.5　加压浸出液中铜的萃取

用溶剂萃取法从硫酸盐溶液中选择性优先萃取铜已是比较成熟的方法。所使用的萃取剂有 LIX 系列(如 LIX-64、LIX-84 等)、Kelex 系列(如 Kelex100、Kelex120 等)和 Acorga 系列(如 Acorga-P1、Acorga-P50 等)。可选择 AcorgaM5640(以下简称 M5640)和 LIX973NS-LV(以下简称 LIX973)和 LIX984N(以下简称 LIX984)作为铜的萃取剂。

含铜较高的复杂多金属硫化精矿的加压浸出过程获得的浸出液含 Cu 约为 35g/L，Zn 约为 100g/L，H_2SO_4 约为 70g/L，对于这种含锌很高的浸出液，如何从中分离铜和锌，国内外没有研究报道。本节就是针对此浸出液，研究用铜萃取剂 M5640 和 LIX973 从该体系中萃取分离铜的工艺条件。

2.5.1　萃取及反萃原理

醛肟类萃取剂是第二代铜的特效萃取剂，是由英国帝国化学工业公司(ICI)即现在的阿维修化学品工业公司(Avecia Specialties)研究开发并已取得专利权的产品。活性基的化学名为 2-羟基-5-壬基水杨醛肟(P50)。M5640 是由 P50 加入酯类改性剂的铜萃取剂，为琥珀色液体，25℃时的比重为 0.95～0.97，黏度＜200mPa·s，闪点＞62℃，平均饱和容量(体积分数为 10%)为 0.57g/L。其结构式以及萃取铜到有机相的萃合物结构式见图 2.44[56]。

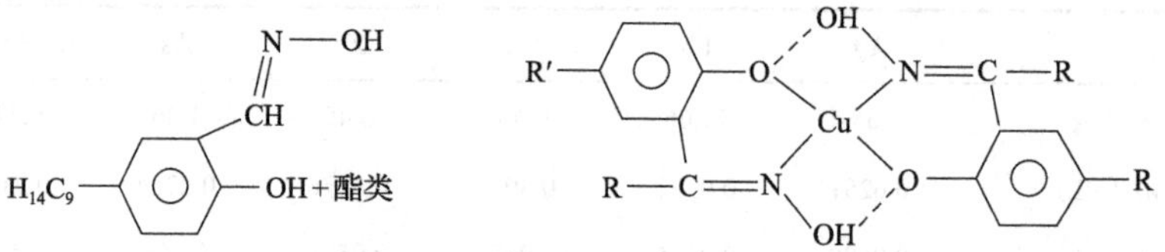

图 2.44　M5640 结构式及其萃取铜后结构式

图 2.44 中 R′、R 为羧基。两个 P50 结合一个铜离子后形成螯合物，同时释放出氢离子；反萃时调节溶液酸度，使氢离子重新结合到萃取剂分子上，从而把铜反萃出来。醛肟萃取铜离子的平衡方程为

$$Cu^{2+}+2HR_{(O)} \xlongequal{} CuR_{2(O)}+2H^{+} \tag{2.29}$$

LIX 系列萃取剂是荷兰科宁(Cognis)公司生产的一系列铜萃取剂，这类萃取剂可与各种金属阳离子形成非水溶性配合物，它与铜的萃取和反萃反应与 M5640 相同。如式(2.29)所示。这类萃取剂不含改质剂，当从含可溶性硅或很细固体颗粒的浸出液中萃取铜时表现优良。

2.5.2　萃取试验方法与结果

试验过程中采用的萃原液应为实际浸出液，由于此溶液中含有试验过程中加入的大量洗涤水，其中 Cu、Zn 和硫酸的含量都相对较低，因此，另外按浸出结果又配制了工业生产时可能的溶液来进行试验，其成分如表 2.32 所示。

表 2.32　综合浸出液的化学成分　　（单位：g/L）

浸出液种类	Cu	Zn	H_2SO_4	Fe	Fe^{2+}	Fe^{3+}
综合浸出液(萃原液-1)	21.98	15.92	39.10	2.88	0.78	2.10
模拟浸出液-1(萃原液-2)	41.81	19.90	61.72	2.95	0.75	2.20
模拟浸出液-2(萃原液-3)	34.98	88.96	53.69	2.56	0.65	1.91
模拟浸出液-3(萃原液-4)	39.79	101.95	91.70	—	—	—
模拟浸出液-4(萃原液-5)	38.07	89.35	60.13	4.83	1.68	3.15

1. 有机相饱和容量的测定试验

由于复杂多金属硫化精矿在加压浸出阶段所产出的浸出液中铜的含量较高，为了选择合适的有机相，在进行萃取试验之前，先进行了萃取剂的体积分数不同时有机相中铜饱和含量的测定试验。

试验在室温 20℃下进行，有机相与水相之比为 1∶1，反复萃取多次，直到水相中的

铜离子浓度不发生变化为止。水相是由硫酸铜配制的水溶液，铜离子浓度为 20g/L。试验结果见图 2.45。

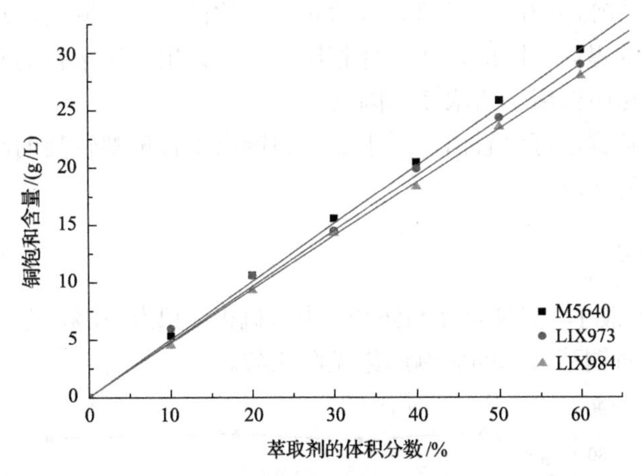

图 2.45　有机相中铜饱和容量试验结果

由图 2.45 中结果可见，随着萃取剂体积分数的增大，铜在有机相中的含量随萃取剂浓度线性增加，平均为每 10%萃取剂 4.00(LIX 系列)～5.15(M5640)g/L 铜，这表明萃取剂稳定络合铜离子，即每个铜离子络合萃取剂分子的数量是稳定的。但是在试验过程中发现，当萃取剂的体积分数大于 50%时，分相比较缓慢，因此，在试验过程中，选择了含萃取剂体积分数为 25%～40%的有机相。与 M5640 相比，LIX973 和 LIX984 的饱和容量略比 M5640 低一些，LIX984 的饱和容量比 M5640 低 5%以上。

2. 相比试验

试验条件：萃取剂为 M5640，占有机相体积为 40%，在室温 20℃下，按一定的相比混合，振荡时间为 5min，单级萃取时相比(O/A)对铜萃取率的影响结果见图 2.46。

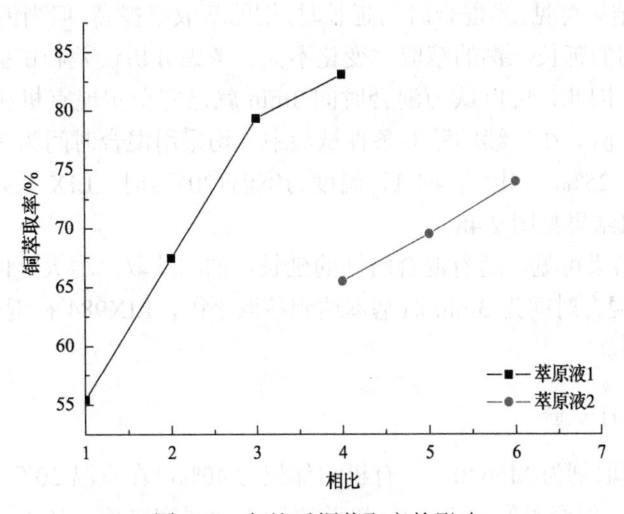

图 2.46　相比对铜萃取率的影响

由图 2.46 中结果可见，随着相比的增大，铜的萃取率也增大，但增加的幅度不大，并不是完全按照有机相中萃取剂的增加而线性增加，通过计算可知，萃取后有机相含铜只是其饱和容量的 30%～60%，并且，其含量随相比的增大而降低。这种趋势不利于反萃液中铜离子浓度的提高。因此，在选择相比时，应该根据所选择的萃取剂体积分数考虑饱和容量、有机相中铜离子的浓度等因素。

另外，从图中数据还可以看出，对于酸度和铜离子含量都较高的萃原液，通过单级萃取很难达到较高的萃取率。

3. 混合时间试验

试验条件：萃原液 1，萃取剂为 M5640，占有机相体积为 40%，在室温 20℃下，相比为 4∶1，混合时间对铜萃取率的影响结果见图 2.47。

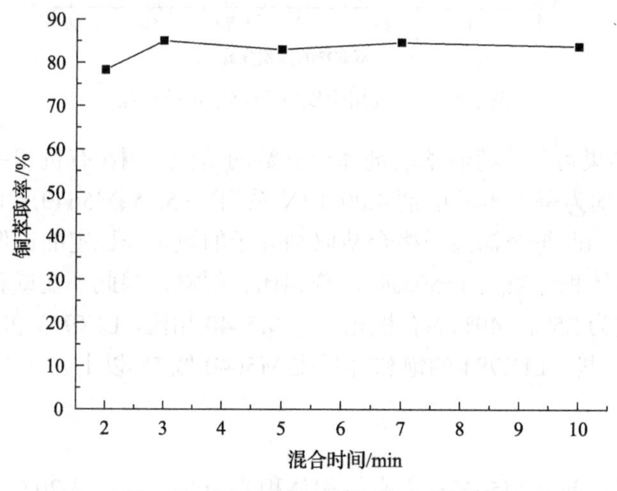

图 2.47　混合时间对铜萃取率的影响

由图 2.47 中结果可见，当混合时间延长时，铜的萃取率提高，但当混合时间超过 3min 后，随着混合时间的延长，铜的萃取率变化不大。考虑分析误差和试验误差，认为萃取率几乎没有差异。因此，可以认为混合时间 3min 就已完全实现有机相和水相的充分混合，达到萃取的平衡。在后续的萃取条件试验中，均采用混合时间为 3min。

在萃取剂含量 25%，相比为 4∶1，温度为室温(20℃)时，LIX 系列的萃取剂在不同混合时间下的萃取结果见图 2.48。

由图 2.48 中结果可见，随着混合时间的延长，铜的萃取率增大，但增加的幅度逐渐减小；LIX973 在混合时间为 3min 时基本达到萃取平衡，LIX984 在混合时间为 4min 时基本达到萃取平衡。

4. 萃取平衡 pH 试验

试验条件：萃取剂为 M5640，占有机相体积为 40%，在室温 20℃下，相比为 4∶1，水相体积为 20mL，混合时间为 3min，以萃原液 1 为研究对象，加入一定量的氢氧化钠溶液控制终点 pH，萃取平衡 pH 对铜萃取率的影响结果见图 2.49。

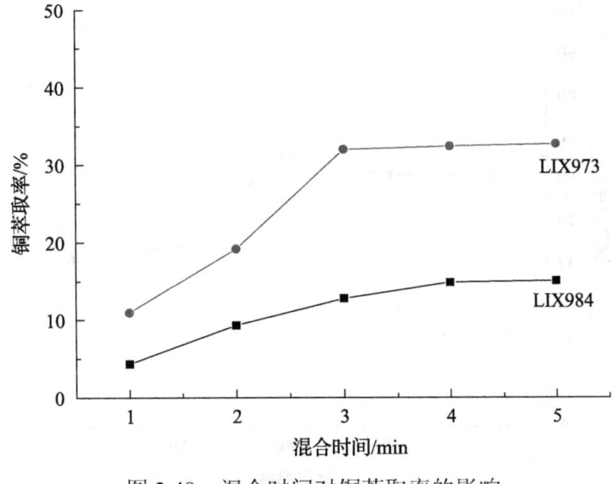

图 2.48　混合时间对铜萃取率的影响

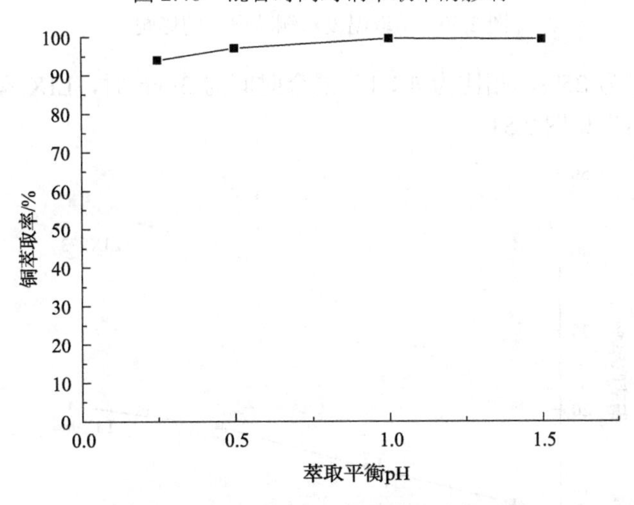

图 2.49　萃取平衡 pH 对铜萃取率的影响

由图 2.49 中结果可见，随着终点 pH 的增大，铜的萃取率明显增大。在 pH=1.0 左右时能够将溶液中的铜全部萃取出来。酸度增加，铜的萃取率略有下降，这表明，当 pH>0.5 后，pH 对铜的萃取率影响不大。

考虑到中和游离酸虽然可以增加铜的萃取，但明显增加了硫酸和碱的消耗，使生产成本增加，所以在后续的试验研究中不采用中和的办法，而是直接对游离硫酸浓度较高的加压浸出液进行萃取。

5. 萃取温度试验

考虑到实际生产过程中环境温度有变化，对不同温度下的萃取情况进行了研究。

试验条件：萃取剂为 M5640 占有机相体积为 25%，相比为 4∶1，混合时间为 3min，萃取温度对铜萃取率的影响结果见图 2.50。

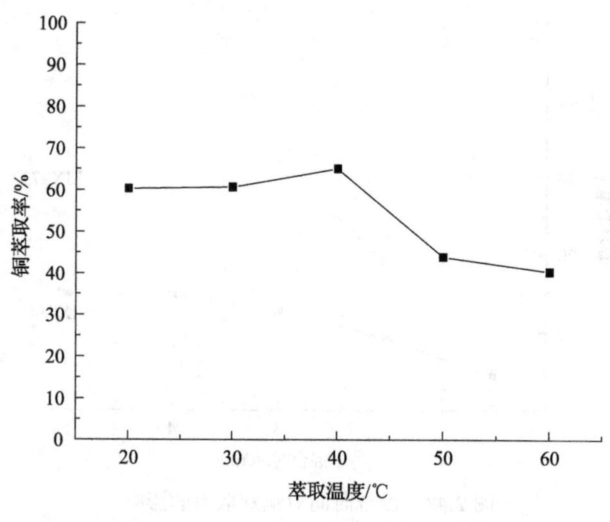

图 2.50　萃取温度对铜萃取率的影响

在萃取剂含量为 25%，相比为 4∶1，混合时间为 3min 时，LIX 系列的萃取剂在不同温度下的萃取结果见图 2.51。

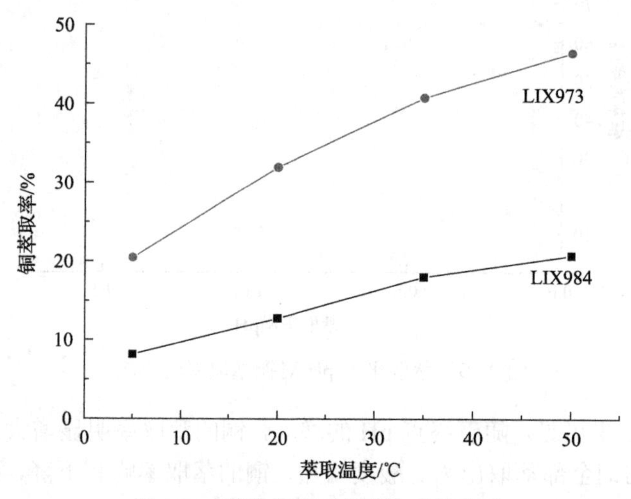

图 2.51　萃取温度对铜萃取率的影响

由图 2.50 和图 2.51 中数据可见，随着萃取温度的升高，M5640 作为萃取剂时，铜的萃取率先稍有升高，而后又明显降低，而 LIX 系列作为萃取剂时，铜萃取率稳步上升。由于环境温度很少大于 40℃，温度升高后，虽然增大了铜的萃取率，但有机相挥发也增大，造成萃取剂消耗增大。因此，最高萃取温度为 30～40℃。在此温度下萃取，才有望取得较高的萃取率。

2.5.3　多级逆流萃取试验

通过上面的试验研究结果发现，无论萃取过程的条件如何，采用 M5640 和 LIX 系列萃取剂进行铜的萃取，铜的一级萃取率最高只能达到 85%左右，而平均水平 M5640 一般为 70%左右，LIX973 为 40%左右，LIX984 为 20%左右，很难满足工业的要求。因此，为了达到更高的铜萃取率，满足工业生产，进行了多级逆流萃取的研究。

1. 萃取等温线的绘制

一般把表明有机相与水相中的金属浓度变化的曲线称为萃取(或反萃)等温线。等温线的位置与萃取剂的浓度有关，而等温线的形状随萃取剂的萃取体系而变化。也就是说，不同浓度的同一种萃取剂的萃取等温线的位置可以改变，但它们的形状是大致相同的。

有两种绘制萃取等温线的方法[57]。一种按相比测定方法进行：试验用的有机相浓度、料液浓度、温度和最终 pH 必须相同，由于相比的差别，平衡后 pH 可能会不同，此时需用酸或碱调节 pH 后重新接触，直至每个试样萃余液的 pH 都相等。根据规定的相比分别把水相和有机相装入分液漏斗，放在振荡器上振荡至平衡(有时可以直接测量萃余液 pH，以 pH 恒定为准)。相分离后分析两相金属含量，取样分析前应避免夹带。水相分析样应用精密过滤除去夹带的有机相。负载有机相先用蒸馏水洗涤，分相排出洗水，用离心机分离，再分析有机相金属含量。另一种方法是确定一适当的相比，将水相和有机相在此相比下接触直至达到平衡，然后进行相分离，放出水相，取一定体积的有机相和水相，并分析其中金属浓度。再按原来的相比往分液漏斗中加入新鲜水相与剩余的有机相接触，两相再次平衡后与前次一样取样分析。如此重复多次，直至有机相中金属负荷量达到饱和。每次接触平衡 pH 必须维持相同。每一组分析结果标在以 x 轴为水相金属浓度，y 轴为有机相金属浓度的坐标图上，即可以绘制出萃取等温线。

绘制萃取等温线的条件：温度恒定在室温 20℃，相比为 1∶1，由于体系酸度非常高，因此未考虑 pH 的影响，选用了硫酸浓度为 70g/L 的不同铜离子含量的硫酸铜溶液进行试验。在此条件下研究绘制了萃取剂 M5640 浓度分别为 25%和 40%的萃取等温线，如图 2.52 所示。

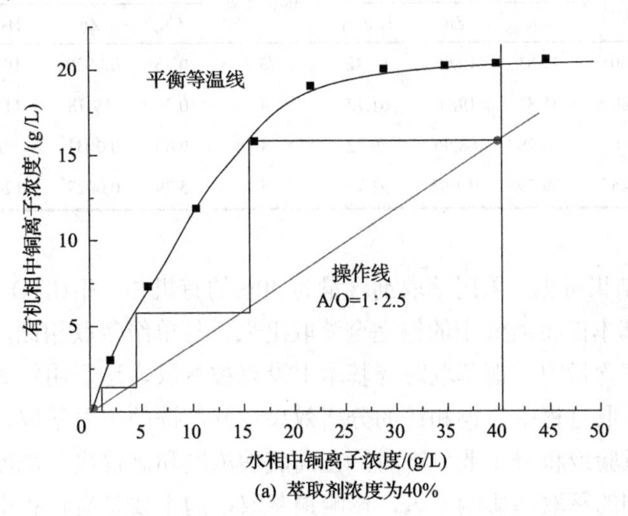

(a) 萃取剂浓度为40%

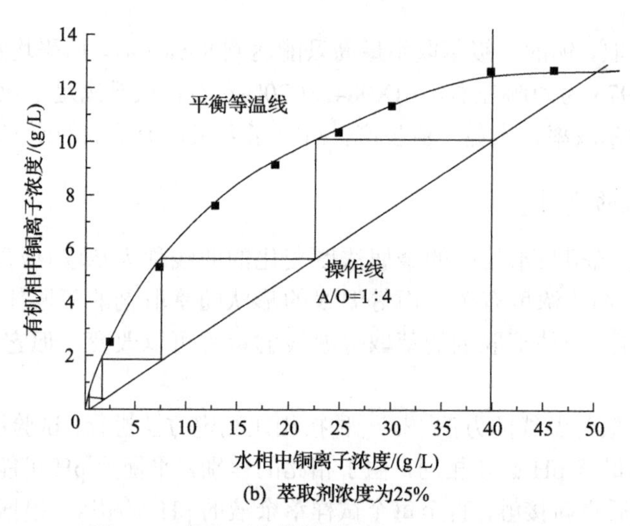

(b) 萃取剂浓度为25%

图 2.52　萃取平衡等温线及 McCabe-Thiele 图

估算逆流萃取所需级数最简单的方法是 McCabe-Thiele 图解法[57]，该法如图 2.52 所示。由图 2.52 可知，无论采用萃取剂 M5640 浓度为 25%还是 40%的有机相，若要将料液中的铜离子浓度从 40g/L 降至 1g/L 以下，按图中的相比进行萃取，理论上至少需要 3～4 级逆流萃取。

2. M5640 多级逆流萃取试验结果

在以上研究的基础上，结合工业萃取的过程，进行了多级逆流萃取试验，试验条件为：混合时间 3min，相比(A/O)为 4∶1，温度为室温(20℃)，试验结果如表 2.33 所示。

表 2.33　多级逆流萃取试验结果

编号	萃取剂-体积分数/%	萃前液成分/(g/L)			萃取级数	萃余液成分/(g/L)			萃取率/%	
		Cu	Zn	H_2SO_4		Cu	Zn	H_2SO_4	Cu	Zn
EX-逆-1	M5640-40	41.81	19.90	61.72	3	0.45	0.0029*	108.52	98.92	0.058
EX-逆-2	M5640-40	41.81	19.90	61.72	4	0.26	19.78	111.71	99.38	0.6
EX-逆-3	M5640-40	34.98	88.96	59.72	4	0.43	0.0031*	90.43	98.77	0.014
EX-逆-4	M5640-25	39.79	101.95	91.70	5	5.39	0.0027*	124.38	86.45	0.011

＊表示有机相中含量。

从表 2.33 的结果可见，采用萃取剂含量为 40%的有机相，相比(O/A)为 4∶1 时，通过 4 级逆流萃取基本能将溶液中的铜完全萃取出来，与单级萃取相比，铜萃取率明显提高。在高浓度的锌含量中，铜萃取时锌基本上没有被萃取，这表明锌离子的存在并不影响铜的萃取，在萃取过程中，铜和锌的分离效果良好，锌的少量萃取可以认为是夹带所致。这也表明在试验或将来工业生产时，在高硫酸浓度和高锌离子浓度范围内，酸度以及锌离子浓度对铜的萃取率影响不大，影响铜萃取率的主要是有机相中萃取剂的浓度。

但是若采用萃取剂含量为 25%的有机相，相比(O/A)为 4∶1 时，通过 5 级逆流萃取仍不能达到较高的铜萃取率。

在上述的萃取过程中，在相比(A/O)=4∶1 和萃取原液含铜 41.81g/L 时，计算得知当萃取剂含量为 40%时，负载有机相含铜仅为 10.38g/L，约为饱和容量的 50%。而在实际萃取过程中，当负载有机相含铜约为饱和容量的 60%～80%时，才有利于反萃和提高反萃过程中铜离子浓度的增加量，以满足铜电积的要求。为此根据图解法(图 2.53)中的萃取剂浓度和操作线相比进行了多级逆流萃取的试验研究。萃取原液模拟工业生产时的溶液成分：Zn 100.22g/L、Fe 5.72g/L、Cu 39.82g/L、H_2SO_4 64.53g/L，40%的有机相采用 2.5∶1(O/A)的相比，25%的有机相采用 4∶1(O/A)的相比，研究结果见表 2.34。

表 2.34　逆流萃取试验结果

编号	萃取剂体积分数/%	萃取级数	萃余液成分/(g/L)		负载有机相成分/(g/L)			萃取率/%	
			Cu	H_2SO_4	Cu	Zn	Fe	Cu	Zn
EX-逆-40%-5	40	5	22.83	96.12	7.92	0.0028	0.082	42.67	0.007
EX-逆-40%-7	40	7	17.42	113.94	9.69	0.0032	0.074	56.25	0.008
EX-逆-40%-9	40	9	13.57	104.35	6.92	0.0045	0.182	65.17	0.011
EX-逆-40%-11	40	11	2.38	123.66	9.52	0.0062	0.213	94.02	0.015
EX-逆-40%-13	40	13	1.02	124.87	14.78	0.0074	0.270	97.44	0.018
EX-逆-25%-5	25	5	12.35	102.56	7.35	0.0022	0.053	68.99	0.009
EX-逆-25%-7	25	7	8.82	112.46	9.08	0.0031	0.066	77.85	0.012
EX-逆-25%-9	25	9	2.82	117.72	8.54	0.0037	0.085	92.92	0.015
EX-逆-25%-11	25	11	1.44	118.35	9.92	0.0048	0.047	96.38	0.019
EX-逆-25%-13	25	13	1.33	119.61	9.58	0.0035	0.072	96.66	0.015

由表 2.34 中数据可见，对于含锌高达 100g/L、H_2SO_4 约 65g/L 的高铜浸出液，采用多级逆流萃取，可使铜的萃取率达到 96%以上，对于萃取剂含 40%的有机相而言，在相比为 2.5∶1 时，要使铜的萃取率达到 90%以上，需要的级数较多，至少 11 级，在多级数的条件下，其铜的萃取率可高达 97%以上；而对于萃取剂含 25%的有机相而言，在相比为 4∶1 时，要使铜的萃取率达到 90%以上，需要的级数较少，约 9 级，但在级数多的条件下，其铜的萃取率稍低于 40%的有机相。经过多级逆流萃取后，其负载有机相中铜的含量可以达到饱和容量的 80%。

由以上的研究发现，实际萃取过程所需的级数明显多于通过萃取等温线所获得的级数，但是所需级数比理论值多，这主要是由于随着实际萃取过程的进行，水相的酸度不断提高，分配常数发生变化，降低了有机相的萃取性能，因此萃取级数比理论研究的萃取级数要多。

3. LIX973 的多级逆萃取试验

在 M5640 多级逆流萃取的基础上，对 LIX973 的多级逆流萃取进行研究。萃取剂含量为 25%，相比为 4∶1，混合时间 3min，温度为室温(20℃)，多级萃取结果见表 2.35。

表 2.35　LIX973 的多级逆流萃取结果

编号	级数	萃取液成分/(g/L)				萃余液含铜/(g/L)	铜萃取率/%
		Cu	Zn	H_2SO_4	$Fe^{3+}+Fe^{2+}$		
1	9	38.07	90.4	60.13	3.3+1.74	2.28(有机相中 10.88)	94.01
2	9	39.03	91.97	42.08	4.2+1.56	2.81	92.80
3	11	39.03	91.97	42.08	4.2+1.56	1.30	96.67
4	11	38.35	89.95	20.48	0	0.077	99.80

从表 2.35 的结果可见，随着酸度降低和萃取级数的增加，铜的萃取率增加。在 40g/L 酸度左右时，11 级萃取可以达到 96%以上的铜萃取率。

采用 LIX973 进行 11 级逆流萃取过程中，负载有机相和水相的全元素分析结果见表 2.36。

表 2.36　萃取过程的全元素分析结果

相种类	Cu	Zn	Fe	Fe^{2+}	H_2SO_4	Mn	Si	As
萃原液	47.86	99.29	5.84	0.89	28.25	0.069	0.19	0.56
萃余液	1.23	95.18	5.13	0.81	98.59	0.067	0.12	0.51
负载有机相	11.38	0.0035	0.066	—	—	0.0003	0.03	0.008

从表 2.36 的数据可见，在萃取过程中，以有机相计，Zn、Fe、As、Mn 的含量很低，可以认为不被萃取，其在有机相中的含量认为是夹带水相所致，在实际工业生产中，萃取后有机相需要进行洗涤，可以使其中的这些杂质被洗涤下来，可完全消除其在反萃-电积中的影响，也不会对电铜质量造成影响。

在萃取过程中 SiO_2 有少量被萃取，是由于形成偏硅酸大颗粒被有机相吸附，其在负载有机相的洗涤过程中难于被洗涤，在有机相中的含量增加会造成有机相的乳化，需通过隔油槽富集后再处理消除。

2.5.4　反萃试验及结果

反萃原液的配制：用分析纯的 $CuSO_4 \cdot 5H_2O$ 和 H_2SO_4 配制成酸性的硫酸铜水溶液或纯硫酸溶液。萃取剂体积分数为 40%的负载有机相含铜 7.64g/L，萃取剂体积分数为 25%的负载有机相含铜 5.73g/L。

1. 反萃原液中铜离子浓度试验

试验条件：负载有机相中萃取剂体积分数为 40%，相比为 2∶1，温度为室温(20℃)，混合时间为 90s，反萃原液硫酸浓度为 210g/L，试验结果如图 2.53 所示。

由图 2.53 中数据可见，随反萃原液中铜离子浓度的增加，铜的反萃率明显下降。这表明反萃液中铜离子存在对铜的反萃是不利的。

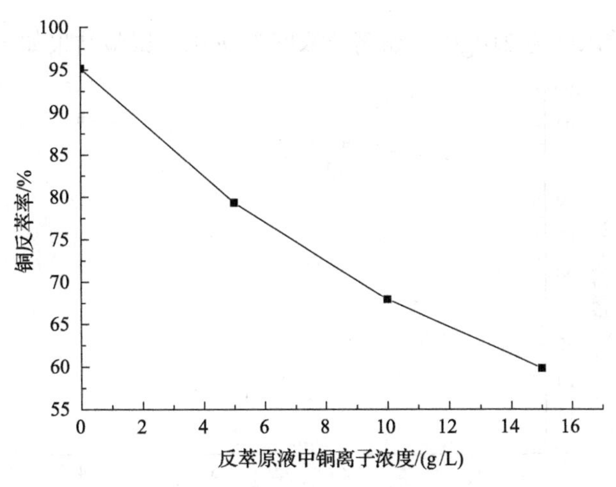

图 2.53　反萃原液铜离子浓度对铜反萃率的影响

但实际生产过程中，反萃原液是铜电积的后液，含铜 20～24g/L，含游离硫酸 200～250g/L，电积过程中铜离子浓度降低至 5～20g/L，游离酸增加量为 7～31g/L。在该研究中首先确定反萃条件，再用适合铜电积的溶液进行反萃研究。

2. 反萃硫酸浓度试验

试验条件：负载有机相中萃取剂体积分数为 40%，相比为 2∶1，温度为室温(20℃)，混合时间为 90s，反萃原液铜离子浓度为 0g/L，试验结果如图 2.54 所示。

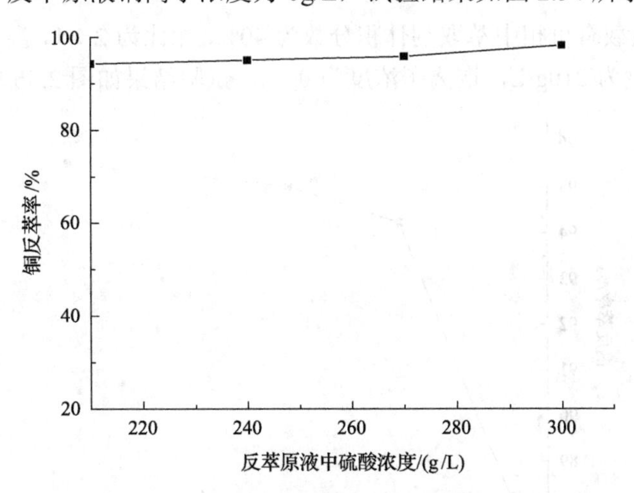

图 2.54　反萃原液硫酸浓度对铜反萃率的影响

由图 2.54 中数据可见，随反萃原液中硫酸浓度的增加，铜的反萃率稍有升高，但增加的幅度不大，考虑到反萃时铜离子存在降低铜的反萃效率，尽可能采用较高的硫酸浓度进行反萃，控制反萃时溶液的硫酸浓度为 240～250g/L。

3. 反萃相比试验

试验条件：负载有机相中萃取剂体积分数为 40%，温度为室温(20℃)，混合时间为

90s，反萃原液硫酸浓度为 210g/L，铜离子浓度为 0g/L，试验结果如图 2.55 所示。

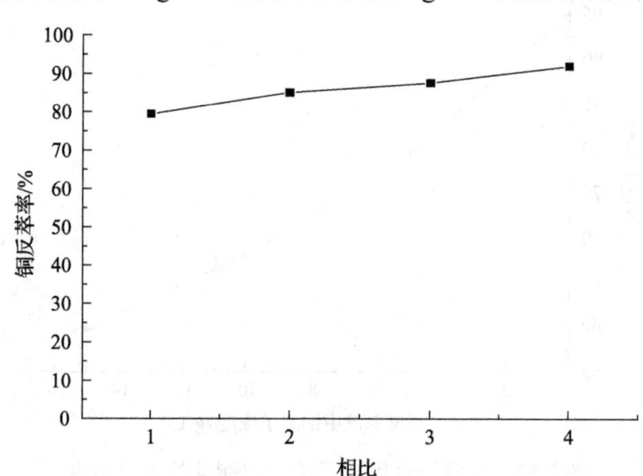

图 2.55 相比对铜反萃率的影响

由图 2.55 中数据可见，随相比的增加，铜的反萃率明显提高。虽然相比低，反萃率低，但反萃液中铜离子增加幅度较大，反之，则反萃液中铜离子增加幅度较小。

工业生产中要求铜离子浓度增加在 5g/L 左右，相比选择就应控制在 1∶(1～1.5)的范围内。反萃的最终条件应根据铜电积的要求而定。

4. 反萃混合时间试验

试验条件：负载有机相中萃取剂体积分数为 40%，相比为 2∶1，温度为室温(20℃)，反萃原液硫酸浓度为 210g/L，铜离子浓度为 0g/L，试验结果如图 2.56 所示。

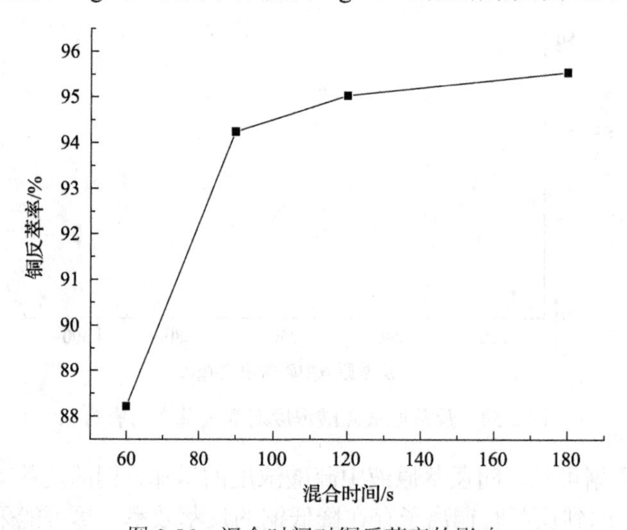

图 2.56 混合时间对铜反萃率的影响

由图 2.56 中数据可见，随混合时间的延长，铜的反萃率增加，但混合时间大于 90s 后铜的反萃率增加不大，这表明混合时间在 90s 时反萃过程基本平衡。为了保证铜的反萃，混合时间控制在 120s 左右。

5. 反萃温度试验

试验条件：负载有机相中萃取剂的体积分数为 25%，相比为 1∶1，混合时间为 120s，反萃原液硫酸浓度为 250g/L，铜离子浓度为 25g/L，试验结果见图 2.57。

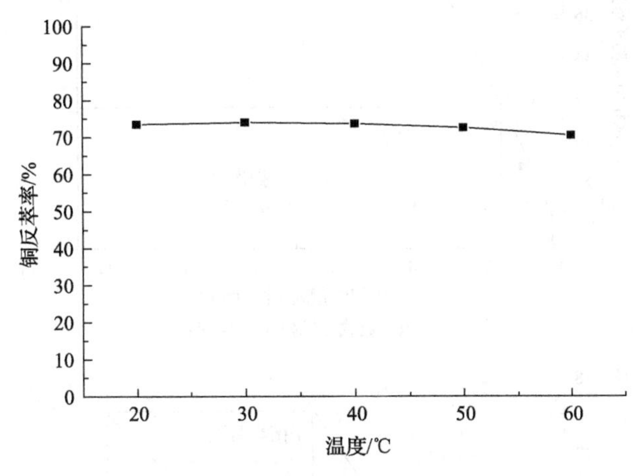

图 2.57　温度对铜反萃率的影响

由图 2.57 中数据可见，随反萃温度的升高，铜的反萃率变化不大，建议适宜的反萃温度为 30～40℃。

6. 多级逆流反萃试验

1) 反萃等温线的绘制

绘制反萃等温线的条件：温度为 23℃，相比为 1∶1，选用铜离子浓度为 25g/L，硫酸浓度为 200g/L 的硫酸铜溶液进行试验。试验方法：将负载有机相和反萃剂硫酸铜溶液按规定的相比装入分液漏斗，在振荡器内接触直至平衡，然后排出水相分析。再加入相同体积的新鲜反萃剂溶液，再振荡接触。如此反复多次直至负载有机相中的金属全部反萃下来。每次分析水相金属浓度，同时计算相应有机相中金属含量。在此条件下研究绘制了萃取剂 M5640 浓度分别为 25%和 40%的萃取等温线，见图 2.58。

同样，估算逆流反萃所需级数最简单的方法仍是 McCabe-Thiele 图解法[57]，该法如图 2.58 中所示。由图 2.58 可知，无论是 M5640 浓度为 25%还是 40%的负载有机相，若要将负载有机相中的铜离子浓度从约 10g/L 降至 1g/L 以下，按图中的相比进行萃取，理论上至少需要 2～4 级逆流萃取[58]。

2) M5640 多级逆流反萃试验

通过前面的试验研究，针对负载有机相含铜 6～20g/L，混合时间 120s，反萃原液含铜 25g/L，游离酸 250g/L，反萃后液铜离子浓度增加 5g/L 以上，为此确定相比为 1∶1 或 2∶1 进行反萃。试验结果如表 2.37 所示。

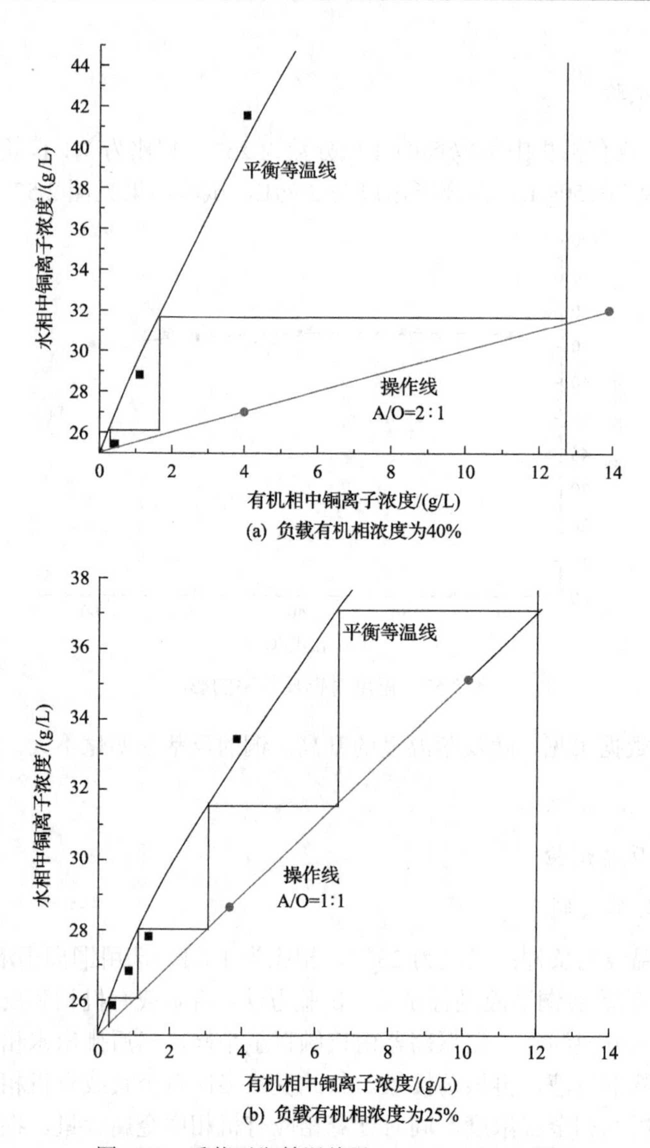

图 2.58　反萃平衡等温线及 McCabe-Thiele 图

表 2.37　M5640 多级逆流反萃试验结果

编号	相比(A/O)	负载有机相含铜/(g/L)	反萃级数	反萃后有机相铜/(g/L)	铜反萃率/%
反萃-40%-3	2∶1	40%有机相，17.73	3	1.58	91.09
反萃-40%-5	2∶1	40%有机相，17.73	5	0.38	97.86
反萃-40%-7	2∶1	40%有机相，17.73	7	0.32	98.10
反萃-40%-9	2∶1	40%有机相，17.73	9	0.30	98.21
反萃-40%-11	2∶1	40%有机相，17.73	11	0.58	96.73
反萃-40%-13	2∶1	40%有机相，17.73	13	1.24	93.01
反萃-25%-5	1∶1	25%有机相，5.73	5	1.12	80.45
反萃-25%-7	1∶1	25%有机相，5.73	7	0.95	83.42

续表

编号	相比(A/O)	负载有机相含铜/(g/L)	反萃级数	反萃后有机相铜/(g/L)	铜反萃率/%
反萃-25%-9	1∶1	25%有机相，5.73	9	0.99	82.72
反萃-25%-11	1∶1	25%有机相，5.73	11	0.97	83.07
反萃-25%-13	1∶1	25%有机相，5.73	13	1.00	83.14

由表 2.37 中数据可见，采用多级逆流反萃，可以将负载有机相中的铜反萃出来，反萃率可达 98%以上，并且通过计算可以得出，反萃后水溶液中铜离子的浓度可达到 34g/L 左右，酸度可降为 240g/L 左右。其中 25%有机相的反萃率较低，但从反萃后有机相中铜含量来看，反萃效果也是较好的，这主要是由于负载有机相中铜的含量未能达到其饱和容量的 60%～80%，导致其反萃率下降。实际逆流萃取的结果和理论图解法相比，若要使负载有机相中铜离子的含量降到 1g/L 以下，实际所需的级数比理论级数稍多，这主要是因为在实际反萃过程中的反萃剂是硫酸铜溶液，根据反萃原液中铜离子浓度试验可知，当反萃原液中含有铜离子时，会降低反萃率。

3) LIX973 多级逆流反萃试验

通过对 M5640 的多级逆流反萃试验研究，针对负载有机相含铜约为 10g/L，混合时间为 120s，反萃原液含铜为 25g/L，游离酸为 250g/L，反萃后液铜离子浓度增加 5g/L 以上，为此确定相比为 1∶1 进行反萃。多级逆流反萃结果见表 2.38。

表 2.38　LIX973 多级逆流反萃研究结果

编号	负载有机相含铜/(g/L)	反萃级数	反萃后有机相铜/(g/L)	铜反萃率/%
LIX973-5-1	10.87	5	1.38	87.30
LIX973-5-2	10.87	5	1.55	85.74
LIX973-7-1	10.87	7	1.45	86.66
LIX973-9-1	10.87	9	1.37	87.40
LIX973-11-1	10.87	11	1.36	87.49

从表 2.38 的数据可见，反萃酸度增加，铜的反萃率没有增加；反萃级数增大，铜的反萃率变化不大。整体来看，铜反萃率不高，不到 90%，与 M5640 相比，反萃率明显下降，降低了近 10%，这表明 LIX 系列萃取剂对铜的络合能力增大，萃取率增大，却降低了铜的反萃率，使部分铜在萃取-反萃过程中循环，同时循环的结果降低了有机相对铜的饱和量，最终降低了萃取过程的铜萃取率。

综上研究所述，在萃取-反萃过程中，虽然萃取剂 LIX 系列有其特点，如增大铜的萃取率、比重小等，但反萃率相对 M5640 要低，最终使萃取-反萃效率降低，因此建议选用 M5640 作为萃取剂。

2.6　复杂多金属硫化矿加压酸浸推荐工艺流程及主要技术指标

通过上述研究，推荐含铜、铅、锌、银等元素的复杂多金属硫化精矿的冶炼全流程工艺，见图 2.59。

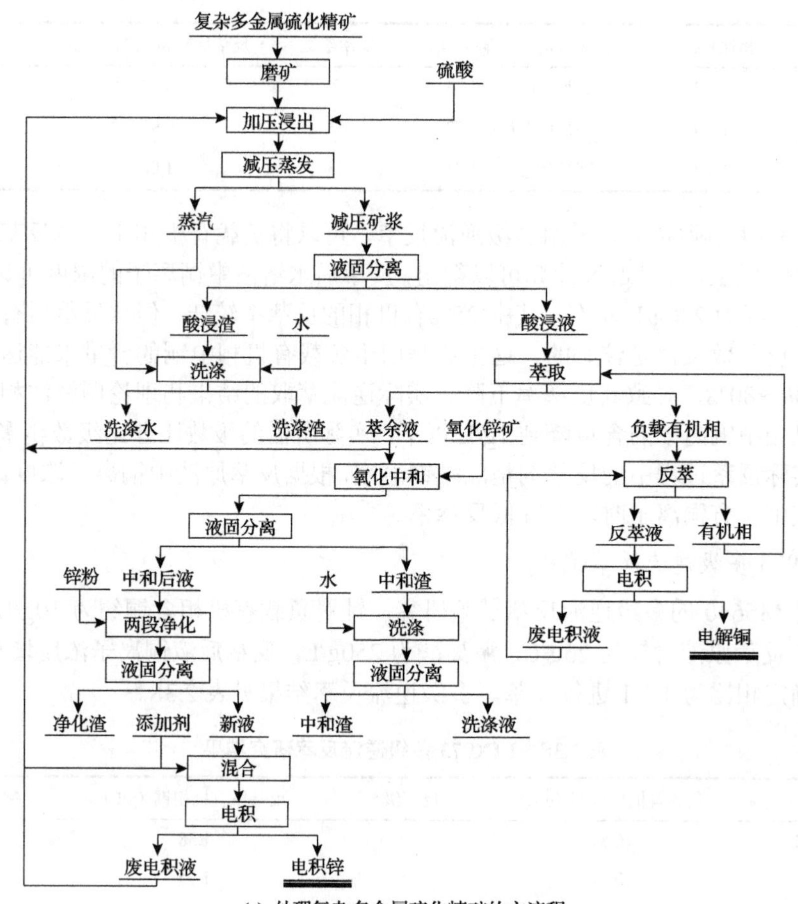

(a) 处理复杂多金属硫化精矿的主流程

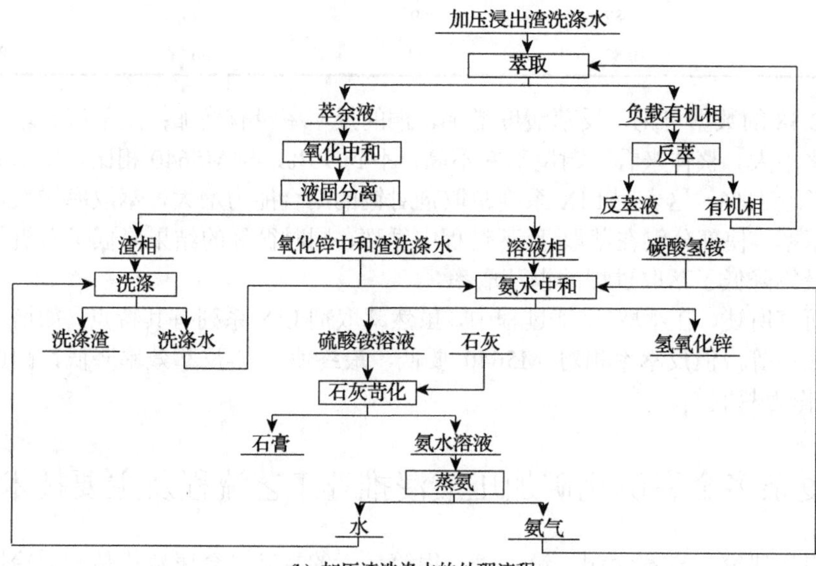

(b) 加压渣洗涤水的处理流程

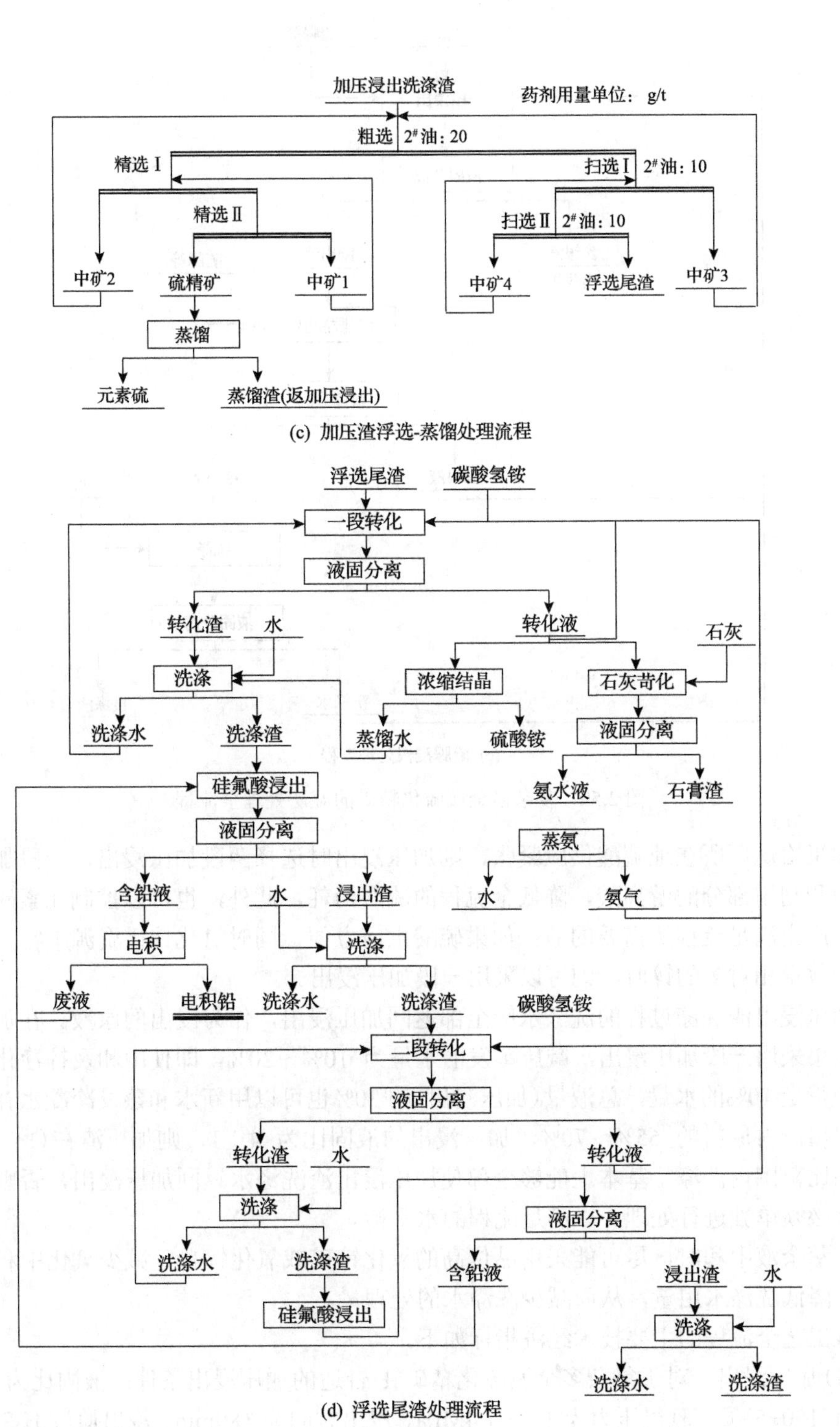

(c) 加压渣浮选-蒸馏处理流程

(d) 浮选尾渣处理流程

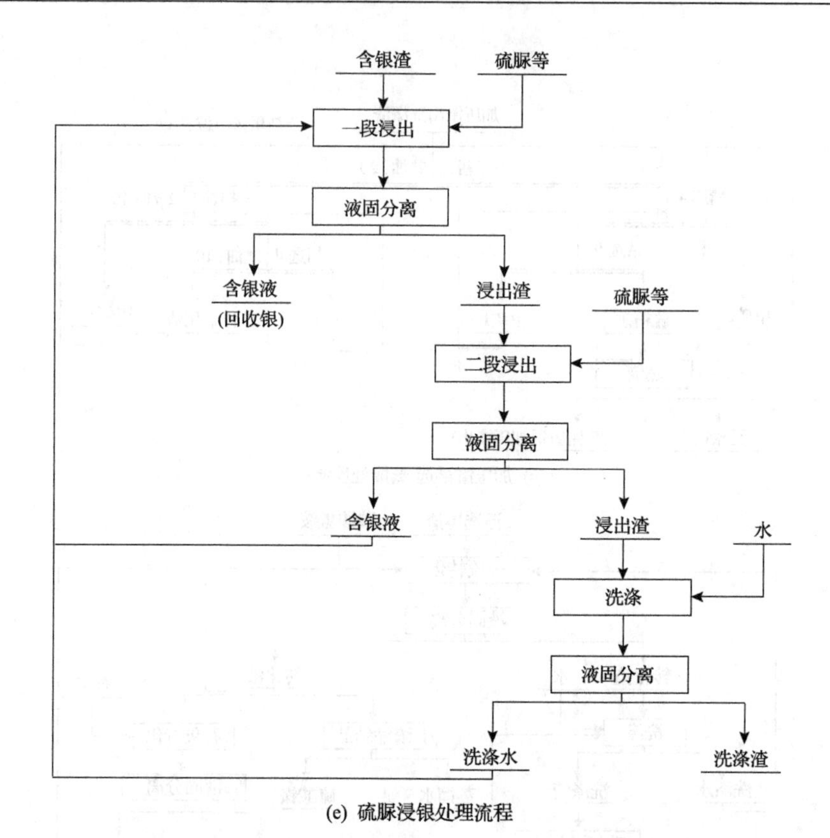

(e) 硫脲浸银处理流程

图 2.59　复杂多金属硫化精矿的湿法处理全流程

如果冶炼厂所在地硫酸供应紧张，则加压浸出时选择两段加压浸出，一段加压浸出主要中和利用部分的游离酸，降低全流程的硫酸消耗，此外，也可以控制元素硫的部分氧化，产出满足流程所需要的酸；如果硫酸供应方便，同时氧化锌矿资源丰富，可以允许生产数量相对多的锌时，则可以采用一段加压浸出。

加压浸出渣洗涤过程的洗涤水应全部返回加压浸出，作为浸出的原液。在加压过程中，如果采用一段加压浸出，减压蒸发的水量为 10%～20%，即使中和及锌净化、电积过程中带走 10%的水量，总液量(加压浸出)的 30%也可以用新水和蒸发冷凝水补充，但加压浸出渣占原料的 65%～70%，加压浸出的液固比为 4∶1，则加压渣在(1～1.5)∶1 的液固比范围内洗涤，基本上能够全部使加压浸出渣洗涤水返回加压浸出，否则多余的洗涤水必须单独进行处理，以满足流程的水平衡。

在萃余液中和时，尽可能采用品位高的氧化锌矿或氧化锌粉，减少氧化中和过程的渣量，降低洗涤水用量，从而减少洗涤水的处理量。

该工艺全流程的主要技术经济指标如下。

(1) 加压浸出。对于复杂多金属硫化精矿 1 合适的加压浸出条件：液固比为 4∶1、温度为(150±5)℃、氧气压力为 1.2～1.4MPa、浸出时间为 180min、浸出原液 H_2SO_4 浓度为 145～155g/L、精矿粒度–38μm 占 96%以上；对于复杂多金属硫化精矿 2 合适的浸出条件：液固比为 4∶1、温度为 150～160℃、氧气压力为 1.2～1.4MPa、浸出时间为

180min、浸出原液 H_2SO_4 浓度为 140～150g/L、精矿粒度–33μm 占 99%以上。Zn 直接浸出率＞94%，Cu 直接浸出率＞95%，Ag 浸出率＜0.5%；加压过程中酸耗指标：复杂多金属硫化精矿 1 进行一段加压时酸耗为 370～400kg/t 精矿；复杂多金属硫化精矿 2 进行一段加压时酸耗为 450～470kg/t 精矿；木质素磺酸钠消耗：一段加压时，精矿量的 1%。

(2)萃取-反萃-电积工序。萃取的合适条件：相比(O/A)为 4∶1、有机相中萃取剂含量(*V*/*V*)为 25%、混合时间为 3min、萃取级数为 11 级以上、萃取温度为 30～40℃；反萃的合适条件：相比(O/A)为 1∶1、反萃原液游离酸浓度＞250g/L、混合时间为 2min、反萃级数为 5 级以上、反萃温度为 20～40℃；铜电积电流密度为 160～180A/m^2，电积过程 Cu^{2+}浓度降为 5～10g/L；铜萃取率＞95%，铜反萃率＞95%，锌萃取率＜0.1%；萃取剂的消耗量为 2.0～3.0kg/t 铜，煤油为 10～20kg/t 铜，电解直流电耗 2000～2500kW·h/t 铜；建议采用 M5640 作为萃取剂。

(3)浮选工序。浮选的合适条件：矿浆浓度为 10%～20%、原矿粒度、浮选时 2 号油为 10g/t，采用一段粗选-二段精选-三段扫选流程。浮选硫精矿含硫＞60%，浮选硫回收率＞70%，浮选铜回收率＞65%，浮选锌回收率＞65%，浮选铅回收率约为 15%；2 号油的消耗量为 40g/t 加压浸出渣。

(4)蒸馏工序。蒸馏温度为 460～480℃、挥发速度为 4.5×10^{-2}～5.5×10^{-2}g/(cm^2·min)。元素硫挥发率＞98%，其他金属元素的损失率＜0.5%。

(5)转化-浸出工序。转化的合适条件：温度为 30～40℃，浸出时间为 60～120min(第一次)、30～60min(第二次)，碳酸氢铵用量为理论量的 1.0～1.2 倍，氨水和碳酸氢铵摩尔比为 1∶1；浸出的合适条件：浸出温度为 50～80℃，浸出时间为 120min，游离硅氟酸浓度为 125～150g/L。铅的浸出率＞94%；碳酸氢铵消耗为 240～260kg/t 浮选尾渣；硅氟酸浸出洗涤水方案未定，不能进行硅氟酸消耗量的确定。

(6)银浸出工序。浸出条件：浸出温度为 60～70℃，硫脲浓度：一段为 55g/L、二段为 20g/L，液固比为(7.5～10)∶1，浸出时间为 180min。除铅后含银渣银的浸出率＞93%，浮选硫精矿银浸出率＞88%，综合浸出率＞90%，全流程银(到硫脲提银时)的综合回收率(硫精矿产率 25%～30%)＞92%。硫脲消耗为 520～560kg/t 银物料或 120～140kg/kg 银。

参 考 文 献

[1] 葛振华. 我国铅锌资源现状及未来的供应形势[J]. 世界有色金属, 2003, (9): 4-7.

[2] 王恭敏. 解决我国有色金属资源严重短缺的对策[J]. 世界有色金属, 2004, (5): 4-8.

[3] 陈志宇. 我国铅锌资源状况及市场形势分析[J]. 世界有色金属, 2002, (10): 7-10.

[4] 马永刚. 铅锌精矿短缺制约我国铅锌工业长足发展[J]. 世界有色金属, 2002, (2): 14-15.

[5] 华金仓, 李崇德, 魏明安. 某难选复杂多金属矿的浮选研究[J]. 有色金属(选矿部分), 2005, (6): 1-4.

[6] 张小田, 陈宏, 代淑娟. 铜、铅、锌、铁复杂多金属矿综合回收研究[J]. 有色矿冶, 2005, 21(3): 17-19.

[7] 谢克强, 杨显万, 舒毓章, 等. 铜铅锌多金属复杂硫化矿综合回收工艺研究[J]. 中国有色冶金, 2006, 4(2): 19-22.

[8] 谢克强, 杨显万, 舒毓章, 等. 多金属硫化矿浮选精矿加压浸出研究[J]. 有色金属(冶炼部分), 2006, (4): 6-9.

[9] 李元坤. 某含银高铅复杂多金属矿的分离提取[J]. 矿产综合利用, 2003, (5): 3-8.

[10] 李崇德, 陈金中. 某钼、锌、铁复杂多金属矿的选矿工艺研究[J]. 铜业工程, 2006, (1): 15-18.

[11] 陈永强, 张寅生, 尹飞, 等. 锌铅混合精矿加压浸出过程研究[J]. 有色金属, 2003, 55(4): 57-60.
[12] 王海北, 蒋开喜, 张邦胜, 等. 新疆某复杂硫化铜矿低温低压浸出工艺研究[J]. 有色金属, 2004, 56(3): 52-54.
[13] 徐志峰, 李强, 王成彦. 复杂硫化铜矿热活化-加压浸出工艺[J]. 中国有色金属学报, 2010, 20(12): 2412-2418.
[14] 李小康, 许秀莲. 低品位铜锌混合矿加压浸出研究[J]. 江西理工大学学报, 2004, 25(4): 5-9.
[15] 王吉坤, 周廷熙. 高铁硫化锌精矿加压浸出研究及产业化[J]. 有色金属(冶炼部分), 2006, (2): 24-26.
[16] 古岩, 张廷安, 吕国志, 等. 硫化锌加压浸出过程的电位-pH 图[J]. 材料与冶金学报, 2011, 10(2): 112-119.
[17] 王吉坤, 李存兄, 李勇, 等. 高铁闪锌矿高压酸浸过程中 ZnS-FeS-H_2O 系的电位-pH 图[J]. 有色金属(冶炼部分), 2006, (2): 2-5.
[18] 俞小花, 谢刚, 李永刚, 等. In_2S_3-H_2O 系电位-pH 图[J]. 材料与冶金学报, 2008, 7(1): 26-29.
[19] 谢克强. 高铁硫化锌精矿和多金属复杂硫化矿加压浸出工艺及理论研究[D]. 昆明: 昆明理工大学, 2006.
[20] 赵宙, 李小康. 铜锌混合矿加压浸出的试验研究[J]. 中国有色冶金, 2006, 35(3): 28-30.
[21] 林瑜. 铜铅锌复杂矿石的高压浸出[J]. 有色金属(冶炼部分), 1965, (5): 53.
[22] 俞小花. 复杂铜、铅、锌、银多金属硫化精矿综合回收利用研究[D]. 昆明: 昆明理工大学, 2008.
[23] 杨显万. 邱定蕃. 湿法冶金学[M]. 北京: 冶金工业出版社, 2001.
[24] 杨显万. 高温水溶液热力学数据计算手册[M]. 北京: 冶金工业出版社, 1983.
[25] 梁英教, 车荫昌. 无机物热力学数据手册[M]. 沈阳: 东北大学出版社, 1993.
[26] 曹锡章, 肖良质. 无机物热力学[M]. 北京: 科学出版社, 1997.
[27] 章青, 郭年祥, 谭秀珍, 等. 湿法冶金渣中硫的化学回收[J]. 有色金属科学与工程, 2013, 4(1): 40-43.
[28] W A Jankola. Zinc pressure leaching at Cominco[J]. Hydrometallurgy, 1995, 39: 63-70.
[29] 周勤俭. 湿法冶金渣中元素硫的回收方法[J]. 湿法冶金, 1997, (3): 50-54.
[30] E Ozberk, M J collins, M Makwana, et al. Zinc pressure leaching at the ruhr-zinc refinery[J]. Hydrometallurgy, 1995, 39(1): 53-61.
[31] 夏光祥, 方兆珩. 高铁硫化锌精矿直接浸出新工艺研究[J]. 有色金属(冶炼部分), 2001, (3): 8-10.
[32] 宋庆双, 兰为君, 姚玉田. 金铜矿综合提取金、银、铜、铁、硫新工艺研究[J]. 有色金属(冶炼部分), 1995, (1): 7-10.
[33] 刘希澄, 郑文裕, 李宁涛. 复杂硫化矿的综合利用[J]. 有色金属(冶炼部分), 1987, (4): 28-30.
[34] 黄万抚, 王淀佐, 王泰炜. 浮选-重选联合工艺回收铜硫的试验研究和生产实践[J]. 江西有色金属, 1998, 12(3): 24-26.
[35] 黄鑫, 贺子凯. 真空蒸馏硫磺渣提取元素硫[J]. 北京科技大学学报, 2002, 24(4): 410-413.
[36] 周勤俭. 从含铜锌铅矿氧压酸浸渣中回收铅和硫的研究[J]. 有色金属(冶炼部分), 1996, (4): 16-18.
[37] Stephen H, Stephen T. Solubilities of Inorganic and Organic Compounds[M]. Oxford: Oxford Pergamon Press, 1979.
[38] Weast R C. Handbook of chemistry and Physics[M]. Boca Raton: CRC Press, 1982.
[39] 胡立. 氧压浸出锌冶炼硫回收浮选工艺探讨[J]. 中国金属通报, 2020, (9): 10-11.
[40] 胡全红, 许民. 铅精矿全湿法工艺研究[J]. 有色金属(冶炼部分), 2003, (2): 5-7.
[41] 彭金辉, 刘纯鹏. 微波场中水蒸气焙烧镍磁黄铁矿获得元素硫[J]. 有色金属, 1998, 50(l): 67-69.
[42] 杨天足, 赵天从. 用二甲苯从湿法冶金残渣中提取元素硫[J]. 中南矿业学院学报, 1990, 21(2): 171-176.
[43] 邓日章, 赵天从, 钟竹前, 等. 从含硫浸出渣中回收元素硫[J]. 中南矿业学院学报, 1992, 23(8): 287-291.
[44] 唐冠中, 邹发英. 四氯乙烯混水法在镍阳极泥综合利用上的应用[J]. 江西有色金属, 2000, 14(4): 22-24.
[45] 刘希澄, 郑文裕, 赖远雄. 从湿法冶金含硫渣中提硫方法的研究[J]. 有色金属(冶炼部分), 1988, (6): 16-18, 33.
[46] 索恩 H Y, 乔治 D B, 曾凯尔 A D. 硫化矿冶炼的进展(下): 生产技术和实践[M]. 包小波, 邓文基, 等, 译. 北京: 冶金工业出版社, 1998.
[47] 张启卫, 章永化. 从软锰矿与黄铁矿硫酸浸出渣中回收硫磺的研究[J]. 中国锰业, 2002, 20(1): 8-10.
[48] 方兆珩. 复杂硫化矿浸取的直接加压浸出[J]. 有色金属(冶炼部分), 1994, (3): 24-27.
[49] 常军, 王子阳, 张泽彪. 锌加压酸浸渣中硫磺的回收方法研究[J]. 有色金属(冶炼部分), 2019, (7): 36-41.
[50] 鲁顺利. 从高铁闪锌矿的高压酸浸渣中提取硫磺[D]. 昆明: 昆明理工大学, 2005.
[51] 孙戬. 金银冶金[M]. 2 版. 北京: 冶金工业出版社, 1998.

[52] 黄礼煌. 金银提取技术[M]. 2 版. 北京: 冶金工业出版社, 2001.

[53] 吴争平, 尹周澜, 黄开国. 辉银矿在硫脲体系中浸出银的热力学分析[J]. 贵金属, 2000, 21(4): 29-33.

[54] J K 迪安. 兰氏化学手册[M]. 尚久远, 译. 北京: 科学出版社. 1991.

[55] 胡天觉, 曾光明, 袁兴中. 湿法炼锌废渣中硫脲浸出银的动力学[J]. 中国有色金属学报, 2001, 11(5): 933-936.

[56] 吴浩波. 镍电解阳极液用 M5640 萃取除铜研究[D]. 昆明: 昆明理工大学, 2003.

[57] 杨佼庸, 刘大星. 萃取[M]. 北京: 冶金工业出版社, 1995.

[58] Kordosky G, Virning M, Boley B. Equilibrium copper strip points as a function of temperature and other operating parameters: implications for commercial copper solvent extraction plants[J]. Tsinghua Science and Technology, 2006, 11(2): 160-164.

第3章　高铟高铁闪锌矿氧压浸出技术

3.1　概　　述

自2002年我国有色金属总产量达到1020万t，跃居世界第一位以来，我国有色金属产量已连续19年位居世界第一，消费量连续18年位居世界第一，2019年全国锌产量为623.6万t。但有色金属快速发展的同时，也带来了优质资源的快速消耗，资源日渐枯竭。因此，开发利用复杂多金属矿已越来越受到重视，也是我国有色金属发展迫切需要解决的关键技术难题。

云南省高铟高铁锌精矿资源储量达700万t，主要分布在文山都龙、澜沧、蒙自等地，而且都不同程度地伴生着稀散金属铟，且含量比较高，均在200g/t精矿以上，其金属铟量高达1500t以上。但由于高铟高铁闪锌矿杂质含量高、共生关系极其复杂，长期以来没有适合处理该矿的工艺，只能将其做配矿处理，从而造成企业经济损失和铟资源严重流失。高铟高铁闪锌矿若采用常规处理工艺，锌精矿氧化焙烧时生成了难溶于稀硫酸的铁酸锌，而且铟以类质同象进入铁酸锌的晶格中，致使在锌的常规冶炼流程中，锌和铟的回收率都不高，如果将焙砂进行热酸浸出，锌与铁的分离将遇到困难，因此不能获得较好的技术经济指标，锌的回收率仅为85%左右、铟的回收率较低，为55%左右。而采用加压浸出技术处理高铟高铁闪锌矿，金属锌、铟回收率高，硫以元素硫形态产出，无烟气污染，可省去焙烧、制酸、铟渣挥发、含铟物料再浸等工序，简化工艺流程。因此，采用加压酸浸法处理高铟高铁闪锌矿，研究锌、铟等金属的浸出率，不仅可使云南的锌矿资源得到充分有效的合理利用，而且能显著提高经济效益、社会效益和环境效益，促进我国西部资源的开发，走新型工业化道路，对我国传统的铟回收技术进行技术改造将起到示范推动作用，还可进一步完善和提升我国具有自主知识产权的“加压酸浸处理高铁锌精矿工艺”技术。为了提高资源利用率，满足有色金属冶炼日益发展的需要，国内外竞相开展了高铟高铁闪锌矿加压浸出的应用研究，以解决我国特有优势资源的高效开发和利用关键技术，不仅可以缓解我国有色金属工业对国外矿床资源的依赖度，同时可以获得多种附加值更高的战略资源。

3.1.1　闪锌矿加压浸出的发展

舍利特·高尔登公司在20世纪50年代后期率先提出锌精矿的加压浸出技术，并在低于硫的熔点下进行初次试验，70年代发现在添加表面活性剂后可在高于硫熔点的温度下浸出，此时浸出速率大为提高[1, 2]。1977年科明柯公司和舍利特·高尔登公司进行了日处理3t的中试试验，研究结果表明：加压酸浸-电积工艺比起传统的焙烧-浸出-电积工艺更为经济、流程更为简便[3]。1981年，加拿大Trail厂首次采用硫化锌精矿加压浸出工艺，从而真正意义上实现了全湿法炼锌流程[4]。随后，全湿法炼锌工艺在世界范围内得到迅速推广应用。目前，湿法炼锌的产量占世界锌总产量的 85%以上[5]，且全湿法工艺炼锌所占比例日趋增大。

我国加压浸出硫化锌精矿研究起步于20世纪80年代，且进行了大量的研究工作[6]。1983年，北京矿冶研究总院、株洲冶炼厂和加拿大哈得逊湾舍利特研究中心合作进行锌精矿氧压浸出小试研究，取得了一定的研究成果，但由于各方面原因，没有实现工业化应用。1985年，由株洲冶炼厂、北京矿冶研究总院和长沙有色冶金设计研究院进行了高压釜扩大试验，考察和验证了浸出温度、锌酸摩尔比、氧气压力及添加剂用量、浸出时间等对浸出过程的影响。1993年北京矿冶研究总院经过多年的研究，率先将高冰镍加压浸出技术应用于新疆阜康冶炼厂实现工业化生产。1999年，云南冶金集团股份有限公司(以下简称云南冶金集团)、中国科学院化工冶金研究所共同承担了云南省省院省校合作项目，对含铁 15.81%的以铁闪锌矿(nZnS·mFeS，marmatite)为主的高铁硫化锌精矿进行了添加硝酸的催化氧化加压酸浸试验，在100℃下浸出5h，锌浸出率可达到97.8%，铁浸出率为 60.6%。此后，云南冶金集团通过不断的科学试验研究，成功掌握了闪锌矿(ZnO, sphalerite)加压浸出技术，云南永昌铅锌股份有限公司通过自主研发，于2004年12月建成了国内首家“1万吨/年高铁硫化锌精矿加压浸出技术产业化”生产线，采用一段加压浸出-电积的工艺，表明我国在实际生产过程中已掌握锌加压浸出技术[7,8]。

3.1.2　高铟高铁闪锌矿加压浸出技术进展

据统计，2006年世界锌资源量约为19亿t，储量为2.2亿t，储量基础4.6亿t，我国锌矿保有储量为0.84亿t，居世界第一位[9]。锌湿法冶金可用矿物种类分为硫化矿和氧化矿两类。硫化锌矿中锌主要以闪锌矿或铁闪锌矿的形态存在；氧化矿中锌主要以菱锌矿($ZnCO_3$)和异极矿($Zn_2SiO_4 \cdot H_2O$)的形态存在。在自然界中，锌的氧化矿是硫化锌矿长期风化产生的，属于次生矿，因此硫化矿是加压湿法炼锌的主要原料。

锌元素化学性质活泼，在形成硫化矿时多与其他金属硫化矿伴生生成多金属硫化锌矿，如铅锌矿、铜锌矿、铜锌铅矿等。这些矿物除主要含有铁、铜、铅、锌矿物外，还常含有铟、银、镉、锑、锗、砷、金等有价金属。随着易选冶高品位硫化锌矿的枯竭以及对资源综合利用的迫切要求，低品位复杂多金属硫化锌矿逐渐成为国内外加压浸出研究热点。我国以多金属高铁闪锌矿物赋存的锌储量比例很大，仅云南省复杂多金属高铁闪锌矿含锌储量就为700多万t[10]。由于在铁闪锌矿成矿过程中，铁、铟主要以类质同象的方式混入闪锌矿[11,12]，通过机械磨矿和选矿的物理方法难以使锌、铁、铟分离，选矿产出的锌精矿含锌低(Zn≤45%)、含铁高(Fe≥10%)，有的甚至含铁高达 18%[13]，含铟量达到500g/t，因此可将这类锌精矿称为高铟高铁闪锌矿。

传统湿法炼锌工艺属于火法-湿法联合工艺，即焙烧-浸出-电积工艺。采用传统湿法炼锌工艺处理高铁闪锌矿，在焙烧过程中锌与铁将部分生成铁酸锌(xZnO·$y$$Fe_2O_3$)，使浸出过程中锌浸出率大大降低。采用高温氧压酸浸工艺处理高铁闪锌矿能够大幅提高锌的浸出率(浸出率≥95%)，并避免了焙烧过程中产生的二氧化硫气体污染，但会造成90%的铁进入浸出液，给锌电积工作带来困难[14]。云南冶金集团经过多年研究，在大量试验

基础上成功开发出复杂多金属高铟高铁闪锌矿两段加压浸出工艺，结果表明，一段加压浸出时锌浸出率大于 95%，二段加压浸出时锌浸出率大于 98%，铁随着浸出时间的延长，经氧气作用生成赤铁矿或针铁矿沉淀于渣相中，二段加压浸出能够实现锌和铁的选择性浸出及铟的萃取回收，并降低浸出液酸度[15, 16]。刘述平等将两段加压浸出应用于铜铅锌复杂多金属精矿浸出锌、铜、铁，试验结果表明，一段浸出时锌浸出率为 72%左右，铜基本不被浸出，溶液中铁去除率为 95%；对一段浸出渣进行二次浸出，锌、铜和铁浸出率分别为 85.91%、77.76%和 58.84%，一段浸出液中 H_2SO_4 和 Fe 质量浓度较低，便于后续工序净化除杂，以获得符合锌电积要求的净化液[17]。王玉芳等研究了高铁闪锌矿的低温低压浸出新工艺，重点考察浸出温度、时间、氧气压力、初始酸度等因素对锌、铁浸出率的影响，结果表明，在 115℃、氧气压力 500kPa 下浸出 3h，锌浸出率可达 97%以上，溶液铁含量低于 2g/L[18]。由此可知，复杂多金属闪锌矿的加压浸出工艺研究正成为国内外的研究热点，在当今资源匮乏的严峻形势下，对低品位复杂矿物资源的综合利用正成为全球范围内的一种趋势。

Jan 等[19]考察了温度、液固比、搅拌转速、粒度、氧气压力和添加离子对闪锌矿加压浸出过程的影响，研究发现，H_2S 氧化反应的发生是由于 Fe 的存在，它的反应速率随溶液中 Fe 浓度的增高而增大。在室温下，Fe^{3+}向 Fe^{2+}转化很难进行，而增大氧位则可以提高转化率。

Baldwin 等[20]认为锌精矿加压浸出过程是一个复杂的三相化学反应，建立了一个硫化矿溶解和铁沉淀的综合性数学模型，模拟的结果与科明柯高压釜的实际生产结果有很好的可比性。

Corriou 等[21]对硫化锌精矿加压浸出的热力学和动力学展开了研究，研究发现，当体系中没有氧气存在时，反应速率受到平衡时锌浓度的限制，而当氧气存在时，硫化锌的溶解受到硫化氢氧化反应的控制，根据动力学模型计算出当温度在 120～160℃之间时，反应活化能为 93.2kJ/mol；当温度在 160～200℃之间时，反应活化能为 171.1kJ/mol。

Harvey 等[22]在温度 130～210℃、氧气浓度 21%～100%的条件下，对复杂硫化锌精矿加压浸出进行了动力学研究，研究发现，浸出过程遵循反应收缩核模型，受界面反应控制，并建立了本征速率方程。根据不同的温度和氧气浓度计算出的活化能为 16.4～40.0kJ/mol。

徐志峰等[23]以人工合成的高纯铁闪锌矿为原料进行了动力学研究，研究发现在锌浸出到达平衡和铁水解沉淀之前，锌和铁的浸出率与浸出时间呈线性关系，随着氧气压力和浸出温度的升高，浸出速率是逐渐增大的，且锌的浸出速率始终大于铁的浸出速率，整个浸出过程遵循未反应收缩核模型，受界面化学反应的控制，表观活化能为 44.0kJ/mol。

Owusu 等[24]研究了不同分散剂对闪锌矿加压浸出过程中锌和铁浸出率的影响，研究发现，当浸出时间为 35min 或 60min 时，使用邻苯二胺(OPD)、木质素磺酸钠(SL)和间苯二胺(MPD)作为分散剂时，锌的浸出率分别为 99%、86%～94%和 95%～98%，若不使用分散剂，则在浸出 60min 后，锌的浸出率只有 50%；对铁而言，加入 OPD 后，浸出率从 40%提高到 80%，加入木质素磺酸钠或 MPD 后，浸出率为 62%～70%。

夏光祥等[25]采用一段及两段逆流加压浸出的工艺对锌精矿进行了研究，考察了粒度、木质素磺酸钠加入量、浸出温度、固体浓度、搅拌转速、氧气压力及精矿中铁含量等因素对锌浸出率的影响，结果表明一段浸出时锌的浸出率为 97%以上，二段逆流浸出时锌的浸出率为 98%。

王吉坤等[26]提出了高铁闪锌矿加压浸出的新工艺，即采用二段浸出，研究表明高铁闪锌矿在经过一段加压浸出后锌的浸出率为 95%以上，而经过二段浸出后锌的浸出率达到了 98%，并且实现了选择性浸出锌和铁。在之后的半工业试验中，王吉坤等将高铁闪锌矿二段浸出和闪锌矿一段浸出的结果进行比较，结果显示高铁闪锌矿经二段加压浸出后铁的浸出率(15.2%)要比闪锌矿一段浸出后铁的浸出率(37.88%)低，且闪锌矿一段浸出铁的浸出率要明显低于传统湿法炼锌中高酸浸出后的铁浸出率(90%)，因此说明了二次浸出技术应用在含铁高(15%～20%)的铁闪锌矿时可以选择性浸出铁，让铁富集在浸出渣中。基于以上的研究结果，王吉坤等又对高铁闪锌矿进行了高压釜容积为 $45m^3$ 的工业性试验，经过连续 39 天的统计结果显示，锌的浸出率为 98.05%，铁的浸出率为 29.22%，较好地实现了锌的选择性浸出。

3.2 高铟高铁闪锌矿氧压浸出热力学和原理

自氧压酸浸闪锌矿炼锌工艺诞生以来，闪锌矿浸出机理即硫化锌在硫酸溶液中所参与反应的研究一直是人们研究的热点。Veltman 和 O. Kane 提出反应机理如下：

$$ZnS + H_2SO_4 = ZnSO_4 + H_2S \tag{3.1}$$

$$H_2S + Fe_2(SO_4)_3 = 2FeSO_4 + H_2SO_4 + S \tag{3.2}$$

$$2FeSO_4 + H_2SO_4 + 1/2O_2 = Fe_2(SO_4)_3 + H_2O \tag{3.3}$$

但上述反应机理缺乏试验佐证；Verbaan 和 Crundwell[27]提出了一种完全不同的反应机理——电化学模型，类似于金属腐蚀机理，并给出了阴极和阳极电化学反应。

$$阳极：Zn^{2+}+S+2e^- = ZnS \tag{3.4}$$

$$阴极：2e^-+2H^++ 1/2O_2 = H_2O \tag{3.5}$$

但浸出结果并不支持这一理论；Jan 等[19]通过研究闪锌矿氧压酸浸动力学，确定闪锌矿浸出机理为反应(3.1)、反应(3.2)、反应(3.3)，并认为反应(3.2)为反应速率控制步骤。可见只要确定了溶液中发生的反应即可确定反应机理，而 φ-pH 图可方便快捷地判断电解质溶液中不同组分的热力学稳定区域，根据实际试验情况即可确定发生的反应并加以验证。

关于硫化矿中各硫化物的 φ-pH 图，很多学者及科研人员进行了大量的研究，如本书第 2 章中提到的 $ZnS-H_2O$ 系、$CuFeS_2-H_2O$ 系、$PbS-H_2O$ 系、FeS_2-H_2O 系的 φ-pH 图等；以及 Mu 等[28,29]绘制了氧气压力为 0.8MPa、温度为 150℃、离子活度为 1.0 条件下 $ZnS-H_2O$

系的 φ-pH 图；王吉坤等[30]通过分别绘制温度为 150℃、氧气压力为 1.0MPa、离子活度为 1.0 条件下 $ZnS-H_2O$ 系、$FeS-H_2O$ 系的 φ-pH 图，并将二者叠加从而得到 $ZnS-FeS-H_2O$ 系的 φ-pH 图。由此可见，对于大多数硫化物的 φ-pH 图都已有大量研究，在此就不赘述。但对 Ag_2S-H_2O 系和 $In_2S_3-H_2O$ 系的 φ-pH 图，不同铁含量的高铟高铁闪锌矿浸出过程 $Zn-Fe-S-H_2O$ 系的 φ-pH 图及不同铁含量对闪锌矿有价元素浸出效果的影响机理研究较少，因此，本章主要研究 Ag_2S-H_2O 系和 $In_2S_3-H_2O$ 系的 φ-pH 图，不同铁含量的高铟高铁闪锌矿浸出过程 $Zn-Fe-S-H_2O$ 系的 φ-pH 图等。

3.2.1 不同 Fe 含量下高温 $Zn-Fe-S-H_2O$ 系 φ-pH 图

针对云南某地高铟高铁闪锌矿进行研究，其含锌量为 42.11%，含铁量为 16.85%，其他成分含量见表 3.1。

表 3.1 闪锌矿化学成分表

闪锌矿类别	Zn/%	Fe/%	Cu/%	S/%	Pb/%	Si/%	As/%	In/(g/t)	Ag/(g/t)
闪锌矿 1	42.11	16.85	0.98	30.32	0.72	4.76	0.76	515.2	2.05
闪锌矿 2	48	12.98	0.86	31.32	0.07	2.66	0.66	459.7	105.2
闪锌矿 3	44.52	17.64	0.93	32.66	0.016	3.58	<0.1	340	51.7

应用 HSC Chemistry 6.0 版本电位-pH 模块[31]研究高铟高铁闪锌矿氧压酸浸过程相关 φ-pH 图，其计算原理为依据电池反应的能斯特方程[32]，将不同温度或不同离子浓度代入即可计算出其电池电位 φ，以电位 φ 为纵坐标，溶液 pH 为横坐标，绘出电位 φ 随 pH 变化的关系，即 φ-pH 图。从 φ-pH 图可方便快捷地判断电解质溶液中不同组分的热力学稳定区域。

为确定 Fe 元素在 Zn 浸出过程中的催化氧化机理，用含锌量为 42.11%，含铁量为 16.85%的高铟高铁闪锌矿为原料进行加压酸浸，假设 Fe 全部溶出，则在最佳浸出条件下换算成摩尔浓度分别约为 Zn 1.2mol/L、Fe 0.6mol/L，为便于作图，取 Zn、S 的离子浓度均为 1mol/L，Fe 离子浓度分别为 0.0001mol/L、0.01mol/L、0.5mol/L、1mol/L，温度为 150℃、氧气压力为 1.0MPa，对应 φ-pH 图如图 3.1(a)～(d)所示，图 3.1(e)为不同铁离子浓度叠合图。

由图 3.1(a)～(e)可以看出，随着 Fe 离子浓度的增大，Fe^{2+}、Fe^{3+}稳定区域逐渐减小，Fe_2O_3 稳定区域逐渐增大，说明随着闪锌矿中铁含量的增加，浸出过程中浸出液 Fe^{3+}存在对溶液 pH 要求逐渐增高，因此可以通过调节 pH 使溶液中绝大部分铁以氧化物形态赋存于渣相中，减轻锌电积流程负担。Zn^{2+}稳定区域不受铁含量影响，保持不变，Fe^{2+}稳定区域逐渐减小，Fe^{2+}与 ZnS 存在共同稳定区域，说明 Fe^{2+}与 ZnS 不会发生反应，而图中 $\varphi_{Fe^{3+}/Fe^{2+}}$ 线低于氧线而高于 $\varphi_{ZnS/S}$ 线，理论上 Fe^{3+}可作为氧化剂与 ZnS 反应，生成硫单质并溶出 Zn^{2+}。

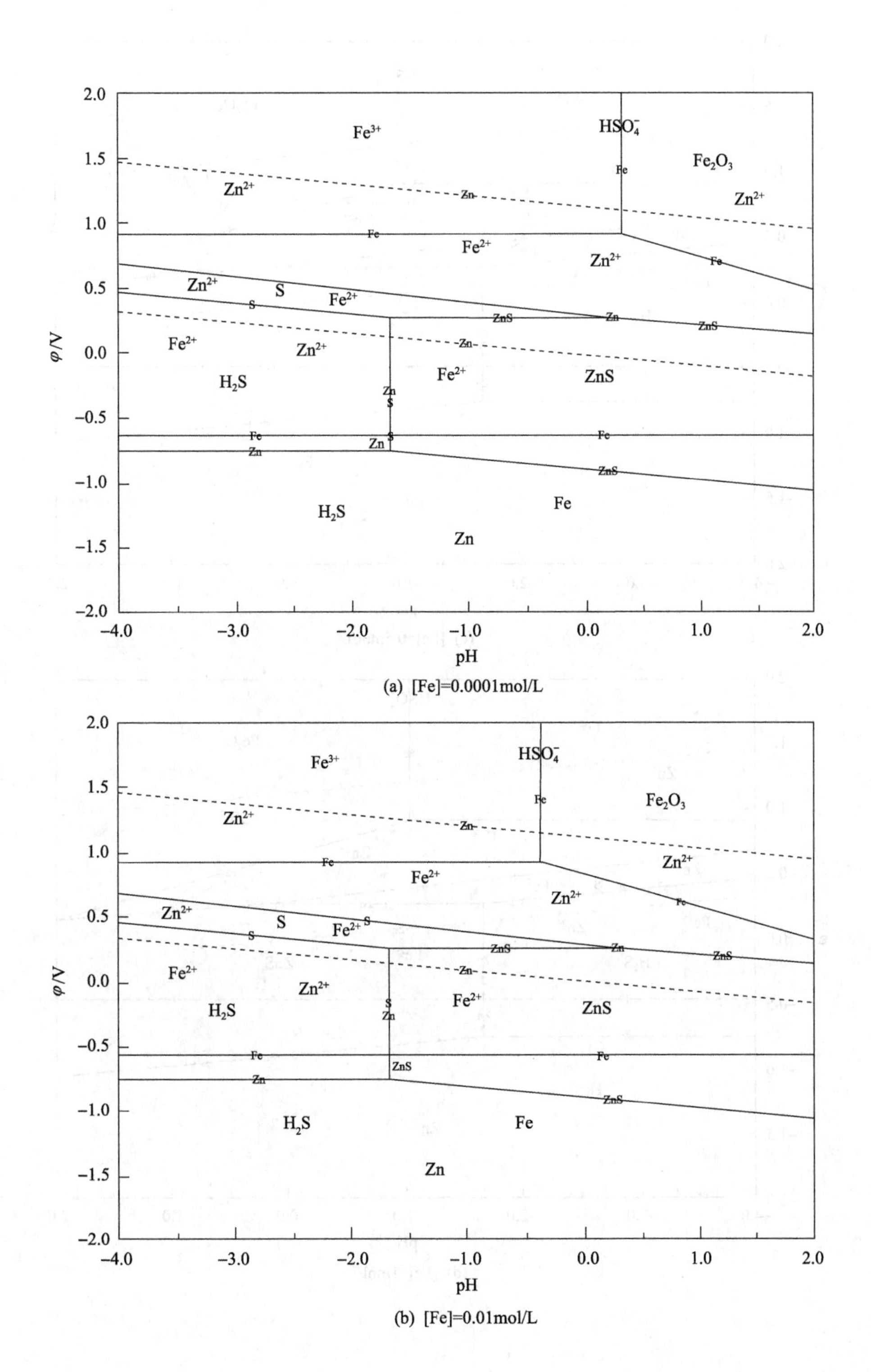

(a) [Fe]=0.0001mol/L

(b) [Fe]=0.01mol/L

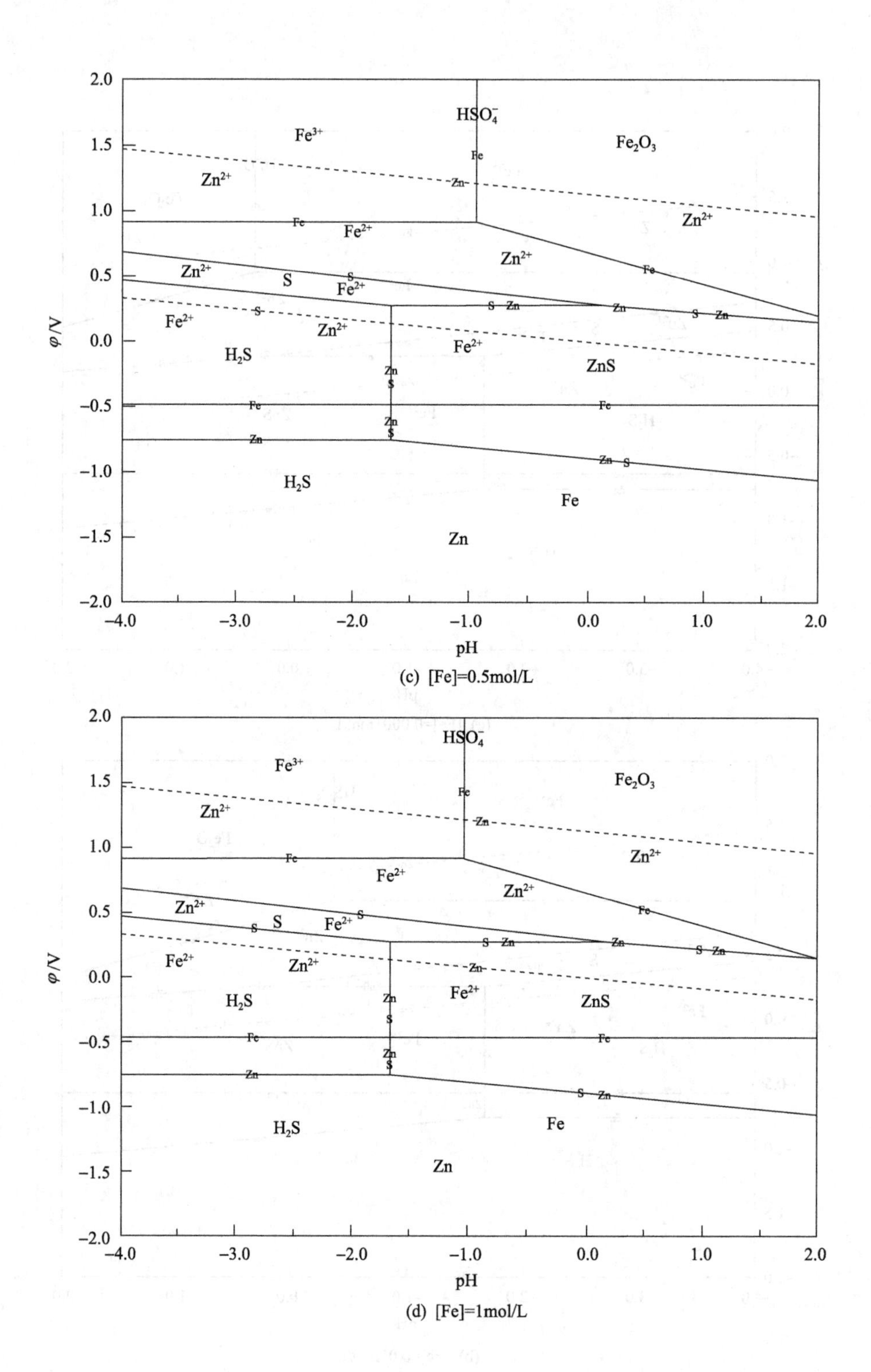

(c) [Fe]=0.5mol/L

(d) [Fe]=1mol/L

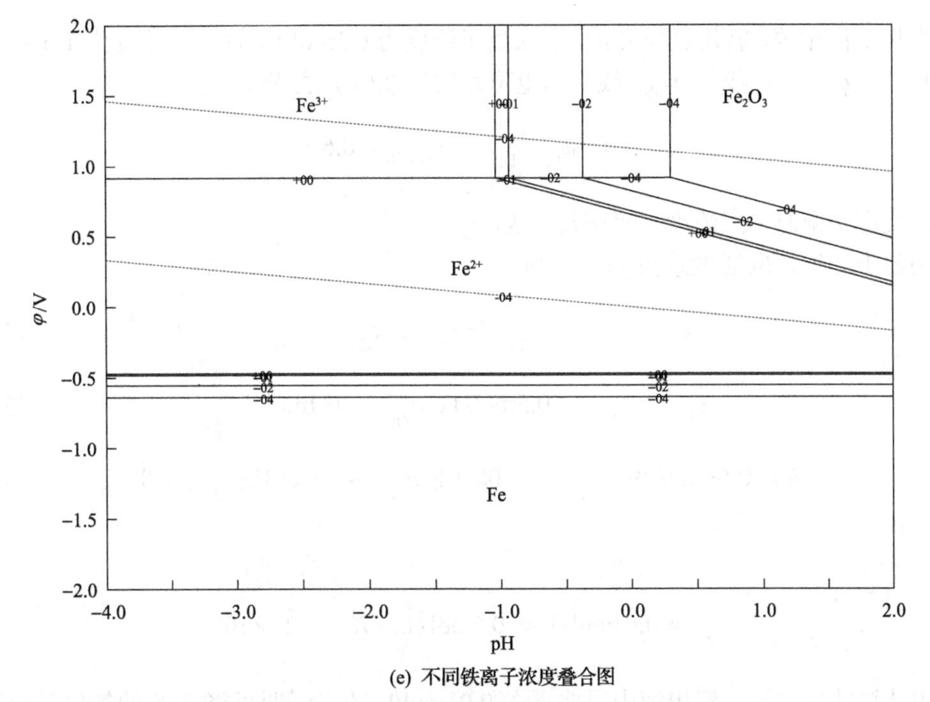

(e) 不同铁离子浓度叠合图

图 3.1 不同 Fe 离子浓度下高温 Zn-Fe-S-H_2O 系 φ-pH 图

T=150℃，p_{O_2}=1.0MPa

闪锌矿在氧压酸浸过程中可能发生如下反应[28,33,34]：

$$2ZnS+2H_2SO_4+O_2(g)=\!=\!=2ZnSO_4+2S+2H_2O \tag{3.6}$$

$$2FeS+2H_2SO_4+O_2(g)=\!=\!=2FeSO_4+2H_2O+2S \tag{3.7}$$

$$Fe_2(SO_4)_3+ZnS=\!=\!=ZnSO_4+2FeSO_4+S \tag{3.8}$$

$$4FeSO_4+2H_2SO_4+O_2(g)=\!=\!=2Fe_2(SO_4)_3+2H_2O \tag{3.9}$$

从电化学的观点来看，反应(3.6)、反应(3.7)、反应(3.8)、反应(3.9)可认为是由以下原电池反应组成。

(1) 正极：$O_2+4H^++4e^-=\!=\!=2H_2O$ 负极：$ZnS=\!=\!=Zn^{2+}+S+2e^-$

(2) 正极：$O_2+4H^++4e^-=\!=\!=2H_2O$ 负极：$FeS=\!=\!=Fe^{2+}+S+2e^-$

(3) 正极：$Fe^{3+}+e^-=\!=\!=Fe^{2+}$ 负极：$ZnS=\!=\!=Zn^{2+}+S+2e^-$

(4) 正极：$O_2+4H^++4e^-=\!=\!=2H_2O$ 负极：$Fe^{2+}=\!=\!=Fe^{3+}+e^-$

由于氧电极与 FeS 电极之间的电位差大于氧电极与 ZnS 电极之间的电位差，FeS 氧化趋势大于 ZnS，即反应(3.7)比反应(3.8)优先进行。对反应(3)来说，Fe^{3+}作为氧化剂将 ZnS 中元素硫还原为硫单质并使锌元素溶出，随着反应的进行，$\varphi_{Fe^{3+}/Fe^{2+}}$由于$a_{Fe^{3+}}$不断减小和$a_{Fe^{2+}}$不断增大而不断减小，$\varphi_{ZnS/S}$则相反地由于$a_{Zn^{2+}}$的增大而增大，最终导致两个电极电位相等，氧化过程终止。当铁离子浓度为 0.5mol/L，锌离子浓度为 1mol/L 时，图 3.1(c) 中 $\varphi_{Fe^{3+}/Fe^{2+}}$ 线与 $\varphi_{ZnS/S}$ 线之间电位差约为 0.6V，由公式，

$$\Delta\varphi = \varphi_{Fe^{3+}/Fe^{2+}} - \varphi_{ZnS/S} = 0.6V \tag{3.10}$$

可求出反应平衡时 Fe^{3+} 浓度与平衡常数 K。

为便于计算，取活度系数 $\gamma = 1$，则

$$a_{Fe^{3+}} = c_{Fe^{3+}}, \ a_{Fe^{2+}} = c_{Fe^{2+}}, \ a_{Zn^{2+}} = c_{Zn^{2+}} \tag{3.11}$$

$$c_{Fe^{3+}} + c_{Fe^{2+}} = 0.5mol/L, \ c_{Zn^{2+}} = 0.1mol/L \tag{3.12}$$

$$\Delta\varphi = 0.6 + 0.0839\lg a_{Fe^{3+}} - 0.0839\lg a_{Fe^{2+}} - 0.0418\lg a_{Zn^{2+}} = 0 \tag{3.13}$$

求得

$$c_{Fe^{3+}} \approx 0.01mol/L \ll 0.5mol/L, \quad K = 2.24\times10^{14}$$

由计算结果可知，浸出液中只要存在 0.01mol/L 的 Fe^{3+} 即可将 ZnS 的氧化反应进行得很完全。因此，在高铟高铁闪锌矿浸出过程中，Fe^{2+} 在被氧气氧化为 Fe^{3+} 的同时，Fe^{3+} 可迅速氧化 ZnS 溶出锌并在较短时间内达到平衡，从而起到催化氧化作用，之后经氧气不断氧化形成铁氧化物赋存于渣相。

3.2.2 Ag-S-H_2O 系 φ-pH 图

由于闪锌矿中除富含大量有价金属元素如 Zn、Pb、Cu、Fe 等外，还含有 Ag、In 等，对它们在闪锌矿高温氧压浸出过程中冶金行为的研究也颇为重要。本节使用相关热力学软件绘制出了 Ag-S-H_2O 系 φ-pH 图。

图 3.2 为 150℃、氧气压力为 1.0MPa、对应离子浓度为 1.0mol/L 条件下 Ag-S-H_2O 系 φ-pH 图。

由图 3.2 可知，Ag_2S 稳定存在区域较小，且电位低于氧电极线，因此在酸性浸出及氧压条件下 Ag_2S 中硫元素可被氧化为硫单质，银以 Ag_2SO_4 形态存在于渣相中。Ag_2SO_4 稳定区域较大，但在强酸性溶液中可溶出 Ag^+，在较强碱性溶液中可对应生成银的各种氧化物。由图还可以看出，$\varphi_{Ag^+/Ag}$ 电位在氢电极线下方，因此不可能使用氢气将溶液中的 Ag^+ 还原出来。

3.2.3 In_2S_3-H_2O 系 φ-pH 图

闪锌矿氧压浸出过程中铟参加的浸出反应可通过研究 In_2S_3-H_2O 系 φ-pH 图确定。俞小花[35]绘制出了标准大气压下 150℃、离子活度为 1.0 的 In_2S_3-H_2O 系 φ-pH 图，见图 3.3，其反应平衡式如表 3.2[35]所示。

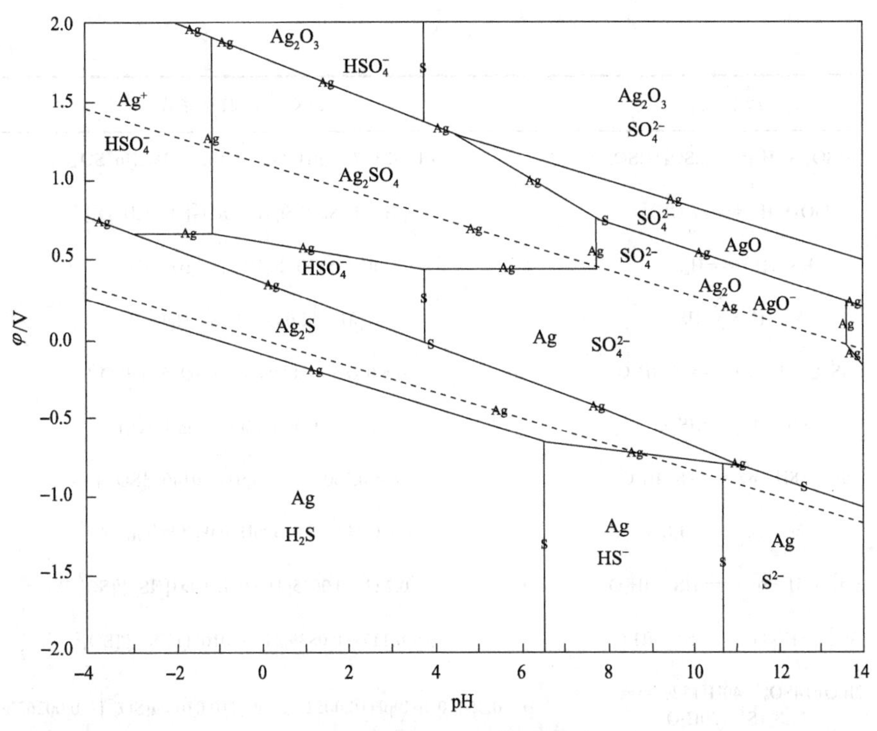

图 3.2　Ag-S-H_2O 系 φ-pH 图

T=150℃，p_{O_2}=1.0MPa，a=1.0

表 3.2　In_2S_3-H_2O 系在 150℃下的反应平衡式

序号	反应平衡式	423K 时 φ-pH 关系式
(1)	$In^{3+}+3e^- = In$	$\varphi=-0.327+0.0280\lg[In^{3+}]$
(2)	$In_2S_3+6H^++6e^- = 2In+3H_2S_{(g)}$	$\varphi=-0.378-0.0839pH-0.0420\lg(p_{H_2S})/p^\ominus$
(3)	$In_2S_3+3H^++6e^- = 2In+3HS^-$	$\varphi=-0.725-0.0420pH-0.0420\lg[HS^-]$
(4)	$In_2S_3+6e^- = 2In+3S^{2-}$	$\varphi=-1.143-0.0420\lg[S^{2-}]$
(5)	$In_2S_3+6H^+ = 2In^{3+}+3H_2S_{(g)}$	$pH=-0.606-0.3333\lg[In^{3+}]-0.5\lg(p_{H_2S}/p^\ominus)$
(6)	$2In(SO_4)_2^-+24H^++24e^- = In_2S_3+12H_2O+SO_4^{2-}$	$\varphi=0.297-0.0839pH+0.0069\lg[In(SO_4)_2^-]+0.00349\lg[SO_4^{2-}]$
(7)	$2In(OH)_2^++3SO_4^{2-}+28H^++24e^- = In_2S_3+16H_2O$	$\varphi=0.358-0.0979pH+0.0101\lg[SO_4^{2-}]+0.00699\lg[In(OH)_2^+]$
(8)	$2InO_2^-+3SO_4^{2-}+32H^++24e^- = In_2S_3+16H_2O$	$\varphi=0.432-0.1119pH+0.0105\lg[SO_4^{2-}]+0.00699\lg[InO_2^-]$
(9)	$2In^{3+}+3S+6e^- = In_2S_3$	$\varphi=0.264+0.0280\lg[In^{3+}]$
(10)	$InSO_4^++H^+ = In^{3+}+HSO_4^-$	$pH=0.302-\lg[HSO_4^-]+\lg[InSO_4^+]-\lg[In^{3+}]$

续表

序号	反应平衡式	423K 时 φ-pH 关系式
(11)	$In(SO_4)_2^- + H^+ = InSO_4^+ + HSO_4^-$	$pH = 4.117 - lg[HSO_4^-] - lg[InSO_4^+] + lg[In(SO_4)_2^-]$
(12)	$InO_2^- + 2H^+ = In(OH)_2^+$	$pH = 4.982 - 0.5lg[In(OH)_2^+] + 0.5lg[InO_2^-]$
(13)	$HS^- + H^+ = H_2S_{(g)}$	$pH = 6.803 + lg[HS^-] - lg(p_{H_2S}/p^{\ominus})$
(14)	$S^{2-} + H^+ = HS^-$	$pH = 12.083 - lg[HS^-] + lg[S^{2-}]$
(15)	$HSO_4^- + 7H^+ + 6e^- = S + 4H_2O$	$\varphi = 0.285 - 0.0690pH + 0.00985lg[HSO_4^-]$
(16)	$SO_4^{2-} + H^+ = HSO_4^-$	$pH = 3.956 + lg[SO_4^{2-}] - lg[HSO_4^-]$
(17)	$SO_4^{2-} + 8H^+ + 6e^- = S + 4H_2O$	$\varphi = 0.340 - 0.1119pH + 0.0140lg[SO_4^{2-}]$
(18)	$S + 2H^+ + 2e^- = H_2S_{(g)}$	$\varphi = 0.213 - 0.0839pH - 0.0420lg(p_{H_2S}/p^{\ominus})$
(19)	$SO_4^{2-} + 9H^+ + 8e^- = HS^- + 4H_2O$	$\varphi = 0.222 - 0.0665pH - 0.0105lg([HS^-]/[SO_4^{2-}])$
(20)	$SO_4^{2-} + 8H^+ + 8e^- = S^{2-} + 4H_2O$	$\varphi = 0.117 - 0.0839pH - 0.0105lg([S^{2-}]/[SO_4^{2-}])$
(21)	$2InO_2^- + 4SO_4^{2-} + 40H^+ + 32e^- = In_2S_3 + S^{2-} + 20H_2O$	$\varphi = 0.354 - 0.1049pH + 0.00525lg[InO_2^-] + 0.0105lg[SO_4^{2-}] - 0.00263lg[S^{2-}]$
(22)	$2In^{3+} + 4HSO_4^- + 30H^+ + 32e^- = In_2S_3 + H_2S_{(g)} + 16H_2O$	$\varphi = 0.277 - 0.0554pH + 0.0037lg[In^{3+}] + 0.00739lg[HSO_4^-] - 0.00185lg(p_{H_2S}/p^{\ominus})$
(23)	$In(OH)_2^+ + 2SO_4^{2-} + 2H^+ = In(SO_4)_2^- + 2H_2O$	$pH = 4.357 + lg[SO_4^{2-}] + 0.5lg[In(OH)_2^+] - 0.5lg[In(SO_4)_2^-]$
(24)	$2InSO_4^+ + 2HSO_4^- + 30H^+ + 30e^- = In_2S_3 + 16H_2O + S$	$\varphi = 0.282 - 0.0839pH + 0.00559lg[InSO_4^+] + 0.00559lg[HSO_4^-]$
(25)	$2InSO_4^+ + SO_4^{2-} + 24H^+ + 24e^- = In_2S_3 + 12H_2O$	$\varphi = 0.296 - 0.0839pH + 0.00699lg[InSO_4^+] + 0.00349lg[SO_4^{2-}]$
(26)	$SO_4^{2-} + 10H^+ + 8e^- = H_2S_{(g)} + 4H_2O$	$\varphi = 0.309 - 0.1049pH + 0.0105lg[SO_4^{2-}] - 0.0105lg(p_{H_2S}/p^{\ominus})$
(27)	$InO_2^- + SO_4^{2-} + 12H^+ + 11e^- = In + 6H_2O + S^{2-}$	$\varphi = 0.117 - 0.0916pH + 0.00763lg[InO_2^-] + 0.00763lg[SO_4^{2-}] - 0.00763lg[S^{2-}]$
(28)	$2InSO_4^+ + HSO_4^- + 23H^+ + 24e^- = In_2S_3 + 12H_2O$	$\varphi = 0.282 - 0.0804pH + 0.00699lg[InSO_4^+] + 0.00349lg[HSO_4^-]$
(29)	$2H^+ + 2e^- = H_2$	$\varphi = -0.0839pH - 0.0420lg(p_{H_2S}/p^{\ominus})$
(30)	$O_2 + 4H^+ + 4e^- = 2H_2O$	$\varphi = 1.208 - 0.083pH + 0.0210lg(p_{H_2S}/p^{\ominus})$

由 In_2S_3-H_2O 系 φ-pH 图（图 3.3）可以看出，铟离子及其化合物大部分都稳定存在于水的稳定区域，但随着溶液 pH 的变化，铟会形成不同的化合物，因此可通过调节 pH 来选择性沉淀铟。从硫单质的稳定区域来看，In_2S_3 在浸出过程对酸度的要求还是比较高的，且随着氧气压力的增大，氧电极的平衡电位增大，有利于元素硫的氧化，即增大氧气压

力能够促进 In_2S_3 的浸出效果。

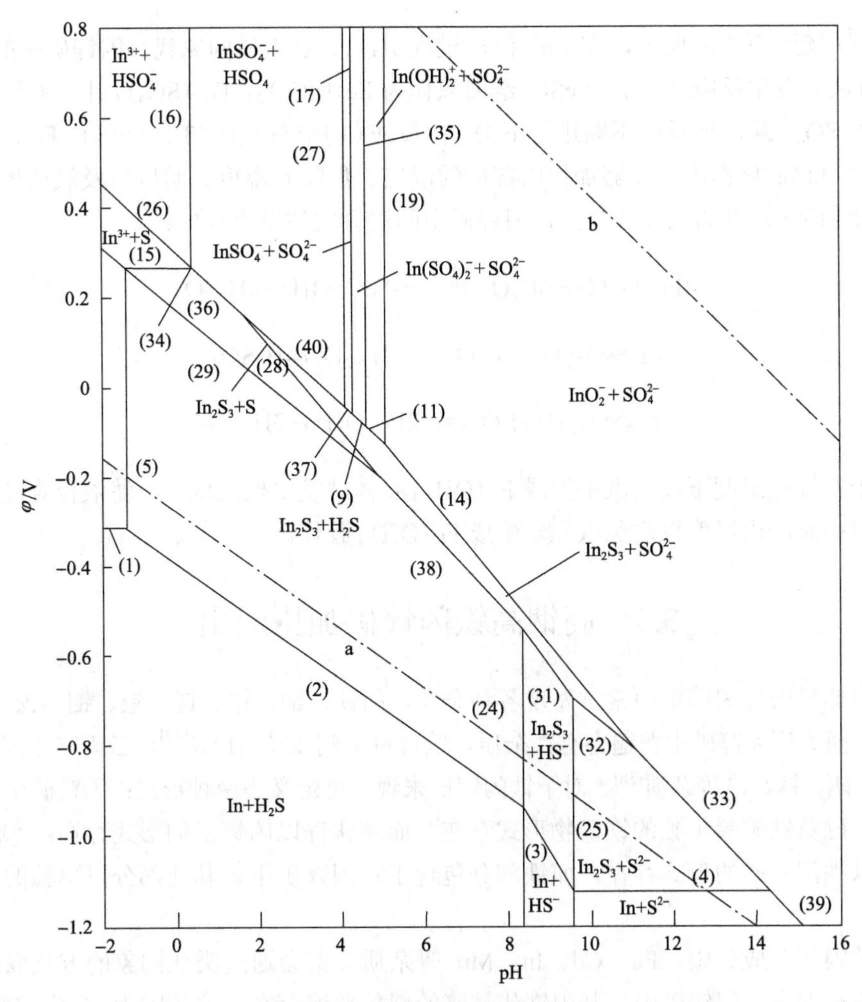

图 3.3　In_2S_3-H_2O 系 φ-pH 图

T=150℃，a=1.0，p_{O_2}=0.1MPa

3.2.4　高铟高铁闪锌矿加压浸出原理

高铟高铁闪锌矿在高温氧压酸浸条件下，主要发生以下反应：

$$2ZnS+2H_2SO_4+O_2(g)=\!=\!=2ZnSO_4+2S+2H_2O \quad (3.14)$$

$$4FeS_2+6H_2SO_4+3O_2(g)=\!=\!=2Fe_2(SO_4)_3+8S+6H_2O \quad (3.15)$$

$$2FeS+2H_2SO_4+O_2(g)=\!=\!=2FeSO_4+2H_2O+2S \quad (3.16)$$

$$Fe_2(SO_4)_3+ZnS=\!=\!=ZnSO_4+2FeSO_4+S \quad (3.17)$$

$$4FeSO_4+2H_2SO_4+O_2(g)=\!=\!=2Fe_2(SO_4)_3+2H_2O \quad (3.18)$$

$$CuFeS_2+2H_2SO_4+O_2(g)=\!=\!=CuSO_4+FeSO_4+2S+2H_2O \quad (3.19)$$

根据周廷熙等[6]的研究，在 ZnS 浸出过程中，Fe 以类质同象代替闪锌矿中的 Zn 从而形成 FeS，发生反应(3.16)，$FeSO_4$ 继而氧化为 $Fe_2(SO_4)_3$，$Fe_2(SO_4)_3$ 进一步与 ZnS 反应生成 $FeSO_4$，从而使反应不断进行下去。由反应(3.16)～反应(3.18)可知，Fe 在闪锌矿浸出过程中起催化作用，能够加快闪锌矿的浸出。但随着温度、酸度以及氧气压力等因素的改变和 Zn 元素的大部分浸出，闪锌矿中的铁会发生以下反应：

$$4FeSO_4+O_2+6H_2O=\!=\!=4\alpha\text{-}FeO(OH)+4H_2SO_4 \quad (3.20)$$

$$4FeSO_4+O_2+4H_2O=\!=\!=2Fe_2O_3+4H_2SO_4 \quad (3.21)$$

$$Fe_2(SO_4)_3+6H_2O=\!=\!=2Fe(OH)_3+3H_2SO_4 \quad (3.22)$$

由于在较低温度下浸出液中生成 $Fe(OH)_3$ 胶体，发生聚沉现象，滤液极难过滤，所以要尽量提高浸出温度以避免铁元素生成 $Fe(OH)_3$ 胶体。

3.3　高铟高铁闪锌矿加压浸出

在自然界天然闪锌矿中常常发现各种杂质，如铁、铜、铅、锰、银、铟、镍、镉等。例如，广西大厂闪锌矿中普遍含有铁杂质，铁含量达到 8%～12%[37]，云南富乐闪锌矿则富含镉、硒、镓、锗等杂质[38]。对于铁闪锌矿来说，可定义为两种形式：①精矿中的铁以黄铁矿、磁黄铁矿等单独的铁矿物形式存在，而硫化锌以闪锌矿的形式存在；②精矿中硫化锌以铁闪锌矿的形式存在，而铁部分包含于铁闪锌矿中，其他部分以单独的铁矿物存在。

在铁闪锌矿成分中，Fe、Cd、In、Mn 等杂质元素会通过类质同象的方式取代硫化锌中锌原子混合在闪锌矿中。其中铁代替锌的现象普遍存在，这是因为 Zn^{2+}、Fe^{2+}二者在结晶离子半径方面十分接近，Zn^{2+}离子半径为 0.74Å，Fe^{2+}离子半径为 0.76Å，且具有相同化合价，因而，硫化锌晶格中 Zn^{2+}很容易被 Fe^{2+}取代形成铁闪锌矿，与此类似，In^{3+}、Cd^{2+}以相同原理发生取代现象[39]。由于地域的不同，闪锌矿中所含 Fe、Cd、In、Mn 等杂质元素含量常不相同，这些杂质的存在导致闪锌矿中 Zn 含量低于理论值。闪锌矿铁含量不同会导致矿物本身物理化学性质方面的改变。例如，通过对不同铁含量闪锌矿进行研究发现，随着含铁量的增加，闪锌矿矿物颜色由浅变深，比重由大到小，晶体晶胞由小变大。以上现象表明，闪锌矿中铁等成分并非以无规律的机械方式混入其中。利用闪锌矿 X 射线衍射(XRD)谱图与铁闪锌矿 XRD 谱图不同的特点，通过对不同铁含量闪锌矿进行 XRD 分析，结果表明，闪锌矿的晶型不随铁、镉、铟等成分的有无或含量的多少而改变，而是晶胞大小存在微小变化。天然闪锌矿中锌含量由于杂质元素的存在普遍低于理论值，其原因在于 Fe^{2+}、In^{3+}、Cd^{2+}等离子以类质同象的方式取代硫化锌晶格中的 Zn^{2+}。

所用精矿为云南某地不同高铟高铁闪锌矿，对其进行化学元素分析，主要化学成分见表3.1。对精矿进行物相分析，其XRD谱图见图3.4。

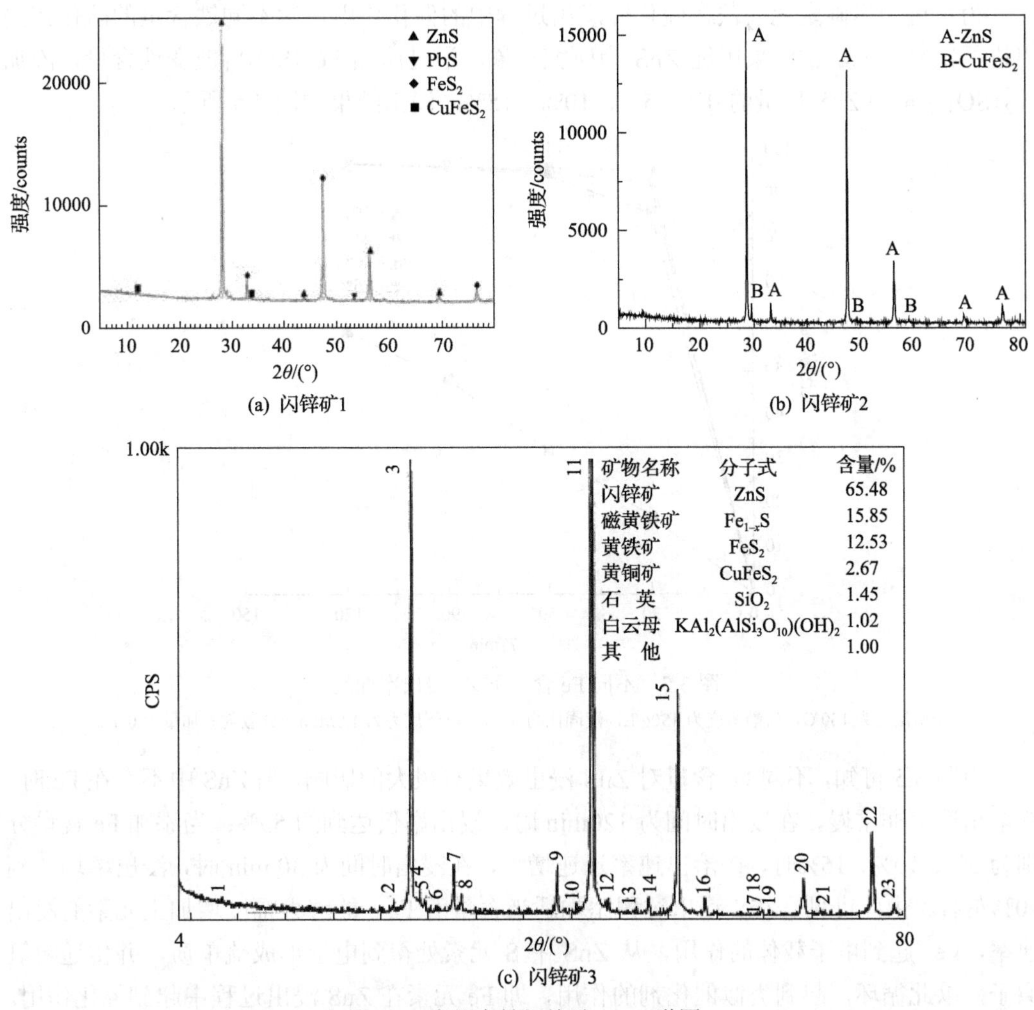

图3.4 高铟高铁闪锌矿XRD谱图

矿物经XRD分析可知，Zn以ZnS的形态存在，Fe主要以FeS_2和$CuFeS_2$形态存在，部分Fe以类质同象的方式存在于ZnS中，Cu以$CuFeS_2$形态存在，Pb以PbS形态存在，In以类质同象的方式存在于ZnS中，As主要富集于毒砂中，部分以类质同象的方式存在于FeS_2中[40, 41]。

由φ-pH图及热力学分析可知，Ag、Pb元素最终以硫酸盐沉淀赋存于浸出渣相中，基本不溶于浸出液，因此在研究过程中不考虑两者的浸出率(闪锌矿2的浸出过程中考虑了Ag的入渣率)。为了在保证有价金属Zn、In高浸出率的同时尽量降低Fe元素的浸出，主要考察浸出温度、硫酸浓度、液固比、氧气压力、浸出时间、分散剂添加量、精矿粒度等因素对Zn、In及Fe浸出率的变化曲线，得出最佳浸出参数。

3.3.1　不同 Fe 含量下 ZnS 氧压浸出试验研究

为了进一步确定元素铁在硫化锌浸出过程中的催化作用，对不同铁含量的硫化锌浸出进行试验研究。试验采用纯 ZnS 为研究对象，通过添加 $Fe_2(SO_4)_3$ 改变铁含量，添加 $Fe_2(SO_4)_3$ 量为 ZnS 质量的 0%、5%、10%、15%，浸出结果如图 3.5 所示。

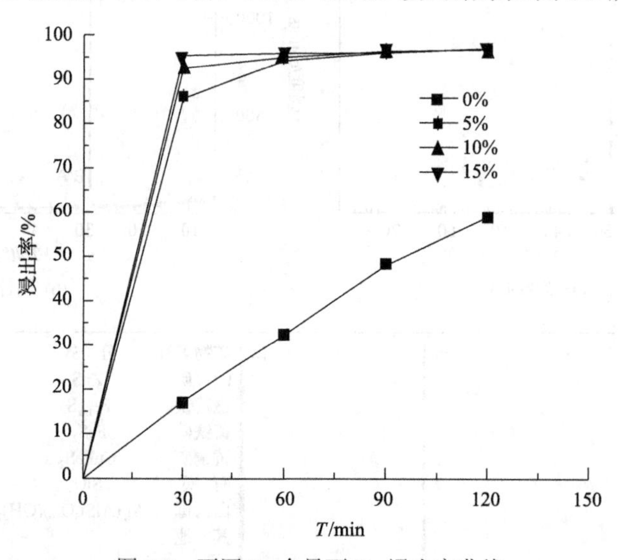

图 3.5　不同 Fe 含量下 Zn 浸出率曲线

浸出温度为 150℃，硫酸浓度为 150g/L，液固比为 5∶1，氧气压力为 1.0MPa，分散剂添加量为 0.4%

由图 3.5 可知，不同 Fe 含量对 ZnS 浸出效果有很大的影响。当 ZnS 中不存在 Fe 时，锌溶出速率非常慢，在浸出时间为 120min 时，浸出率仅达到约 55%；当添加 Fe 含量分别为 5%、10%、15%时，锌溶出速率迅速增大，在浸出时间为 30 min 时，浸出率均达到 90%左右。由此可见，ZnS 浸出过程添加适当含量的 Fe，能够大幅度增加主元素的浸出速率，Fe^{3+}起到电子载体的作用，从 ZnS 中 S 元素处得到电子形成硫单质，并传递给氧原子，以此循环，起到类似催化剂的作用，即 Fe 元素在 ZnS 浸出过程中起到催化作用。图 3.5 显示，Fe 含量越大，锌溶出速率越大，但超过一定程度，锌溶出速率增大趋于平缓，且 Fe 含量的增大会相应增大浸出液中铁离子浓度，给锌电积作业带来困难。

3.3.2　浸出温度的影响

浸出温度对浸出速率的影响主要有三方面：首先，根据阿伦尼乌斯方程，提高浸出温度可增大反应速率常数，即加快浸出速率；其次，浸出温度升高，不仅使溶液中可溶性固体颗粒溶解度增大，还可促使氧键断裂，使溶解的氧分子裂解成氧原子进入反应中；最后，提高浸出温度可降低浸出液黏度，利于物质扩散，提高浸出速率[42]。

高铟高铁闪锌矿在不同温度下的试验结果如图 3.6～图 3.8 所示。其具体的试验条件为：浸出温度分别为 110℃、130℃、150℃、170℃、190℃。

从图 3.6 可知，Zn 的浸出率随温度的升高先增大后减小，且在 150～160℃之间存在一个最大值，In 的浸出率随温度的升高逐渐增大。图 3.7 中显示，Fe 的浸出率在高于 150℃后随温度的升高而增大，且在 190℃时 Fe 的浸出率高达 32.8%。由图 3.8 可知，Ag 入渣率由 88.26%升至 98.31%，温度较低时 Ag 入渣率持续上升，在 170℃时达 98.85%。In 浸出率出现下降主要是因为随温度升高，反应速率加快，体系中单质硫增多，从而包裹闪锌矿，使浸出过程放缓。杨显万等[43]指出，木质素磺酸钠作为分散剂在高温下会被迅速分解，减弱了破坏单质硫包裹层的效果，使 In 和 Zn 浸出率降低。此外，升温可促进 Ag 入渣。杨大锦等[44]指出，在温度较低时，Fe^{3+}会先参与反应且被还原成 Fe^{2+}，此时 ZnS 浸出程度较小，导致 Zn 的浸出率不足 90%，在浸出后期 Fe^{3+}水解，生成 $Fe(OH)_3$ 胶体，产生聚沉现象导致浸出液过滤困难[45]。随着温度的升高，浸出渣中铁氧化物含量

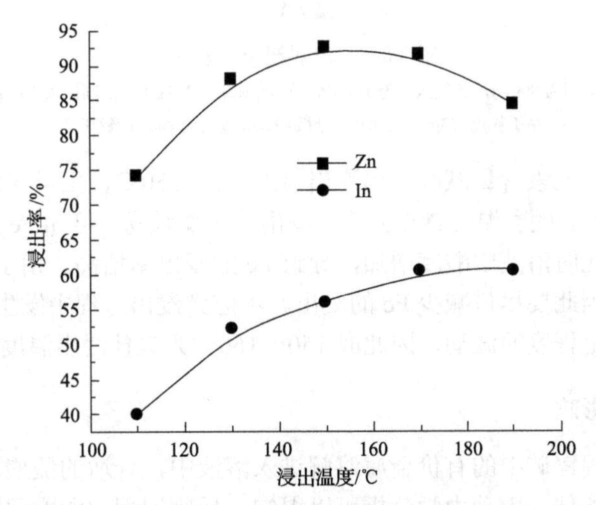

图 3.6　Zn、In 的浸出率与浸出温度的关系拟合曲线

浸出时间为 90min，液固比为 4∶1，硫酸浓度为 152g/L，氧气压力为 1.2MPa，精矿粒度–45μm 占 99%，分散剂添加量为 0.4%，闪锌矿 1

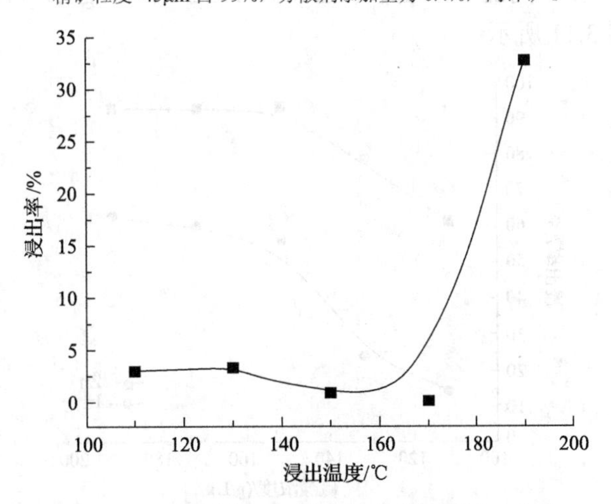

图 3.7　Fe 的浸出率与浸出温度的关系拟合曲线

浸出时间为 90min，液固比为 4∶1，硫酸浓度为 152g/L，氧气压力为 1.2MPa，精矿粒度–45μm 占 99%，分散剂添加量为 0.4%，闪锌矿 1

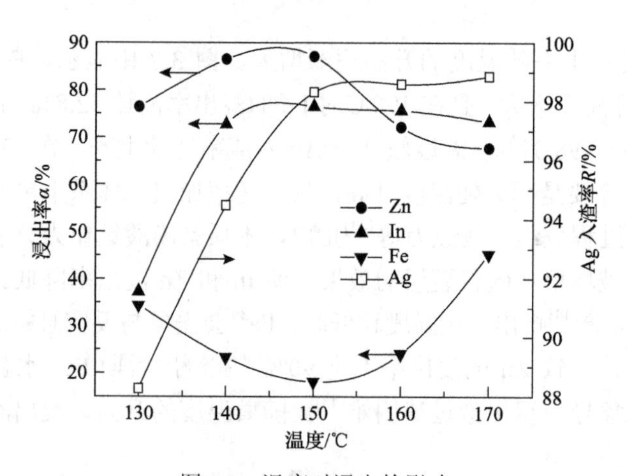

图 3.8　温度对浸出的影响

浸出时间为 90min，氧气压力为 1.0MPa，硫酸浓度为 152g/L，液固比为 6mL/g，精矿粒度–53μm 占 90%，分散剂添加量为 0.4%，闪锌矿 2

增加，浸出液中 Fe 元素含量减少。当浸出温度达到 150℃，主反应进行程度较大，Zn 的浸出率达到最大值，随着温度继续升高，浸出液过滤较易，可知 Fe 形成固液分离性能较好的氧化物，但此时溶液中酸度增加，导致 Fe 的浸出率增高。由于 Zn 浸出液除铁较复杂且不易除净，因此要尽量减少 Fe 的浸出。考虑到浸出过程中发生放热、吸热反应，浸出温度会发生一定程度的波动，因此取 150～160℃为最佳浸出温度范围。

3.3.3　硫酸浓度的影响

酸浸是为了使闪锌矿中的有价金属溶解进入溶液中，合适的硫酸用量是保证浸出过程持续进行的必要条件。由动力学分析可以得知，反应过程中酸度即浸出剂浓度的变化对浸出过程动力学条件有积极的影响。

高铟高铁闪锌矿在不同硫酸浓度下(112g/L、132g/L、152g/L、172g/L、192g/L)的试验结果如图 3.9～图 3.11 所示。

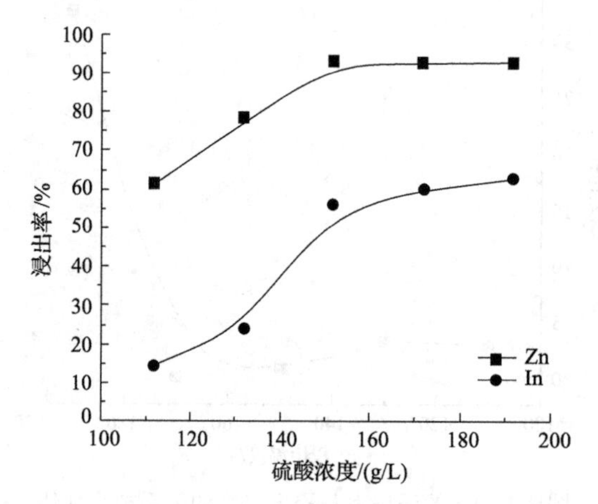

图 3.9　Zn、In 的浸出率与硫酸浓度的关系拟合曲线

浸出时间为 90min，液固比为 4∶1，浸出温度为 155℃，氧气压力为 1.2MPa，精矿粒度–45μm 占 99%，分散剂添加量为 0.4%，闪锌矿 1

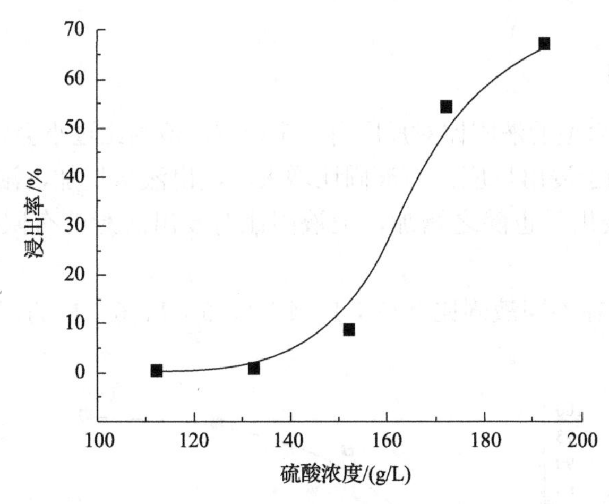

图 3.10　Fe 的浸出率与硫酸浓度的关系拟合曲线

浸出时间为 90min，液固比为 4∶1，浸出温度为 155℃，氧气压力为 1.2MPa，精矿粒度–45μm 占 99%，分散剂添加量为 0.4%，闪锌矿 1

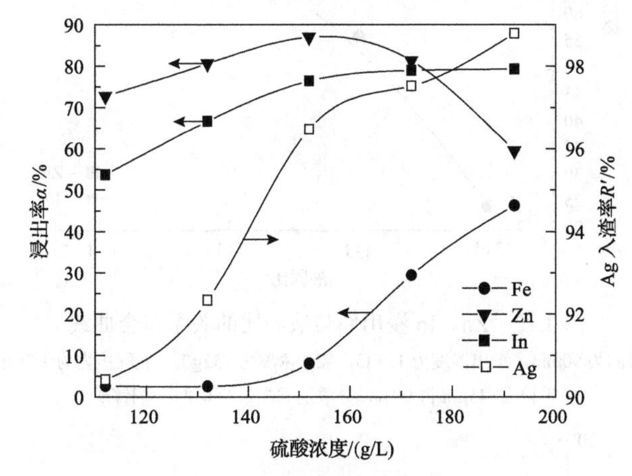

图 3.11　硫酸浓度对浸出的影响

浸出时间为 90min，氧气压力为 1.2MPa，浸出温度为 155℃，液固比为 6mL/g，精矿粒度–53μm 占 90%，分散剂添加量为 0.4%，闪锌矿 2

由分子碰撞理论可知，硫酸浓度越高，分子(离子)与矿中有价金属元素碰撞概率越大，有价金属参与浸出反应的概率也越大[46]。由图 3.9～图 3.11 可知，随着硫酸浓度的增加，Zn、In、Fe 的浸出率逐渐增大，且在硫酸浓度达到 152g/L 以后，Zn、In 浸出率随着硫酸浓度的增大基本保持不变，Fe 的浸出率却急剧增大，可以说明硫酸浓度对 Fe 元素的浸出率影响较大。此外，初始硫酸浓度的增大势必会使终酸浓度增大，从而促进形成的铁氧化物与硫酸的反应程度加大，导致 Fe 浸出率升高。例如，当初始硫酸浓度为 152g/L 时，Fe 在浸出液中的浓度仅为 0.31g/L，而当硫酸浓度为 192g/L 时，Fe 在浸出液中的浓度达到了 2.43g/L。在实际工业生产过程中，硫酸浓度过高会引起 Fe 等杂质大量进入浸出液，游离酸增多，使矿浆的澄清与过滤变得困难，而且会腐蚀设备。为了保证 Zn、In 元素能够高效地浸出且控制 Fe 的浸出率，且从节约成本的角度考虑，硫酸浓度为 152g/L 时最合适。

3.3.4　液固比的影响

浸出过程中控制合适的液固比对反应有一定影响，液固比过小会使浸出液黏度增大，矿浆变得浓稠，不利于浸出反应；而液固比增大，浸出液量增加，浓度梯度增加，固体反应物单位表面积浸出量也随之增加，但液固比对浸出的影响有限，过大则会增加成本，浪费资源。

高铟高铁闪锌矿在不同液固比下(3∶1、4∶1、5∶1、6∶1)的试验结果如图 3.12～图 3.14 所示。

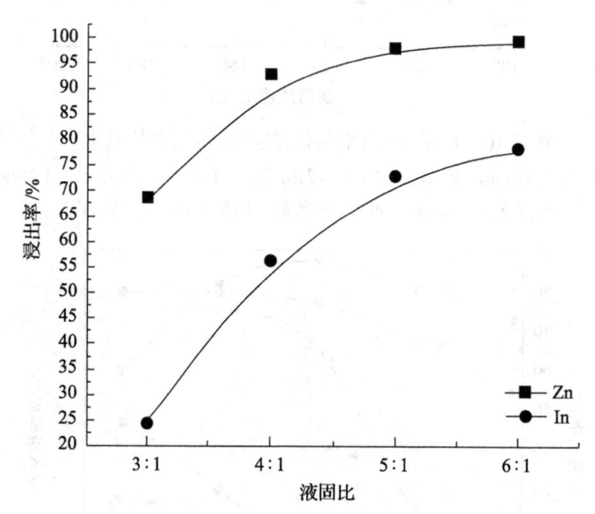

图 3.12　Zn、In 浸出率与液固比的关系拟合曲线

浸出时间为 90min，浸出温度为 155℃，硫酸浓度为 152g/L，氧气压力为 1.2MPa，精矿粒度-45μm 占 99%，分散剂添加量为 0.4%，闪锌矿 1

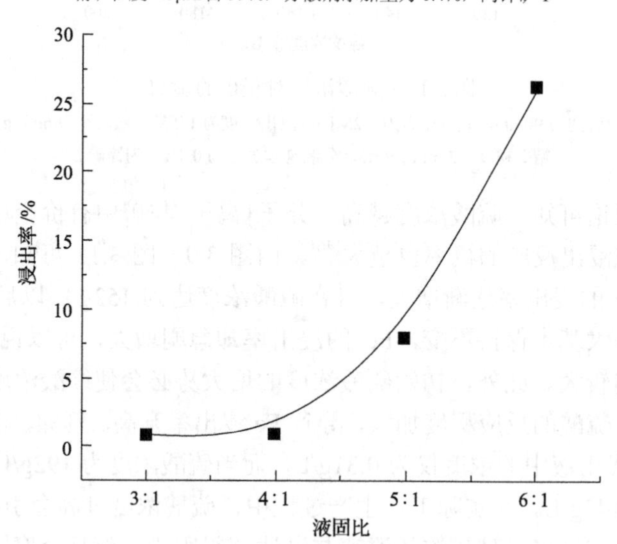

图 3.13　Fe 浸出率与液固比的关系拟合曲线

浸出时间为 90min，浸出温度为 155℃，硫酸浓度为 152g/L，氧气压力为 1.2MPa，精矿粒度-45μm 占 99%，分散剂添加量为 0.4%，闪锌矿 1

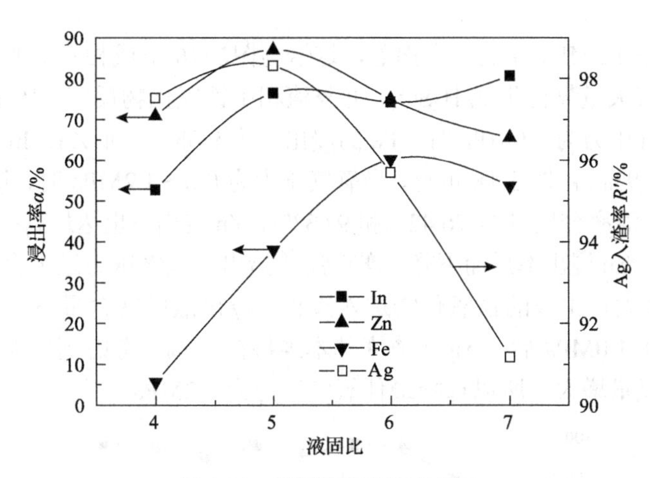

图 3.14　液固比对浸出的影响

浸出时间为 90min，氧气压力为 1.0MPa，硫酸浓度为 152g/L，浸出温度为 155℃，精矿粒度–53μm 占 90%，分散剂添加量为 0.4%，闪锌矿 2

由图 3.12～图 3.14 可以看出，改变液固比，In、Zn 和 Fe 浸出率及 Ag 入渣率均呈动态变化，随着液固比的增大，Zn、In 的浸出率逐渐增大，且浸出率增加趋势较大。由此可见，在未达到最佳液固比之前，液固比对 Zn、In 的浸出率有很大影响，增大液固比相当于增加精矿与硫酸的接触面积，使反应充分进行，增大反应速率。当液固比为 5∶1 时，Zn 的浸出率达到 97.8%，In 的浸出率达到 72.9%，Fe 的浸出率为 7.8%，浸出液中铁含量仅为 1.44g/L，而 Ag 入渣率在液固比为 5∶1 时达 98.31%，之后持续下降。当液固比超过 5∶1 时，液固比的增大对 Zn 浸出率的提高不太明显，但在浸出后期铁氧化物与硫酸反应概率变大，导致浸出液中铁元素含量增大，给后续除铁带来困难。如图 3.13 所示，液固比为 6∶1 时，铁的浸出率为 26.2%，浸出液中铁含量为 6.62g/L。考虑到生产上经济成本以及设备问题，取最佳液固比为 5∶1。

3.3.5　氧气压力的影响

闪锌矿氧压浸出过程虽是液固两相发生化学反应，但溶解于溶液的氧也同时参与反应，使浸出反应发生在固体精矿颗粒和浸出液及氧气界面上；而加压釜中的总压力来源于水的蒸气压和氧分压，依据动力学原理，增大氧分压可增大浸出反应体系的氧势，提高气液相表面间的压力差，加快氧的扩散速率，从而加速硫化锌的溶解与氧化，对浸出过程有直接影响，在单位时间内提高 Zn 的浸出率与 S 的转化率[47]。

高铟高铁闪锌矿在不同氧气压力(0.8MPa、1.0MPa、1.1MPa、1.2MPa、1.3MPa、1.4MPa、1.5MPa、1.6MPa)下的试验结果如图 3.15～图 3.18 所示。

如图 3.15 所示，在氧气压力低于 1.0MPa 时，Zn 的浸出率随着氧气压力的增大增长趋势明显，在超过 1.0MPa 以后基本保持不变；氧气压力的改变对 In 的浸出率基本没有影响。图 3.16 显示，Fe 的浸出率先随着氧气压力的增大逐渐减小，主要是 Fe 在氧气压力作用下，大量生成铁氧化物进入渣相中，使液相中 Fe 的含量减少，但当氧气压力超过 1.2MPa 后，Fe 的浸出率又急剧增大。图 3.17 显示单质 S 的转化率随氧气压力的增大先增大后减小，且在 1.2MPa 存在一个拐点，这恰与图 3.16 形成相互对照，因此推断是生成的 S 单质经氧气大量氧化生成 H_2SO_4，并与渣相中铁氧化物反应，从而造成 Fe 的浸出率急剧增大。氧气压力为 1.0MPa 时，Fe 的浸出率为 9.38%，而 Zn、In 的浸出率分别达到了 98.97%和 69.9%。由图 3.18 可见，当氧气压力为 0.6～1.2MPa 时，随氧气压力增大，In 浸出率和 Ag 入渣率分别升至 76.42%和 97.33%，Zn 浸出率也达最高；当氧气压力升高至 1.4MPa 时，In、Zn 浸出率反而下降。谢克强[48]指出，氧气压力过大会促使 Fe^{2+}转化为 Fe^{3+}发生水解，使大量生成的铁氧化物进入渣相，浸出液中铁含量下降不利于浸出过程进行。氧气压力在 1.0MPa 后，Ag 入渣率基本维持在 97%。考虑到增大氧气压力对设备的要求较高且耗氧量增大，所以选择最佳氧气压力为 1.2MPa。

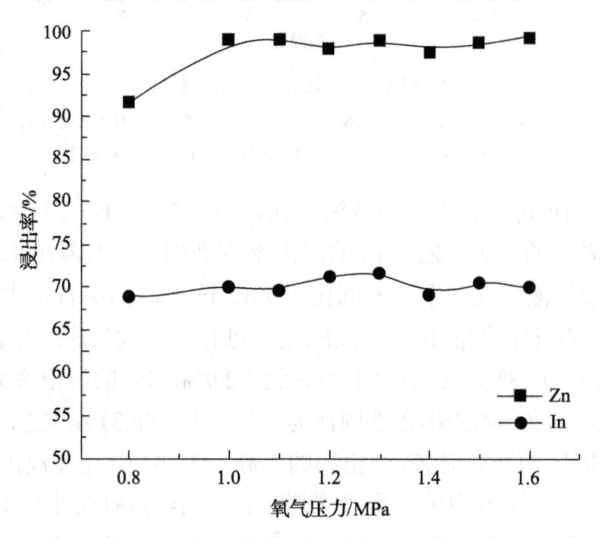

图 3.15　Zn、In 浸出率与氧气压力的关系拟合曲线

浸出时间为 90min，液固比为 5∶1，硫酸浓度为 152g/L，精矿粒度-45μm 占 99%，分散剂添加量为 0.4%，闪锌矿 1

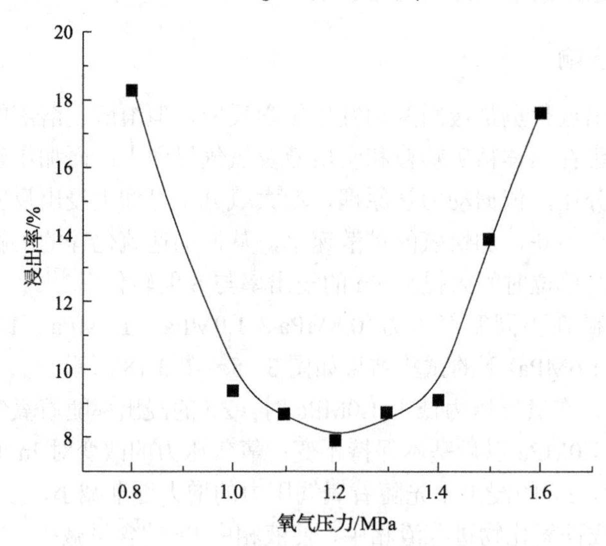

图 3.16　Fe 的浸出率与氧气压力的关系拟合曲线

浸出时间为 90min，液固比为 5∶1，硫酸浓度为 152g/L，精矿粒度-45μm 占 99%，分散剂添加量为 0.4%，闪锌矿 1

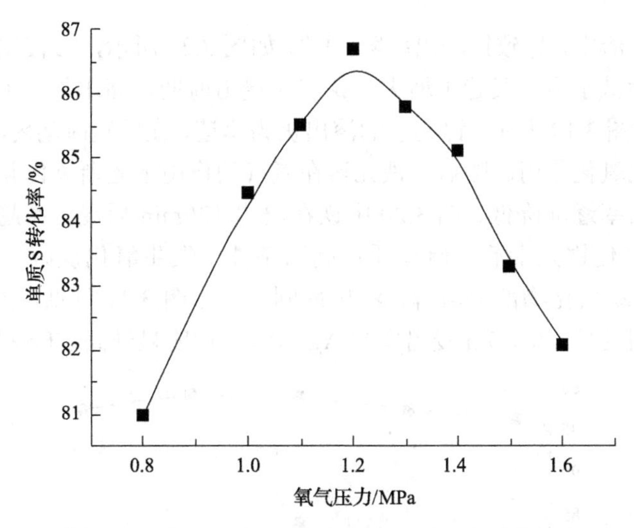

图 3.17　单质 S 转化率与氧气压力的关系拟合曲线

浸出时间为 90min，液固比为 5∶1，硫酸浓度为 152g/L，精矿粒度–45μm 占 99%，分散剂添加量为 0.4%，闪锌矿 1

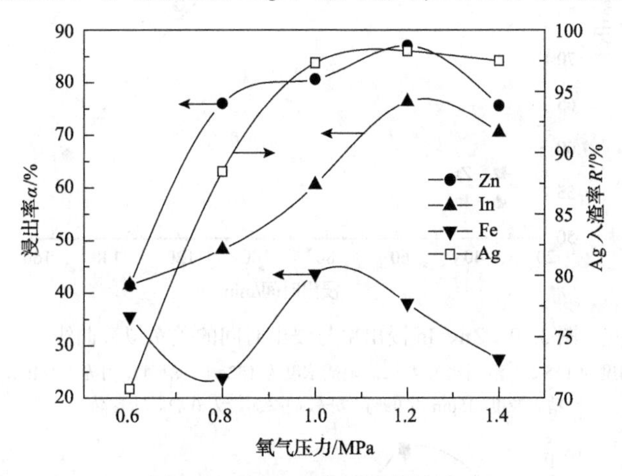

图 3.18　氧气压力对浸出的影响

浸出时间为 90min，液固比为 6mL/g，硫酸浓度为 152g/L，浸出温度为 150℃，
精矿粒度–53μm 占 90%，分散剂添加量为 0.4%，闪锌矿 2

3.3.6　浸出时间的影响

浸出时间也是影响浸出速率的重要因素。合适的浸出时间既可保证浸出过程充分进行，还可节约成本，减少对设备的损害。

高铟高铁闪锌矿在不同浸出时间(30min、60min、90min、120min、150min)下的试验结果如图 3.19～图 3.21 所示。

对高压浸出过程来说，浸出时间越长，釜内发生的化学反应进行得越完全。由图 3.19 可知，在浸出时间范围为 30～90min 内，Zn 浸出率不断增大，超过 90min 后，Zn 浸出率基本不变；In 浸出率随着浸出时间的延长先增大后减小，是因为随着浸出时间的延长，铟发生水解生成铟氢氧化物，以及在铁形成铁氧化物沉淀的同时，部分铟随着氧化铁水合物沉入渣中，导致铟浸出率降低[49]。如图 3.20 所示，Fe 浸出率随着浸出时间的延长，先增大后减小最后又趋于增大。说明在浸出前期，高压釜内主要发生锌、铟和铁的溶出反应，如图 3.19 所示，锌元素的溶出极为迅速，在较短时间内浸出就趋于完全，此过程铁起到催化氧化作用。随后，铁元素在氧气的作用下逐渐氧化并生成铁氧化物进入渣相，导致浸出率逐渐降低，图 3.20 中铁在浸出 120min 后浸出率趋于增大，分析原因为在氧气完全氧化铁元素后，硫单质在高温条件下发生氧化反应生成硫酸，使浸出液 pH 降低，造成铁氧化物部分溶解，浸出率回升。由图 3.21 可见，闪锌矿 2 在 90min 以前，随浸出时间延长，In、Zn 浸出率和 Ag 入渣率均明显升高，Fe 浸出率则下降；而

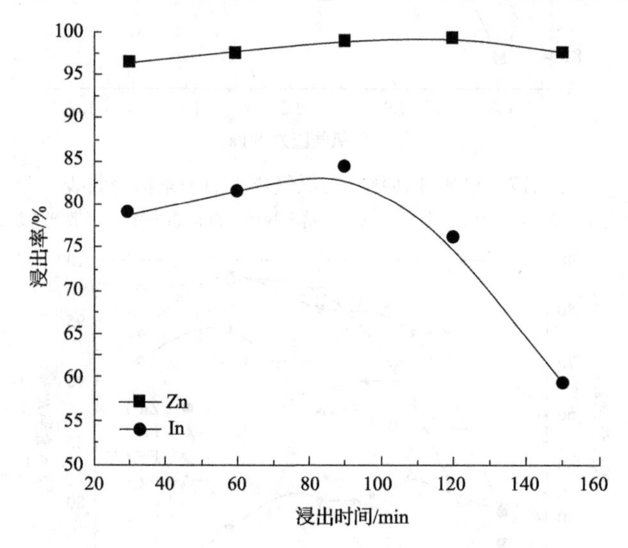

图 3.19　Zn、In 浸出率与浸出时间的关系拟合曲线

温度为 155℃，液固比为 4∶1，硫酸浓度为 152g/L，氧气压力为 1.2MPa，精矿粒度-45μm 占 99%，分散剂添加量为 0.4%，闪锌矿 1

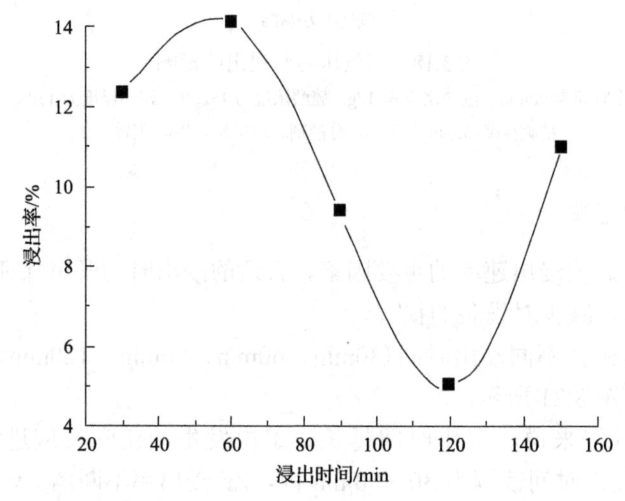

图 3.20　Fe 浸出率与浸出时间的关系拟合曲线

温度为 155℃，液固比为 4∶1，硫酸浓度为 152g/L，氧气压力为 1.2MPa，精矿粒度-45μm 占 99%，分散剂添加量为 0.4%，闪锌矿 1

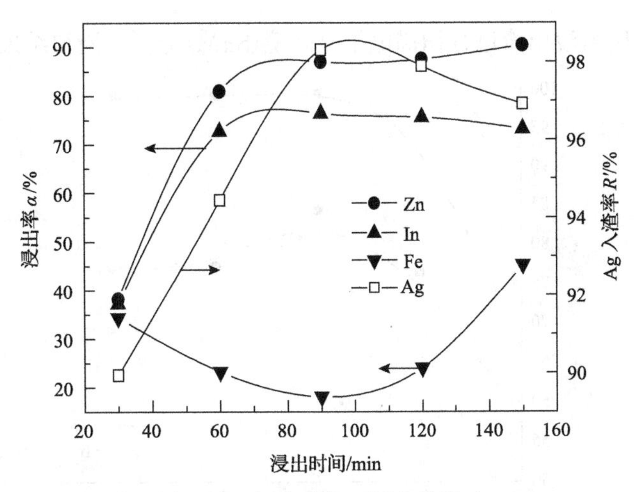

图 3.21　浸出时间对浸出的影响

温度为 155℃，液固比为 4：1，氧气压力为 1.0MPa，硫酸浓度为 152g/L，精矿粒度–53μm 占 90%，分散剂添加量为 0.4%，闪锌矿 2

在 90min 后，Zn、Fe 浸出率继续增大，In 浸出率和 Ag 入渣率均出现一定回落，150min 时 In 浸出率为 73.17%，Ag 入渣率为 96.92%。可知，90min 后浸出时间对 In 浸出影响不大。在浸出初期，高压釜内主要发生 Zn、In 和 Fe 的溶出反应，且 Zn 和 In 的溶出极为迅速，在短时间内就达到较好的浸出效果，说明 Fe 起到了较好的催化氧化作用。In 浸出率和 Ag 入渣率下降可能是由于在浸出后期，溶出的铁发生水解反应，形成铁氧化物沉淀的同时，部分铟随氧化铁水合物沉入渣中，导致铟浸出率降低；Ag 则是由于铁水解消耗硫酸铁使形成的银铁矾减少，且酸度降低也会影响银铁钒形成。综合考虑，取浸出时间 90min 为最佳。

3.3.7　分散剂添加量的影响

由于高铟高铁闪锌矿加压浸出温度范围为 150～160℃，而单质硫的熔点一般为 112～120℃，因此单质硫在闪锌矿加压浸出过程中熔融成液态，并包裹在闪锌矿表面，从而阻止精矿与酸进一步反应，形成结块且极大地降低了锌浸出率[50]。工业上一般使用木质素磺酸盐作为分散剂，避免浸出过程形成结块，保证了锌元素高效浸出。

高铟高铁闪锌矿在不同分散剂添加量(0、0.2%、0.4%、0.6%、0.8%)下的试验结果如图 3.22、图 3.23 所示。

如图 3.22 所示，锌浸出率随着分散剂添加量的增加先增大后保持不变，且锌几乎完全浸出；铟浸出率随着分散剂添加量的增加先增大后略微降低，推测原因为：铟元素与 SL 可能形成某种化合物进入渣相，导致铟浸出率略微降低。如图 3.23 所示，铁浸出率随着添加量的增大先减小后略微增加，对应于硫单质转化率先增大后略微减小，分析原因为：硫单质在浸出后期经氧气氧化生成硫酸，使浸出液 pH 降低，导致铁氧化物回溶，但铁浸出率增幅很小，总体说明分散剂的添加能够促进铁元素入渣，为浸出液锌电积后续除铁工作减轻负担。综合考虑，取精矿质量的 0.4%为分散剂的最佳添加量。

试验过程中发现，不添加分散剂时浸出液中存在肉眼可见的大量结块，且为球形颗粒凝聚；当分散剂添加量分别为 0%、0.2%、0.4%、0.6%和 0.8%时，浸出液中基本不存在可见结块现象。对试验所得浸出渣进行扫描电子显微镜(SEM)分析，所得结果如图 3.24 所示。

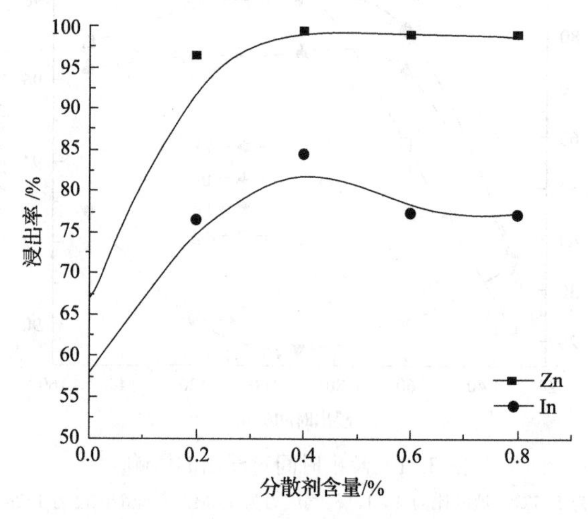

图 3.22　Zn、In 浸出率与分散剂含量的关系拟合曲线

温度为 150～160℃，硫酸浓度为 150～155g/L，液固比为 5∶1，氧气压力为 1.0MPa，浸出时间为 90min，闪锌矿 1

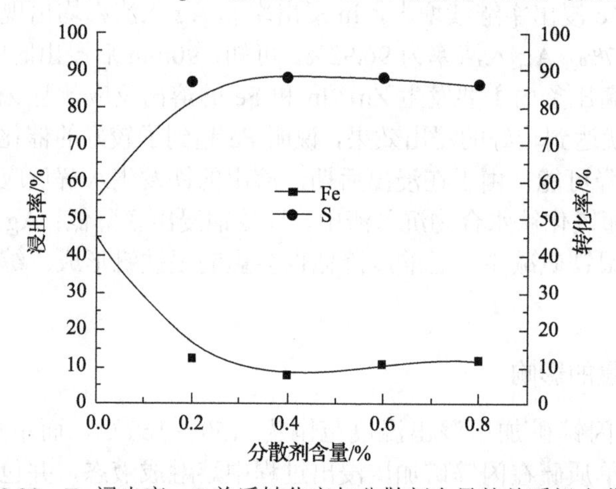

图 3.23　Fe 浸出率、S 单质转化率与分散剂含量的关系拟合曲线

温度为 150～160℃，硫酸浓度为 150～155g/L，液固比为 5∶1，氧气压力为 1.0MPa，浸出时间为 90min，闪锌矿 1

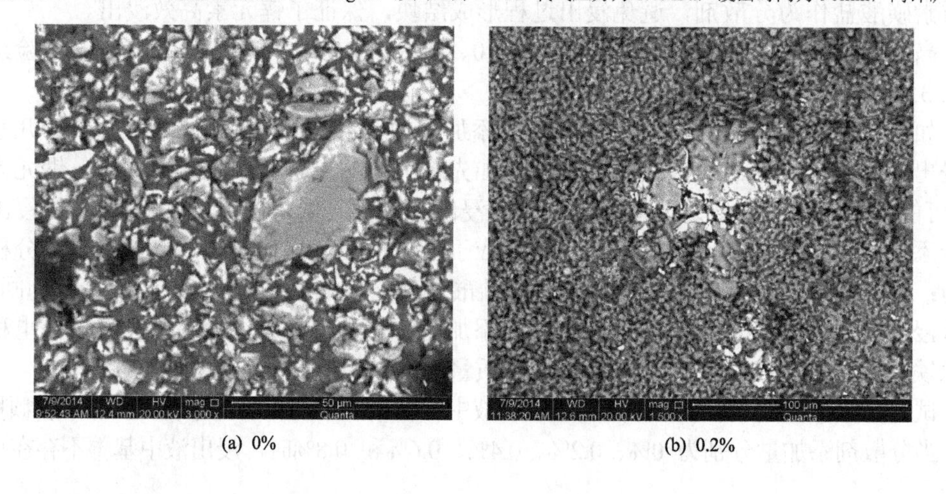

(a) 0%　　(b) 0.2%

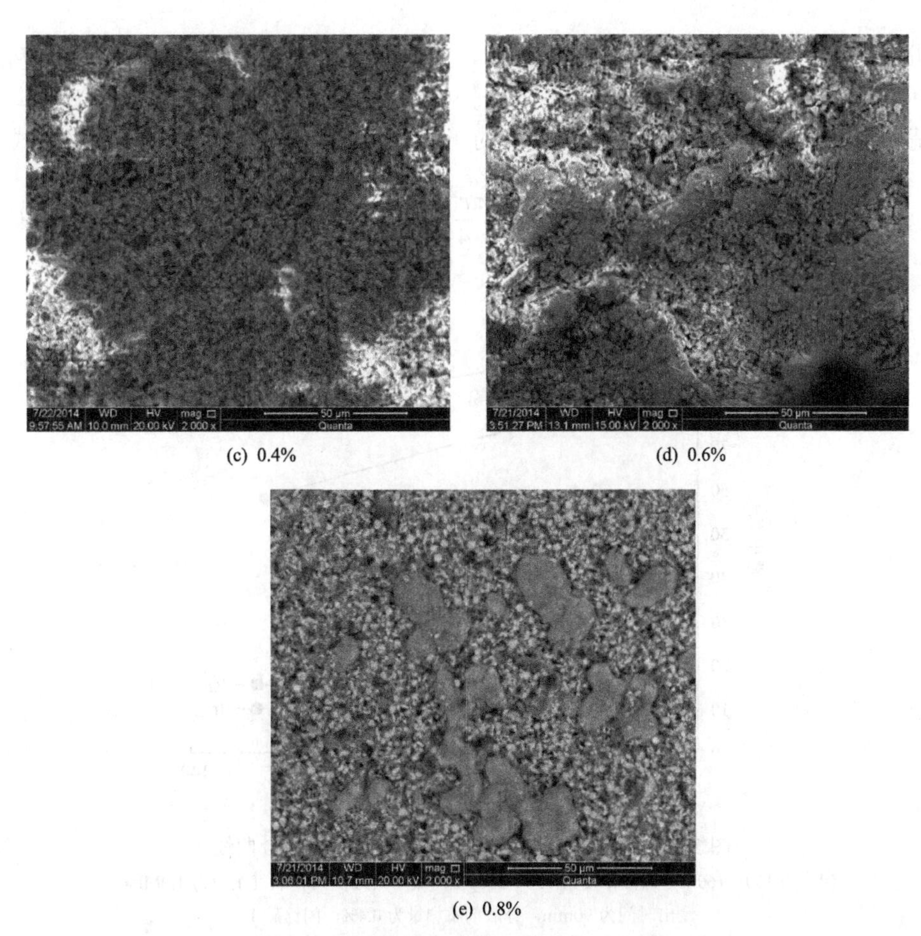

(c) 0.4%　(d) 0.6%

(e) 0.8%

图 3.24　不同分散剂添加量下渣相 SEM 照片

由图 3.24(a)～(e)可以看出，试验过程中分散剂 SL 的添加对浸出过程中硫单质的分散作用很明显。由 SEM 照片[图 3.24(a)]可以看出，在不添加 SL 时，渣相颗粒粗大且不均匀，单质硫包裹闪锌矿阻止其进一步反应，导致 Zn 浸出率很低；图 3.24(b)、(c)表明，加入 SL 能够极大地改善单质硫包裹闪锌矿的现象，极大地提高 Zn 浸出率，且随着 SL 添加量的增加，单质硫包裹锌精矿的现象逐渐消失，渣相颗粒细致均匀；当 SL 添加量超过 0.4%时，随着 SL 添加量的增加，图 3.24(d)、(e)中出现聚集体，经能谱分析，其成分为硫单质，分析原因为：当 SL 添加量超过一定程度，在锌元素完全浸出后，SL 分子开始聚集形成微团并与单质硫结合，造成单质硫聚集形成聚集体。

3.3.8　精矿粒度的影响

闪锌矿粒度与精矿比表面积紧密相关，精矿粒度越小，比表面积越大，越有利于精矿与浸出液接触，促进精矿浸出。且磨矿属于机械活化过程，可使精矿颗粒内部发生各类晶型缺陷和转变，内能增加，反应活性增强。先活化再浸出是机械活化在湿法冶金中的一种应用途径[51]。

高铟高铁闪锌矿在不同精矿粒度下的试验结果如图 3.25～图 3.27 所示。精矿经行星球磨机球磨一定时间后过不同目数的筛子，得到的精矿粒度分别为–124μm、–74μm、–53μm、–45μm、–37μm。

精矿粒度是影响浸出过程中浸出速率的一个重要物理因素。比表面积定义公式为[52]

$$a = \frac{s}{m} = \frac{4\pi r^2}{\rho_{ZnS} \cdot \frac{4}{3}\pi r^3} = \frac{3}{\rho_{ZnS} r} \tag{3.23}$$

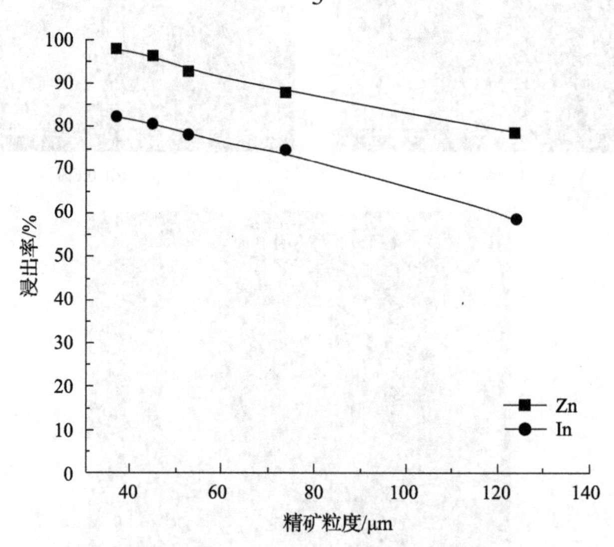

图 3.25 Zn、In 浸出率与精矿粒度的关系拟合曲线

温度为 150～160℃，硫酸浓度为 150～155g/L，液固比为 5∶1，氧气压力为 1.0MPa，浸出时间为 90min，分散剂添加量为 0.4%，闪锌矿 1

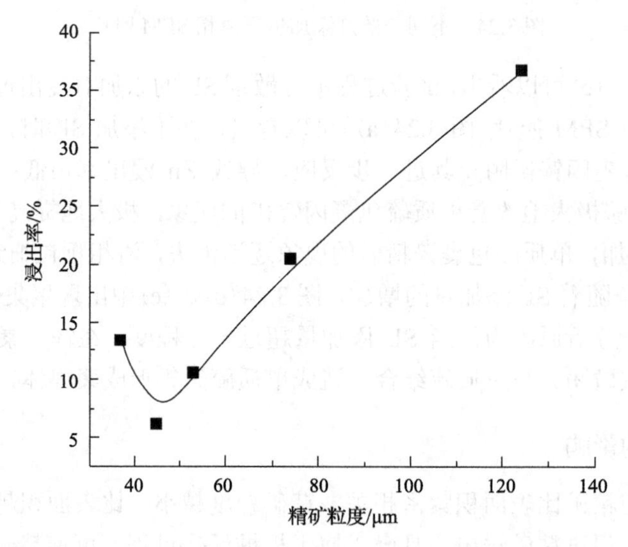

图 3.26 Fe 浸出率与精矿粒度的关系拟合曲线

温度为 150～160℃，硫酸浓度为 150～155g/L，液固比为 5∶1，氧气压力为 1.0MPa，浸出时间为 90min，分散剂添加量为 0.4%，闪锌矿 1

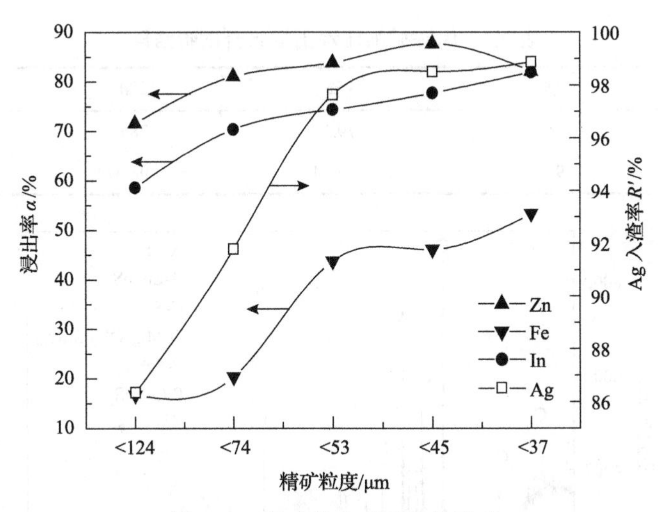

图 3.27　精矿粒度对浸出的影响

温度为 150℃，浸出时间为 90min，氧气压力为 1.2MPa，硫酸浓度为 152g/L，液固比为 6∶1，闪锌矿 2

由以上定义公式可知，闪锌矿粒度越小，比表面积越大，浸出过程中反应物与精矿颗粒接触概率越大，从动力学上分析，颗粒粒径的减小能够增大内扩散速率和界面化学反应速率，相应增大闪锌矿的浸出速率。

对于闪锌矿 1，由图 3.25、图 3.26 可知，随着颗粒粒径的不断增大，Zn、In 的浸出率不断减小，Fe 的浸出率先减小后增大。在粒径范围 37～53μm 内，Zn、In 的浸出率增长趋势很小，而 Fe 浸出率先减小后增大对应一个最低点，分析原因可能是在 Zn、In 浸出迅速完成后，在一定浸出时间内，氧气氧化硫单质作用时间相应增大，导致溶液酸度增大从而与铁氧化物反应，溶出铁量增大。对于闪锌矿 2，由图 3.27 可见。随精矿粒度减小，In 浸出率和 Ag 入渣率都明显升高，粒度为–37μm(占 90%)时分别达 81.96%和 98.87%，而 Zn 和 Fe 浸出率也一直增大(Zn 在–37μm 时的减小可认为是误差)。可明显看出，精矿粒度越细越能促进浸出进行，但粒度过细会增加磨矿成本，且会给后续矿浆液固分离带来困难。精矿粒度为–45μm(占 90%)时 Ag 入渣率已达 98.51%，因此粒度不需要更细。

综合考虑，选取精矿–45μm 为最佳浸出粒度。

3.3.9　综合试验及结果

基于以上单因素试验及结果分析，确定闪锌矿加压浸出铟的最佳工艺结果：浸出温度为 150℃，浸出时间为 90min，硫酸浓度为 152g/L，氧气压力为 1.2MPa，粒度–45μm(占 90%)，液固比为 5∶1。故在此条件下进行了三组平行试验，试验结果如表 3.3 所示。由表所列数据可知，闪锌矿加压浸出铟的综合试验较好地验证了上述工艺条件试验结果，在浸出温度为 150℃、浸出时间为 90min、硫酸浓度为 152g/L、氧气压力为 1.2MPa、粒度–45μm(占 90%)和液固比为 5∶1 的条件下，铟浸出率达到 76%以上，银入渣率达到 98%以上。

对浸出渣进行 XRD 分析，由于 In 和 Ag 在矿中赋存状态十分复杂，且在锌精矿中含量很低，难以用 XRD 检测其赋存物相，从图 3.28 可看出，最佳工艺条件下的浸出渣中元素硫的衍射峰最强，但还有部分硫化物存在。

表 3.3　闪锌矿加压浸出铟综合试验结果

项目	试验一	试验二	试验三	平均值
铟浸出率/%	76.33	79.12	78.65	78.03
银入渣率/%	98.61	99.24	98.47	98.77

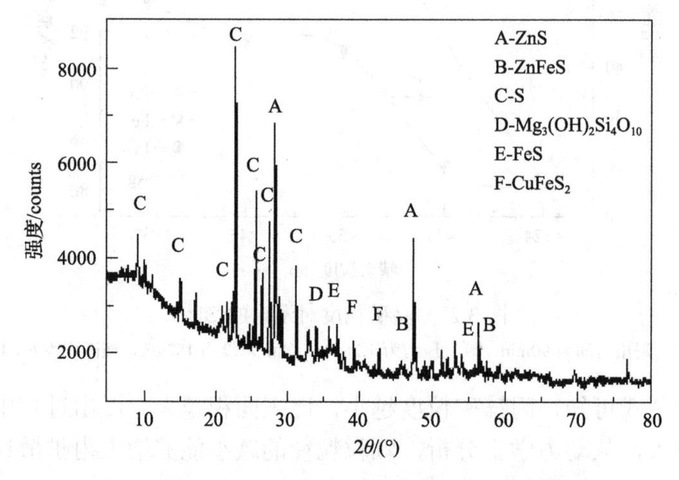

图 3.28　最佳工艺条件下浸出渣的 XRD 图谱

3.3.10　渣相 Fe、S 元素的赋存状态

由于 Fe^{3+}/Fe^{2+}的标准电极电位(+0.77V)比 S^0/S^{2+}(–0.51V)高得多，因此铁在浸出初期先以 Fe^{2+}的形态进入溶液[53]，在 Zn 元素大量浸出的同时硫的电极电位升高，Fe^{2+}才会进一步氧化为 Fe^{3+}，最终以氧化物的形式赋存于渣相中。

根据以上最佳参数进行试验，所得渣相进行 X 射线光电子能谱(XPS)检测，并进行分峰拟合以确定渣相中 Fe、S 元素的赋存状态。所得 Fe(2p)、S(2p)精细谱及拟合结果分别见图 3.29、图 3.30。

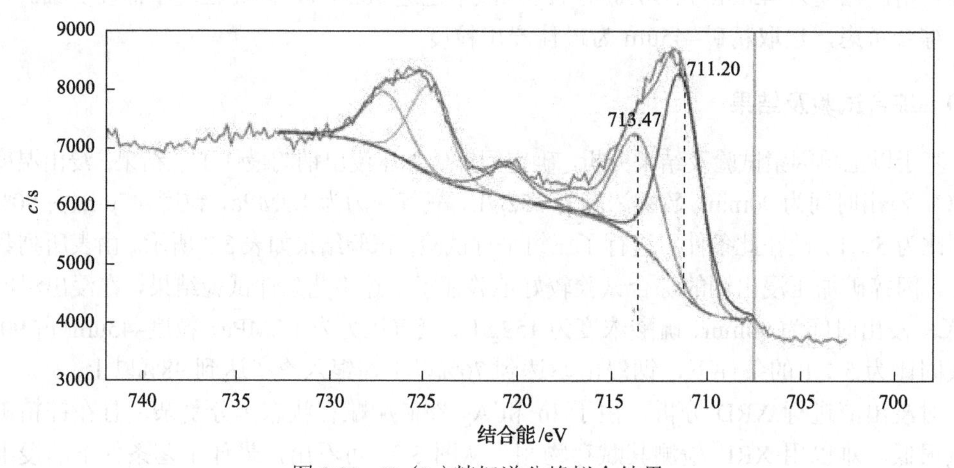

图 3.29　Fe(2p)精细谱分峰拟合结果

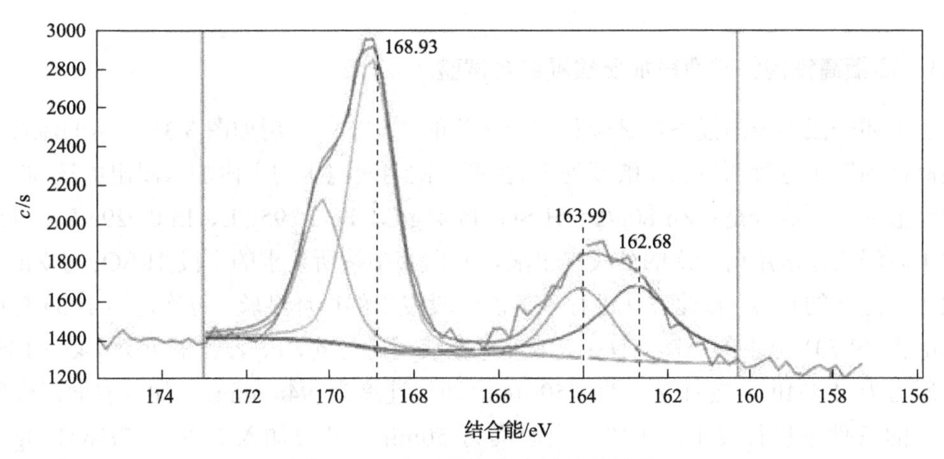

图 3.30　S(2p)精细谱分峰拟合结果

查阅 XPS 光电子结合能对照表[54,55]，Fe(2p)分峰结果中结合能 711.20eV 对应的化合物为 FeO(OH)(针铁矿)，713.47eV 对应化合物为 $Fe_2(SO_4)_3$；S(2p)分峰结果中 162.68eV 对应化合物为 FeS_2，163.99eV 对应化合物为 S 单质，168.93eV 对应 SO_4^{2-}。结果说明，闪锌矿浸出后期，浸出液在充足的氧气作用下部分 S 单质氧化生成 SO_4^{2-}。从晶格能分析，根据费尔斯曼所引入的能量系数(EC)，按照公式：

$$U = 61.209 \times (a \cdot \mathrm{EC}_a + b \cdot \mathrm{EC}_b + c \cdot \mathrm{EC}_c + \cdots) \tag{3.24}$$

式中，U——晶格能，kJ/mol；

a、b、c——分子式中有关离子的数目；

EC_a、EC_b、EC_c——各有关离子的能量系数。

可以计算出 2α-FeO(OH)、Fe_2O_3 的晶格能[36]。

已知

$$\mathrm{EC}_{\mathrm{Fe}^{3+}}=5.15；\mathrm{EC}_{\mathrm{O}^{2-}}=1.55；\mathrm{EC}_{\mathrm{OH}^-}=0.37 \tag{3.25}$$

由此可算出针铁矿 $Fe_2O_3 \cdot H_2O$ 即 2α-FeO(OH)的晶格能为

$$U = 61.209 \times (2 \times 5.15 + 2 \times 1.55 + 2 \times 0.37) = 865.50(\mathrm{kJ/mol}) \tag{3.26}$$

Fe_2O_3 的晶格能则为

$$U = 61.209 \times (2 \times 5.15 + 3 \times 1.55) = 915.08(\mathrm{kJ/mol}) \tag{3.27}$$

Fe_2O_3 的晶格能大于 α-FeO(OH)的晶格能，表明 Fe_2O_3 在热力学上比 α-FeO(OH)更稳定；反之，根据能量守恒定律，浸出液中的铁形成 Fe_2O_3 所需能量大于形成 α-FeO(OH)所需能量，这恰好与赤铁矿法除铁[9]需要高温(453～473K)、高压(2.0MPa)的条件相符合，从而确定浸出液中铁最终以晶格能较低的针铁矿形态赋存于渣相中。

3.3.11　高铟高铁闪锌矿两段加压酸浸综合试验

在上述一段加压酸浸条件试验和综合试验的基础上，选用如图 3.31 所示的流程，对高铟高铁闪锌矿进行两段加压酸浸处理。在第一次两段浸出的Ⅰ段加入浸出原液 600mL，浸出原液的主要成分是：Zn 80g/L、H_2SO_4 44.41g/L、Fe 16.95g/L、In 0.029g/L，以后的每次Ⅰ段浸出原液用前一次的Ⅱ段浸出液，并向其中按所要求的Ⅰ段 H_2SO_4 与 Zn 摩尔比配入一定量的硫酸。按此方法进行了多次两段浸出的循环试验。每次选用 100g 粒度为 –43μm 占 99.70%以上的高铟高铁闪锌矿 3，在液固比为 6∶1、浸出温度为 145～155℃、氧气压力为 1.4MPa、搅拌转速为 750r/min(即线速度为 94m/min)、加入表面活性物质 100mg 的条件下进行浸出，Ⅰ段浸出时间为 50min、Ⅱ段加入 $ZnSO_4 \cdot 7H_2O$ 110g，并补充一定量的硫酸，浸出时间为 50min 的条件下，改变两段总硫酸用量及Ⅰ段 H_2SO_4 与 Zn 摩尔比进行试验，试验结果如表 3.4 所示。在工业生产中，两次浸出时的浸出原液可以按图 3.31 所示的废电解液来补充。表 3.4 所列数据表明：①两段加压酸浸综合

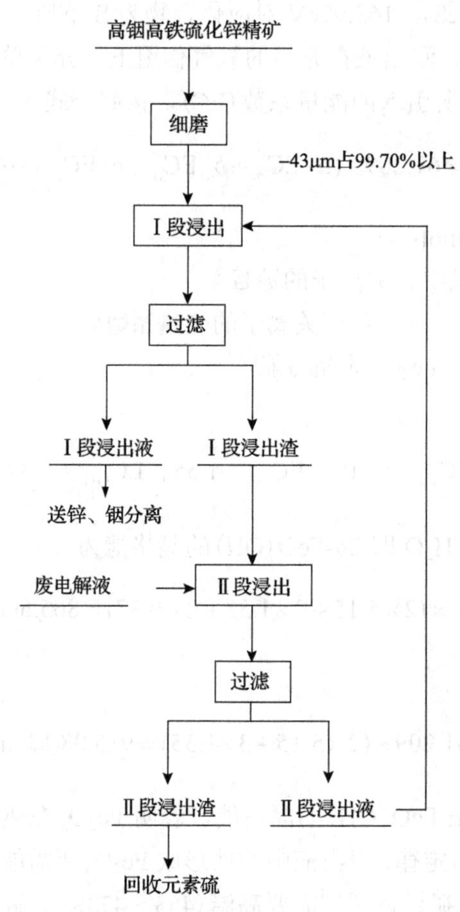

图 3.31　高铟高铁闪锌矿两段加压酸浸工艺流程图

表 3.4　两段加压酸浸综合条件试验结果

编号		酸锌比	硫酸用量/mL	总耗酸量/mL	浸出液成分/(g/L)						浸出渣							渣计浸出率/%					元素硫转化率/%
					Zn	In	Fe^T	Fe^{2+}	Cu	H_2SO_4	质量/g	成分/%						Zn	In	Cu	Cd	Fe	
												Zn	In	Cu	Cd	Fe	S^0						
1	I	0.40∶1	10.2	53.87	128.1	0.048	1.34	1.01	1.57	8.06		15.12	0.0226			27.00		99.28	91.66	89.47	99.12	31.09	75.11
	II	3.1∶1	39		63.42	0.0314	23.65			15.14	51.55	0.62	0.0055	0.19	0.0029	23.58	47.59						
2	I	0.40∶1	10	51.8	116.9	0.051	1.07	0.51	1.68	10.08		12.42	0.0221			31.19		99.36	93.91	90.36	>98.35	21.43	75.79
	II	3.6∶1	37		59.15	0.0319	27.58			21.77	56.05	0.51	0.0037	0.16	<0.005	25.72	43.58						
3	I	0.40∶1	7.5	49.8	86.22	0.040	12.9	10.6	1.26	8.59		28.28	0.0291			26.44		98.99	88.60	85.68	58.35	25.71	62.16
	II	1.49∶1	35		46.38	0.0405	21.15			13.60	57.00	0.79	0.0068	0.25	0.16	23.30	35.62						
4	I	0.45∶1	12.1	51.65	120.6	0.053	2.07	1.34	1.65	9.01		23.07	0.0273			28.38		99.15	95.67	90.52	98.90	50.89	75.49
	II	1.83∶1	35		76.67	0.0410	31.70			20.41	49.00	0.77	0.0037	0.18	0.0038	17.68	49.56						
5	I	0.45∶1	9.9	49.65	111.5	0.045	2.59	0.54	1.59	8.59		23.68	0.0317			35.1		99.46	92.83	95.28	98.83	19.48	86.39
	II	1.68∶1	33		78.20	0.0488	33.75			22.65	59.3	0.40	0.0041	0.09	0.0034	23.95	47.58						
6	I	0.45∶1	9.1	49.65	107.8	0.042	3.55	0.40	1.63	8.39		26.7	0.0383			35.74		99.05	88.24	92.06	98.84	10.40	86.03
	II	1.49∶1	33		80.47	0.0538	31.27			25.44	61.50	0.69	0.0065	0.12	0.0032	25.70	45.69						
7	I	0.45∶1	9	49.65	105.1	0.046	0.73	0.03	1.70	8.16		29.72	0.0386			35.96		99.00	91.95	89.58	98.76	35.95	77.96
	II	1.34∶1	33		86.25	0.0153	21.52			22.67	57.00	0.78	0.0048	0.17	0.0037	20.13	44.67						
8	I	0.46∶1	9.5	49.65	111.3	0.049	1.85	0.19	1.58	8.01		29.47	0.0140			29.44		99.00	90.90	88.29	98.48	22.30	73.30
	II	1.35∶1	33		85.52	0.0170	21.91			17.43	57.3	0.78	0.0054	0.19	0.0045	23.92	41.78						
9	I	0.45∶1	10.8	51.65	107.9	0.051	1.87	1.00	1.65	8.02		31.10	0.0134			29.67		99.24	92.49	90.02	99.01	20.63	84.51
	II	1.35∶1	35		86.58	0.0140				18.35	58.00	0.67	0.0044	0.16	0.0029	25.14	47.59						
10	I	0.45∶1	10.5	51.65	110.7	0.0453	1.40	0.66	1.47	9.36		29.30	0.0152			31.47		99.25	92.36	89.45	98.54	29.97	71.89
	II	1.44∶1	35		85.34	0.0147	26.62			19.28	57.70	0.58	0.0045	0.17	0.0043	21.41	40.69						

条件试验较好地验证了上述一段加压酸浸条件试验和综合试验所得出的结果；②采用两段加压酸浸制度，在保证 Zn、In、Cu、Cd 等金属达到较高的浸出率的同时，又可以使Ⅰ段浸出液中 Fe 的浓度≤3g/L，游离 H_2SO_4 浓度约为 10g/L；③在液固比为 6∶1、浸出温度为145～155℃、氧气压力为1.4MPa、搅拌转速为750r/min、加入表面活性物质100mg、总耗酸 50mL 左右、Ⅰ段浸出时 H_2SO_4 与 Zn 摩尔比为 0.45∶1 左右、Ⅰ段浸出时间为 50min、Ⅰ段浸出终酸为 10g/L 左右、Ⅱ段浸出时间为 50min、总的硫酸用量为 50mL 左右的条件下，两段加压酸浸高铟高铁闪锌矿后，总的金属浸出率可达到：Zn＞99%、Cd＞99%、In 约 94%、Cu 约 90%、元素硫的转化率约 75%。得到的Ⅰ段浸出液成分为：Zn 约 125g/L、Fe^T 约 2.5g/L、Fe^{2+}约 1.5g/L、In 约 0.056g/L、Cu 约 1.5g/L、Cd 约 0.3g/L、SiO_2 约 0.5g/L、As 约 0.0019g/L、Sb＜0.0001g/L、Co 约 0.0034g/L、Ni 约 0.0011g/L、Sn 约 0.0017g/L、CaO 约 0.01g/L、MgO 约 0.15g/L、Ge＜0.0001g/L、H_2SO_4 约 10g/L。浸出渣产出率约 58%；渣成分：Zn 0.4～0.8%、$S_总$约 57%、S^0 约 42%、Fe 约 24%、Cd 约 0.003%、Cu 约 0.2%、In 约 0.005%。择其具代表性的浸出渣进行 XRD 分析，如图 3.32 所示。

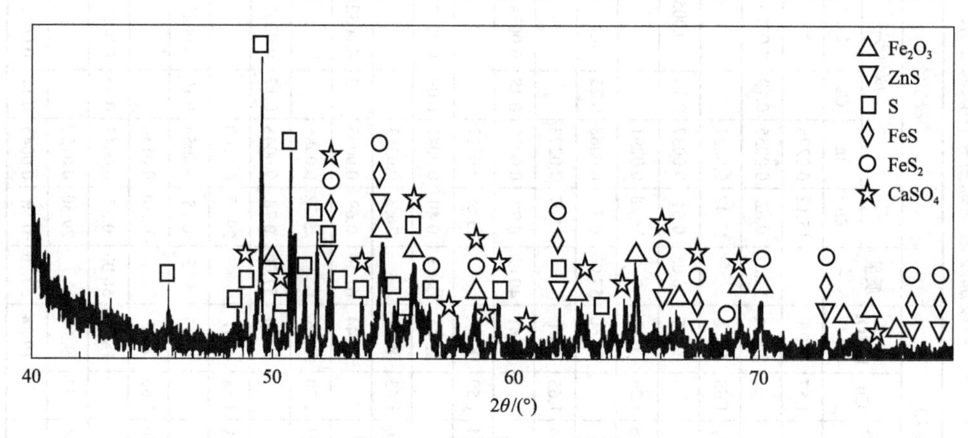

图 3.32　浸出渣 XRD 谱图

由图 3.32 可见，浸出渣的主要成分为 Fe_2O_3、ZnS、S、FeS、FeS_2、$CaSO_4$。在两段浸出过程中，铁主要以生成的氧化铁水合物和未被浸出的黄铁矿的形式存在，验证了所述的部分原理。

3.4　闪锌矿在酸性体系下的电化学行为

电化学测量主要是通过改变不同的测试条件，对电极电位和电流加以控制和测量，并分析研究两者之间的相互关系从而得出相关结论。其优点在于电化学方法能够将一般条件下难以测量的化学量直接转换成容易测量的电化学参数，对硫化矿湿法浸出过程机理研究而言，电化学方法不失为一种有效的研究手段[56-58]。闪锌矿的氧压酸浸过程也可通过电化学方法进行研究。

徐志峰等[59]采用三电极体系对闪锌矿悬浮矿浆进行阳极扫描及循环伏安扫描研究，

指出闪锌矿浸出过程存在中间产物 H_2S，H_2S 在阳极上按照反应式：

$$H_2S \longrightarrow 2H+S^0+2e^- \tag{3.28}$$

被氧化为硫单质，阳极极化曲线电位接近 0.2V 位置处存在一个对应的氧化峰，且添加溶解性铁能够促进闪锌矿的直接氧化作用；Jyothi 等[60]在研究黄铁矿、黄铜矿、闪锌矿和方铅矿浸出过程原电池效应的影响中，指出当闪锌矿与其他三种矿相接触时，会作为阳极优先溶解，其阳极反应为

$$ZnS \longrightarrow Zn^{2+}+S^0+2e^- \tag{3.29}$$

Choi 等[61]采用 ZnS-碳糊电极作为工作电极，进行循环伏安曲线扫描，测试结果表明，闪锌矿浸出过程发生多种化学反应，循环曲线中每个峰对应一个化学反应：

$$ZnS+2H^++2e^- \longrightarrow Zn^0+H_2S \quad \varphi^\ominus=-0.89V \tag{3.30}$$

$$Zn^0+H_2S \longrightarrow ZnS+2H^++2e^- \quad \varphi^\ominus=-0.89V \tag{3.31}$$

$$Zn^0 \longrightarrow Zn^{2+}+2e^- \quad \varphi^\ominus=-0.76V \tag{3.32}$$

$$ZnS \longrightarrow Zn^{2+}+S^0+2e^- \quad \varphi^\ominus=0.26V \tag{3.33}$$

$$SO_4^{2-}+8H^++6e^- \longrightarrow S^0+4H_2O \quad \varphi^\ominus=0.36V \tag{3.34}$$

Shi 等[62]采用铁闪锌矿-碳糊电极作为工作电极，研究了相关电化学行为。研究发现，三价铁离子在铁闪锌矿的溶解过程中有着十分重要的作用。由此可以概括闪锌矿在酸性体系中可能发生如上述化学反应式的电化学反应，结合标准状态下 ZnS-H_2O 系 φ-pH 图，可以得知每个反应对应的标准氧化还原电位，并与测得相关电化学曲线进行对比参照以确定发生的相关电化学反应。

3.4.1 工作电极的制备

为了进一步明确高铟高铁闪锌矿在酸性浸出过程中的电化学行为，通过对比研究人工合成纯 ZnS 及天然高铟高铁闪锌矿在酸性体系下的极化曲线、循环伏安曲线等确定反应机理。工作电极分别为：纯 ZnS-碳糊电极和高铟高铁闪锌矿-碳糊电极。

制备电极过程如下。首先将闪锌矿矿样在玛瑙研钵中充分研磨至粒度为–147μm 占100%，所得矿样粉末作为电极制备材料(纯 ZnS 不需要进行研磨筛样)。然后称取 10g 上述矿样粉末与 2.5g 光谱纯石墨混合均匀，称取 2.5g 固体石蜡置于烧杯中加热，融化后，迅速将混匀的矿样和石墨加入其中，充分搅拌均匀，并将混合物压制进入购置的聚四氟乙烯电极套内，插入一根铜导线并使用环氧树脂密封即得所需工作电极，图 3.33 为所制备工作电极示意图。

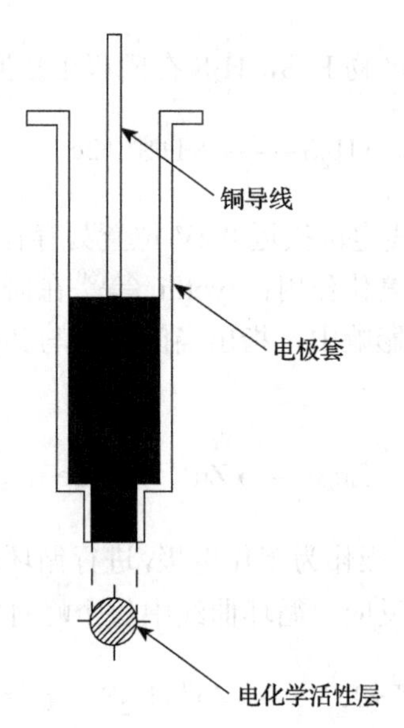

图 3.33　工作电极示意图

需要特别注意的是，由于制备的工作电极表面会有很多杂质吸附、划痕、标记或者覆盖物等，因此在每次进行电化学试验之前将制备的碳糊电极与电解质溶液相接触的工作面依次用 1000 目和 1200 目的金相砂纸打磨平滑、光亮，并使用无水乙醇进行清洗，最后用高纯去离子水冲洗干净。

3.4.2　试验仪器与方法

试验所用电解质溶液分别为 0.1mol/L、0.5mol/L、1.0mol/L H_2SO_4 溶液，加入 0.1mol/L Na_2SO_4 溶液为支持电解质，溶液均采用分析纯试剂和高纯去离子水配制，以消除杂质元素的影响。

采用的电化学测量仪器是瑞士万通中国有限公司生产的 PGSTAT302N 型电化学工作站，试验测量装置采用普通三电极体系，工作电极为上述制备电极，辅助电极为面积 $1cm^2$ 的铂片电极，饱和甘汞电极(SCE)作为参比电极，电化学工作站所测量的电化学数据均相对于 SCE。

将三电极体系与电化学工作站连接，通过相关电化学软件采集并处理电化学数据。工作测量示意图如图 3.34 所示。

主要采用线性伏安扫描法、循环伏安扫描法测量阳极极化曲线、循环伏安曲线以及 Tafel 极化曲线等电化学方法对闪锌矿在 H_2SO_4 体系中的电化学进行了研究。

确定测量稳态极化曲线的扫描速率可通过依次降低扫描速率的方法测定极化曲线，直至极化曲线不再发生变化时可认为达到稳态[63]。图 3.35 为纯 ZnS-碳糊电极作为工作电极时不同扫描速率下所得极化曲线。由图 3.35 可知，当扫描速率降至 10mV/s 以后，极化曲线基本重合，可认为电极过程达到稳态。因此，采用 10mV/s 扫描速率测定稳态极化曲线。

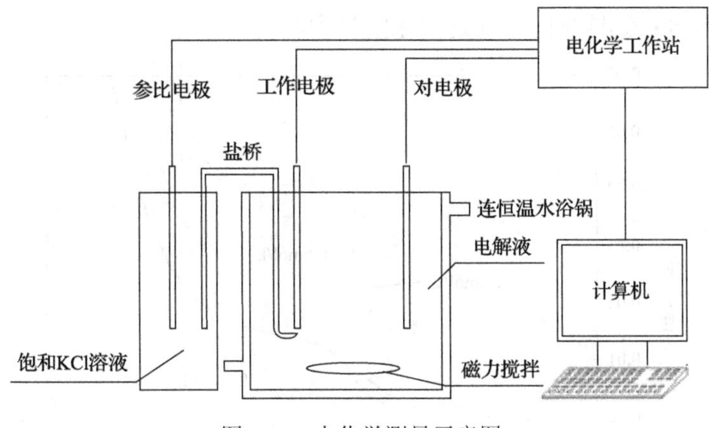

图 3.34　电化学测量示意图

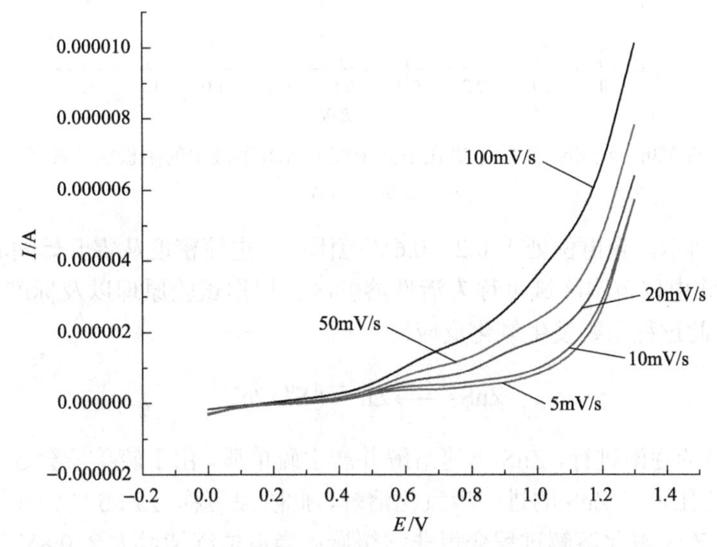

图 3.35　不同扫描速率下的极化曲线

T=25℃，$[H_2SO_4]$=1.0mol/L

3.4.3　不同硫酸浓度下纯 ZnS-碳糊电极阳极极化曲线

研究纯 ZnS-碳糊电极在不同浓度硫酸溶液中的阳极氧化反应，根据公式：

$$J=\frac{I}{S} \tag{3.35}$$

式中，J——电流密度，mA/cm^2；

I——反应电流，mA；

S——工作面积，cm^2。

计算得出对应电位的电流密度，图 3.36 为纯 ZnS-碳糊电极在不同浓度硫酸溶液中的阳极极化曲线，测试电位为 0～1.3V，扫描速率为 10mV/s。ZnS 阳极氧化溶解过程的阳极极化曲线与典型金属溶解过程的阳极极化曲线有着明显的差异，可分为三个反应区域：①活性溶解区；②钝化区；③过钝化区[64,65]。

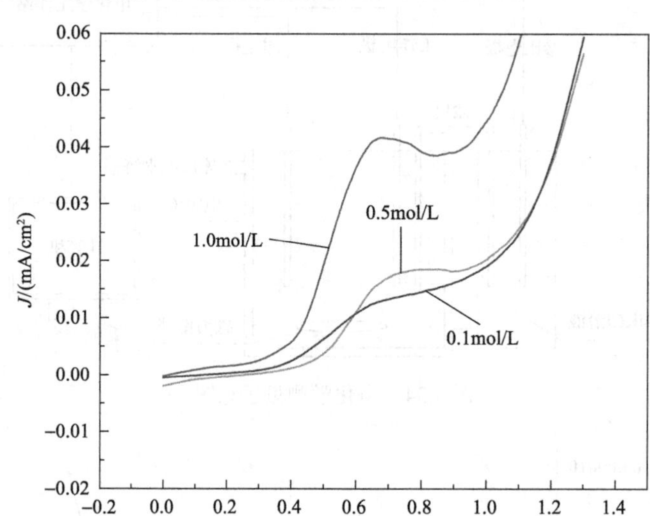

图 3.36　纯 ZnS-碳糊电极在不同浓度 H_2SO_4 溶液中的阳极极化曲线

扫描速率 10mV/s

如图 3.36 所示，当电位处于 0.2～0.6V 范围内，电流密度从零开始随着电位的增大而逐渐增大，此电位范围区域可称为活性溶解区。根据试验原理以及标准 ZnS-H_2O 系 φ-pH 图可知，此过程主要发生氧化反应：

$$ZnS \longrightarrow Zn^{2+} + S^0 + 2e^- \tag{3.36}$$

随着反应(3.36)的逐渐进行，ZnS 迅速溶解并产生硫单质，由于硫单质会逐渐吸附在 ZnS 电极表面，从而阻碍了 ZnS 的进一步氧化溶解，此阶段可称为 ZnS 的钝化区，电位范围为 0.7～0.8V，ZnS 氧化溶解过程变得非常缓慢；当电位继续增大至 0.8V 以上时，电流密度随着电位的增大而急剧增大，此时 ZnS 进入过钝化区，电位范围为 0.8～1.3V，推测原因为：硫单质发生氧化反应生成硫酸根，消除了 ZnS 进一步氧化溶解的障碍，反应式为

$$SO_4^{2-} + 8H^+ + 6e^- \longrightarrow S^0 + 4H_2O \tag{3.37}$$

由图 3.36 可知，随着体系硫酸溶液浓度的增大，ZnS 氧化溶解的速率不断增大，其中以 1.0mol/L 极化曲线最为明显。同时极化曲线对应的钝化区也相应增大，对比 1.0mol/L 与 0.1mol/L 两条极化曲线可以看出，0.1mol/L 极化曲线几乎没有钝化区，而 1.0mol/L 极化曲线对应钝化区很明显，说明增大硫酸浓度能够促进 ZnS 中硫元素氧化为硫单质，且若能够及时除去矿物表面包裹的硫单质，则可大大加速锌元素的溶出。

3.4.4　不同硫酸浓度下纯 ZnS-碳糊电极 Tafel 极化曲线

图 3.37 和表 3.5 分别为不同浓度硫酸溶液中纯 ZnS-碳糊电极的 Tafel 极化曲线及

Tafel 曲线参数。由图和表可以看出，在所测试的电位范围内，随着硫酸浓度的增大，体系的腐蚀电位 E_{corr} 负移，腐蚀电流 i_{corr} 增大，ZnS 的氧化反应速率升高，说明增加体系的酸度能够促进 ZnS 的氧化过程。

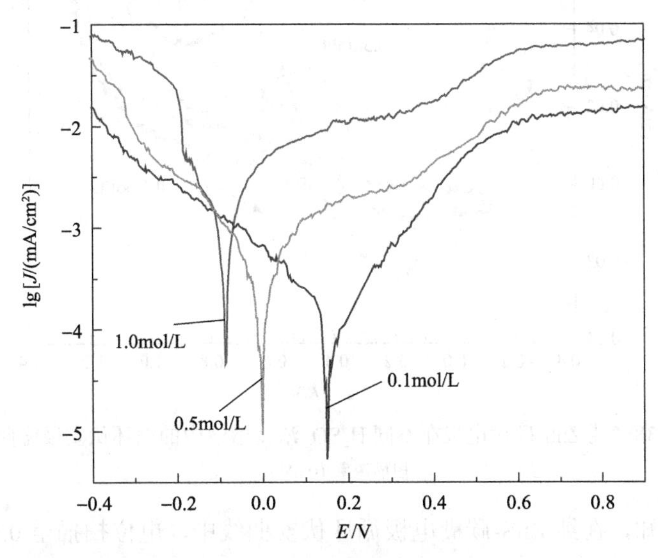

图 3.37　纯 ZnS-碳糊电极在不同 H_2SO_4 浓度溶液中的 Tafel 极化曲线

扫描速率 10mV/s

表 3.5　纯 ZnS-碳糊电极在不同浓度 H_2SO_4 溶液中的 Tafel 曲线参数

硫酸浓度/(mol/L)	腐蚀电位 E_{corr}/mV	腐蚀电流 i_{corr}/μA	阳极斜率/(mV/decade)	阴极斜率/(mV/decade)
1.0	–85	0.012	23.7	22.2
0.5	7.6	0.006	12.1	8.3
0.1	184	0.003	7.7	4.5

此外，从表 3.5 的 Tafel 曲线参数可以看出，Tafel 阳极斜率和阴极斜率都随着体系硫酸浓度的增大而增大。由于阳极斜率和阴极斜率分别等于 $2.303RT/(\beta nF)$ 和 $2.303RT/(\alpha nF)$，其中 R 为气体常数，T 为温度，F 为法拉第常数，β 和 α 分别为阳极表观传递系数和阴极表观传递系数[66,67]。当体系条件一定时，R、T、F 参数保持不变，阳极斜率与阴极斜率增大，表明阳极表观传递系数 β 和阴极表观传递系数 α 增大，氧化还原反应速率增大。由此可见，当硫酸溶液浓度增大时，H^+浓度增大，能够增强 ZnS 阳极氧化腐蚀反应程度，促进硫单质的形成及锌元素的溶出。

3.4.5　不同硫酸浓度下纯 ZnS-碳糊电极循环伏安曲线

图 3.38 为纯 ZnS-碳糊电极在不同硫酸浓度溶液中的循环伏安曲线，扫描速率为 10mV/s，扫描范围为–0.2～1.3V，起始扫描方向为正向。

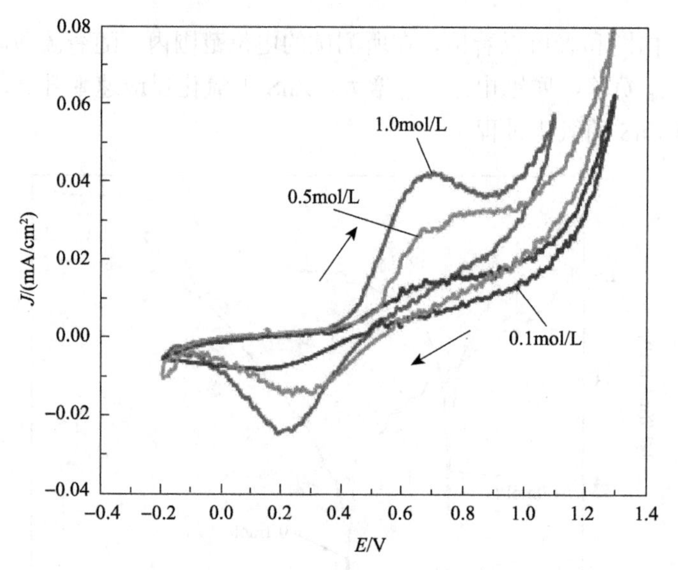

图 3.38　纯 ZnS-碳糊电极在不同 H_2SO_4 浓度溶液中的循环伏安极化曲线

扫描速率 10mV/s

由图 3.38 可知，在纯 ZnS-碳糊电极循环伏安曲线中，电位扫描至 0.5～0.8V 之间出现一个氧化峰，该峰表示的是硫化锌中硫元素氧化为硫单质，反应可以分为两步：

$$ZnS \longrightarrow Zn^{2+} + S^{2-} \tag{3.38}$$

$$S^{2-} \longrightarrow S^0 + 2e^- \tag{3.39}$$

反应(3.39)生成的硫单质会吸附在电极工作表面上，阻碍氧化反应的进一步进行。电位继续扫描至 1.3V 转为负向扫描，且在 0～0.4V 之间出现一个还原峰。判断电极体系是否可逆，可根据公式：

$$\left|\Delta E_p\right| = E_{pa} - E_{pc} \tag{3.40}$$

式中，E_{pa} ——阳极峰值电位值；

E_{pc} ——阴极峰值电位值。

计算出$\left|\Delta E_p\right|$，比较其与 $\frac{59}{n}$ mV(25℃) 的大小。当$\left|\Delta E_p\right| \approx \frac{59}{n}$ mV(25℃) 时，体系为可逆体系；当$\left|\Delta E_p\right| > \frac{59}{n}$ mV(25℃) 时，体系为不可逆体系。

此外，还可根据循环伏安曲线中氧化峰与还原峰是否对称，阳极电流与阴极电流比值是否为 1 进行判断。例如，1.0mol/L 硫酸体系对应的循环伏安曲线中，阳极峰值电位值约为 0.7V，阴极峰值电位值约为 0.2V，n 为 2，则阴、阳极峰值电位差值约为 0.5V，远远大于 29.5mV，且氧化峰与还原峰不相对称，体系为不可逆体系[68]。

已知阳极氧化过程中生成硫单质，结合标准 ZnS-H_2O 系 φ-pH 图，推测该还原峰发

生硫单质的还原反应生成 H_2S，反应式为

$$S + 2H^+ + 2e^- \xlongequal{} H_2S \tag{3.41}$$

此外，由图 3.38 还可以看出，纯 ZnS-碳糊电极在不同硫酸浓度溶液中的循环伏安曲线在相应的电位范围内都出现了氧化峰与还原峰，说明在纯 ZnS-碳糊电极工作表面都发生了同样的氧化还原反应，且随着硫酸浓度的增大，对应氧化峰及还原峰的电流密度急剧增大，意味着增大体系中硫酸溶液的浓度，能够加快电极表面氧化还原反应的反应速率，从而促进硫化锌中硫单质的生成及锌元素的溶出。

3.4.6 不同 Fe^{3+}浓度下纯 ZnS-碳糊电极 Tafel 极化曲线

图 3.39 为纯 ZnS-碳糊电极在不同 Fe^{3+}浓度溶液中的 Tafel 极化曲线。溶液电解质体系为 0.5mol/L H_2SO_4 溶液，0.1mol/L Na_2SO_4 溶液为支持电解质，称取适量的分析纯硫酸铁分别配制溶液 Fe^{3+}浓度为 0.1mol/L、0.05mol/L 以及 0.01mol/L。表 3.6 为纯 ZnS-碳糊电极在不同 Fe^{3+}浓度溶液中的 Tafel 曲线参数。

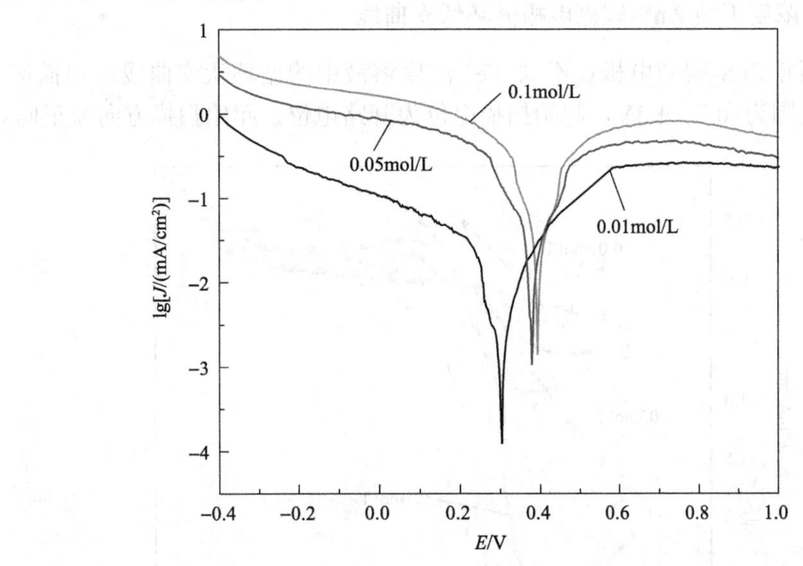

图 3.39 纯 ZnS-碳糊电极在不同 Fe^{3+}浓度溶液中的 Tafel 极化曲线

扫描速率 10mV/s

表 3.6 纯 ZnS-碳糊电极在不同 Fe^{3+}浓度溶液中的 Tafel 曲线参数

Fe^{3+}浓度/(mol/L)	腐蚀电位 E_{corr}/mV	腐蚀电流 i_{corr}/μA	阳极斜率/(mV/decade)	阴极斜率/(mV/decade)
0.1	398	0.617	15.8	16.9
0.05	382	0.336	18.1	22.2
0.01	294	0.004	17.0	23.1

由图 3.39 和表 3.6 可以看出，在所测试的电位范围内，随着 Fe^{3+}浓度的增大，体系

的腐蚀电位 E_{corr} 正移，腐蚀电流 i_{corr} 急剧增大。而腐蚀电流对应于腐蚀速率，因此随着溶液中 Fe^{3+}浓度的增大，ZnS 腐蚀速率急剧增大，即 ZnS 的氧化反应速率升高，说明向电解质体系添加 Fe^{3+}能够大幅度促进 ZnS 的氧化过程。

此外，对比图 3.37、图 3.39 可知，增加体系硫酸浓度与向体系添加 Fe^{3+}对 ZnS 氧化过程有着极其不同的影响。电解质体系中硫酸浓度的增大意味着溶液 H^+浓度的增大，在 ZnS 发生氧化还原反应过程中，H^+并不直接参与电子的得失与转移过程，而是通过增加电解质的浓度及改变体系的导电性等物理性质以促进电子的扩散速率来加快 ZnS 氧化还原反应速率；而 Fe^{3+}由于其强氧化性直接参与 ZnS 的氧化还原，反应可分为两步：

$$ZnS \longrightarrow Zn^{2+} + S^0 + 2e^- \tag{3.42}$$

$$2Fe^{2+} \longrightarrow 2Fe^{3+} + 2e^- \tag{3.43}$$

Fe^{2+}又可以通过失去电子发生氧化反应重新生成 Fe^{3+}，继续参与 ZnS 氧化过程，这恰好论证了闪锌矿氧压酸浸过程中铁离子催化氧化硫化锌的作用机理。

3.4.7　不同 Fe^{3+}浓度下纯 ZnS-碳糊电极循环伏安曲线

图 3.40 为纯 ZnS-碳糊电极在不同 Fe^{3+}浓度溶液中的循环伏安曲线，扫描速率为 10mV/s，扫描范围为–0.2～1.3V，起始扫描电位为开路电位，起始扫描方向为正向。

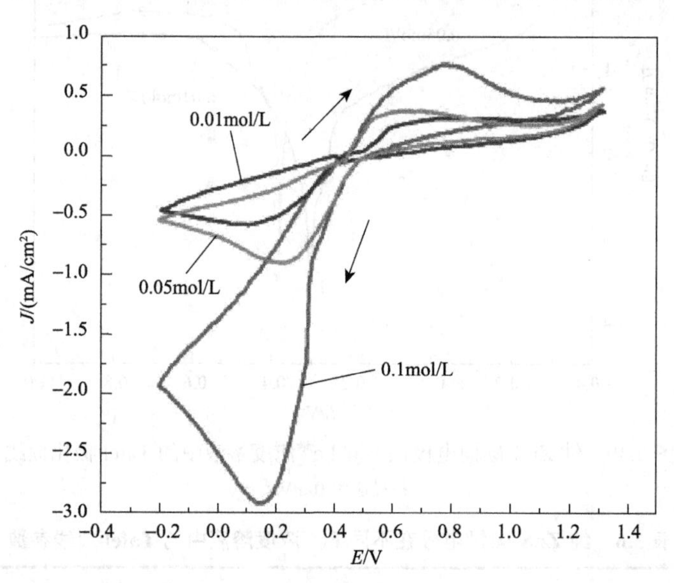

图 3.40　纯 ZnS-碳糊电极在不同 Fe^{3+}浓度溶液中的循环伏安极化曲线

扫描速率 10mV/s

由图 3.40 可以看出，在纯 ZnS-碳糊电极循环伏安曲线中，正向扫描至电位 0.4～0.8V 之间出现一个氧化峰，负向扫描至电位 0～0.2V 之间出现一个还原峰。与图 3.38 相对比，可知氧化峰表示的是硫化锌中硫元素的氧化，而还原峰电流密度随着 Fe^{3+}浓度的增大而急剧增大，因此还原峰代表的反应为

$$2Fe^{3+} + 2e^- \longrightarrow 2Fe^{2+} \tag{3.44}$$

此外，由图3.40还可以看出，纯ZnS-碳糊电极在不同Fe^{3+}浓度溶液中的循环伏安曲线在相应的电位范围内都出现氧化峰与还原峰，但对应电流密度大小有着很大差别。说明在纯ZnS-碳糊电极工作表面都发生同样的氧化还原反应，且随着Fe^{3+}浓度的增大，对应氧化峰及还原峰的电流密度急剧增大，意味着增大体系溶液中Fe^{3+}的浓度，能够加快电极表面氧化还原反应的反应速率，从而促进硫化锌中硫单质的生成及锌元素的溶出。

3.4.8 不同硫酸浓度下高铟高铁闪锌矿-碳糊电极Tafel极化曲线

图3.41和表3.7分别为不同H_2SO_4浓度溶液中高铟高铁闪锌矿-碳糊电极的Tafel极化曲线及Tafel曲线参数。由图和表可以看出，在所测试的电位范围内，随着H_2SO_4浓度的增大，体系的腐蚀电位E_{corr}正移，腐蚀电流i_{corr}增大，说明增加体系的酸度能够促进闪锌矿的氧化过程。

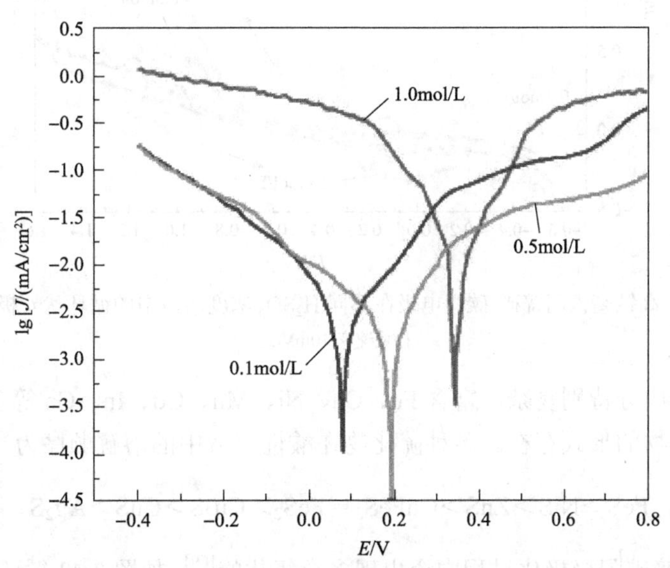

图3.41 高铟高铁闪锌矿-碳糊电极在不同H_2SO_4浓度溶液中的Tafel极化曲线
扫描速率10mV/s

表3.7 高铟高铁闪锌矿-碳糊电极在不同H_2SO_4浓度溶液中的Tafel曲线参数

硫酸浓度/(mol/L)	腐蚀电位E_{corr}/mV	腐蚀电流i_{corr}/μA	阳极斜率/(mV/decade)	阴极斜率/(mV/decade)
1.0	348	0.12	17.6	14.1
0.5	184	0.06	20.3	17.1
0.1	76	0.02	18.8	17.1

对比纯ZnS-碳糊电极与高铟高铁闪锌矿-碳糊电极在相同硫酸体系下的Tafel曲线参数，可以看出H^+促进纯ZnS氧化过程机理与促进闪锌矿氧化过程机理不同。推测原因

为：在酸性体系中，闪锌矿中铁元素优先溶出，氧化为三价铁后开始催化硫化锌的氧化，使得腐蚀电流急剧增大，图 3.41 与表 3.7 对这一推论起到了一定的支持作用。

3.4.9 不同硫酸浓度下高铟高铁闪锌矿-碳糊电极循环伏安曲线

图 3.42 为高铟高铁闪锌矿-碳糊电极在不同 H_2SO_4 浓度溶液中的循环伏安曲线，扫描速率为 10mV/s，扫描范围为–0.6～1.6V，起始扫描电位为开路电位，起始扫描方向为正向。

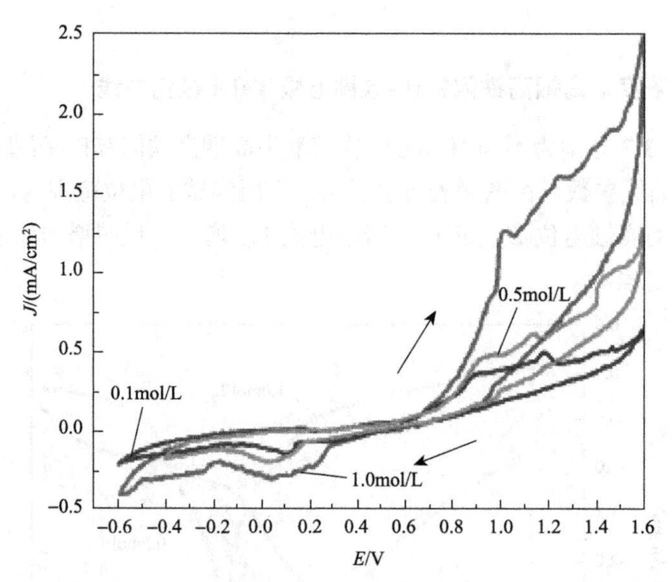

图 3.42　高铟高铁闪锌矿-碳糊电极在不同 H_2SO_4 浓度溶液中的循环伏安极化曲线
扫描速率 10mV/s

天然闪锌矿成分特别复杂，富含 Fe、Cu、Ni、Mn、Cd、In、Ga 等多种杂质金属元素，且多以硫化物的形式存在。各种硫化物在酸性溶液中的溶解顺序为

$$FeS > NiS > ZnS > CuFeS_2 = FeS_2 > Cu_2S > CuS > Ag_2S$$

因此，在闪锌矿阳极极化过程中会出现多个氧化峰[69]。如图 3.42 循环伏安曲线所示，正向扫描过程共出现三个氧化峰，对应电位范围分别为 0.9～1.0V、1.1～1.2V 以及 1.3～1.4V，但不能确定每个氧化峰对应的氧化反应，而氧化过程生成的硫单质在负向扫描过程中发生还原反应：

$$S + 2H^+ + 2e^- \longrightarrow H_2S \tag{3.45}$$

对应电位范围为 0～0.2V。对比图 3.38 与图 3.42 可知，在相同硫酸浓度体系下，高铟高铁闪锌矿-碳糊电极对应的电流密度远远高于纯 ZnS-碳糊电极对应的电流密度，说明闪锌矿中某些金属元素能够促进硫化锌的氧化过程。

参 考 文 献

[1] Ozberk E, Jankola W A, Vecchiarelli. Commercial operations of the Sherritt zinc pressure leach process[J]. Hydrometallurgy, 1995, 39 (1-3) : 49-52.

[2] Ozberk E, Jankola W A, Vecchiarelli. Commercial applications of the Sherritt zinc pressure leach process and iron disposal[J]. Mineral Processing and Extractive Metallurgical Review, 1995, 15: 115-133.

[3] Collins M J. Starting up the sherritt zinc pressure leach process at Hudson Bay[J]. JOM, 1994, 46 (4) : 52-57.

[4] Forward F A, Veltman H. Direct leaching znic-sulfide concentrates by sherritt Gordon[J]. Journal of Metals, 1959, 11 (11) : 30-32.

[5] 戴江洪, 李建平, 陆业大. 当今锌湿法冶金现状及发展趋势[J]. 中国有色冶金, 2012, 41 (4) : 27-30.

[6] 周廷熙, 王吉坤. 高铁硫化锌精矿冶炼工艺研究进展[J]. 中国有色冶金, 2006, 2 (1) : 13-17.

[7] 高良宾, 赫冀成, 徐红江. 硫化锌精矿高温高压浸出技术[J]. 有色矿冶, 2007, (4) : 33-36.

[8] 王吉坤, 周廷熙. 硫化锌精矿加压酸浸技术及产业化[M]. 北京: 冶金工业出版社, 2008.

[9] 华一新. 有色冶金概论[M]. 北京: 冶金工业出版社, 2009.

[10] 周廷熙. 铁闪锌矿的浮选机理研究[C]. 第四届全国青年选矿学术会议论文集, 1996.

[11] 廖为新, 王吉坤, 梁铎强, 等. 富锗闪锌矿的氧压酸浸研究[J].稀有金属. 2008, 32 (3) : 344-346.

[12] 张琳叶, 莫家梅, 黎铉海, 等. 合成富铟铁酸锌中铟的硫酸浸出行为研究[J]. 金属矿山, 2013, 449 (11) : 84-87.

[13] 张志雄. 矿石学[M]. 北京: 冶金工业出版社, 1981.

[14] 谢克强, 杨显万, 舒毓璋, 等. 多金属硫化矿浮选精矿加压酸浸研究[J]. 有色金属(冶炼部分), 2006, (4) : 6-9.

[15] 王吉坤, 周廷熙, 吴锦梅. 高铁闪锌矿精矿加压酸浸新工艺研究[J]. 有色金属(冶炼部分), 2004, (1) : 5-8.

[16] 王吉坤, 彭建蓉, 杨大锦, 等. 高铟高铁闪锌矿加压酸浸工艺研究[J]. 有色金属(冶炼部分), 2006, (2) : 30-32.

[17] 刘述平, 李博, 王昌良, 等. 从铜铅锌复杂多金属精矿中两段加压浸出锌铜铁试验研究[J]. 湿法冶金, 2013, 32 (5) : 297-301.

[18] 王玉芳, 蒋开喜, 王海北. 高铁闪锌矿低温低压浸出新工艺研究[J]. 有色金属(冶炼部分), 2004, (4) : 4-6.

[19] Jan R J, Hepworth M T, Fox V G. A kinetic study on the pressure leaching of sphalerite[J]. Metallurgical Transactions B, 1976, 7 (3) : 353-361.

[20] Baldwin S A, Demopoulos G P, Papangelakis V G. Mathematical modeling of the zinc pressure leach process[J]. Metallurgical and Materials Transactions B, 1995, 26 (5) : 1035-1047.

[21] Corriou J, Gély R, Viers P. Thermodynamic and kinetic study of the pressure leaching of zinc sulfide in aqueous sulfuric acid[J]. Hydrometallurgy, 1988, 21 (1) : 85-102.

[22] Harvey T J, Tai Yen W, Paterson J G. A kinetic investigation into the pressure oxidation of sphalerite from a complex concentrate[J]. Minerals Engineering, 1993, 6 (8-10) : 949-967.

[23] 徐志峰, 邱定蕃, 王海北. 铁闪锌矿加压浸出动力学[J]. 过程工程学报, 2008, (1) : 28-34.

[24] Owusu G, Dreisinger D B, Peters E. Effect of surfactants on zinc and iron dissolution rates during oxidative leaching of sphalerite[J]. Hydrometallurgy, 1995, 38 (3) : 315-324.

[25] 夏光祥, 施惠娟, 曹昌琳, 等. 锌精矿加压氧化酸浸工艺研究[J]. 化工冶金, 1984, (1) : 32-43.

[26] 王吉坤, 周廷熙, 吴锦梅. 高铁闪锌矿精矿加压酸浸新工艺研究[J]. 有色金属(冶炼部分), 2004, (1) : 5-8.

[27] Verbaan B, Crundwell F K. A electrochemical model for the leaching of a sphalerite concentrate[J]. Hydrometallurgy. 1986, 16 (3) : 345-359.

[28] 牟望重, 张廷安, 古岩, 等. 铅锌硫化矿富氧浸出热力学研究[J]. 过程工程学报, 2010, 10 (S1) : 171-176.

[29] Mu W Z, Zhang T A, Yan L, et al. *E*-pH diagram of ZnS-H_2O system during high pressure leaching of zinc sulfide[J]. Transactions of Nonferrous Metals Society of China, 2010, 20 (10) : 2012-2019.

[30] 王吉坤, 李存兄, 李勇, 等. 高铁闪锌矿高压酸浸过程中ZnS-FeS-H_2O系电位-pH图[J]. 有色金属(冶炼部分), 2006, (2) : 2-5.

[31] 张光明, 冯可芹, 邓伟林, 等. 钒钛磁铁矿碳热合成铁基复合材料的热力学分析[J]. 四川大学学报(工程科学版), 2012, 44(4): 192-196.

[32] 印永嘉, 奚正楷, 张树永. 物理化学简明教程[M]. 北京: 高等教育出版社, 2007.

[33] Souza A D, Pina P S, Leao V A, et al. The leaching kinetics of a zinc sulphide concentrate in acid ferric sulphate[J]. Hydrometallurgy, 2007, 89(1-2): 72-81.

[34] Gu Y, Zhang T-a, Liu Y, et al. Pressure acid leaching of zinc sulfide concentrate[J]. Transactions of Nonferrous Metals Society of China, 2010, 20(1): 136-140.

[35] 俞小花, 谢刚, 李永刚, 等. In_2O_3-H_2O 系电位-pH 图[J]. 材料与冶金学报. 2008, 7(1): 26-29.

[36] 徐采栋, 林蓉, 汪大成. 锌冶金物理化学[M]. 上海: 上海科学技术出版社, 1978.

[37] 童雄, 周庆华, 何剑, 等. 铁闪锌矿的选矿研究概况[J]. 金属矿山, 2006, 6: 8-12.

[38] 司荣军, 顾雪祥, 庞绪成, 等. 云南富乐铅锌多金属矿床闪锌矿中分散元素地球化学特征[J]. 矿物岩石, 2006, (26): 75-80.

[39] 李培哲. 分析化学[M]. 北京: 冶金工业出版社, 1979.

[40] 廖为新, 王吉坤, 梁铎强, 等. 富锗闪锌矿的氧压酸浸研究[J]. 稀有金属, 2008, 32(3): 344-350.

[41] 张琳叶, 莫家梅, 黎铉海, 等. 合成富铟铁酸锌中铟的硫酸浸出行为研究[J]. 金属矿山, 2013, (11): 84-87.

[42] 廖为新, 王吉坤, 梁铎强, 等. 富锗硫化锌精矿的氧压酸浸研究[J]. 黄金, 2008, (3): 39-42.

[43] 杨显万, 邱定蕃. 湿法冶金[M]. 北京: 冶金工业出版社, 1998.

[44] 杨大锦, 谢刚, 刘俊场, 等. 高铁硫化锌精矿氧压酸浸过程分析[J]. 云南冶金, 2012, (5): 48-52.

[45] 陈龙义. 硫化锌精矿氧压浸出过程中的沉铁机理[J]. 世界有色金属, 2018, (3): 195-196.

[46] 于站良, 陈家辉, 谢刚, 等. 加压浸出脱出工业硅杂质铝的研究[J]. 稀有金属. 2013, 37(3): 457-464.

[47] 古岩, 张廷安, 吕国志, 等. 硫化锌加压浸出过程的电位-pH 图[J]. 材料与冶金学报. 2011, 10(2): 112-119.

[48] 谢克强. 高铁硫化锌精矿和多金属复杂硫化矿加压浸出工艺及理论研究[D]. 昆明: 昆明理工大学, 2006.

[49] 李小英, 王吉坤, 麦振海. 高铁硫化锌精矿氧压浸出铟的研究[J]. 云南冶金. 2006, 35(6): 27-29.

[50] Owusu G, Dreisinger D B, Peters E. Effect of surfactants on zinc and iron dissolution rates during oxidative leaching of sphalerite[J]. Hydrometallurgy, 1995, 38(3): 315-324.

[51] 李运姣, 李洪桂, 刘茂盛, 等. 浅谈机械活化在湿法冶金中的应用[J]. 稀有金属与硬质合金, 1993, (3): 38-42.

[52] 蒋汉瀛. 湿法冶金过程物理化学[M]. 北京: 冶金工业出版社, 1984.

[53] 王新志, 王吉坤, 李小英, 等. 氧压酸浸在云南某低品位硫化锌矿的应用[J]. 云南冶金, 2008, 37(6): 40-44.

[54] Buckley A N, Wouterlood H J, Woods R. The surface composition of nature sphalerites under oxidative leaching conditions[J]. Hydrometallurgy, 1989, 22(1/2): 39-56.

[55] 王建祺. 电子能谱学(XPS/XAES/UPS)引论[M]. 北京: 国防工业出版社, 1992.

[56] Nowak P, Krauss E, Pomianowski A. The electrochemical characteristics of the galvanic corrosion of sulphide minerals in short circuited model galvanic cells[J]. Hydrometallurgy, 1984, 12(1): 95-110.

[57] Lu Z Y, Jeffery M I, Lawson F. An electrochemical study of the effect of chloride ions on the dissolution of chalcopyrite in acidic solutions[J]. Hydrometallurgy. 2000, 56(2): 145-155.

[58] Jones D A, Paul A J P. Acid leaching behavior of sulfide and oxide minerals determined by electrochemical polarization measurements[J]. Mineral Engineering. 1995, 8(4-5): 512-521.

[59] 徐志峰, 王海北, 邱定蕃. 闪锌矿酸性氧化浸出过程的电化学行为[J]. 有色金属, 2005, 57(4): 59-63.

[60] Jyothi N, Sudha K N, Natarajan K A. Electrochemical aspects of selective bioleaching of sphalerite and chalcopyrite from mixed sulphides[J]. Mineral Processing, 1989, 37(3-4): 189-203.

[61] Choi W K, Torma A E, Ohline R W. Electrochemical aspects of zinc sulphide leaching by Thiobacillus ferrooxidans[J]. Hydrometallurgy, 1993, 33(2-2): 137-152.

[62] Shi S Y, Fang Z H, Ni J R. Electrochemistry of marmatite-carbon paste electrode in the presence of bacterial strains[J]. Bioelectrochemistry, 2006, 68(1): 113-118.

[63] 舒余德, 陈白珍. 冶金电化学研究方法[M]. 长沙: 中南工业大学出版社, 1990.

[64] 赵开乐, 顾帼华, 李双棵. 有菌和无菌体系下磁黄铁矿氧化的电化学研究[J].中南大学学报(自然科学版), 2011, (10): 2887-2892.

[65] Antonijevic M M, Dimitrijevic M D, Serbula S M. Influence of inorganic anions on electrochemical behaviour of pyrite[J]. Electrochimica Acta, 2005, 50(20): 4160-4167.

[66] 孙小俊. 黄铁矿微生物浸出及其电化学研究[D]. 长沙: 中南大学, 2009.

[67] 李骞, 杨永斌, 姜涛, 等. 砷黄铁矿在酸性体系下的电化学氧化[J]. 中国有色金属学报, 2006, (11): 1972-1975.

[68] 王少芬, 方正, 王云燕. 碳糊电极在硫化矿发电浸出过程中的应用研究[J].电化学, 2005, 11(1): 77-82.

[69] Arce E M, Gonzalez I. A comparative study of electrochemical behavior of chalcopyrite, chalcocite and bornite in sulfuric acid solution[J]. International Journal of Mineral Processing, 2002, 67(1): 17-28.

第4章　加压湿法冶金在氧化铝生产中的应用

4.1　拜耳法生产氧化铝

4.1.1　拜耳法的原理与实质

拜耳法因它是拜耳(Karl Josef Bayer)在1887年提出而得名。近几十年来它已经有了许多改进，但仍然习惯地沿用这个名称。

拜耳法用于处理低硅铝土矿，特别是用于处理三水铝石型铝土矿时，流程简单，作业方便，其经济效益远非其他生产氧化铝的方法所能媲美。目前全世界生产的氧化铝和氢氧化铝有90%以上是用拜耳法生产的。

拜耳法包括两个主要过程，也就是拜耳提出的两项专利。一项是他发现Na_2O与Al_2O_3的摩尔比为1.8的铝酸钠($NaAlO_2$)溶液在常温下，只要添加氢氧化铝作为晶种，不断搅拌，溶液中的Al_2O_3便可以呈氢氧化铝缓缓析出，直到其中Na_2O与Al_2O_3的摩尔比提高到6为止，这就是铝酸钠溶液的晶种分解过程。另一项是他发现，已经析出了大部分氢氧化铝的溶液，在加热时，又可以溶出铝土矿中的氧化铝水合物，这就是利用种分母液溶出铝土矿的过程。交替使用这两个过程就能够一批批地处理铝土矿，从中得到纯的氢氧化铝产品，构成拜耳循环。

拜耳法的实质是以下反应在不同条件下的交替进行：

$$Al_2O_3 \cdot (1或3)H_2O + NaOH_{(aq)} \rightleftharpoons NaAl(OH)_{4(aq)} \tag{4.1}$$

拜耳法的实质也可以从Na_2O-Al_2O_3-H_2O系的拜耳法循环图(图4.1)中来了解。用来溶出铝土矿中氧化铝水合物的铝酸钠溶液(即循环母液)的成分相当于图4.1中*A*点。它在高温(在此为200℃)下是未饱和的，具有溶解氧化铝水合物的能力。在溶出过程中，如果不考虑矿石中杂质造成的Na_2O损失，溶液的成分应该沿着*A*点与$Al_2O_3 \cdot H_2O$(在溶出一水铝石矿时)或$Al_2O_3 \cdot 3H_2O$(在溶出三水铝石矿时)的图形点的连线变化，直到饱和为止。溶出液的最终成分在理论上可以达到这条线与溶解度等温线的交点。在实际的生产过程中，由于溶解时间的限制，溶出过程在此之前的*B*点便结束了，*B*点就是溶出后溶液的成分。为了从其中析出氢氧化铝，必须要降低它的稳定性，为此加入赤泥洗液将其稀释。由于溶液中Na_2O和Al_2O_3的浓度同时降低，故其成分由*B*点沿等分子比线改变至*C*点。在分离泥渣后，降低温度(如降低至60℃)，使溶液的过饱和程度进一步提高，往其中加入氢氧化铝晶种便发生分解反应，析出氢氧化铝。在分解过程中溶液成分沿着*C*点与$Al_2O_3 \cdot 3H_2O$的图形点的连线变化。如果溶液在分解过程中最后冷却到30℃，种分母液的成分在理论上可以达到连线与30℃等温线的交点。在实际的生产过程中，由于时间的限制，分解过程是在溶液成分变至*D*点，即其中Al_2O_3仍然过饱和的情况下结束的。如果*D*点的分子比与*A*点相同，那么通过蒸发，溶液成分又可以恢复到*A*点。由此可见，*A* 点成分的溶液经过这样一次作业循环，便可以由矿石中提取出一批氢氧化铝，而其成分仍不发生改变。图 4.1 中 *AB*、*BC*、*CD* 和 *DA* 线表示溶液成分在各个作业过程中的变化，分别称为溶出线、稀释线、分解线和蒸发线，它们正好组成一个封闭四边形，即构成一个循环过程。实际的生产过程与上述理想过程有差别，主要是存在着 Al_2O_3 和 Na_2O 的化学损失和机械损失，溶出时有蒸汽冷凝水使溶液稀释，而添加的晶种又往往带入母液使溶液的分子比有所提高，因而各个线段都会偏离图中所示的位置。在每一次作业循环之后，必须补充所损失的碱，母液才能恢复到循环开始时 *A* 点的成分。

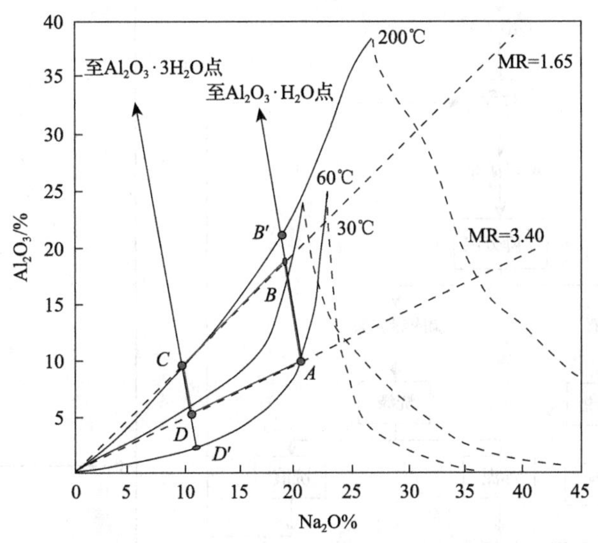

图 4.1　Na_2O-Al_2O_3-H_2O 系中的拜耳法循环图

*B′*为理论溶出终点；*D′*为理论分解终点；MR 为苛性比值，即溶液中氧化钠和氧化铝的摩尔比

4.1.2　拜耳法生产氧化铝的工艺流程

拜耳法是利用循环苛性碱溶液，在较高的温度和压力下溶出铝土矿中的氧化铝，得到铝酸钠溶液，分离溶出渣(赤泥)后，往溶液中加入氢氧化铝晶种，在降温和搅拌的条件下进行晶种分解，得到氢氧化铝沉淀，经洗涤后，进行煅烧而得到产品氧化铝。晶种分解后的母液经蒸发后循环用于溶出新的一批铝土矿，而 SiO_2、TiO_2 和 Fe_2O_3 等杂质则形成了不溶性的赤泥被送往堆场。拜耳法工艺流程包括溶出、稀释与赤泥分离、晶种分解、母液蒸发及煅烧等主要工艺步骤。拜耳法生产氧化铝工艺流程简单，能耗、成本低，产品质量好，适用于高品位铝土矿生产氧化铝，但不适合处理高硅铝土矿，其原则工艺流程图如图 4.2 所示。

4.1.3　氧化铝水合物在溶出过程中的行为

1. 三水铝石型铝土矿

在三水铝石型铝土矿中，氧化铝主要以三水铝石的形式存在。在所有类型的铝土矿中，三水铝石型铝土矿是最易溶出的一种铝土矿，在溶出温度超过 85℃时，就会有三水

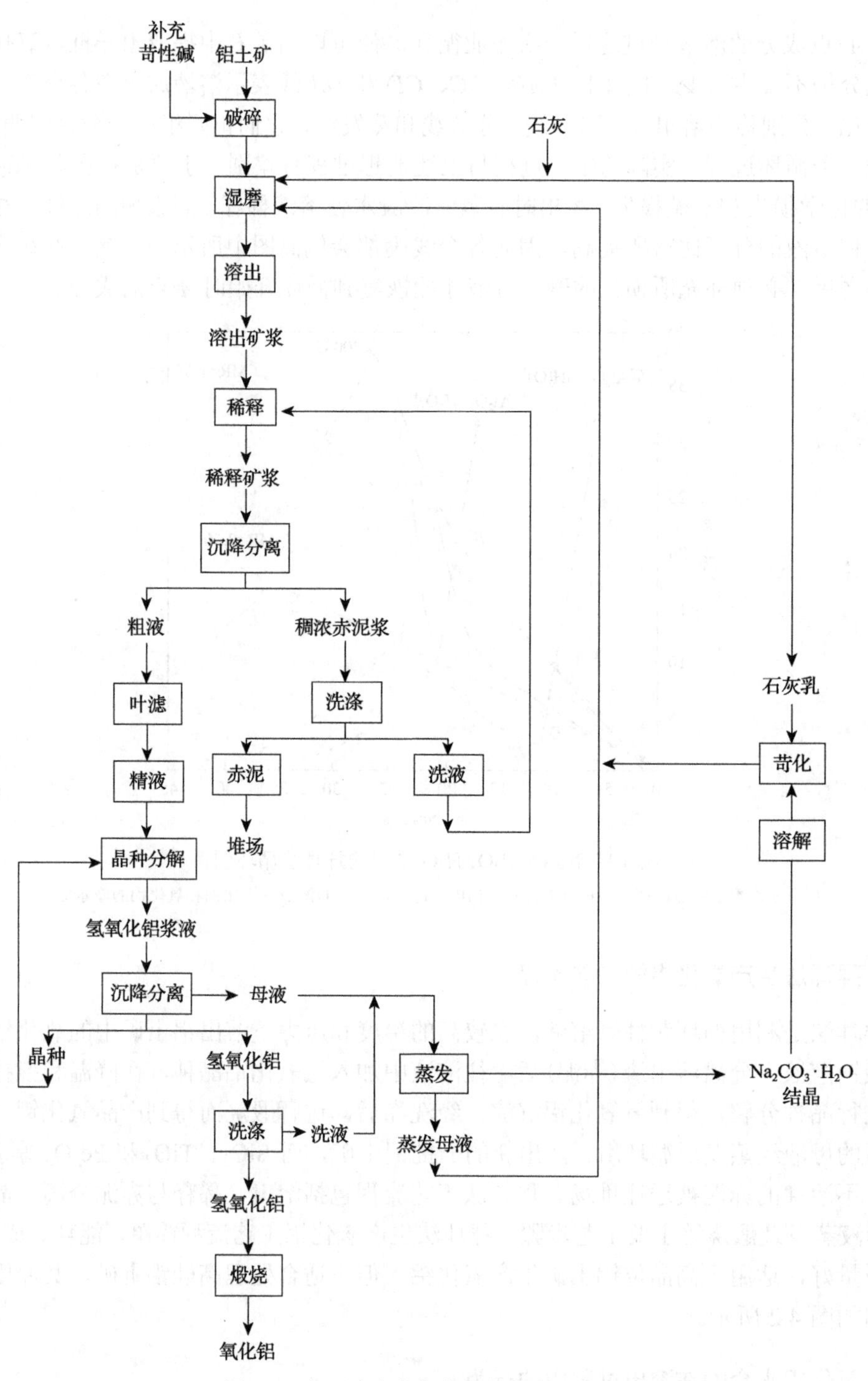

图 4.2　拜耳法生产氧化铝的基本工艺流程

铝石的溶出，随着温度的升高，三水铝石矿的溶出速率加快。通常情况下，三水铝石矿典型的溶出过程是温度为 140～145℃、Na_2O 浓度为 120～140g/L，矿石中的三水铝石能迅速地进入溶液，满足工业生产的要求。

当三水铝石矿与未饱和的铝酸钠溶液接触后，发生的化学反应如下：

$$Al(OH)_{3(s)} + NaOH_{(aq)} \longrightarrow NaAl(OH)_{4(aq)} \tag{4.2}$$

当铝酸钠溶液达到饱和时，溶出过程将会停止。如果改变条件使铝酸钠溶液过饱和，则会发生铝酸钠溶液的分解，即

$$NaAl(OH)_{4(aq)} \longrightarrow NaOH_{(aq)} + Al(OH)_{3(s)} \tag{4.3}$$

所以，实际上三水铝石的溶出反应是一个可逆的化学反应，反应的化学方程式可表示为

$$Al(OH)_3 + NaOH_{(aq)} \rightleftharpoons NaAl(OH)_{4(aq)} \tag{4.4}$$

2. 一水软铝石型铝土矿的溶出

相对三水铝石矿来讲，一水软铝石型铝土矿的溶出条件要苛刻得多，它需要较高的温度和较大的苛性碱浓度才能达到一定的溶出速率。一水软铝石型铝土矿的溶出温度至少需要 200℃，然而生产上实际采用的温度一般为 240～250℃，溶出液的 Na_2O 浓度通常是 180～240g/L，产品通常是粉状氧化铝，这是欧洲式拜耳法工艺的主要特征。

关于一水软铝石在苛性钠溶液中的溶出性能已有大量的研究资料。在 Na_2O 浓度为 120～300g/L 时，不同温度下的平衡溶解度与苛性钠浓度的关系见图 4.3。溶液的平衡分子比随温度和 Na_2O 浓度的增加而降低。即温度升高，Na_2O 浓度增加，则溶液中 Al_2O_3 的平衡溶解度就会增加。

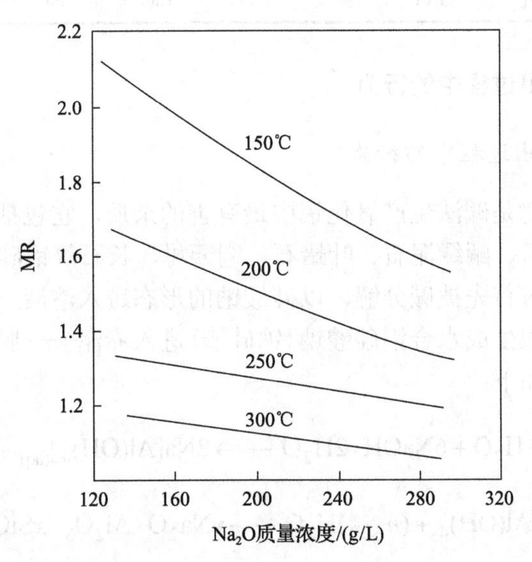

图 4.3　一水软铝石在苛性钠溶液中的平衡溶解度与苛性钠浓度、温度的关系

3. 一水硬铝石型铝土矿的溶出

在所有类型的铝土矿中，一水硬铝石型铝土矿是最难溶出的。一水硬铝石的溶出温

度通常为 240～250℃，溶出液中 Na_2O 浓度为 240～300g/L。关于一水硬铝石的溶出性能，研究人员曾对我国不同地区一水硬铝石矿的溶出特性进行了广泛的研究。表 4.1 列出了广西、河南、贵州、山西四个地区的一水硬铝石矿的溶出性能。矿石被粉磨至相近粒级分布，粒径大于 0.15mm 的占比＜15%，大于 0.071mm 的占比＜30%，碱液的 Na_2O 浓度为 230g/L，$[CaO]/[TiO_2]=2.0$，溶出温度为 245℃和 260℃。从表 4.1 中可以看出，各地的一水硬铝石的溶出速率不同，山西的一水硬铝石溶出速率最快，广西的一水硬铝石溶出速率最慢。

表 4.1　不同地区一水硬铝石矿溶出性能的对比

矿石类型	溶出结果	溶出时间/min（溶出温度 245℃）				溶出时间/min（溶出温度 260℃）			
		30	60	90	120	30	45	60	90
广西平果矿	溶出赤泥 A/S	2.11	1.66	1.37	1.28		1.38	1.31	1.07
	相对溶出率/%	87.11	92.33	95.70	96.75		95.59	96.40	99.19
	溶出液 α_K	1.69	1.63	1.61	1.60		1.62	1.61	1.62
河南新安矿	溶出赤泥 A/S	1.69	1.22	1.07	1.04		1.07	1.06	0.96
	相对溶出率/%	90.71	97.04	99.06	99.46		99.06	99.19	100.54
	溶出液 α_K	1.65	1.61	1.59	1.58		1.59	1.59	1.59
贵州修文矿	溶出赤泥 A/S	1.46	1.15	1.33	1.11		1.15	1.09	1.04
	相对溶出率/%	95.76	98.62	98.8	98.99		98.62	99.45	99.63
	溶出液 α_K	1.64	1.59	1.58	1.58		1.61	1.60	1.60
山西孝义矿	溶出赤泥 A/S	1.11	1.03	0.98	0.94	0.99		0.95	
	相对溶出率/%	96.73	99.12	100.58	101.75	100.29		101.46	
	溶出液 α_K	1.61	1.57	1.56	1.56	1.60		1.60	

4.1.4　杂质矿物在溶出过程中的行为

1. 含硅矿物在溶出过程中的行为

众所周知，硅矿物是碱法生产氧化铝中最有害的杂质，它包括蛋白石、石英及其水合物、高岭石、伊利石、鲕绿泥石、叶蜡石、绢云母、长石等铝硅酸盐矿物。

含硅矿物在溶出时首先被碱分解，以硅酸钠的形态进入溶液——溶解反应；然后硅酸钠与铝酸钠溶液反应生成水合铝硅酸钠（钠硅渣）进入赤泥——脱硅反应。以高岭石为例，这两个阶段反应如下：

$$Al_2O_3 \cdot 2SiO_2 \cdot H_2O + 6NaOH + 2H_2O \longrightarrow 2Na[Al(OH)_4]_{(aq)} + 2Na_2H_2SiO_4 \quad (4.5)$$

$$xNa_2H_2SiO_{4(aq)} + 2NaAl(OH)_4 + (n-4)H_2O \longrightarrow Na_2O \cdot Al_2O_3 \cdot xSiO_2 \cdot nH_2O + 2xNaOH \quad (4.6)$$

式（4.5）称为溶解反应，式（4.6）称为脱硅反应。

生产中含硅矿物所造成的危害是：①引起 Al_2O_3 和 Na_2O 的损失；②钠硅渣进入氢氧化铝后，降低成品质量；③钠硅渣在生产设备和管道上，特别是在换热表面上析出成为结疤，使传热系数大大降低，增加能耗和清理工作量；④大量钠硅渣的生成增大赤泥量，并且能成为极分散的细悬浮体，极不利于赤泥的分离和洗涤。

2. 含钛矿物在溶出过程中的行为

铝土矿中含有2%～4%的TiO_2，一般情况下氧化钛以金红石、锐钛矿和板钛矿形式存在，有时也出现胶体氧化钛和钛铁矿。我国贵州铝土矿的氧化钛含量较高，为3%～4%。

在拜耳法处理三水铝石型或一水软铝石型铝土矿时，氧化钛是造成碱损失的主要原因之一，并引起赤泥沉降性能恶化。在处理一水硬铝石型铝土矿时，氧化钛的存在严重降低了氧化铝的溶出率，为提高一水硬铝石的溶出率，必须加入石灰。在生产中还发现，预热矿浆的温度高于140℃时，加热管中的结疤速度加快，结疤中含较多的TiO_2和CaO，即钛结疤。

氧化钛与苛性碱溶液作用时生成钛酸钠。铁矿物与NaOH反应的能力按无定形氧化钛→板钛矿→金红石的顺序降低，而且钛矿物只与Al_2O_3含量不饱和的铝酸钠溶液反应。当溶液中Al_2O_3达到饱和(平衡苛性比的溶液)时，便不再与NaOH发生作用，即在铝酸钠溶液中，氧化钛化合成钛酸钠的最大转化率取决于溶液中“游离”苛性碱含量。钛矿物与NaOH反应生成的物质形态根据苛性碱液浓度和温度的不同而不同。

从Na_2O-TiO_2-H_2O系状态图(图4.4)可以看出，在一般拜耳法溶出条件下(不加石灰)，TiO_2与NaOH作用的生成物是$Na_2O \cdot 3TiO_2 \cdot 2H_2O$。溶出生成的$Na_2O \cdot 3TiO_2 \cdot 2H_2O$以热水洗涤时，可以发生水解，残留的$Na_2O$量相当于$Na_2O$∶$TiO_2$(摩尔比)=1∶(5～6)，即相当于低碱浓度时的生成物$Na_2O \cdot 6TiO_2$，可按此计算TiO_2造成的碱损失。

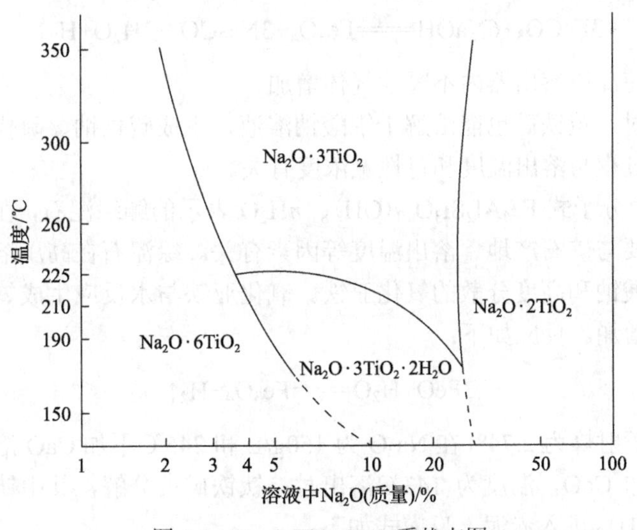

图4.4 Na_2O-TiO_2-H_2O系状态图

氧化钛的矿物成分不同，与苛性碱的反应能力也不同。胶体氧化钛在100℃左右便可以与母液反应，在180℃与金红石化合的Na_2O的量约为与锐钛矿化合量的10%，在240℃则为50%～70%。

添加石灰可使氧化钛溶出反应的速率增加。试验表明，在200℃、Na_2O浓度为200g/L、

Al_2O_3 浓度为 142g/L 的条件下，不加 CaO 时，金红石的溶出速率非常小，在加入 CaO 后，金红石的溶出速率急剧增加，在相同的时间内，CaO 添加量越多，金红石的溶出速率越快。添加 CaO 后反应产物主要是钙钛渣和少量的 Na_2TiO_3。

铝土矿中的含钛矿物使一水硬铝石的溶解性能显著恶化。锐钛矿的危害比金红石更严重。TiO_2 的最大危害是阻碍一水硬铝石溶出和形成高温结疤。

3. 含铁矿物在溶出过程中的行为

铝土矿中含铁矿物最常见的是氧化物，主要包括赤铁矿 α-Fe_2O_3、水赤铁矿 α-$Fe_2O_{3(aq)}$、针铁矿 α-FeOOH 和水针铁矿 α-$FeOOH_{(aq)}$、褐铁矿 $Fe_2O_3 \cdot nH_2O$ 以及磁铁矿 Fe_3O_4 和磁赤铁矿 γ-Fe_2O_3。含铁矿物除了常见的氧化物外，还有硫化物和硫酸盐、碳酸盐及硅酸盐矿物。铁的存在形式与铝土矿类型有关。

赤铁矿是三水铝石矿中经常遇到的铁矿物，在拜耳法溶出过程中赤铁矿实际上不与苛性碱作用，也不溶解，在 300℃下仍是稳定相。

在铝土矿中常发现铁矿物内存在 Al^{3+}和 Fe^{3+}的类质同晶现象。赤铁矿与刚玉可以同晶，赤铁矿中 Fe 原子被 Al 原子替代，形成铝赤铁矿。铝赤铁矿的化学式为$(Fe_{1-x}Al_x)_2O_3$，晶格中 Al^{3+}替代 Fe^{3+}可达某一最大程度，最大替代程度可以形成 $Fe_{1.75}Al_{0.25}O_3$。赤铁矿中摩尔替代量一般不超过 2%～3%，所以以赤铁矿为主的含铁矿物的低铁铝土矿，Al_2O_3 溶出率不至受到影响。

菱铁矿在苛性碱溶液中于常压下就能分解，生成 $Fe(OH)_2$ 和 Na_2CO_3。反苛化作用生成的 $Fe(OH)_2$ 将氧化成 Fe_2O_3 或 Fe_3O_4，并放出氢气。反应式为

$$3FeCO_3+6NaOH \equiv Fe_3O_4+3Na_2CO_3+2H_2O+H_2\uparrow \tag{4.7}$$

氢气的生成使高压溶出器内不凝性气体增加。

铝土矿溶出时，黄铁矿也能溶解于铝酸钠溶液，生成硫化钠、硫代硫酸钠、硫酸钠和磁铁矿，上述过程与溶出温度和苛性碱浓度有关。

绿泥石，即由分子式 $Fe_4Al_2Si_3O_{10}(OH)_8 \cdot nH_2O$ 表示的鲕绿泥石，在溶出过程中或多或少溶解，这主要与矿石产地、溶出温度等因素有关。绿泥石在高压溶出时，与碱液反应生成含水铝硅酸钠和高度分散的氧化亚铁。氧化亚铁与水反应生成氢气，使高压溶出器内不凝性气体增加。反应如下：

$$3FeO+H_2O \equiv Fe_3O_4+H_2\uparrow \tag{4.8}$$

钛铁矿的强衍射峰为 2.74°，在 Na_2O 为 150g/L 和 245℃不加 CaO 溶出时不起反应而转入赤泥；在添加 CaO，温度为 143℃溶出时，钛铁矿被分解，其中钛生成钛水化石榴石，铁生成 $Fe(OH)_3$ 进入赤泥。反应式如下：

$$\begin{aligned}&3Ca(OH)_2 + yFeO \cdot TiO_2 + 2x[Al(OH)_4]^- + yOH^- \longrightarrow \\ &3CaO \cdot xAl_2O_3 \cdot yTiO_2 \cdot (3x-2y+3)H_2O + (2x+y)OH^- + yFe(OH)_3 + \frac{1}{2}yH_2\uparrow\end{aligned} \tag{4.9}$$

在 Fe_2O_3-H_2O 系，针铁矿可以脱水，不可逆地转变为赤铁矿，这两种矿物的平衡温

度为 70℃，但这时的转变速度非常缓慢。试验结果表明，针铁矿在铝酸钠溶液中也是这样，有文献指出针铁矿在加热到 200℃以上时，仍没有转变为赤铁矿。在温度高于 210℃的溶出条件下，针铁矿有可能较迅速地转变为赤铁矿。在铝酸钠溶液中，针铁矿完全转变为赤铁矿，与溶液的温度和铝针铁矿中铝类质同晶替代铁的数量及铝酸钠溶液的分子比有关。有资料报道，针铁矿在拜耳法 260℃、不加石灰的条件下，相变为赤铁矿和磁铁矿，长时间处理，可全部转化为磁铁矿。反应可按下式进行：

$$2FeOOH \longrightarrow Fe_2O_3 + H_2O \tag{4.10}$$

$$6FeOOH \longrightarrow 2Fe_3O_4 + 3H_2O + \frac{1}{2}O_2 \tag{4.11}$$

针铁矿常与一水硬铝石同晶置换，针铁矿中的 Fe 被 Al 取代，形成组成为 $Fe_{1-x}Al_xOOH$ 的铝针铁矿。原子取代量值最高为 0.33，可以形成 $Fe_{0.67}Al_{0.33}OOH$ 的铝针铁矿。据资料，针铁矿与一水硬铝石属于同一空间群，针铁矿晶格常数 a=4.59nm，b=10.0nm，c=3.03nm；一水硬铝石晶格常数为 a=4.40nm，b=9.42nm，c=2.84nm。由于这种情况，成矿时很容易发生同晶置换。铝离子置换出针铁矿中的铁离子而进入针铁矿晶格，构成铝针铁矿。铝针铁矿中的 Al_2O_3 在常规高压溶出条件(230～240℃)下是很难溶出的；同时针铁矿具有高分散性，这又使赤泥的沉降和压缩性能变差，进而造成碱和氧化铝的附液损失。

如果铝土矿中存在针铁矿(FeOOH)和铝针铁矿[Fe(Al)OOH]，其分散度很高，比表面积很大，则还有一种不利的情况是降低赤泥的沉降速度和压缩速度，增加碱损失。究其原因是溶液被强烈地吸附在铝针铁矿和铝赤铁矿的细分散粒子表面上。所以对于铝针铁矿和水合铝赤铁矿含量高的铝土矿来说，铁的化合物并非是一种简单的惰性杂质，这些化合物在很大程度上决定着 Al_2O_3 的回收率、赤泥沉降性能以及赤泥带走的碱量。铝针铁矿也能转变为赤铁矿，转化率与溶液的温度和铝替代铁的数量有关。

4. *含硫矿物在溶出过程中的行为*

铝土矿中主要含硫矿物是黄铁矿及其异构体白铁矿和胶黄铁矿，也可能存在少量的硫酸盐。我国山东、广西的铝土矿中硫含量较高。

在拜耳法溶出过程中，含硫矿物全部或部分地被碱液分解，致使铝酸盐溶液受到硫的污染。铝土矿中硫转入溶液的程度与许多因素有关：硫化物和硫酸盐的矿物形态、溶出温度和时间、溶出用的溶液的碱浓度、铝土矿中其他杂质(其中包括硫)的含量等。

铝土矿中硫向溶液的转化率与含硫矿物的性质有关，并随温度的升高、溶出时间的延长和溶液中 NaOH 浓度的增加而提高。

黄铁矿在 180℃开始被碱分解，且分解程度随温度和碱浓度的提高而加剧。白铁矿、胶黄铁矿更易被分解。氧化剂和还原剂都能影响硫化物的分解，如高压溶出前，用空气氧化处理铝土矿浆，可降低硫向溶液的转化率；$K_2Cr_2O_7$、$NaNO_3$、$KMnO_4$、MnO_2 和 $Ca(ClO)_2$ 这类氧化剂都能将溶液中的硫氧化成最高的氧化形式——硫酸盐。然而将它们加入到铝土矿或者矿浆中，则会提高黄铁矿在溶出过程中的分解率，使 70%～80%的硫进入溶液中。还原剂在很大程度上比氧化剂更能提高硫进入溶液的量(90%)，而且使铝酸盐溶液中的铁浓度提高4～7倍。溶液中的硫主要呈硫化物和二硫化物状态。

铝土矿中的硫不仅造成Na_2O的损失，而且溶液中的S_2^{2-}浓度提高后会使钢材受到腐蚀，增加溶液中铁的浓度，还能使Al_2O_3的溶出率下降。硫酸钠在拜耳法溶液中最大的不良影响是它在适宜的条件下以复盐碳钠矾$Na_2CO_3 \cdot 2Na_2SO_4$形态析出，这种复盐会在母液蒸发器和溶出器内结疤，使其传热系数降低。

铝土矿中80%～90%的硫以硫化铁形态存在，主要是黄铁矿。黄铁矿于160℃时在铝酸钠溶液中开始分解，并随温度的升高，分解率提高。胶黄铁矿、磁黄铁矿和铝酸盐溶液的反应比黄铁矿活跃，二硫化铁首先在铝酸钠溶液中分解成FeS和可溶解的S，溶解的S在溶液中以Na_2S和Na_2S_2存在，高温下，二硫化钠在铝酸盐溶液中是不稳定的，分解成硫化钠和硫代硫酸钠。硫化钠比较容易被氧化成硫代硫酸钠(即使在弱氧化剂如空气中氧的作用下)。在处理硫化物含量高的铝土矿时，正是这两种形态的硫占多数，只有在强氧化剂作用下，硫代硫酸钠才能继续被氧化成亚硫酸钠，而亚硫酸钠很容易被氧化成硫酸钠。因此，铝酸盐溶液中亚硫酸钠的浓度比呈其他形态的硫的浓度低。

提高NaOH浓度和溶液的温度，硫化钠和二硫化钠都能生成比普通硫化铁更易溶解的水合硫代铁酸钠。随着铝酸钠溶液的稀释(溶液中NaOH、Na_2S、Na_2S_2浓度和温度的降低)，铁的硫代配合物变得不稳定，铁最终从溶液中转入到$Al(OH)_3$中。所以为了降低氧化铝中铁的含量就必须降低铝酸盐溶液中硫化物形态的硫的浓度。

目前工业上使铝酸钠溶液脱硫的方法有下面几种。一是鼓入空气使硫氧化成Na_2SO_4，在溶液蒸发时析出。二是添加除硫剂，如氧化锌和氧化钡，添加ZnO使硫成为硫化锌析出，脱硫时，溶液中的铁也得到清除。添加氧化锌可以将S^{2-}完全脱除，缺点是含锌材料较贵，某些高炉气体净化设备收集的粉尘的ZnO含量大于10%，可作为廉价的脱硫材料，但应注意粉尘中其他杂质可能带来污染。三是采用特殊的工艺过程。

向铝酸钠溶液中添加BaO可以同时脱去溶液中的SO_4^{2-}、CO_3^{2-}和SiO_3^{2-}离子，反应如下：

$$Ba^{2+} + SO_4^{2-} \longrightarrow BaSO_4 \downarrow \tag{4.12}$$

$$Ba^{2+} + CO_3^{2-} \longrightarrow BaCO_3 \downarrow \tag{4.13}$$

$$Ba^{2+} + SiO_3^{2-} \longrightarrow BaSiO_3 \downarrow \tag{4.14}$$

25℃时，$BaSO_4$的溶度积$K_{sp}=1.1\times10^{-10}$，$BaCO_3$的$K_{sp}=5\times10^{-6}$。

随BaO加入量增多，SO_4^{2-}、CO_3^{2-}和SiO_3^{2-}离子的脱除率增大，并且$\eta_{SO_4^{2-}} > \eta_{CO_3^{2-}} > \eta_{SiO_3^{2-}}$。

在除去溶液中SO_4^{2-}、CO_3^{2-}和SiO_3^{2-}的同时，相应的碱被苛化为苛性碱，这对蒸发和高压溶出作业是非常有利的。

从提高BaO利用率和减少Al_2O_3损失的角度考虑，含硅高的粗液最差，精液和种分母液的效果都好，但由于向精液中加 BaO 后，其 α_K 值大幅度增加，对分解作业不利，因而选用精液是不合理的。选用种分母液脱硫最合理，这不仅由于 α_K 值大幅度提高，给高压溶出和蒸发作业带来好处，提高了碱的循环效率，而且由于种分母液中 Al_2O_3 和 SiO_2 含量低，不会生成钙霞石，减少了 Al_2O_3 的损失，提高了 BaO 的利用率。除选用种分母液外，其他最佳条件是温度为 80℃，BaO 的添加量一般为硫含量的 70%，而且分两次加入可提高 BaO 的利用率。由于添加 BaO 脱硫效率高，只对部分溶液进行处理即可满足要求。

5. MgO 对一水硬铝石拜耳法溶出过程的影响

在铝土矿特别是石灰石中常含有或多或少的 MgO。MgO 在常压碱溶液中是不溶的，在高压溶出且在温度较低时生成 $Mg(OH)_2$，反应如下：

$$MgCO_3+2NaOH \longrightarrow Mg(OH)_2+Na_2CO_3 \tag{4.15}$$

$$MgO+H_2O \longrightarrow Mg(OH)_2 \tag{4.16}$$

随着温度的升高，生成含水铝硅酸镁，通式为 $(Mg_{6-x}yAl_x)(Si_{4-x}Al_x)O_{10}(OH)_8$，在 160～260℃、矿浆浓度为 260g/L 时组成为 $4MgO\cdot 3Al_2O_3\cdot 0.5SiO_2\cdot 4H_2O$。

MgO 在高压溶出时，能生成尖晶石 $MgO\cdot Al_2O_3$ 和水合铝酸镁 $3MgO\cdot Al_2O_3\cdot 8H_2O$。匈牙利报道在 210℃溶出过程中，MgO 与锐钛矿反应生成 $MgO\cdot TiO_2$ 或类质同晶的钛酸钙镁，还发现在含 MgO 的矿浆中，在 MgO 表面生成铁尖晶石，而 Fe 可被 Si、Al、Ti 同晶替代，所以高压溶出时添加 MgO 也能消除铁矿物的危害，添加 MgO 和 CaO 的混合物比单独添加 CaO 的效果更好，但比单独添加 MgO 的效果差。

研究还发现 MgO 的存在可使硅矿物的反应率下降，说明 MgO 对硅矿物的反应有抑制作用。而使钛矿物的反应率增加，说明 MgO 的存在有利于钛矿物的反应。同时，MgO 还可使赤泥中硅矿物的结晶程度及钠硅比发生改变。溶出温度在 210～250℃范围内，MgO 的添加量为石灰量的 20%时，拜耳法赤泥中除有钛酸钙外，还有羟基钛酸钙存在；而无 MgO 存在时，仅有钛酸钙存在。因此，有 MgO 存在时，钛矿物的结疤除钛酸钙外，还有羟基钛酸钙。

MgO 的存在还可使赤泥中钠硅比有所下降，其原因之一是由于镁部分地以类质同晶的方式进入钠硅渣晶格，置换出部分钠，使钠硅渣中钠硅比下降；原因之二是 MgO 的存在导致铝镁硅酸盐的生成，使得赤泥中钠硅渣量变少，从而降低了赤泥的钠硅比。因此，在一水硬铝石矿的拜耳法溶出过程中，适量的 MgO 存在对降低碱耗是有利的。

6. 碳酸盐在溶出过程中的行为

铝土矿中的碳酸盐矿物有石灰石、白云石和菱铁矿等。作为添加剂的石灰，也常因未充分煅烧而带入石灰石。这些碳酸盐与苛性碱反应生成碳酸钠，这就是所谓的反苛化作用，其反应式为

$$MCO_3+2NaOH = Na_2CO_3+M(OH)_2 \quad (M为Ca、Mg、Fe) \tag{4.17}$$

苛性碱变为碳酸钠后，不仅不利于氧化铝水合物的溶出，而且使溶液的黏度增大。碳酸钠在母液蒸发时析出，黏附在加热管表面上，影响传热，降低蒸发效率。

7. *有机物在溶出过程中的行为*

铝土矿中尤其是三水铝石矿和一水软铝石矿中常含有万分之几至千分之几的有机物，大多数红土铝土矿中含有机碳为 0.2%～0.4%，一水型铝土矿中最大含量为 0.05%～0.1%。这些有机物可以分为腐殖酸和沥青两大类，沥青实际不溶于碱溶液，全部随同赤泥排出；腐殖酸类有机物是铝酸钠溶液中有机物的主要来源，它们与碱液反应生成各种腐殖酸钠进入溶液。拜耳法溶液中的有机钠盐和碳酸钠大部分是铝土矿在高温下溶出时，铝土矿中有机物发生分解与循环溶液中的氢氧化钠反应形成的。进入拜耳法溶液中的有机物的量，取决于所处理的铝土矿的类型和处理条件。这类杂质也会由絮凝剂和去沫剂中的碳化物以及空气中 CO_2 形成，但如此形成的杂质为数甚少。

已经证明，拜耳法溶液中有机物数量达到一定程度后，会产生一些生产操作问题并降低溶液的产出率。有机物带来的危害，包括氧化铝产量的降低，使 $Al(OH)_3$ 颗粒过细，氧化铝中杂质含量高，使溶液和 $Al(OH)_3$ 带色，降低赤泥沉降速度，由于钠有机化合物的形成而损失碱，提高溶液的密度、黏度、沸点和使溶液起泡。

进入到拜耳法流程中的有机物，随拜耳法溶液在流程中循环，当这些杂质反复经过高压溶出器时，母液中的杂质就逐渐从高分子化合物分解成低分子化合物，最后形成草酸钠、碳酸钠和其他低分子钠盐。

随着溶液的循环，有机物及其分解产物的浓度不断增加，直至达到平衡浓度。

铝酸钠溶液中的有机物一般用下述 5 种方法进行清除：

(1) 鼓入空气并提高温度以加强其氧化和分解；

(2) 向蒸发母液中添加 2～3g/L 石灰进行吸附，有机碳可由 5.3g/L 降低到 2.9g/L；

(3) 向蒸发母液中添加草酸钠晶种，使有机物结晶析出；

(4) 将母液蒸发使之析出一水碳酸钠结晶，则有机物被吸附带出，然后经煅烧除去；我国氧化铝厂采用此传统方法，有机物排除量为 0.5%～1.5%；

(5) 通过向低浓度洗液中添加石灰乳 (活性石灰 10～12g/L) 除去草酸钠，用该法处理，有机物的除去量为 (尼古拉氧化铝厂) 有机碳 0.03～0.04kg/t Al_2O_3。

4.1.5 影响铝土矿溶出的主要因素

在铝土矿溶出过程中，由于整个过程是复杂的多相反应，所以影响溶出过程的因素比较多。这些影响因素可大致分为铝土矿本身的溶出性能和溶出过程作业条件两个方面。

铝土矿的溶出性能指用碱液溶出其中的 Al_2O_3 的难易程度，该程度是相对而言的。结晶物质的溶解从本质上来说是晶格的破坏过程，在拜耳法溶出过程中，氧化铝水合物是由于 OH^- 离子进入其晶格而遭到破坏的。各种氧化铝水合物正是由于晶形、结构的不同，晶格能也不一样，而使其溶出性能差别很大。除了矿物组成以外，铝土矿的结构形态、杂质含量和分布状况也影响其溶出性能。所谓结构形态是指矿石表面的外观形态和结晶度等。致密的铝土矿几乎没有孔隙和裂缝，它比起疏松多孔的铝土矿来说，溶出性能差得多。疏松多孔的铝土矿的溶出过程中，反应不仅发生在矿粒表面，还能渗透到矿粒内部的毛细管和裂缝中。但是铝土矿的外观致密程度与其结晶度并不一样，例如，有时土状矿石由于其中一水硬铝石的晶粒粗大反而比半土状和致密的铝土矿的溶出性能差。

铝土矿中的 TiO_2、Fe_2O_3 和 SiO_2 等杂质越多、越分散，氧化铝水合物被其包裹的程度越大，与溶液的接触条件越差，溶出就越困难。

下面主要讨论溶出过程作业条件的影响。

1. 溶出温度的影响

温度是溶出过程中最主要的影响因素，不论反应过程是由化学反应控制还是由扩散控制，温度都是影响反应过程的一个重要因素，因为化学反应速率常数和扩散常数与温度都有密切的关系：

$$\ln K = \frac{E}{RT} + C \tag{4.18}$$

$$D = \frac{1}{3\pi\mu\delta} \times \frac{RT}{N} \tag{4.19}$$

式中，K——化学反应速率常数；
E——化学反应的活化能，恒为正值；
C——常数；
R——气体常数；
T——热力学温度，K；
D——扩散速率常数；
μ——溶液黏度；
δ——扩散层厚度；
N——常数。

从上面两个式子可以看出，提高温度，化学反应速率常数和扩散速率常数都会增大，这从动力学方面说明了升高温度有利于增大溶出速率。

采用 Na_2O 浓度为 200g/L 的铝酸钠溶液溶出欧洲一水软铝石型铝土矿的结果表明，温度从 200℃升高到 225℃，法国铝土矿的溶出速率提高 2.5 倍，希腊铝土矿的溶出速率提高 5 倍；其规律是温度每升高 10℃，溶出速率约提高 1.5 倍。

从 Na_2O-Al_2O_3-H_2O 系溶解度曲线可以看出，提高温度后，铝土矿在碱溶液中的溶解度显著增加，溶液的平衡分子比明显降低，使用浓度较低的母液就可以得到分子比低的溶出液，由于溶出液与循环母液的 Na_2O 浓度差缩小，蒸发负担减轻，碱的循环效率提高。此外，溶出温度升高还可以使赤泥结构和沉降性能改善，溶出液分子比降低也有利于制取砂状氧化铝。

温度在溶出天然的一水硬铝石型铝土矿时所起的作用比溶出纯一水硬铝石矿物时更加显著。因为在溶出铝土矿时会有钛酸盐和铝硅酸盐保护膜的生成，提高温度使这些保护膜因再结晶而破裂，甚至不加石灰也有良好的溶出效果。

提高温度使矿石在矿物形态方面的差别所造成的影响趋于消失。例如，在 300℃以上的温度下，不论氧化铝水合物的矿物形态如何，大多数铝土矿的溶出过程都可以在几分钟内完成，并得出近于饱和的铝酸钠溶液。

但是，提高溶出温度会使溶液的饱和蒸气压急剧增大，溶出设备和操作方面的困难也随之增加，这就使提高溶出温度受到限制。图 4.5 是广西平果矿有效氧化铝溶出率与溶出温度的关系。

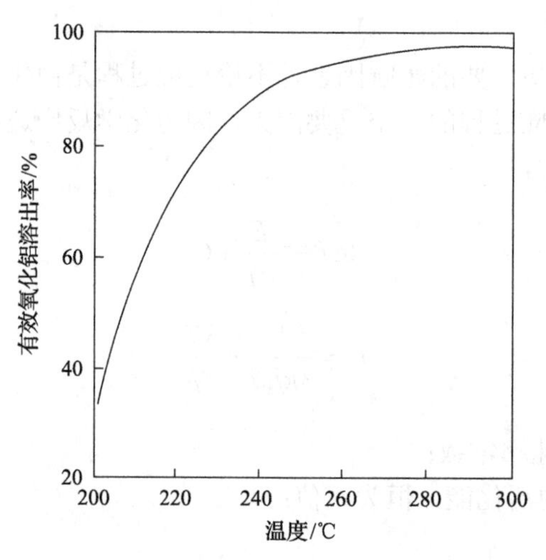

图 4.5　有效氧化铝溶出率和溶出温度的关系

溶出时间为 90min，200g/L Na_2O，分子比为 1.6，CaO 添加量为 7.9%

2. 循环母液碱浓度的影响

当其他条件相同时，母液碱浓度越高，Al_2O_3 的未饱和程度就越大，铝土矿中 Al_2O_3 的溶出速率越快，而且能得到分子比低的溶出液。高浓度溶液的饱和蒸气压低，设备所承受的压力也要低。但是从整个流程来看，种分后的铝酸钠溶液，即蒸发原液的 Na_2O 浓度不宜超过 240g/L，如果要求母液的碱浓度过高，蒸发过程的负担和困难必然增大，所以从整个流程来权衡，母液中只宜保持适当的碱浓度。

图 4.6 是溶出温度为 220℃时，碱液浓度对澳大利亚韦帕矿溶出率的影响，从图 4.6 中可以看出，增大碱浓度对 Al_2O_3 的溶出率有一定影响。

在蒸汽直接加热的溶出器中，蒸汽冷凝水使原矿浆稀释。Na_2O 浓度为 280～300g/L 的母液，由于蒸汽稀释以及一部分 Na_2O 转化为碳酸钠及含水铝硅酸钠，溶出后的料浆中 Na_2O 浓度仅为 230～250g/L；在间接加热设备中，消除了稀释现象，母液的碱浓度可以降低到 220g/L。如果采用更高的溶出温度，Na_2O 浓度还可以进一步降低。

3. 配料分子比的影响

在溶出铝土矿时，物料的配比是按溶出液的 α_K 达到预期的要求计算确定的。预期的溶出液 α_K 称为配料 α_K。它的数值越高，即对单位质量的矿石配的碱量也越高，由于在

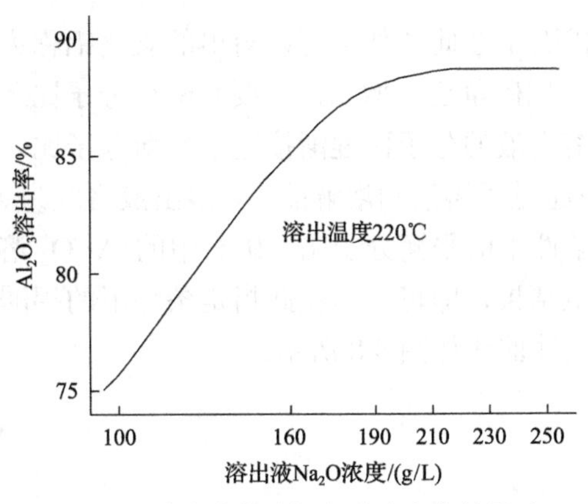

图 4.6　碱液浓度对铝土矿溶出率的影响

溶出过程中溶液始终保持着较大的未饱和度，所以溶出速率必然更快。但这样一来循环效率必然降低，物料流量则会增大。这种关系表示于图 4.7 中。由图 4.7 可见，当配料分子比由 1.8 降低到 1.2 时，溶液流量可以减少为原来的 50%。从循环碱量公式 $N_{循}=\dfrac{1}{E}=0.608\times\dfrac{\alpha_{K_1}\alpha_{K_2}}{\alpha_{K_1}-\alpha_{K_2}}$ 可以看出，为了降低循环碱量，降低配料分子比较提高母液分子比的效果更显著。所以在保证 Al_2O_3 的溶出率不过分降低的前提下，制取分子比尽可能低的溶出液是对溶出过程的一项重要要求。低分子比的溶出液还有利于种分过程的进行。

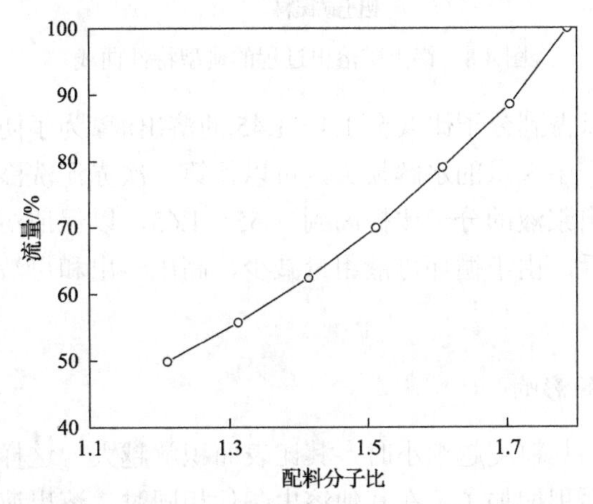

图 4.7　配料分子比与拜耳法物料流量的关系

为了保证矿石中的 Al_2O_3 具有较高的溶出速率和溶出率，配料分子比要比相同条件下平衡溶液的分子比高 0.15～0.20 倍。随着溶出温度的提高，这个差别可以适当缩小。

由于生产中铝酸钠溶液中含有多种杂质，所以它的平衡分子比不同于 Na_2O-Al_2O_3-H_2O 系等温线所示的数值，需要通过试验来确定。试验是用小型高压溶出器按指定条件溶出矿石，并保证充分的溶出时间，使溶出过程不受动力学条件的限制。在试验中固定循环母液量，逐次增加矿石的配量，当矿石配量很少时，其中 Al_2O_3 全部溶出后，溶出液仍是未饱和的，其分子比高于平衡分子比，矿石中 Al_2O_3 的溶出率则达到了最大值，即理论溶出率。国外将矿石中在此条件下可以溶出的氧化铝称为有效氧化铝，并按此计算 Al_2O_3 的相对溶出率。配矿量逐步增加，只要是配料分子比还高于平衡分子比时，这种情况仍然能保持，但溶出液的分子比逐渐接近于平衡分子比。当矿石配量达到一定数量后，其中的 Al_2O_3 含量超过了溶液的溶解能力，溶出液将成为 Al_2O_3 的饱和溶液，此时溶液的分子比就是在此条件下的平衡分子比。矿石中的 Al_2O_3 溶出率随矿石配量的增加逐渐降低。整理各次试验结果，即可得出在此指定条件下的铝酸钠溶液的平衡分子比。铝土矿溶出过程的典型特性曲线如图 4.8 所示。

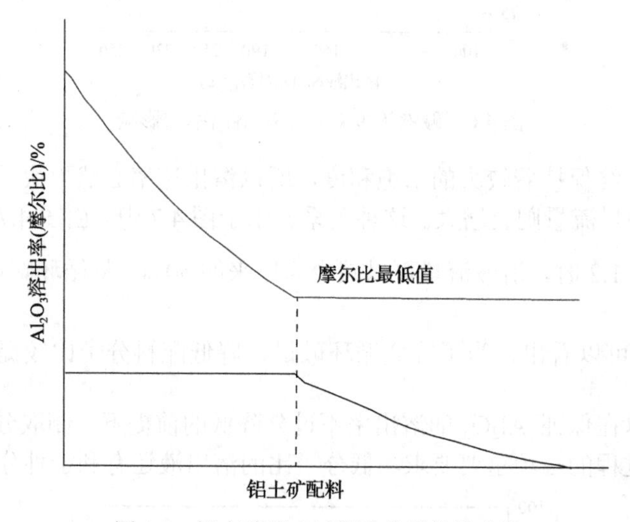

图 4.8 铝土矿溶出过程的典型特性曲线

提高溶出温度可以得到分子比低至 1.4～1.45 的溶出液，为了防止这种低分子比的溶出液在进入种分之前产生大量的水解损失，可以往第一次赤泥洗涤槽中加入适当的种分母液，使稀释后的溶出浆液的分子比提高到 1.55～1.65，以保证溶出液具有足够的稳定性。采取这样的措施后，由于循环母液用量减少，高压溶出和母液蒸发的蒸汽消耗量减少 15%～20%。

4. *矿石磨细程度的影响*

对某一种矿石，当其粒度越细小时，其比表面积就越大。这样矿石与溶液接触的面积就越大，即反应的面积增加了，在其他溶出条件相同时，溶出速率就会增加。另外，矿石的磨细加工会使原来被杂质包裹的氧化铝水合物暴露出来，增加了氧化铝的溶出率。溶出三水铝石型铝土矿时，一般不要求磨得很细，有时破碎到 16mm 即可进行渗滤溶出。致密难溶的一水硬铝石型则要求细磨。然而，过度的细磨使生产费用增加，又无助于进一步提高溶出速率，而且还可能使溶出赤泥变细，造成赤泥分离洗涤的困难。

表 4.2 是不同粒度的韦帕铝土矿在溶出温度为 220℃、溶出液 Na_2O 浓度为 230g/L 条件下的溶出结果。从表 4.2 中可以看出，对于三水铝石型铝土矿，矿石粒度过小对溶出效果没有明显的改善。

表 4.2　磨细度对韦帕铝土矿溶出率的影响

筛析/%		Ⅰ	Ⅱ	Ⅲ	Ⅳ
粒度/mm	＞3	10.4	1.4		
	1～3	56.3	22.6	9.7	
	0.1～1	23.2	30.5	54.5	34.3
	＜0.09	10.1	25.4	35.8	65.7
溶出率/%		100.2	100.3	99.8	99.2

在采用蒸汽直接加热的连续作业高压溶出器组时，粗粒矿石在其中很快沉降，远低于规定的溶出时间，Al_2O_3 的溶出率显著下降，在采用这种设备处理一水硬铝石型铝土矿时，要求矿石粒度在＞0.147mm 的残留量不超过 10%，＞0.095mm 的残留量不超过 20%。

5. 搅拌转速的影响

众所周知，对于多相反应，整个反应过程由多个步骤组成，其中扩散步骤的速率方程为

$$\frac{dC}{d\tau} = KF(C_O - C_S) = \frac{F}{3\pi\mu d\delta}\frac{RT}{N}(C_O - C_S) \tag{4.20}$$

式中，K——表观速率常数；

μ——溶液的黏度；

d——扩散质点的直径；

F——相界面面积；

C_O——溶液主体中反应物的浓度；

C_S——反应界面上反应物的浓度；

R——气体常数；

T——热力学温度；

N——阿伏伽德罗常数；

δ——扩散层厚度。

从式(4.20)中可以看出，减少扩散层的厚度将会增大扩散速率。强烈的搅拌使整个溶液的成分趋于均匀，矿粒表面上的扩散层厚度将会相应减小，从而强化了传质过程。加强搅拌还可以在一定程度上弥补温度、碱浓度、配碱数量和矿石粒度方面的不足。

在管道溶出器和蒸汽直接加热的高压溶出器组中，矿粒和溶液间的相对运动是依靠矿浆的流动来实现的。矿浆流速越大，湍流程度越强，传质效果越好。在蒸汽直接加热的高压溶出器组中，矿浆流速只有 0.0015～0.02m/s，湍流程度较差，传质效果不太好。

管道化溶出器中矿浆流速达 1.5～5m/s，雷诺系数达 10^5 数量级，有着高度湍流性质，成为强化溶出过程的一个重要原因。在间接加热机械搅拌的高压溶出器组中，矿浆除了沿流动方向运动外，还在机械搅拌下强烈运动，湍流程度也较强。

当溶出温度提高时，溶出速率由扩散决定，因而加强搅拌能够起到强化溶出过程的作用。此外，提高矿浆的湍流程度也是防止加热表面结疤、改善传热过程的需要，在间接加热的设备中这是十分重要的。矿浆湍流程度高，结疤轻微时，设备的传热系数可保持为 8360kg/(m^2·h·℃)，比有结疤时大约高 10 倍。

6. 溶出时间的影响

铝土矿溶出过程中，只要 Al_2O_3 的溶出率没有达到最大值，随着溶出时间的增加，氧化铝的溶出率就会增加。图 4.9 是溶出时间对铝土矿溶出率的影响曲线。从图 4.9 可以看出，韦帕铝土矿(成分是三水铝石和一水软铝石)在其他溶出条件最优的情况下，5min 就可达到最大溶出率，所以增加溶出时间对其溶出率的提升无太明显效果；也门的内哥罗铝土矿(成分是一水软铝石和一水硬铝石)的溶出速率较慢，所以增加溶出时间能使 Al_2O_3 的溶出率增加。

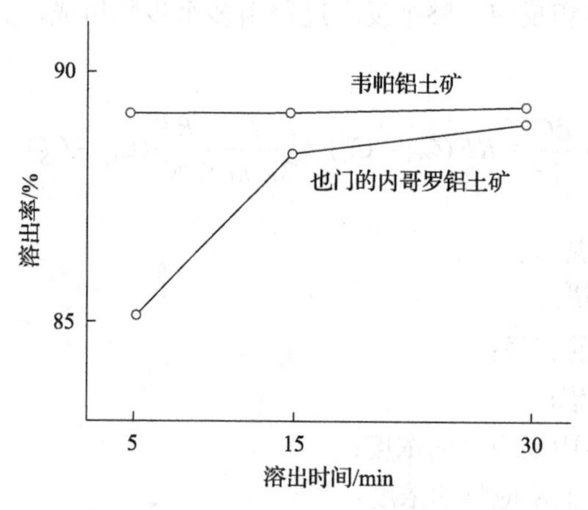

图 4.9 溶出时间对铝土矿溶出率的影响

4.2 高压水化法溶出高钛铝土矿技术[6]

世界上 90%以上的氧化铝采用拜耳法生产，然而随着铝土矿品位的逐渐降低以及难处理矿石的开发利用，拜耳法也无法有效处理高钛铝土矿，其在生产过程存在着两个问题：一是钛酸钠的阻碍作用，其会在一水硬铝石周围形成一层致密的保护膜来阻碍一水硬铝石的溶出，进而阻止铝土矿与碱液的进一步反应[1]；二是钙钛化合物的结疤作用，添加石灰后，在热交换器的表面及溶出器的表面易产生结疤，特别是以 $CaTiO_3$ 为主要成分的结疤，由于其表面坚硬、光滑，难以清洗，因此增加了能耗和生产成本。随着铝土矿资源枯竭趋严峻以及对难处理矿石的追切开发现状，高压水化法对于处理高钛铝土矿展现出良好的前景。

针对高压水化法溶出高钛铝土矿，贵州大学郑晓倩对高压水化法溶出高钛铝土矿技术进行了一系列探索，为高压水化溶出条件对氧化铝溶出率的影响规律以及钛的反应行为提供了一定的参考依据。

4.2.1　高压水化法的原理

高压水化法最早用于处理霞石矿或赤泥，在高温(280～300℃)下用高浓度高 MR (Na_2O_k/Al_2O_3,分子比)溶液添加石灰($CaO/SiO_2=1$)的条件处理赤泥或含硅较多的物料，溶出后得到 MR=12～14 的铝酸钠溶液。氧化铝以铝酸钠的形式进入溶液，SiO_2 则转化为水合硅酸钠钙，在浓度较高的高 MR 铝酸钠溶液中是稳定相，从溶液中分离后，通过它的水解回收其中的 Na_2O，SiO_2 最终以水合硅酸钙($CaO·SiO_2·H_2O$)的形式留在渣中，达到铝硅分离的目的[2]，该方法可以用于高硅和高钛铝土矿生产氧化铝。高分子比的铝酸钠溶液蒸发结晶析出水合铝酸钠，将其溶解为低分子比的铝酸钠溶液进行种分制得氧化铝。

在温度为 280℃，Na_2O 浓度为 1%～40%，Al_2O_3 浓度为 1%～20%，SiO_2∶Al_2O_3(mol)=2，CaO∶SiO_2(mol)=1 的条件下，Na_2O-CaO-Al_2O_3-SiO_2-H_2O 系的固相结晶区域表示如图 4.10 所示。

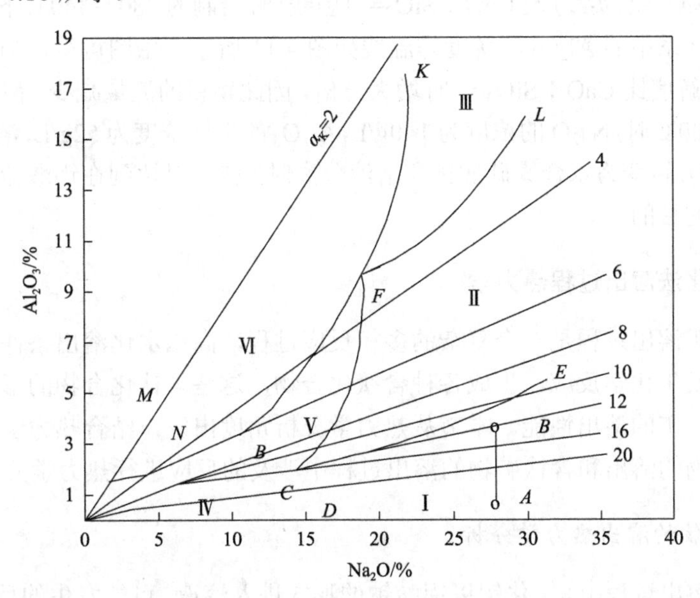

图 4.10　280℃下 Na_2O-CaO-Al_2O_3-SiO_2-H_2O 系的固相结晶区域[3]

当溶液 MR＞2 时，图中各结晶区的平衡固相有：Ⅰ-$NaCa(HSiO_4)$，$Ca(OH)_2$；Ⅱ-$4Na_2O·2CaO·3Al_2O_3·6SiO_2·3H_2O$，$Ca(OH)_2$；Ⅲ-$Ca(OH)_2$，$3(Na_2O·Al_2O_3·2SiO_2)·NaAl(OH)_4·H_2O$；Ⅳ-$CaO·SiO_2·H_2O$；Ⅴ-$4Na_2O·2CaO·3Al_2O_3·6SiO_2·3H_2O$，$3CaO·Al_2O_3·xSiO_2·(6–2x)H_2O$；Ⅵ-$3CaO·Al_2O_3·xSiO_2·(6–2x)H_2O$；$3(Na_2O·Al_2O_3·2SiO_2)·NaOH·3H_2O$。

当所得碱液 MR＞10 时，即 *AE* 曲线以下的部分，含铝原料中的 Al_2O_3 则全部进入溶液，溶液中含 SiO_2 的平衡固相在高碱浓度时为水合硅酸钠钙，当 Na_2O＜12%低浓度时为水合偏硅酸钙。在图中的Ⅳ区中可以看出，在低碱浓度高 MR 溶液中，平衡固相

为 $CaO \cdot SiO_2 \cdot H_2O$，$Na_2O$-$CaO$-$Al_2O_3$-$SiO_2$-$H_2O$ 中的 Al_2O_3 溶解度等温线见图 4.11。

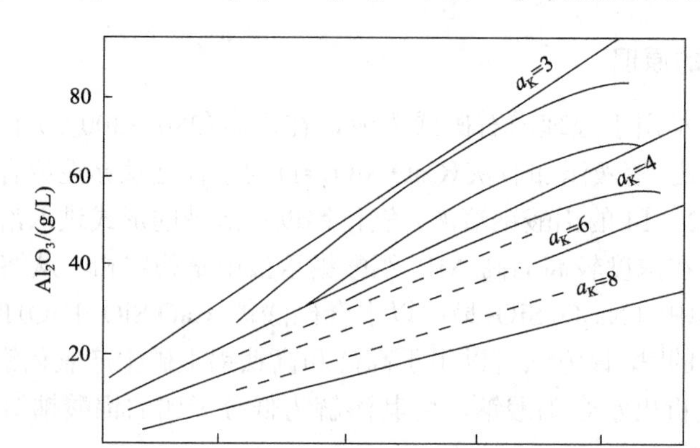

图 4.11　280～340℃下 Na_2O-CaO-Al_2O_3-SiO_2-H_2O 系中的 Al_2O_3 溶解度等温线[4]

当 $CaO:SiO_2=2$（实线）及 $CaO:SiO_2=1$（虚线）时绘制的 280～340℃下的 Na_2O-CaO-Al_2O_3-SiO_2-H_2O 系中的 Al_2O_3 溶解度等温线如图 4.11 所示，由图可得，当 $CaO:SiO_2=2$ 时，Al_2O_3 的溶解度比 $CaO:SiO_2=1$ 时增大一倍，因此物料的流量减少，但是消耗的 CaO 逐渐增大。在 300℃时，Na_2O 的浓度为 140g/L，Al_2O_3 的平衡浓度为 52g/L，溶液 MR=4.5[5]，当原料中的 SiO_2 转变为水合原硅酸钙和溶液分离时，就可以达到在铝酸盐原料中综合回收碱和氧化铝的目的。

4.2.2　高压水化法溶出过程热力学

高钛铝土矿溶出过程是一个复杂的多相反应过程，高压水化溶出条件下，含钛矿物在溶出过程中发生化学反应，生成各种含钛化合物，这些含钛化合物的形态和相变规律会影响高钛铝土矿的溶出性能。本节从热力学分析角度出发，结合热力学数据和相关计算，对含铝矿物的溶出和含钛矿物的溶出过程中涉及的反应进行热力学分析。

1. 含铝矿物的溶出热力学分析

在铝矿物溶出过程中，氧化铝以铝酸钠的形式进入溶液，可能发生的反应如式（4.21）和式（4.22）：

$$\alpha\text{-AlO(OH)} + \text{NaOH} \longrightarrow \text{NaAlO}_2 + \text{H}_2\text{O} \tag{4.21}$$

$$\alpha\text{-AlO(OH)} + \text{NaOH} + \text{H}_2\text{O} \longrightarrow \text{NaAl(OH)}_4 \tag{4.22}$$

有关一水硬铝石热力学性质的研究较少，陈启元等[7]研究得出的热力学热数据为：$C_p=(50.54+55.93\times10^{-3}T-12.30\times10^{-5}T^{-2})$ J/(mol · K)；标准熵 $S^{\ominus}_{(298\text{K})}=(35.33\pm0.08)$ J/(mol · K)；标准生成焓 $\Delta H^{\ominus}_{(298\text{K})}=(-1002.67\pm1.00)$ kJ/mol；标准生成自由能 $\Delta G^{\ominus}_{(298\text{K})}=(-924.17\pm1.00)$ kJ/mol。根据以上数据计算得出反应（4.21）、反应（4.22）的 ΔG

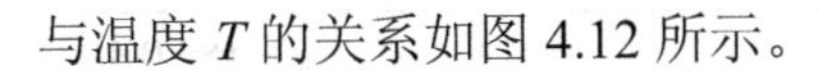
与温度 T 的关系如图 4.12 所示。

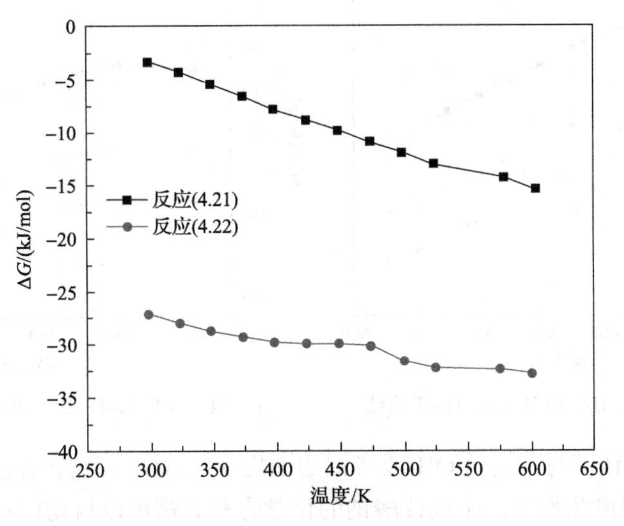

图 4.12　反应(4.21)、反应(4.22)ΔG-T 的曲线图

式(4.21)、式(4.22)的 ΔG-T 曲线如图 4.12 所示，由图可知：反应温度在 298～593K 之间时，式(4.21)、式(4.22)的 $\Delta G<0$；ΔG 随温度的升高而降低，说明随着温度的升高，反应进行的程度更彻底；对比两个反应的 ΔG-T 曲线，可知一水硬铝石与 NaOH 反应的产物更可能是水合铝酸钠。

2. 含钛矿物的溶出热力学分析

1) 钛酸钠的生成热力学分析

在铝土矿溶出过程中，钛酸钠有两种生成方式：一种为钛矿物与铝酸钠溶液中的游离苛性钠反应而生成钛酸钠；另一种是钛矿物和铝酸钠反应生成钛酸钠。TiO_2 与碱溶液发生反应的主要产物是钛酸钠，钛酸钠的分子式有多种形式，如 $Na_2O \cdot TiO_2$、$Na_2O \cdot 2TiO_2$、$3Na_2O \cdot 5TiO_2 \cdot 3H_2O$ 等。以锐钛矿为反应物，与碱液反应生成钛酸钠可能发生的化学反应方程式如表 4.3 所示，根据热力学数据计算得出表 4.3 中反应式的 ΔG-T 变化曲线如图 4.13 和图 4.14 所示。

表 4.3　生成钛酸钠可能发生的化学反应方程式

序号	生成钛酸钠可能发生的化学反应方程式
B-1	$2Na^+ + 2OH^- + TiO_2 = Na_2O \cdot TiO_2 + H_2O$
B-2	$2Na^+ + 2OH^- + 2TiO_2 = Na_2O \cdot 2TiO_2 + H_2O$
B-3	$2Na^+ + 2OH^- + 3TiO_2 = Na_2O \cdot 3TiO_2 + H_2O$
B-4	$TiO_2 + 2Na^+ + 2Al(OH)_4^- = Na_2O \cdot TiO_2 + 2Al(OH)_3 + H_2O$
B-5	$2TiO_2 + 2Na^+ + 2Al(OH)_4^- = Na_2O \cdot 2TiO_2 + 2Al(OH)_3 + H_2O$
B-6	$3TiO_2 + 2Na^+ + 2Al(OH)_4^- = Na_2O \cdot 3TiO_2 + 2Al(OH)_3 + H_2O$

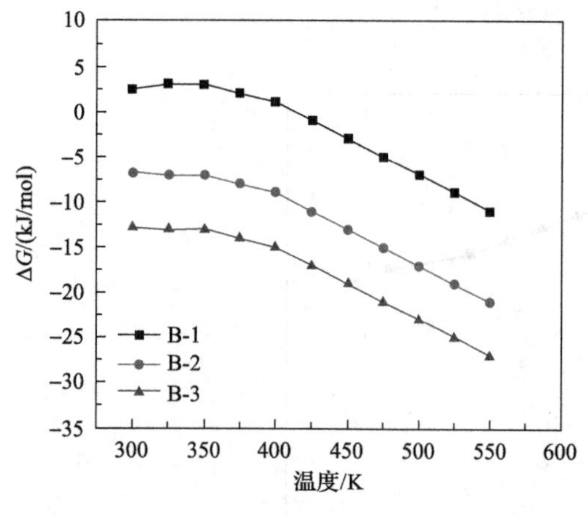

图 4.13 反应 B-1、B-2 和 B-3 的 ΔG-T 曲线

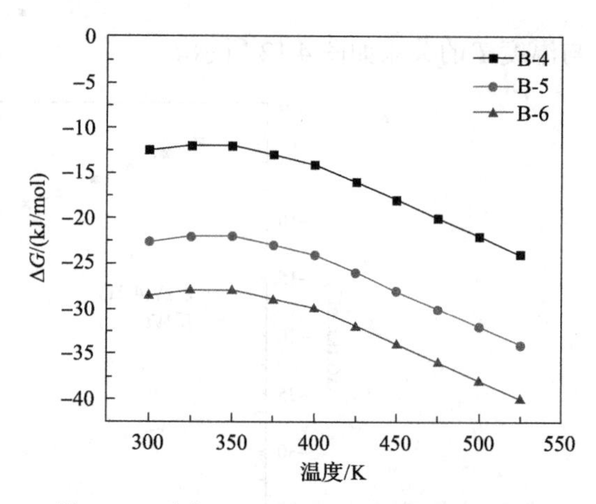

图 4.14 反应 B-4、B-5 和 B-6 的 ΔG-T 曲线

由图可知，锐钛矿与游离的 OH^- 或者铝酸钠反应的 ΔG 都会随着温度的升高而降低，在高压水化法的温度条件下，生成钛酸钠的化学方程式都可以自动向右进行；TiO_2 的饱和系数越大，化学反应方程式的 ΔG 越低，生成的物质越稳定，结合反应的 ΔG-T 曲线，说明 $Na_2O \cdot 3TiO_2$ 是稳定性最高的钛酸钠结构；所有反应方程式中，反应 B-6 的 ΔG 最小，说明锐钛矿更易于与铝酸钠溶液发生反应。

2) 羟基钛酸钙的生成热力学分析

生成羟基钛酸钙可能发生的化学反应方程式如表 4.4 所示，各化学方程在不同温度下的 ΔG-T 如图 4.15 所示。

表 4.4 生成羟基钛酸钙可能发生的化学反应方程式

序号	生成羟基钛酸钙可能发生的化学反应方程式
C-1	$2[Na_2O \cdot 3TiO_2]+3Ca(OH)_2+2H_2O = 3[CaO \cdot 2TiO_2 \cdot H_2O]+4NaOH$
C-2	$3CaO \cdot Al_2O_3 \cdot 6H_2O+6TiO_2 = 3[CaO \cdot 2TiO_2 \cdot H_2O]+2Al(OH)_3$
C-3	$[3CaO \cdot Al_2O_3 \cdot 6H_2O]+2[Na_2O \cdot 3TiO_2]+2H_2O = 3[CaO \cdot 2TiO_2 \cdot H_2O]+2NaAl(OH)_4+2NaOH$
C-4	$2NaAl(OH)_4+2[Na_2O \cdot 3TiO_2]+6Ca(OH)_2 = 3[CaO \cdot 2TiO_2 \cdot H_2O]+3CaO \cdot Al_2O_3 \cdot 6H_2O+6NaOH$

在 Na_2O-Al_2O_3-CaO-TiO_2-H_2O 体系中的羟基钛酸钙有四种生成途径：①石灰与钛酸钠反应生成；②锐钛矿与 $3CaO \cdot Al_2O_3 \cdot 6H_2O$ 反应生成；③$Na_2O \cdot 3TiO_2$ 和 $3CaO \cdot Al_2O_3 \cdot 6H_2O$ 反应生成；④$Na_2O \cdot 3TiO_2$ 和铝酸钠在 $Ca(OH)_2$ 溶液中反应生成。通过钛酸钠的热力学计算得出，锐钛矿与碱液或者铝酸钠溶液反应得到的最稳定的钛酸钙形式为 $CaO \cdot 2TiO_2 \cdot H_2O$。

由图 4.15 可知，反应方程式除了反应 C-3 之外，其他方程式的 ΔG 都随着温度的升高而降低，所有反应式的 ΔG 在高压水化法溶出温度范围内都为负值，都可以直接反应生成羟基钛酸钙，比较反应 C-3 和反应 C-4 的 ΔG-T 曲线可知，反应 C-4 更易进行，说明羟基钛酸钙会优先通过 $Na_2O \cdot 3TiO_2$ 和铝酸钠在 $Ca(OH)_2$ 溶液中的反应生成。

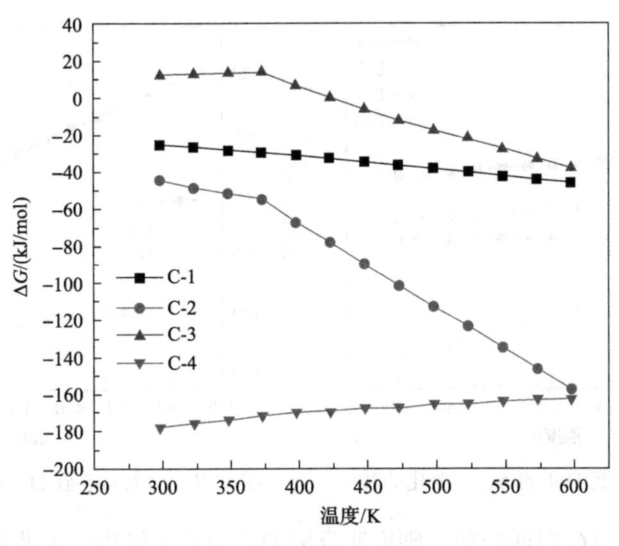

图 4.15　反应 C-1 到 C-4 的 ΔG-T 曲线

试验研究表明[8,9]在溶液中，锐钛矿与 $3CaO\cdot Al_2O_3\cdot 6H_2O$ 不发生反应，$Na_2O\cdot 3TiO_2$ 与铝酸钠也不发生反应，所以更不可能生成羟基钛酸钙，说明理论与实际结果不符，主要原因可能是水溶液中锐钛矿和铝酸钠的溶解度较低，所以能发生反应的概率降低，所以反应 C-2 不能发生。而反应 C-3 在试验过程得到的赤泥的主要物相为 $CaTiO_3$，并未生成羟基钛酸钙，这与热力学计算结果一致，反应 C-4 试验得到的赤泥的主要物相为羟基钛酸钙、钛酸钙以及铝酸钙三种物质。

3) 钙钛矿的生成热力学分析

生成钙钛矿总共有三种方式：①TiO_2 或者钛酸钠($Na_2O\cdot 3TiO_2$)与 $Ca(OH)_2$ 发生反应转化为钙钛矿；②羟基钛酸钙转化为钙钛矿；③钙水化石榴石转化为钙钛矿。所以，生成钙钛矿可能发生的化学反应方程式如表 4.5 所示，各化学反应方程式的 ΔG-T 变化曲线如图 4.16 和图 4.17 所示。

由图 4.16 和图 4.17 可知，在高压水化法溶出温度范围内，反应 D-1 到 D-4 的 ΔG 全部为负值，说明 4 个反应方程式全部都可以发生。对比反应 D-1 和 D-2 可知，相同温

表 4.5　生成钛酸钙可能发生的化学反应方程式

序号	生成钛酸钙可能发生的化学反应方程式
D-1	$Ca(OH)_2+TiO_2=CaO\cdot TiO_2+H_2O$
D-2	$3Ca(OH)_2+Na_2O\cdot 3TiO_2=3[CaO\cdot TiO_2]+2NaOH+2H_2O$
D-3	$CaTiSiO_5+2NaOH=CaO\cdot TiO_2+[Na_2O\cdot SiO_2]+H_2O$
D-4	$Na_2O\cdot TiO_2\cdot SiO_2+Ca(OH)_2=CaO\cdot TiO_2+Na_2O\cdot SiO_2+H_2O$
D-5	$3CaO\cdot Al_2O_3\cdot 6H_2O+3[CaO\cdot 2TiO_2\cdot H_2O]+2NaOH=6[CaO\cdot TiO_2]+2NaAl(OH)_4+6H_2O$
D-6	$CaO\cdot 2TiO_2\cdot H_2O+3Ca(OH)_2+NaAl(OH)_4=2[2CaO\cdot TiO_2]+Al(OH)_3+4H_2O+NaOH$
D-7	$Ca(OH)_2+CaO\cdot 2TiO_2\cdot H_2O=2[CaO\cdot TiO_2]+2H_2O$

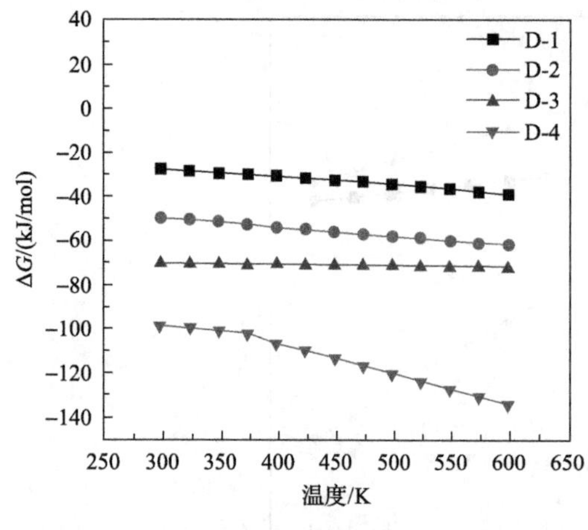

图 4.16　反应 D-1 到 D-4 的 ΔG-T 变化曲线

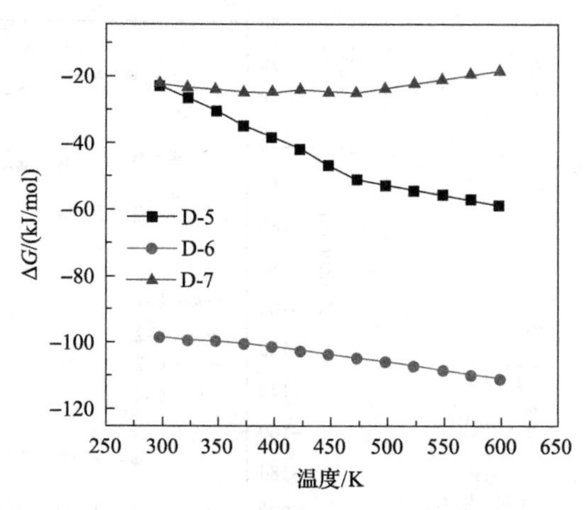

图 4.17　反应 D-5 到 D-7 的 ΔG-T 变化曲线

度下，反应 D-2 的 ΔG 要低一些，则说明反应 D-2 更容易发生，因此在没有羟基钛酸钙时，$CaO\cdot TiO_2$ 的生成不是由于 TiO_2 和 $Ca(OH)_2$ 发生反应，而是通过 $Ca(OH)_2$ 和 $Na_2O\cdot 3TiO_2$ 的相互作用；比较反应 D-1 和反应 D-2 可知，$Na_2O\cdot 3TiO_2$ 和 $Ca(OH)_2$ 反应更易形成 $CaO\cdot TiO_2$；比较反应 D-3 和 D-4，其 ΔG 远小于 D-2，说明这两个反应更容易进行，但是由于矿石中硅含量较少，造成榍石、硅钠钛矿的生成量较少，所以反应 D-3 和反应 D-4 不会成为生成钙钛矿的主反应；反应 D-5、D-6、D-7 的 ΔG 全部为负值，在温度范围内 3 个反应方程式全部都可以发生，反应 D-6 的 ΔG 最低，说明在铝酸钠溶液中 $CaO\cdot 2TiO_2\cdot H_2O$ 存在时，其会优先与 $Ca(OH)_2$ 作用生成 $CaO\cdot TiO_2$。

4.2.3　高压水化法溶出高钛铝土矿的工艺研究

高压水化法溶出高钛铝土矿需要在高温（280～300℃）、高碱（Na_2O＞300g/L）、高分子比（MR＞20）的条件下进行，本节主要研究在高温、高苛性碱浓度、高 MR 等高压水化溶出条件下高钛铝土矿的溶出效果。

1. 温度对高钛铝土矿溶出性能的影响

以铝酸钠溶液为循环母液，当苛性碱浓度为 340g/L、MR=30，固含为 300g/L，因矿石中 SiO_2 含量小于 TiO_2 含量，为了进一步消除 TiO_2 对 Al_2O_3 溶出率的阻碍作用，未按照 $CaO:SiO_2$ 比例配入石灰，石灰添加量以 8%矿石质量为准，溶出时间为 30min，得到溶出温度对 Al_2O_3 溶出率、溶液 TiO_2 残留率的影响结果，如图 4.18 所示。

由图 4.18 可知，Al_2O_3 溶出率随温度升高而增大，温度高于 290℃后，Al_2O_3 溶出率变化不大，TiO_2 残留率呈现先升高又降低的趋势。从动力学角度分析，提高温度，热量传递速度加快，化学反应速率增大，有利于氧化铝的溶出[10]；溶出温度为 260～270℃时，TiO_2 的溶解反应速率大于结疤反应速率，TiO_2 的残留率上升；溶出温度为 280～300℃时，结疤反应速率大于溶解反应速率，TiO_2 的残留率开始下降[11]。因温度过高对高压釜抗高温高压能力要求较高，综合考虑，确定最佳温度为 290℃。

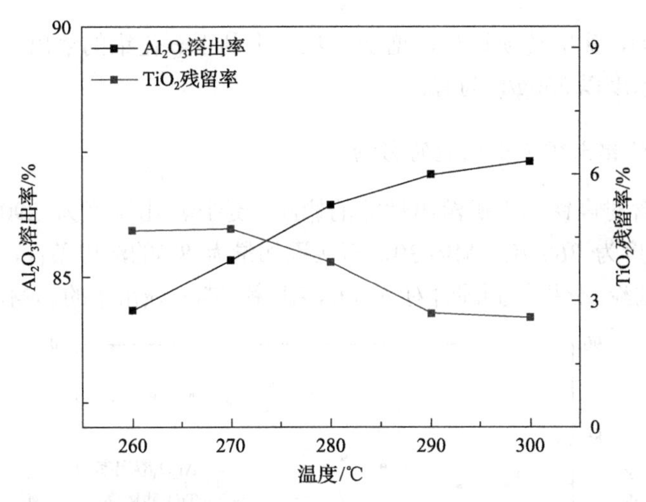

图 4.18　溶出温度对 Al_2O_3 溶出率、TiO_2 残留率的影响

2. 苛性碱浓度对铝土矿溶出性能的影响

以铝酸钠溶液为循环母液，当溶出温度为 290℃，MR 为 30，固含为 225g/L，溶出时间为 30min，石灰添加量为 8%时，苛性碱浓度对 Al_2O_3 溶出率、TiO_2 残留率的影响结果如图 4.19 所示。

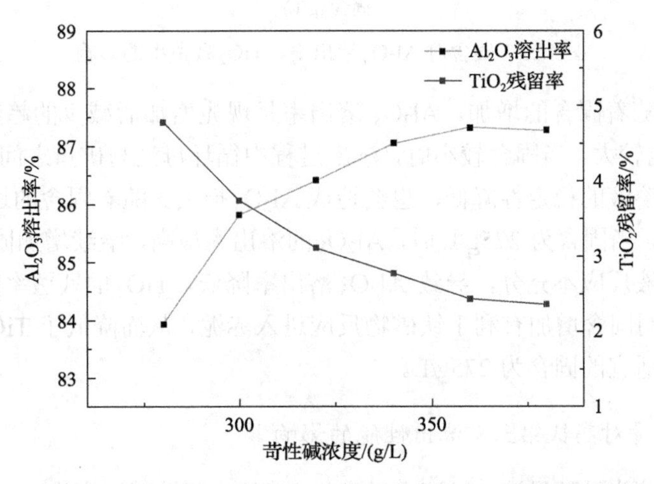

图 4.19　苛性碱浓度对 Al_2O_3 溶出率、TiO_2 残留率的影响

由图 4.19 可知，随着苛性碱浓度的提高，Al_2O_3 溶出率呈现先增加后减少的趋势，TiO_2 的残留率整体表现为下降的趋势，当苛性碱浓度从 280g/L 提高到 360g/L 时，Al_2O_3 溶出率从 84.938%增加到 87.062%，到 380g/L 时增加到 87.580%，此时再继续增加苛性碱浓度对 Al_2O_3 溶出率的影响不显著。

当苛性碱浓度小于 360g/L 时，提高苛性碱浓度有利于 Al_2O_3 的溶出，因增大苛性碱浓度时，溶液中的游离 OH^- 会随苛性碱浓度的增加而增加[12]，这有利于溶出反应正向进行，也促进 TiO_2 的溶解；但是若苛性碱浓度过高，铝酸钠溶液的稳定性会提高，造成铝酸钠溶液黏度增加，影响传质过程，增加碱耗，不利于氧化铝的溶出，综合考虑，确定最佳苛性碱质量浓度以 360g/L 为宜。

3. 固含对高钛铝土矿溶出性能的影响

为了分析固含对高钛铝土矿溶出性能的影响，选择溶出温度为 290℃、溶出时间为 30min、苛性碱浓度为 360g/L、MR=30，石灰添加量为 8%的溶出条件，对不同的固含配矿进行高压溶出试验，分析得到固含对 Al_2O_3 溶出率、TiO_2 残留率的影响，如图 4.20 所示。

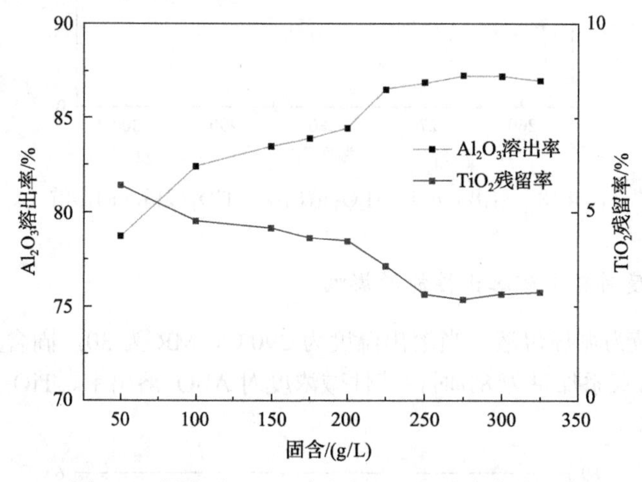

图 4.20　固含对 Al_2O_3 溶出率、TiO_2 残留率的影响

由图可知，随着固含的增加，Al_2O_3 溶出率呈现先增加后减少的趋势，说明固含对 Al_2O_3 的溶出影响较大。当固含较小时，溶出过程中循环母液与矿量之间的 L/S 较大，溶出过程中铝酸钠溶液的稳定性降低，也会造成 Al_2O_3 损失。随着固含的逐渐增大，Al_2O_3 溶出率逐渐增加，当固含为 275g/L 时，Al_2O_3 的溶出率最高，继续增加固含会导致矿石、石灰以及循环母液反应不充分，导致 Al_2O_3 溶出率降低，TiO_2 的残留率随着固含的增大而逐渐降低，说明固含增加有利于钛矿物反应进入赤泥，从而降低了 TiO_2 的残留率，综合考虑，选择最适宜的固含为 275g/L。

4. 石灰添加量对高钛铝土矿溶出性能的影响

以铝酸钠溶液为循环母液，当溶出温度为 290℃，苛性碱浓度为 360g/L，MR 为 30，固含为 275g/L，溶出时间为 30min 时，石灰添加量对 Al_2O_3 溶出率、TiO_2 残留率的影响如图 4.21 所示。

可以看出，增加石灰添加量，TiO_2 的残留率先升高后降低，当石灰添加量为 0%时，Al_2O_3 溶出率为 81.122%，继续增加石灰添加量到 8%，Al_2O_3 溶出率逐渐升高到 87.461%，说明高压水化条件有利于提高 Al_2O_3 溶出率，降低了 TiO_2 对铝土矿溶出的阻碍作用，因添加石灰可以与 TiO_2 生成钙钛矿、羟基钛酸钙、钛水化石榴石等物质结晶进入赤泥，消除 TiO_2 带来的不利影响，提高 Al_2O_3 溶出率和溶解速率，同时也降低了 TiO_2 残留率；当石灰添加量大于 8%，石灰含量增加，有利于生成含 CaO 较多的钛水化石榴石，且羟基碳酸钙也易分解成钛水化石榴石，这一相变导致碱耗增加，钛置换铝少，置换硅多，以及 SiO_2 的饱和度减小[11]，从而降低 Al_2O_3 溶出率。综合考虑，确定石灰添加量以 8%为宜。

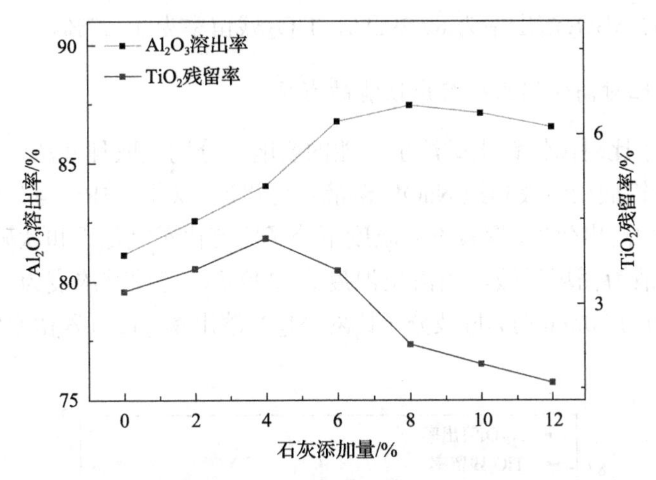

图 4.21　石灰添加量对 Al_2O_3 溶出率、TiO_2 残留率的影响

5. 溶出时间对高钛铝土矿溶出性能的影响

以铝酸钠溶液为循环母液，当溶出温度为 290℃，苛性碱浓度为 360g/L，MR=30，固含为 275g/L，石灰添加量 8%时，溶出时间对 Al_2O_3 溶出率、TiO_2 残留率的影响如图 4.22 所示。

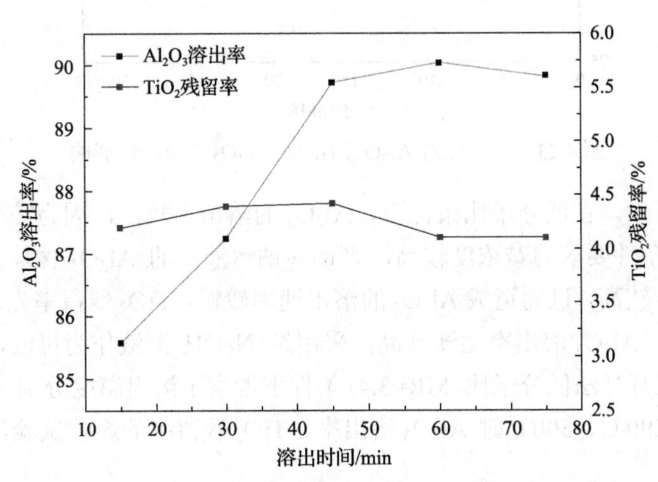

图 4.22　溶出时间对 Al_2O_3 溶出率、TiO_2 残留率的影响

由图可知，随着溶出时间的延长，Al_2O_3 溶出率呈现逐渐增加的趋势(后期略微的降低可以认为是误差)，而 TiO_2 残留率呈现出先增加又缓慢下降的趋势，因一水硬铝石矿的溶出是典型的液固反应，速率较慢[13]，所以增加溶出时间能提高 Al_2O_3 溶出率，当溶出时间大于 60min 后，Al_2O_3 溶出率变化较小，说明 Al_2O_3 已基本最大程度溶出，此时延长溶出时间对 Al_2O_3 溶出率影响不显著，TiO_2 的残留率呈现先增加又降低的趋势，在溶

出温度较低时，溶出时间对 Al_2O_3 溶出率影响显著，但当溶出温度提高后，溶出时间对溶出率的影响相对减弱，但是时间过长会增加能耗，综合考虑，确定最佳溶出时间为 60min 为宜，此时 Al_2O_3 溶出率为 87.293%、TiO_2 残留率为 4.127%。

6. 母液分子比对高钛铝土矿溶出性能的影响

研究母液分子比对高钛铝土矿溶出性能的影响，分别选取拜耳法生产工艺中母液低分子比(MR=3.4)铝酸钠溶液和纯 NaOH 溶液作为母液，对比 MR=3.4、10、20、30 条件溶出高钛铝土矿的溶出效果，探索不同温度下分子比变化对氧化铝和钛矿物的溶出影响。

以铝酸钠溶液为循环母液，当溶出温度为 290℃，苛性碱浓度为 360g/L，固含为 275g/L，溶出时间为 30min 时，母液分子比对 Al_2O_3 溶出率、TiO_2 残留率的影响如图 4.23 所示。

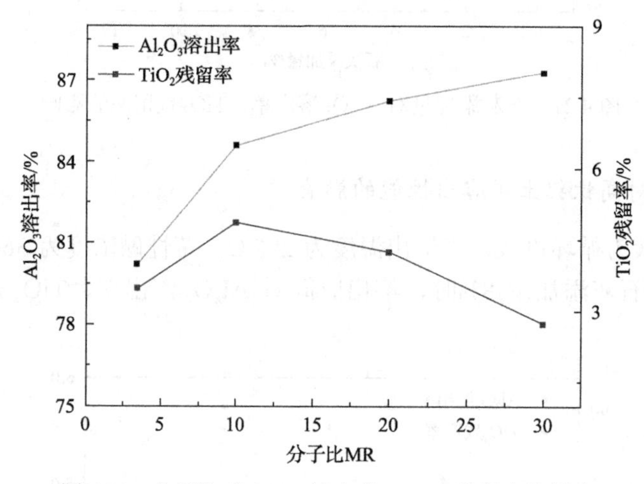

图 4.23　分子比对 Al_2O_3 溶出率、TiO_2 残留率的影响

由图 4.23 可知，在低分子比条件下，Al_2O_3 的溶出率较低，因为在分子比较低的情况下，高压水化条件要求的碱浓度较高，则铝酸钠溶液中的 Al_2O_3 含量大大增加，导致 Al_2O_3 的饱和程度较高，进而造成 Al_2O_3 的溶出速率较慢，TiO_2 残留率先增加后降低，随着分子比的升高，Al_2O_3 溶出率逐渐升高，采用纯 NaOH 溶液作为母液，其分子比为无穷大，除此之外在拜耳法低分子比(MR=3.4)条件下考察了溶出温度分别为 250℃、260℃、270℃、280℃、290℃、300℃时 Al_2O_3 溶出率、TiO_2 残留率的影响试验，结果如图 4.24 所示。

由图 4.24 可知，MR=3.4，溶出温度为 270℃时，Al_2O_3 溶出率为 77.74%，TiO_2 残留率为 4.86%，可见高压水化法的溶出效果相对更好，采用高分子循环母液有利于促进 Al_2O_3 的溶解，TiO_2 残留率有所下降，因为当溶出温度小于 280℃时，TiO_2 溶出速度＞沉淀速度，TiO_2 发生反应进入溶液，此时 TiO_2 在溶液中的残留率较大，溶出温度大于 280℃，TiO_2 溶出速度＜沉淀速度，TiO_2 转化为钙钛化合物进入赤泥，导致 TiO_2 残留率降低；当 MR＞30 时，继续提高碱浓度，对 Al_2O_3 的溶出效果影响较小，说明高分子条件有利于提

高 Al_2O_3 的溶出率，此时 TiO_2 对 Al_2O_3 溶出的阻碍作用有所降低，MR=30 为最适宜分子比。

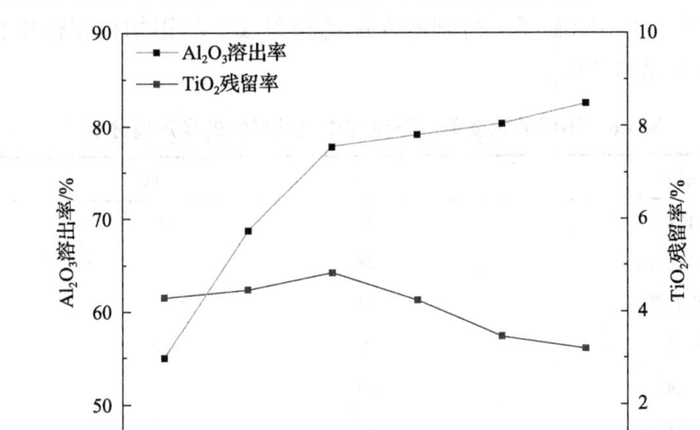

图 4.24　溶出温度对铝土矿溶出的影响(低分子比)

4.2.4　过程参数对溶出物赤泥的影响

1. 高压水化法不同温度的赤泥物相分析

选取 4.2.3 节中温度分别为 270℃、290℃、300℃条件下得到的赤泥进行物相分析，分析结果如图 4.25 所示。

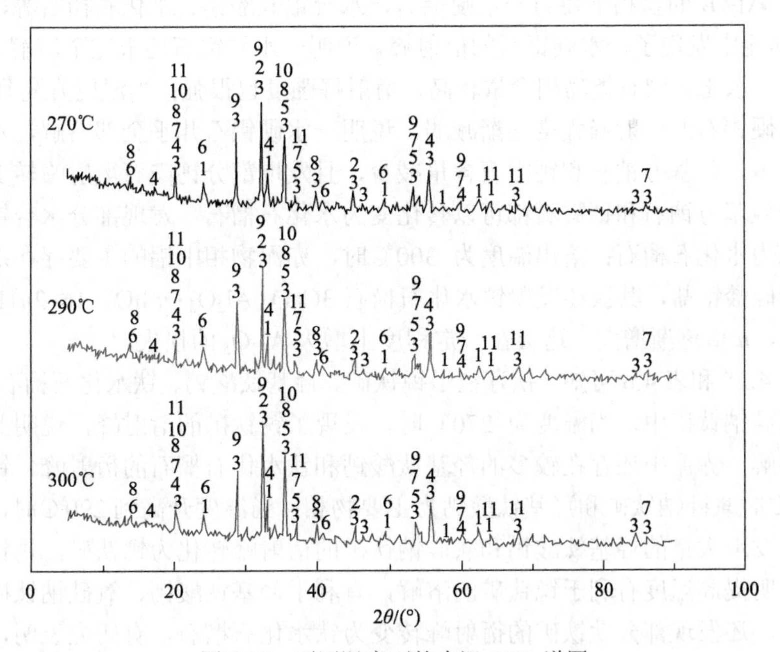

图 4.25　不同温度下的赤泥 XRD 谱图

1. 赤铁矿；2. 柯石英；3. 钙铁榴石；4. AlO(OH)；5. 钛水化石榴石；6. 羟基方钠石；7. 钛铁矿；8. 氧硅钠钛石；9. 水钙铝榴石；10. 钙钛矿；11. 羟基钛酸钙

由图可知，物相主要有赤铁矿、钛水化石榴石、水合铝硅酸钠钙、钙钛矿、钙铁榴石、羟基钛酸钙等，在不同温度下得到的赤泥物相组成中的铝物相和钛物相半定量含量变化分别如表 4.6 和表 4.7 所示。

表 4.6　不同的温度条件下赤泥中含钛矿物的半定量分析

赤泥物相	270℃	290℃	300℃
锐钛矿	9	6	2
羟基钛酸钙	28	0	0
钛水化石榴石	12	16	18
钙钛矿	4	58	69
钛铁矿	10	8	6
氧硅钠钛矿	37	12	5

表 4.7　不同的温度条件下赤泥中含铝矿物的半定量分析

赤泥物相	270℃	290℃	300℃
一水硬铝石	10.8	2	—
钙霞石	29	8.2	—
水化石榴石类	23	51.4	86.8
羟基方钠石	29.4	17.3	—
水合铝硅酸钠	10.2	21.2	13.2

赤泥中 Al_2O_3 的物相主要为一水硬铝石、水合铝硅酸钠、水化石榴石等，当温度为 270℃时，赤泥中发现了一水硬铝石的衍射峰，说明一水硬铝石还未完全溶解，羟基方钠石、钙霞石、水化石榴石类物相含量较高，衍射峰强度也很强；当温度升高到 290℃时，赤泥中一水硬铝石的衍射峰强度逐渐减弱，说明一水硬铝石几乎全部溶解，水化石榴石的衍射峰增多，羟基方钠石和钙霞石含量减少，且发现部分钙霞石衍射峰转变为羟基方钠石，部分羟基方钠石和钙霞石都可以转化变为水化石榴石，发现部分水合铝硅酸钠的衍射峰转化为水化石榴石；溶出温度为 300℃时，赤泥物相中铝的主要存在形式为水化石榴石类和硅酸钠盐，其次还发现钙水化石榴石 $3CaO\cdot Al_2O_3\cdot nSiO_2\cdot (6-2n)H_2O$，随着温度的升高，$n$ 值逐渐增大，这会在一定程度上增大 Al_2O_3 的损失。

结合图 4.25 和表 4.6 可知，钛存在于锐钛矿、羟基钛酸钙、钛水化石榴石、钙钛矿、钛铁矿、氧硅钠钛矿中，当温度为 270℃时，发现了锐钛矿的衍射峰，说明此时锐钛矿还未完全溶解，赤泥中还存在较多的羟基钛酸钙和钛水化石榴石的衍射峰，钙钛矿含量较少，270℃时氧硅钠钛矿和羟基钛酸钙为主要物相；当温度升高到 290℃时，锐钛矿的含量减少，发现大量的羟基钛酸钙和氧硅钠钛矿的衍射峰转化为钙钛矿，钙钛矿含量增加显著，说明提高温度有利于锐钛矿的溶解，有利于羟基钛酸钙、氧硅钠钛矿转化为钙钛矿，此外，还发现部分钛铁矿的衍射峰转变为钛水化石榴石，有研究表明，钛铁矿和碱液不会直接发生反应，若在添加石灰的情况下可以生成钛水化石榴石[14]，290℃的钛物相以钛水化石榴石和钙钛矿为主；当温度升高至 300℃时，羟基钛酸钙就已经全部转变为钙钛矿，此温度下赤泥中的钛物相主要为钙钛矿，其次为钛水化石榴石。

此外，硅在原矿中以高岭石为主，赤泥中未发现高岭石的衍射峰，说明其在 270℃已经完全溶解转化为霞石、方钠石、水化石榴石类物质，硅在赤泥中存在于柯石英、铝酸盐式方钠石、水化石榴石等物相中；方钠石随着温度的升高最终转变为水化石榴石和水合铝硅酸钙；柯石英不与碱液发生反应，最终在赤泥中的稳定物相为柯石英和水化石榴石类；铁存在于赤铁矿、钙铁榴石、针铁矿、磁铁矿中，赤铁矿不发生反应直接进入赤泥，温度对其影响不大，随着温度的增加，针铁矿转变为赤铁矿，300℃最终稳定物相为赤铁矿和钙铁榴石。

2. 高压水化法不同苛性碱浓度的赤泥物相分析

选取 4.2.3 节中苛性碱浓度为 320g/L、360g/L、380g/L 的条件下得到的赤泥进行 XRD 分析，结果如图 4.26 所示。

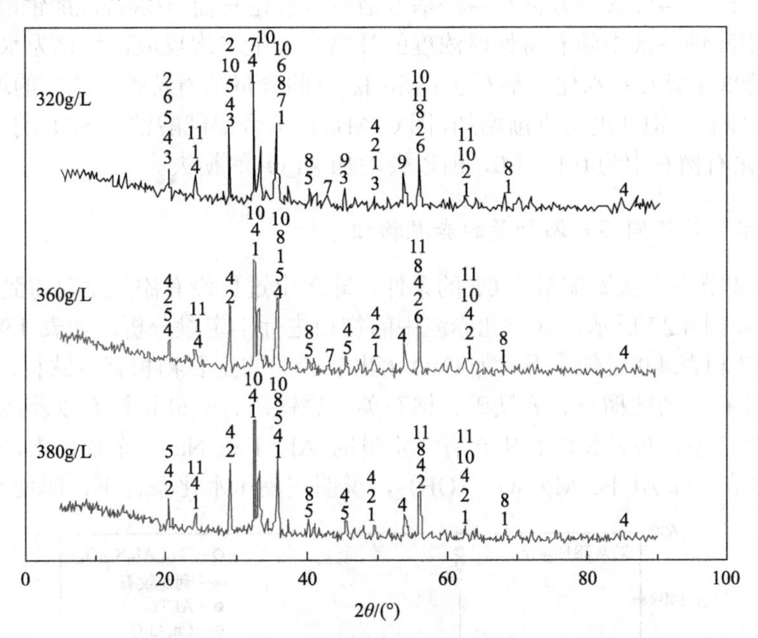

图 4.26　不同苛性碱浓度下的赤泥 XRD 谱图

1. 赤铁矿；2. 柯石英；3. TiO_2；4. 钙钛矿；5. 水钙铝榴石；6. 氧硅钠钛石；7. 钛铁矿；8. 钛水化石榴石；9. 羟基方钠石；10. 钙铁榴石；11. 水合硅酸钠

由图 4.26 可知，在苛性碱浓度为 320g/L、360g/L、380g/L 下得到的赤泥中的物相主要有：赤铁矿、柯石英、水钙铝榴石、钙铁榴石、钙钛矿、氧硅钠钛石等，在不同苛性碱下得到的赤泥物相组成中的铝物相和钛物相半定量含量变化如表 4.8 所示。

结合图 4.26 和表 4.8 可知，当苛性碱浓度为 320g/L 时，赤泥中的水合铝硅酸钠、羟基方钠石、钙铁榴石等含量都较高，当苛性碱浓度升高到 360g/L 时，发现部分铝硅酸盐的衍射峰转化为钙水化石榴石或者钙铁榴石，赤泥中水合硅酸钙和霞石含量减少，发现部分铝酸盐式方钠石转变为羟基方钠石，随着苛性碱浓度的增加，水化石榴石类物质的衍射峰增多，未发现钠硅渣的衍射峰，因为生成的水和硅酸钠钙会在铝酸钠溶液中发生

表 4.8　不同苛性碱浓度下赤泥中含铝矿物的半定量分析

赤泥铝物相	化学式	320g/L	360g/L	380g/L
水合硅酸钙	$CaO \cdot SiO_2 \cdot H_2O$	8	—	—
水合铝硅酸钠	$Na_2O \cdot Al_2O_3 \cdot 2SiO_2 \cdot H_2O$	10	4	—
铝酸盐式方钠石	$7Na_2O \cdot 7Al_2O_3 \cdot 12SiO_2 \cdot 6H_2O$	14	9	—
羟基方钠石	$4Na_2O \cdot 3Al_2O_3 \cdot 6SiO_2 \cdot 2H_2O$	27	19	7
钙水化石榴石	$3CaO \cdot Al_2O_3 \cdot nSiO_2 \cdot (6-2n)H_2O$	23	48	69
钙铁榴石	$Ca_3(Fe_{0.87}Al_{0.13})_2(SiO_4)_{1.65}(OH)_{5.4}$	18	20	24

二次反应，生成水化石榴石，降低了碱耗；当苛性碱浓度为 380g/L 时，赤泥中主要含铝物相为钙水化石榴石，由图可知，还存在大量的水合硅酸钠。

根据以上分析可知，随着温度和苛性碱浓度的升高，赤泥中的铝酸盐式方钠石发生水合硅酸钙→霞石→硅酸盐方钠石→羟基方钠石→水化石榴石/水合硅酸钠的过程；水合硅酸钠钙在铝酸钠溶液中随着苛性碱浓度的升高，发生二次反应，转化为水化石榴石类物相，从而降低了碱耗；水化石榴石(C_3ASnH_{6-2n})的含量随着苛性碱浓度的增加而增加，此外，水化石榴石的饱和度会逐渐增加，因 C_3AH_6 在水合铝硅酸钠中 SiO_2 的系数为 1.7～2.0，而在水化石榴石中为 0.1～1.0，所以会增加 Al_2O_3 的损失。

3. 高压水化法不同石灰添加量的赤泥物相分析

选取 4.2.3 节中石灰添加量为 0%的条件，即溶出过程没有添加剂时得到的赤泥进行 XRD 分析，如图 4.27 所示，并对此赤泥中的物相进行半定量分析，如表 4.9 所示。

由图 4.27 和表 4.9 可知，不添加 CaO 溶出后赤泥的主要物相有方钠石、钛铁矿、钙铝榴石、黑柱石、钙铁榴石、赤铁矿、柯石英、磁铁矿、氧硅钠钛石以及羟基钛酸钙，因在氧化铝生产中，羟基钛酸钙中含有一定量的 Al、Fe、Na 等杂质元素，所以分子式为$(Ca, Na, Mn)(Ti, Al, Fe, Mg)_2O_4 \cdot (OH)_2$，说明在高压水化条件下，即使不添加石灰，

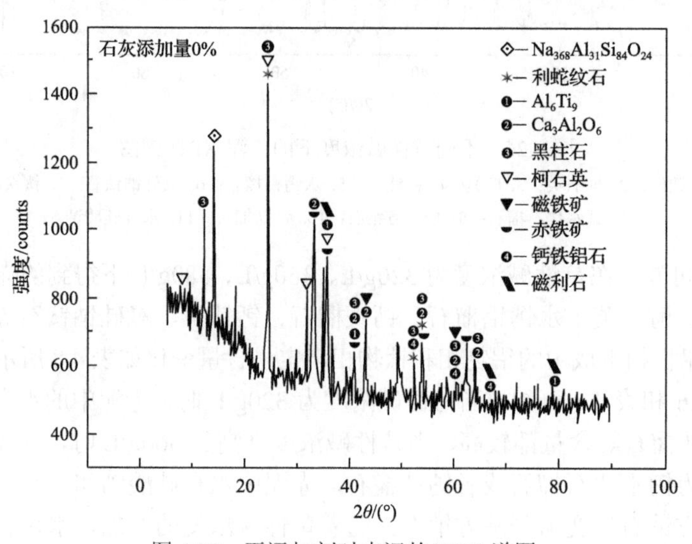

图 4.27　无添加剂时赤泥的 XRD 谱图

表 4.9　不同苛性碱浓度下含钛矿物的矿物半定量分析(相对原子百分含量)

矿物成分	化学式	相对原子百分含量
方钠石	$Na_8(Al_6Si_6O_{24})(OH)_2(H_2O)_2$	21
钛铁矿	$FeTiO_3$	6
钙铁榴石	$Ca_8Fe_{7.54}Al_{0.46}O_{20}$	5
钙铝榴石	$Ca_{24}Al_{16}Si_{24}O_{20}$	5
黑柱石	$CaFe_3(SiO_4)_2(OH)$	20
赤铁矿	Fe_2O_3	9
锐钛矿	TiO_2	7
柯石英	SiO_2	2
磁铁矿	Fe_3O_4	4
氧硅钠钛石	$NaTiSi_2O_6$	15
羟基钛酸钙	$Na_{0.7}(Fe_{0.58}Al_{0.12}Ti_{1.3})O_4(OH)_2$	6

高钛铝土矿中的大量含钛矿物也可以发生反应，转化为氧硅钛钠矿或羟基钛酸钙进入赤泥，有利于提高 Al_2O_3 溶出率，说明高压水化条件弱化了石灰对铝土矿溶出的催化作用。

为了对石灰添加量梯度对赤泥钛物相的影响进行分析，选取高压水化法溶出试验中石灰添加量分别为 6%、8%、10%条件下得到的赤泥进行 XRD 分析，结果如图 4.28 所示。

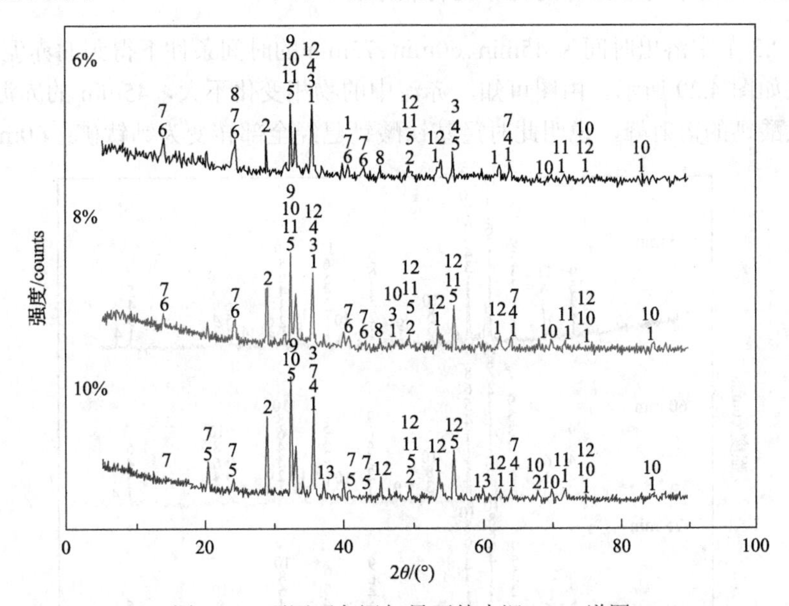

图 4.28　不同石灰添加量下的赤泥 XRD 谱图

1. 赤铁矿；2. 柯石英；3. 锐钛矿；4. 磁铁矿；5. 钙钛矿；6. 方钠石；7. 水合铝硅酸钠；8. 羟基钛酸钙；9. 铁水化石榴石；10. 钛铁矿；11. 氧硅钠钛石；12. 水钙铝榴石；13. CaO

由图 4.28 可知，赤泥在石灰添加量为 6%、8%、10%的条件下存在的主要物相有：赤铁矿、水钙铝榴石、方钠石、钙钛矿、钛铁矿、柯石英、铁水化石榴石、氧硅钠钛石等，含硅、铁矿物的赤泥物相规律与温度梯度基本一致，所以主要对高压水化条件下添加石灰对钛和含铝赤泥物相的变化规律进行分析。

石灰添加量为2%时，赤泥的主要物相为羟基钛酸钙、方钠石以及钙铁榴石，当石灰添加量为6%时，发现了锐钛矿的衍射峰，说明此时含钛矿物还未完全分解，部分羟基钛酸钙的衍射峰转化为钙钛矿，部分方钠石转变为钙霞石或者水化石榴石，水化石榴石含量增多，而水化石榴石比方钠石更容易从矿粒的表面脱离出来，加速一水硬铝石的溶解；增加石灰添加量到8%时，发现部分钛铁矿转变成钛水化石榴石，此时羟基钛酸钙已经全部转变成钙钛矿，锐钛矿也在赤泥中消失，此时赤泥含钛物相主要是水化石榴石和钙钛矿，赤泥中还发现了CaO的衍射峰，说明此时石灰已经过量；当石灰添加量为10%时，赤泥中钛水化石榴石含量继续增多，部分水合铝硅酸钠转化为水钙铝榴石，会造成水化石榴石含量显著增加而加大Al_2O_3的损失，降低Al_2O_3的溶出率。

高压水化条件在一定程度上有利于缓解 TiO_2 对铝土矿溶出的阻碍作用，进而弱化CaO对铝土矿溶出的催化作用；随着石灰添加量的增加，方钠石转变为钙霞石，这有助于碱耗降低；CaO含量增加，加速羟基钛酸钙转变成钙钛矿，破坏了 TiO_2 在一水硬铝石表面形成的钛阻滞层，有利于提高Al_2O_3溶出率；CaO增多有助于钛水化石榴石生成，也利于钛铁矿转变成水化石榴石，但水化石榴石过多会造成Al_2O_3的损失，所以CaO含量不能添加过量。

4. 高压水化法不同溶出时间的赤泥物相分析

选取4.2.3节中溶出时间为45min、60min、75min的时间条件下得到的赤泥进行XRD分析，结果如图4.29所示。由图可知，赤泥中的物相变化不大，45min的赤泥物相中未发现羟基钛酸钙的衍射峰，说明此时羟基钛酸钙已经全部转变为钙钛矿；60min时，有

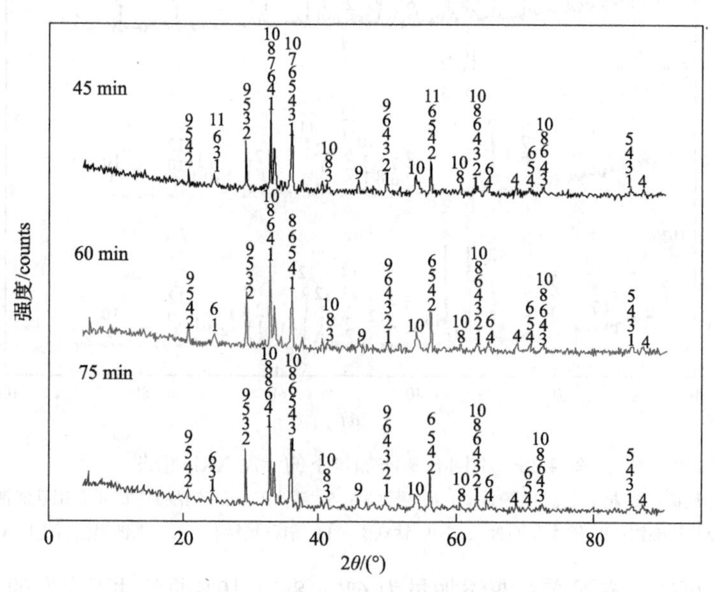

图4.29　时间梯度的XRD谱图

1. 赤铁矿；2. 柯石英；3. 钙铝黄长石；4. 水钙铝榴石；5. 钙铁榴石；6. 钙钛矿；7. 钛铁矿；8. 钛水化石榴石；9. 褐硅钠钛矿；10. 水合硅酸钠钙；11. 水合硅酸钙

部分水合硅酸钙发生水解生成水化石榴石，直到 75min 赤泥中的稳定物相一直为钙钛矿、石灰、柯石英、水化石榴石、水合硅酸钠钙等，当溶出试验进行到一定阶段后，溶出时间对赤泥钛物相的变化影响不大。

4.3　石灰拜耳法降低赤泥中 N/S 的研究

4.3.1　概述

1. 拜耳法生产氧化铝流程中的碱耗

碱耗是生产氧化铝过程中苛性碱的消耗量。主要包括化学损失和机械损失[15,16]，碱耗影响着拜耳法生产氧化铝的成本，降低碱耗是氧化铝企业提高效益的有效途径，需要氧化铝生产企业提高管理水平、改进生产工艺。

(1) 化学损失。化学损失是由于铝土矿中的杂质与氢氧化钠发生化学反应，生成了不溶性碱进入赤泥所造成的损失，这部分碱耗在整个生产过程是最多的，约占总碱耗的 60% 以上。其中铝土矿中的 SiO_2 是造成化学损失的主要因素，在溶出过程中含硅矿物会与苛性碱发生反应，生成的钠硅渣进入赤泥，其反应方程式如下：

$$Al_2O_3 \cdot 2SiO_2 \cdot 2H_2O+6NaOH+H_2O = 2NaAl(OH)_4+2Na_2[H_2SiO_4] \tag{4.23}$$

$$xNa_2[H_2SiO_4]+2NaAl(OH)_4 = Na_2O \cdot Al_2O_3 \cdot xSiO_2 \cdot nH_2O+2xNaOH+(4-n)H_2O \tag{4.24}$$

$Na_2O \cdot Al_2O_3 \cdot xSiO_2 \cdot nH_2O$ 的分子式一般为 $NaO \cdot Al_2O_3 \cdot 1.75SiO_2 \cdot 2H_2O$，其钠硅比为 0.608。因此铝土矿中每含有 1kg 的 SiO_2 就会使 0.608kg 的 Na_2O 进入赤泥，造成碱的损失，而溶出 lt 的 Al_2O_3，由于生成钠硅渣而造成的 Na_2O 的最低损失量 $M_{损失}$(kg) 为

$$M_{损失} = \frac{0.608S}{A-S} \times 1000 = \frac{608}{A/S-1} \tag{4.25}$$

式中，A——铝土矿中氧化铝的质量分数；

S——铝土矿中二氧化硅的质量分数。

可见，矿石的铝硅比越高，损失的 Na_2O 就越少；矿石的铝硅比越低，损失的 Na_2O 就越多。

(2) 赤泥附液损失。赤泥附液损失是机械损失，赤泥与溶出液分离后需要进行洗涤，洗水不可能把赤泥中附带的苛性碱完全洗去，因此赤泥附液会带走一部分 Na_2O 造成碱损失，用 $N_{赤附}$表示，其公式为

$$N_{赤附}=t_{矿} \times \eta_{泥} \times N_{泥} \times 1000 \tag{4.26}$$

式中，$N_{赤附}$——生产 1t 氧化铝，赤泥中氧化钠的附着损失，kg；

$t_{矿}$——每吨氧化铝的矿耗，t；

$\eta_{泥}$——单位铝土矿所产生的赤泥量与单位铝土矿的质量比，%；

$N_{泥}$——末次赤泥中附碱的百分含量，%。

(3)氢氧化铝损失。氢氧化铝带走的碱损失属于机械损失，由于氢氧化铝未清洗干净而造成的损失，包括氢氧化铝中的 Na_2O 和附碱，用 $N_{氢}$表示：

$$N_{氢}=(N_{AH}+N_{AH附})\times 1000 \tag{4.27}$$

式中，$N_{氢}$——每吨氢氧化铝带走的碱损失，kg；

N_{AH}——洗涤氢氧化铝中含 Na_2O 百分含量，%；

$N_{AH附}$——洗涤氢氧化铝中附碱的百分含量，%。

(4)其他损失。在氧化铝生产过程中的跑、冒、滴、漏带走 Na_2O 也可以造成 Na_2O 的损失。

2. 影响拜耳法溶出过程赤泥中 N/S 的因素

1)溶出温度

温度是影响溶出过程最主要的因素，温度对反应速率常数 k 和扩散速率常数 k_d 均有影响，温度与扩散系数 D 呈直线关系：

$$D=\frac{RT}{N_A}\cdot\frac{1}{2\pi r\eta} \tag{4.28}$$

式中，R——摩尔气体常数；

N_A——阿伏伽德罗常数；

r——扩散质点的半径；

η——流体的黏度。

而阿伦尼乌斯公式指出化学反应速率常数与温度呈指数函数的关系，即化学反应速率常数要远比扩散速率常数增大得快。

随着溶出温度的升高，Al_2O_3 在碱溶液中的溶解度也会相应增大，提高温度不仅可以提高 Al_2O_3 的溶出速率，而且还可以降低溶出液的苛性比，提高铝酸钠溶液的硅量指数。

在溶出过程中，含硅矿物与铝酸钠溶液之间存在复杂的化学反应，在固相中有水合铝硅酸钠(钠硅渣)和水化石榴石等含硅矿物，由于在不同温度下，硅进入溶液中的量不同，所以渣中水合铝硅酸钠的量也会不一样，从而影响赤泥 N/S 的大小[17]。

2)铝土矿中含硅矿物

铝土矿中的硅矿物是碱法生产氧化铝最有害的杂质，它包括蛋白石、石英及其水合物、高岭石、伊利石、鲕绿泥石、叶蜡石、绢云母、长石等硅酸盐矿物。铝土矿中硅矿物由于存在形式的不同，与铝酸钠溶液反应的能力也不同。蛋白石化学活性最大，与 NaOH 和 Na_2CO_3 溶液均能反应生成硅酸钠，石英与碱液要在 150℃以上才开始反应；结晶不好的鲕绿泥石在 70～100℃就可以与 NaOH 反应，结晶好的则要在 200～240℃才可以反应；高岭石是二氧化硅在铝土矿中存在的主要形态，它在 50℃就可与碱液反应；高岭石与循环母液发生的反应主要生成硅酸钠和铝酸钠，然后二者反应再生成水合铝硅酸钠，这也是造成赤泥碱耗的主要因素。

因为水合铝硅酸钠渣会在热交换器、压煮器和管道上析出并结垢，从而使传热系数下降，严重时甚至阻塞管道，所以在实际生产中，会先在 100℃左右进行预脱硅，通过搅拌使大部分 SiO_2 转化为钠硅渣析出。从而减少溶出段的结垢[18-20]。

3) 铝土矿中 TiO_2 含量

铝土矿普遍含有 2%～4%的 TiO_2，它的存在形式通常是金红石、锐钛矿和板钛矿。在拜耳法生产中，氧化钛只会在 Al_2O_3 含量为未饱和的铝酸钠溶液中才会与 NaOH 反应生成钛酸钠，引起 Na_2O 的损失[21]。

$$3TiO_2 + 2NaOH + 4H_2O \longrightarrow Na_2O \cdot 3TiO_2 \cdot 5H_2O \tag{4.29}$$

而且，钛酸钠会在铝矿物表面生成一层致密的保护膜。将铝土矿与碱溶液隔绝开，从而阻碍一水硬铝石的溶出。三水铝石则不会有这种情况出现，由于三水铝石易于溶解，它会在钛酸钠生成之前就完成溶解，TiO_2 就不能起到阻碍作用。一水软铝石受到的阻碍作用也小得多[22]。

4) 铝土矿中碳酸盐含量

在铝土矿中的碳酸盐主要以石灰石、白云石和菱铁矿等形式存在。作为添加剂的石灰，也会因为石灰石烧结不充分引入碳酸盐。这些进入溶出过程的碳酸盐积累到一定浓度就会与苛性碱发生反应生成碳酸钠，从而使苛性碱的浓度降低。这被称为反苛性作用，其反应式为

$$MCO_3 + 2NaOH \longrightarrow Na_2CO_3 + M(OH)_2 \quad (\text{M 为 Ca、Mg 或 Fe}) \tag{4.30}$$

在含有 Na_2CO_3 的铝酸钠溶液体系中，当 Na_2CO_3 浓度达到一定水平时，可以将水化石榴石分解转变成钠硅渣。溶液温度越高，Na_2CO_3 含量越多，对水化石榴石的分解作用越强，这样在高温高 Na_2CO_3 浓度的铝酸钠溶液中将有大量的水化石榴石转化为钠硅渣，赤泥中钠硅渣的含量升高，赤泥的 N/S 就升高，碱耗增大[23-25]。

5) 循环母液中硫化物含量

循环母液中的硫化物主要来自铝土矿，铝土矿中的硫进入溶液中经过多次循环会富集到一定数量。在矿石中硫以黄铁矿、白铁矿、胶黄铁矿、硫酸盐的形式存在。当碱溶液温度升到 180℃以后，黄铁矿就发生反应被分解，反应程度随着温度和碱浓度的提高越来越剧烈。胶黄铁矿与碱溶液反应比较容易。黄铁矿与铝酸钠溶液发生化学反应后，硫主要转变为 S^{2-} 进入溶液，这部分硫占全部硫含量的 90%～94%，剩下的硫则以 SO_4^{2-}、$S_2O_3^{2-}$、SO_3^{2-} 及 S_2^{2-} 的形式存在[26,27]。这些离子会与空气发生氧化反应，最终成为 SO_4^{2-}。在溶出过程中，当硫化物浓度高于 5g/L 时，硫化物就会在体系中发生复杂的化学反应，生成一种含水铝代硅酸钠 $1.25NaO \cdot Al_2O_3 \cdot 1.79SiO_2 \cdot 0.15S_2O_3 \cdot 0.03SO_4$，含水铝代硅酸钠最终会进入赤泥渣相中[28]，这样就将碱和铝带入赤泥，从而造成 NaO 和 Al_2O_3 的损失。

3. 拜耳法生产氧化铝流程中降低赤泥中 N/S 的相关研究

降低拜耳法赤泥中 N/S 的方法主要概括为三个方面。

(1) 从改善原料品位着手，减少原料中活性二氧化硅的数量：通过选矿或预处理的方法降低铝土矿中含硅矿物的量，或者通过预处理，使硅矿物的活性降低，保证在接下来的溶出过程中不发生反应。

(2) 优化生产过程，降低产物中苛性碱的残留量：通过降低活性硅向脱硅产物转化的量，或者将含硅矿物转化为另一种碱含量较少的脱硅产物。

(3) 合理利用资源，回收从循环母液中析出的碳酸钠和草酸钠，以及从赤泥中回收有价碱。

1) 选矿法降低赤泥中 N/S 的相关研究

在高品位的铝土矿资源日益减少的情况下，用高硅低品位铝土矿生产氧化铝就面临着碱耗偏高的问题，解决这一问题的有效途径就是减少二氧化硅进入氧化铝生产流程的量，降低铝土矿中二氧化硅的含量，可以通过选矿等方法对铝土矿进行脱硅预处理来实现。本章主要介绍物理法、化学法、生物法三种预脱硅方式。

(1) 物理法预脱硅。物理法脱硅的特点是：将铝土矿用机械的方法，不改变矿石的性质，达到分离含硅杂质和铝土矿的目的，降低铝土矿矿石中 SiO_2 的含量[29]。物理方法脱硅主要包括正/负浮选法、选择性碎解法、洗矿法、筛分[30]和选择性絮凝法等，其中采用正浮选法来降低铝土矿中硅含量的研究较多，工艺也相对成熟[31-35]。

曹学锋等[36]对河南某低铝硅比 (A/S) 一水硬铝石型铝土矿进行了正浮选脱硅试验研究。原矿含氧化铝为 54.43%，含二氧化硅为 17.49%。铝硅比为 3.14，采用一种配制的油酸复合增效剂，其中油酸与复合增效剂配比为 10∶1，可以使一水硬铝石回收率提高 10%，闭路试验原矿铝硅比由 3.14 提高到 8.08，氧化铝回收率达到 76.44%。姜亚雄等[37]以云南鲁甸高硅低铝硅比型铝土矿为研究对象，原矿氧化铝含量为 60.78%、二氧化硅含量为 20.84%，铝硅比为 2.92，通过两段浮选，闭路试验获得精矿产率为 64.74%、精矿中氧化铝含量为 70.83%，二氧化硅含量为 8.40%、铝硅比为 8.43、氧化铝回收率达到 75.83%。

(2) 化学法预脱硅。化学法主要是指铝土矿通过化学反应进行预脱硅。原理是对矿石进行热处理，在高温条件下矿石中的铝硅酸盐矿物会发生脱羟基反应[38]。一部分铝硅酸盐矿物由于脱水，其晶体结构会被破坏，从而形成无定形 SiO_2。低温条件下，这种活性较差的 SiO_2 可溶于稀碱溶液中，而含铝矿物则留在固体中。铝和硅就可以分离，用这种方法处理后的一水硬铝石型铝土矿，在拜耳法溶出过程中不仅能回收一水硬铝石中的 Al_2O_3，而且能回收铝硅酸盐矿物中的 Al_2O_3，所以 Al_2O_3 的回收率也比较高[39,40]。

在 900～1000℃下焙烧铝土矿，然后在 90℃下用 10%的苛性碱溶液溶出焙砂。脱硅率最高可达 80%，精矿的铝硅比由原矿的 4.5 提高到 20，Al_2O_3 的损失率在 5%以下。张战军等[41]以高铝粉煤灰为原料，用 NaOH 来提取矿石中的非晶态 SiO_2，结果表明：SiO_2 的提取率可以达到 41.8%，铝硅比由 1.29 提高到 2.39。

铝土矿焙烧预脱硅也存在一些问题，首先焙烧使得能耗较高，焙烧后的铝土矿还要在较高的温度下才能溶出，其次要使用大量高浓度碱液，使得物料的处理量比较大，苛性碱的消耗也很高。这些因素使得这一方法应用于工业化生产困难重重。

(3)生物法预脱硅。生物脱硅法是利用异养微生物分解硅酸盐和铝硅酸盐矿物，使硅变成可溶物，铝仍以不溶物的形式存在，从而实现硅铝分离[42]。

硅酸盐细菌能够对铝土矿进行脱硅，是因为这些细菌的成长需要硅。代表性的微生物有环状芽孢杆菌、胶质芽孢杆菌、多黏芽孢杆菌及黑曲霉菌芽[43,44]。虽然国内外对细菌脱硅有大量的研究，但对其脱硅机理仍有分歧，大部分学者认为硅酸盐细菌对铝硅酸盐矿物的脱硅作用与其中组分溶解和高岭土颗粒分离有关；也有研究表明脱硅作用与细菌生长代谢过程中分泌的有机酸(草酸、柠檬酸等)对矿物的溶蚀作用有关[45,46]。

苏联针对哈萨克斯坦矿床的高岭石，提出了采用杆菌胶质类细菌对细泥和磁性产品进行浸出。在浸出温度为28～30℃，液固体积质量比为5∶1，浸出时间为9天的条件下，脱硅率约为62%，Al_2O_3回收率约为99%。S.Grudev用实验室驯化的环状芽孢杆菌处理石英-高岭石-三水软铝型铝土矿，精矿中Al_2O_3的回收率高达93.3%。Bandyopadhyay用黑曲霉菌的变株脱去了铝土矿中59.5%的铁和56.2%的硅酸盐[34]。

生物脱硅法适合处理胶状极细粒的铝土矿，经处理后的铝土矿可以达到较好的工艺指标，同时这项技术不用投入大量的人力物力，对环境造成的污染也比较小。但是也存在一些问题，如脱硅速度慢、生产周期长、生产条件的控制比较严格，目前难以在工业生产中推广应用。

2)溶出添加剂降低赤泥中N/S的相关研究

苏联学者早在1933年便提出在溶出一水硬铝石铝土矿时必须添加石灰，这项发现也被世界各国学者验证和接受，在工业生产中应用广泛。以一水硬铝石为原料用拜耳法生产氧化铝时，添加石灰可以使溶出更加容易，同时还可以减少赤泥结合碱的损失。目前在工业上溶出一水硬铝石和一水软铝石铝土矿时都会适当添加石灰。

拜耳法溶出铝土矿添加石灰的作用有以下几个方面：①避免钛生成钛酸钠，消除了铝土矿中TiO_2的不良影响；②强化了一水硬铝石型铝土矿的溶出，提高了Al_2O_3的溶出速率；③促进针铁矿转变为赤铁矿，改善了赤泥沉降性能；④生成水化石榴石，降低了赤泥中N/S；⑤清除了钒、铬、氟等杂质，同时提高了溶液的硅量指数[47,48]。

工业上添加的石灰一般为石灰烧结车间制备，由于石灰石在烧结过程中并不能完全分解，石灰中未分解的碳酸钙也将进入流程，这些碳酸钙不仅占用了相当大的磨矿能力，降低了原矿浆的输送能力，增加了相关设备的能耗，并且大量未分解的碳酸钙进入流程与苛性碱发生反苛化反应：

$$CaCO_3 + 2NaOH \xlongequal{\quad} Ca(OH)_2 + Na_2CO_3 \tag{4.31}$$

而在Na_2CO_3溶液中，水化石榴石可被分解生成钠硅渣[49,50]。所以溶液中若生成大量的Na_2CO_3将会增加赤泥中钠硅渣的含量，从而造成碱的损失。解决这一问题的有效方法，就是提高石灰中有效钙的含量，有以下两种处理方式。

(1)通过改善煅烧工艺，提高石灰烧成质量，以增加活性石灰含量。首先选择品位较高的石灰石矿，保证合适的粒度和焦炭配入量；其次要控制好煅烧过程中的温度、风压、石层高度等相关参数。

(2)将石灰消化并分离杂质，制得较纯净的石灰乳。石灰的消化有两种方法：清水化灰和碱液化灰。在实际生产中，清水化灰就是将石灰与清水反应制成石灰乳，这样做就会将大量的清水引入系统，会冲淡循环碱液的浓度，从而加重蒸发负担。而采用碱液或循环母液化灰，既不会冲淡循环碱液，又提高了原矿浆的苛性比。将石灰乳加入流程中，就可降低碳酸钙的反苛化给拜耳法系统带来的不利影响，提高循环效率，增加氧化铝产出量，降低碱耗[51]。

匈牙利铝业公司的专利技术是利用氧化钙配合铁水化石榴石来强化溶出过程，这种技术与传统的仅使用石灰的技术相比有以下优点：改善沉降性能、降低最低溶出温度、缩短反应时间、减少石灰用量。元炯亮等[52]以含钙添加剂作为拜耳法溶出一水硬铝石矿的添加剂，通过分析添加剂在强化溶出过程中的作用，发现了含钙添加剂在溶出过程中的作用机理：阻滞层-活化(催化)机理。含钙添加剂一方面破坏了阻滞层的产生，另一方面对一水硬铝石本身起到了催化(或活化)作用。李来时等[53]用共沉淀工艺合成了六方水合铁酸钙并将它作为脱硅剂使用，在对铝酸钠溶液的脱硅试验中取得了良好的效果。刘连利等[54]合成的六方水合铝硅酸钙可以将铝酸钠溶液中 SiO_2 的浓度降到 0.009g/L。

这些添加剂一方面能够降低赤泥中 N/S，另一方面还强化了溶出过程，增大了氧化铝的溶出率。不过合成的添加剂大多不易制备，而且容易引入杂质，由于铝土矿的不同，同一种添加剂的添加量、作用效果也存在差异，所以在工业应用上难度比较大，同时，添加剂的作用机理还有待进一步的研究。由于矿产资源日益匮乏，在溶出低品位、难溶铝土矿时开发高效的添加剂仍具有十分重要的前景。

添加剂的最佳用量一方面取决于组成矿物的各种矿石类型，另一方面也取决于添加剂、石灰、苛性碱和氧化铝的相对价格。

3) 改善溶出工艺降低赤泥中 N/S 的相关研究

(1)改变石灰添加点的研究。石灰拜耳法的工业生产中，石灰的添加方式分为两种：前加和后加。石灰前加是指在溶出之前通过配矿的方式将石灰和矿石一起磨制成矿浆；石灰后加是指矿浆被预热至溶出温度之后加入石灰化制成的石灰乳。

陈文汨等[55]通过改变石灰乳的添加点进行拜耳法溶出研究，试验结果表明：在溶出温度时添加石灰乳对降低赤泥中 N/S 效果比较明显，在预热温度区添加石灰乳对降低赤泥中 N/S 有效果，但降低幅度不大，在闪蒸温度区添加石灰乳对降低赤泥中 N/S 没效果，甚至会增加碱耗。

(2)二段法溶出工艺。石灰拜耳法降低赤泥中 N/S 的关键就是使铝土矿中的硅矿物不生成水合铝硅酸钠，而是生成不造成碱损失的水化石榴石。陈文汨等[56]通过研究发现，溶出阶段前生成的水化石榴石渣经高温溶出后并没有转化为水合铝硅酸钠。这说明水化石榴石在高温碱液中基本不溶解。如果在溶出前将铝土矿中的硅矿物尽量多地转化为水化石榴石，就可达到降低碱耗的目的，从而设计了二段法溶出工艺，二段法溶出工艺的原理，就是将高碱脱硅产物生成低碱脱硅产物来降低赤泥中 N/S 的方法。其生产过程主要分为两段，在前段，使用高苛性比、低碱浓度的溶液(即沉铝溶液)对铝土矿进行保温预脱硅；在后段，补进高碱浓度的溶液(即浓缩后循环母液)进行氧化铝的溶出。彭秋燕等[57]以河南某地铝土矿为原料进行两段法溶出试验，预脱硅温度为 160℃，反应 2h。沉铝溶液的碱含量为 15%，a_K 为 30.8，配矿 C/S 比为 1.3，在 260℃溶出 1h。溶出赤泥 N/S 从常规溶出赤泥 N/S 的 0.42 降为 0.23。

二段法溶出工艺是在溶出过程中降低拜耳法赤泥化学结合碱的一种新方法，与赤泥的烧结法处理、赤泥的水热法处理回收碱相比，缩减了工艺流程，有一定的技术优势，但在工业化推广中还存在一些问题，尤其是在纯拜耳法氧化铝生产企业中获得高苛性比的预脱硅溶液比较困难，仍需要进行相应的研究。

(3) 高温石灰拜耳法的研究。国内氧化铝企业对不同溶出温度的拜耳法进行了研究，在溶出温度为 240℃以下时，赤泥中含硅矿物平衡晶相的化学组成为 $3CaO\cdot Al_2O_3\cdot 0.85SiO_2\cdot 4.3H_2O$。当钙硅比为 2.0，溶出温度为 280℃时，碱耗降低 60%。当钙硅比为 1.5 和 2.0 时，在 300℃下溶出，碱耗分别降低 70%和 88%。含水铝硅酸钙的化学组成为 $3CaO\cdot Al_2O_3\cdot 1.1SiO_2\cdot 3.8H_2O$。可见提高溶出温度可增加含水铝硅酸钙总氧化硅固溶量，这样就可减少石灰用量。与溶出温度为 240℃相比，在 280℃以上溶出时，石灰用量降低 30%以上，碱耗降低 60%以上。因此，提高石灰拜耳法的溶出温度，可以显著地降低石灰用量和碱耗。但是过高的溶出温度，会增加溶出设备的制造难度，能耗也随之增加，所以应该综合考虑成本，选择适宜的溶出温度。

(4) 提高配矿 RP，增加下矿量。在目前的生产工艺条件下，正常生产周期内碱的机械损失变化不大，但其在耗碱总量中所占比例达到了 26%左右。因此为了降低碱耗，就必须降低碱的机械损失在碱耗中所占的份额，这就需要在生产周期内增加下矿量，从而提高氢氧化铝的产出率，进而降低氢氧化铝的矿石单耗，同时可通过提高循环母液的循环效率，通过提高氧化铝总回收率来实现高硅铝土矿的产出效果，这样就能有效控制氧化铝生产碱耗。

(5) 高压水化法溶出。高压水化法就是将霞石、石灰、循环母液混合，并在高压下溶出，溶出后的铝酸钠浆液进行液固分离和泥渣洗涤，洗涤后的泥渣再与水或稀碱液混合在高压下分解，也可与石灰在常压下进行分解，分解产物中可以得到含有苛性钾和苛性钠的溶液，从而制得苛性钾和苛性钠，这样就使赤泥中 N/S 得到降低。用这种方法，氧化铝的浸出率高达 90%～92%，碱的浸出率高达 97%～98%，得到的碱为苛性碱，并且石灰的消耗量也降低了一半。

目前该方法还存在铝酸钠溶出液浓度偏大、苛性比值高、循环母液量大等问题，仍需继续研究，但是因为对环境危害小，并且对资源利用率高，高压水化法也会有更好的发展。

4.3.2　石灰拜耳法降低赤泥中 N/S 的理论基础

拜耳法生产氧化铝时，铝土矿中的氧化硅在溶出过程中与铝酸钠溶液发生反应，生成不溶性的水合铝硅酸钠，引起碱及氧化铝的损失。反应见式(4.23)和式(4.24)。

用石灰拜耳法溶出一水硬铝石型铝土矿时，配入的石灰除部分用来消除 TiO_2 的有害作用，多余的石灰与铝酸钠溶液发生反应(4.32)生成 $3CaO\cdot Al_2O_3\cdot 6H_2O$：

$$3Ca(OH)_2+2NaAl(OH)_4 \longrightarrow 3CaO\cdot Al_2O_3\cdot 6H_2O+2NaOH \quad (4.32)$$

但是在高压溶出的温度下，$3CaO\cdot Al_2O_3\cdot 6H_2O$ 是不稳定的化合物，溶出液中的硅酸根离子很容易与含水铝酸钙结合，发生反应(4.33)，生成稳定性较高的水化石榴石，它比钠硅渣更易从矿粒表面脱离，从而强化溶出过程：

$$3CaO\cdot Al_2O_3\cdot 6H_2O+xNa_2SiO_3 \longrightarrow 3CaO\cdot Al_2O_3\cdot xSiO_2\cdot(6-x)H_2O+2xNaOH \quad (4.33)$$

添加石灰使一部分水合铝硅酸钠转变为水化石榴石，相当于赤泥中水合铝硅酸钠中的氧化钠被氧化钙代替，使得赤泥中 N/S 降低。

4.3.3 石灰拜耳法降低赤泥中 N/S 的工艺研究

所用铝土矿包括 1#铝土矿、2#铝土矿和 3#铝土矿，其主要化学成分如表 4.10 所示。其中，1#铝土矿和 2#铝土矿产自不同矿区，3#铝土矿是 2#铝土矿经浮选处理后得到的高品位矿。

表 4.10　铝土矿主要化学成分组成

铝土矿种类	Al_2O_3/%	SiO_2/%	TiO_2/%	CaO/%	Fe_2O_3/%	A/S
1#铝土矿	41.46	18.15	1.38	3.32	16.97	2.28
2#铝土矿	54.43	7.42	1.65	0.83	17.2	7.52
3#铝土矿	58.19	5.66	1.75	0.83	14.45	10.28

注：A/S 为铝硅比。

为确定几种铝土矿物相成分，对其进行 XRD 分析，结果如图 4.30 和图 4.31 所示。

由分析结果可知，1#铝土矿的主要物相成分为：一水硬铝石、一水软铝石、石英、锐钛矿、针铁矿、赤铁矿、高岭石、叶蜡石。2#铝土矿的主要物相成分为：一水硬铝石、石英、锐钛矿、针铁矿、赤铁矿、高岭石、叶蜡石。

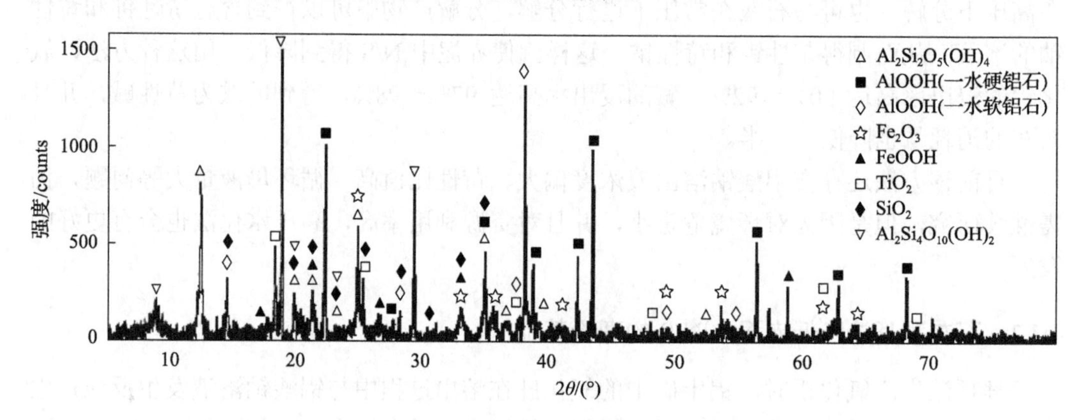

图 4.30　1#铝土矿 XRD 谱图

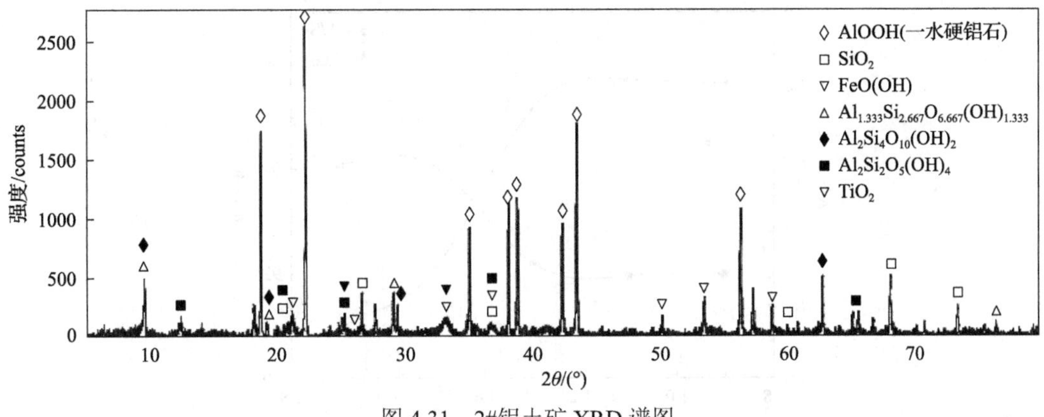

图 4.31　2#铝土矿 XRD 谱图

选用工业级石灰，经破碎、混匀、磨细至试验要求粒度，其化学成分(质量分数)为 SiO_2 0.93%、Fe_2O_3 0.26%、CaO 88.75%、C 总(总碳含量) 1.68%、其他 8.38%。

1. *石灰添加量对赤泥中 N/S 及溶出性能的影响*

石灰的添加量越多，赤泥的 N/S 就越低，对于降低碱耗越有利。但是石灰添加量过大时，则会造成 Al_2O_3 的损失。在高压溶出中，水化石榴石和水合铝硅酸钠会保持一定的平衡，水合铝硅酸钠并不会完全生成水化石榴石而消失。添加石灰时，赤泥中水化石榴石和水合铝硅酸钠的比值、水化石榴石中 SiO_2 的饱和程度都与实际生产条件有关。只有添加合适量的石灰，并控制适当的反应条件，才能使氧化铝溶出率提高，并且碱耗降低，赤泥中氧化铝的损失也可以处于较低的水平。为了找出最优的石灰添加量，设计试验考察石灰添加量对赤泥中 N/S 及溶出性能的影响。

石灰添加量[石灰根据铝土矿中 SiO_2 的含量按钙硅比(C/S)分别为 0.9、1.1、1.3、1.5、1.7 添加]与溶出赤泥 N/S 的关系曲线见图 4.32，石灰添加量与赤泥 A/S 和氧化铝溶出率的关系曲线见图 4.33。

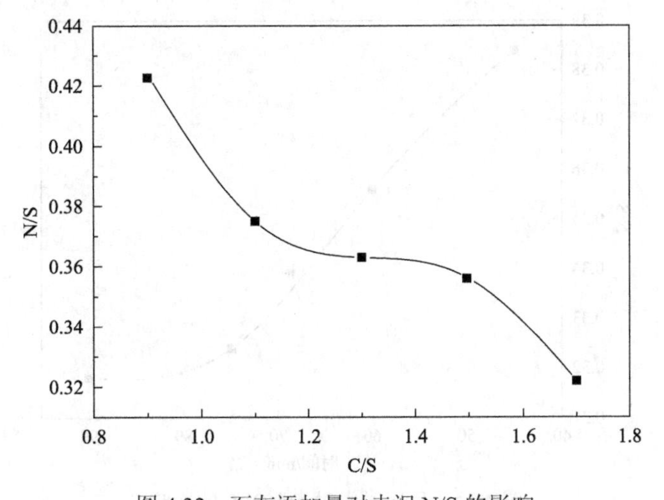

图 4.32　石灰添加量对赤泥 N/S 的影响

2#铝土矿，95℃预脱硅 4h，溶出温度为 265℃，搅拌转速为 500r/min，溶出时间为 60min

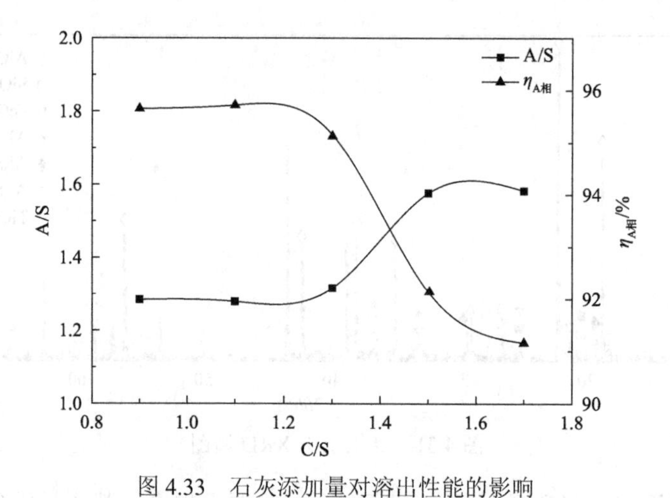

图 4.33　石灰添加量对溶出性能的影响

2#铝土矿，95℃预脱硅 4h，溶出温度为 265℃，搅拌转速为 500r/min，溶出时间为 60min

从图 4.32 和图 4.33 可以看出随石灰用量的增加，赤泥中 N/S 呈下降的趋势且效果明显。石灰添加量按 C/S 为 0.9、1.1、1.3 添加时，赤泥中 A/S 变化不大，维持在 1.3 左右，当石灰添加量按 C/S＞1.3 以后赤泥中 A/S 迅速上升，接近 1.6，计算可得当 C/S 为 0.9～1.3 时氧化铝的溶出率比较接近，都在 95%以上；当 C/S＞1.3 以后，过量的石灰带走很大一部分氧化铝进入赤泥，使氧化铝的溶出率偏低。随着石灰添加量的增大，氧化铝的溶出率呈下降趋势。所以综合考虑赤泥 N/S 和铝土矿的溶出率，选择石灰添加量 C/S 为 1.3。

2. 反应时间对赤泥中 N/S 及溶出性能的影响

在反应速度已知的情况下，反应物在反应器中的停留时间决定着反应进行的程度。为了考察反应时间对溶出率以及赤泥中 N/S 的影响，设计不同反应时间的溶出试验。

溶出反应时间取 45min、60min、75min、90min。溶出反应时间与溶出赤泥 N/S 的关系曲线见图 4.34，溶出反应时间与赤泥 A/S 和氧化铝溶出率的关系曲线见图 4.35。

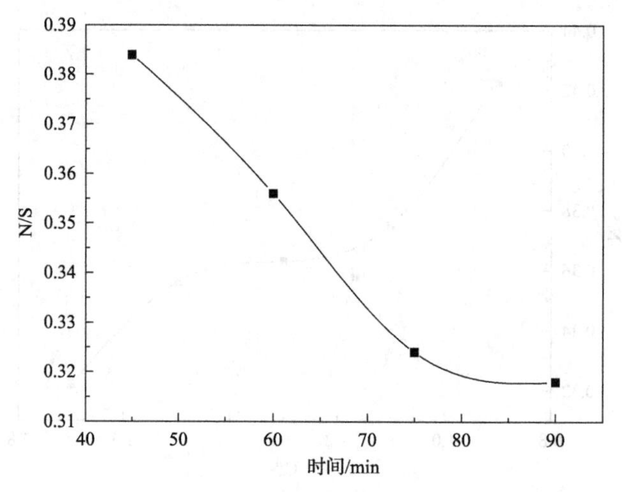

图 4.34　反应时间对赤泥 N/S 的影响

2#铝土矿，石灰 C/S 为 1.3，95℃预脱硅 4h，溶出温度为 265℃，搅拌转速为 500r/min

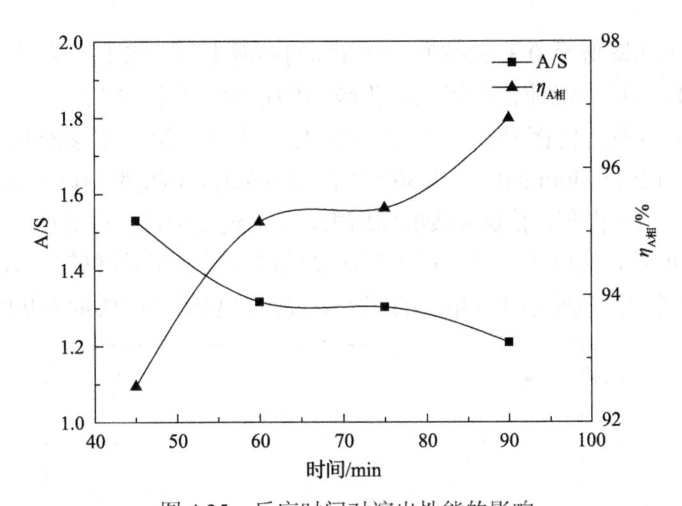

图 4.35　反应时间对溶出性能的影响

2#铝土矿，石灰 C/S 为 1.3，95℃预脱硅 4h，溶出温度为 265℃，搅拌转速为 500r/min

从图 4.34 可以看出，随着反应时间的增大，赤泥中 N/S 迅速降低，当反应时间由 45min 增加到 75min 时，赤泥 N/S 从 0.384 降至 0.324，降低了 0.06。继续延长反应时间到 90min 时，赤泥 N/S 为 0.318，75min 到 90min 这段时间赤泥 N/S 只降低了 0.006，降低趋势趋于平缓。分析图 4.35，当反应时间由 45min 增加到 60min 时，赤泥 A/S 降低迅速，从 1.53 降低到 1.316，在 60min 到 75min 这段时间降低了 0.014，降低较为缓慢。继续延长反应时间到 90min，赤泥 A/S 又降低了 0.093。由此可见延长反应时间，可以使铝土矿溶出更充分，赤泥 A/S 降到较低水平，提高溶出率，石灰的作用更明显，赤泥中 N/S 也得到降低。所以溶出反应时间对赤泥中 N/S 的影响还是较大的。

3. *矿石的粒度对赤泥中 N/S 及溶出性能的影响*

精矿粒径是影响浸出过程中浸出速率的一个重要物理因素。根据比表面积定义公式：

$$a = \frac{s}{m} = \frac{4\pi r^2}{\frac{4}{3}\rho\pi r^3} = \frac{3}{\rho r} \tag{4.34}$$

由以上定义公式可知，铝土矿粒径越小，比表面积越大，浸出过程中反应物与精矿颗粒接触概率也随之增大，从动力学上分析，颗粒粒径的减小能够增大内扩散速率和界面化学反应速率，相应增大铝土矿的浸出速率。为了确定矿石的粒度对赤泥中 N/S 和溶出性能的影响，将铝土矿经磨细放进振动筛，过 140 目筛(筛网孔径 105μm)，然后过 200 目筛(筛网孔径 74μm)，留在 200 目筛网上的铝土矿粒度在 74～105μm 之间，用这些矿与粒度小于 74μm 的铝土矿进行配矿调节粒度分布。

矿选用粒度小于 74μm 的铝土矿的质量占总添加铝土矿质量的 60%、70%、80%、90%、100%，矿石的粒度与溶出赤泥 N/S 的关系曲线见图 4.36，矿石的粒度与赤泥 A/S 和氧化铝溶出率的关系曲线见图 4.37。

从图 4.36 可以看出，随着粒度小于 74μm 的矿石所占比例由 60%升高至 80%，赤泥中 N/S 由 0.35 迅速降低至 0.315，80%～100%间赤泥中的 N/S 降低趋于缓慢，从 0.315 降至 0.301，所以要尽可能地控制铝土矿为较小的粒度。从图 4.37 可以看出，随着粒度小于 74μm 的矿石所占比例升高，赤泥 A/S 显著降低，溶出率逐渐从 92.33%增长到 95.85%，尤其是当小于 74μm 的矿石从 80%增长到 90%时，溶出率提高了 2.18%，因为矿石粒度减小，增大了比表面积，使反应接触面增大，从而使反应进行得更加充分。所以铝土矿粒度越小越好，但是在实际生产中，铝土矿粒度的减小需要延长磨矿时间，这样就会降低生产效率，综合考虑，粒度小于 74μm 的铝土矿要占到总铝土矿质量的 90%以上。

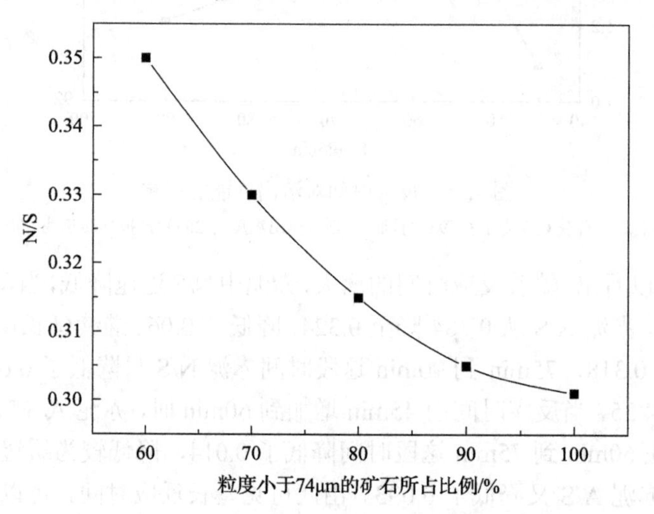

图 4.36　矿石的粒度对赤泥 N/S 的影响

2#铝土矿，石灰 C/S 为 1.3，95℃预脱硅 4h，溶出温度为 265℃，搅拌转速为 500r/min，溶出时间为 60min

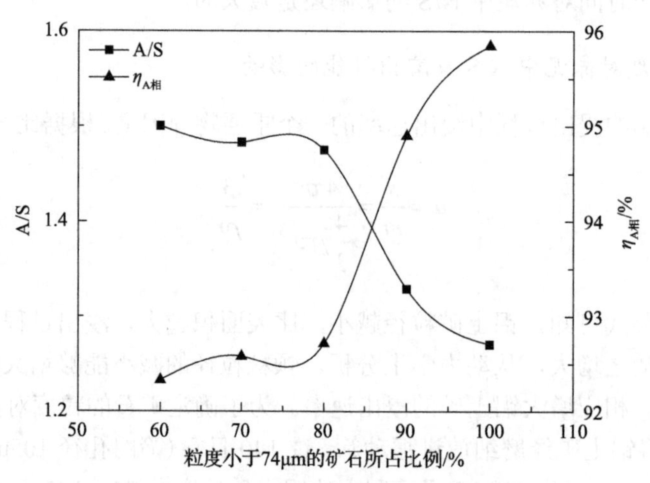

图 4.37　矿石的粒度对溶出性能的影响

2#铝土矿，石灰 C/S 为 1.3，95℃预脱硅 4h，溶出温度为 265℃，搅拌转速为 500r/min，溶出时间为 60min

4. 液固比对赤泥中 N/S 及溶出性能的影响

用拜耳法生产氧化铝工艺中，配矿指标直接影响着拜耳法系统的溶出率和赤泥产出率，在相同条件下，提高配矿量，溶出率将会降低，干赤泥产出率也将升高，拜耳法系统外排泥越多，相应带走的碱量增多，但是如果单纯地降低配矿固含，将会造成拜耳法系统产能不足，减少氧化铝产量，因此在实际生产中，应该根据溶出装置性能和系统指标状况对配矿固含进行相应的调整，以保证整个生产系统的经济性。

循环效率是拜耳法生产氧化铝的一项基本技术经济指标，循环效率高意味着利用单位容积的循环母液可以产出更多的氧化铝。这样设备产能就可以按比例提高，而处理溶液的费用也会按比例降低。液固比是氧化铝企业生产效率的重要体现，在满足生产要求的情况下，液固比越低，循环效率就越高。为了研究液固比对溶出率及赤泥中N/S的影响，设计试验在不同液固比条件下，对铝土矿进行溶出。

液固比分别取3.2、3.5、3.8、4.1，液固比与溶出赤泥N/S的关系曲线见图4.38，液固比与赤泥A/S和氧化铝溶出率的关系曲线见图4.39。

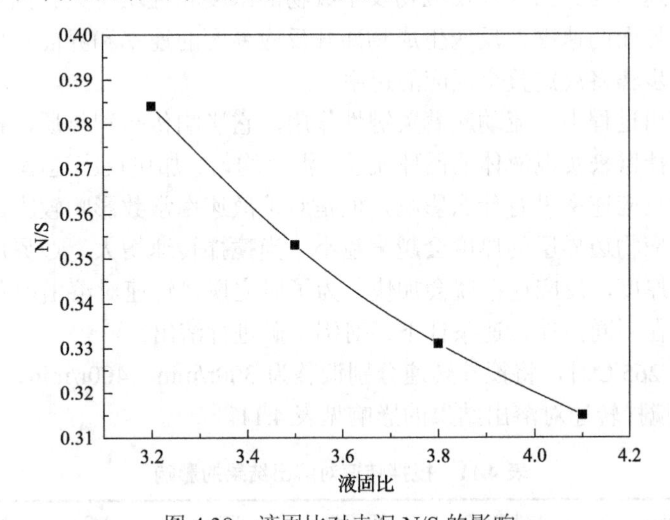

图4.38　液固比对赤泥N/S的影响

铝土矿A/S为8(1#和3#铝土矿配制)，石灰C/S为1.3，在95℃预脱硅4h，溶出温度为265℃，搅拌转速为500r/min，溶出时间为60min

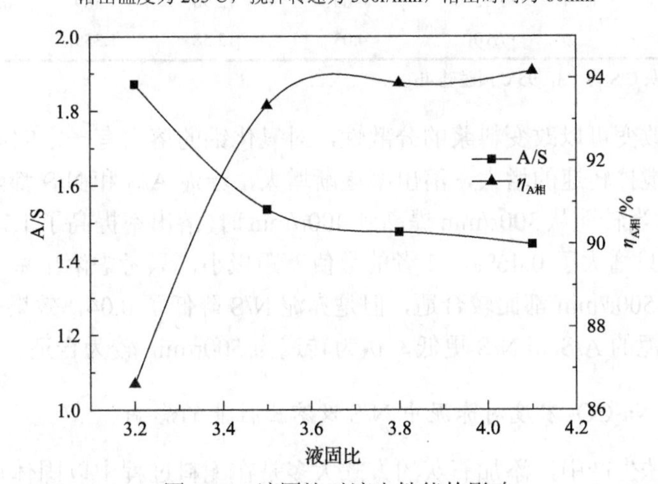

图4.39　液固比对溶出性能的影响

铝土矿A/S为8，石灰C/S为1.3，在95℃预脱硅4h，溶出温度为265℃，搅拌转速为500r/min，溶出时间为60min

从图 4.38 可以看出，随着液固比的增加，赤泥中 N/S 逐渐减小，并且随液固比的增大，赤泥中 N/S 降低趋势减缓，因为在低液固比条件下溶出时，循环母液量添加得少，固含较高，导致铝土矿溶出不充分，所以生成的赤泥量就相对较大，从而带走了大量的碱。从图 4.39 可以看出，液固比从 3.2 增大到 3.5 时，赤泥中 A/S 降低明显，氧化铝的溶出率从 86.33%提高到 93.33%。液固比从 3.5 增大到 4.1 时 A/S 降低趋势有所减缓，溶出率变化不大。结合生产工艺，反应液固比越低，越能充分利用资源，提高生产效率，但是为了保证溶出率同时兼顾赤泥中 N/S，暂定反应液固比取 3.8 较为合适。

5. *搅拌转速对赤泥中 N/S 及溶出性能的影响*

在湿法冶金过程中，大多数的反应是多相反应。多相反应的特点就是反应发生在两相界面上，反应速率与界面处的反应物及生成物的浓度和性质有关。因此，反应速率与反应物接触反应界面的速率、反应生成物离开反应界面的速率和界面反应速率都相关。其中最慢的一个步骤将决定整个反应的速率。

在铝土矿浸出过程中，流动起着关键性作用，它影响传热和传质，机械搅拌通过浸入到液体中的搅拌器来实现液体的循环流动、混合均匀、加快反应速率，提高反应效率。搅拌转速对化学反应速率没有什么影响，但是对扩散速率常数影响较大。随着搅拌转速的增大，固体反应物边界层的厚度会越来越小。当搅拌转速增大，边界层厚度逐渐减小并趋近最小极限厚度，反应速率就会加快。为了研究搅拌转速对溶出率及赤泥中 N/S 的影响，设计试验在不同搅拌转速条件下，对铝土矿进行溶出。

溶出温度为 265℃时，将搅拌转速分别调整为 300r/min、400r/min、500r/min，溶出时间为 60min。搅拌转速对溶出结果的影响见表 4.11。

表 4.11　搅拌转速对溶出结果的影响

搅拌转速/(r/min)	Al_2O_3/%	Na_2O/%	SiO_2/%	A/S	N/S	$\eta_{A相}$/%
300	18.32	4.74	13.05	1.404	0.363	92.27
400	17.92	4.64	12.90	1.389	0.360	94.02
500	17.10	4.03	12.58	1.359	0.320	94.48

注：2#铝土矿，石灰 C/S 为 1.3，95℃预脱硅 4h。

搅拌转速的改变可以改变料浆的分散性，对氧化铝的溶出有一定的影响。从表 4.11 可以看出，随着搅拌转速的增大，溶出率逐渐增大，赤泥 A/S 和 N/S 都随着搅拌转速的增大呈下降趋势，当转速从 300r/min 提高到 400r/min 时，溶出率提高了 1.75%，从 400r/min 到 500r/min 时，只增大了 0.46%，二者的数值差距极小，只考虑溶出率的情况下，可以认为 400r/min 和 500r/min 都比较合适，但是赤泥 N/S 降低了 0.04，效果明显，根据转速为 500r/min 时赤泥的 A/S 和 N/S 更低，认为转速为 500r/min 较为合适。

6. *循环母液 Na_2CO_3 浓度对赤泥中 N/S 及溶出性能的影响*

目前在拜耳法生产中，添加石灰的方式大多是在配料过程中以固体形式加入流程，由于部分石灰石未烧结完全，所添加的石灰往往含有碳酸钙和含镁杂质等，其中以碳酸钙为主。这些杂质将降低氧化钙的有效浓度，并且 $CaCO_3$ 和含镁杂质中的 $MgCO_3$ 在溶出过程中会发生反苛化反应，使苛性碱浓度降低，增加碳酸钠浓度，从而不利于氧化铝的溶出。矿石 A/S 较高时，原矿浆 C/S 控制在 1.4 左右，碳酸钙等杂质对溶出过程已经有所影响。当矿石 A/S 较低时，需要加大石灰配入量来保证一定的原矿浆 C/S 水平甚至原矿浆 C/S 控制更高，因此更必须考虑大量的石灰中未分解碳酸钙和其他杂质对溶出过程的影响。

选用的循环母液的化学成分分析结果见表 4.12。

表 4.12　循环母液的化学成分

成分	Al_2O_3	Na_2CO_3	Na_2O_k	SiO_2	Zn	Mo	Ga	Rb	V
含量/(g/L)	129.47	132.75	235.45	0.42	0.012	0.27	0.33	0.19	0.10

注：MR 为 2.99，密度为 $1.381g/cm^3$。

从表 4.12 可知，循环母液中 Na_2CO_3、V、Mo、Ga 和 Rb 含量较高。

将循环母液蒸发浓缩后得到的结晶体进行 X 射线荧光分析，结果如表 4.13 所示。

表 4.13　循环母液蒸发结晶 X 射线荧光分析

元素	Al	As	Br	Ca	Cl	Fe	Ga	K	V
含量/%	7	0.005	0.006	0.01	0.6	0.009	0.08	5	0.03
元素	P	Pb	S	Si	Zn	Y	Mo	Rb	Na
含量/%	0.01	0.004	0.2	0.6	0.003	0.001	0.03	0.01	30

从表 4.13 可知，循环母液的成分很多，除主要成分 Al、Na、K 外，还含有一定量的 Cl、S、Ga、Mo、Rb 等化学成分。

1) 循环母液的苛化

通过检测可知循环母液中 Na_2CO_3 浓度为 132.75g/L，为了提高 Na_2CO_3 含量，对循环母液进行蒸发处理，循环母液中 Na_2CO_3 浓度达到 182.43g/L。为了控制循环母液中 Na_2CO_3 的含量，需对循环母液进行苛化，为了研究添加剂种类及用量对循环母液的苛化效果，通过向循环母液中添加适量的八水合氢氧化钡[$Ba(OH)_2 \cdot 8H_2O$]或者石灰，添加量按添加剂与 Na_2CO_3 的分子比计算，在温度为 90℃下反应 60min，反应完成后进行过滤，对滤液进行检测确定其中 Na_2CO_3 浓度。分别考察了不同添加剂对苛化率的影响，试验结果如表 4.14 所示。

表 4.14　循环母液苛化效果

试剂种类	循环母液 Na_2CO_3 浓度/(g/L)	添加量	苛化液/(g/L)			苛化率/%
			Na_2CO_3	NaOH	Al_2O_3	
$Ba(OH)_2 \cdot 8H_2O$	132.75	0.9∶1	99.05	328.03	111.53	25.06
$Ba(OH)_2 \cdot 8H_2O$	132.75	0.7∶1	100.9	327.85	114.88	23.99
CaO	182.43	0.65∶1	142.18	316.74	120.28	22.06
CaO	182.43	0.55∶1	152.02	323.2	115.47	16.67

从表中可以看出，两种添加剂的苛化率都不高。当添加量为 0.7∶1 左右时，苛化率都在 22%以上，但是从经济角度来看石灰价格更便宜，容易获得，而且石灰苛化后形成碳酸钙，经烧结后又可重新使用。

2）不同 Na_2CO_3 浓度的循环母液溶出铝土矿

因为对循环母液进行苛化也不能完全消除 Na_2CO_3，所以还需要用分析纯氢氧化铝、氢氧化钠、Na_2CO_3 配制铝酸钠溶液，其中 Al_2O_3 浓度为 129.47g/L，Na_2O_k 浓度为 235.45g/L，Na_2CO_3 浓度分别为 0g/L、60g/L。经过处理的循环母液 Na_2CO_3 浓度分别为 100.09g/L、156.28g/L。循环母液 Na_2CO_3 浓度与溶出赤泥 N/S 的关系曲线见图 4.40，循环母液 Na_2CO_3 浓度与赤泥 A/S 和氧化铝溶出率的关系曲线见图 4.41。

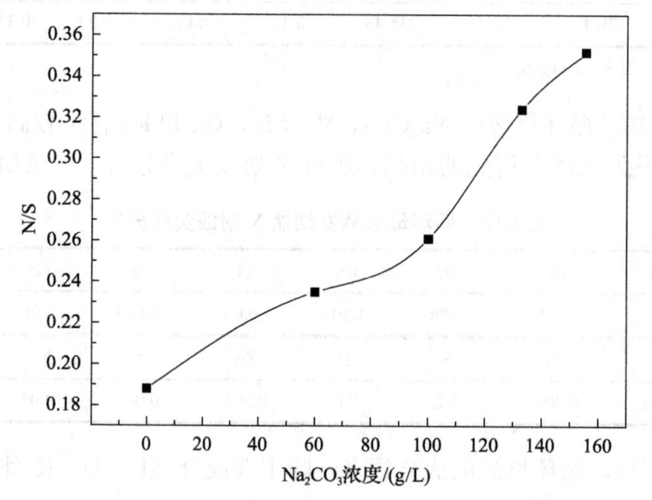

图 4.40　循环母液 Na_2CO_3 浓度对赤泥 N/S 的影响

铝土矿铝硅比 10.28，石灰 C/S=1.1，液固比为 3.8，95℃预脱硅 4h，溶出温度为 265℃，搅拌转速为 500r/min，溶出时间为 75min

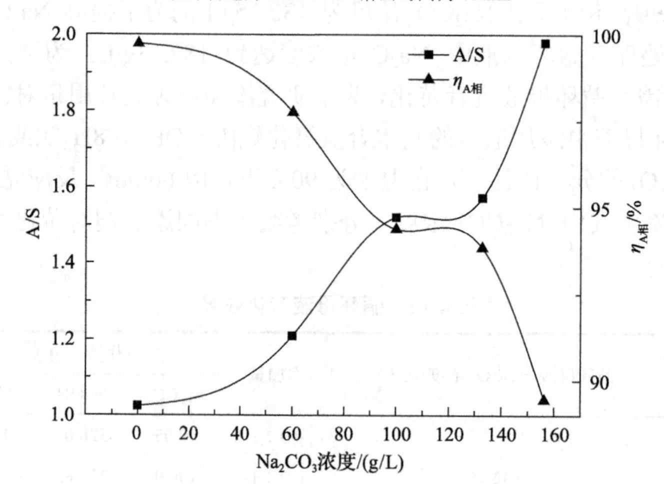

图 4.41　循环母液 Na_2CO_3 浓度对溶出性能的影响

铝土矿铝硅比 10.28，石灰 C/S=1.1，液固比为 3.8，95℃预脱硅 4h，溶出温度为 265℃，搅拌转速为 500r/min，溶出时间为 75min

从图4.40可以看出，随着循环母液Na_2CO_3浓度的增大，溶出赤泥N/S从0.188一直增长到0.352，增长了0.164。说明循环母液中Na_2CO_3浓度对溶出赤泥N/S的影响较大，当循环母液Na_2CO_3浓度从0g/L增长到60g/L时其增速缓慢，部分原因是循环母液中Na_2CO_3浓度较低，还有部分原因是这两组循环母液为实验室用分析纯试剂配制，溶液中杂质含量少。循环母液Na_2CO_3浓度从60g/L增长到156g/L时，赤泥N/S增速较快，这是因为所用循环母液为企业生产用循环母液。

从图4.41可以看出，随着循环母液Na_2CO_3浓度的升高，氧化铝溶出率从99.74%降到89.45%，可见循环母液Na_2CO_3浓度对溶出率的影响是非常大的，条件允许的情况下应尽可能地降低母液中Na_2CO_3的浓度，具体方法就是通过对循环母液添加石灰，在高温下进行苛化。

7. *循环母液中V、Mo、Ga浓度对赤泥中N/S及溶出性能的影响*

铝土矿中常含有微量的V、Mo、Ga等杂质，在铝土矿溶出过程中，它们大部分是以各种钠盐[钒酸钠Na_3VO_4、镓酸钠$NaGa(OH)_4$]的形式进入铝酸钠溶液，精种分解时，这些杂质导致氢氧化铝产品结晶细化，并且有一部分与氢氧化铝一同沉淀析出，降低产品质量。循环母液中杂质含量有可能对溶出过程的碱耗造成影响。

为了研究循环母液中杂质含量对拜耳法溶出率及赤泥中N/S的影响，调节循环母液中杂质含量来进行溶出，杂质含量通过循环母液配入分析纯试剂制备的铝酸钠溶液进行调节，结果如表4.15所示。

表4.15　母液V、Mo、Ga含量对溶出结果的影响试验结果

杂质元素/(g/L)			赤泥					$\eta_{A相}$/%
V	Mo	Ga	Al_2O_3/%	Na_2O/%	SiO_2/%	A/S	N/S	
0.187	0.178	0.328	15.08	3.12	9.10	1.66	0.34	92.92
0.0935	0.089	0.164	12.01	2.71	8.19	1.4	0.32	95.71
0	0	0	10.69	2.38	8.59	1.3	0.29	96.71

注：3#铝土矿，石灰钙硅比为1.3，液固比为3.8，在95℃预脱硅4h，溶出温度为265℃，搅拌转速为500r/min，溶出时间为75min。

从表4.15可知，循环母液中杂质V、Mo、Ga浓度降低时，相对溶出率逐渐增大，从92.92%增长到96.71%，对溶出率的影响较大，赤泥N/S则从0.34降低为0.29，降低赤泥中N/S效果明显。这些杂质元素在母液中富集到一定程度时不仅影响循环效率，而且降低溶出率，增大碱耗，所以需要定期对循环母液中杂质元素进行回收。回收这些有价元素，不仅可以提高循环效率，而且可以增加额外收益。Mo的回收用树脂吸附拜耳法生产系统循环母液，吸附后的树脂经过淋洗后，再用解吸剂进行Mo的解吸，得到含Mo高的溶液，添加钙盐沉淀得到钼酸钙，使Mo得到回收。Ga的回收方法可采用电解法或置换法从溶液中直接提取；V的回收方法当前主要是结晶法[58-60]。

8. *矿石A/S对赤泥中N/S及溶出性能的影响*

国内中低品位的一水硬铝石型铝土矿拜耳法溶出试验表明：当矿石A/S在4～7时，

A/S 每降低 1，氧化铝的溶出率降低 3%～5%，每吨矿石的赤泥产出率约增加 0.05t，生产 1t 氧化铝的碱耗约增加 14.21kg，矿耗约升高 0.13t。在配矿指标和溶出装置相同的情况下，矿石 A/S 越低，拜耳法系统溶出率越低，赤泥中与硅结合的碱量越高，溶出赤泥 N/S 越高，外排赤泥造成的碱损失越多。

1) 不同 A/S 铝土矿的配制

为了得到不同铝硅比的矿，选用 1#铝土矿和 3#铝土矿进行配矿。配矿后不同铝硅比的铝土矿中各主要成分含量见表 4.16。

表 4.16　配矿后不同 A/S 下铝土矿各主要成分含量

A/S	1#矿/3#矿	Al_2O_3/%	SiO_2/%	TiO_2/%	CaO/%	Fe_2O_3/%
6.0	1/2.78	53.77	8.96	1.65	1.49	15.12
6.5	1/3.58	54.53	8.39	1.67	1.37	15.00
7.0	1/4.61	55.21	7.89	1.68	1.27	14.90
7.5	1/6.01	55.80	7.44	1.70	1.18	14.81

从表中可以看出，通过两种铝土矿配制的 A/S 较低的矿石，相应的其 Al_2O_3 含量较低，SiO_2 含量较高，TiO_2 含量也较低，CaO 含量较高。

2) 不同 A/S 铝土矿的溶出

通过调整不同类型铝土矿的配矿比例以达到适宜的铝硅比。溶出结束后对赤泥进行检测分析 Al_2O_3、Na_2O、SiO_2 的含量，具体数值见表 4.17。

表 4.17　不同 A/S 铝土矿溶出试验结果

矿石 A/S	Al_2O_3/%	Na_2O/%	SiO_2/%	赤泥 A/S	赤泥 N/S	$\eta_{A实}$/%	$\eta_{A相}$/%
6.0	16.39	4.96	13.20	1.242	0.376	81.85	98.22
6.5	16.00	5.22	12.96	1.235	0.388	82.69	97.72
7.0	17.49	4.65	12.63	1.385	0.368	82.67	96.45
7.5	15.15	4.96	11.85	1.278	0.400	82.96	95.72

注：石灰钙硅比为 1.3，液固比为 3.8，95℃预脱硅 4h，溶出温度为 265℃，搅拌转速为 500r/min，溶出时间为 75min。

从表 4.17 中可以看出，矿石 A/S 从 6.0 增长到 7.5 时，铝土矿中氧化铝的实际溶出率从 81.85%增长到 82.96%，可见提高铝土矿的品位对增加实际溶出率还是有显著作用的。矿石 A/S 从 6.0 增大到 6.5 时，氧化铝实际溶出率增大较快，但是相对溶出率则下降了，分析原因是添加的循环母液相同，因为铝土矿 A/S 不同，其中杂质元素的含量也不同，A/S 越低则 TiO_2 含量越低，CaO 含量也较高，由于石灰的添加量是根据 C/S 添加的，所以这些杂质消耗的石灰就少，因而碱耗也较低，且有利于溶出。矿石 A/S 从 6.0 增大到 7.5，赤泥中 N/S 是整体增加的趋势，分析原因，石灰添加量是根据 C/S=1.3 添加的，而配制的铝土矿中 A/S 越低则 SiO_2 含量越高，所以石灰添加量就较大，而且铝土矿中还有其他物质可以消耗石灰，所以石灰添加量越大，与钠硅渣反应的石灰就相应越多，赤泥中 N/S 也就相应越低。在添加相同质量石灰的条件下，A/S 越低则 SiO_2 含量越高，SiO_2

消耗的石灰就越多，赤泥产量也会更大，带走的碱也就越多。所以基本符合 A/S 越高越有利于提高溶出率和降低赤泥中 N/S 的规律。

9. 综合试验及结果

基于以上单因素试验及结果分析，确定石灰拜耳法溶出氧化铝的最佳工艺条件为：铝土矿 A/S 选为 7.5，石灰添加量按 C/S=1.3 添加，粒度–74μm（占 90%），液固比为 3.8，母液碳酸钠浓度为 100g/L，起始搅拌转速为 250r/min，在 95℃预脱硅 4h，到达溶出温度 265℃时，反应釜搅拌转速为 500r/min，溶出时间为 60min。故在此条件下进行了三组平行综合试验，试验结果如表 4.18 所示。

表 4.18　石灰拜耳法平行综合试验结果

试验次数	Al_2O_3/%	Na_2O/%	SiO_2/%	A/S	N/S	$\eta_{A相}$/%
试验 1	16.81	4.18	12.75	1.32	0.328	95.06
试验 2	16.64	4.08	12.91	1.29	0.316	95.51
试验 3	16.73	4.17	12.82	1.30	0.325	95.27
平均	16.73	4.14	12.83	1.30	0.323	95.28

由表 4.18 所列数据可知，石灰拜耳法溶出氧化铝的平行综合试验较好地验证了上述工艺条件：氧化铝的相对溶出率在 95%以上；赤泥 N/S 在 0.32 左右，与企业渣场赤泥相比 N/S 降低了 0.19 左右；赤泥 A/S 在 1.30 左右，与企业渣场赤泥相比 A/S 降低了 0.12。

4.3.4　氧化镁部分替代石灰对铝土矿溶出性能影响的研究

1. 氧化镁在铝土矿溶出过程中的影响

在铝土矿特别是石灰石中常含有或多或少的 MgO，它的许多性质都与 CaO 相同，但在水中的浓解度更小，在 50℃下仅为 0.002%，在碱溶液中实际上是不溶的。以往认为它在铝土矿高压溶出时转变为 $Mg(OH)_2$ 和某些数量的尖晶石 $MgO \cdot Al_2O_3$。近年来的资料指出 MgO 能生成水合铝酸镁 $3MgO \cdot Al_2O_3 \cdot 8H_2O$ 和镁水化石榴石 $MgO \cdot Al_2O_3 \cdot xSiO_2 \cdot (8-2x)H_2O$。匈牙利的资料指出，在 210℃的溶出过程中，MgO 与锐钛矿反应生成 $MgO \cdot TiO_2$ 或类质同晶的钛酸钙镁。我国的研究工作中发现硅渣结疤中主要含钙霞石和水合铝硅酸镁（斜绿泥石）$Mg_5Al_2Si_3O_{10}(OH)_8 \cdot nH_2O$，并以后者居多。进而又发现，在含 MgO 的矿浆中，MgO 表面生成铁尖晶石，而且 Fe 可被 Si、Al、Ti 同晶替代。所以在高压溶出时添加 MgO 也能消除钛矿物的危害。添加 MgO 和 CaO 的混合物比单独加 CaO 的效果更好，然而单独添加 MgO 的效果较差。在管道溶出装置内 156℃左右生成的结疤中含 MgO 可达 20%～40%，它以 $Mg(OH)_2$ 和水合碳铝酸镁的形态存在[61,62]。这种结疤疏松、颜色发黑、易于清洗[63]。

刘桂华等[64]对氧化镁在含硅铝酸钠溶液脱硅进行了研究，发现常压反应条件下，氧化镁在含硅铝酸钠溶液中主要形成水合碳酸铝镁，铝酸钠溶液单独添加氧化镁无明显的脱硅作用，并易造成氧化铝损失；而在铝酸钠溶液添加石灰脱硅过程中添加氧化镁，可显著提高石灰的脱硅效果。高温（190℃）条件下，在石灰脱硅过程中添加氧化镁，其脱硅渣的主要物相是水合铝硅酸钙、钠硅渣、水合铝酸镁以及少量含硅铝镁盐，添加氧化镁对脱硅过程无明显促进作用，但可显著降低脱硅渣中的钠硅比，降低碱耗。

2. 氧化镁部分替代石灰对拜耳法溶出赤泥的影响

由于氧化镁与石灰混合添加在铝酸钠溶液中可促进石灰脱硅效果，所以可以尝试用氧化镁和石灰混合添加剂在拜耳法溶出过程中与硅反应，进行脱硅的研究。

氧化镁的添加量按氧化镁所占添加剂（氧化镁+氧化钙）的质量分数分别取0%、10%、15%、20%、30%。氧化镁部分替代石灰对拜耳法溶出赤泥的影响见表4.19。

表 4.19　氧化镁部分替代石灰对拜耳法溶出赤泥的影响

氧化镁含量/%	Al_2O_3	Na_2O	SiO_2	A/S	N/S	$\eta_{A相}$/%
0	20.48	6.41	14.95	1.37	0.43	94.27
10	21.78	6.798	15.45	1.41	0.44	93.65
15	23.12	6.69	15.23	1.52	0.44	92.01
20	23.22	6.82	15.18	1.53	0.45	91.81
30	25.08	6.20	13.86	1.81	0.45	87.50

注：A/S为7.5的2#铝土矿，石灰C/S=0.9，液固比为3.8∶1，在95℃预脱硅4h，溶出温度为265℃，溶出时间为60min。

从表4.19可以看出，用氧化镁替代CaO的量从0%到30%，赤泥中N/S从0.43提高到0.45，说明用氧化镁部分替代CaO对拜耳法降低赤泥中N/S基本没作用。随着氧化镁的替代量增大，氧化铝的溶出率则呈下降趋势，从94.27%下降到87.50%。所以氧化镁部分替代石灰不适用于进行拜耳法溶出铝土矿的降碱耗，但是氧化镁有净化铝酸钠的作用，可以使铝酸钠溶液颜色变浅。

4.3.5　铁酸二钙对铝土矿溶出性能影响的研究

1. 铁酸二钙的制备

制备铁酸二钙（$2CaO \cdot Fe_2O_3$）的原理主要根据CaO和Fe_2O_3的二元相图[65]（图4.42）得出，从相图中可知，体系中存在的三种稳定的化合物分别为：C_2F、CF、CF_2。铁酸二钙中CaO和Fe_2O_3的质量之比为0.7∶1，所以Fe_2O_3在铁酸二钙中的质量分数为58.82%，与相图基本一致，为了使Fe_2O_3烧结之后的产物全部转化为铁酸二钙，石灰还要稍稍过量。

通过分析相图设计烧制铁酸二钙的工艺，现在有两种方法进行烧制，一种方案是采用碳酸钙和Fe_2O_3混合烧制，另一种是采用CaO与Fe_2O_3混合烧制。

本试验采用CaO与石灰混合烧制，CaO和Fe_2O_3的添加量按分子比2∶1进行配料，石灰稍微过量，烧结温度设为1200℃。高温烧结炉升温速率为5℃/min，烧结时间为2h，然后缓冷，烧结之后的物料经破碎、磨细制成产品，工艺流程如图4.43所示，通过上述工艺条件，制备的铁酸二钙产品如图4.44所示。

为了确定制备的产品是否符合要求，需要对铁酸二钙的样品进行物相成分的确定，对制备出的铁酸二钙进行XRD分析，结果如图4.45所示。

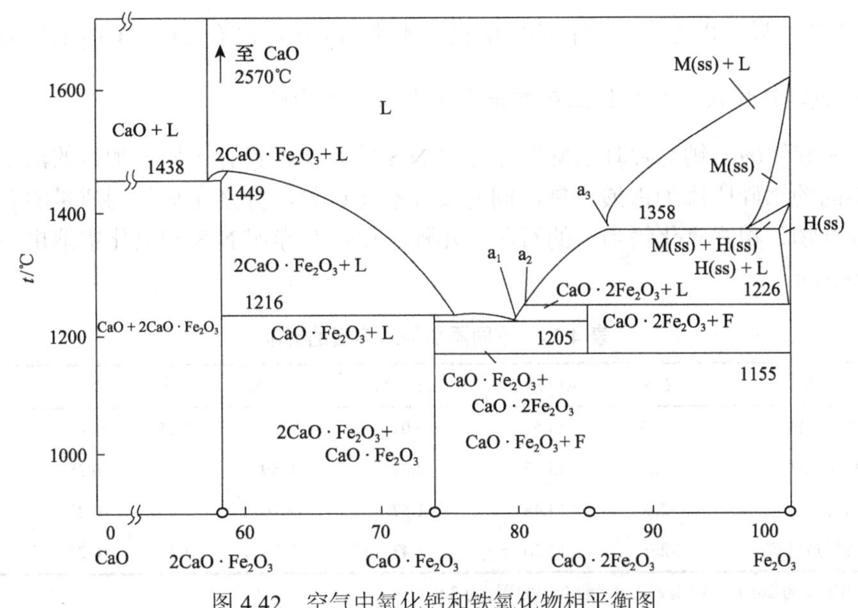

图 4.42　空气中氧化钙和铁氧化物相平衡图

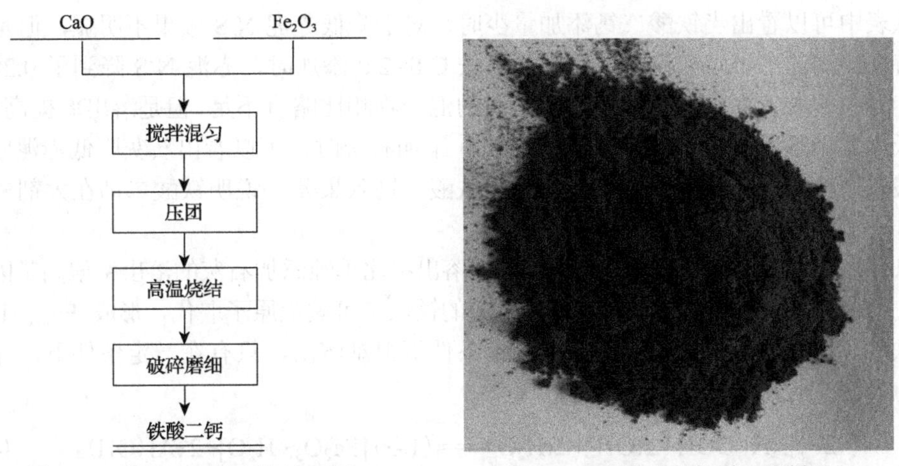

图 4.43　铁酸二钙的制备流程图　　图 4.44　制备出的铁酸二钙样品

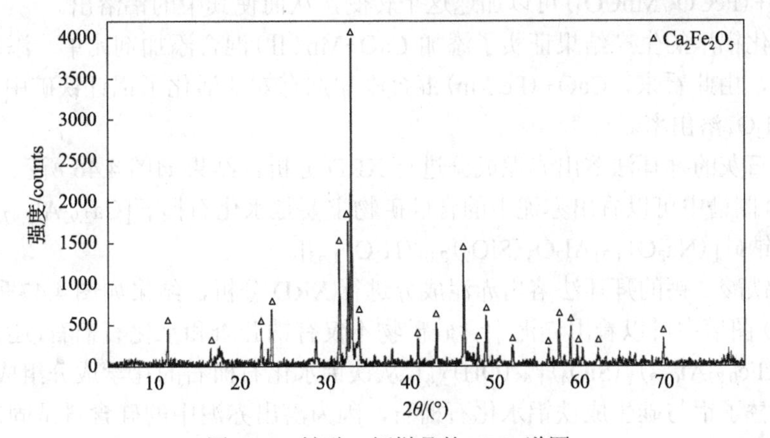

图 4.45　铁酸二钙样品的 XRD 谱图

从 XRD 结果可以看出，制备的铁酸钙基本都为 C_2F，没有 CF 和 CF_2 的生成。

2. 铁酸二钙替代石灰对铝土矿溶出赤泥中 N/S 的影响

为了考察铁酸二钙对拜耳法降低赤泥中 N/S 的影响，设计不同添加量的溶出试验。分别按不同的钙硅比添加铁酸二钙，同时设计参比试验，分别添加相同质量的石灰与氧化铁的混合物、相同氧化钙当量的石灰。几种添加剂对赤泥 N/S 和氧化铝溶出率的影响如表 4.20 所示。

表 4.20　不同添加剂对溶出的影响

添加剂	C/S	Al_2O_3/%	Na_2O/%	SiO_2/%	A/S	N/S	$\eta_{A相}$/%
铁酸二钙	0.95	14.52	5.01	11.66	1.25	0.430	95.83
铁酸二钙	2.0	13.22	2.39	8.59	1.53	0.28	91.16
氧化钙	2.0	13.48	1.87	8.26	1.63	0.23	89.50
氧化钙与氧化铁	2.0	15.50	2.43	9.78	1.58	0.25	90.34

注：溶出温度为 265℃，铝土矿 A/S 为 7.0，液固比为 3.8。

从表中可以看出当铁酸二钙添加量少时，对于降低赤泥 N/S 效果不明显，但是溶出率保持在较高的水平。当铁酸二钙添加量按 C/S=2.0 添加时，赤泥 N/S 降到了 0.28，在降低赤泥中 N/S 方面与添加氧化铁和石灰的混合物相比略有不足，但是溶出率提高明显，在降低赤泥 A/S 方面有效果。当按 C/S=2.0 添加石灰时，可以看出石灰降低赤泥中 N/S 比铁酸二钙效果要好，但是溶出率比添加铁酸二钙效果差，说明铁酸二钙在大剂量添加时对拜耳法赤泥 N/S 的降低有效果。

以氧化钙和氧化铁的混合物为添加剂的溶出率比单纯添加石灰的溶出率偏高是因为针铁矿与一水硬铝石是类质同象晶体，晶格中的铁原子可被铝原子取代，形成 $Fe_{1-x}Al_xOOH$ 铝针铁矿。铝针铁矿中的这部分铝在通常条件下很难溶出，只有在一定条件下，针铁矿转变为赤铁矿时才能将其中的铝释放出来：

$$2Fe_{1-x}Al_xOOH+2xOH^-+2xH_2O = (1-x)[Fe_2O_3\cdot H_2O]+2xAl(OH)_4^- \tag{4.35}$$

而添加 $CaO+(FeCO_3/MnCO_3)$ 可以加速这个转变，从而使其中的铝溶出。

国外氧化铝厂的生产结果证实了添加 CaO+Mn(Ⅱ)混合添加剂比单一添加氧化钙的效果更显著，由此看来，CaO+(Fe/Mn)混合添加剂有效地活化了铝针铁矿中的 Al_2O_3，而提高了 Al_2O_3 溶出率。

对添加石灰的拜耳法溶出赤泥成分进行 XRD 分析，结果如图 4.46 所示。

从 XRD 图谱中可以看出赤泥中的含硅矿物主要是水化石榴石[$Ca_{2.93}Al_{1.97}(Si_{0.64}O_{2.56})(OH)_{9.44}$]和钠硅[$(Na_2O)_{1.31}Al_2O_3(SiO_2)_{2.01}(H_2O)_{1.65}$]。

对添加铁酸二钙的拜耳法溶出赤泥成分进行 XRD 分析，结果如图 4.47 所示。

从 XRD 图谱中可以看出赤泥中含硅矿物不仅有钠硅渣和水化石榴石，还有铁铝水化石榴石[$Ca_3(Fe_{0.87}Al_{0.13})_2(SiO_4)_{1.65}(OH)_{5.4}$]，从铁铝水化石榴石的化学成分组成可以看出，一部分铁代替了铝与硅生成铁铝水化石榴石，因为溶出赤泥中的硅含量是固定的，所以铁取代了部分铝消耗了硅，使赤泥中的铝含量得以降低，这就是溶出率提高的原因。

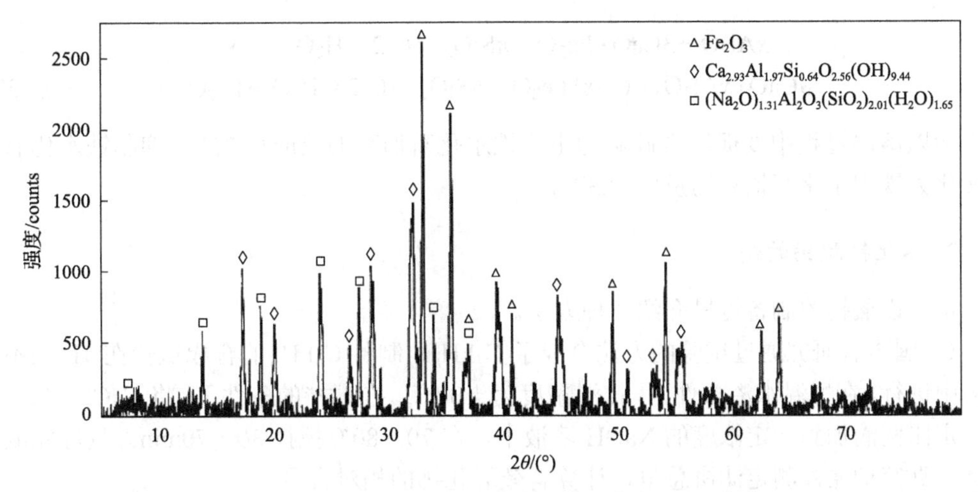

图 4.46　添加石灰的拜耳法溶出赤泥成分 XRD 谱图

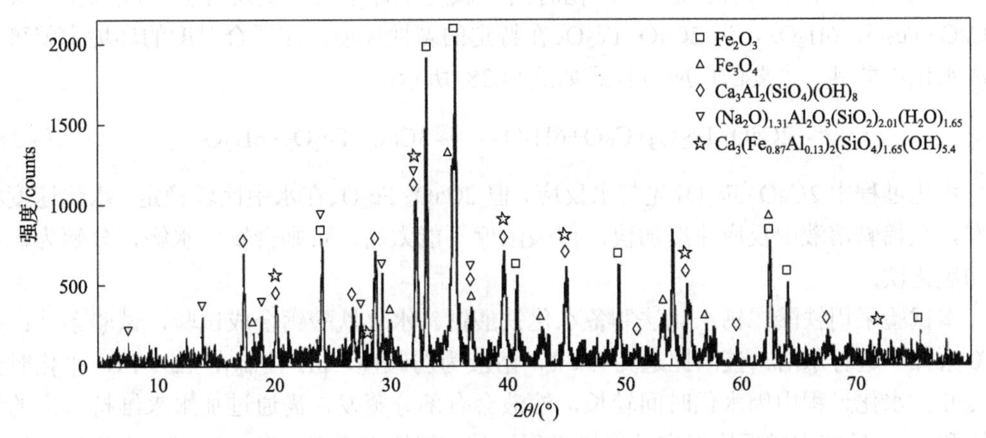

图 4.47　添加铁酸二钙的拜耳法溶出赤泥成分 XRD 谱图

4.3.6　水化铁酸钙对铝土矿溶出性能影响的研究

1. 水化铁酸钙降低赤泥中 N/S 的理论基础

水化铁酸钙是铁酸二钙的水化物。一般溶解度较低，纯的是白色，含有氧化铁的水化物则呈棕色，比重 2.77，折射率 1.71～1.72。其 XRD 谱图和 C_3AH_6 十分相似，25℃时 C_4FH_{19} 就不稳定了，它存在于 1～15℃，25～45℃形成 C_4FH_{13}，60℃分解为 $Ca(OH)_2$ 和 α-Fe_2O_3。

添加水化铁酸钙的拜耳法新工艺[66]，就是在拜耳法溶出过程中，加入一定量预先制备的水化铁酸钙($3CaO \cdot Fe_2O_3 \cdot 6H_2O$)，水化铁酸钙与矿石中的硅矿物发生反应(4.36)，形成稳定的 SiO_2 饱和系数高的铁水化石榴石：

$$nSiO_2+3CaO \cdot Fe_2O_3 \cdot 6H_2O \longrightarrow 3CaO \cdot Fe_2O_3 \cdot nSiO_2 \cdot (6-2n)H_2O+2nH_2O \quad (4.36)$$

溶液中还存在铁水化石榴石转化为铁铝水化石榴石的反应，即 Al_2O_3 取代其中 Fe_2O_3 的反应。反应方程式如下：

$$xAl_2O_3+3CaO\cdot Fe_2O_3\cdot nSiO_2\cdot(6-2n)H_2O \longrightarrow 3CaO\cdot xAl_2O_3\cdot(1-x)Fe_2O_3\cdot nSiO_2\cdot(6-2n)H_2O+xFe_2O_3 \quad (4.37)$$

所以溶出过程中要促进含硅矿物生成铁水化石榴石的反应(4.36)，抑制铁水化石榴石转化为铁铝水化石榴石的反应(4.37)。

2. 水化铁酸钙的制备

水化铁酸钙的制备这里介绍两种方法。

(1)国内有研究通过试验的方法合成了 C_4FH_n，制备 C_4FH_n 的合成试验在 1L 的不锈钢杯中进行，在恒温水浴条件下，控温精度为±0.5℃。在搅拌的条件下，将 $CaCl_2$ 和 $FeCl_3$ 按一定比例滴加到一定浓度的 NaOH 溶液中，在 70～80℃搅拌 30～70min。反应完成后洗涤，真空抽滤，测定滤饼总量，计算有效氧化钙的相对含量。

(2)铁酸二钙在一定的温度、水化时间、碱度条件下与石灰反应会生成水化铁酸钙($3CaO\cdot Fe_2O_3\cdot 6H_2O$)，当 $2CaO\cdot Fe_2O_3$ 在特定的碱性环境，在适合温度的环境中就可以形成水化铁酸钙。主要的反应方程式如式(4.38)所示：

$$2CaO\cdot Fe_2O_3+CaO+6H_2O \longrightarrow 3CaO\cdot Fe_2O_3\cdot 6H_2O \quad (4.38)$$

水化过程中 $2CaO\cdot Fe_2O_3$ 先与水反应，但 $2CaO\cdot Fe_2O_3$ 在水中比较稳定，水化速度相当慢，在稀碱溶液中反应速度加快，但碱浓度不能太高，否则会发生水解，分解为氧化钙和氧化铁。

本试验采用铁酸二钙水化法制备水化铁酸钙。水化铁酸钙合成试验，试验条件：在 40℃条件下进行水浴，液固比选为 4∶1，溶液为弱碱性，pH 控制在 12～14，水化时间取 24h。水化过程中因水化时间较长，溶液会有部分蒸发，需通过加水来维持一定的液固比和 pH，反应完成后用真空抽滤机进行过滤，滤饼在常温下晾干，因为水化铁酸钙在高温下极易分解，所以需要晾干。制备的水化铁酸钙样品如图 4.48 所示。

图 4.48　水化铁酸钙样品

对制备的水化产物进行XRD分析，分析结果如图4.49所示。

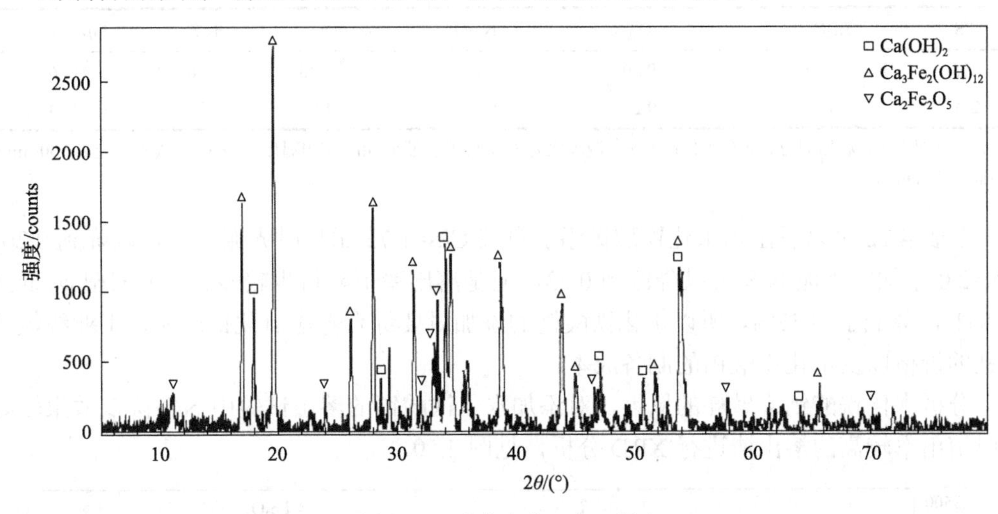

图4.49　水化产物XRD谱图

从图4.49可以看出制备的水化铁酸钙产品中有水化铁酸钙[$Ca_3Fe_2(OH)_{12}$]的生成，同时还有部分铁酸钙($Ca_2Fe_2O_5$)未与氢氧化钙完全反应。

3. 水化铁酸钙替代石灰时对铝土矿溶出性能的影响

水化铁酸钙代替的石灰量分别按水化铁酸钙中有效钙的量占总有效钙量的0%、20%、50%、100%进行替换。水化铁酸钙部分替代石灰对拜耳法溶出赤泥的影响见表4.21。

表4.21　水化铁酸钙部分替代石灰对拜耳法溶出赤泥的影响

C_3FH_6替代石灰的量/%	Al_2O_3/%	Na_2O/%	SiO_2/%	A/S	N/S	$\eta_{A相}$/%
0	16.77	4.17	12.88	1.30	0.32	95.37
20	15.98	4.66	12.58	1.27	0.37	95.86
50	16.70	4.54	12.75	1.31	0.36	95.24
100	15.45	3.98	12.85	1.20	0.31	96.91

注：2#铝土矿，有效氧化钙C/S=1.3，添加剂为石灰和水化铁酸钙，液固比为3.8，95℃预脱硅4h，溶出温度为265℃，搅拌转速为500r/min，溶出时间为60min。

从表中可以看出随着C_3FH_6替代石灰量的增多，溶出赤泥的N/S比值从0.32降为0.31。但是相比完全替代，C_3FH_6部分替代石灰反而增大赤泥中N/S，20%替代时赤泥N/S最大为0.37，50%替代时赤泥的N/S为0.36。从20%到100%替代，赤泥的N/S呈下降的趋势，溶出率先下降后升高，因此水化铁酸钙完全替代石灰进行溶出试验对降低赤泥N/S和增加溶出率是有效的。增大有效氧化钙的添加量可能对降低赤泥中N/S效果更加显著，所以将C/S提高到1.75和2.0，全部用水化铁酸钙替代石灰进行溶出试验。不同钙硅比下水化铁酸钙对拜耳法溶出赤泥的影响见表4.22。

表 4.22　不同钙硅比下添加水化铁酸钙对拜耳法溶出赤泥的影响

C/S	Al_2O_3/%	SiO_2/%	Na_2O/%	A/S	N/S	$\eta_{A相}$/%
1.75	12.94	9.59	2.48	1.35	0.26	94.16
2.0	14.3	9.21	2.21	1.55	0.23	90.84

注：2#铝土矿，添加剂为石灰和水化铁酸钙，液固比为 3.8，95℃预脱硅 4h，溶出温度为 265℃，搅拌转速为 500r/min，溶出时间为 60min。

从表 4.22 可以看出当水化铁酸钙添加量按 C/S=1.75 添加时赤泥 N/S 可以降到 0.26，C/S=2.0 添加时赤泥 N/S 可以降低到 0.23，但是溶出率下降得也较多。从 94.16%降低到 90.84%，降低了 3.32%。所以水化铁酸钙的添加量要综合考虑氧化铝产品、工业级氢氧化钠的价格以及水化铁酸钙的制备成本。

分析水化铁酸钙降碱耗的原因，对添加水化铁酸钙的溶出试验中 N/S 降低效果较好同时溶出率较高的溶出渣进行 XRD 分析，见图 4.50。

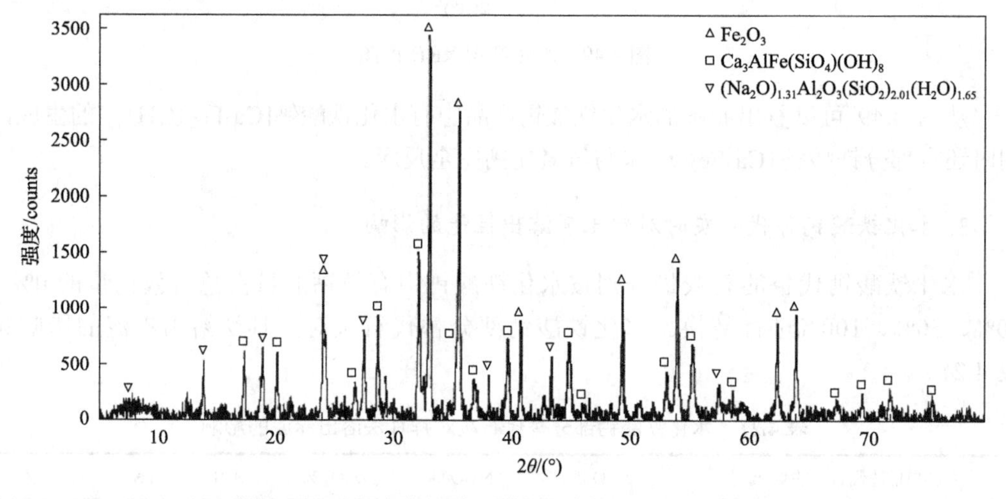

图 4.50　添加水化铁酸钙的拜耳法溶出渣 XRD 谱图

从图 4.50 的分析结果可以看出，只添加水化铁酸钙时，赤泥中的含硅矿物为铁铝水化石榴石[$Ca_3AlFe(SiO_4)(OH)_8$]和水合铝硅酸钠[$(Na_2O)_{1.31}Al_2O_3(SiO_2)_{2.01}(H_2O)_{1.65}$]，与纯石灰拜耳法溶出渣主要的不同点就是铁铝水化石榴石取代了水化石榴石，部分铁取代了铝，从而使赤泥中的含铝量降到较低水平，所以溶出率更高。

4. 赤泥合成水化铁酸钙添加剂对降低赤泥中 N/S 的研究

1) 赤泥合成水化铁酸钙的基础

赤泥是铝土矿提取氧化铝后剩余的固体废渣，因为含有大量氧化铁，外观显示红色而被称作赤泥。由于原料及生产方法的不同，氧化铝企业每生产 1t 氧化铝大约排放 1.0～1.8t 的赤泥[67,68]。我国氧化铝企业的赤泥大多露天堆存。这就使得氧化铝企业要建造大型的赤泥渣场，还要进行管理维护，对氧化铝企业也是不小的开支。堆积的赤泥由于含有碱以及其他成分，大量堆存也会对空气、土壤和水体造成破坏，恶化生态环境。如今，环境保护问题备受社会关注，实现氧化铝企业绿色生产是发展的必然要求，综合回收赤泥中的有价组分，开发赤泥新用途具有现实意义[69]。国内外学者对赤泥在水泥、建材、陶瓷、玻璃、有价组分回收、废气和废水处理、土壤改良等领域的应用做了相应的研究[70-77]，但是由于各种限制，工业应用还存在一些问题，仅有 15%左右的赤泥得到利用。

赤泥的主要化学成分是氧化铁，赤泥中的铁 90%以上以赤铁矿的形式存在，其余主要为针铁矿，目前铁的回收方法主要有还原焙烧法、冶金法、硫酸亚铁法和直接磁选法[78]等，其中磁选法是回收 Fe 的主要方法，刘述仁等[79]以云南某氧化铝企业产出的赤泥为原料，赤泥中的 Fe_2O_3 含量为 25.55%，与碳粉混匀进行焙烧，反应完成后磁选可得到铁含量为 86.35%的铁精矿。

国内用这些类型铝土矿生产氧化铝的企业，其渣场赤泥成分分析如表 4.23 所示。

表 4.23　渣场赤泥主要化学成分组成

化学成分	CaO	Al_2O_3	SiO_2	Na_2O	Fe_2O_3	其他	C/S	A/S	N/S
质量含量%	15.6	21.52	15.16	7.83	28.57	11.32	1.03	1.42	0.516

本试验选用氧化铝生产企业渣场赤泥，直接磁选分离出的氧化铁，经焙烧、破碎、研磨后，进行 X 射线荧光分析，确定其主要化学成分如表 4.24 所示。

表 4.24　赤泥选铁后铁精矿化学成分分析

化学成分	Al	Ca	Fe	Na	Si	Ti	S	Ge	Mg	Mn
含量/%	5	2	48	4	3	2	0.1	0.2	0.4	0.2
化学成分	Zn	Zr	Pb	Ni	P	K	Cl	Ce	Nb	Sr
含量/%	0.01	0.06	0.04	0.02	0.04	0.07	0.03	0.01	0.007	0.009

从表 4.24 可以看出赤泥选铁后铁精矿中铁含量较高，还有少部分铝、钙、钠、硅和钛。与铝土矿组成成分差别不大，因此可以考虑用赤泥选铁后铁精矿作为合成水化铁酸钙的原料，这样不仅使废弃资源得到合理利用，同时赤泥本来就是铝土矿溶出后的产物，经磁选处理后不会引入新的杂质。

2) 赤泥合成水化铁酸钙的试验

铁酸二钙的烧制：根据赤泥中 Fe_2O_3 的含量，按 CaO∶Fe_2O_3 的摩尔比为 3∶1 进行配料，在管式炉中进行烧结，烧结温度为 1200℃，升温速率为 5℃/min，烧结时间为 2h，然后缓冷，烧结之后的物料经破碎、磨细得铁酸二钙。

铁酸二钙的水化：在液固比选为 4∶1，pH 控制在 12～14，温度为 40℃的条件下进行搅拌水化，水化时间取 24h，水化过程中因水化时间较长，需通过添加水来维持一定的液固比，水化结束后液固过滤，滤饼在常温下晾干，破碎，磨细即得水化铁酸钙。对制备的水化铁酸钙进行物相分析，XRD 分析结果如图 4.51 所示。

从图 4.51 的 XRD 分析结果可以看出，赤泥选铁制备的水化铁酸钙主要由三部分构成：铁酸二钙[$Ca_2Fe_2O_5$]、水化铁酸钙[$Ca_3Fe_2(OH)_{12}$]和铁铝酸钙{$Ca_2[Fe(Fe_{0.866}Al_{0.134})O_5]$}。由于水化率的影响，铁酸二钙未能全部转化为水化铁酸钙。

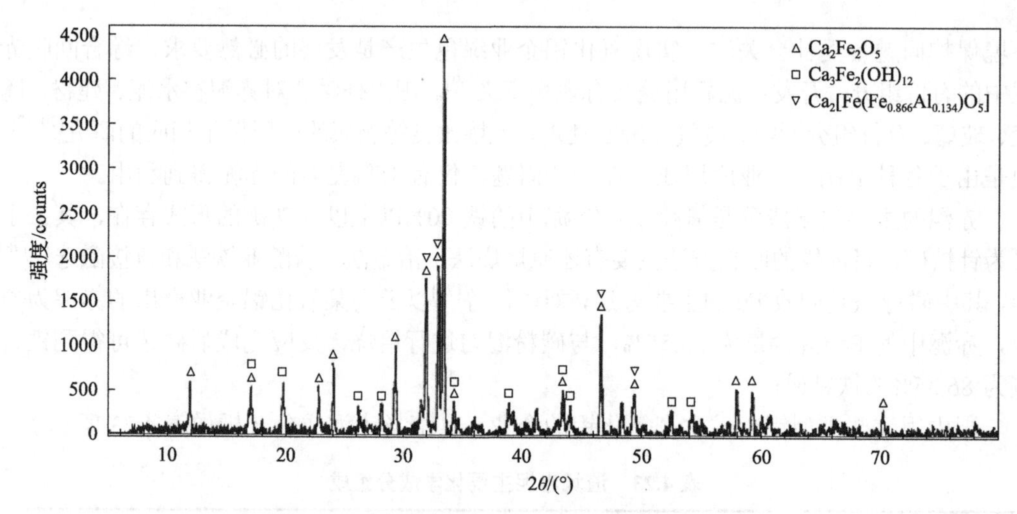

图 4.51　赤泥选铁制备的水化铁酸钙的物相分析

液固比为 4∶1，弱碱性，pH 为 12～14，40℃下搅拌水化，水化时间为 24h

3) 赤泥合成水化铁酸钙的溶出试验

为了考察赤泥合成的水化铁酸钙添加量对拜耳法溶出赤泥 N/S 和溶出率的影响，分别按照不同的 C/S 添加水化铁酸钙。

水化铁酸钙根据铝土矿中 SiO_2 的含量按钙硅比(C/S) 分别为 1.1、1.3、1.5、1.7、1.9 添加。水化铁酸钙添加量与溶出赤泥 A/S、N/S 和溶出率的关系见表 4.25。

表 4.25　水化铁酸钙添加量不同时对溶出赤泥的影响

C/S	Al_2O_3%	Na_2O%	SiO_2%	A/S	N/S	$\eta_{A相}$/%
1.1	17.01	4.3	11.52	1.48	0.37	92.06
1.3	14.73	3.99	10.76	1.37	0.37	93.85
1.5	13.07	3.83	10.32	1.27	0.37	95.56
1.7	12.96	3.48	9.67	1.34	0.36	94.33
1.9	22.00	3.28	9.81	2.24	0.33	79.29

注：铝土矿 A/S 为 7.0(由 1#矿和 2#矿配成)，液固比为 3.8，95℃预脱硅 4h，溶出温度为 265℃，搅拌转速为 500r/min。

分析表中数据，水化铁酸钙添加量 C/S 从 1.1 增加到 1.5 时，赤泥 N/S 维持在 0.37，溶出率则从 92.06%逐渐增大到 95.56%，说明在这个区间内增大添加剂的用量可有效地提高氧化铝溶出率，水化铁酸钙添加量按 C/S 从 1.5 增到 1.9，赤泥 N/S 从 0.37 降到 0.33，说明在这个区间内增大添加剂的用量对降低赤泥中 N/S 还是有好处的，但是溶出率从 95.56%降低到 79.29%，主要原因是当水化铁酸钙按 C/S 为 1.9 添加时，赤泥选铁制备的水化铁酸钙的添加量是巨大的，大量的添加剂会带走部分铝。对按 C/S=1.5 添加水化铁酸钙的溶出赤泥进行物相分析，其 XRD 分析结果见图 4.52。

溶出渣 XRD 分析结果显示，添加赤泥选铁制水化铁酸钙的溶出渣中主要物相成分为：氧化铁、钠硅渣[$Na_8(Al_6Si_6O_{24})(OH)_{2.04}(H_2O)_{2.66}$]、水化石榴石[$Ca_{2.93}Al_{1.97}(Si_{0.64}O_{2.56})(OH)_{9.44}$]、铁铝水化石榴石[$Ca_3AlFe(SiO_4)(OH)_8$]。溶出渣中有铁铝水化石榴石生成，

所以有助于增加溶出率。

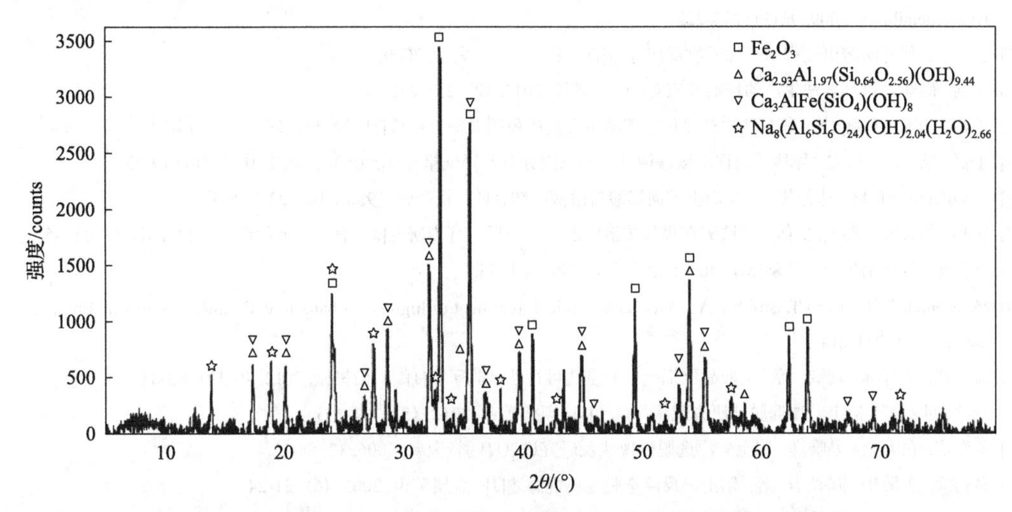

图4.52 添加赤泥选铁制水化铁酸钙的拜耳法溶出渣XRD谱图

参考文献

[1] 王孝楠. 高压水化学法处理个旧霞石的现状及今后进一步研究的途径[J]. 云南冶金, 1988, (6): 41-47.

[2] Jennings H M. Aqueous solubility relationships for two types of calcium silicate hydrate[J]. Journal of the American Ceramic Society, 1986, 69(8): 614-618.

[3] 李辉, 金会心, 杜振华. 云南某高铁铝矿溶出氧铝试验研究[J]. 湿法冶金, 2015, 34(4): 279-282.

[4] 刘祥民, 刘桂华, 李小斌. 水化石榴石渣湿法处理的研究[J]. 轻金属, 1999, (12): 12-14.

[5] 傅崇说. 有色冶金原理[M]. 北京: 冶金工业出版社, 1993.

[6] 郑晓晴. 高压水化法溶出高钛铝土矿钛的反应行为研究[D]. 贵阳: 贵州大学, 2017.

[7] 陈启元, 曾文明, 张平民, 等. 几种铝化合物的热力学性质[J]. 金属学报, 1996, (1): 6-14.

[8] Reddy B R, Mishra S K, Banerjee G N. Kinetics of leaching of a gibbsitic bauxite withhydrochloricacid[J]. Hydrometallurgy, 1999, 51(1): 131-138.

[9] 郑洁. 钠硅渣中氧化钠和氧化铝回收的基础研究[D]. 长沙: 中南大学, 2012.

[10] 程立, 袁华俊, 杨京春, 等. 石灰在高压溶出贵州铝土矿过程中对赤泥相变的作用[J]. 有色金属, 1985, (1): 83-91.

[11] 陈滨, 李小斌, 吴晓华, 等. 从铝酸钠溶液中析出水合氧化铝的热力学分析[J]. 湿法冶金, 2006, (3): 124-129.

[12] 曾星清. 添加过量石灰溶出时的脱钠效果[J]. 轻金属, 1983, (12): 15-17+26.

[13] 梁庚, 李莉. 铝土矿中铝元素含量快速分析[J]. 科技信息. 2011, (9): 761-763.

[14] 张迪, 于海燕, 潘晓林, 等. 钛酸钙化合物合成热力学与溶出动力学行为[J]. 材料与冶金学报, 2015, (3): 164-169.

[15] 杜锴. 降低氧化铝生产中的碱耗的探讨[J]. 中国科技博览, 2013, (24): 79-79.

[16] 芦东, 吴拓宇. 拜耳-混联法氧化铝生产碱耗降低的有效途径[J]. 铝镁通讯, 2005, (1): 1-4.

[17] Xu B, Smith P, Wingate C, et al. The effect of calcium and temperature on the transformation of sodalite to cancrinite in Bayer digestion[J]. Hydrometallurgy, 2010, 105(1-2): 75-81.

[18] 刘焦萍. 铝土矿含硅矿物在选矿-拜耳法生产中的行为初探[J]. 有色金属(选矿部分), 2002, (1): 11-12.

[19] 赵清杰. 硅矿物及有机物在拜耳法生产氧化铝过程中的行为[D]. 长沙: 中南大学, 2008.

[20] Nocuò-Wczelik W. Effect of Na and Al on the phase composition and morphology of autoclaved calcium silicate hydrates[J]. Cement & Concrete Research, 1999, 29(11): 1759-1767.

[21] R Chester, F Jones, M Loan, et al. The dissolution behaviour of titanium oxide phases in synthetic Bayer liquors at 90℃[J]. Hydrometallurgy, 2009, 96(3): 215-222.
[22] 王浩宇. 拜耳法溶出过程中硅钛矿物反应行为[D]. 长沙: 中南大学, 2009.
[23] 黄浩. 碳酸钠对拜耳法生产的影响及应对[J]. 大科技, 2015, (2), 251-252.
[24] 王霜, 陆玉, 毛鹏, 等. 拜耳法生产流程中碳酸钠升高的原因及降低措施[J]. 轻金属, 2011, (2): 19-20.
[25] 王磊, 陆玉, 王加文. 拜耳法流程中碳酸钠升高的原因分析及降低措施[J]. 山东冶金, 2010, 32(6): 19-20.
[26] Самойленко В М, 马劳其. 硫从铝土矿向铝酸盐溶液的转移[J]. 轻金属, 1986, (10): 23-25+64.
[27] 宋超, 彭志宏, 魏欣欣, 等. 黄铁矿在拜耳法溶出过程中的反应行为研究[J]. 有色金属科学与工程, 2011, 2(5): 1-5.
[28] 杨重愚. 氧化铝生产工艺学[M]. 北京: 冶金工业出版社, 1993.
[29] Mccormick P G, Picaro T, Smith P A I. Mechanochemical treatment of high silica bauxite with lime[J]. Minerals Engineering, 2002, 15(4): 211-214.
[30] 盖艳武, 丁行标, 刘敏, 等. 某低品位铝土矿的重选可行性试验研究[J]. 矿山机械, 2012, 40(12): 83-85.
[31] 刘冰, 邱跃琴. 铝土矿浮选脱硅研究现状与展望[J]. 现代矿业, 2012, (5): 131-133.
[32] 陈湘清, 白万全, 晏唯真. 铝土矿浮选脱硅现状及研究进展[J]. 轻金属, 2006, (2): 8-12.
[33] 黄传兵, 王毓华, 陈兴华, 等. 铝土矿反浮选脱硅研究综述[J]. 金属矿山, 2005, (6): 21-24.
[34] 李军旗, 张煜. 含铝硅矿物预脱硅工艺研究进展[J]. 湿法冶金, 2010, (4): 229-232.
[35] Solymár K, Madai F. Effect of Bauxite Microstructure on Beneficiation and Processing[M]. Chichester: John Wiley & Sons, 2013.
[36] 曹学锋, 高建德, 刘润清, 等. 低铝硅比铝土矿正浮选脱硅试验研究[J]. 矿冶, 2015, 24(2): 1-4.
[37] 姜亚雄, 黄丽娟, 朱坤, 等. 高硅铝土矿正浮选两段脱硅试验研究[J]. 有色金属(选矿部分), 2015, (2): 49-53.
[38] Solymár K, Mádai F, Papanastassiou D. Effect of bauxite microstructure on beneficiation and processing[J]. Essential Readings in Light Metals: Alumina and Bauxite, 2013, 1: 37-42.
[39] 罗琳, 何伯泉. 高硅铝土矿焙烧预脱硅研究现状评述[J]. 金属矿山, 1999, (1): 31-35.
[40] 马跃如, 罗琳. 铝土矿的化学选矿[J]. 中国锰业, 1999, (2): 28-31.
[41] 张战军, 孙俊民, 姚强, 等. 从高铝粉煤灰中提取非晶态 SiO_2 的实验研究[J]. 矿物学报, 2007, 27(2): 137-142.
[42] 赵江曼, 朱明龙, 张旭, 等. 硅酸盐细菌的筛选、鉴定和对铝硅酸盐矿物的作用研究[J]. 高校化学工程学报, 2014, (5): 1036-1043.
[43] M Urík, M Bujdoš, B Milová-Žiaková, et al. Aluminium leaching from red mud by filamentous fungi[J]. Journal of Inorganic Biochemistry, 2015, 152: 154.
[44] Vasan S S, Modak J M, Natarajan K A. Some recent advances in the bioprocessing of bauxite[J]. International Journal of Mineral Processing, 2001, 62(1): 173-186.
[45] Sheng X F, Huang W Y. Mechanism of potassium release from feldspar affected by the sprain NBT of silicate bacterium[J]. Acta Pedologica Sinica, 2002, 39: 863-871.
[46] Liu W, Xu X, Wu X, et al. Decomposition of silicate minerals by Bacillus mucilaginosus in liquid culture[J]. Environmental Geochemistry and Health, 2006, 28(1): 133-140.
[47] Bandyopadhyay N, Banik A K. Optimization of physical factors for bioleaching of silica and iron bauxite ore by a mutantstrain of aspergillus niger[J]. Research and Industry, 1995, 40(1): 14-17.
[48] 毕诗文. 拜耳法生产氧化铝[M]. 北京: 冶金工业出版社, 2007.
[49] 刘桂华, 刘云峰, 李小斌, 等. 拜耳法溶出过程降低赤泥碱耗[J]. 中国有色金属学报, 2006, 16(3): 555-559.
[50] Barnes M C, Addai-Mensah J, Gerson A R. The kinetics of desilication of synthetic spent Bayer liquor seeded with cancrinite and cancrinite/sodalite mixed-phase crystals[J]. Journal of Crystal Growth, 1999, 200(1-2): 251-264.
[51] 赵清法, 杨红菊. 石灰拜耳法石灰添加方式探讨[J]. 有色冶金节能, 2002, (5): 19-21.
[52] 元炯亮, 张懿. 含钙添加剂强化一水硬铝石矿拜耳法溶出过程的作用分析[J]. 化工冶金, 2000, (1): 108-112.
[53] 李来时, 翟玉春, 刘瑛瑛, 等. 六方水合铁酸钙的合成及其脱硅[J]. 中国有色金属学报, 2006, 16(7): 1306-1310.

[54] 刘连利, 翟玉春, 田彦文, 等. 六方水合铝酸钙的合成及其脱硅[J]. 东北大学学报(自然科学版), 2003, 24(7): 681-684.

[55] 陈文汨, 黄伟光, 陈学刚. 改变石灰添加点降低铝土矿拜耳法溶出碱耗的研究[J]. 轻金属, 2008, (5): 9-12.

[56] 陈文汨, 彭秋燕, 黄伟光, 等. 改变拜耳法预脱硅工艺降低赤泥化学结合碱的研究[J]. 轻金属, 2010, (6): 9-12+19.

[57] 彭秋燕. 二段法溶出降低赤泥碱耗的研究[D]. 长沙: 中南大学, 2010.

[58] 卢家喜, 贾元平, 肖连生, 等. 从铝基含钼废渣中回收钼的方法: CN101148708[P]. 2008-03-28.

[59] 仇振琢. 从 Al_2O_3 生产中石灰法回收镓废渣母液处理方法的研究[J]. 过程工程学报, 1987, (4): 35-37+43.

[60] 潘泽琳. 从 Al_2O_3 生产的残渣中回收钒[J]. 稀有金属, 1987, (4): 17-20.

[61] Meher S N, Rout A K, Padhi B K. Extraction of Al and Na from red mud by magnesium oxide sodium carbonate sinter process[J]. African Journal of Environmental Science & Technology, 2010, 4(13): 897-902.

[62] Sizyakov V M, Tikhonova E V, Cherkasova M V. Efficiency of oxide compounds of magnesium in purification of alumina industry solutions from organic impurities[J]. Non Ferrous Metals, 2013, (2): 23-26.

[63] Kuznetsova N V, Kuvyrkina A M, Suss A G, et al. Effect of magnesium salts on the production of tcha and the feasibility of using the resulting compounds in the leaching of bauxites[J]. Metallurgist, 2008, 52(11): 616-624.

[64] 刘桂华, 齐天贵, 田侣, 等. 氧化镁在铝酸钠溶液脱硅中的反应行为[J]. 中国有色金属学报, 2013, (7): 2055-2060.

[65] 郭兴敏. 烧结过程铁酸钙生成及其矿物学[M]. 北京: 冶金工业出版社, 1999.

[66] 李新华, 顾松青, 尹中林, 等. 添加水化铁酸钙拜耳法新工艺溶出规律及机理研究[J]. 有色金属(冶炼部分), 2008, (6): 18-21.

[67] 王洪, 佘雪峰, 赵晴晴, 等. 高铁赤泥直接还原制备珠铁[J]. 过程工程学报, 2012, 12(5): 816-821.

[68] 朱军, 兰建凯. 赤泥的综合回收与利用[J]. 矿产保护与利用, 2008, (2): 52-54.

[69] 谭洪旗, 刘玉平. 氧化铝赤泥的综合利用及回收工艺探讨[J]. 中国矿业, 2011, 20(4): 78-81.

[70] Borra C R, Blanpain B, Pontikes Y, et al. Smelting of bauxite residue(red mud) in view of iron and selective rare earths recovery[J]. Journal of Sustainable Metallurgy, 2016, 2(1): 28-37.

[71] Liu W C, Yang J K, Xiao B. Review on treatment and utilization of bauxite residues in China[J]. International Journal of Mineral Processing, 2009, 93(3-4): 220-231.

[72] Liu Y J, Zuo K S, Yang G, et al. Recovery of ferric oxide from bayer red mud by reduction roasting-magnetic separation process[J]. Journal of Wuhan University of Journal of Wuhan University of Technology-Materials Science Edition, 2016, 31(2): 404-407.

[73] Wang S B, Ang H M, Tadé M O. Novel applications of red mud as coagulant, adsorbent and catalyst for environmentally benign processes[J]. Chemosphere, 2008, 72(11): 1621-1635.

[74] Zhong L, Zhang Y, Zhang Y. Extraction of alumina and sodium oxide from red mud by a mild hydro-chemical process[J]. Journal of Hazardous Materials, 2009, 172(2-3): 1629.

[75] Sahin S. Correlation between silicon dioxide and iron oxide contents of red mud samples[J]. Hydrometallurgy, 1998, 47(2): 371-376.

[76] Liu Y, Lin C, Wu Y. Characterization of red mud derived from a combined bayer process and bauxite calcination method[J]. Journal of Hazardous Materials, 2007, 146(1-2): 255-261.

[77] Haynes R J. Bauxite processing residue: A critical review of its formation, properties, storage, and revegetation[J]. Critical Reviews in Environmental Science and Technology, 2010, 41(3): 271-315.

[78] 徐淑安, 邵延海, 熊述清, 等. 疏水团聚-磁种法回收赤泥中微细粒铁矿试验[J]. 矿产综合利用, 2015, (6): 62-66.

[79] 刘述仁, 谢刚, 李荣兴, 等. 氧化铝厂废渣赤泥的综合利用[J]. 矿冶, 2015, 24(3): 72-75.

第5章 钛铁矿盐酸加压浸出人造金红石技术

5.1 概 述

金红石主要化学组成为TiO_2，是一种黄色至红棕色的矿物，一般TiO_2含量93.5%～98.5%(质量分数)。金红石中伴生有少量的脉石，还含有一定量的铁、铌与钽，所以金红石的颜色随着杂质含量的变化而变化。世界范围内金红石的主要产地集中在澳大利亚与南非等国。我国的金红石集中在河南省西南部的南召—泌阳—西峡一带和江苏省东海县境内，其中河南矿的品位可达到2%～4.1%，可采资源量达5000万t；而江苏东海矿的品位更高，平均达到3.5%，资源量也达到特大型矿规模。由于金红石是优质的钛工业原料，随着钛工业的迅速发展，金红石资源有日趋枯竭的趋势，所以人造金红石的生产就越来越为人们重视。金红石是生产海绵钛和氯化法生产钛白粉最为理想的原料，可分为天然金红石和人造金红石两类。因开采多年，天然金红石基本已消耗殆尽。目前，人造金红石是主要原料。生产人造金红石的主要原料是钛铁矿，氯化法生产高品质的钛白主要采用的是TiO_2含量在90%以上的高钛渣或人造金红石。但氯化法生产钛白对原料的要求较为苛刻[1,2]，因沸腾氯化本身具有产能大、工艺操作简单、产生工业三废排放量少等优越性，再根据国外多年的经验，氯化法生产钛白粉对金红石原料的基本要求是[3]：①较高的金红石品位，TiO_2品位应大于92%；②含有较少的有害杂质元素，其中CaO+MgO含量应小于1%；③较好的金红石粒度分布，粒径在100μm以上的颗粒应占总量的85%以上。多年来国外人造金红石多采用砂矿。国内钛资源丰富，居世界之首位。但90%的钛资源是岩矿，非铁杂质元素含量大于15%，多种杂质元素固溶共生。为了获得高品位钛矿，通常把钛铁矿粒径磨至小于7μm的颗粒占总量的70%以上。这就在很大程度上抑制了国内钛铁矿应用于高端人造金红石、氯化法钛白粉和海绵钛，只能作为低端硫酸法生产钛白粉的原料。目前，国内氯化法生产的钛白粉高品质原料通常都是从澳大利亚进口的，国内钛产业向高端发展受限于原料。因此，只有开发生产高品质原料，尤其是采用钛铁矿岩矿制备高品质人造金红石的技术，才能确保国内钛行业生产的可持续发展，提高国内钛行业技术水平和世界影响力[4,5-8]。

迄今，经过研究或已获得工业应用的人造金红石制取方法主要有电热法、还原锈蚀法、选择氯化法、酸浸法等。

5.1.1 电热法

电热法是我国特有的一种生产人造金红石的方法，首先是在电炉中还原熔炼钛铁矿获得高钛渣，然后在回转窑中焙烧高钛渣转变为人造金红石。电炉还原熔炼生产钛渣的实质是钛铁矿中铁的氧化物被选择性地还原为金属铁，而钛的氧化物则富集在炉渣中成高钛渣，经过渣铁分离就得到富钛料高钛渣与副产品金属铁[9,10,11]。

高钛渣的氧化焙烧有两个目的：一是将高钛渣中不同价态的钛氧化物氧化焙烧转变成金红石型TiO_2；二是脱去高钛渣中部分硫、磷、碳，使这些元素在产品中的含量达到电焊条涂料的要求。

高钛渣含有许多变价元素，如钛、锰、铁、钒、铬、硫、磷、碳等，其中一些处于低价状态，在焙烧过程中这些低价物被氧化成高价物[9,10,11]。

(1)硫、磷、碳的氧化过程。高钛渣中的硫主要以金属硫化物形式存在。例如FeS、MnS和钛的硫化物等，在焙烧过程中这些硫化物被氧化生成SO_2：

$$2FeS+3O_2 \longrightarrow 2FeO+2SO_2\uparrow \tag{5.1}$$

500℃左右开始发生脱硫反应，650℃时脱硫反应加快。高钛渣在750～850℃下停留1h，脱硫率便达到90%左右。影响脱硫的因素有物料的粒度、窑内温度和气氛、料层厚度和窑的转速等。

高钛渣中的磷以磷化物和磷酸盐形式存在，脱磷比脱硫困难，幸而钛精矿的磷含量一般不高，因此产品中的磷一般不超标。

高钛渣中的碳以金属碳化物和游离形式存在，焙烧时发生氧化生成CO或CO_2逸出。但因有些金属碳化物(如TiC)比较稳定，这部分碳不容易脱去。

(2)高钛渣中低价钛的氧化反应。高钛渣中的低价钛含量较高，因此低价钛的氧化反应是焙烧过程中的主要反应，也是焙烧过程中的主要热量来源之一。其反应方程式为

$$Ti_2O_3+\frac{1}{2}O_2 = 2TiO_2 \qquad \Delta H_{1037K}=-383J/mol \tag{5.2}$$

低价钛的氧化反应比较容易进行，大约在400℃就可观察到，温度高于600℃时反应速度加快，在850℃下停留0.5h便可使渣中全部低价钛氧化成金红石型TiO_2。在低温下(＜700℃)低价钛的氧化产物为锐钛型TiO_2，高温度下氧化生成金红石型TiO_2，在低温下生成的锐钛型TiO_2在高温下也可转化为金红石型TiO_2，从而高钛渣焙烧产品中的TiO_2主要以金红石型存在。因为低价钛容易氧化，焙烧产品中一般不含有低价钛。

(3)金属铁和FeO的氧化反应。高钛渣中存在的少量金属铁在焙烧时容易氧化成FeO，但FeO较难氧化成高价的，这是存在低价铁的缘故。温度＞700℃时，FeO才开始氧化，且在850℃下也不易氧化完全，所以在焙烧人造金红石产品中仍然残留少量FeO。

(4)其他杂质的氧化反应。钛渣中的锰、钒和铬等低价物在焙烧过程也发生氧化生成相应的高价氧化物。

高钛渣的主相是Ti_3O_5为主体的黑钛石固溶体(或称M_3O_5型固溶体)，它含有Ti_3O_5、$FeTi_2O_5$、$MgTi_2O_5$、$MnTi_2O_5$、$Al_2O_3\cdot TiO_2$等矿物，这些矿物相互溶解形成复杂的固溶体。固溶体可表示为$m[(Fe、Mg、Mn、Ti)\cdot 0.2TiO_2]\cdot n[(Al、Ti)_2O_3\cdot TiO_2]$，$m+n=1$。在氧化焙烧过程中，黑钛石固溶体逐渐受到破坏。最终的氧化焙烧产品的主相是金红石型TiO_2，但仍然残留着晶格发生了畸变的黑钛石固溶体结构。

高钛渣中存在较多的低价钛，它的颜色呈黑色。随着焙烧过程的深入进行，其中低价钛发生氧化，其颜色也发生相应的变化。尽管焙烧的最终产品不含低价钛，但因含有

一些有色杂质如铁、锰、钒和铬等的氧化物，所以产品仍呈现不同的颜色。产品的颜色不仅与这些有色杂质的含量有关，还与它们氧化完全程度有关，一般电热法制人造金红石的颜色为褐色。

5.1.2　还原锈蚀法

还原锈蚀法是澳大利亚首先研究成功并在工业上得到应用的一种方法。澳大利亚在20世纪六七十年代用此法建成一座产量为 1×10^4t/a 的人造金红石厂，后扩建产量至 3×10^4t/a。加拿大1972年建成一座产量为 2×10^4t/a 的工厂。我国也有3个采用还原锈蚀法生产人造金红石的车间[9,11,12]，图5.1为其原则工艺流程。

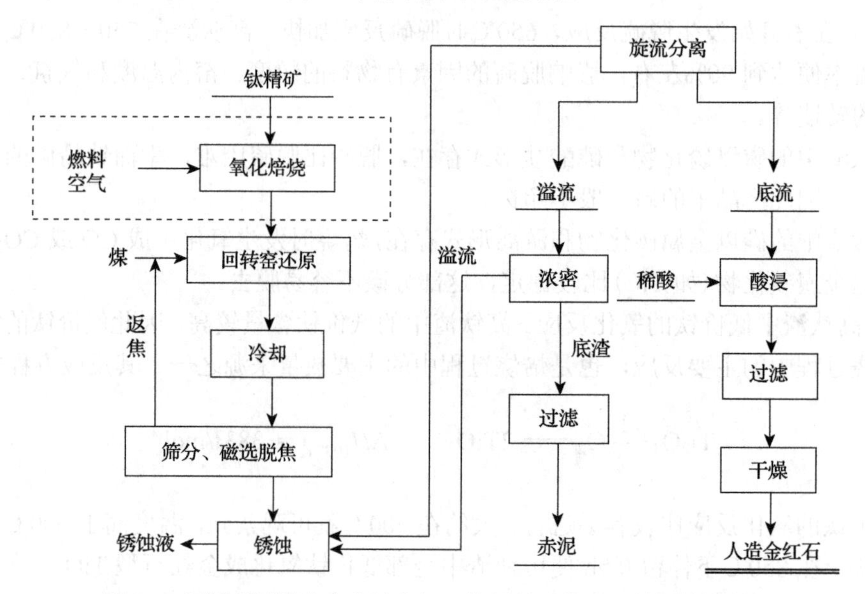

图5.1　还原锈蚀法生产人造金红石的原则工艺流程(钛冶炼工艺)

此法是一种选择性除铁的方法，首先是将钛铁矿中的铁氧化物经固相还原为金属铁，然后将还原钛铁矿中的铁用酸化水溶液锈蚀并分离出来，使 TiO_2 富集成人造金红石[9,11,12]。

(1)氧化焙烧。首先对原料钛铁矿进行预氧化焙烧，使钛铁矿转变为人造假板钛矿和金红石[3,11-13]；同时预氧化可以提高原料的化学活性，除去钛精矿中的杂质元素硫；还可以减小还原过程工序的烧结程度。

钛铁矿的氧化机理十分复杂，并且发生的化学反应随着温度的变化会产生如下阶段性变化[9]。

当温度低于770℃时，生成的产物为 Fe_2O_3 与 TiO_2，反应式如下：

$$4FeTiO_3+O_2=\!=\!=2Fe_2O_3+4TiO_2 \tag{5.3}$$

当温度介于770～900℃时，反应产物为假金红石和 Fe_2O_3，反应式如下：

$$12FeTiO_3+3O_2=\!=\!=4Fe_2Ti_3O_9+2Fe_2O_3 \tag{5.4}$$

当温度高于900℃时，产物为假板钛矿和金红石，反应式如下：

$$4FeTiO_3+O_2 = 2Fe_2TiO_5+2TiO_2 \tag{5.5}$$

预氧化焙烧有的在回转窑中进行，还有的在流化床中进行，反应温度在 900～950℃，反应时间为 1～2h。

(2) 还原焙烧。还原过程是还原锈蚀法的关键性步骤，其原理是将人造假板钛矿中的铁还原为单质铁。其还原过程可以分为如下两个阶段[12]。

第一阶段，$Fe^{3+}\rightarrow Fe^{2+}$：

$$Fe_2Ti_3O_9+CO = 2FeTiO_3+TiO_2+CO_2 \tag{5.6}$$

$$Fe_2TiO_5+TiO_2+CO = 2FeTiO_3+CO_2 \tag{5.7}$$

第二阶段，$Fe^{2+}\rightarrow Fe^{0}$，并伴随 TiO_2 的部分还原：

$$2FeTiO_3+CO = Fe_2TiO_5+Fe+CO_2 \tag{5.8}$$

$$nTiO_2+CO = Ti_nO_{2n-1}+CO_2 \ (n>4) \tag{5.9}$$

$$xFeTi_2O_5+(5x-10)CO \longrightarrow 2Fe_{3-x}Ti_xO_5+(5x-10)CO_2+(3x-6)Fe \ (2\leqslant x\leqslant 3) \tag{5.10}$$

钛铁矿还原之后，主要的成分有金属铁、还原金红石和 Me_3O_5 型固溶体。

钛铁矿的还原是在回转窑中进行的，还原剂与燃料是煤，反应温度为 1000～1200℃。

(3) 还原钛铁矿的锈蚀。此锈蚀过程是电化学腐蚀过程，反应在 1%的 NH_4Cl 或盐酸水溶液中进行。还原钛铁矿颗粒内的铁微晶相当于原电池的阳极，阳极发生的电化学反应为[12]

$$Fe \longrightarrow Fe^{2+}+2e^- \tag{5.11}$$

阴极发生的反应为

$$O_2+2H_2O+4e^- \longrightarrow 4OH^- \tag{5.12}$$

颗粒内溶解出来的 Fe^{2+}沿着孔隙渗透到颗粒表面的电解质溶液中。若电解质溶液中存在氧元素，则 Fe^{2+}被进一步氧化成水合氧化铁细颗粒沉淀物，见式 (5.13)：

$$2Fe^{2+}+4OH^-+0.5O_2 = Fe_2O_3\cdot H_2O\downarrow+H_2O \tag{5.13}$$

当浸出温度为 50～75℃时，该体系的最高温度可达 80℃，这主要是因为锈蚀反应是放热反应，锈蚀时间为 13～14h，同时可加入 NH_4Cl 作催化剂。因锈蚀产生的水合氧化铁离子非常小，这与还原钛铁矿物性有差别，利用这一特点可进行铁钛分离，得到富钛料。

(4) 酸浸过程。锈蚀之后获得富钛料，用稀 H_2SO_4 进行酸洗浸出，把残留在富钛料中的一部分铁、锰等杂质再溶解出来，经过滤、干燥、煅烧，便可获得人造金红石产品。

采用还原锈蚀工艺的特点如下[9]：

(1) 获得的人造金红石粒度分布均匀，颜色稳定；

(2) 能源消耗比较低，生产成本相对较低；

(3) 产生的工业三废易于治理，其中赤泥可用于铁冶炼，或进一步加工成铁红等。

5.1.3 盐酸浸出法

有三种不同的盐酸浸出工艺获得人造金红石的方法：①美国华昌公司研发的华昌法；②美国比尼莱特公司研发的 BCA 盐酸循环浸出法；③澳大利亚 Murphyores 公司和澳大利亚联邦科学与工业研究组织(CSIRO)联合研发的 Murso 法。尽管盐酸浸出工艺种类繁多，但其基本原理是相同的，即利用盐酸选择性溶出钛铁矿中含有的杂质，进而提高钛料的 TiO_2 品位，获得富钛料。以下是 BCA 盐酸循环浸出法的重点介绍[9,14,15]。

美国比尼莱特公司研发的 BCA 盐酸循环浸出法工艺比较复杂，图 5.2 是 BCA 盐酸循环浸出法工艺流程图。首先，将钛精矿与还原剂同时连续加入回转窑中，在温度为 870℃左右时，矿中的 Fe^{3+}被还原成 Fe^{2+}。还原矿中 Fe^{2+}占总 Fe 的比例为 80%～95%。还原物料再经冷却后加入回转压煮器，之后用盐酸浸出。将含有 HCl 蒸发物的溶液注入到压煮器内，并提供所需的热量，避免蒸气加热导致浸出液稀释。盐酸浸出之后得到的固相经过真空过滤机过滤、水洗。最后，在温度为 870℃时煅烧成人造金红石。浸出母液中的铁元素和其他金属氯化物等，可采用喷雾法热分解。

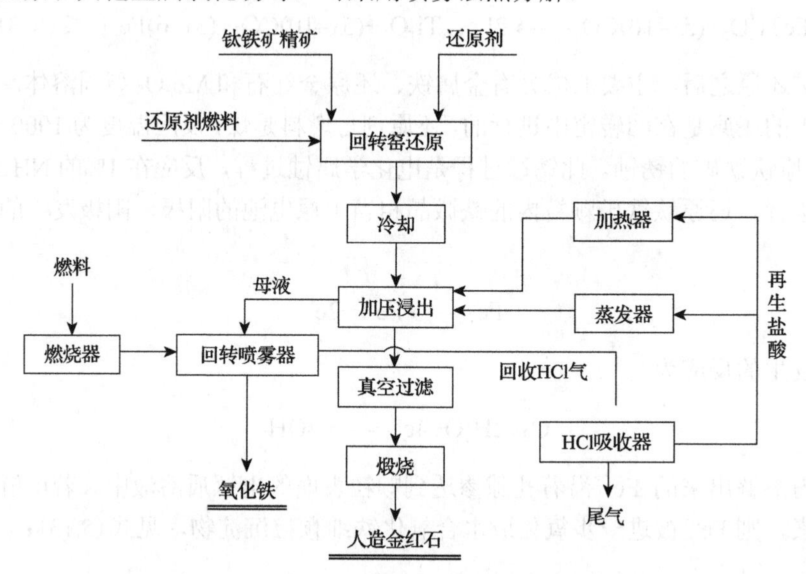

图 5.2　BCA 盐酸循环浸出法工艺流程图

BCA 盐酸循环浸出工艺可能发生的化学反应的方程式见式(5.14)～式(5.17)[9,14]。

$$FeO \cdot TiO_2+2HCl = TiO_2+FeCl_2+H_2O \qquad (5.14)$$

$$CaO \cdot TiO_2+2HCl = TiO_2+CaCl_2+H_2O \qquad (5.15)$$

$$MgO \cdot TiO_2+2HCl = TiO_2+MgCl_2+H_2O \qquad (5.16)$$

$$MnO \cdot TiO_2+2HCl = TiO_2+MnCl_2+H_2O \qquad (5.17)$$

美国比尼莱特公司研发的 BCA 盐酸循环浸出法工艺，主要是采用盐酸浸出在还原过程中残留的钙、镁、锰等杂质。在实际的盐酸循环浸出法工艺中，矿中的 TiO_2 也会发生部分溶解，当降低溶液中的盐酸浓度时，溶解产生的 $TiOCl_2$ 又会发生水解变成 TiO_2 的水合物，反应式见式(5.18)和式(5.19)[9,14]。

$$FeO\cdot TiO_2+4HCl=\!=\!=TiOCl_2+FeCl_2+2H_2O \tag{5.18}$$

$$TiOCl_2+(x+1)H_2O=\!=\!=TiO_2\cdot xH_2O\downarrow+2HCl \tag{5.19}$$

BCA 盐酸循环浸出法工艺的特点如下[9,14,11]：

(1)去除杂质的能力强，能够除去矿中的铁，同时还能够除去矿中的钙、镁、锰等杂质；

(2)可得到产品质量较高的人造金红石；

(3)能够实现盐酸的循环利用，工业“三废”较少。

5.1.4　硫酸浸出法

日本石原产业采用由硫酸法制造钛白排出的废酸(浓度为 22%～23%)进行硫酸浸出钛铁矿，制备人造金红石，该工艺又称石原法。该法利用印度的高品位钛矿石，矿石中铁的主要存在形式是 Fe^{3+}，先将 Fe^{3+}部分还原成 Fe^{2+}，再采用稀硫酸加压浸出矿中的铁等杂质，获得高 TiO_2 品位的钛料，然后获得人造金红石[9,14,11]。该法的工艺流程图见图 5.3。

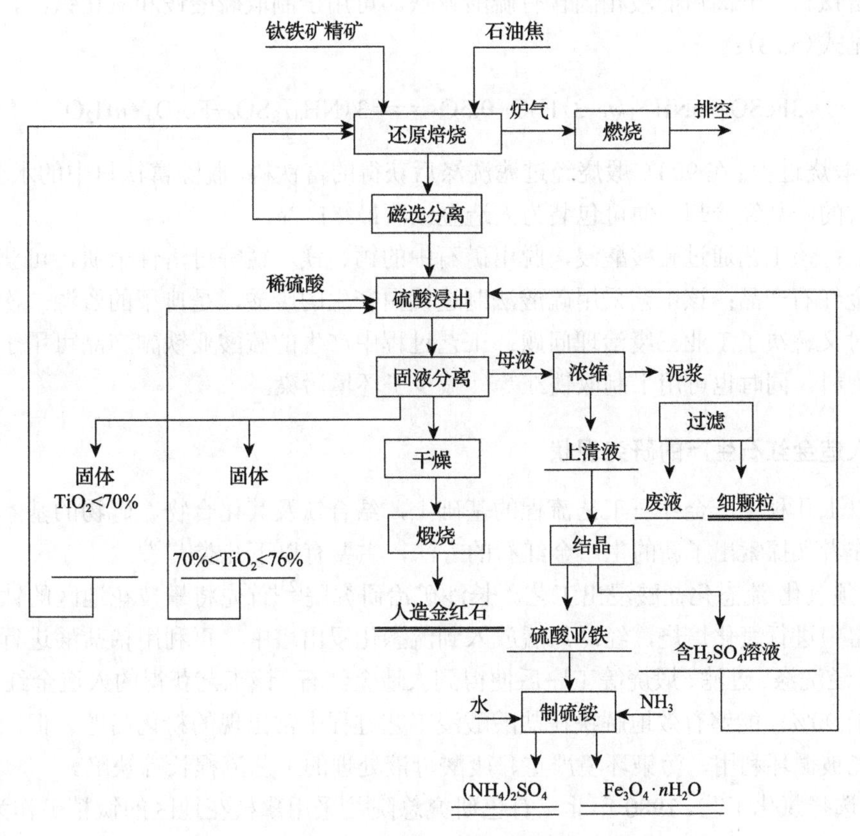

图 5.3　硫酸浸出法制取人造金红石的工艺流程图

(1)弱还原过程。还原的过程是以石油焦为还原剂，将钛铁矿中的 Fe^{3+} 还原为 Fe^{2+}，基本的化学方程式为

$$C+0.5O_2=\!=\!=CO \tag{5.20}$$

$$Fe_2Ti_3O_9+CO=\!=\!=2FeTiO_3+TiO_2+CO_2 \tag{5.21}$$

还原温度为 900～1000℃时，得到的还原产物中 Fe^{2+} 占总 Fe 的比例在 90%以上，还原的物料放在冷却窑中进行冷却，之后再除去残焦，用作浸出的原料。

(2)加压浸出。在硫酸中加热还原出来的物料至 120～130℃，加压在 0.2MPa 时，还原出来的物料的 Fe^{2+} 便可溶解在酸中，变成硫酸亚铁进入溶液，但其中的 TiO_2 存留在固相中，其化学反应式见式(5.22)：

$$FeTiO_3+H_2SO_4=\!=\!=FeSO_4+TiO_2+H_2O \tag{5.22}$$

在硫酸酸浸工艺中，部分 TiO_2 溶解后又沉淀析出，加入晶种 TiO_2 水合胶体溶液，能够扩大固液两相间的浓度差，以便提高浸出率。因硫酸浸出效果差于盐酸浸出效果，一次浸出物还含有部分浸出不完全的物质，可采用返回还原或重新酸浸等处理。

(3)过滤与洗涤过程。酸浸出以后得到的产物经固液分离，便获得固相产物，经洗涤后得到富钛料。分离后的液相因含有硫酸亚铁，可用于制取硫酸铵和氧化铁红，其反应方程式见式(5.23)：

$$3FeSO_4+6NH_3+(n+3)H_2O+0.5O_2=\!=\!=3(NH_4)_2SO_4+Fe_3O_4\cdot nH_2O \tag{5.23}$$

(4)煅烧过程。在 900℃煅烧经过滤洗涤后获得的富钛料，脱除富钛料中的水分与硫，煅烧获得的产品经冷却，便可包装为人造金红石最终产品。

特点：该工艺通过硫酸酸浸，脱出矿石中的钙、镁、锰等可溶性杂质，可获得较纯的人造金红石产品；该工艺采用硫酸法制造钛白产生的废酸，是典型的资源二次回收利用，同时又解决了工业三废治理问题；工艺过程中产生的硫酸亚铁副产品可用于加工成硫酸铵肥料，同时也可用于制取铁红等，减少了环境污染。

5.1.5　人造金红石生产的研究现状

在以上几种生产金红石工艺流程的基础上，结合钛及其化合物、矿物的基本性质，科研工作者又探索出了新的生产金红石的方法，主要有以下几类[16-59]。

(1)预氧化-流态化盐酸浸出工艺。长沙矿冶研究院[23]首先将攀枝花地区的钛精矿放入回转窑中进行氧化焙烧，经冷却后放入到流态化浸出塔中，再利用稀盐酸进行三段逆流浸出，经洗涤、过滤、煅烧等工序后便得到人造金红石。该工艺获得的人造金红石 TiO_2 含量大于 90%，能够有效地解决在盐酸酸浸工艺过程中常出现的粉化问题。但同时存在盐酸不能被循环利用，污染环境严重、废酸母液处理的工艺流程长等缺陷。

(2)选择氯化工艺。1980 年北京有色研究总院[18]采用攀枝花地区的钛精矿作为原料，通过选择氯化工艺进行了制备人造金红石的试验。该工艺根据钛精矿中各杂质元素在氯

化过程中的热力学性质不同而进行选择性氯化，而矿石中的主要成分 TiO_2 则不被氯化，再根据氯化物本身物理化学性质的差异进行分离。该工艺能够得到人造金红石 TiO_2 品位为 83%的产品。但该工艺采用的钛精矿中钙、镁等元素的含量高，在生产过程中氯化钙和氯化镁的结块现象比较严重，对试验的进行产生了很大影响。20 世纪 90 年代，Michel Gueguin 等申请的专利[24]认为，采用钛渣与氯气的化学反应进行盐酸浸出的方法，可获得满足氯化法制备钛白的人造金红石。

(3) 活化改性-浸出工艺。20 世纪 70 年代，美国一项专利（专利号 4038363）公开了一种采用索雷尔钛渣法制备人造金红石的方法[26]。其基本原理是：在钛渣中添加碱金属盐，之后进行高温焙烧，破坏钛渣中部分不能被溶解物质的结构，生成碱金属化合物，再通过水浸脱出物料中的可溶性铬酸盐、钒酸盐以及铝酸盐等物质，之后进行两段酸浸脱除杂质，最终获得人造金红石 TiO_2 品位大于 95%的产品。Lasheen[27]研究了采用埃及罗塞塔地区钛精矿获得的钛渣生产高品位的人造金红石产品。采用添加碱金属改性焙烧-盐酸浸出-NaOH 溶液浸出的工艺，最终制备的人造金红石 TiO_2 品位高达 97%以上。1999 年，Van Dyk 等[28]的研究采用一种添加磷酸盐的方式对钛渣进行活化，之后采用磷酸浸出工艺，可获得人造金红石 TiO_2 的品位高达 94%以上的产品，同时 TiO_2 的回收率可达到 88%。

(4) 氧化-还原焙烧-浸出工艺。首先对钛渣进行氧化还原处理，破坏钛渣中的黑钛石固溶体结构[15,19,21,53,60]。在氧化过程中主要发生以下三个方面的反应：①低价态的钛转化为高价态的四价钛；②低价态的铁转化为高价态的三价铁；③破坏复杂结构的硅酸盐玻璃体。同时，在氧化过程中还因存在于钛渣中的主要物相铁板钛矿中的铁离子和钛离子的快速扩散，在钛渣的表面以及内部出现大量的孔洞及气孔通道，铁便富集在这些孔洞及气孔通道的周边。此外，在氧化过程中硅酸盐玻璃体转变成了 $CaSiO_3$ 与 SiO_2，使 CaO 更易于溶解在酸性浸出液中而被除去。在还原过程中，主要是高铁板钛矿中的高价态三价铁还原成低价态的二价铁，并且改变了钛渣的晶体结构。经氧化-还原后的钛渣更容易通过浸出除去杂质。

1999 年，Van Dyk 等[28]研发了一种氧化-还原-酸浸的工艺流程进行富集钛渣，在温度为 700～950℃氧化气氛等条件下氧化 30min；之后在相同温度条件下的还原气氛中还原氧化钛渣 5min；再经酸液浸出、洗涤、过滤、煅烧，即可获得富钛料，其 TiO_2 的含量在 90%以上。攀枝花钢铁研究院申请的专利[29]采用电炉钛渣，经破碎预处理后在温度为 1050℃条件下进行流态化焙烧 1h。之后通入焦炉煤气，在还原温度为 800℃的条件下进行还原，时间为 40min。经还原后的钛渣再通过高压酸浸，最终获得人造金红石的 TiO_2 含量为 89.8%，CaO+MgO＜1.5%的产品。

易于看出，在氧化-还原焙烧-浸出工艺处理钛渣过程中，氧化-还原阶段能源消耗较大，环境在很大程度上被污染。后面的高压酸浸工序对设备条件具有较高的要求。因此该工艺在工业上应用还存在许多困难与问题有待解决[16,21,22]。

(5) 选择性析出技术。20 世纪 90 年代，东北大学隋智通等[30]根据国内复合矿的资源特点，针对复合矿中并存许多种有价元素，开发了复合矿冶金渣综合利用的新技术路线，即选择性析出技术。该技术的理论基础是：①利用适宜的物理化学条件，使复合矿物中零散分布的各有价元素在化学位梯度的作用下被“选择性地富集”；②适当地控制有关因素，促进富集相“选择性地析出并长大”；③将处理后的改性冶金渣经磨矿与选分，完成“富集相的选择性分离”。

东北大学张力等[30-34]应用“选择性析出技术”的原理，采用高钛渣作为原料，通过预氧化-加入添加剂热处理-酸浸的工艺获得了人造金红石，试验结果证明人造金红石的 TiO_2 品位大于 95%。

(6) 磷酸盐改性-酸浸-重选的工艺。2001 年，昆明冶金研究院李永刚等[35]采用攀枝花钢铁研究院供给的酸溶性钛渣，经过添加一定量磷酸盐改性剂后，在 1450℃高温条件下焙烧 2h，再对高温改性渣进行磨矿、两段酸浸的工艺处理，可脱除可溶性杂质。最后，再通过重选脱除玻璃相中的钙、镁等杂质元素。试验结果证明，该法能够得到人造金红石 TiO_2 含量大于 92%的产品。

但是该工艺具有改性处理温度高，添加剂消耗量大，流程相对长等缺陷和弊端，所以未能在工业化生产上实现应用。

(7) 高温改性-高压浸出工艺。昆明理工大学王延忠[36]针对攀枝花地区钛资源的特点，开发了钛渣高温改性-盐酸高压浸出工艺。该工艺采用矿酸比为 1∶2，盐酸浓度为 20%，反应温度为 145℃，浸出时间为 7h，最后获得了人造金红石 TiO_2 品位为 91.2%的产品，能够达到氯化法生产钛白粉原料的要求。

(8) 酸碱联合浸出法。云南冶金集团技术中心雷霆等开发了酸碱联合浸出处理钛渣的新工艺[37,38]。酸碱联合浸出工艺的理论基础是：通过加压碱浸工艺除去钛渣中含有的 SiO_2，再用强碱破坏钛渣中的固溶体结构，之后对碱浸渣进行硫酸浸出，去除钛渣中的钙、镁等杂质元素，得到富钛料 TiO_2 含量为 90%的产品。

(9) 亚熔盐钛清洁冶金工艺。中国科学院过程工程研究所齐涛等研发了“亚熔盐钛清洁冶金”工艺[39-43]。该团队围绕亚熔盐钛清洁冶金工艺做了大量的工作，其中有采用钛渣与钠碱在温度为 200～300℃条件下进行的亚熔盐反应，可将原料中的钛转化为钛酸盐，经水解沉淀、煅烧等工序，可得到优质的人造金红石产品。但是亚熔盐钛清洁冶金工艺还处于实验室研发阶段，还未见到工业化应用的有关报道。

(10) 机械活化强化钠化焙烧-酸浸除杂工艺。中南大学董海刚[44]采用攀钢制备的电炉钛渣作为原料，应用改性剂碳酸钠添加到钛渣中进行焙烧，并加以机械活化以便提高矿物晶格的内能与化学活性，改善钛渣与碳酸钠所需的反应动力学条件，最后经酸浸脱出可溶性杂质元素，得到人造金红石 TiO_2 品位为 94%、CaO+MgO 为 0.68%的产品。

我国的钛资源丰富，储量居世界首位，其中钛铁矿占比为 98.9%，金红石矿仅 1%左右。世界上钛资源的 95%用于生产钛白粉[46]。我国钛铁矿储量中岩矿占大部分，产地主要是四川、云南和河北。因此，深度处理国内的，尤其是云南地区的钛铁矿资源，经济合理地制备出适于氯化法生产钛白粉工业要求的人造金红石，便成了一项非常重要的课题。

为满足氯化法生产钛白对原料的需求，也充分合理地利用国内某些地区丰富的钛铁矿资源，可采用预处理-盐酸加压浸出-煅烧的工艺流程生产出人造金红石 TiO_2＞90%、

CaO+MgO＜0.3%，粉化率低于 10%(以 120μm 计)的优质产品，充分达到沸腾氯化法生产高品质钛白粉的要求，改善钛铁矿资源地区钛工业生产布局，增加钛工业产品的附加值，提高资源利用率，促进云南地区经济可持续发展。本章主要介绍含钙镁较高的钛铁矿资源采用盐酸加压浸出制备人造金红石的热力学过程及工艺。

5.2　钛铁矿盐酸加压浸出过程热力学分析

采用 Factsage 热力学软件中 φ-pH 模块对钛铁矿中主要组分在盐酸体系中的 φ-pH 图进行了研究，分别绘制了不同组分在常温和 140℃下的 φ-pH 图，以此为基础，对钛铁矿盐酸浸出过程的热力学进行分析。

5.2.1　Me-Cl-H_2O 体系的有关反应式和 φ-pH 平衡式

采用 Factsage 热力学软件的 φ-pH 模块，分别计算了 298K 和 413K 下、压力为 101.325kPa 的 Ti-Cl-H_2O 系、Si-Cl-H_2O 系、Fe-Cl-H_2O 系、Ca-Cl-H_2O 系、Mg-Cl-H_2O 系中可能发生的部分反应及其 φ-pH 关系式，298K 时反应的 φ-pH 关系见表 5.1，413K 时反应的 φ-pH 关系式见表 5.2。

5.2.2　Me-Cl-H_2O 系 φ-pH 图

假定体系中各离子的活度均为 1，根据 Ti-Cl-H_2O 系、Si-Cl-H_2O 系、Fe-Cl-H_2O 系、Ca-Cl-H_2O 系、Mg-Cl-H_2O 系中表 5.1 和表 5.2 中列出的部分反应及其 φ-pH 关系式，可绘制 298K 和 413K 时 Ti-Cl-H_2O 系、Si-Cl-H_2O 系、Fe-Cl-H_2O 系、Ca-Cl-H_2O 系、Mg-Cl-H_2O 系的 φ-pH 图(假定体系中各离子的活度均为 1)，如图 5.4～图 5.8 所示。

表 5.1　298K 时 Me-Cl-H_2O 系中可能发生的部分反应及其 φ-pH 关系式

体系	编号	反应式	φ-pH
Ti-Cl-H_2O 系 Si-Cl-H_2O 系	1	$2ClO_4^-+16H^++14e^-═Cl_{2(aq)}+8H_2O$	$\varphi=1.5887-0.0676pH+0.0084lg[ClO_4^-]-0.0042lg[Cl_2]$
Ca-Cl-H_2O 系	2	$Cl_{2(aq)}+2e^-═2Cl^-$	$\varphi=1.5975+0.0296lg[Cl_2]-0.0592g[Cl^-]$
Mg-Cl-H_2O 系	3	$ClO_4^-+8H^++8e^-═Cl^-+4H_2O$	$\varphi=1.5898-0.0592pH+0.0074lg([ClO_4^-]/[Cl^-])$
Fe-Cl-H_2O 系	1	$2FeClO_4^{2+}+16H^++14e^-═2Fe^{3+}+Cl_{2(aq)}+8H_2O$	$\varphi=1.7676-0.0676pH+0.0084lg([FeClO_4^{2+}]/[Fe^{3+}])-0.0042lg[Cl_2]$
	2	$2Fe^{3+}+Cl_{2(aq)}+2e^-═2FeCl^{2+}$	$\varphi=3.0566+0.0296lg[Cl_2]-0.0592lg([Fe^{3+}]/[FeCl^{2+}])$
	3	$Fe^{3+}+e^-═Fe^{2+}$	$\varphi=0.9714+0.0592lg([Fe^{3+}]/[Fe^{2+}])$
	4	$2FeCl^{2+}+e^-═FeCl_2^++Fe^{2+}$	$\varphi=0.3595-0.1184lg[FeCl^{2+}]-0.0592lg([FeCl_2^+][Fe^{2+}])$
	5	$FeCl_2^++e^-═Fe^{2+}+2Cl^-$	$\varphi=1.4187+0.0592lg([FeCl_2^+]/Fe^{2+}])-0.1184lg[Cl^-]$
	6	$Fe_2O_3+6H^+═2Fe^{3+}+3H_2O$	$pH=-0.6768-0.5lg[Fe^{3+}]$
	7	$Fe_2O_3+6H^++2e^-═2Fe^{2+}+3H_2O$	$\varphi=0.8512-0.1775pH-0.0592lg[Fe^{2+}]$
	8	$FeClO_4^{2+}+8H^++8e^-═FeCl^{2+}+4H_2O$	$\varphi=1.7570-0.0592pH+0.0074lg([FeClO_4^{2+}]/[FeCl^{2+}])$
Si-Cl-H_2O 系	4	$2H_4SiO_{4(s)}+14e^-+14H^+═Si_2H_6+8H_2O$	$\varphi=-0.4602-0.0592pH$

表 5.2　413K 时 Me-Cl-H_2O 系中可能发生的部分反应及其 φ-pH 关系式

体系	编号	反应式	φ-pH
Ti-Cl-H_2O 系 Si-Cl-H_2O 系 Ca-Cl-H_2O 系 Mg-Cl-H_2O 系	1	$2ClO_4^-+16H^++14e^-=Cl_{2(aq)}+8H_2O$	φ=1.6253−0.0937pH+0.0118lg[ClO_4^-]−0.0059lg[Cl_2]
	2	$Cl_{2(aq)}+2e^-=2Cl^-$	φ=1.5627+0.0410lg[Cl_2]−0.0820g[Cl^-]
	3	$ClO_4^-+8H^++8e^-=Cl^-+4H_2O$	φ=1.6180−0.0820pH+0.0102lg([ClO_4^-]/[Cl^-])
Fe-Cl-H_2O 系	1	$2ClO_4^{2+}+16H^++14e^-=Cl_{2(aq)}+8H_2O$	φ=1.6253−0.0937pH+0.0118lg[ClO_4^-]−0.0059lg[Cl_2]
	2	$2Fe^{3+}+Cl_{2(aq)}+2e^-=2FeCl^{2+}$	φ=1.8492−0.0820lg([Fe^{3+}]/[$FeCl^{2+}$])
	3	$Fe^{3+}+e^-=Fe^{2+}$	φ=1.1871+0.0820g([Fe^{3+}]/[Fe^{2+}])
	4	$FeCl^{2+}+e^-=Cl^-+Fe^{2+}$	φ=0.9052+0.0820lg[$FeCl^{2+}$]−0.0592lg([Cl^-][Fe^{2+}])
	5	—	—
	6	$Fe_2O_3+6H^+=2Fe^{3+}+3H_2O$	pH=−0.1659−0.5lg[Fe^{3+}]
	7	$Fe_2O_3+6H^++2e^-=2Fe^{2+}+3H_2O$	φ=−0.6084−0.2460pH−0.0840lg[Fe^{2+}]
	8	$FeClO_4^{2+}+8H^++8e^-=FeCl^{2+}+4H_2O$	φ=1.7901−0.0820pH+0.0102lg([$FeClO_4^{2+}$]/[$FeCl^{2+}$])
Si-Cl-H_2O 系	4	$H_6Si_2O_{7(s)}+14e^-+14H^+=Si_2H_6+7H_2O$	φ=−0.4156−0.0820pH

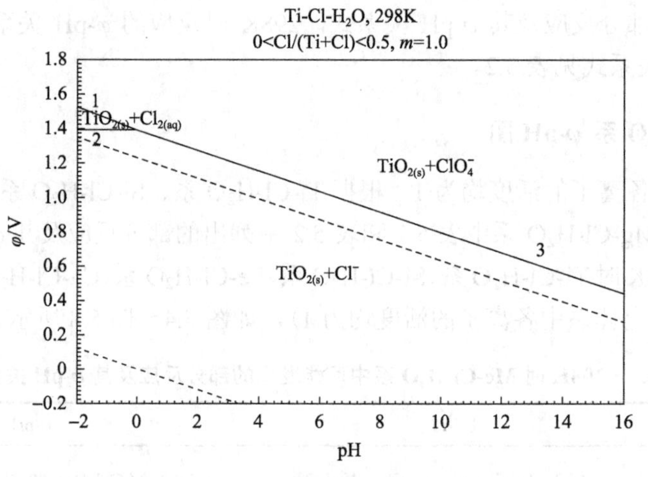

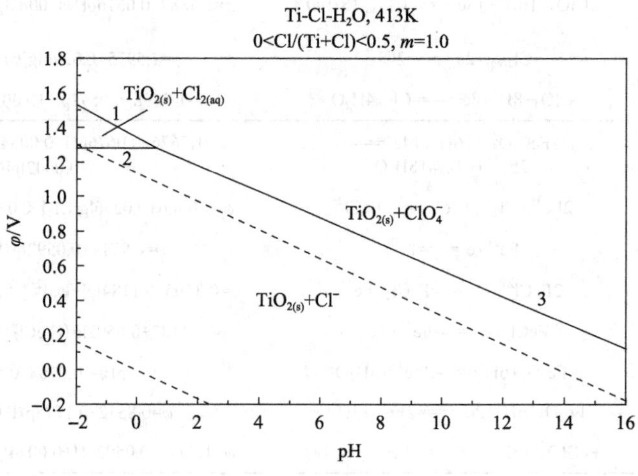

图 5.4　Ti-Cl-H_2O 系 φ-pH 图

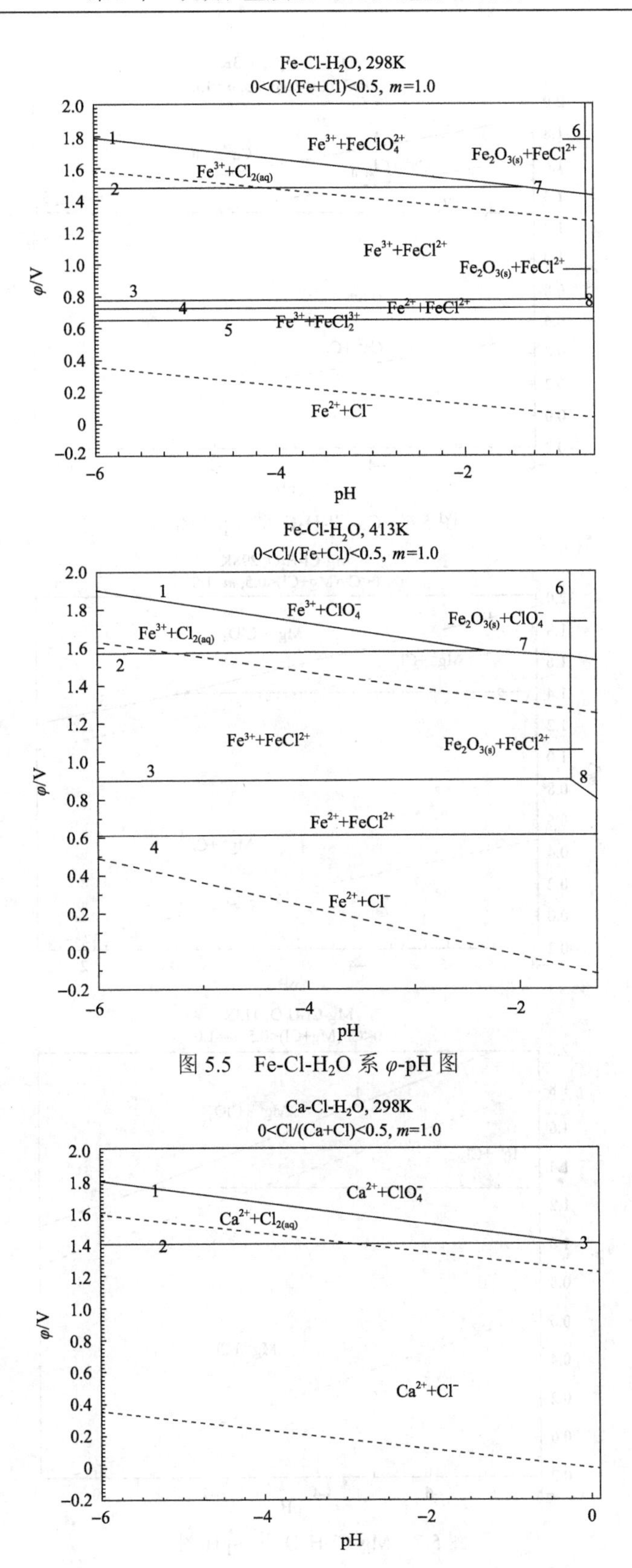

图 5.5　Fe-Cl-H$_2$O 系 φ-pH 图

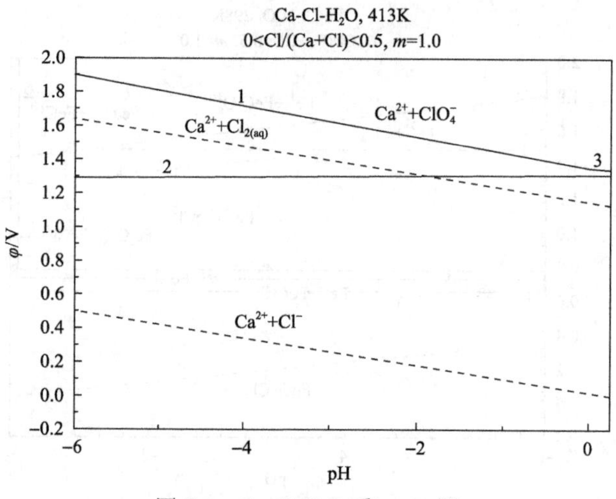

图 5.6　Ca-Cl-H_2O 系 φ-pH 图

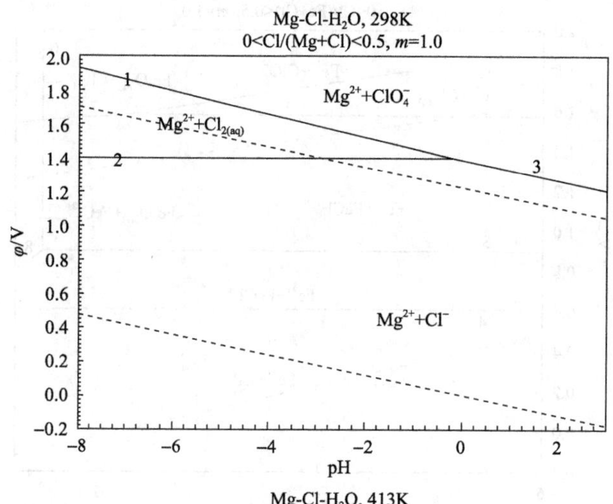

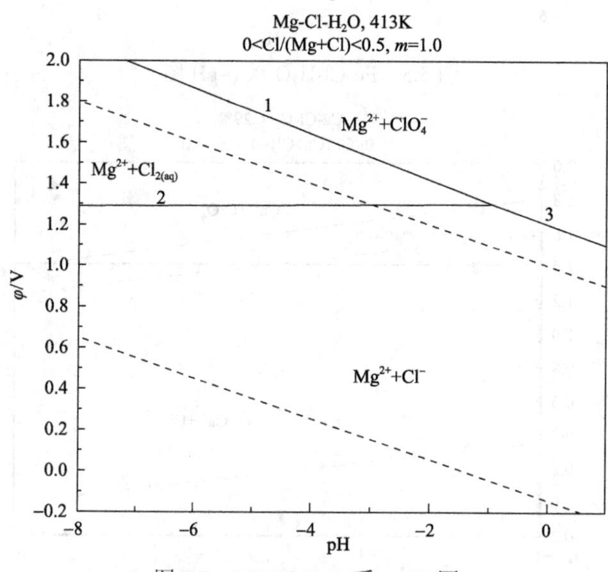

图 5.7　Mg-Cl-H_2O 系 φ-pH 图

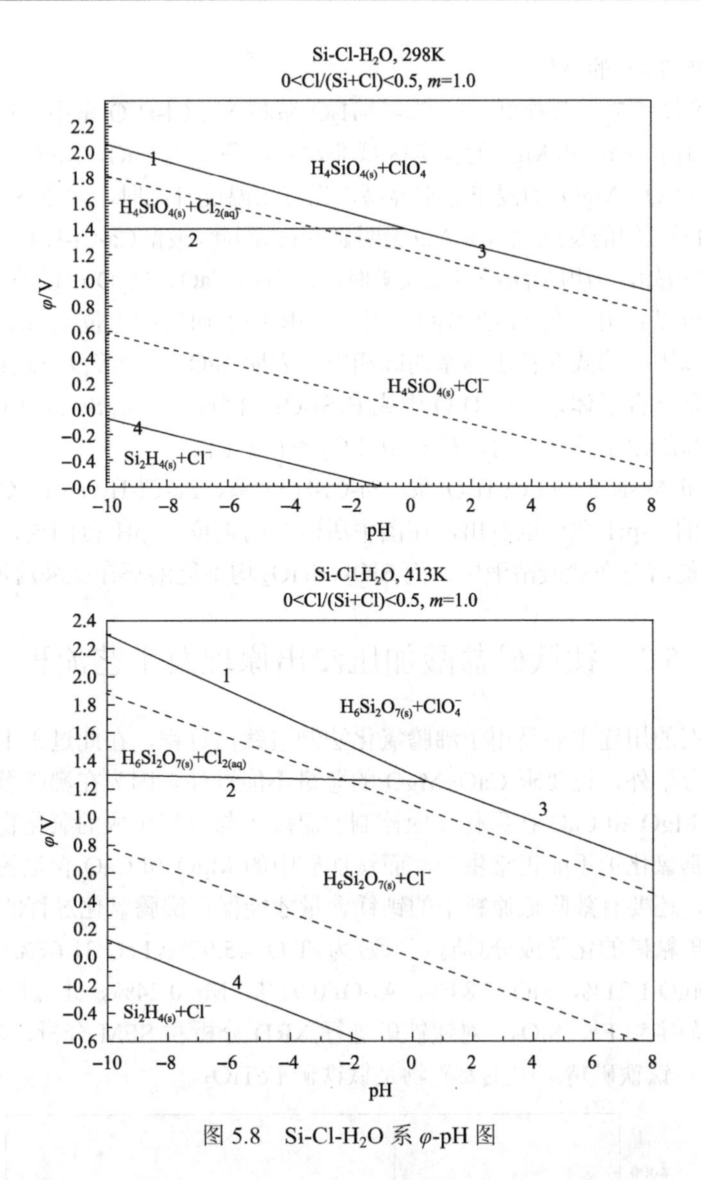

图 5.8　Si-Cl-H2O 系 φ-pH 图

从图 5.4 可以看出，在 Ti-Cl-H2O 系中，在图中电位和 pH 的范围内，都是 TiO_2 的稳定区域，几乎不存在 Ti 的氯化物。因此，根据此 φ-pH 图可以得知，当用盐酸浸出钛铁矿时，矿石中 Ti 的氧化物可以稳定地存在，而不被盐酸浸出；部分 Ti 在高酸度条件下可以以 Ti 的氯化物稳定存在于固相中，即矿石中的 Ti 在盐酸浸出过程中的损失几乎为零。

从图 5.5 可以看出，在 Fe-Cl-H2O 系中，Fe^{2+}的稳定区域较宽，Fe^{3+}在 pH＜–1.75、φ＞0.9 的范围内都能稳定存在，而当 pH＞–1.75 时，高电位条件下铁以 Fe_2O_3 的形式稳定存在，在图中所研究的电位及 pH 范围内，无 FeO 的稳定区域，表明在此条件下 FeO 的浸出比 Fe_2O_3 容易。当浸出温度升高时，Fe^{2+}、Fe^{3+}、Fe_2O_3 的稳定存在区域发生了微弱的变化。在此体系里还存在一些 $FeCl^{2+}$，此类离子也稳定存在于溶液中。因此，根据此 φ-pH 图可以得知，当用盐酸浸出钛铁矿时，矿石中铁的氧化物可以被浸出，并且 FeO 的浸出比 Fe_2O_3 容易；但浸出过程的终酸不能过低，否则部分 Fe 会以 Fe_2O_3 形式沉淀进入固相中，影响 TiO_2 的品位。

从图 5.6 和图 5.7 可以看出，在 Ca-Cl-H_2O 系和 Mg-Cl-H_2O 系中，在图中所研究的电位及 pH 范围内，Ca^{2+}和 Mg^{2+}的稳定区域非常宽，图中无 CaO、MgO 的稳定区域，表明在此条件下 CaO、MgO 的浸出非常容易，当浸出温度升高时，发生变化的仅是 ClO_4^-和Cl^-等含氯物质之间的反应，而Ca、Mg无明显变化。因此，根据Ca-Cl-H_2O系和Mg-Cl-H_2O系 φ-pH 图可以得知，当用盐酸浸出钛铁矿时，矿石中 CaO、MgO 可以被浸出。

从图 5.8 可以看出，在 Si-Cl-H_2O 系中，在图中所研究的电位及 pH 范围内，与 Si 相关的物质均以固体形式存在于体系的固相中，表明 SiO_2 在盐酸浸出过程中，不与 Cl^- 发生反应，而是结合了体系中的 H_2O 生成 $H_6Si_2O_7$。因此，根据 Si-Cl-H_2O 系 φ-pH 图可以得知，当用盐酸浸出钛铁矿时，矿石中 SiO_2 不被浸出。

从 298K 和 413K 时 Ti-Cl-H_2O 系、Si-Cl-H_2O 系、Fe-Cl-H_2O 系、Ca-Cl-H_2O 系、Mg-Cl-H_2O 系的 φ-pH 图可以看出，在图中所研究的电位及 pH 范围内，FeO、Fe_2O_3、CaO、MgO 均能溶解在盐酸溶液中，而 SiO_2、TiO_2 均不能溶解在盐酸溶液中。

5.3　钛铁矿盐酸加压浸出原理及工艺流程

人造金红石的用途主要是用于沸腾氯化法制造钛白过程，在此过程中，除要求人造金红石的品位合格外，还要求 CaO+MgO 的总量不能过高，因为在沸腾氯化过程中，原料金红石中的 MgO 和 CaO 在氯化反应控制的温度下与氯气生成的氯化物呈熔融状态堵塞筛板，使沸腾氯化炉不能正常生产，而钛铁矿中的 MgO 和 CaO 含量较高，通过浸出法除铁的同时，还要有效降低原料中的钙镁含量才能保证沸腾氯化过程的正常进行。

所用钛铁矿精矿的化学成分(质量分数)为：TiO_2 45.92%，FeO 31.67%，Fe_2O_3 17.15%，CaO 0.15%，MgO 1.21%，SiO_2 2.84%，Al_2O_3 0.91%，Mn 0.24%。此钛铁矿 TiO_2 含量较低，其中主要杂质为 Fe、SiO_2。对钛铁矿进行 XRD 分析和 SEM 分析，其结果如图 5.9 和图 5.10 所示。钛铁矿精矿中主要矿物是钛铁矿 $FeTiO_3$。

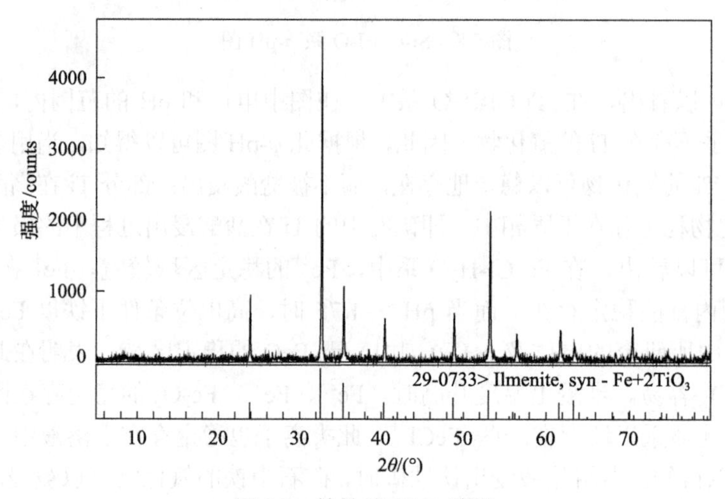

图 5.9　钛铁矿 XRD 谱图

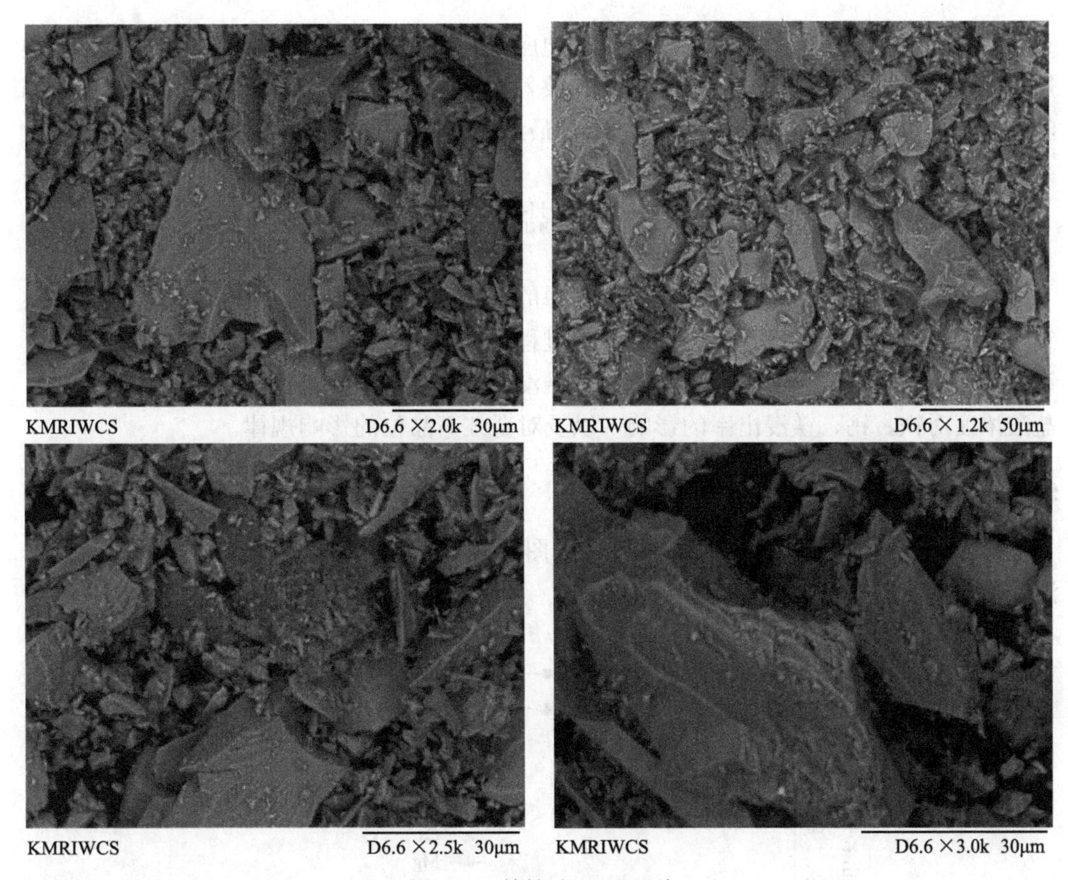

图 5.10　钛铁矿 SEM 照片

钛铁矿盐酸加压浸出采用的工艺流程见图 5.11。

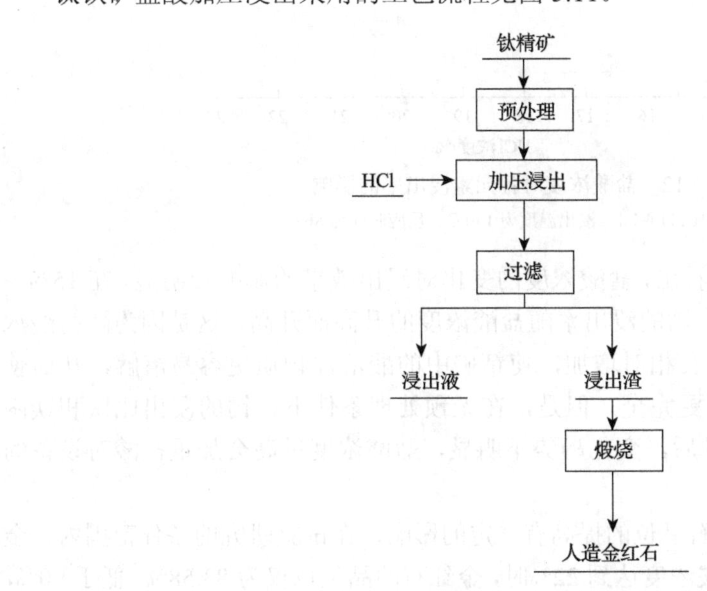

图 5.11　钛铁矿盐酸加压浸出试验流程

首先对钛精矿进行预处理，试验过程中应用到的预处理方法是弱氧化焙烧或还原预焙烧，经预处理后的钛精矿和稀盐酸一起放入加压釜中进行酸浸研究，酸浸处理后得到的固相洗涤烘干，然后900℃煅烧30min，最终得到人造金红石。

5.4　无预处理钛铁矿盐酸加压浸出工艺研究

钛铁矿盐酸加压浸出的目的是除去其中的铁和其他杂质成分，制备人造金红石，从5.2节浸出过程热力学分析可以看出，浸出过程中能够有效地除去钛铁矿精矿中的铁、钙、镁等杂质，对钛铁矿精矿直接进行盐酸加压浸出研究，考察液固比、温度、浸出时间、盐酸浓度对铁、钙、镁浸出率的影响，以及对金红石品位的影响规律。

5.4.1　盐酸浓度对浸出过程的影响

盐酸浓度对铁、钙、镁浸出率的影响见图5.12，对金红石品位的影响见图5.13（盐酸浓度指质量浓度，下同）。

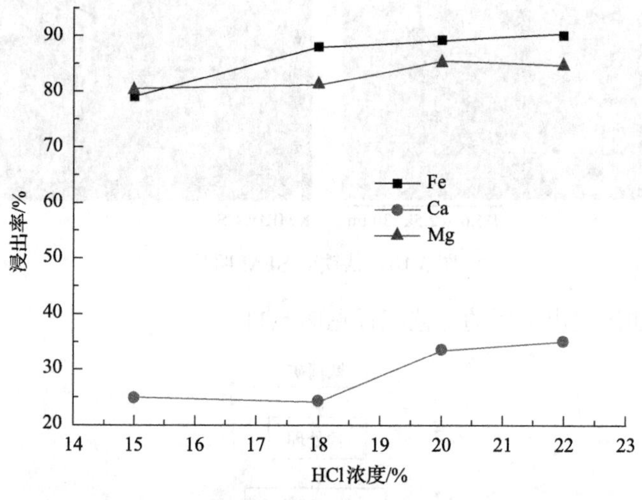

图5.12　盐酸浓度对各元素浸出率的影响

液固比为4∶1、浸出温度为140℃、反应时间为8h

从图5.12、图5.13可以看出，盐酸浓度的变化对浸出效果的影响较明显，在15%～22%的浓度范围内，铁、镁、钙的浸出率随盐酸浓度的升高而升高，这是因为随盐酸浓度的提高，物料中盐酸的量会相对增加，使精矿中的酸溶性物质更容易溶解，从而使反应在有限的时间内进行得更完全。但是，在无预处理条件下，钙的浸出比铁和镁困难。当盐酸浓度达到18%以后，变化趋势不明显，盐酸浓度过高会加重盐酸对设备的腐蚀。

盐酸浓度的升高对金红石品位的提高有一定的影响，在试验研究的条件范围内，金红石的品位略有升高，当盐酸浓度达到22%时，金红石的品位也仅为83.58%，低于90%，未能达到预期目标，因此需要调整其他试验条件。

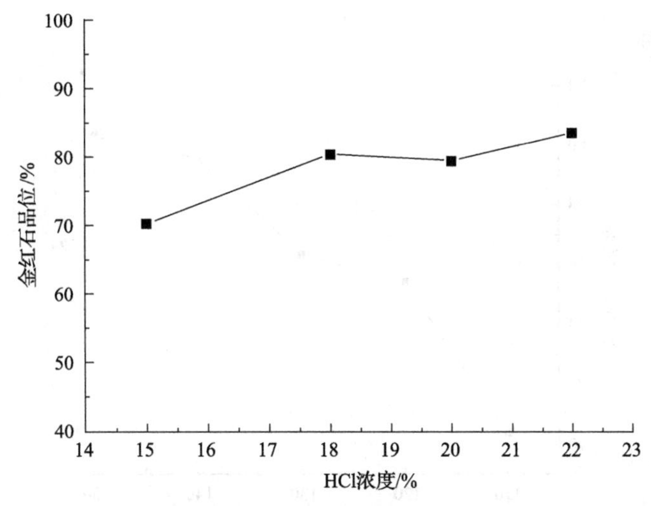

图 5.13　盐酸浓度对金红石品位的影响

液固比为 4∶1、浸出温度为 140℃、反应时间为 8h

5.4.2　浸出温度对浸出过程的影响

浸出温度对铁、钙、镁浸出率的影响见图 5.14，对金红石品位的影响见图 5.15。

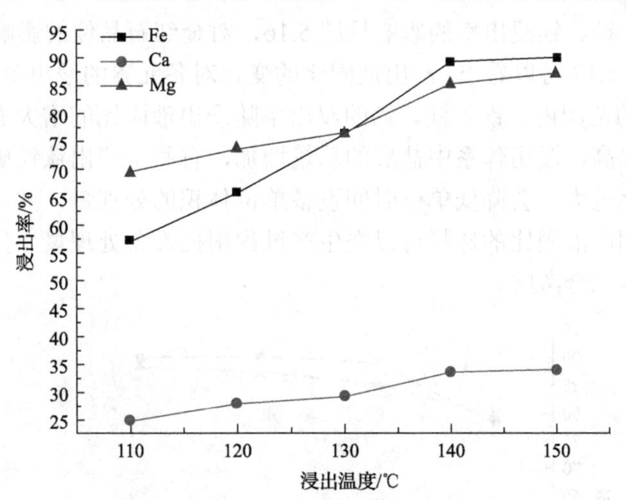

图 5.14　浸出温度对各元素浸出率的影响

液固比为 4∶1、HCl 浓度为 20%、反应时间为 8h

从图 5.14、图 5.15 可以看出，浸出温度的变化对各元素的浸出效果有较明显影响，在 110～150℃的温度范围内，铁、镁、钙的浸出率随浸出温度的升高而升高，这是因为随浸出温度的提高，浸出密闭体系中的压力会随之增加，并且可以提高浸出体系的扩散系数，因此有利于铁、镁、钙的浸出。但是浸出温度过高，会加速盐酸的挥发，造成溶液中盐酸浓度的降低，因此浸出温度不宜过高。

浸出温度的升高对金红石品位的提高有一定的影响，在试验研究的条件范围内，金红石的品位快速升高，从 110℃的 70.37%升高到 150℃的 80.26%，但其品位仍低于 90%，未能达到预期目标。

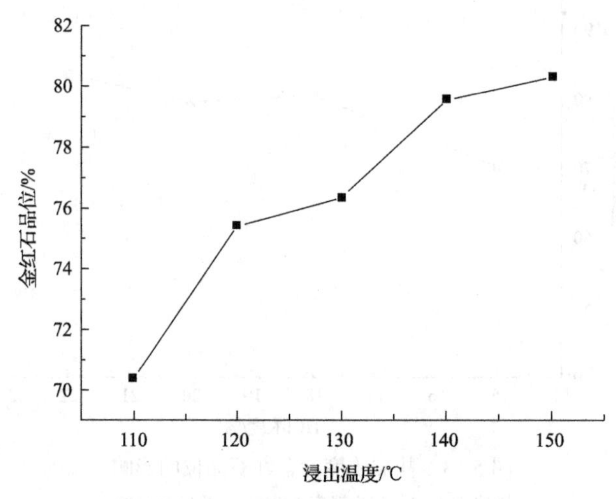

图 5.15　浸出温度对金红石品位的影响

液固比为 4∶1、HCl 浓度为 20%、反应时间为 8h

5.4.3　液固比对浸出过程的影响

液固比对铁、钙、镁浸出率的影响见图 5.16，对金红石品位的影响见图 5.17。

从图 5.16、图 5.17 可以看出，浸出液固比的变化对各元素的浸出效果有较明显影响，从 3∶1 到 6∶1 的范围内，铁、镁、钙的浸出率随浸出液固比的增大而升高，这是因为随浸出液固比的提高，浸出体系中盐酸的总量增加，有利于浸出钛铁矿中可浸出成分的反应。但是液固比过大，会降低单位时间设备单位体积的处理量，并造成溶液中大量盐酸的循环再生，因此液固比的选择可以在生产过程根据设备处理量、生产能力、盐酸废液循环能力等因素综合考虑。

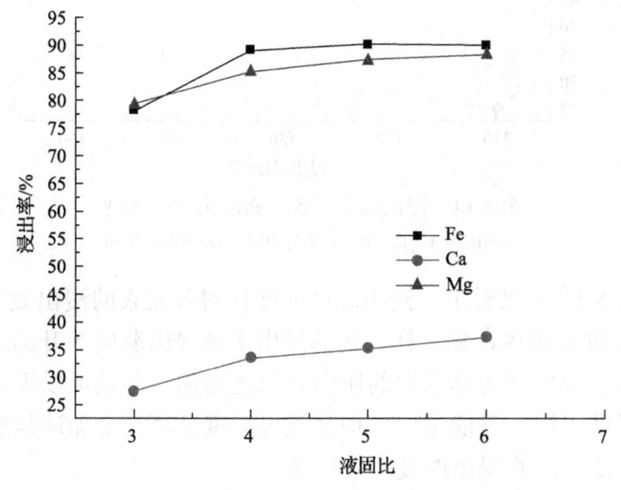

图 5.16　液固比对各元素浸出率的影响

浸出温度为 140℃、HCl 为浓度 20%、反应时间为 8h

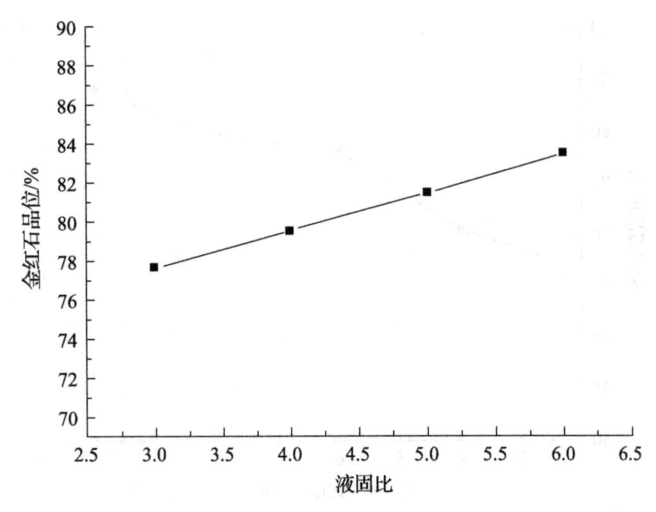

图 5.17　液固比对金红石品位的影响

浸出温度为 140℃、HCl 浓度为 20%、反应时间为 8h

液固比的升高对金红石品位的提高有一定的影响，在试验研究的条件范围内，金红石的品位升高约 6%，从 3∶1 的 77.71%升高到 6∶1 的 83.52%，但其品位仍低于 90%，未能达到预期目标。因此，为了力求金红石的品位，液固比根据试验方法的变化及设备的不同可进行相应的调整。

5.4.4　浸出时间对浸出过程的影响

浸出时间对铁、钙、镁浸出率的影响见图 5.18，对金红石品位的影响见图 5.19。

从图 5.18 和图 5.19 可以看出，浸出时间的变化对各元素的浸出效果有较明显影响，随着浸出时间的延长，铁、镁、钙的浸出率升高，在图中研究的时间范围内，当浸出时间达到 8h 以上时，各金属的浸出率趋于稳定。但是浸出时间过长，会降低单位时间设

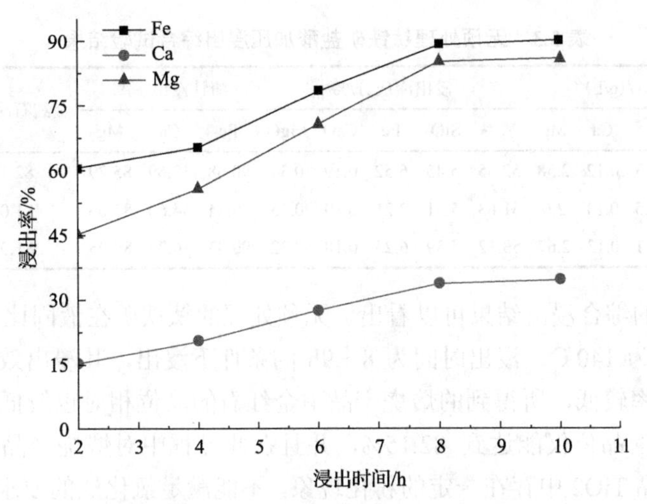

图 5.18　浸出时间对各元素浸出率的影响

液固比为 4∶1、HCl 浓度为 20%、温度为 140℃

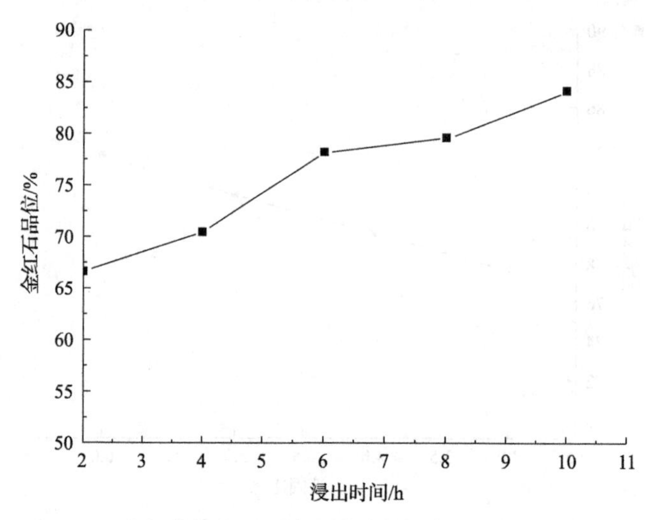

图 5.19　浸出时间对金红石品位的影响

液固比为 4∶1、HCl 浓度为 20%、温度为 140℃

备单位体积的处理量。浸出时间的延长对金红石品位的提高也有一定的影响，在试验研究的条件范围内，金红石的品位升高约 20%，从 2h 的 66.72%升高到 10h 的 84.13%。

5.4.5　无预处理钛铁矿浸出综合试验

由以上的无预处理加压浸出试验结果可以看出，通过盐酸加压浸出可以实现钛铁矿中部分铁、钙、镁的浸出，获得了在上述条件试验研究范围内较佳的试验参数：液固比为 4∶1、HCl 浓度为 20%、温度为 140℃、浸出时间为 8～9h，在此条件下进行了三组无预处理钛铁矿盐酸加压浸出综合试验，对其浸出液和浸出渣成分进行了相应的分析，计算了铁、钙、镁的浸出率；并对浸出渣进行了煅烧，考察了产品金红石的品位及粉化率，综合试验结果见表 5.3。

表 5.3　无预处理钛铁矿盐酸加压浸出综合试验结果

编号	浸出液成分/(g/L)					浸出渣成分/%					渣计浸出率/%			金红石品位/%	产品粉化率/%
	HCl	Fe^{2+}	Fe^{3+}	Ca	Mg	渣率	SiO_2	Fe	CaO	MgO	Fe	Ca	Mg		
ZH-1	62.12	57.3	24.3	0.12	2.58	52.35	5.45	6.52	0.19	0.34	90.68	33.69	85.29	82.15	35.32
ZH-2	61.85	58.8	23.5	0.14	2.6	51.63	5.51	7.21	0.19	0.35	89.84	34.60	85.06	81.08	37.35
ZH-3	63.03	57.9	24.1	0.13	2.67	53.12	5.39	6.25	0.18	0.32	90.93	36.25	85.95	81.96	40.56

从表 5.3 中的综合浸出结果可以看出，无预处理的钛铁矿在液固比为 4∶1、HCl 浓度为 20%、温度为 140℃、浸出时间为 8～9h 的条件下浸出，其浸出效果不是很理想，尤其是钙的浸出率较低，所得到的焙烧产品中金红石的品位相对也较低，在试验研究的条件范围内最佳的品位仅能达到 82.15%，并且在此过程中对煅烧产品粒度进行分析发现，此过程中成品 TiO2 中存在一定的粉化现象，不能满足氯化法的要求，粉化率大约在 40%，即通过无预处理的盐酸加压浸出很难制备出品位较高的人造金红石，因此，需要进行有预处理的盐酸加压浸出处理，在预处理研究过程中主要考察金红石中 TiO_2 的品位。

5.5　还原焙烧矿盐酸加压浸出工艺研究

5.5.1　还原剂用量对浸出过程的影响

考察预焙烧还原剂用量对钛铁矿浸出后煅烧产品中金红石品位及浸出液中 Fe^{2+}含量的影响，试验结果见图 5.20 和图 5.21。

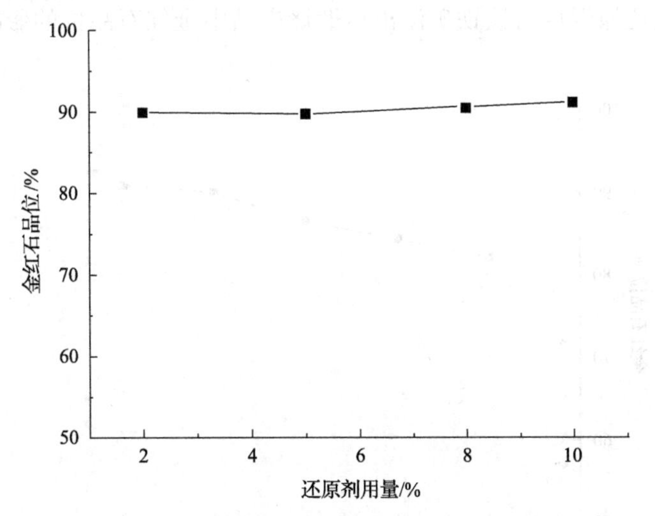

图 5.20　还原剂用量对金红石品位的影响

煅后石油焦作还原剂，900℃焙烧 60min，HCl 浓度为 20%，温度为 140℃，液固比为 9∶1，搅拌转速为 400r/min，浸出时间为 4h

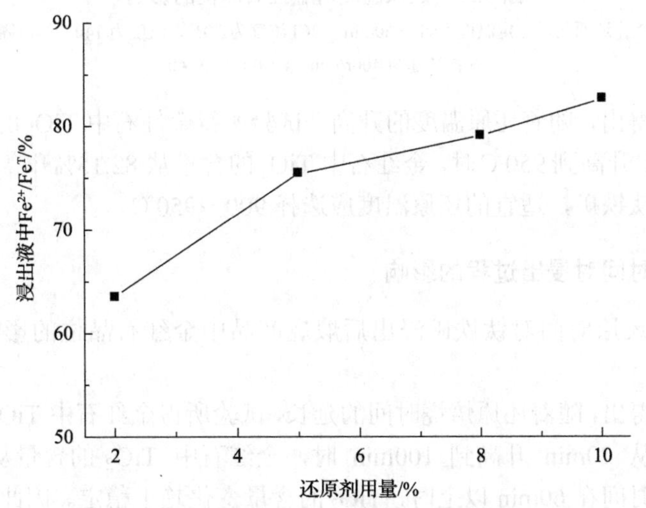

图 5.21　还原剂用量对浸出液中 Fe^{2+}含量的影响

煅后石油焦作还原剂，900℃焙烧 60min，HCl 浓度为 20%，温度为 140℃，液固比为 9∶1，搅拌转速为 400r/min，浸出时间为 4h

从图中各次试验浸出溶液中 Fe^{2+}所占的比例可以得出，随着还原剂用量的增加，预处理焙烧后的钛精矿中 Fe^{2+}形态存在的铁量增加；但预处理焙烧还原剂用量在试验研究的范围内对于钛铁矿中杂质浸出效果影响不太明显，随着还原剂用量的增加，试验所得金红石中 TiO_2 的含量略有增加，当还原剂用量从 2%增加到 10%，金红石中 TiO_2 的含量从 90.06%升高到 91.37%。因此还原焙烧处理还原剂用量约 2%即可。

5.5.2 还原温度对浸出过程的影响

考察预焙烧还原温度对钛铁矿浸出后煅烧产品中金红石品位的影响，试验结果见图 5.22。

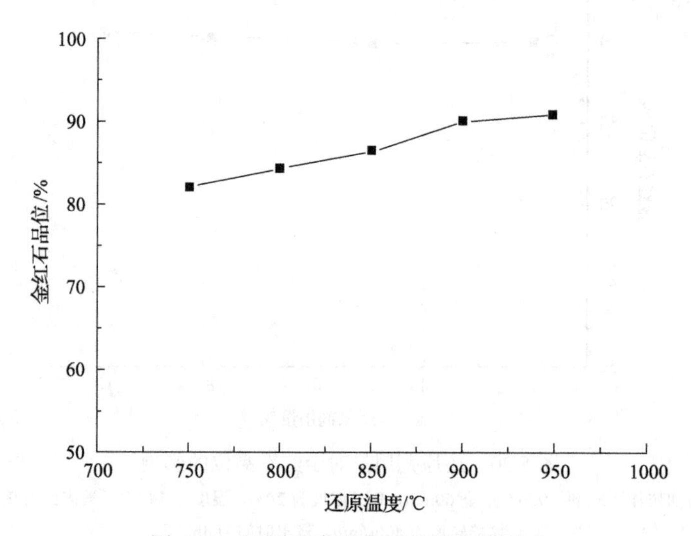

图 5.22 还原温度对金红石品位的影响

2%煅后石油焦作还原剂，一定温度下焙烧 60min，HCl 浓度为 20%，温度为 140℃，液固比为 9：1，搅拌转速为 400r/min，浸出时间为 4h

从图中可以得出，随着还原温度的升高，试验所得金红石中 TiO_2 的品位也增加，当还原温度从 750℃升高到 950℃时，金红石中 TiO_2 的含量从 82.15%升高到 90.87%，因此还原焙烧预处理钛铁矿，适宜的还原温度应选择 900～950℃。

5.5.3 还原焙烧时间对浸出过程的影响

考察预焙烧还原时间对钛铁矿浸出后煅烧产品中金红石品位的影响，试验结果见图 5.23。

从图中可以得出，随着还原焙烧时间的延长，试验所得金红石中 TiO_2 的品位也增加，当还原焙烧时间从 20min 升高到 100min 时，金红石中 TiO_2 的含量从 79.31%升高到 91.32%，到焙烧时间在 60min 以上时，TiO_2 的含量变化趋于稳定。因此还原焙烧预处理钛铁矿，适宜的焙烧时间为 60min。

5.5.4 液固比对浸出过程的影响

考察液固比对钛铁矿浸出效果的影响，试验结果见图 5.24。

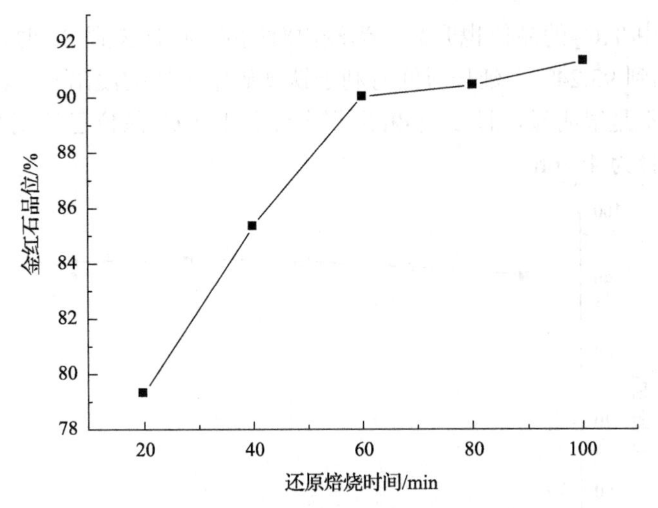

图 5.23　还原焙烧时间对金红石品位的影响

2%煅后石油焦作还原剂，900℃焙烧一定时间，HCl 浓度为 20%，温度为 140℃，液固比为 9：1，搅拌转速为 400r/min，浸出时间为 4h

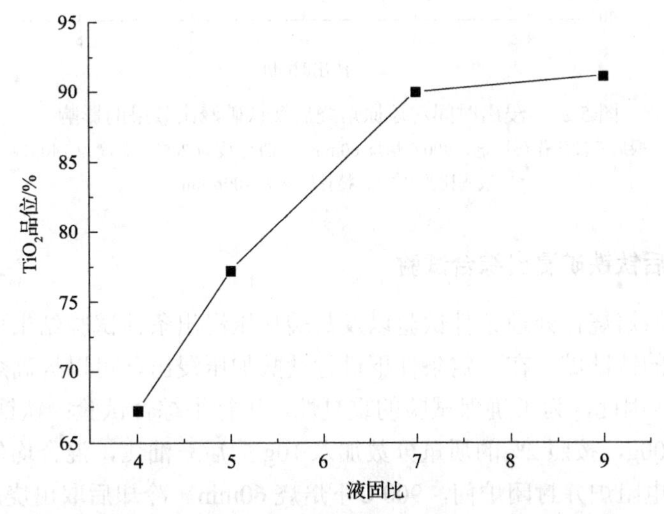

图 5.24　液固比对还原焙烧钛铁矿浸出效果的影响

2%煅后石油焦作还原剂，900℃焙烧 60min，HCl 浓度为 20%，温度为 140℃，搅拌转速为 400r/min，浸出时间为 4h

从图 5.24 中的试验结果可以看出，液固比对钛铁矿浸出效果的影响较为明显，随着液固比的增大，钛铁矿中杂质的浸出率增加，所得金红石中 TiO_2 的品位也升高。当液固比大于 7 : 1 时，浸出 8h 所得金红石中 TiO_2 的品位才能达到 90%，因此，若要得到合格的 TiO_2 品位，在此试验条件下，适宜的浸出液固比选择应大于 7：1。

5.5.5　浸出时间对浸出过程的影响

考察浸出时间对钛铁矿浸出效果的影响，试验结果如图 5.25 所示。

从图 5.25 中的试验结果可以看出，随着浸出时间的延长，钛铁矿中杂质的浸出率增加，所得金红石中 TiO_2 的品位也升高。当浸出时间从 4h 延长到 8h 时，金红石 TiO_2 品位从 91.37%增加到 93.24%。延长时间有利于钛铁矿中杂质的浸出和金红石中 TiO_2 品位的提高，但效果不是很明显，且浸出 4h 所得金红石中 TiO_2 品位已达到 91.37%，因此适宜的浸出时间选择为 4～6h。

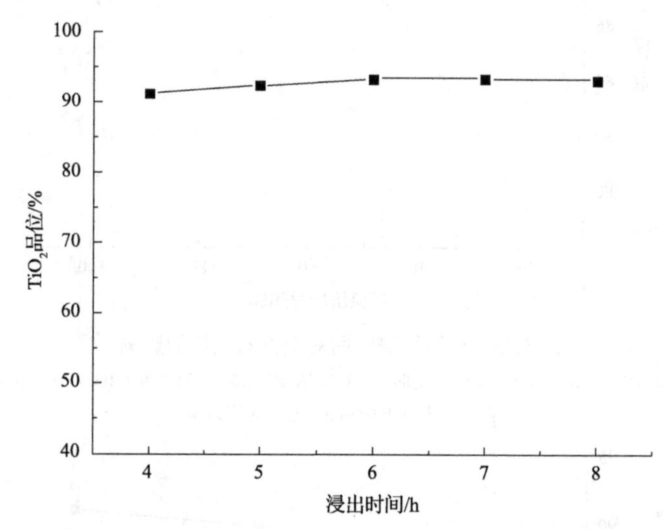

图 5.25　浸出时间对还原焙烧后钛铁矿浸出效果的影响

2%煅后石油焦作还原剂，900℃焙烧 60min，HCl 浓度为 20%，温度为 140℃，液固比为 9：1，搅拌转速为 400r/min

5.5.6　还原焙烧后钛铁矿浸出综合试验

由以上的还原焙烧预处理条件试验以及盐酸加压浸出条件试验结果可以看出，通过还原焙烧预处理的钛铁矿，在一定条件下进行盐酸加压浸出，可以提高煅烧产品金红石中 TiO_2 的品位，因此，为了确保试验的重复性，进行了综合试验：钛铁矿取+96μm 占 100%的筛上矿 500g，按照 2%的质量分数加入 10g 煅后石油焦，混合均匀后加入石墨坩埚，将坩埚放入电阻炉并封闭炉门，900℃下焙烧 60min。冷却后取出烧后钛铁矿 150g，盐酸溶液浓度为 20%，浸出温度为 140℃，液固比为 9∶1，搅拌转速为 400r/min，浸出时间为 6h，在此条件下进行了三组还原焙烧预处理钛铁矿盐酸加压浸出综合试验，对其浸出液和浸出渣成分进行了相应的分析，计算了铁、钙、镁的浸出率；并对浸出渣进行了煅烧，考察了产品金红石的品位及粉化率，综合试验结果见表 5.4。

表 5.4　还原焙烧预处理钛铁矿盐酸加压浸出综合试验结果

编号	浸出液成分/(g/L)					浸出渣成分/%					渣计浸出率/%			金红石品位/%	产品粉化率/%
	HCl	Fe^{2+}	Fe^{3+}	Ca	Mg	渣率	SiO_2	Fe	CaO	MgO	Fe	Ca	Mg		
ZH-4	138.32	31.8	7.8	0.1	1.32	50.24	5.67	1.35	0.13	0.12	98.15	56.46	95.02	92.33	40.32
ZH-5	137.55	30.6	8.9	0.09	1.29	50.16	5.78	1.4	0.12	0.14	98.08	59.87	94.20	92.06	42.15
ZH-6	140.31	31.3	7.9	0.11	1.28	50.38	5.49	1.38	0.13	0.13	98.10	56.34	94.59	92.47	41.56

从表 5.4 中的综合浸出结果可以看出，在还原剂用量为 2%，还原焙烧温度为 900℃，焙烧时间为 60min 的条件下，经过还原焙烧预处理的钛铁矿在液固比为 9∶1、HCl 浓度为 20%、温度为 140℃、浸出时间为 6h 的条件下浸出，其浸出效果较理想，所得到的焙烧产品中 TiO_2 的品位能达到 92%以上，并且在此过程中对煅烧产品粒度进行分析发现，此过程中成品 TiO_2 中依旧存在一定的粉化现象，不能满足氯化法的要求，粉化率大于＞40%，此值甚至高于无预处理条件下的粉化率，这主要是因为经过还原焙烧预处理后，钛铁矿中的 Fe^{2+}/Fe^{T} 的比值从 0.73 升至 0.8，表明物料中大多数铁以 FeO 的形式存在，在浸出过程中会加速溶解反应发生。

5.6 弱氧化焙烧矿盐酸加压浸出的研究

根据文献资料显示[53,61]，对钛铁矿经过弱氧化焙烧处理后，可以降低浸出产品的粉化率，因此，首先对钛铁矿精矿进行了弱氧化处理后浸出和直接浸出的对比研究，研究的基本试验条件为：液固比为 4∶1、温度为 140℃、反应时间为 8h，预处理条件对铁、钙、镁浸出率的影响，以及对金红石品位、产品粉化率的影响见表 5.5。

表 5.5 弱氧化焙烧对盐酸加压浸出过程的影响

编号	弱氧化条件		盐酸浓度/%	浸出率/%			金红石品位/%	粉化率/%
	温度/℃	时间/min		Fe	Ca	Mg		
1	850	30	20	92.47	35.45	87.41	82.73	24.27
2	未处理		20	89.27	33.62	85.40	79.58	36.90
3	800	15	18	92.94	26.65	87.71	84.18	21.08
4	未处理		18	89.76	24.32	81.14	80.55	37.25

从表 5.5 的试验结果可以看出，当钛铁矿精矿经过弱氧化焙烧后，其各金属(包括 Fe、Ca、Mg)的浸出率有所提高，金红石的品位也有所提高，而产品金红石的粉化率却有所降低。因此，可以看出，弱氧化焙烧对钛铁矿盐酸加压浸出制备金红石的产品质量是有所改善的，在此探索试验基础上，进行了弱氧化焙烧和加压盐酸浸出对各元素的浸出率及 TiO_2 品位的影响。

5.6.1 焙烧方式及时间对浸出过程的影响

考察氧化预焙烧方式及氧化焙烧时间对钛铁矿浸出效果的影响，试验结果见图 5.26 和图 5.27。

从图 5.26 的结果可以看出，氧化预焙烧处理对于钛铁矿中杂质的浸出影响较大，同等试验条件下，弱氧化焙烧 1h 试验所得金红石 TiO_2 含量最高为 91.22%，而未经氧化焙烧的原矿浸出所得的金红石 TiO_2 含量只有 82.17%。随着氧化焙烧时间的延长，钛铁矿中杂质的浸出效果稍稍变差，当焙烧时间为 2h 时，金红石的品位为 90.4%；另外还对焙烧方法进行了试验研究，在 2h 的焙烧时间内，若采用炉门敞开、物料均匀摊开的焙烧方式(即氧化程度增加)，所得金红石的 TiO_2 含量也随之降低，仅为 81.6%。表明若采用氧化焙烧处理钛铁矿来提高 TiO_2 品位，氧化程度不能过强，应采用弱氧化焙烧。

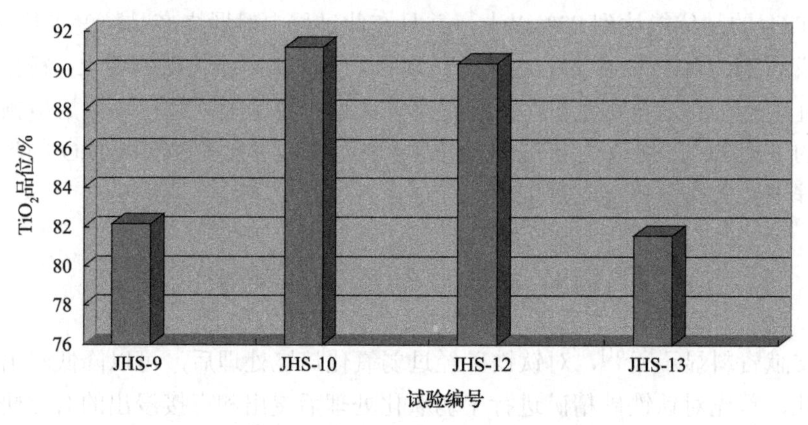

图 5.26　氧化焙烧方式对 TiO_2 品位的影响

JHS-9 无氧化焙烧，JHS-10 氧化焙烧时间为 1h，JHS-12 氧化焙烧时间为 2h，
JHS-13 为炉门敞开、物料均匀摊开焙烧 2h

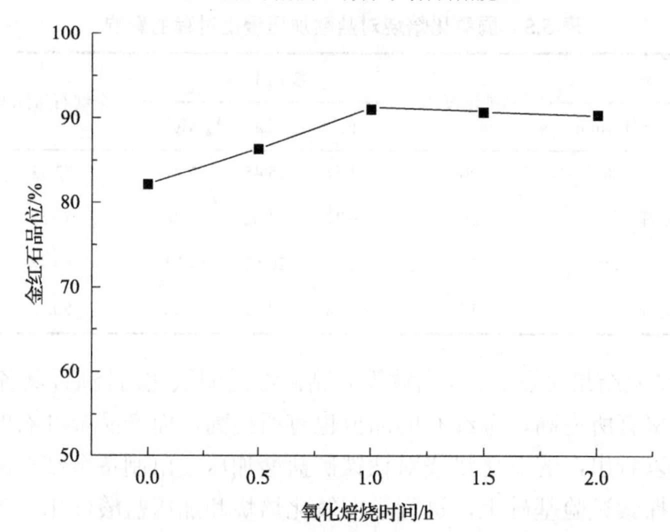

图 5.27　氧化焙烧时间对金红石品位的影响

900℃焙烧一定时间，HCl 浓度为 20%，温度为 140℃，液固比为 9∶1，
搅拌转速为 400r/min，浸出时间为 4h

5.6.2　焙烧温度对浸出过程的影响

考察弱氧化焙烧温度对钛铁矿浸出效果的影响，试验结果见图 5.28。

从图 5.28 的结果可以看出，试验所得金红石中 TiO_2 含量随弱氧化焙烧温度的升高有所升高。当焙烧温度为 900℃时，金红石的品位为 91.14%；之后，焙烧温度继续升高时，对产品品位的提高影响不大，因此，当采用弱氧化焙烧处理时，适宜的焙烧温度为900℃。

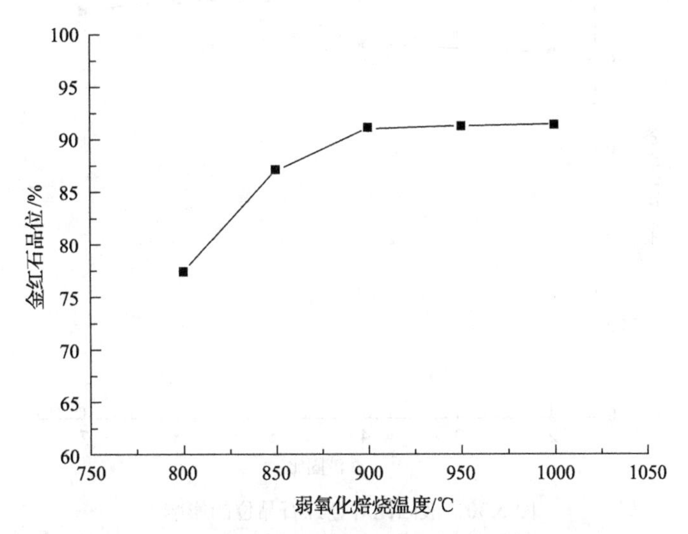

图5.28 弱氧化焙烧温度对金红石品位的影响

焙烧时间为1h，HCl浓度为20%，温度为140℃，液固比为9∶1，搅拌转速为400r/min，浸出时间为4h

5.6.3 液固比对浸出过程的影响

液固比对铁、钙、镁浸出率的影响见图5.29，对金红石品位的影响见图5.30。

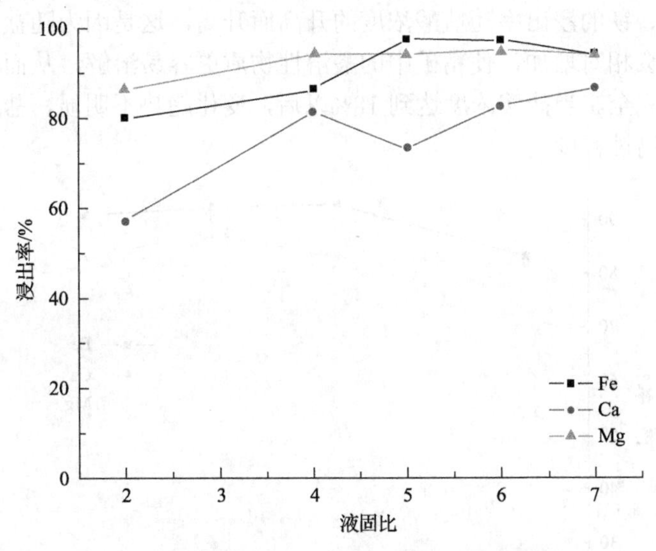

图5.29 液固比对铁、钙、镁浸出率的影响

HCl浓度为20%，温度为140℃，反应时间为8h，原矿850℃弱氧化焙烧20min

由图5.29和图5.30的结果可以看出，各金属的浸出率随液固比的增加而有所增加，金红石的品位也增加，当液固比为5∶1时，金红石的品位达到93.78%，并且其中CaO+MgO的总量仅为0.29%。

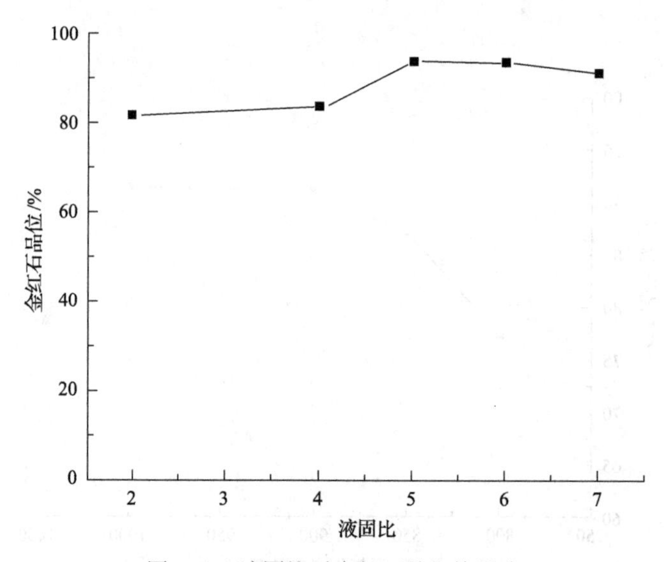

图 5.30　液固比对金红石品位的影响

HCl 浓度为 20%，温度为 140℃，反应时间为 8h，原矿 850℃弱氧化焙烧 20min

5.6.4　盐酸浓度对浸出过程的影响

盐酸浓度对铁、钙、镁浸出率的影响见图 5.31，对金红石品位的影响见图 5.32。

从图 5.31 和图 5.32 可以看出，盐酸浓度对浸出效果的影响较明显，在 15%～22%的浓度范围内，铁、镁的浸出率随盐酸浓度的升高而升高，这是因为随盐酸浓度的提高，物料中盐酸的量会相对增加，使精矿中的酸溶性物质更容易溶解，从而使反应在有限的时间内进行得更完全。当盐酸浓度达到 18%以后，变化趋势不明显，盐酸浓度过大会加重盐酸对设备的腐蚀程度。

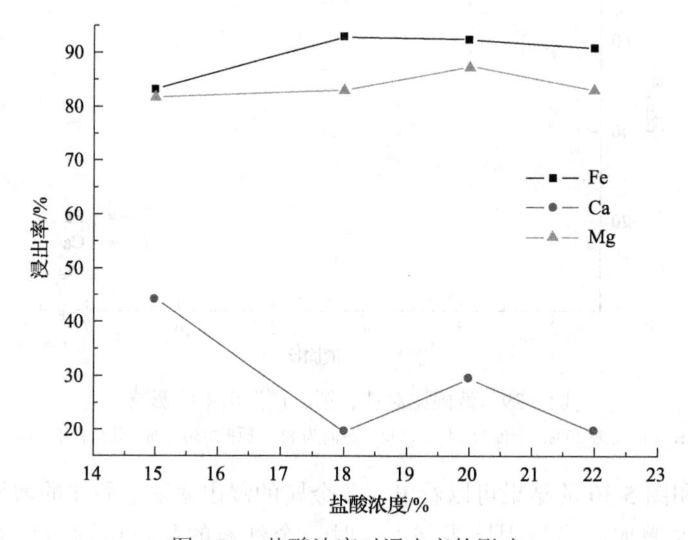

图 5.31　盐酸浓度对浸出率的影响

液固比为 4∶1，温度为 140℃，反应时间为 8h，原矿 850℃弱氧化焙烧 30min

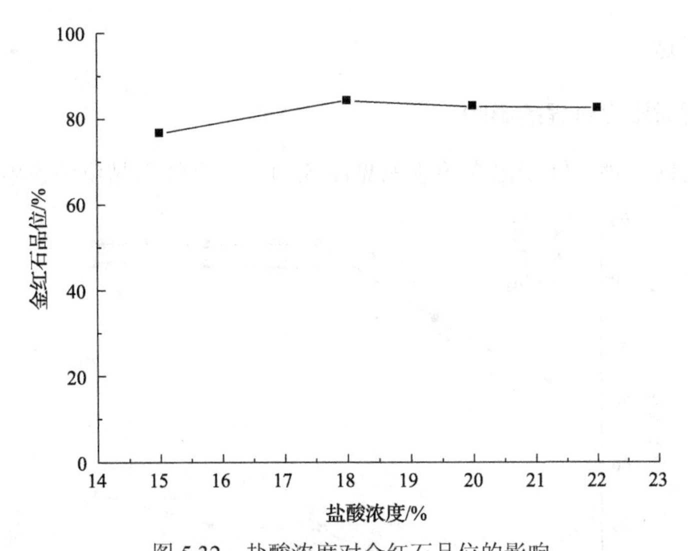

图 5.32　盐酸浓度对金红石品位的影响

液固比为 4∶1，温度为 140℃，反应时间为 8h，原矿 850℃弱氧化焙烧 30min

盐酸浓度对金红石品位的影响结果不是很明显，在试验研究的条件范围内，金红石的品位略有升高，但均低于 90%，为了进一步提高金红石的品位，又对钛铁矿在 900℃焙烧 60min 后的物料进行盐酸浓度影响 TiO_2 品位的试验，试验结果如图 5.33 所示。

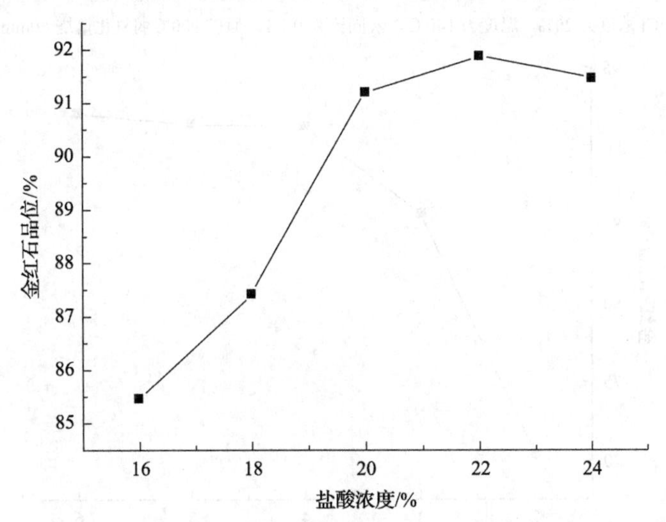

图 5.33　盐酸浓度对金红石品位的影响

900℃焙烧 60min，温度为 140℃，液固比为 9∶1，搅拌转速为 400r/min，浸出时间为 4h

从图 5.33 中可以看出，钛铁矿中杂质的浸出效果随着溶液盐酸浓度的增加而增加，盐酸浓度从 16%增加到 20%，所得金红石 TiO_2 含量从 85.47%升高到 91.22%，继续增加盐酸浓度，其浸出效果没有明显变化，适宜的盐酸浓度选择为 20%。由此可见，稍稍调整焙烧条件对提高金红石品位有一定的作用。

从图 5.32 和图 5.33 的试验条件可以看出，当弱氧化焙烧温度升高，焙烧时间延长后，在同样酸度下，当液固比较高时，可以在较短的时间里完成加压浸出过程。下面的浸出时间试验验证了这一点。

5.6.5 浸出时间对浸出过程的影响

反应时间对铁、钙、镁浸出率的影响见图 5.34，对金红石品位的影响见图 5.35。

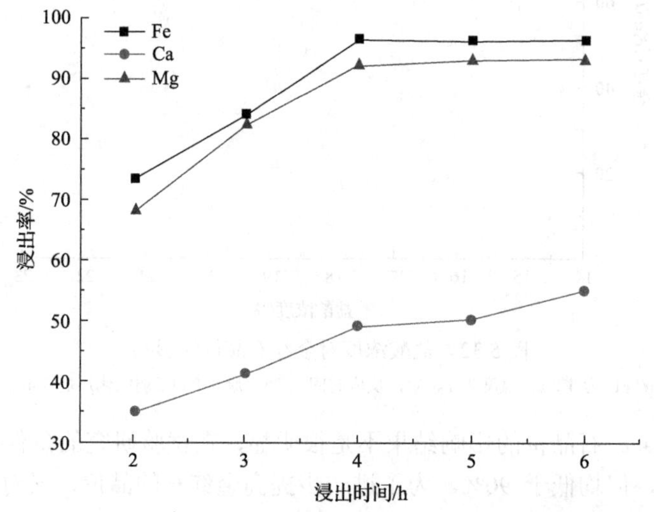

图 5.34　浸出时间对铁、钙、镁浸出率的影响

HCl 浓度为 20%，温度为 140℃，液固比为 9∶1，原矿 900℃弱氧化焙烧 60min

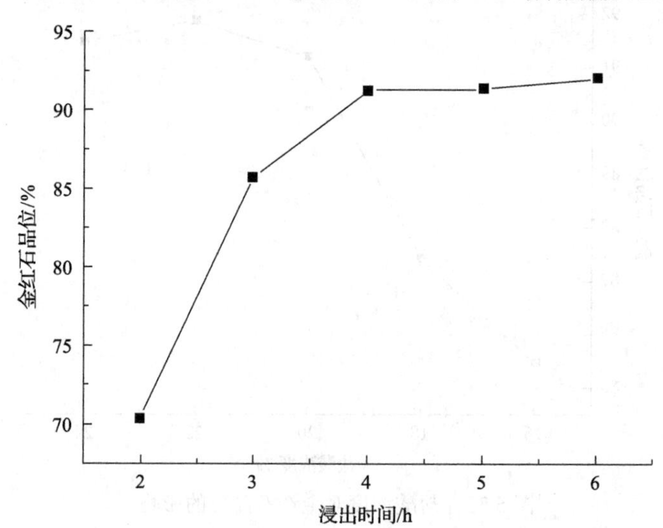

图 5.35　浸出时间对金红石品位的影响

HCl 浓度为 20%，温度为 140℃，液固比为 9∶1，原矿 900℃弱氧化焙烧 60min

由图 5.34 和图 5.35 的结果可以看出，各金属的浸出率随浸出时间的延长而有所增加，金红石的品位也增加，当液固比为 9∶1 时，浸出时间为 4h 即可满足加压浸出的要求，金红石的品位达到 91.22%，由此可以看出，当弱氧化焙烧温度和时间足够时，盐酸浓度、液固比、浸出时间几个条件相互之间可以进行调节控制。

5.6.6　弱氧化焙烧后钛铁矿浸出综合试验

由以上的弱氧化焙烧预处理条件试验以及盐酸加压浸出条件试验结果可以看出，通过弱氧化焙烧预处理的钛铁矿，在一定条件下进行盐酸加压浸出，可以提高煅烧产品金红石品位，因此，为了确保试验的重复性，在以下条件下进行了综合试验：钛铁矿+96μm占 100%的筛上矿 500g，采用弱氧化焙烧预处理，900℃下焙烧 60min。冷却后取出烧后钛铁矿 150g，盐酸溶液浓度为 20%，浸出温度为 140℃，液固比为 9：1，搅拌转速为 400r/min，浸出时间为 4h，在此条件下进行了三组弱氧化焙烧预处理钛铁矿盐酸加压浸出综合试验，对其浸出液和浸出渣成分进行了相应的分析，计算了铁、钙、镁的浸出率；并对浸出渣进行了煅烧，考察了产品金红石的品位及粉化率，综合试验结果见表 5.6。

表 5.6　弱氧化焙烧预处理钛铁矿盐酸加压浸出综合试验结果

编号	浸出液成分/(g/L)					浸出渣成分/%					渣计浸出率/%			金红石品位/%	产品粉化率/%
	HCl	Fe^{2+}	Fe^{3+}	Ca	Mg	渣率	SiO_2	Fe	CaO	MgO	Fe	Ca	Mg		
ZH-7	135.13	9.2	30.2	0.09	1.25	51.32	5.45	2.15	0.12	0.15	96.98	58.94	93.63	91.22	24.15
ZH-8	136.42	9	31.5	0.1	1.3	50.89	5.61	2.32	0.15	0.13	96.77	49.11	94.53	91.38	23.23
ZH-9	136.10	9.3	30.5	0.11	1.24	51.11	5.58	2.21	0.13	0.14	96.91	55.70	94.08	91.45	25.10

从表 5.6 中的综合浸出结果可以看出，在焙烧温度为 900℃，焙烧时间为 60min 的条件下，经过弱氧化焙烧预处理的钛铁矿在液固比为 9：1、HCl 浓度为 20%、温度为 140℃、浸出时间为 4h 的条件下浸出，其浸出效果较理想，所得到的焙烧产品中 TiO_2 的品位能达到 91%以上，但是，弱氧化焙烧处理得到的钛铁矿经盐酸加压浸出后，得到的浸出液中 Fe 的组分与无预处理的浸出液以及还原焙烧预处理的浸出液比较，有明显的变化，Fe^{3+} 的含量明显增多，Fe^{2+}/Fe 仅为 0.2 左右。并且在此过程中对煅烧产品粒度进行分析发现，此过程中成品 TiO_2 中依旧存在一定的粉化现象，不能满足氯化法的要求，粉化率大约在 25%，但是弱氧化焙烧预处理过程对降低粉化率有明显的作用，因此后续粉化率控制研究时，基本都采用弱氧化焙烧后的钛铁矿。

总结还原焙烧处理及弱氧化焙烧处理的浸出综合试验结果可以看出，两种方法处理的钛铁矿浸出之后，经煅烧得到的产品中 TiO_2 的含量均能达到 90%以上，但是考虑成本问题，选择最终的预处理方式为弱氧化焙烧，因为还原焙烧需要加入约 2%以上的还原剂。

5.6.7　弱氧化焙烧和还原焙烧后物料中铁的变化

从 5.5.6 节和 5.6.6 节的综合试验可以看出，弱氧化焙烧处理后钛铁矿经盐酸加压浸出处理，铁的浸出率稍低于还原焙烧处理后的物料，分析可知，主要是因为物料中铁的化合物经过氧化或还原反应后发生了变化，因此，对上述两组试验中经过预焙烧处理的钛铁矿进行 XRD 分析及 Fe 的物相分析，XRD 分析见图 5.36 和图 5.37。其中 Fe^{2+} 与 Fe^{3+} 的含量变化如表 5.7 所示。

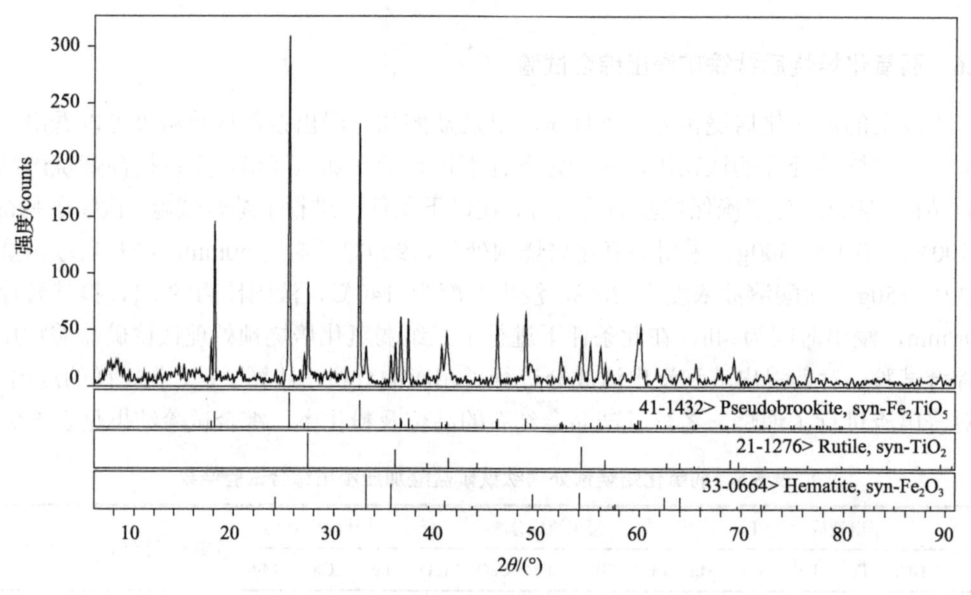

图 5.36 钛铁矿精矿弱氧化焙烧后样 XRD 谱图

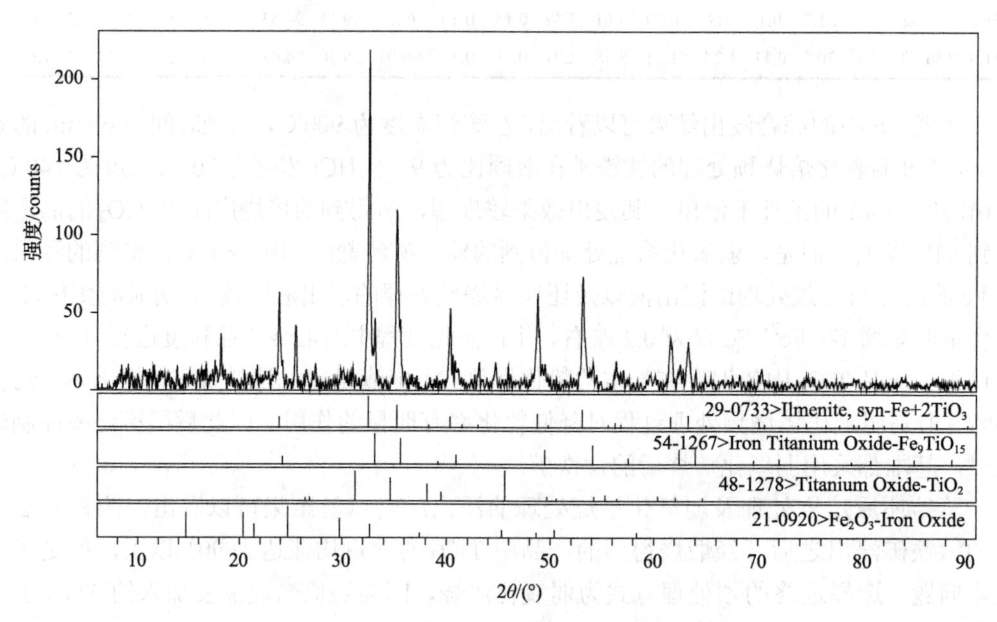

图 5.37 钛精矿还原焙烧后样 XRD 谱图

表 5.7 预焙烧处理对钛铁矿中铁价态的影响

		JHS-6（还原剂 10%）	JHS-7（还原剂 8%）	JHS-8（还原剂 5%）	JHS-9（还原剂 2%）	JHS-10（原矿）	JHS-11（氧化 1h）	JHS-12（氧化 2h）	JHS-13（开门氧化 2h）
预处理后钛铁矿	Fe^{2+}/%	28.42	25.92	25.64	21.94	24.64	7.83	7.56	0.55
	Fe^{T}/%	34.26	35.74	35.24	35.55	36.63	35.10	33.36	34.64
	Fe^{2+}/Fe^{T}	0.8295	0.7252	0.7275	0.6172	0.6725	0.2231	0.2266	0.0159
金红石 TiO_2/%		91.37	90.67	89.88	90.06	82.17	91.22	90.40	81.60

从图 5.36 可以看出，经过弱氧化焙烧，钛铁矿中的主要物相转变为 Fe_2TiO_5，部分分解为 TiO_2 和 Fe_2O_3；从图 5.37 可以看出，经过 900℃的还原焙烧，钛铁矿中的主要物相被还原成 Fe_2TiO_3，同时，矿物中有部分的 Fe_9TiO_{15}、TiO_2 和 Fe_2O_3 存在。

从表 5.7 中可以看出，采用弱氧化或者弱还原预处理都能够有效地提高钛铁矿中杂质铁的浸出效果。经过预焙烧处理，适当地提高钛铁矿中 Fe^{2+}或 Fe^{3+}的含量，都能够提高铁的浸出效果；但当钛铁矿中 Fe^{3+}含量过高时，其浸出效果变得很差。如表 5.7 所示，采用还原焙烧预处理后得到的产品金红石品位并没有比氧化焙烧处理的高出太多，而还原焙烧需加入还原剂煅后石油焦，因此，综合考虑两种焙烧过程的试验成本及焙烧效果，选择对钛铁矿进行弱氧化预处理，即 900℃弱氧化气氛焙烧 60min。

通过钛铁矿精矿盐酸加压浸出制备人造金红石的试验研究，包括无预处理的浸出过程、还原焙烧处理的浸出过程、弱氧化焙烧处理的浸出过程，得出以下结论。

通过无预处理加压浸出条件试验确定了在试验研究范围内较佳的试验参数：液固比为 4∶1、HCl 浓度为 20%、温度为 140℃、浸出时间为 8～9h，在此条件下经过浸出可得到 TiO_2 品位约为 81%，其浸出效果不是很理想，尤其是钙的浸出率较低，并且在此过程中对煅烧产品粒度进行分析发现，此过程中成品 TiO_2 中粉化率大约在 40%，不能满足氯化法的要求，即通过无预处理的盐酸加压浸出很难制备出品位较高的人造金红石。

通过还原焙烧预处理后盐酸加压浸出试验可知，+96μm 占 100%的钛铁矿按照 2%的质量分数加入煅后石油焦，在 900℃下焙烧 60min，然后在盐酸溶液浓度为 20%，浸出温度为 140℃，液固比为 9∶1，搅拌转速为 400r/min，浸出时间为 6h 的条件下进行盐酸加压浸出，得到的焙烧产品中 TiO_2 的品位能达到 92%以上，粉化率大于 40%，此值甚至高于无预处理条件下的粉化率，这主要是因为经过还原焙烧预处理后，钛铁矿中的 Fe^{2+}/Fe^{T} 的比值从 0.73 升至 0.8，表明物料中大多数铁以 FeO 的形式存在，在浸出过程中会加速溶解反应发生。

弱氧化焙烧预处理后盐酸加压浸出试验可以看出，钛铁矿+96μm 占 100%的物料，在 900℃下弱氧化焙烧 60min，在盐酸溶液浓度为 20%，浸出温度为 140℃，液固比为 9∶1，搅拌转速为 400r/min，浸出时间为 4h 的条件下进行盐酸加压浸出，得到的焙烧产品中 TiO_2 的品位能达到 91%以上，得到的浸出液中 Fe^{3+}的含量明显增多，Fe^{2+}/Fe^{T} 仅为 0.2 左右，粉化率大约在 25%，可见弱氧化焙烧预处理过程对降低粉化率有明显的作用。

5.7　产品粉化率控制的研究

氯化法钛白通常应用沸腾氯化炉使原料高钛渣或天然金红石和人造金红石中的二氧化钛和氯气发生反应，得到中间产物 $TiCl_4$。在沸腾氯化炉下部一般装有筛板，这有利于更好地形成和控制沸腾反应状态。大多数入炉原料组分在炉中与氯气反应产生相应的氯化物气体，然后从炉顶逸出。当采用从选铁尾矿中选出的钛铁矿精矿作为用于生产人造金红石的氯化原料时，由于钛铁矿颗粒粒度较小，在氯化过程中，希望获得的金红石产品能够保持原矿粒度，不要再增加细粒径颗粒物料的比例。这主要是因为太细小的颗粒物料在沸腾氯化时会随逸出气体一起逸出，不但会造成原料损失、降低回收率，同时也给后续的系统增加负担。因此，在制备用于沸腾氯化的人造金红石过程中，一定要考虑产品的粉化率，控制粉化率在尽可能低的范围内，才有望实现高沸腾氯化效率。本章首先对盐酸加压浸出过程产品粉化的原因进行分析，然后以此为依据，进行粉化率的控制研究，使盐酸加压浸出制备人造金红石的过程在得到合格金红石的基础上，保证产品的粉化率＜10%。

5.7.1　产品粉化原因分析

用盐酸法生产人造金红石的最大缺陷是容易产生较高的矿物粉化率，尤其是当直接用钛铁矿酸浸时，获得的产品粉化率高达约 40%。造成产品粉化的原因有如下两方面。

(1)物理粉化：在盐酸加压浸出过程中，加压釜内不停搅拌、釜内物料的翻滚等使矿粒间的颗粒与其他物质的摩擦、碰撞等加剧，导致颗粒碰撞、破碎严重产生粉化，再加上矿浆对矿物颗粒的冲刷导致了颗粒的细化，而溶解的钛经水解析出后(化学粉化造成的)，有一部分在钛铁矿表面沉积，在沉积初期，在其受到具有一定强度的外力作用下，附着不牢固的沉积物再次掉落，同样导致了矿粒的细化，这被称为物理细化。

(2)化学粉化：在盐酸中浸出钛铁矿时，部分钛和可溶性杂质首先不断地溶解，颗粒骨架变得松散，容易破碎造成细化，在反应初期高酸浓度、低温度时，矿石中的部分 TiO_2 溶于盐酸之中。随着反应进行，温度变高，酸浓度降低。这部分溶于盐酸的 TiO_2 又从溶液中水解析出：

$$TiO_2 \cdot FeO + 4HCl = TiOCl_2 + FeCl_2 + 2H_2O \tag{5.24}$$

$$TiOCl_2 + (n+1)H_2O = TiO_2 \cdot nH_2O + 2HCl \tag{5.25}$$

水解析出的 TiO_2 粒径小于 74μm，纯度较高，通常其 TiO_2 含量高于 95%，当应用稀盐酸(浓度为 20%)浸出时，水解细粉 TiO_2 占总产品的比例高达 40%以上，随着盐酸浓度的增加，产品中细粉占总产品的比例也会有所增加。

当溶液中的 $TiOCl_2$ 溶解浓度达到一定时，便开始水解析出 TiO_2。析出有两种可能方式：①当盐酸浓度高于 25%时，TiO_2 有一部分会在溶液中形成晶核，并逐渐长大变成细小的颗粒，另一部分则在矿粒表面形成晶核并继续生长；②当盐酸浓度低于 25%，TiO_2 水解几乎都在矿粒表面形成晶核并长大。因此，TiO_2 水解析出主要是在矿粒表面沉积。

当 TiO_2 水解析出在矿粒表面沉积时，一方面，由于二氧化钛的晶格与钛铁矿的晶格有所不同，导致二氧化钛和铁矿石的结合在多数情况下并不牢固，致使正在结晶长大的二氧化钛晶粒容易从矿粒表面脱落造成粉化：另一方面，因为矿粒的有些部位溶解速度过快，将导致正在结晶长大的二氧化钛晶粒所依附的矿粒层溶解到溶液中，从而造成其上未脱落的二氧化钛晶粒落入溶液中造成粉化。而被溶解的钛均相成核形成细料也造成细化，这通常被称为化学细化。

因为在钛铁矿酸浸时，在反应初期被溶解到溶液中的钛较多，那么相对来说，钛以矿粒表面为核水解析出沉积的也就较多，而矿粒表面附着得不牢固的沉积物在具有一定强度的外力作用下(如液体流的冲击、矿粒间的相互碾磨等)容易脱落造成细料，再加上其他的原料有细料，导致用钛铁矿酸浸时得到的产品细料率较高。

5.7.2　浸出过程粉化率的控制研究

由以上分析可知，在浸出过程中，主要是物理粉化和化学粉化造成浸出过程产品粉化率的增加，由 5.6 节中试验可知，用弱氧化焙烧处理后钛铁矿进行盐酸加压浸出时，产品的粉化率有所降低，程洪斌[61]对此机理进行了研究，认为主要是由于氧化焙烧使钛铁矿中的二价铁氧化物转化为三价铁氧化物，根据多相多组分平衡计算可知，三价铁氧化物在同等条件下，比二价铁氧化物的浸出要慢一些，因此，在浸出反应初期被溶解的钛较少，并迅速水解析出固体沉积在矿物表面，加上预氧化处理改变了矿物结构(尤其是表面结构)，有利于预氧化矿的内部沉积；预氧化处理后形成的金红石微晶也比钛铁矿更有利于水解产物的沉积，降低了因均相成核水解析出的细料量，故用预氧化矿酸浸时获得的产品粉化率较低。

因此，可以从这两方面来控制此过程的粉化率。物理粉化主要是物料之间的摩擦、碰撞等造成的，而 5.4 节、5.5 节、5.6 节中的试验都是在强搅拌的加压釜中进行的，此条件无形中加大了物料的物理粉化，另外，多数试验的液固比也比较低，加大了物料颗粒之间的碰撞概率，因此，首先进行了降低转速、增大液固比，以及尽可能降低酸度的试验研究。化学粉化的主要影响因素是物料中 TiO_2 与酸液的反应速率、反应产物水解的反应速率、水解过程的成核速率等，可以选择弱氧化焙烧预处理来改善此过程，另外还进行了添加晶种对粉化率影响的研究。

1. 搅拌转速对粉化率的影响

由以上分析可以看出，釜内搅拌增加了粉化率，因此需降低搅拌转速，但是 GSHA-2 型高压反应锆釜的搅拌转速只在较高的值(约 400r/min)下，才能得到较高的产品品位，因此在控制粉化率阶段的试验，采用 ZWYYL-500-0.6 高压盐酸反应釜，此釜的搅拌转速可以被控制得较低，釜内物料的搅拌是靠釜体内装物料的内胆在油浴加热体系中的翻滚来完成的。

试验条件：取+120μm 占 100%钛铁矿 200g，加入瓷坩埚并放入电阻炉中在 900℃下焙烧 1h，浸出试验取氧化焙烧后的钛铁矿焙砂 30g，盐酸溶液浓度为 20%，浸出温度为 140℃，液固比为 9∶1，浸出时间为 4h，考察搅拌转速对产品粉化率及 TiO_2 品位的影响，试验结果见表 5.8。

表 5.8　搅拌转速对产品粉化率及 TiO_2 品位的影响

试验编号	搅拌转速/(r/min)	金红石 TiO_2 品位/%	–120μm 粉化率/%
JHS-群 6	10	92.60	23.32
JHS-群 7	8	91.23	18.75
JHS-群 8	6	89.35	12.01
JHS-群 9	4	85.02	9.35
JHS-群 10	2	82.45	5.39

由表中数据可以看出，当搅拌转速降低时，产品人造金红石的粉化率明显下降，表明当物料经过弱氧化焙烧处理后，物理粉化占了一定的比例，降低搅拌转速有利于产品粉化率的控制。但是当搅拌转速过低时，并不能保证产品中 TiO_2 的品位。因此，在研究过程中，控制粉化率的同时，还要确保金红石产品中 TiO_2 的品位。

2. 液固比对粉化率的影响

试验条件：取 +120μm 占 100%钛铁矿 200g，加入瓷坩埚并放入电阻炉中在 900℃下焙烧 1h，浸出试验取氧化焙烧后的钛铁矿焙砂 30g，盐酸溶液浓度为 17%，浸出温度为 140℃，搅拌转速为 2r/min，浸出时间为 6h，考察液固比对产品粉化率及 TiO_2 品位的影响，试验结果见表 5.9。

表 5.9 液固比对产品粉化率及 TiO_2 品位的影响

试验编号	液固比	金红石 TiO_2 品位/%	−120μm 粉化率/%
JHS-群 11	11	93.41	17.64
JHS-群 12	10	90.59	19.15
JHS-群 13	9	89.36	21.33

由表中数据可以看出，当液固比降低时，产品人造金红石的粉化率有所上升，要确保产品中金红石品位，在上述试验条件下，需将液固比控制在 10 以上，但此时产品的粉化率也较高，达到约 20%。

3. 添加晶种对粉化率的影响

试验条件：取+120μm 占 100%钛铁矿 200g，加入瓷坩埚并放入电阻炉中在 900℃下焙烧 1h，浸出试验取氧化焙烧后的钛铁矿焙砂 30g，添加晶种的量为钛铁矿焙砂的 2%、4%、5%、8%、10%等，浸出温度为 140℃，搅拌转速为 2r/min，考察添加晶种对产品粉化率及 TiO_2 品位的影响，试验结果见表 5.10。

表 5.10 添加晶种对产品粉化率及 TiO_2 品位的影响

试验编号	盐酸溶液浓度/(g/L)	浸出时间/min	液固比	晶种添加量/%	金红石 TiO_2 品位/%	−120μm 粉化率/%
JHS-群 14	17	6	10	10	90.36	5.16
JHS-群 15	18	9	10	5	92.30	6.63
JHS-群 16	18	8	9	5	90.15	3.66
JHS-群 17	18	8	9	5	91.30	1.53
JHS-群 18	18	8	9	4	90.05	8.75
JHS-群 19	18	8	9	2	89.79	11.25
JHS-群 20	19	6	11	5	92.49	9.53
JHS-群 21	20	4	11	5	92.5	9.14
JHS-群 22	20	6	11	2	89.36	12.54

由表中数据可以看出，当在浸出体系中添加晶种时，可有效控制产品的粉化率，表明通过前期的弱氧化焙烧预处理和添加晶种的方法可降低化学粉化。

当采用 ZWYYL-500-0.6 高压盐酸反应釜进行制备人造金红石时，在浸出温度为 140℃、盐酸浓度为 18%、液固比为 9：1、搅拌转速为 2r/min、浸出时间为 8h、添加晶种量约为 5%时，可获得金红石品位达 90%以上的合格人造金红石产品，并且可使产品粉化率控制在 10%以内。

5.8　产品人造金红石表征

在合理试验条件下(弱氧化焙烧：焙烧温度为 900℃、焙烧时间为 60min；浸出条件：浸出温度为 140℃、盐酸浓度为 18%、液固比为 9：1、搅拌转速为 2r/min、浸出时间为 8h、添加晶种量为 5%；产品煅烧条件：煅烧温度为 900℃、煅烧时间为 2h)，制备出合格的人造金红石，对其微观结构、物相结构与化学成分进行鉴定分析。

5.8.1　微观结构分析

为考察人造金红石产品的物性与微观形貌，对其进行 SEM 分析，结果见图 5.38。

图 5.38　人造金红石产品的 SEM 照片

由图 5.38 可以看出，得到的人造金红石颗粒结构致密，尺寸平均，具有完好的四方柱状和针状晶型，解理平行中等，断口平坦，颜色呈红棕色，透明度较差，能够满足氯化法生产钛白的需要。

5.8.2　物相结构分析

对弱氧化焙烧处理后得到的最终产品人造金红石进行 XRD 分析，分析结果见图 5.39。

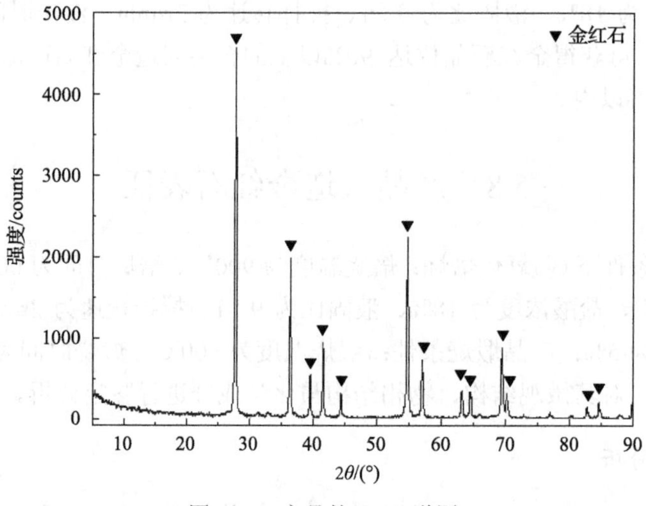

图 5.39　产品的 XRD 谱图

图 5.39 是所得产品人造金红石的 XRD 谱图，可以看出，产品人造金红石中强度较高的衍射峰几乎都是金红石的衍射峰，基本没有其他物质的衍射峰出现，说明所得到的产品为人造金红石。

5.8.3　化学成分分析

通过对人造金红石产品进行化学成分分析，可以得出其化学组成如表 5.11 所示。

表 5.11　人造金红石的化学成分

化学成分	TiO_2	∑Fe	SiO_2	Al_2O_3	MgO	CaO
含量/%	92.48	1.98	4.05	0.35	0.14	0.15

从表 5.11 和图 5.39 可以看出，得到的人造金红石产品 TiO_2 含量较高，杂质元素含量较少，达到了优质人造金红石的要求，满足了氯化法制取钛白的要求。

由以上的研究可以看出，采用盐酸加压浸出钛铁矿可以制备出人造金红石，其中杂质元素 Ca、Mg、Fe、Si 等含量可以满足沸腾氯化生产对人造金红石原料成分的要求，在此生产过程中，一定要严格把关产品粉化率的指标，可通过降低浸出过程的转速、添加晶种、延长反应时间等条件来满足产品质量及粉化率的要求。

参 考 文 献

[1] 汪云华. 人造金红石国内外研究现状及进展[J]. 材料导报, 2012, 26(20): 338-341.

[2] 熊雪良, 杨智, 欧阳红勇, 等. 沸腾氯化用高品质金红石的生产工艺[J]. 中国有色金属学报, 2010, 20(10): 981-984.

[3] 宋守志, 钟勇, 邢军. 矿产资源综合利用现状与发展的研究[J]. 金属矿山, 2006, (11): 1-4.

[4] 蒙钧. 加快我国金红石生产的步伐[J]. 轻金属, 1998, (8): 41-43.
[5] 邹建新, 王荣凯, 梅涛. 钛资源综合利用技术政策探讨[J]. 钛工业进展, 2001, (1): 1-3.
[6] 王铁明. 制约我国钛渣生产和应用的原因及对策[J]. 钛工业进展, 2002, (1): 10-13.
[7] 邓国珠. 富钛料的生产现状和今后发展[J]. 钛工业进展, 2000, (4): 1-4.
[8] 陈朝华. 谈钛渣生产及应用前景[J]. 中国涂料, 2004, (5): 14-16.
[9] 莫畏, 邓国珠, 罗方承. 钛冶金[M]. 2 版. 北京: 冶金工业出版社, 1998.
[10] 孙康. 钛提取冶金[M]. 北京: 冶金工业出版社, 2001.
[11] 马慧娟. 钛冶金学[M]. 北京: 冶金工业出版社, 1982.
[12] 胡克俊, 锡淦, 姚娟, 等. 还原-锈蚀法生产人造金红石技术现状及攀钢采用该工艺的可行性分析[J]. 钛工业进展, 2006, 23(8): 17-20.
[13] 王东升. 我国钛资源及其利用[J]. 铁合金, 1987, (4): 20-25.
[14] 路辉. 高品位人造金红石的制备研究[D]. 昆明: 昆明理工大学, 2010.
[15] Ogasawarn T, Araujo R V. Hydrochloric acid leaching of a pre-reduced Brazilian ilmenite concentrate in an autoclave[J]. Hydrometallurgy, 2000, (56): 203-208.
[16] 扈维明, 齐斌涛, 蒋训雄, 等. 钛铁矿盐酸法生产人造金红石半工业扩大试验[J]. 有色金属(冶炼部分), 2012, (2): 27-29.
[17] 王曼, 谭军, 陈启元, 等. 氧化还原-机械活化对攀西钛铁矿浸出行为的影响[J]. 有色金属(冶炼部分), 2012, (5): 23-25.
[18] 邓国珠, 黄北卫, 王雪飞. 制取人造金红石工艺技术的新进展[J]. 钢铁钒钛, 2004, 25(1): 44-50.
[19] 程洪斌, 王达健, 黄北卫, 等. 钛铁矿盐酸法加压浸出中人造金红石粉化率的研究[J]. 有色金属, 2004, 56(4): 82-85.
[20] 隋建新. 盐酸加压浸出攀枝花钛精矿生产人造金红石的探讨[J]. 轻金属, 1997, (9): 43-45.
[21] 王曾洁, 张利华, 王海北, 等. 盐酸常压直接浸出攀西地区钛铁矿制备人造金红石[J]. 有色金属, 2007, 59(4): 108-111.
[22] 蒋伟, 蒋训雄, 汪胜东, 等. 钛铁矿湿法生产人造金红石新工艺[J]. 有色金属, 2010, 62(4): 52-56.
[23] 刘子威, 黄焯枢, 王康海. 攀枝花钛铁矿流态化盐酸浸出的动力学研究[J]. 矿业工程, 1991, 11(2): 48-52.
[24] Gueguin M, Canada T. Method of preparing a synthetic rutile from a titaniferous slag containing magnesium values: US4933153[P]. 1990-06-12.
[25] Gueguin M, Canada T. Method of preparing a synthetic rutile from a titaniferous slag containing alkaline earth metals: US5389355[P]. 1995-02-14.
[26] Basil J. Upgrading sorelslag for production of synthetic rutile: US4038363[P]. 1977-07-26.
[27] Lasheen T A. Soda ash roasting of titania slag product from rosetta ilmenite[J]. Hydrometallurgy, 2008, 93: 124-128.
[28] Van Dyk J P, Pistorius P C. Evaluation of a process that uses phosphate additions to upgrade titanium slag[J]. Metallurgy and materials transactions, 1999, 30B(4): 823-826.
[29] 孙朝晖, 杨保祥, 张帆, 等. 一种提高钛渣 TiO_2 品位的方法: CN1540010[P]. 2004-10-27.
[30] 隋智通, 付念新. 一种资源综合利用的增值技术[J]. 中国稀土学报, 1998, (16): 73-76.
[31] 付念新. 含钛高炉渣中钛组分选择性析出[D]. 沈阳: 东北大学, 1997.
[32] 卢玲. 钛渣中钙钛矿相析出行为的研究[D]. 沈阳: 东北大学, 1996.
[33] 张力, 李光强, 隋智通. 由改性高钛渣浸出制备富钛料的研究[J]. 矿产综合利用, 2002, (6): 6-9.
[34] 张力. 含钛渣中选择性富集和长大行为研究[D]. 沈阳: 东北大学, 2002.
[35] 李永刚, 俞小花, 徐亚飞. 酸溶性钛渣改性实验研究[J]. 中国有色冶金, 2007, (4): 13-15.
[36] 王延忠. 稀盐酸选择性浸出改性钛渣制备富钛料的研究[D]. 昆明: 昆明理工大学, 2003.
[37] 雷霆, 米家蓉, 张玉林, 等. 一种用电炉钛渣制取富钛料的方法: CN1793391[P]. 2006-06-28.
[38] 杨艳华. 电炉钛渣制备富钛料的实验研究[D]. 昆明: 昆明理工大学, 2006.
[39] 刘玉民, 齐涛, 王丽娜, 等. KOH 亚熔盐法分解钛铁矿[J]. 过程工程学报, 2009, 9(2): 319-323.
[40] 马保中, 王丽娜, 齐涛, 等. 磷酸三丁酯萃取分离钛铁矿亚熔盐反应产物酸解液中 Fe^{3+} 及金红石型 TiO_2 的制备[J]. 过程工程学报, 2008, 8(3): 504-508.

[41] 仝启杰, 齐涛, 刘玉民, 等. KOH 亚熔盐法制备钛酸钾晶须和二氧化钛[J]. 过程工程学报, 2007, 7(1): 85-89.

[42] 冯杨, 王丽娜, 薛天艳, 等. EDTA 络合高钛渣熔盐反应产物中 Fe^{3+}及 TiO_2 的制备[J]. 过程工程学报, 2009, 9(2): 329-332.

[43] 薛天艳. 氢氧化钠熔盐分解高钛渣制备二氧化钛清洁新工艺的研究[D]. 大连: 大连理工大学, 2009.

[44] 董海刚. 钛渣活化焙烧-酸浸制备优质人造金红石技术研究[D]. 长沙: 中南大学, 2010.

[45] Nayl A A, Awwad N S, Aly H F. Kinetics of acid leaching of ilmenite decomposed by KOH. Part 2. Leaching by H_2SO_4 and $C_2H_2O_4$[J]. Journal of Hazardous Materials, 2009, (168): 793-799.

[46] Samal S, Rao K K, Mukherjee P S, et al. Statistical modelling studies on leachability of titania-rich slag obtained from plasma melt separation of metallized ilmenite[J]. Chemical Engineering and Design, 2008, (86): 187-191.

[47] Liu X H, Gai G S, Yang Y F, et al. Kinetics of the leaching of TiO_2 from Ti-bearing blastfurnace slag[J]. Journal of China University of Mining and Technology, 2008, (18): 275-278.

[48] Xu M, Guo M W, Zhang J L, et al. Beneficiation of titanium oxides from ilmenite by self-reduction of coal bearing pellets[J]. Journal of Iron and Steel Research International, 2006, 13(20): 6-9.

[49] 蒙钧. 加快我国金红石生产的步伐[J]. 轻金属, 1998, (8): 41-43.

[50] Mazzocchitti G, Giannopoulou I, Panias D. Silicon and aluminum removal from ilmenite concentrates by alkaline leaching[J]. Hydrometallurgy, 2009, (96): 327-332.

[51] 马晓雯. 强化还原钛铁矿锈蚀法钛铁分离的基础研究[D]. 长沙: 中南大学, 2009.

[52] Gerald W, Ruth A. Purifying titanium-bearing slag by promoted sulfation: US4362557[P]. 1982-12-07.

[53] 付自碧. 预氧化在盐酸法制取人造金红石中的作用[J]. 钛工业进展, 2006, 23(3): 23-25.

[54] Lasheen T A I. Chemical benefication of Rosetta ilmenite by direct reduction leaching[J]. Hydrometallurgy, 2005, (76): 123-129.

[55] Imahashi M, Takamatsu N. The dissolution of titanium minerals in hydrochloric and sulfuric acids[J]. Bulletin of the Chemical Society of Japan, 1976, (49): 1549-1553.

[56] Wen W G. Study on mathematical modeling fluidized bed without perforated-plate for producing $TiCl_4$ and its industrial application[C]. Proceedings of the 9th World conference on Titanium Saint-Petersburg, Russia, 1999, (2): 1300-1305.

[57] Han K N, Rubcumintara T, Fuerstenau M C. Leaching behavior of ilimenite with sulfuric acid[J]. Metallurgical Transactions B, 1987, 68B: 325-330.

[58] 徐舜, 黄焯枢. 硫酸浸取钛铁矿的动力学研究[J]. 矿冶工程, 1993, 13(1): 44-48.

[59] Lakshmanan C M, Hoelscher H E. The kinetics of ilmenite beneficiation in a fluidized chlorinator[J]. Chemical Engineering Science, 1965, 20(12): 1107-1113.

[60] Mahmoud M H H, Afifi A A I, Ibrahim I A. Reductive leaching of ilmenite ore in hydrochloric acid for preparation of synthetic rutile[J]. Hydrometallurgy, 2004, (73): 99-104.

[61] 程洪斌. 人造金红石盐酸加压浸出技术研究[D]. 昆明: 昆明理工大学, 2004.

第 6 章　铅冰铜的氧压浸出技术

6.1 概　　述

铅冰铜是硫化铜(CuS)，硫化亚铜(Cu_2S)、硫化锌(ZnS)、硫化铅(PbS)、硫化亚铁(FeS)等的共熔体，此外还含有锡(Sn)、锑(Sb)、铋(Bi)，以及贵金属金(Au)、银(Ag)、单质硫(S^0)。铅冰铜主要产生于火法冶炼过程，如铅的火法冶炼，含铜较高的硫化铅矿在粗铅火法精炼阶段加入硫来除铜，产出浮渣，这些浮渣在反射炉的熔炼过程中产出粗铅、铅冰铜及渣[1]。其他金属在还原熔炼时，对应的氧化物被还原剂还原进入粗铅、对应的硫化物则不能被还原剂还原，仍然以硫化物形式存在，最后进入铅冰铜中，形成了成分复杂的中间产物[2]。此外，在铅矿中铜含量高时，鼓风炉在冶炼过程中也会产出副产物铅冰铜[3]。铅冰铜的铅含量远高于一般的冰铜。由于原料成分及操作制度的差异，铅冰铜的熔点变动在 1123～1323K，铅冰铜的成分波动范围较大，其化学成分大致为 Cu：20%～50%、Fe：0.5%～30%、S：12%～25%、Pb：10%～35%、Sb：0.2%～6%、Ag：0.35%～0.75%、Zn：0.15%～3%、As：0.1%～0.6%[3-5]。从化学成分上可以看出，铅冰铜的特点是化学成分复杂，不但铜、铅含量高，锌、锡等有价金属的含量也较高，具有很高的综合回收价值。目前，一般的处理方式为含铜＞20%的富冰铜可用与铜转炉吹炼相似的吹炼法处理或湿法处理，含铜 5%～15%的贫冰铜，需预先进行富集熔炼，即将品位提高到20%以上再进行吹炼或湿法处理[6,7]。通过对铅冰铜的综合回收，回收其中的铜、铟、金、银、铅、锡等物料是完善整个回收过程的关键环节。铅冰铜中有价金属综合利用的实现，可以大大提高该物料的价值，也为有色冶金行业资源的清洁生产提供技术参考。

6.1.1　铅冰铜的火法处理

处理铅冰铜的传统工艺之一是火法处理，如作为铜冶炼原料，直接进入转炉吹炼，铅和硫氧化后挥发进入气相，产出粗铜，再进行铜的火法精炼与电解精炼。该法产出的粗铅成分为含铅 98.5%、含铜 0.05%、含砷 0.1%、含锑 0.01%，粗铅的成分基本达到了电解精炼的要求。该工艺在回收铅时须分温度处理，存在的单质铅需在较低的温度下进行回收，即 700～800℃，氧化铅还原为单质铅的回收则要求达到过热温度，约 1200℃下，并且需要控制好炉内还原气氛及时间，才能将氧化铅转变为单质铅进行回收，此外，炉内还需要保持一定的负压状态，在熔炼开始后 4～5h 时才能投入铅冰铜。由此操作过程可以看出，使用该法处理物料时需要控制的工艺参数较多，流程较复杂[8]。

吴坤华[9]采用连续吹炼处理高铅冰铜，并分析了处理过程中经常出现的冷炉、粘渣、泡沫渣等现象，提出了相应的解决办法。由于这些问题的存在，使用该法进行作业时需要留意较多的控制参数，致使过程不易控制，冶炼过程难以持续进行，情况严重时甚至会引起事故。其他火法处理工艺如氧气底吹炉处理，进行了半工业化试验，产出的粗铅成分为，含铅 97.194%、含铜 0.576%、含砷 0.3275%，该工艺由于操作过程中需要控制的参数比较多，包括物料配比、上料制度与物料处理量、燃气控制、烟气量与烟气含硫量、烟尘率等，不利于该项工艺的扩大化试验或者推广使用[10]；铅冰铜经鼓风炉或者反射炉贫化后进一步精炼获得铜，这种方法存在铅铜分离不彻底、金属回收率低、能耗高、产出的二氧化硫气体浓度波动较大、不能保证进入制酸系统的弊端，此外，还存在操作温度高、处理量低、作业率低、放铅强度大、高铅渣质量低下等问题，炉体寿命短也是该法的一个缺点[11]。

黄海飞等[12]以焦炭为还原剂，碳酸钠为混合反应剂，利用焦炭中的碳与铅冰铜中的铅和铜的硫化物反应，产出铅铜合金，铅的回收率为 99.65%，铜的回收率为 99.26%，铁的回收率为 99.32%，锌的回收率为 98.79%，产出的铅铜合金含铅 22.93%、含铜 42.36%、含铁 24.41%、含锌 8.8%，其工艺流程见图 6.1。该法得到的产物为铅铜合金，若要使铜、铅金属单独存在，则依然存在铜、铅的分离问题，此外，铅冰铜中的硫以硫化钠形式产出，使得元素硫的价值未能得以体现；采用感应电炉贫化铅冰铜，同样也存在铜、铅分离不够彻底、能耗高、炉体寿命短等问题[13]；王成彦等[14]将液态铅渣直接还原熔炼，使其中的有价元素一次性回收，熔炼后弃渣含铅＜2%、锌＜2%、铜＜1%、金＜0.2g/t、银＜1g/t。该法相比较上述火法处理工艺而言，有能耗低、生产成本低、回收率高、操作环境好、新添设备造价低的优势，只是该反应所需要维持的炉内温度为 1100～1300℃，靠反应放热不能完全提供，还需要使用电极补热。

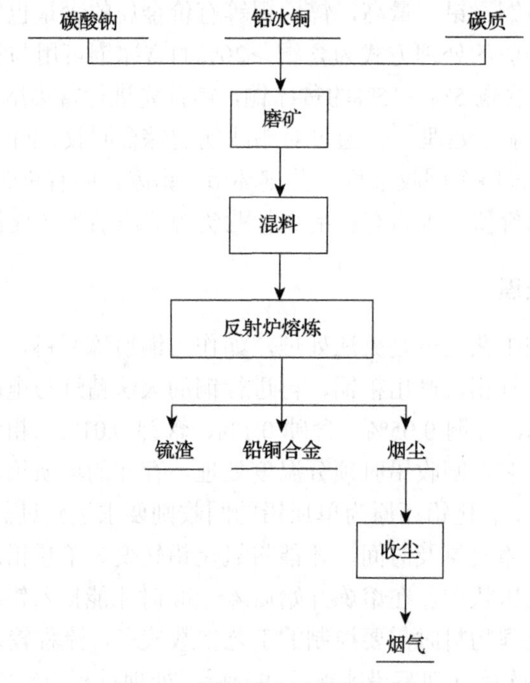

图 6.1　铅冰铜火法处理工艺一

宋兴诚等[15]将铅冰铜与富氧空气加入顶吹炉吹炼，产出粗铅、冰铜、炉渣和烟气。经过炉前铅锅降温分离粗铅与冰铜，粗铅进入铅精炼流程，冰铜则进入铜冶炼系统，烟气收尘后制酸，炉渣另行处理。该工艺吹炼时间较长，为 5.5～6h，在冶炼 3～4 个周期后需将逐渐升高的起始熔池排放炉渣，操作不便。其工艺流程见图 6.2。将铅冰铜直接铸成阳极板，进行电解精炼，由于铅冰铜中杂质较多，铸成的阳极板很容易出现钝化现象，致使电解精炼过程难以进行下去，其他火法工艺处理铅冰铜也存在各种各样的问题[16-21]。

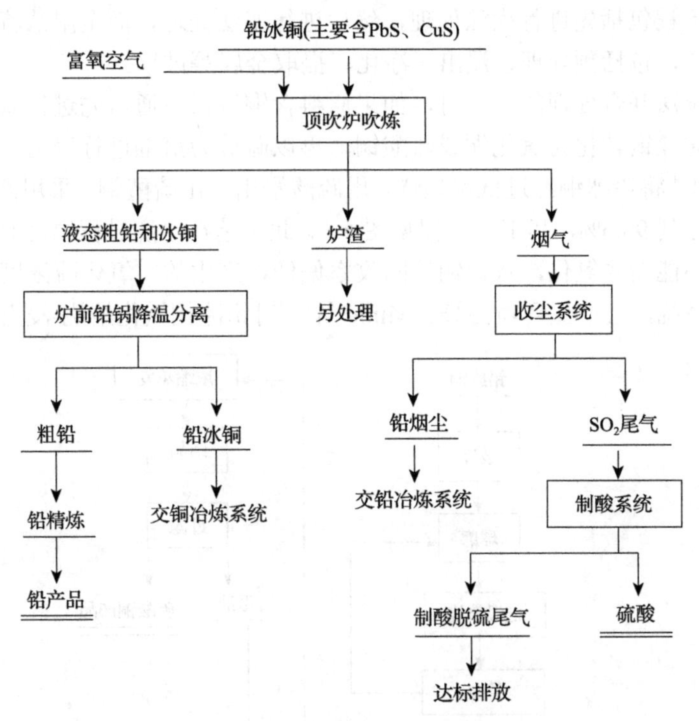

图 6.2　铅冰铜火法处理工艺二

还有文献中提到用真空蒸馏的方法来处理铅冰铜，在温度 900～1200℃，残留气体压力为 0.1～12torr（1torr=1.33322×10^2Pa）的情况下进行的，残留气体压力从 1torr 提高至 12torr，铅的挥发可从 99%降低至 50%～60%，除了铅、锌、砷、锑都可以完全分离，但该法所需温度较高，对设备及操作都需要一定的要求，能耗也相应较高，试验只进行到中间规模试验就停止了[22]。

在湿法冶炼工艺还未进入工业化应用之前，火法工艺处理铅冰铜是研究者使用最多的方法。这些方法有的虽然在工艺流程上较为简单，但其缺点也比较明显，如由于各金属含量较少又较为分散，火法工艺不能很好地回收各金属；对原料的适应性较差，常需要在进行火法处理之前配入精矿、冶金焦等物质以使铅冰铜能进入现有的火法冶炼流程；产出的二氧化硫烟气浓度较低，不能达到制酸的要求，产出的其他烟尘不仅污染环境，还导致了各种金属随烟尘的损失[23-27]。

此外，从文献资料中不难发现，采用火法工艺处理铅冰铜的研究工作，几乎集中于 20 世纪，到 21 世纪已基本停止火法工艺处理铅冰铜的研究[28-32]。在科学技术日新月异的信息时代，这些处理方法略显陈旧，可以作为参考信息，但已经不能作为铅冰铜的主要处理方法来做进一步的延伸研究。

6.1.2 铅冰铜的湿法处理

采用湿法冶金工艺也是处理铅冰铜的一个重要方法，其地位也越来越重要。同其他金属的湿法冶炼工艺相似，处理铅冰铜的湿法工艺也可以分为传统湿法流程与全湿法流程。传统湿法流程包括先进行火法处理，然后进行湿法处理，而全湿法流程则是严格意义上的湿法工艺，包括预处理、浸出、净化、提取金属等过程。

采用火法湿法联合处理的工艺时，如果原料含铜较低，通常先进行氧化焙烧脱硫，将硫化铜或硫化亚铜转化为氧化铜或硫酸铜，再以硫酸为溶剂进行浸出，使得铜、铅得以分离。邓志城[4]将铅冰铜经过低温焙烧，用硫酸浸出产出硫酸铜，采用两段焙烧-浸出，铜的总浸出率达到98.6%，其工艺流程见图6.3。此工艺在焙烧过程温度难以控制，容易烧结，硫化铜不能彻底氧化，致使铜的回收率偏低，产生的二氧化硫浓度较低，不适合回收进入制酸系统，会产生环境污染。Minić 等[33]对铅冰铜氧化焙烧-浸出过程的动力学

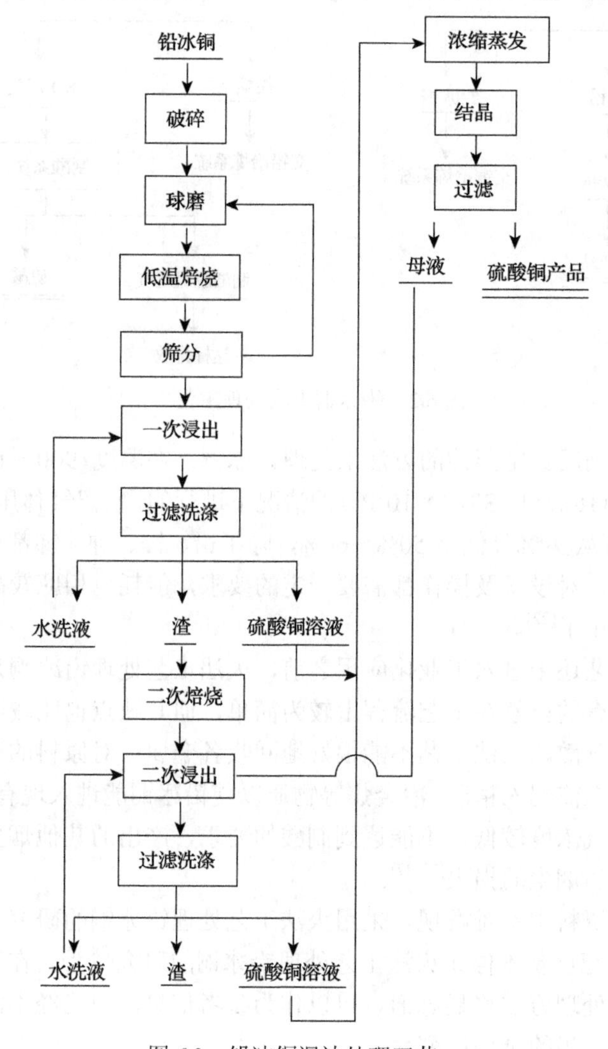

图 6.3　铅冰铜湿法处理工艺一

进行了研究，该研究首先对初始物料进行了一系列表征，如化学组成分析，SEM、XRD、热差分析(DTA)，然后进行了感应分析，铅冰铜氧化过程机理分析，最后使用动力学参数描述了铅冰铜氧化焙烧过程。此外，该作者还使用上述分析方法，对铅冰铜氧化焙烧-浸出过程的热力学进行了研究[34]。

全湿法工艺中的浸出段可采用常压浸出，如氨水浸出再电积[35]，或者在常压下使用空气氧化酸浸再电积[36]，这两种方法由于是在常压下进行的，无论是采用碱性介质还是酸性介质，氧化的速率都极为缓慢，物质的氧化不够彻底，难以得到理想的浸出率。

浸出段也可采用加压浸出，使用的浸出介质包括酸性介质、碱性介质及氯盐介质等。

王火印等[5]提出了加压酸浸除铜-碳化转化铅-硝酸浸出铅的全湿法工艺处理铅冰铜，铜的浸出率为 97.21%，铅的转化率达到 96%以上，铅的浸出率为 99.8%。该工艺的特别之处在于浸出渣中铅的提取没有采用火法的处理方式，而是使用硝酸来将铅浸出，以达到铅与浸出渣的分离。杨显万等[37]采用湿法冶金工艺从铅火法冶炼系统中产出的铅冰铜中回收铜，浸出过程完成后将矿浆排出高压釜，进行固液分离，铜浸出液中，采用电沉积的方法获得溶液中的铜，浸出渣则返回火法炼铅系统回收铅、银、单质硫等有价元素，其工艺流程见图 6.4。Jin 等[38]使用酸性介质对铅冰铜进行氧压浸出，结果表明，在浸出时间为 2h，氧气压力为 0.8MPa，酸添加量占物料质量的 81%，温度为(150±5)℃，搅拌转速为 600r/min 时，铜的浸出率超过了 95%，进入溶液中的铁离子量较低，约为 2g/L，元素硫产出量占总硫的 20%～30%，浸出渣中含有硫酸铅、赤铁矿、硫磺，以及占铅冰铜总量约 30%的硫化铜。送至铅冶炼系统的铅，回收率接近 100%，硫酸铅中含有占总量 98%的银。

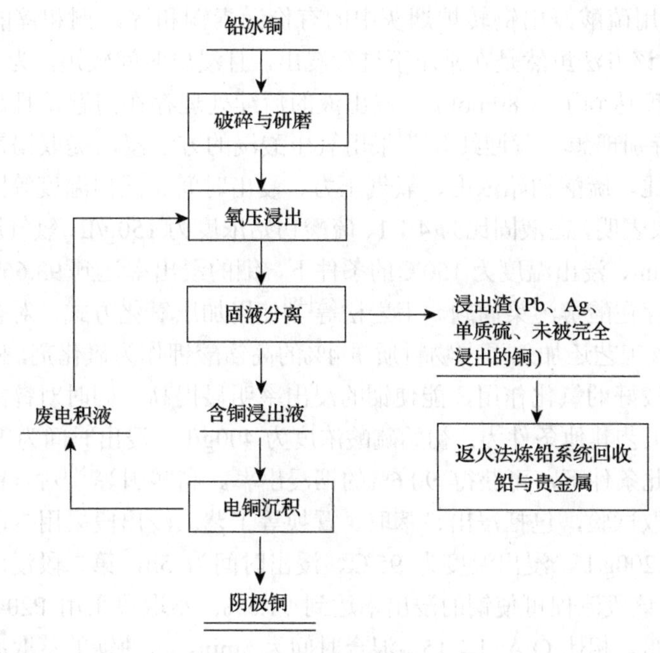

图 6.4　铅冰铜湿法处理工艺二

肖锋等[6]使用碱性介质进行加压浸出，研究了该过程中铜的行为，结果表明 Cu_2S 在高碱高压条件下能被完全氧化成 CuO，该过程最终生成的固相是 CuO。

浸出段还可以使用氯化介质进行浸出，最早使用氯化浸出工艺的是加拿大鹰桥公司[39]，该公司在挪威的克里斯蒂安桑精炼厂首次使用控制电位选择性氯化浸出来处理铜镍高锍的盐酸浸出渣，铜、镍的浸出率均超过了 98%。文剑锋等[7]采用控制电位氯化浸出铅冰铜，此工艺流程可使铜、铁、铅、银的浸出率分别达到 98.27%、99.07%、4.21%、1.54%，可见铜的浸出率很高，铅、银的入渣率也较高，该浸出渣可直接返回铅冶炼的火法系统进行后续处理，由于采用了氯化浸出的方式，可以看到铁的浸出率非常高，大量的铁进入浸出液中，将不利于浸出液的后续处理。吴连平等[40]采用 $FeCl_3$-NaCl 处理工艺，使铜的浸出率达到 94%，铅的浸出率达到 96%，但该法中 $FeCl_3$ 的再生存在问题。方兆珩[41]用氯气浸出含锌、铅、金和银的复杂铜锍，各金属的浸出率都比较理想，但该法采用氯气作为氧化剂，相比较采用氧气或者空气作为氧化剂来说，不够经济且不容易获得。

其他冶炼副产物，如转炉烟灰、冶炼渣、收尘系统回收的烟尘等物质，含有各种金属的硫化物、氧化物，它们含量较少，又较为分散，与铅冰铜成分相似。处理这类物料的方法一般也为湿法处理工艺，因为这类物质的化学成分与铅冰铜相似，研究者也会参考处理这些物质的方法来处理铅冰铜。此外，铅冰铜及各类烟灰、烟尘、冶炼废渣以及阳极泥等中间产物中往往富含金属铟。铟是一种稀散金属[42]，在我国，铟仅与铅锌矿床共生，已探明的铟资源主要集中在云南、广西、广东和内蒙古等地，其中云南铟储量约 4000 多吨[43]。由于世界上没有独立的铟矿床，多数伴生在有色金属硫化矿物中，特别是硫化锌矿、铁闪锌矿，其次是硫化铜矿、方铅矿、氧化铅矿、锡矿及硫化锑矿等，因此，从冶炼副产品中综合回收铟是提取生产铟的重要手段之一[44-46]。

侯新刚等[47]用硫酸浸出铜转炉烟灰中的有价元素铜和锌，铜和锌的浸出率分别为 91.3%和 96.7%，该方法虽然是在常压下进行浸出，且浸出时间较短，为 1.5h，但硫酸用量较大，硫酸浓度达到了 1.80mol/L，浸出液的后续处理存在问题，且铜的浸出率只有 91.3%，并不是特别理想。黄迎红等[48]采用氧压酸浸的方法浸出提取锡铟烟尘中的铟，考察了包括液固比、硫酸初始浓度、氧气压力、浸出时间、浸出温度等因素对铟浸出率的影响，试验结果表明，在液固比为 4∶1、硫酸初始浓度为 150g/L、氧气压力为 0.7MPa、浸出时间为 150min、浸出温度为 150℃的条件下，铟的浸出率达到 93.66%，硫以元素硫的形式产出，不存在酸雾污染问题。韦岩松等[49]使用加压氧化方式，对含铟锌氧化粉进行了浸出研究，该工艺还加入了占物料质量 4%的高锰酸钾作为氧化剂，研究结果表明高锰酸钾对铟具有较好的氧化作用，能使铟的浸出率明显提高，同时对锌的浸出也有一定的强化作用。该工艺其他条件为：初始硫酸浓度为 400g/L，浸出时间为 120min，浸出温度为 120℃，在此条件下，可获得 90.6%的铟浸出率。高熙国等[50]对含铟铅烟尘中的铟进行了全过程提取试验，包括浸出、萃取、置换等工艺。浸出段采用二段硫酸浸出，硫酸的初始浓度为 200g/L，浸出温度为 95℃、浸出时间为 5h，第二段浸出使用稀硫酸，浸出时间为 2h，该段流程可使铟的浸出率达到 91.5%；萃取段采用 P204 作为萃取剂，有机相浓度为 15%、相比 O/A=1∶15、混合时间为 5min，可使铟的萃取率达到 98%；反萃段使用 6mol/L 的盐酸作为反萃剂，采用三级逆流萃取，铟的反萃率为 100%；铟的富集液采用锌粉置换的方法，置换率超过 99.7%。有机相可以返回再生循环使用，富集液中铁、砷等杂质会影响有机相的萃取能力。

其他如废杂铜冶炼渣、炉渣、铜渣等的处理，有两段加压浸出、常压酸浸、氧压酸浸、氧化焙烧-酸浸法等方法[51-57]。以上各种方法，或多或少存在金属回收率不高、反应过程缓慢、氧化剂选择不理想、环境污染严重等问题。

湿法冶金工艺中还有一个更前沿的工艺，即微生物法。微生物法可用于处理某些贫矿、老矿坑中残余的氧化矿、量小而分散的富矿，是采掘工业和冶金工业扩大资源和综合利用的有效途径之一。世界上从数量巨大的低品位矿及废矿石中生产的铜已占产量的16%，美国有 26%的铜产自细菌浸出法。细菌浸出法是借助于某些微生物的生物催化作用使浸出剂中的 $Fe_2(SO_4)_3$ 不断再生，再利用 H_2SO_4 和 $Fe_2(SO_4)_3$ 将矿石中的有价金属溶解出来。影响细菌浸出的主要因素包括微生物的培养基、酸度、温度、氧气的供给及矿石粒度等[58]。

微生物法对于铅冰铜的处理也有报道。Ballester 等[59]使用细菌铁硫杆菌对铅冰铜中的铜进行了生物浸出的研究，考察了微生物的浸出周期、培养基、营养源、铅冰铜种类、矿浆类型及矿石粒度等因素，采用两段浸出的方式，回收铅冰铜中的铜。结果表明，第一段生物浸出对固体物料分解作用的强弱，直接决定着第二段生物浸出对铜回收率的高低。该菌种可有效分解固体物料，与化学法 46%的浸出率相比较，细菌浸出能使铜的浸出率达到 93%。Kristofova 等[60]对细菌浸出铅冰铜时铅冰铜的行为进行了研究，同样采用了细菌铁硫杆菌，运用化学分析和粒度分析，对均匀分布样品的物理化学特性进行了研究，通过 XRD 对样品进行了相分析，对浸出渣的变化做了定性定量分析。他们的研究结果表明，生物作用与化学作用的协同作用，使原物料缓慢分解，并出现新的化学成分。微生物处理铅冰铜工艺的优缺点将会在下节微生物法处理复杂多金属硫化矿中一并提到。

6.2　铅冰铜氧压浸出原理及热力学

试验所用的铅冰铜主要成分为各种金属的硫化物，对其进行氧压酸浸，可将金属硫化物转变为其对应的硫酸盐形式，易溶的硫酸盐进入溶液，难溶或不溶的则进入浸出渣，实现有价金属的初步分离，硫以元素硫的形式产出，不产生二氧化硫。在氧压浸出过程中，主要发生的化学反应见式(6.1)～式(6.6)：

$$Cu_2S+2H_2SO_4+O_2 = 2CuSO_4+S^0+2H_2O \tag{6.1}$$

$$2In_2S_3+2H_2SO_4+9O_2 = 2In_2(SO_4)_3+2S^0+2H_2O \tag{6.2}$$

$$ZnS+H_2SO_4+0.5O_2 = ZnSO_4+S^0+H_2O \tag{6.3}$$

$$PbS+H_2SO_4+0.5O_2 = PbSO_4+S^0+H_2O \tag{6.4}$$

$$(CuFe)_{12}As_4S_{13}+20H_2SO_4+18O_2 = 12CuSO_4+8FeSO_4+4FeAsO_4+13S^0+20H_2O \tag{6.5}$$

$$Cu_{12}Sb_4S_{13}+12H_2SO_4+9O_2 = 12CuSO_4+2H_2Sb_2O_4+13S^0+10H_2O \tag{6.6}$$

此外，Fe 的存在有利于反应的进行：$FeSO_4$ 被氧化成 $Fe_2(SO_4)_3$，$Fe_2(SO_4)_3$ 又与 CuS 反应，被还原成 $FeSO_4$，如此反复，直至物料中的硫化物反应完全，见式(6.7)和式(6.8)：

$$2FeSO_4+H_2SO_4+0.5O_2 = Fe_2(SO_4)_3+H_2O \tag{6.7}$$

$$CuS+Fe_2(SO_4)_3 = CuSO_4+2FeSO_4+S^0 \tag{6.8}$$

当酸度较低时，溶液的 pH 进入 SO_4^{2-} 的稳定区，Fe^{2+} 也水解释放出游离酸，见式(6.9)：

$$Fe_2(SO_4)_3+4H_2O = 2FeOOH+3H_2SO_4 \tag{6.9}$$

释放的游离酸可促进金属硫化物的进一步溶解。随着溶液的酸度增加，溶液的 pH 又进入元素硫的稳定区，如此反复，直至反应结束。

也有部分金属硫化物直接被氧化成硫酸盐的形式，见式(6.10)：

$$MeS+2O_2 = MeSO_4 \tag{6.10}$$

根据 φ-pH 关系式，并假设气体物质的分压等于标准大气压，离子物质的活度等于 0，绘制了 Cu_2S、In_2S_3、ZnS、PbS、FeS 五种物质在不同 pH 条件下的主要化学反应的 φ-pH 关系图。Cu_2S、In_2S_3、ZnS、PbS、FeS 涉及的主要化学反应方程式及其对应的 φ-pH 关系式在第 3 章中已有介绍，在此，主要根据 φ-pH 图分析铅冰铜的浸出过程。

由图 6.5 可以看到，在 25℃下，Cu_2S 发生溶解反应产生 Cu^{2+}与硫单质 S^0 的 pH 要求较高，pH 约为–7，当温度升高至 150℃时，对 pH 的要求有所降低，为–5 左右。氧化还原电位升高，Cu_2S 随即发生溶解反应产生 Cu^{2+}，其中的–2 价硫先生成 H_2S 气体，然后生成 HSO_4^-，电位继续升高，HSO_4^-进一步生成硫单质(S^0)，在 25℃下，电位再升高

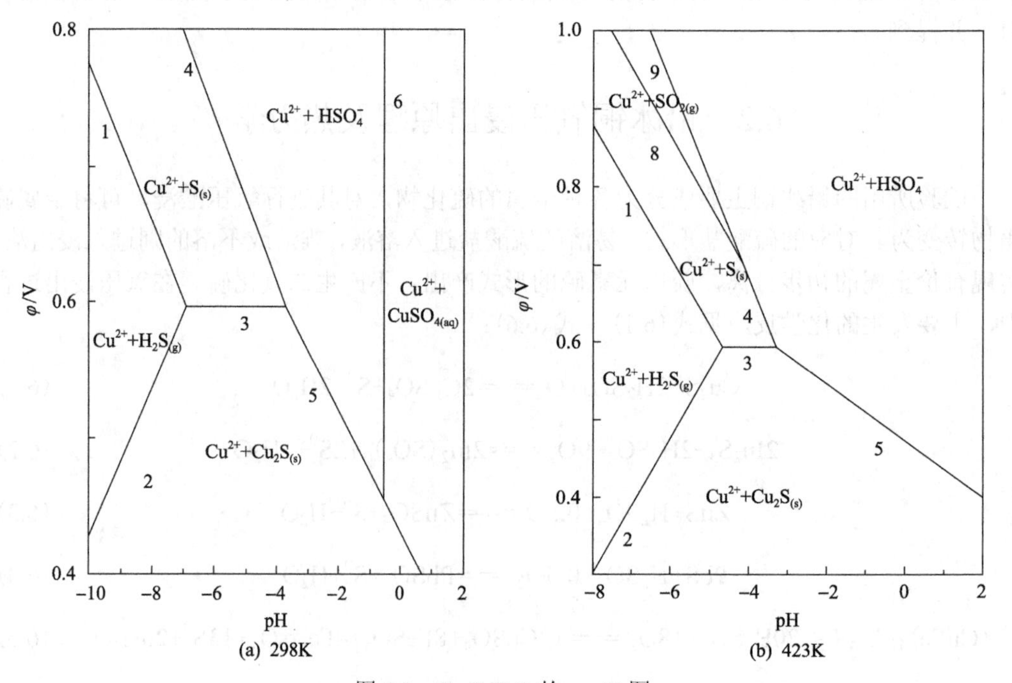

图 6.5　Cu_2S-H_2O 的 φ-pH 图

时硫单质(S^0)会变为$SO_{2(aq)}$，而在150℃下则变为$SO_{2(g)}$。相比较25℃，150℃下$Cu^{2+}+HSO_4^-$的稳定区有所增大，$Cu^{2+}+S^0$的稳定区有所减小，这说明在高温下，Cu_2S更容易发生溶解反应产生Cu^{2+}。

从图6.6中可知随着温度的升高，In_2S_3的稳定区域减小，说明在高温下In_2S_3更容易发生溶解反应生成In^{3+}，在此温度下，发生溶解反应对酸度的要求也有所降低。温度升高时，In^{3+}的稳定区域增大，$In^{3+}+S^0$的区域有所减小，比25℃时呈现略微上移规律。文献[61]表明，温度升高时，与In^{3+}稳定区域一同增大的还包括$In(SO_4)^+$、$In(SO_4)_2^-$，且In_2S_3-H_2O系中并不存在$In+S^0$的稳定区域。

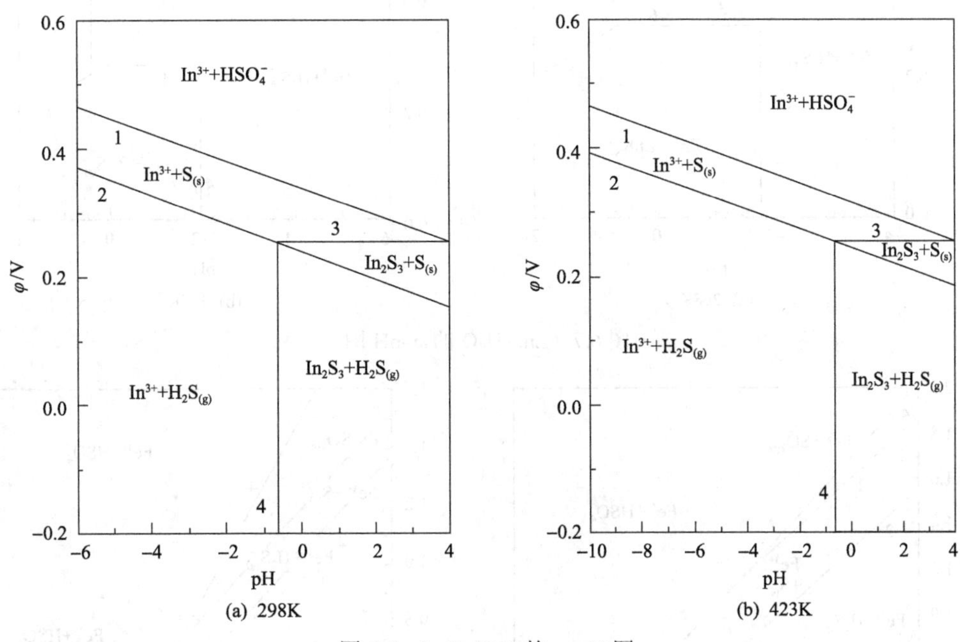

图6.6　In_2S_3-H_2O的φ-pH图

图6.7表明，温度升高，$Zn^{2+}+ZnS$的稳定区域减小，$Zn^{2+}+H_2S_{(g)}$的区域增大，这说明在高温下ZnS更容易以Zn^{2+}的形式进入溶液中。25℃下产生$SO_{2(aq)}$，150℃下则产生$SO_{2(g)}$，$Zn^{2+}+HSO_4^-$在150℃下的稳定区域较25℃下的有所增大，25℃下，ZnS更容易以$Zn^{2+}+ZnSO_{4(aq)}$的形式存在于溶液中。同样，温度升高时，Zn^{2+}的稳定区域增大。150℃下$Zn^{2+}+S^0$的区域较25℃下的有所增大，这说明比较CuS与In_2S_3而言，ZnS在生成$Zn^{2+}+S^0$的条件控制上可以调整的空间较大。

相比较Cu_2S-H_2O、In_2S_3-H_2O与ZnS-H_2O系的φ-pH图，FeS-H_2O系的φ-pH图稍显复杂。FeS-H_2O系存在一个主金属氧化价态升高的过程，即Fe^{2+}氧化为Fe^{3+}，随之对应的是两种不同价态的离子与相应物质的稳定区域。由图6.8可知，FeS-H_2O系中存在$Fe^{2+}+S^0$及$Fe^{3+}+S^0$的稳定区域，$Fe^{2+}+HSO_4^-$及$Fe^{3+}+HSO_4^-$的稳定区域，以及$Fe^{2+}+H_2S_{(g)}$及$Fe^{3+}+H_2S_{(g)}$的稳定区域。随着氧化还原电位的升高，FeS先进入FeS_2区域，而后才会进入$Fe^{2+}+S^0$的区域。高温下，FeS溶解生成$Fe^{2+}+S^0$及$Fe^{3+}+S^0$所需要的酸度较低。25℃时，元素硫会产生$SO_{2(aq)}$，150℃下则产生$SO_{2(g)}$。

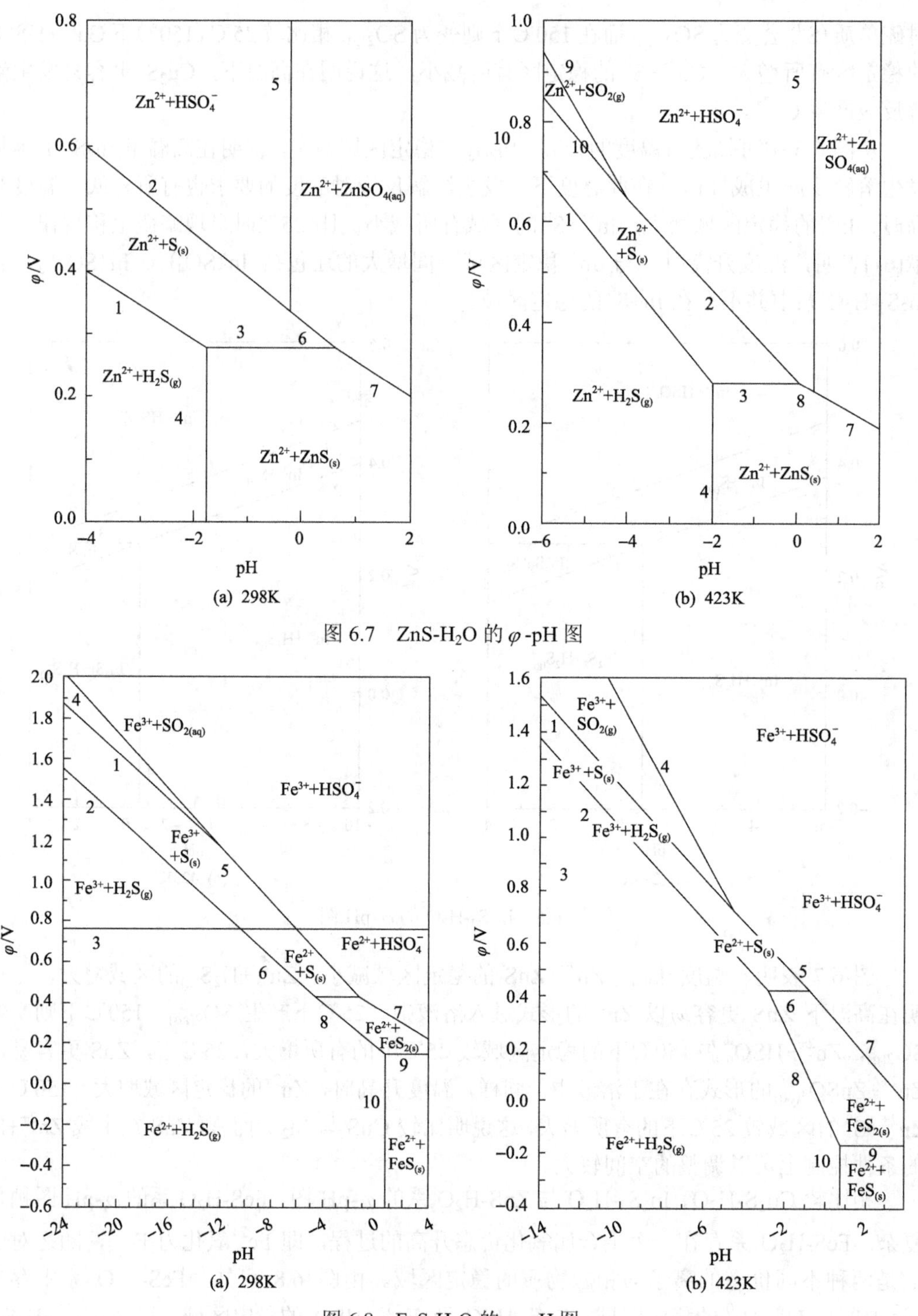

图 6.7　ZnS-H$_2$O 的 φ-pH 图

图 6.8　FeS-H$_2$O 的 φ-pH 图

从图 6.9 中可以看到，硫酸铅 $PbSO_4$ 为不溶物，在溶液中以固体形式存在，即图中的 $PbSO_{4(s)}$，最后进入浸出渣中。随着温度的升高，PbS 的稳定区域减小，其中的元素硫

生成 S^0 所需要的酸度也有所降低。$H_2S_{(g)}$以及 SO_2 的区域也有所增大。相比较 25℃而言，150℃下 S^0 的稳定区域上移并略微减小。25℃时，元素硫以 $SO_{2(aq)}$的形式存在，150℃下则以 $SO_{2(g)}$的形式存在。此外，在 150℃的情况下，HSO_4^-不能直接转变为单质硫 S^0。

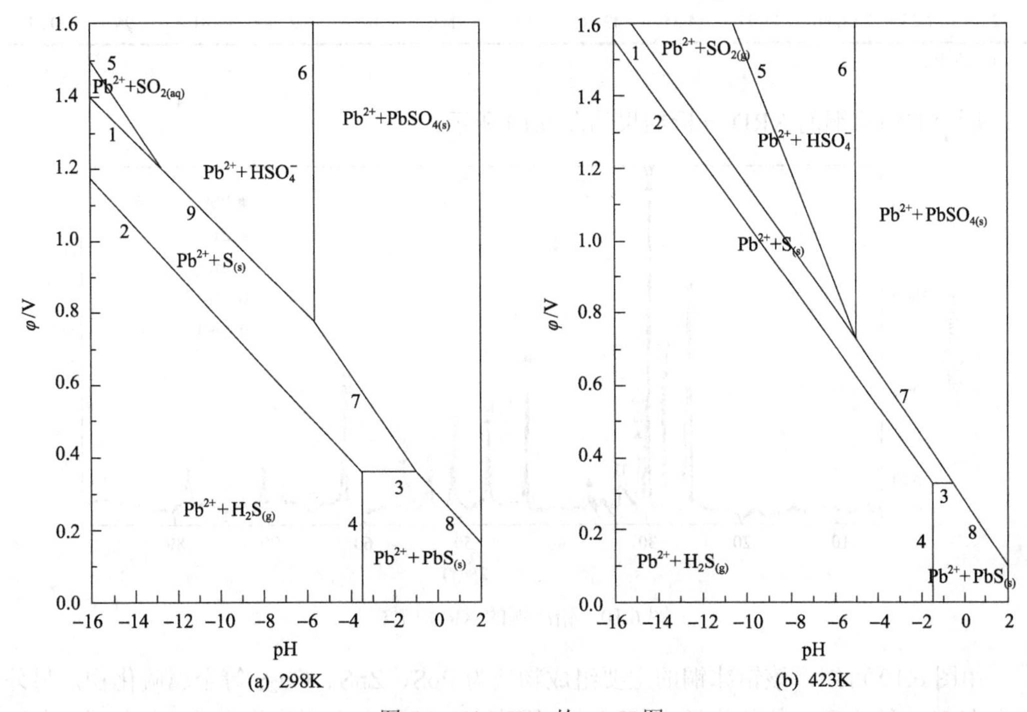

图 6.9　$PbS-H_2O$ 的 φ-pH 图

在铅冰铜浸出的过程中，为了降低各金属浸出过程对酸度的要求，使 CuS、In_2S_3、ZnS 尽可能转化为 Cu^{2+}、In^{3+}、Zn^{2+}进入浸出液中，降低 FeS 转变为进入溶液的 Fe^{2+}或 Fe^{3+}的量，降低 PbS 进入浸出液的量使其转变为 $PbSO_4$ 沉淀而进入浸出渣，实际上此过程需要在氧压和高温的条件下采用硫酸浸出。

为了比较上述各种金属硫化物在水溶液中的性质，可根据第 2 章中图 2.5(不同温度下 $Me_mS_n-H_2O$ 系的 φ-pH 图) 分析铅冰铜中各金属硫化物的浸出差异。

由图 2.5 可见各种金属硫化物进行反应所需的电位和 pH，还可以看出这几种金属硫化物在水溶液中的相对稳定性。图中所示铅冰铜中各金属硫化物在溶液中的稳定性由强到弱依次为：$Cu_2S>PbS>ZnS>In_2S_3>FeS$，说明 Cu_2S 最难浸出，而 FeS 最容易浸出。

6.3　铅冰铜加压酸浸提取铜、铟工艺研究

所用试验原料为某厂提供的铅冰铜，其化学成分及含量见表 6.1。由表 6.1 可知，该物料化学组成复杂，含铜、铅、铁、铟较高。高铁高铅势必会给金属的分离带来困难。两种样品的化学组成除了在铜及铅含量有少许差别以外，其余组成差量不大。

表 6.1 铅冰铜化学成分分析结果 （单位：%）

样品	As	Fe	Cu	Zn	Pb	Sb	Bi	Cd	Sn	In*	Ag*	Au*
1	1.63	13.08	19.57	5.12	33.76	0.37	0.2	0.6	3.48	2300	395.49	0.53
2	1.23	14.04	11.95	4.35	43.16	0.51	1.05	0.73	2.08	1810	396.9	0.51

*单位为 g/t。

所用的铅冰铜的 XRD 分析结果如图 6.10 所示。

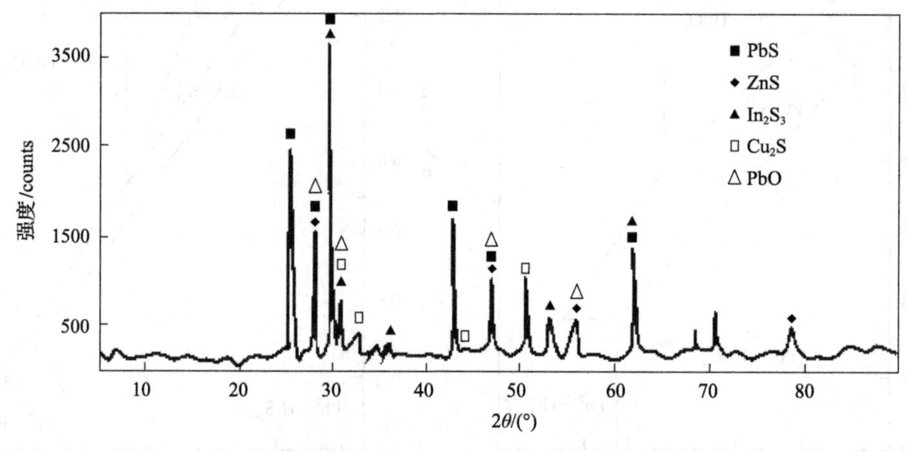

图 6.10 铅冰铜的 XRD 谱图

由图 6.10 可知，该铅冰铜的主要组成物质为 PbS、ZnS、Cu_2S 等金属硫化物，另外还含有 PbO 等物质，从其化学成分可知，铅冰铜与复杂多金属硫化物矿石的组成相似。

对铅冰铜 1 中的铅进行了物相分析，见表 6.2。

表 6.2 铅冰铜 1 中铅的物相分析结果

	硫酸盐	碳酸铅	硫化物	铁酸盐及其他铅	总铅
Pb 含量/%	2.8	9.74	18.85	1.62	33.01
分布率/%	8.75	28.86	57.33	5.06	100.00

由表 6.2 可知，铅冰铜中的铅主要以硫化物的形式存在，其次为碳酸铅，并有少量以硫酸盐和铁酸盐的形式存在。此外，物相分析几乎没有单质铅存在，但为了防止某些铅冰铜中含少量单质铅，与硫酸溶液反应生成氢气而产生安全隐患，在铅冰铜进入加压釜之前，应在常压密闭容器中浸泡一段时间。

6.3.1 粒度对浸出过程的影响

从浸出动力学角度可知，固体物料的粒度对增加浸出反应速率及提高浸出率有很明显的影响。因此，固体物料粒度对浸出率的研究有很大的意义。采用棒式湿磨机处理铅冰铜，使用不同磨矿时间的铅冰铜进行试验，磨矿时间 5min、10min、15min、20min、25min、30min 分别对应粒度为–38μm 占物料总量的 86.93%、90.2%、92.75%、93.29%、94.90%、80.27%，铜、铟、锌和铁浸出规律的变化见图 6.11。

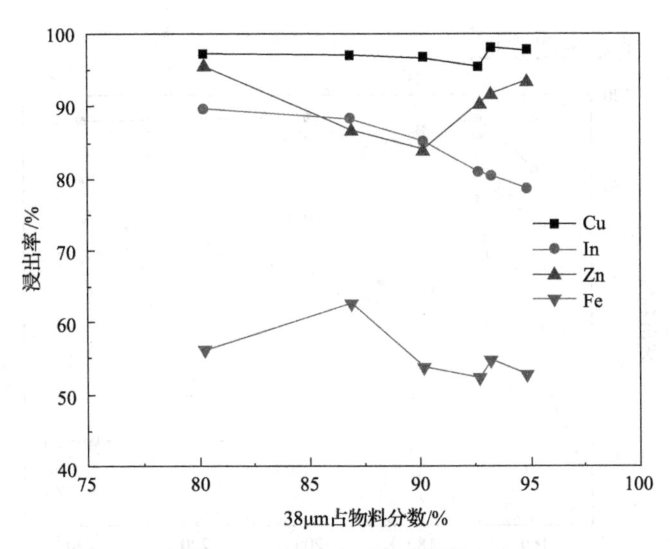

图 6.11　不同粒度下各金属浸出率

2%～3%木质素磺酸钠，硫酸浓度为 200～220g/L，液固比为 4∶1，氧气压力为 1.2MPa，浸出时间为 3h，温度为 150℃，搅拌转速为 850r/min，铅冰铜 2

由图 6.11 可知，铅冰铜在硫酸加压浸出过程中，铜的浸出率随粒度的变化呈现出较小的波动，而锌的浸出率则在物料粒度–38μm 占 90.2%之后对应的物料粒度出现明显的增长趋势，从 84.09%升高至 95.78%。铟的浸出率则呈相反趋势，在–38μm 占 80.27%时达到了较大值，这里说明可能是在粗颗粒状态下，更利于铜和锌的浸出，随着铜锌浸出消耗了硫酸，铟的浸出不能继续在高酸环境下进行，致使铟的浸出率下降。在这几个物料粒度试验里，铁的浸出率一直在 50%～65%。

磨矿时间越长，物料粒度越小，导致物料的比表面积大，从而使其与溶液的接触更充分，反应也更彻底，优先反应的元素浸出效果更好，但是随着酸度的降低，反应活性较低的元素如铟浸出率就会降低。较小的物料粒度、溶液扩散与渗透至物料的时间更短，被溶解的产物扩散至表面也会更容易，进而使反应更彻底。但是增加磨矿时间意味着增加能耗，势必会降低经济效益，且不符合节能原则。所以，粒度的选择一定要平衡磨矿能耗和浸出率的关系。

根据粒度试验结果，为降低磨矿能耗，减少生产成本，又进行了–74μm 占 60%的铅冰铜为原料的浸出试验，以最佳浸出条件进行了两组试验，试验结果表明，在此条件下渣中含铟仍分别高达 1141.6g/t、1345.8g/t(渣率 102.46、106.12)，浸出率只有 35.38%、21.10%。由此可见在这样的粒度条件下不能很好地浸出铅冰铜中的元素铟。对此，以物料粒度为标准，当物料粒度在–38μm 占 80%以上时，各金属的浸出效果均比较理想。

6.3.2　初始硫酸浓度对浸出过程的影响

初始硫酸浓度也从动力学角度影响浸出过程的反应速率，因此，需要研究硫酸浓度对浸出率的影响。将不同酸度的硫酸溶液与矿料混合，在高压釜中进行反应，待反应结束后固液分离，然后检测干燥滤渣中的元素铜、铟和锌，计算各元素浸出率。不同酸度下各金属的浸出率关系见图 6.12。

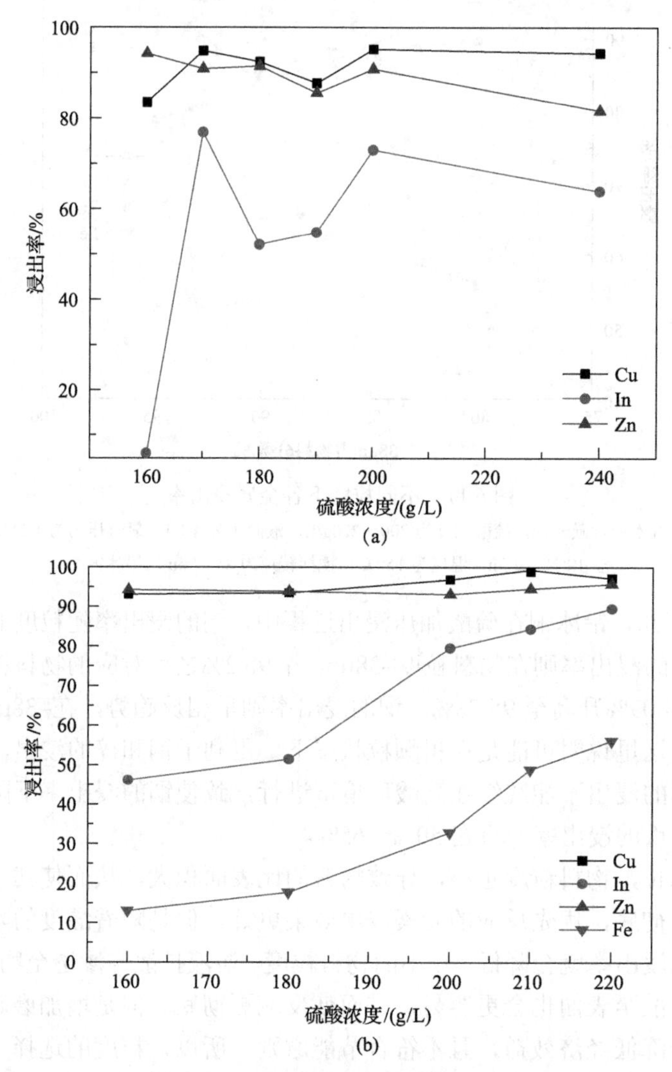

图 6.12 不同酸度下各元素的浸出率

(a) 反应时间为 3h，氧气压力为 1.2MPa，温度为 150℃，液固比为 4∶1，粒度–48μm 占 91.43%，10%木质素磺酸钠，搅拌转速为 850r/min，铅冰铜 1；(b) 反应时间为 3h，氧气压力为 1.2MPa，温度为 150℃，液固比为 4∶1，物料粒度–38μm 占 80%以上，2%～3%木质素磺酸钠，搅拌转速为 850r/min，铅冰铜 2

从图 6.12(a) 可以看出，铅冰铜 1 在硫酸加压浸出过程中，随着初始酸度的增大，铜和锌的浸出率出现较小的波动，而铟的浸出率的波动非常大。这是因为试验过程中，当酸度为 170g/L 和 200g/L 时，出现结块现象，而结块中包裹着未参与反应的金属元素，在送样分析时，不包含结块部分(结块物料 XRD 谱图见图 6.13)，所以当用渣计浸出率时，铜、铟和锌的浸出率会比实际浸出率偏高。由于原精矿中铜和锌的含量较大，分别占精矿的 19.57%和 5.12%，当出现结块时，对铜和锌的浸出率影响不大。但是由于铟在原精矿中的含量仅为 2300g/t，当出现结块时，铟的浸出率要比实际的浸出率高很多，所以试

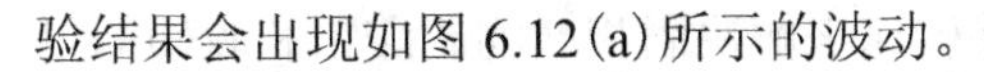
验结果会出现如图6.12(a)所示的波动。

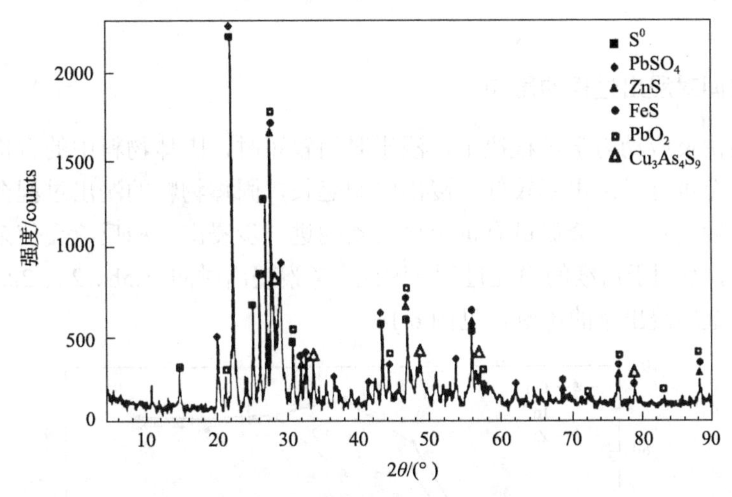

图6.13　结块物质的XRD谱图

根据铅冰铜1的试验结果，对铅冰铜2进行硫酸浓度试验(部分条件有调整)发现，如图6.12(b)，随着酸度的增大，铜的浸出率略有增大，锌的浸出率基本保持不变，而铟和铁的浸出率明显升高。当酸度较低时，随着酸度的增大，铟的浸出率增大得较快；当酸度低于180g/L时，铁的浸出率增大得较慢；当酸度高于180g/L时，铁的浸出率增大得较快。酸度的增大会在浸出过程中增大H_2SO_4的消耗量，但是为了回收稀散金属铟，在试验中也发现只有在较高的酸度下，铟的浸出率才能得以保证，所以使用较高的酸度是非常必要的，但是过高的酸度也会带来以下问题：①随着酸度的增大，铁的浸出率明显增大，并且酸度越大，铁的浸出率增大得越明显；②当酸度增大到一定程度时，再增大酸度对铟的浸出率影响很小；③增大酸度，浸出的终酸的酸度增大，增加了后续处理的难度；④增大了生产成本。所以在实际生产过程中选择酸度时，一定要平衡以下三个方面：①保证铟的高浸出率；②较低的终酸酸度；③较低的铁浸出率。工业化生产可选用210g/L和220g/L的酸度，在此条件下，铟的浸出率分别达到84.32%和89.56%。本试验可选择的硫酸浓度为200～220g/L。

在铅冰铜1的浸出试验中常出现浸出后固体物料结块的现象，因此对结块物料进行XRD分析，图6.13是铅冰铜加压浸出后结块物质的XRD图谱。

从图6.13中可以看出，结块物质的主要成分是硫酸铅与硫磺，结块的主要原因是物料中铅的含量较高，在硫酸加压浸出过程中，铅以硫酸铅固相形式析出，此体系中固相的产量比常规硫化锌精矿加压浸出过程产生的固相产物量要高很多，所以容易出现结块现象。出现结块现象的直接结果就是各金属的浸出率不高，分析原因，可能是因为搅拌力度不够，或者分散剂效果不好，使得硫酸铅或者硫磺包裹了未反应的铅冰铜，使各金属的浸出难以继续进行，进而降低了各金属的浸出率。由此可知，在反应过程中防止结块物质的生成是提高各金属浸出率的主要方式之一，而解决结块的途径主要有提高分散剂用量和加大搅拌转速，而此过程中分散剂的用量已比常规硫化锌精矿加压浸出的用量高出许多，因此，在实践过程中尽可能提高搅拌转速来解决固相产物硫酸铅和硫磺的包裹问题。

6.3.3 浸出时间对浸出过程的影响

浸出时间由反应动力学过程决定，浸出时间较短时，固体物料中的有价金属元素浸出反应未能完全进行，浸出率较低。浸出时间延长，固体物料的浸出过程会慢慢进行完全，但时间继续延长，不会促进有价金属元素的进一步浸出，相反，会使杂质元素的浸出率有所增加，不利于后续的净化过程。因此，考察浸出时间(1.5h、2h、2.5h、3h、3.5h)对铅冰铜中各金属浸出率的影响，见图 6.14。

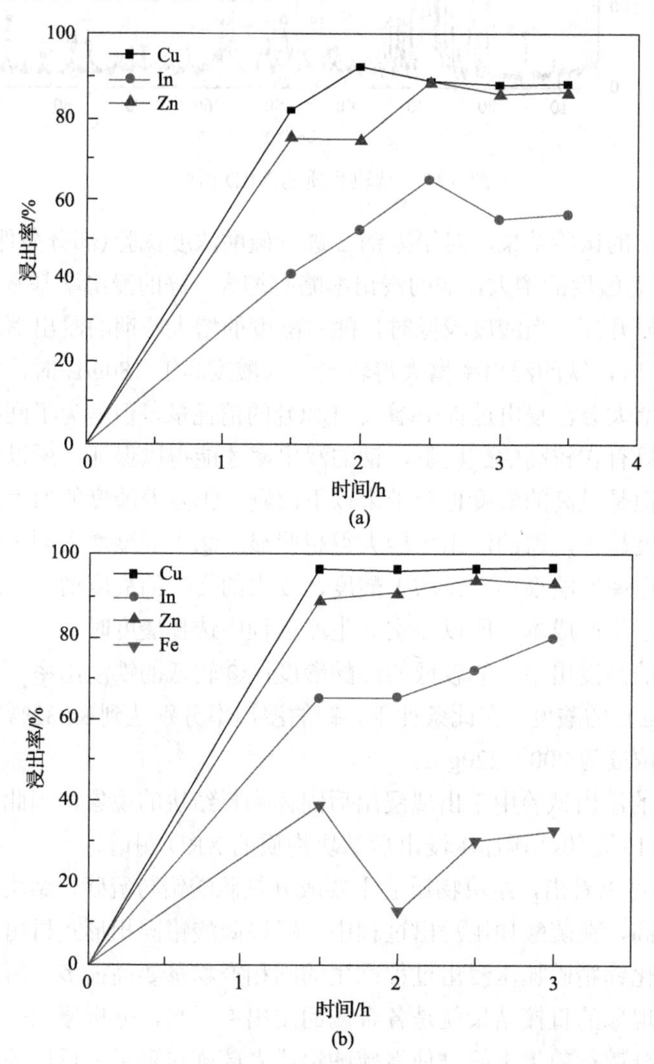

图 6.14　不同浸出时间下各元素的浸出率

(a)氧气压力为 1.2MPa，温度为 150℃，液固比为 4∶1，–48μm 占 91.43%，10%木质素磺酸钠，酸度为 180g/L，搅拌转速为 850r/min，铅冰铜 1；(b)氧气压力为 1.2MPa，温度为 150℃，液固比为 4∶1，–38μm 占 80%以上，2%～3%木质素磺酸钠，搅拌转速为 850r/min，铅冰铜 2

从图 6.14(a)可知，铅冰铜 1 随着浸出时间的延长，铜的浸出率先升高而后缓慢地降低，但是降低幅度非常小，浸出时间从 2h 延长到 3h，铜的浸出率从 92.23%降低到 87.73%，降低了 4.5%。并且考虑检测的误差，可以认为浸出时间在 2h 以后对铜的浸出率几乎没有影响。锌和铟的浸出率随着浸出时间的延长，都在 2.5h 处出现拐点，但是这并不能说明 2.5h 为最佳浸出时间，这是因为浸出时间为 2.5h 的试验中出现了结块现象，锌和铟的浸出率比实际的浸出率偏高。总体来说，锌和铟的浸出率随着浸出时间的延长而增大。如图 6.14(b)，铅冰铜 2 随着浸出时间的延长，铜的浸出率保持不变。当浸出时间为 1.5h 时，铜的浸出率就已经达到了 95%以上，说明铜在浸出时间为 1.5h 时就已经能够浸出完全。随着浸出时间的延长，锌的浸出率缓慢增大，而后有略微的降低，在浸出时间为 2.5h 时达到最大，浸出时间从 2.5h 延长到 3h 时，锌的浸出率从 94.04%降低到 93.20%，降低了 0.84%。考虑到试验的操作误差以及检测误差，可以认为浸出时间为 2.5h 和 3h 时，可以获得理想的锌浸出效果。随着浸出时间的延长，铟的浸出率逐渐增大，当浸出时间为 3h 时，铟的浸出率为 79.62%，比浸出时间为 2.5h 时铟的浸出率 71.8%增大了 7.82%，所以延长浸出时间，可以更加完全地浸出铅冰铜中的铟。因此，浸出时间越长，对冰铜中锌和铟的浸出效果越好，但是实际生产过程中并不是时间越长越好，主要有以下几个原因：①当达到一定的浸出时间时，延长浸出时间，金属的浸出率增大得不明显；②延长浸出时间，会延长生产周期；③延长浸出时间，会增大成本。所以在实际生产过程中，一定要综合考虑，选择合适的浸出时间，通过考察，2.5～3h 是比较合理的浸出时间。

此外，考虑到铁的浸出率，随着浸出时间的延长，铁的浸出率呈现先降低后增大的趋势，而高的铁浸出率是不希望得到的结果。虽然铁的浸出率在浸出时间为 2h 时最低，仅为 12.81%，但是此时铟的浸出率也最低，仅为 65.23%。当浸出时间为 3h 时，铁的浸出率为 32.87%，仅比 2.5h 时的 30.14%高 1.73%，并且比浸出时间为 1.5h 时低。所以实际生产过程中可选择浸出时间为 2.5～3h。

6.3.4　液固比对浸出过程的影响

当浸出过程液固比较小时，浸出剂的用量相对于固体物料质量过小，造成固体物料不能有效浸出。在增大浸出液液固比的过程中，固体颗粒能够在搅拌的作用下悬浮于足够多的液体中，进行较充分的反应。但过大的液固比会造成后续酸液处理难度的加大，同时增加生产成本。因此，考察液固比(3.5、4.0、4.5、5.0、5.5)对铅冰铜中各金属浸出率的影响，见图 6.15。

由图 6.15(a)可知，铅冰铜 1 随着液固比的增大，铜和锌的浸出率的变化幅度很小，而铟的浸出率变化很大。值得注意的是，当液固比为 4.5 时，出现少量结块，而当液固比为 5 时，出现大量结块。所以铜、铟和锌的浸出率在液固比为 4.5 时，会比实际的浸出率偏高一些，但是当液固比为 5 时，这三种元素的浸出率要比实际的浸出率高很多。通过综合分析，可以认为随着液固比的增大，铜、铟和锌的浸出率都降低。这是因为在浸出过程中，复杂矿物质的浸出速率随溶液中硫酸总量的增加而增加，但速率过快容易引起结块，反而降低浸出率，所以硫酸浓度要求合适。这也是当液固比提高到 4.5 时有

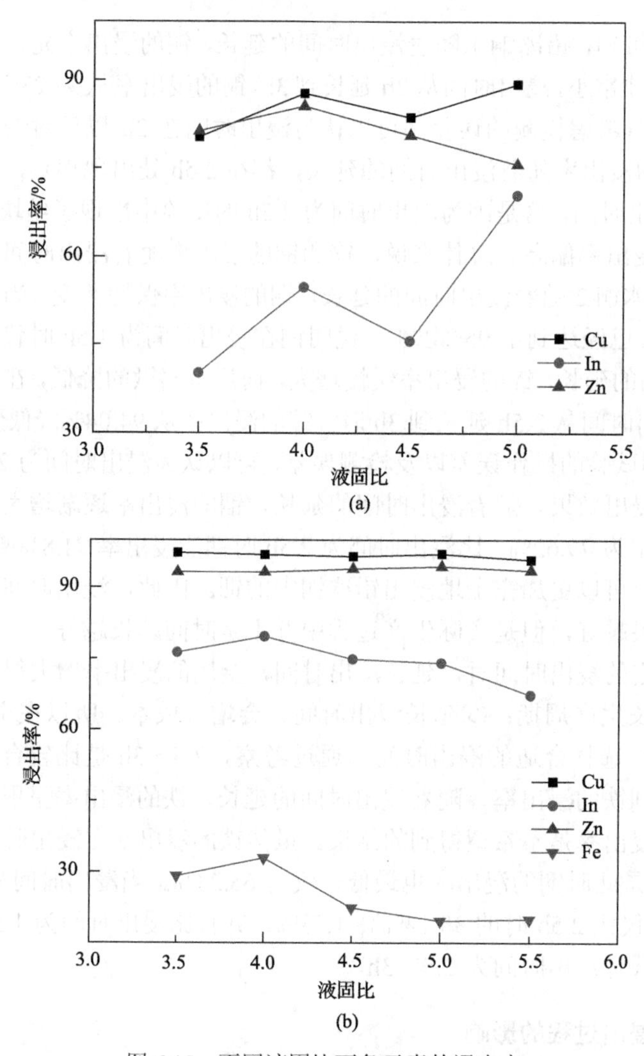

图 6.15　不同液固比下各元素的浸出率

(a)反应时间为 3h，氧气压力为 1.2MPa，温度为 150℃，−48μm 占 91.43%，10%木质素磺酸钠，酸度为 180g/L，搅拌转速为 850r/min，铅冰铜 1；(b)200g 铅冰铜，氧气压力为 1.2MPa，温度为 150℃，−38μm 占 80%以上，2%～3%木质素磺酸钠，搅拌转速为 850r/min，铅冰铜 2

少量结块，而到 5 时有大量结块的原因之一。如图 6.15(b)，铅冰铜 2 随着液固比的增大，铜和锌的浸出率基本保持不变，在所探讨的液固比条件下，铜的浸出率可达到 95.79%以上，锌的浸出率可达到 93.2%以上。随着液固比的增大，铟的浸出率先增大后减少。当液固比为 4 时，铟的浸出率达到最高，为 79.62%，之后开始降低，这可能是由于增大了液固比，使加压釜需要处理的物料量增大，降低了搅拌转速，在该搅拌转速下，铜和锌优先于铟溶解于溶液中，并消耗了部分硫酸，使得铟的浸出效果不甚理想，此外，由于该液固比条件试验采用的是总酸不变的处理方法，在高液固比下，所配溶液酸度可能达不到铟高浸出率的要求，使得铟的浸出率下降。值得注意的是，铁的浸出率在液固比为 4 时，也达到了最大值。所以在实际生产过程中，为保证铟的高浸出率，选择液固比为 4 是比较合理的。

6.3.5　浸出温度对浸出过程的影响

在加压酸浸过程中，提高浸出温度可以增大硫酸的扩散速度，提高有价金属元素的浸出速率，使其快速达到反应平衡。从动力学角度来看，在试验条件准许情况下，应该增大浸出温度，加快反应进程。但温度过高会导致能耗的增加。因此，考察浸出温度(145℃、150℃、155℃、160℃)对各金属浸出率的影响，见图 6.16。

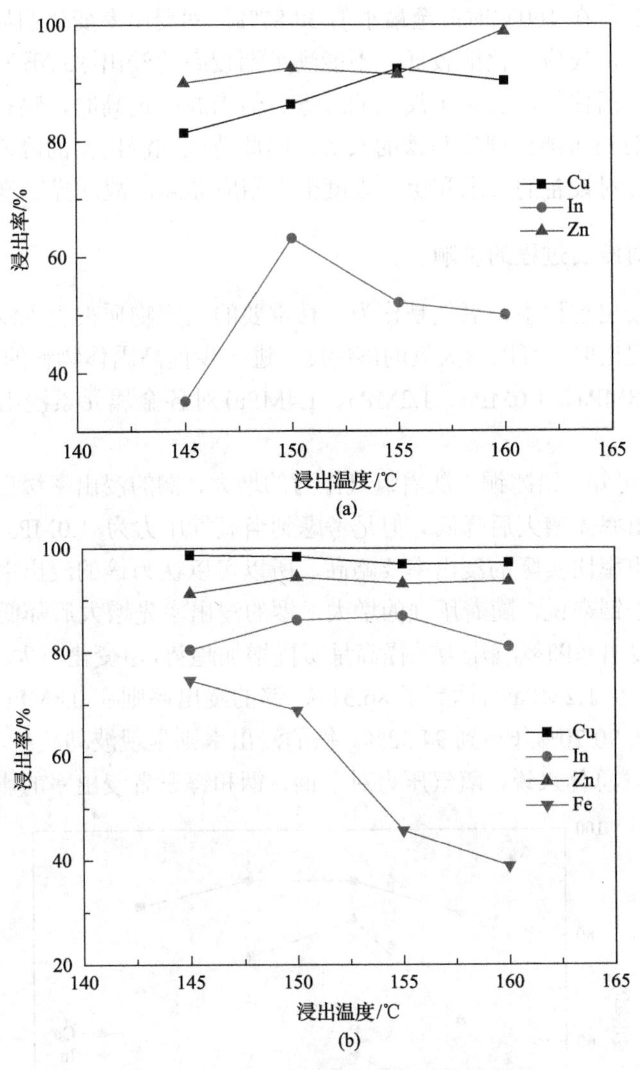

图 6.16　不同浸出温度下各金属的浸出率

(a) 反应时间为 3h，氧气压力为 1.2MPa，液固比为 4∶1，–48μm 占 91.43%，10%木质素磺酸钠，搅拌转速为 850r/min，铅冰铜 1；(b) 200g 铅冰铜，占铅冰铜质量 2%～3%的木质素磺酸钠，硫酸浓度为 200～220g/L，液固比为 4∶1，氧气压力为 1.2MPa，物料粒度–38μm 占 80%以上，浸出时间为 3h，搅拌转速为 850r/min，铅冰铜 2

由图 6.16 (a) 可知，铅冰铜 1 随着浸出温度的升高，铜和锌的浸出率有上升趋势。例如，在浸出温度为 150℃、155℃和 160℃时，铜的浸出率分别为 86.32%、90.43%和 90.32%，锌的浸出率分别为 92.57%、91.49%和 99.63%。值得注意的是，锌在温度为 160℃时的浸出率达到了 99.63%，接近 100%，这里存在较大的误差，因为该试验过程中出现了结块现象，在进行检测分析时没有将结块部分混合计入，从而导致当用渣计锌浸出率时，锌的浸出率有些偏高。如图 6.16(b)，铅冰铜 2 中铜的浸出率随温度的升高变化不大，铟则在两头温度的浸出率较低，均大约为 80%，在中间两个温度有较高的浸出率，能达到 86%以上。而锌的浸出率在 150℃时达到最大值 94.32%，之后趋于平稳。铁的浸出率则随温度升高而一直降低，在 160℃时降至最小值 38.87%。铟浸出率变化明显的原因很可能是因为在温度较低时，反应活化能较低，不能满足铟较高的浸出率；升高温度能加剧离子的运动，提高反应活化能，有利于反应的进行。但当温度过高时，物料中的铁很容易被氧化为 Fe^{3+}，此时很可能出现铟与铁的共沉，因此造成铟浸出率的降低。考虑到过高的温度会增大能耗，对设备的要求和操作难度也会相应提高，故选择温度为 150℃。

6.3.6 氧气压力对浸出过程的影响

在有氧加压浸出过程中，氧气是作为一种重要的反应物质被引入浸出系统的，采用较大氧分压进行浸出时，可以增大氧的溶解度，进一步提高固体物料的氧化速度。因此，考察氧气压力(0.8MPa、1.0MPa、1.2MPa、1.4MPa)对各金属元素浸出率的影响，如图 6.17 所示。

从图 6.17(a)可知，铅冰铜 1 随着氧气压力的增大，铜的浸出率缓慢地增大而后稍有回落，而锌的浸出率先增大后降低。但是考虑到当氧气压力为 1.0MPa 时，出现结块现象，此时锌的浸出率比实际的浸出率要略高，所以可以认为锌的浸出率也是随着压强的增大而增大。对于铟来说，随着压强的增大，铟的浸出率先增大后降低。如图 6.17(b)，铅冰铜 2 中铜的浸出率随氧气压力的提高呈缓慢增加趋势，但变化不大。铟在 0.8～1.0MP 之间无明显变化，在 1.2MPa 时达到了 86.31%。锌的浸出率则在 0.8MPa 之后开始出现明显的增大趋势，从 90.70%升高到 94.32%。铁的浸出率则呈现波动趋势，在 1.2MPa 时达到最大值 68.72%。总体来说，氧气压力对于铜、铟和锌三者浸出率的影响较小。压力增

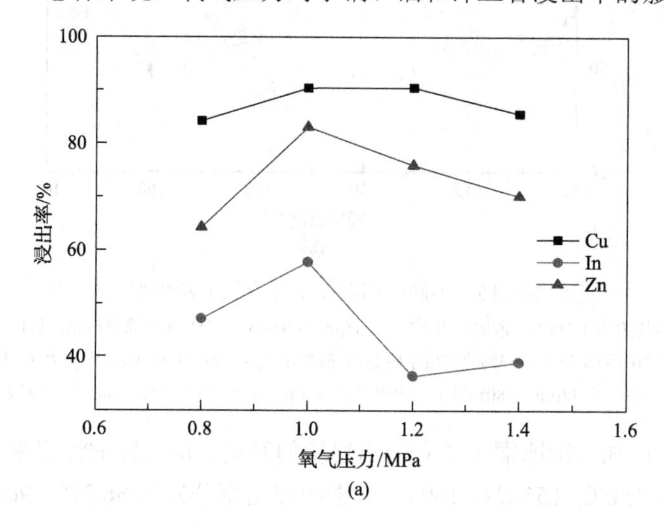

(a)

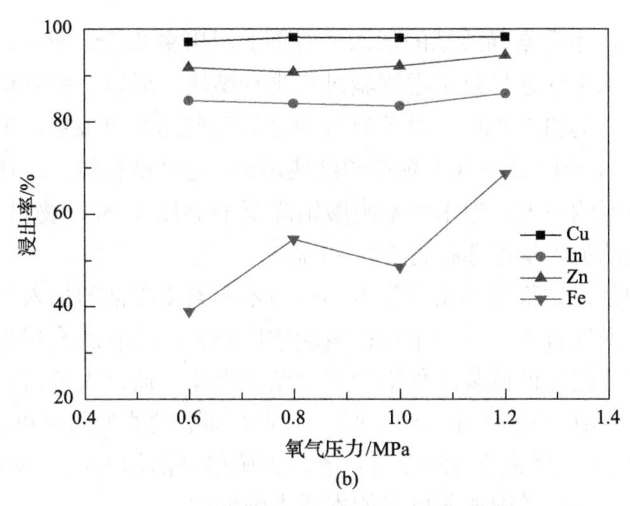

图 6.17　不同氧气压力下各金属的浸出率

(a) 反应时间为 3h，温度为 150℃，液固比为 4∶1，磨矿时间为 5min，10%木质素磺酸钠，铅冰铜 1；(b) 200g 铅冰铜，占铅冰铜质量 2%～3%的木质素磺酸钠，硫酸浓度为 220g/L，液固比为 4∶1，浸出时间为 3h，磨物料粒度–38μm 占 80%以上，搅拌转速为 850r/min，铅冰铜 2

大，可使氧气和易挥发的试剂在浸出时有较高的分压，使反应能在更有效的条件下进行，强化浸出过程。同时，足够的氧化剂也保证了反应进行得更彻底，从而提高了金属的浸出率。但是过高的压力会降低设备的使用寿命，增大操作难度。结合铅冰铜 1 的处理结果(若出现较难处理的铅冰铜物料)，综合考虑浸出率、成本以及操作条件，氧气压力选择 1.0～1.2MPa 较为合理。

6.3.7　分散剂添加量对浸出过程的影响

木质素磺酸钠可以作为分散剂，避免浸出结束后出现物料结块的现象，铅冰铜 1 使用了 10%的木质素磺酸钠，与处理一些硫化物精矿使用 0.01%～0.5%的量相比较，使用量较大，在处理铅冰铜 1 的条件试验前期并没有探究分散剂用量对于结块现象及金属浸出率的影响，所以本节探究了木质素磺酸钠的加入量对结块的影响以及对铟浸出率的影响。

不同木质素磺酸钠加入量的试验结果见表 6.3。

表 6.3　木质素磺酸钠的加入量对铟浸出率及结块现象的影响

编号	木质素磺酸钠用量/%	渣中 In 含量/(g/t)	渣计 In 浸出率/%	备注
72	10	793.3	64.13	无结块
73	5	879.0	59.09	无结块
74	2	844.3	60.94	无结块
75	1	1020.7	53.38	小颗粒结块
76	1	971.9	54.21	无结块

注：反应时间为 3h，氧气压力为 1.2MPa，温度为 150℃，液固比为 4∶1，硫酸浓度为 180g/L，搅拌转速为 850r/min，铅冰铜 1。

由表 6.3 可知，木质素磺酸钠的加入量对铟的浸出率几乎无影响，不会影响金属铟的浸出率，而其加入量的选择只考虑试验过程是否结块。通过试验发现，当木质素磺酸钠的加入量在 2%、5%和 10%时，试验过程中没有任何的结块现象，但是当木质素磺酸钠的加入量为 1%时，有时会出现小颗粒的结块现象，这种小颗粒的结块有时是纯硫磺颗粒，对金属浸出率影响不大，但木质素磺酸钠降至 1%可能已经是物料不结块的极限值。所以木质素磺酸钠的加入量可选择为 2%～3%。

而值得注意的是，试验过程结块与否不但与木质素磺酸钠的加入量有关，还与硫酸溶液的酸度和反应温度有关。总的来说：硫酸酸度越大，或者温度越高，需要加入木质素磺酸钠的量越多才能保证试验过程不会出现结块现象。通过大量试验研究发现，当酸度小于 200g/L 或者温度小于等于 150℃时，木质素磺酸钠的加入量可以为 2%，但是当酸度大于 200g/L 或者温度大于 150℃时，木质素磺酸钠的加入量应该为 3%或者更高。若处理量再增大时，应该考虑加入更多的木质素磺酸钠。

6.3.8 两段加压浸出对浸出过程的影响

由铅冰铜 1 的研究可知，铅冰铜 1 的整体浸出效果不是很理想，综合三者的浸出率，铜、铟、锌的最佳浸出率出现的条件为硫酸浓度为 200～220g/L，浸出时间为 2.5～3h，氧气压力为 1.0～1.2MPa，温度为 150℃，液固比为 4∶1，磨矿时间为 5min，搅拌转速为 850r/min，三者的浸出率(%)分别为 95.23%、73.00%、90.86%，可以看出，对于铅冰铜 1 的直接加压浸出，并不能获得预定的浸出指标，特别是铟与锌的浸出率。因此，在一段加压浸出条件试验的基础上，又对铅冰铜 1 进行了两段加压浸出，一次加压浸出渣的再加压浸出，一次加压浸出渣的再常压浸出，萃余液(后续萃铜萃铟后产出)对一次加压浸出渣的再常压浸出等试验，旨在提高铜、铟、锌三者的浸出率，并论证整个加压流程中溶液能否循环使用。

为了降低加压浸出终酸的酸度以及达到更好的浸铟效果，首先研究了两段加压浸出试验。本部分一共做了三个试验条件的两段加压浸出试验，使用铅冰铜的质量为 150g，其余条件分别如下。①一段酸度为 80g/L，反应时间为 1h，氧气压力为 1.2MPa，温度为 150℃，液固比为 4∶1，10%木质素磺酸钠；二段酸度为 160g/L，反应时间为 2h，氧气压力为 1.2MPa，温度为 150℃，液固比为 4∶1，10%木质素磺酸钠。②一段酸度为 80g/L，反应时间为 45min，氧气压力为 1.2MPa，温度为 150℃，液固比为 4∶1，10%木质素磺酸钠；二段酸度为 170g/L，反应时间为 2.5h，氧气压力为 1.2MPa，温度为 150℃，液固比为 4∶1，10%木质素磺酸钠。③一段酸度为 80g/L，反应时间为 45min，氧气压力为 1.2MPa，温度为 150℃，液固比为 4∶1，10%木质素磺酸钠；二段酸度为 180g/L，反应时间为 2h，氧气压力为 1.2MPa，温度为 150℃，液固比为 4∶1，10%木质素磺酸钠。其中条件①试验做 4 次，条件②试验做 1 次，条件③试验做 2 次，结果见表 6.4。

由表 6.4 可知，当两段浸出条件为条件①时，铜的平均浸出率为 81.83%、锌的平均浸出率为 78.08%、铁的平均浸出率为 23.76%、铟的平均浸出率为 34.18%。由此可见，应用此条件下的两段加压浸出，铜、铟和锌的浸出率没有一段浸出的浸出率高，尤其是对于铟，铟在两段加压浸出的浸出率仅为 34.18%。

表 6.4　两段加压浸出的试验结果

编号	条件	渣率/%	渣中金属含量/%				渣计浸出率/%			
			Cu	In	Zn	Fe	Cu	In	Zn	Fe
23	1	103.55	4.18	0.14	0.91	9.59	77.88	36.97	81.60	24.08
24		101.11	3.45	0.14	1.54	9.09	82.18	36.97	69.59	29.74
25		93.78	—	0.17	1.39	—	—	30.68	74.54	—
26		104.11	2.74	0.15	0.66	10.37	85.42	32.1	86.58	17.46
28	2	95.13	2.84	0.18	1.45	—	86.19	25.91	73.06	—
27	3	102.77	—	0.16	0.36	—	—	28.51	92.77	—
29		103.4	6.21	0.16	3.20	—	67.19	28.07	35.38	—

注：条件中 1、2 和 3 分别表示上述中条件①、条件②和条件③。

当两段浸出条件为条件②时，铜的浸出率为 86.19%、Zn 的浸出率为 73.06%、铟的浸出率仅为 28.29%。当两段浸出条件为条件③时，铜的平均浸出率为 67.19%、锌的平均浸出率为 64.08%、铟的平均浸出率仅为 25.91%。

综上，应用此三个条件下的两段加压浸出，铜、铟和锌的浸出率远没有一段浸出的浸出率高。因此，对于该铅冰铜的浸出来说，使用两段加压浸出并没有得到较合理的试验条件来满足较高的金属浸出率。

6.3.9　浸出渣的加压浸出

由以上研究可知，对于铅冰铜 1(含铟高达 2300g/t)，在温度为 150℃、氧气压力为 1.2～1.3MPa、液固比为 4∶1、硫酸浓度为 180～200g/L，搅拌转速为 850r/min 的条件下，都未能使铟的浸出率达到预期的值，最好的浸出率基本在 65%左右。因此，对铅冰铜 1 又进行了进一步提高铟浸出率的试验，主要研究了一次加压浸出渣中铟浸出率的提高和渣中铟含量降低的试验，试验方法及结果分述如下。

一次加压浸出渣的再加压浸出：在浸出温度为 150℃、液固比为 4∶1、浸出时间为 2～3h、氧气压力为 1.2MPa、初始硫酸浓度为 150～170g/L 的条件下对一次加压浸出渣综合渣(含铟 769.6g/t，S^0 12.35%)进行再加压浸出研究，试验结果见表 6.5。

表 6.5　加压浸出渣的再加压浸出试验结果

编号	试验条件	渣率/%	铟含量	铟浸出率/%	总渣率/%	总铟浸出率/%
67	170g/L、3h	62.65	渣计 328.1g/t	渣计 73.29	65.78	90.62
79	150g/L、2h	78.51	液计 254.7 mg/L	液计约 100	82.44	92.01

从表 6.5 中数据可以看出，对加压浸出渣进行再次加压浸出后，渣中铟的含量可降至约 300g/t，综合两次加压浸出的结果，铟的浸出率可高达 90%，但两次加压浸出过程的增加使得浸出成本无论在物料消耗还是能量消耗上都陡然升高，并不是十分可行的方法，因此，又研究了对加压浸出渣的常压浸出过程。

6.3.10 浸出渣的常压浸出

由表 6.6 中试验数据可以看出，在常压浸出条件下，能获得与再加压浸出过程几乎相同的试验结果，并且在此试验过程中未脱硫渣的常压浸出并没有造成元素硫的损失。因此在一次加压浸出之后，若渣中铟含量较高，可对渣进行再次常压浸出，即可降低渣中铟含量，提高铟的总浸出率。

表 6.6 加压浸出渣的常压浸出试验结果

编号	渣率/%	铟含量	渣中元素硫含量/%	铟浸出率/%	总渣率/%	总铟浸出率/%
78	81.29	液计 244.96mg/L	—	液计约 100	85.35	90.89
81	74.34	渣计 405.6g/t	16.07	渣计 60.82	78.06	86.23

6.3.11 萃余液对浸出渣的常压浸出

铅冰铜经过加压浸出后得到含铜、锌、铟的硫酸盐溶液，可采用萃取的方法分离铜、锌、铟等，萃取分离部分元素后的萃余液仍含有一定浓度的硫酸，为了综合利用这一部分残余硫酸，并使整个流程中溶液能够循环，本试验还使用这部分溶液对浸出渣进行常压浸出，研究了铟萃余液对浸出渣常压浸出的影响。

在浸出温度为 95℃(水浴锅温度)、浸出时间为 2h、用萃余液配制硫酸浓度为 150g/L 的条件下对一次加压浸出渣综合渣(含铟 769.6g/t，S^0 12.35%)进行常压浸出研究，试验结果见表 6.7。

由表 6.7 中试验数据可以看出，在常压浸出条件下，当用萃余液进行浸出时，也能获得与一般常压浸出过程几乎相同的试验结果，浸出率可达 87%。此外，使用萃余液作为常压浸出的溶剂，不用再配入新酸，也不用加入木质素磺酸钠，降低了物料消耗，也使能源消耗得以降低。萃余液的使用，使得整个流程中溶液的循环使用得以实现。

表 6.7 萃余液进行常压浸出的试验结果

编号	渣率/%	渣中铟含量/(g/t)	渣中元素硫含量/%	渣计铟浸出率/%	总渣率/%	总铟浸出率/%
93	82.87	633.7	11.33	31.79	87.01	76.03
94	83.27	484.6	11.12	47.58	87.43	81.58
96	76.89	347.5	10.94	65.29	80.73	87.80
97	81.63	437.5	9.42	53.61	85.71	83.70
98	82.52	534	11.46	42.76	83.70	80.84
99	79.93	480	10.64	50.17	83.61	82.55

6.3.12 中和-加压浸出

在大量的加压酸浸硫化矿的试验研究中发现，若要得到较高的铟浸出率，须使浸出液终酸保持在 50g/L 以上，而在后续萃取试验过程中，需要将萃原液初始酸度即浸出液终酸降低至 30～40g/L，为防止过高酸度对萃取过程产生不利影响，可用铅冰铜中和高酸浸出液。

使用浸出后液对物料进行预处理，即用铅冰铜中和浸出液：水浴锅温度为 95℃，液固比为 4∶1，搅拌 2h，考察酸度变化，此为中和段，在此过程中主要考察了浸出液中铟在中和阶段的变化，浸出后液中铟含量为 512mg/L，酸度为 85.63g/L，试验结果见表 6.8。根据中和段变化的酸度，配置加压浸出溶液的酸度，物料使用中和段预处理过的物料，按最佳浸出条件进行加压酸浸，此为加压段。该试验目的是为在不使用额外中和剂的同时，降低浸出液终酸，以便后续处理。浸出后液对物料的常压浸出，可以进一步提高浸出后液中各金属的含量。此外，对物料进行预处理，可以极大地降低物料在加压浸出时结块的概率，从而提高各金属的浸出率。试验结果见表 6.8。

表 6.8　中和过程对铟含量和酸度的影响

编号	溶液体积/mL	硫酸浓度/(g/L)	液固比	反应时间/h	中和后液体积/mL	液中铟含量/(mg/L)	液计铟沉淀率/%	折算后终酸浓度/(g/L)	中和酸量/(g/L)
1	280+120 水	60	4∶1	2	562	247	3.17	33.69	26.31
2	374+120 水	80	4∶1	2	598	312	2.57	51.21	28.79
3	400	85.63	4∶1	3	575	363	0	57.44	28.19
4	400	85.63	4∶1	4	615	317	4.8	47.39	38.24

从表 6.8 中可以看出，使用铅冰铜对加压浸出液进行中和处理时，可使加压浸出液的酸度明显下降，并且在此过程中，加压浸出液中的铟含量变化不大，即一般不会出现铟沉淀损失。对于铅冰铜进入加压釜之前的常压搅拌处理，可以大大降低在加压结束后物料结块的概率，并使反应产生的氢气提前逸出，防止在加压阶段造成安全隐患。对加压浸出的中和处理，达到了整个流程中溶液的循环使用，并降低了浸出液的酸度，为浸出液的后续处理打下良好的基础。中和-浸出处理方法对各金属的浸出效果见表 6.9。

表 6.9　中和-浸出对金属浸出率的影响

编号	中和段酸降/(g/L)	浸出段始酸/(g/L)	渣率/%	渣中金属含量/%					渣计浸出率/%					终酸/(g/L)
				Cu	In*	Zn	Fe	As	Cu	In	Zn	Fe	As	
1	14.07	205	73.57		59.7					97.57				61.78
2	13.84	206	92.23	0.27	192.2	0.066	7.33	0.41	97.92	90.21	98.60	51.84	69.25	61.83
3	19.72	200	86.58	0.18	129.8	0.14	4.35	0.57	98.70	93.79	97.21	73.17	59.88	60.31

*单位为 g/t。

从表 6.9 中可以看出，使用中和-浸出处理铅冰铜，与铅冰铜直接加压浸出对比，铜的浸出率从 97.17%提升至 98.70%，锌的浸出率由 95.78%提升至 97.21%，铟的浸出率则由 89.56%提升至 93.79%，各金属的浸出率均有一定幅度的提高。如前所述，对物料进行常压预处理，可以极大地降低物料在加压浸出结束之后的结块现象，从而提高各金属的浸出率。

6.3.13　添加其他离子对浸出过程的影响

为研究锌离子、亚铁离子加入对浸出过程各金属浸出率的影响，进行了添加锌离子和亚铁离子的加压浸出试验。在保持始酸 220g/L 不变的前提下，采用最佳试验条件：物料粒度–38μm 占 80%以上，液固比为 4∶1，氧气压力为 1.2MPa，温度为 150℃，2%～3%的木质素磺酸钠。在此条件下，反应溶液加入了锌离子、亚铁离子，考察二者对各金属浸出的影响，试验结果见表 6.10。

表 6.10　添加其他离子对金属浸出率的影响

编号	添加离子/(g/L)	渣率/%	渣中金属含量/%				渣计浸出率/%				终酸/(g/L)
			Cu	In	Zn	Fe	Cu	In	Zn	Fe	
144	Zn^{2+}40	94.94	—	189.8	—	—	—	90.05	—	—	61.87
141	Zn^{2+}50	93.19	—	143.4	—	—	—	92.62	—	—	59.19
138	Zn^{2+}60	95.93	0.36	289.4	0.62	5.63	97.11	84.66	86.33	61.53	56.81
149	Zn^{2+}30、Fe^{2+}30	115.55	0.45	296.1	0.63	11.6	95.65	81.10	83.27	0.45	67.83
161	Zn^{2+}50、Fe^{2+}40	120.2	—	354.4	—	13.31	—	76.45	—	–13.88	57.68
162	Zn^{2+}50、Fe^{2+}20	120.13	—	381.6	—	8.82	—	74.68	—	24.49	39.30
163	Zn^{2+}50、Fe^{2+}20	118.76	—	334	—	12.73	—	78.09	—	–7.68	54.59
164	Fe^{2+}15	101.02	—	306.6	—	9.62	—	82.86	—	30.78	54.87

由表 6.10 可知，加入少量锌离子时，对铟的浸出率影响不大，但是当锌离子浓度达到 60g/L 时，铟的浸出率稍稍有所降低。所以在浸出铟的过程中，为了尽可能提高铟的浸出率，锌离子浓度的增加具有一个极限值，不能超过 50g/L。当同时加入锌离子与亚铁离子时，浸出渣渣率升高，当锌离子浓度为 50g/L 时，铟的浸出率随亚铁离子加入量的降低而升高，铁几乎全部进入浸出渣中，甚至在某些试验中，溶液中的铁有沉出现象，由此可见，返回浸出液中有一定浓度的亚铁离子，对铟的浸出率有一定的影响，会使浸出率稍稍有所下降，同时也会使铁的浸出率有所下降，甚至出现沉铁现象。由此可见，浸出液中亚铁离子的浓度为 20～25g/L。

综上可知，适合保证较高铟浸出率的锌离子、亚铁离子加入量有一定的范围，将循环浸出液中的离子浓度控制在这个范围里，可以实现浸出液的部分循环利用。但是，当体系中加入锌离子、亚铁离子时，会增加浸出料浆的黏度，导致固液分离时间较长。

6.3.14　常压浸出后液对物料的加压浸出试验

常压浸出后液对一次加压浸出过程的影响：在温度为 150℃、氧气压力为 1.2～1.3MPa、液固比为 4∶1 的条件下，用常压浸出液配制硫酸浓度为 200g/L 的溶液，铅冰铜 2(含铟 1800g/t)进行加压浸出，研究常压对铟浸出率的影响，结果见表 6.11。

由表 6.11 中试验数据可以看出，用常压浸出后液对铅冰铜 2 进行加压浸出时，也能获得与加压浸出的条件试验过程几乎相同的试验结果，浸出率可达 72%，说明常压浸出液可以在加压浸出过程使用。

表 6.11　常压浸出后液对一次加压浸出的影响

编号	渣率/%	渣中铟含量/(g/t)	渣计铟浸出率/%
100	115.07	414.3	73.66
101	117.1	437.8	71.68
102	115.06	454.5	71.11

以上对铅冰铜 2 的研究可以看出，直接加压酸浸处理就能得到各金属预定的浸出率，对于该批物料的处理工艺流程见图 6.18。

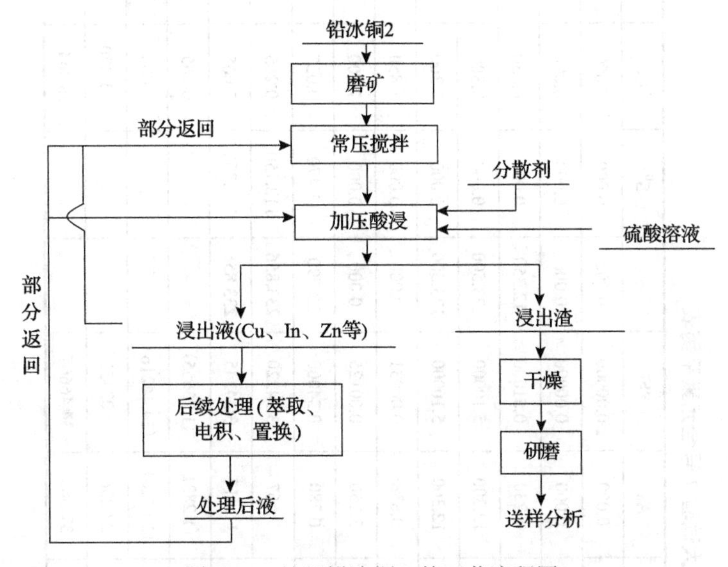

图 6.18　处理铅冰铜 2 的工艺流程图

如图 6.18 所示，处理铅冰铜 2 的工艺流程与拟定的工艺流程相似。铅冰铜 2 经破碎后进入常压(中和)搅拌步骤，之后再进入加压釜进行氧压浸出，得到的浸出液部分返回至常压(中和)阶段，剩余部分进行后续处理。得到的浸出渣经烘干研磨后取样分析，计算各金属的浸出率。这里添加的常压中和步骤，既可以避免再使用新酸增加耗酸量，又可以使浸出液酸度下降，降低对浸出液后续处理的难度。此外，处理后液可部分返回加压阶段，实现了整个流程中溶液的循环使用，也可使新硫酸用量降低。

6.3.15　综合试验

参考条件试验的结果，选取最优条件，使用规格为 10L 的加压釜，对铅冰铜 2 进行扩大化综合试验进行验证。试验条件：2%～5%分散剂，硫酸浓度为 200～220g/L、时间为 2.5～3h、液固比为 4∶1、温度为(150±3)℃、氧气压力为 1.2MPa、粒度–38μm 占 80%以上，搅拌转速为 600r/min。这里需要注意的是，扩大化试验使用了规格为 10L 的加压釜，其配置的搅拌桨较大，当搅拌转速为 600r/min 时，已能在宏观上控制物料在加压过程中不结块，同时分析测试结果表明，在此转速下各金属的浸出率也均较为理想。在几次扩大化试验的基础上，随机抽选了扩大化试验中产出的几个样品，进行了全元素分析，结果见表 6.12 和表 6.13。

表 6.12　扩大试验 7 号全元素平衡表

元素		Cu	Zn	Pb	Ag	Fe	As	Sb	S	S^0	Cd	Bi	In	Sn
浸原液 4000mL	成分/(g/L)	0.000	0.000	0.000	0.00000	0.000	0.000	0.00000	0.000	0.000	0.000	0.000	0.000	0.000
	总量/g	0.000	0.000	0.000	0.00000	0.000	0.000	0.00000	0.000	0.000	0.000	0.000	0.000	0.000
铅冰铜 1000g	含量/%	11.950	4.350	43.160	0.03969	14.040	1.230	0.51000	12.350	0.000	0.730	1.050	0.181	2.080
	总量/g	119.500	43.500	431.600	0.39690	140.400	12.300	5.10000	123.500	0.000	7.300	10.500	1.810	20.800
投入合计/g		119.500	43.500	431.600	0.39690	140.400	12.300	5.10000	123.500	0.000	7.300	10.500	1.810	20.800
浸出液 4000mL	成分/(g/L)	29.788	11.300	0.063	0.00375	17.125	0.838	0.00031	0.000	0.000	1.850	0.056	0.425	0.100
	总量/g	119.150	45.200	0.250	0.01500	68.500	3.350	0.00125	0.000	0.000	7.400	0.225	1.700	0.400
浸出渣 983g	含量/%	0.310	0.240	41.110	0.03862	6.600	0.780	0.34000	23.790	11.470	0.027	0.910	0.025	2.120
	总量/g	3.047	2.359	404.111	0.37963	64.878	7.667	3.34220	233.856	112.750	0.265	8.945	0.250	20.840
产出合计/g		122.197	47.559	404.361	0.39463	133.378	11.017	3.34345	233.856	112.750	7.665	9.170	1.950	21.240
绝对误差/g		2.697	4.059	(27.239)	(0.00227)	(7.022)	(1.283)	(1.75655)			0.365	(1.330)	0.140	0.440
平衡误差/%		2.257	9.331	(6.311)	(0.57077)	(5.001)	(10.428)	(34.44216)			5.006	(12.664)	7.716	2.113
液计浸出(入渣)率/%		99.707	103.908	0.058	3.77929	48.789	27.236	0.02451			101.370	2.143	93.912	1.923
渣计浸出(入渣)率/%		97.450	94.577	6.369	4.35006	53.791	37.663	34.46667			96.364	14.807	86.196	(0.190)

表 6.13　扩大试验 10 号全元素平衡表

元素		Cu	Zn	Pb	Ag	Fe	As	Sb	S	S^0	Cd	Bi	In	Sn
浸原液 4000mL	成分/(g/L)	0.000	0.000	0.000	0.00000	0.000	0.000	0.00000	0.000	0.000	0.000	0.000	0.000	0.000
	总量/g	0.000	0.000	0.000	0.00000	0.000	0.000	0.00000	0.000	0.000	0.000	0.000	0.000	0.000
铅冰铜 800g	含量/%	11.950	4.350	43.160	0.03969	14.040	1.230	0.51000	12.350	0.000	0.730	1.050	0.181	2.080
	总量/g	95.600	34.800	345.280	0.31752	112.320	9.840	4.08000	98.800	0.000	5.840	8.400	1.448	16.640
投入合计/g		95.600	34.800	345.280	0.31752	112.320	9.840	4.08000	98.800	0.000	5.840	8.400	1.448	16.640
浸出液 4000mL	成分/(g/L)	24.219	9.122	0.080	0.00191	14.231	0.675	0.00031	0.000	0.000	1.465	0.055	0.344	0.096
	总量/g	96.875	36.487	0.321	0.00764	56.922	2.701	0.00122	0.000	0.000	5.860	0.219	1.376	0.382
浸出渣 769.6g	含量/%	0.280	0.200	42.370	0.04050	8.040	0.770	0.36000	23.330	11.310	0.026	0.870	0.031	2.140
	总量/g	2.155	1.539	326.080	0.31169	61.876	5.926	2.77056	179.548	87.042	0.200	6.696	0.236	16.469
产出合计/g		99.030	38.027	326.401	0.31933	118.798	8.627	2.77178	179.548	87.042	6.060	6.915	1.612	16.852
绝对误差/g		3.430	3.227	(18.879)	0.00181	6.478	(1.213)	(1.30822)			0.220	(1.485)	0.164	0.212
平衡误差/%		3.588	9.272	(5.468)	0.57067	5.768	(12.329)	(32.06414)			3.776	(17.683)	11.327	1.272
液计浸出(入渣)率/%		101.334	104.849	0.093	2.40741	50.679	27.448	0.02998			100.349	2.609	95.012	2.297
渣计浸出(入渣)率/%		97.746	95.577	5.561	1.83673	44.911	39.777	32.09412			96.574	20.291	83.685	1.025

从全元素分析可以看出，铜、铟和锌大部分进入浸出液。铜的浸出率均达到了 95%或以上，锌的浸出率也达到了 94%或以上。铟的浸出率也达到或超过 85%。铅、银和锡则几乎全部进入浸出渣，入渣率均超过了 98%，砷和铁部分进入浸出液，砷有 20%～35%进入浸出液，而铁则有 40%～60%进入浸出液。

6.4　浸出液中有价组分铜、铟的分离过程

试验过程中采用的萃原液为实际浸出液，其成分如下：Cu 34.550g/L，Zn 11.150g/L，H_2SO_4 33.01g/L，Fe 11.029g/L，As 1.2795g/L，In 344.16mg/L。可以看出，该加压浸出液中铜含量最高，铁、锌含量次之，砷、铟含量较少。拟通过萃取将该液中的铜和铟提取分离，铁、砷、锌等元素留在萃余液中。

6.4.1　铜萃取试验结果

1. 有机相浓度条件试验

单级萃取时有机相浓度对铜萃取率及负载有机相中铜离子浓度的影响结果见图 6.19。

由图可以看出，铜萃取率和负载有机相铜含量与萃取剂中有机相浓度呈线性递增关系，两者变化趋势一致，当有机相浓度为 40%时，在 1∶1 的相比条件下，铜的单级萃取率可达 42.38%。

2. 相比条件试验

单级萃取时相比对铜萃取率的影响结果见图 6.20。

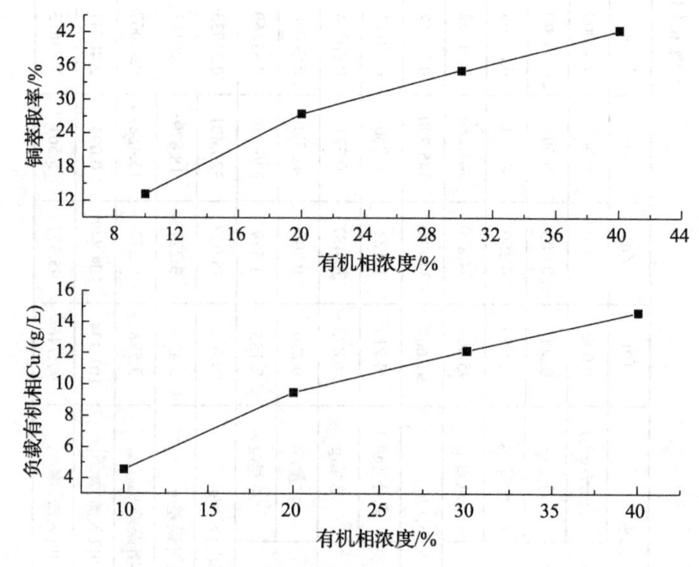

图 6.19　有机相浓度对铜萃取率的影响

室温 20℃，相比 A/O=1∶1 混合，振荡时间为 3min，静置时间为 3min

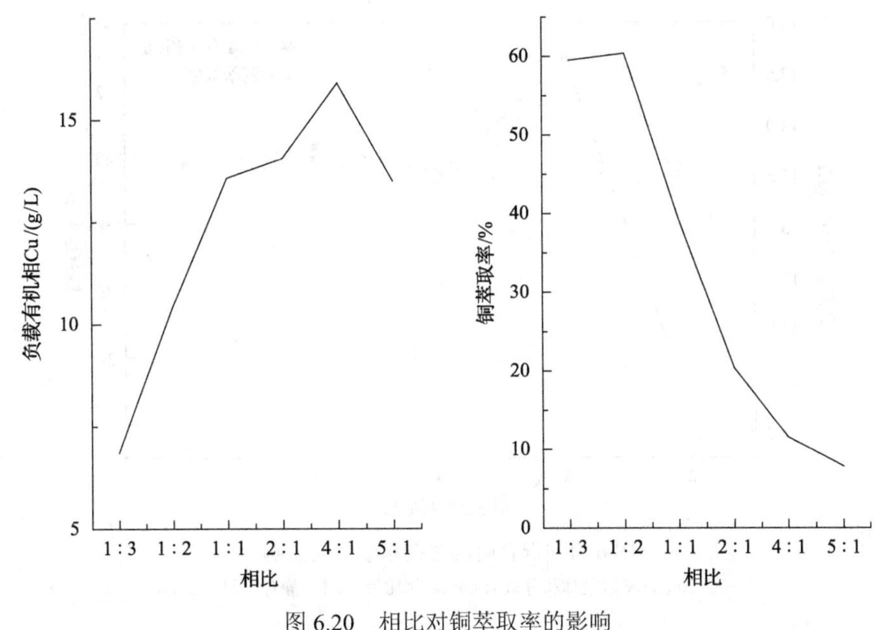

图6.20　相比对铜萃取率的影响

室温20℃，萃取剂体积分数为40%，振荡时间为6min，静置时间为3min

由图6.20中结果可见，随着相比A/O的增大，铜的萃取率逐渐降低；负载有机相中铜的含量，在有机相比水相多时，呈线性递增关系，而在水相多于有机相时，负载有机相中铜的含量增加不多。这种增加的幅度不大，并不是完全按照有机相中萃取剂数量的增加而线性增加，通过计算可知，萃取后有机相含铜只是其饱和容量的30%～60%，并且，其含量随相比的增大而降低。这种趋势不利于反萃液中铜离子浓度的提高。因此，在选择相比时，应该根据所选择的萃取剂体积分数考虑饱和容量、有机相中铜离子的浓度等因素。另外，从图中数据还可以看出，对于酸度和铜离子含量都较高的萃原液，通过单级萃取很难达到较高的萃取率。

3. 混合时间条件试验

混合时间对铜萃取率的影响结果见图6.21。

由图6.21中结果可见，当混合时间延长时，铜的萃取率提高，但当混合时间超过3min后，随着混合时间的延长，铜的萃取率变化不大，甚至稍稍有所降低，考虑分析误差和试验误差，认为萃取率几乎没有差异。因此，可以认为混合时间3min就已完全实现有机相和水相的充分混合，达到萃取的平衡。在后续的萃取条件试验中，均采用混合时间为3min。

4. 萃取次数试验

通过上面的试验研究结果发现，不论萃取过程的条件如何，采用ZJ988进行铜的萃取时，铜的一级萃取率最高只能达到约60%，很难满足工业的要求。因此，为了达到更高的铜萃取率，满足工业生产，进行了多级萃取次数对铜萃取率的研究。在试验过程中每次使用新的有机相，重复不同的次数，结果见图6.22。

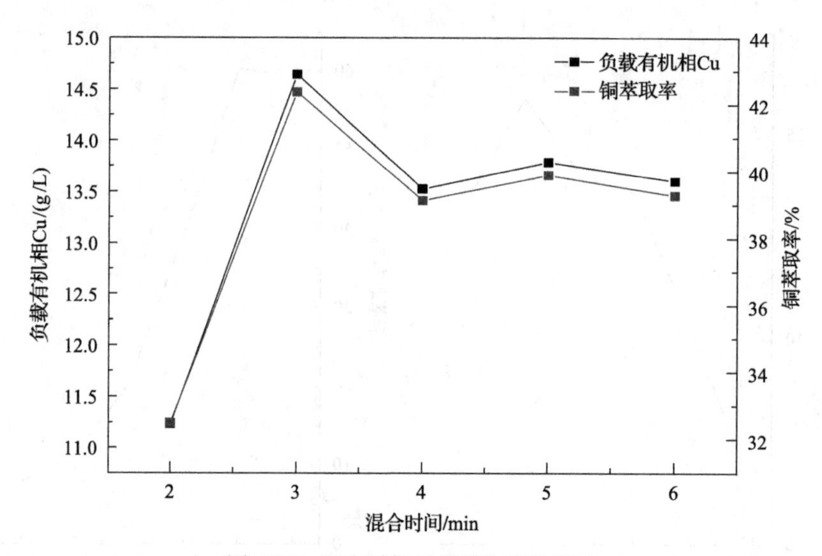

图 6.21　混合时间对铜萃取率的影响

室温 20℃，萃取剂体积分数为 40%，相比为 1∶1，静置时间为 3min

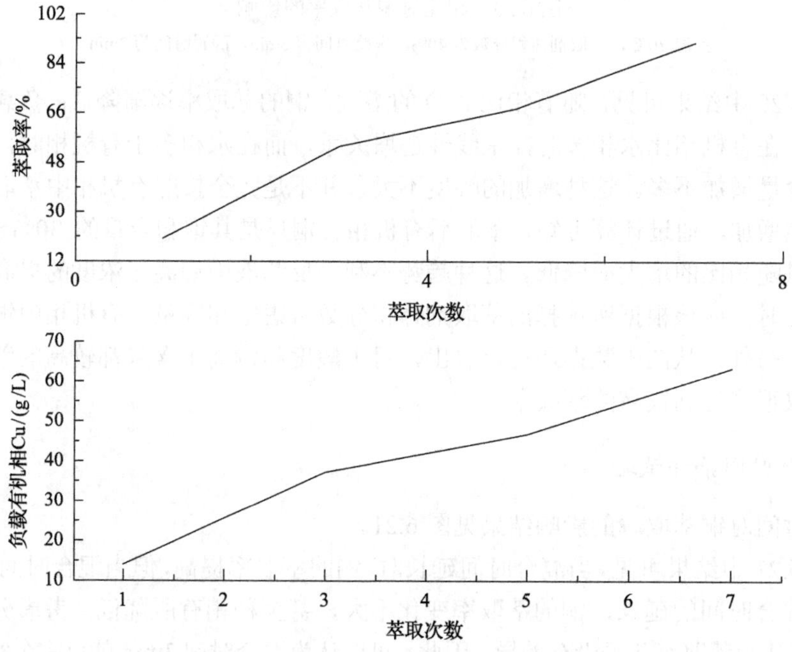

图 6.22　萃取次数对铜萃取率的影响

有机相浓度为 40%，相比为 2∶1，混合时间为 3min，静置时间为 3min

由图可以看出，铜萃取率与负载有机相中铜的含量随着萃取次数的增加呈线性递增关系，二者变化趋势一致。萃取次数为 7 次时萃取率最高。在此基础上，进行了多级逆流萃取研究。

5. 多级逆流萃取试验

为了达到更高的铜萃取率，并充分利用有机相的负载能力，为满足工业生产，进行了多级逆流萃取的研究，条件及结果见表 6.14。

表 6.14　多级逆流萃取铜试验条件及结果

有机相浓度/%	相比	级数	混合时间/min	萃余液 Cu/(g/L)	负载有机相 Cu/(g/L)	萃取率/%
40	1∶1	5	3	13.250	21.300	61.650
40	2∶1	5	3	2.150	16.200	93.780
40	2∶1	7	3	1.890	16.330	94.530
40	2∶1	9	3	1.410	16.570	95.919
40	3∶1	5	3	0.645	11.302	98.133
40	3∶1	7	3	0.287	11.421	99.171
50	2∶1	5	3	1.990	16.280	94.240
50	2∶1	7	3	0.542	17.004	98.431

由表中数据可以看出，当有机相浓度为 40%，相比 O/A 等于 3∶1，采用 5 级或者 7 级逆流萃取，铜的萃取率可达到 98%以上，而相比 O/A 等于 2∶1，采用 5 级或者 7 级逆流萃取时，萃取率稍低于 95%，但是负载有机相中铜的含量高。当有机相浓度为 50%，相比 O/A 等于 2∶1，采用 7 级逆流萃取时，铜的萃取率可达到 98%以上，负载有机相中铜的含量较高。综合考虑有机相的利用率、负载有机相中铜离子的含量等因素，可选择最佳逆流萃取条件为有机相浓度为 40%，相比 O/A 等于 3∶1，7 级逆流，铜的萃取率可达 99%。

6. 铜萃取过程中其他元素的萃取性能研究

在试验过程中，对萃原液中所含的其他元素在萃取过程中的萃取性能进行了研究，考察了萃取结束后，负载有机相中各元素的含量，见表 6.15。

表 6.15　铜负载有机相中其他元素含量及其萃取率

元素	In	Fe	Zn	As
含量	＜1.0mg/L	0.045g/L	0.036g/L	0.180g/L
损失率/%	≈0	0.408	0.323	14.068

由表中数据可以看出，负载有机相中含有少量的砷，铁、锌含量很少，铟的含量几乎为零，由此可知，在 ZJ988 萃取铜的过程中，该萃取剂对砷有微弱的萃取能力，而对锌、铁、铟的萃取能力几乎为零。

6.4.2　反萃铜试验

试验过程中采用的负载有机相为萃取条件试验的混合有机相，其有机相萃取剂浓度为 40%，Cu 含量为 8.28g/L。反萃原液的配制：用分析纯的 $CuSO_4 \cdot 5H_2O$ 和 H_2SO_4 配制成酸性的硫酸铜水溶液或纯硫酸溶液。

1. 硫酸浓度条件试验

试验结果如图 6.23 所示。

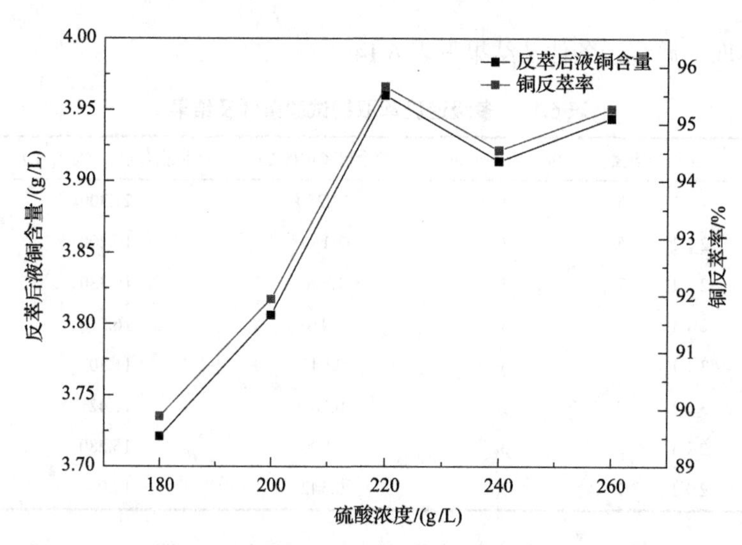

图 6.23　反萃原液酸度对铜反萃率的影响

萃取剂体积分数为 40%，相比 A/O=2∶1，混合时间为 2min，反萃液 Cu^{2+}浓度为 0g/L，室温 20℃

由图 6.23 中数据可见，随反萃原液中硫酸浓度的增加，铜的反萃率升高，当酸度达到 220g/L 后，铜的反萃率趋于稳定，考虑到反萃时铜离子存在降低铜的反萃效率，尽可能采用较高的硫酸浓度进行反萃，另结合铜电积试验的条件，控制反萃时溶液的硫酸浓度为 200～220g/L。

2. 铜离子浓度条件试验

试验结果如图 6.24 所示。

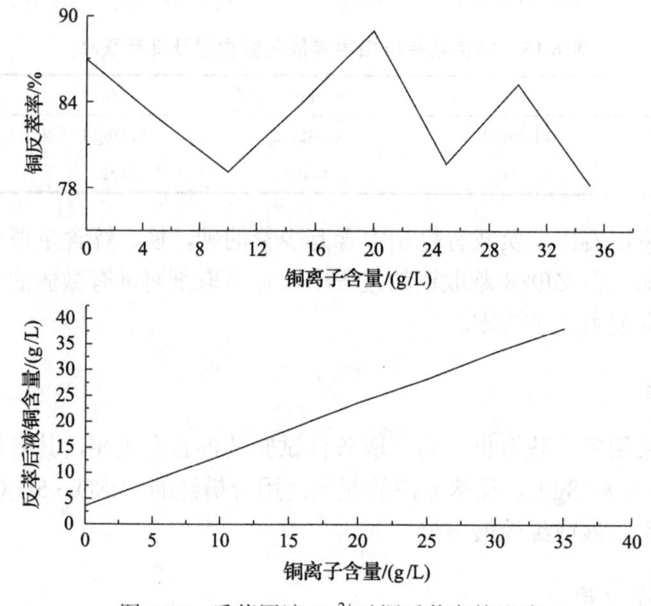

图 6.24　反萃原液 Cu^{2+}对铜反萃率的影响

萃取剂体积分数为 40%，相比 A/O=2∶1，室温 20℃，混合时间为 2min，反萃原液硫酸浓度为 180g/L

由图 6.24 中数据可见，随反萃原液中 Cu^{2+}浓度的增加，铜的反萃率变化不大，基本维持在 85%左右，图中所出现的上下浮动，认为是分析误差和试验误差造成的。在实际生产过程中，反萃液是铜电积的后液，含铜 20～24g/L，含游离硫酸 200～250g/L，电积过程中铜离子浓度降低 5～20g/L，游离酸增加 7～31g/L 左右。因此，可根据确定的电积条件进行电积试验后，再用铜电积的后液进行反萃研究。

3. 相比条件试验

使用不同的相比 O/A 进行试验，试验结果如图 6.25 所示。

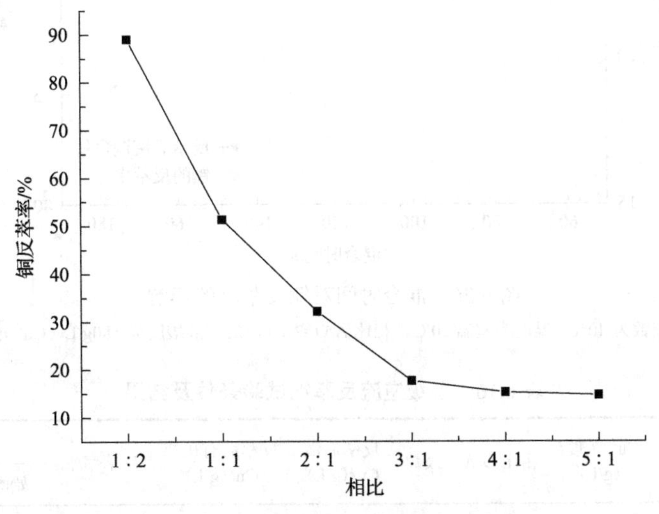

图 6.25　相比 O/A 对铜反萃率的影响

萃取剂体积分数为 40%，室温 20℃，反萃液酸度为 180g/L，Cu^{2+}浓度为 20g/L，混合时间为 2min

由图 6.25 中数据可见，随相比的增加，铜的反萃率明显降低。工业生产中要求铜离子浓度增加在 5g/L 左右，相比 O/A 选择就应控制在 1∶(1～2)的范围内。反萃的最终条件应根据铜电积的要求而定。

4. 混合时间条件试验

使用不同的混合时间进行试验，试验结果如图 6.26 所示。

可以看出，铜反萃率及反萃后液铜的含量随着混合时间的增加先降低而后又线性增加，但变化的区间比较小，反萃率在 120s 后已达到 95%，而铜离子含量达到 25g/L 后增加不多。最佳混合时间为 180s。

5. 多级逆流反萃试验

为了达到更高的铜反萃取率，并可使再生有机相进行再反萃，进行了多级逆流反萃取的研究，条件及结果见表 6.16。

可以看出，在反萃液中不含铜离子，水相不少于有机相的情形下，通过逆流，铜的反萃率可达到 100%，有机相变得清澈；而在有机相多于水相的情形下，当反萃液中含有铜离子时，铜的反萃率只有 65%左右，有机相再生遇到困难。当反萃液中含有铜离子 5～10g/L，O/A=1∶(1～2)时，铜的反萃率可达约 95.74%。

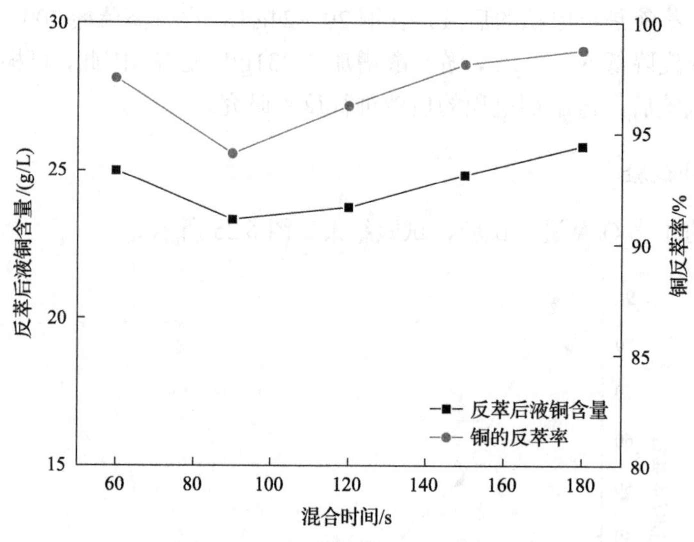

图 6.26 混合时间对铜反萃率的影响

萃取剂体积分数为 40%，温度为室温 20℃，相比 A/O=2∶1，反萃液酸度为 180g/L，Cu^{2+}浓度为 20g/L

表 6.16 多级逆流反萃铜试验条件及结果

酸度/(g/L)	负载有机相Cu/(g/L)	Cu^{2+}浓度/(g/L)	相比 O/A	级数	反萃后液Cu/(g/L)	反萃后有机相Cu/(g/L)	反萃率/%	酸分析/(g/L)		
								始酸	终酸	变化
180	8.28	0	1∶2	3	4.362		105.362	180	160.98	19.02
180	8.28	0	1∶1	3	8.478		102.391	180	152.99	27.01
180	8.28	0	2∶1	3	9.558		57.717	180	119.88	60.12
180	8.28	0	5∶1	5		2.376	71.304	180	134.72	45.28
200	17.82	5	1∶1	7		0.76	95.74	200	158.70	41.30
200	17.82	5	1∶2	7		0.92	94.84	200	173.54	26.46
200	17.82	5	1∶1	9		0.80	95.51	200	162.12	37.88
200	17.82	5	1∶2	9		0.93	94.77	200	174.68	25.32
200	17.82	10	1∶1	7		1.55	91.30	200	149.56	50.44
200	17.82	10	1∶2	7		1.57	91.19	200	172.40	27.60
200	17.82	10	1∶1	9		1.46	91.81	200	155.27	44.73
200	17.82	10	1∶2	9		1.46	91.81	200	168.97	31.03
180	8.28	30	1∶2	3	32.398		57.923			
180	8.28	30	1∶2	5	32.634		63.623			
180	8.28	30	1∶2	7	32.72		65.700			
180	14.4	0	3∶1	7	43.0		99.537			
180	14.4	0	4∶1	9	50.4		87.5			

注：以上反萃铜试验分相时间均少于 1min，试验静置时间均为 2min，反萃后液呈蓝色。

6.4.3　铜电积试验

在以上试验的基础上进行了铜电积的验证试验，以铜反萃试验的反萃后液作为铜电解液，其硫酸浓度为 157.17g/L，Cu^{2+}浓度为 31.5g/L，阴极板采用铜始极片，面积为(7.3×7.0) cm^2，阳极采用 Pb-Ag 合金板，电解电流强度为 1.96A，电解过程中槽电压为 2.2～2.3V；经过 3h 电解后，阴极质量增加了(122.50g–115.39g=7.11g)，此条件下，阴极电流效率约为 100%，其阴极表面状况见图 6.27。继续电解 8.35h，阴极质量增加了(142.50g–122.50g=20g)，其阴极表面状况见图 6.28，此条件下，阴极电流效率约为 100%，电解结束后电解后液中 Cu^{2+}浓度降至 10.685g/L[铜电化当量 1.1855g/(A·h)]。

图 6.27　电解 3h 后阴极表面状况

图 6.28　电解 11.35h 后阴极表面状况

6.4.4　萃取铟的试验结果

萃铟试验的原料为萃取铜后的萃余液，其中主要成分分析见表 6.17。

表 6.17　铜萃余液的化学成分

	Cu/(g/L)	Zn/(g/L)	H_2SO_4/(g/L)	Fe/(g/L)	As/(g/L)	In/(mg/L)
铜萃余液(铟萃原液-1)	1.02	11.230	90.20	10.425	0.95	355.35
铜萃余液(铟萃原液-2)			91.34	3.192		273.8

1. 有机相浓度对萃取结果的影响

使用不同的有机相浓度进行试验，结果见图 6.29。

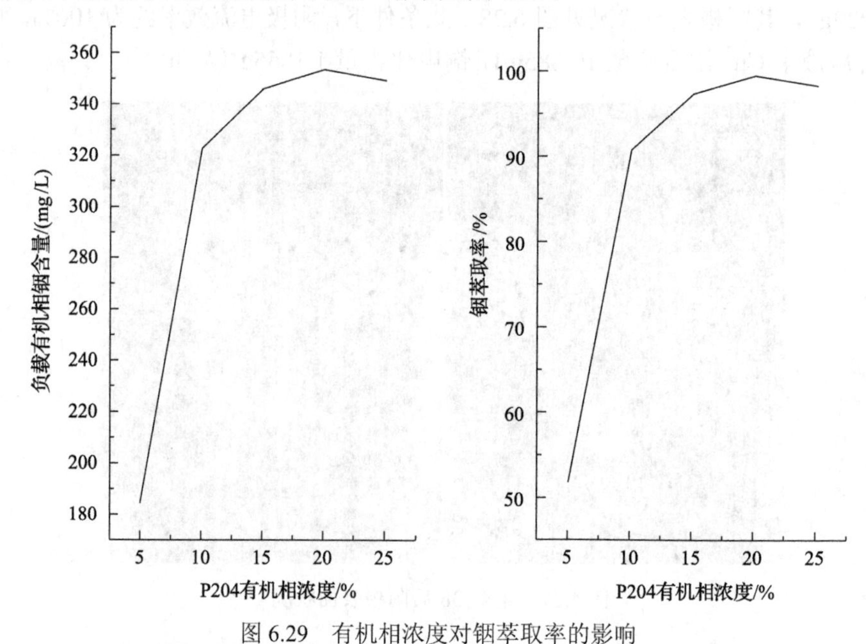

图 6.29　有机相浓度对铟萃取率的影响

室温 20℃，不同浓度的 P204+煤油溶液，相比 A/O=1∶1，混合时间为 3min，静置时间为 3min

由图可以看出，随着有机相浓度的增加，铟萃取率和负载有机相铟含量也随之增加，有机相浓度较低时增加很快，呈线性递增，当有机相浓度达到 10%以上，铟萃取率增加幅度缓慢，在有机相浓度为 20%时，萃取率达到最大值为 99.5%，几乎将铟全部萃出。

2. 萃取时间对萃取结果的影响

使用不同的混合时间，结果见图 6.30。

由图结果可见，在试验控制条件下，当时间由 2min 延长到 3min 时，铟的萃取率由 92.99%迅速提高到 97.52%，继续延长时间到 6min，铟的萃取率趋于稳定，表明为达到较高的铟萃取率，合适的萃取时间应为 3～4min。

3. 萃取相比对萃取结果的影响

使用不同的相比进行试验，结果见图 6.31。

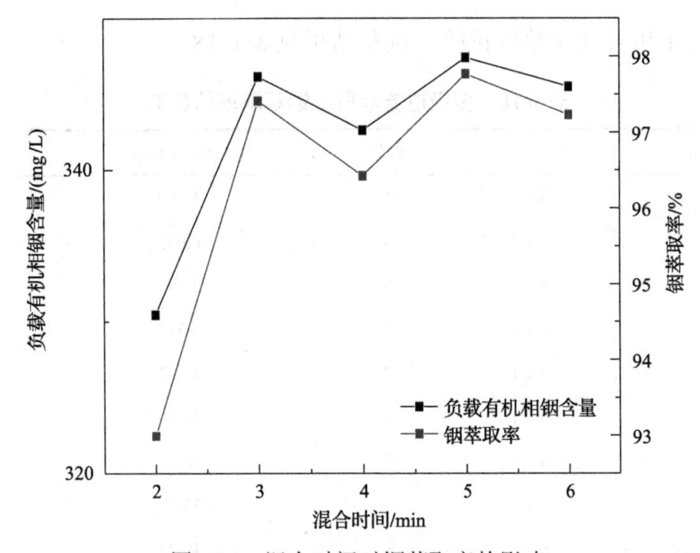

图 6.30　混合时间对铟萃取率的影响

室温 20℃，15%的 P204+煤油溶液，相比 A/O=1∶1，静置时间为 3min

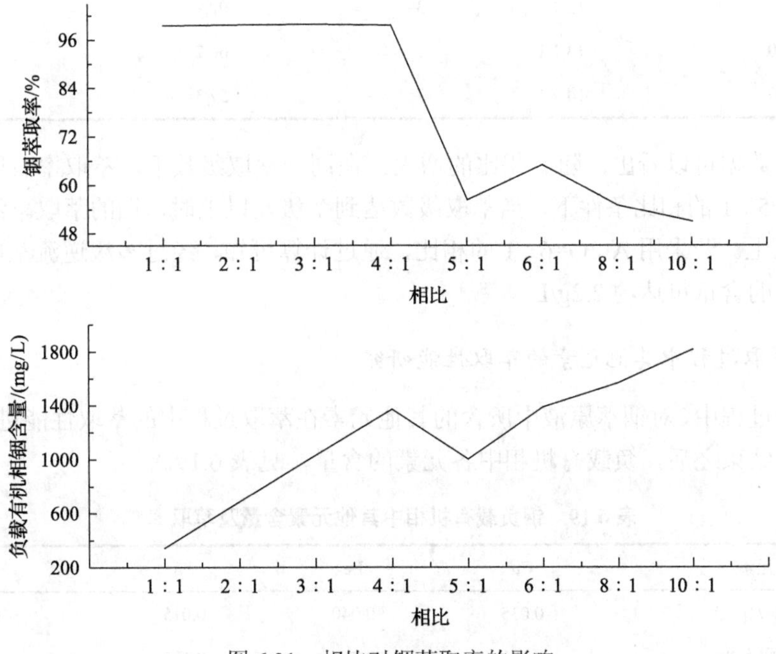

图 6.31　相比对铟萃取率的影响

室温 20℃，20%的 P204+煤油溶液，混合时间为 3min

相比试验结果表明，随着 A/O 值的增大，铟的萃取率开始恒定保持在 99%以上，A/O＞4 以后，萃取率开始下降；A/O＞5 之后的铟萃取率只有 55%左右。在 A/O=7～10 区间，铟的萃取率下降幅度较小。

4. 多级逆流萃铟试验

逆流萃取试验选用萃原液-2 作为水相，在室温 20℃、混合时间为 3min、有机相浓度为 20%的条件下进行逆流萃取试验，试验结果见表 6.18。

表 6.18 多级逆流萃取对铟萃取率的影响

有机相浓度/%	相比 A/O	级数	萃余液 In/(mg/L)	萃取率/%
20	4∶1	1	16.67	93.911
20	4∶1	3	6.043	93.793
20	4∶1	5	2.199	99.197
20	4∶1	7	1.315	99.520
20	5∶1	7	3.695	98.650
20	6∶1	5	10.49	96.169
20	6∶1	7	10.81	96.052
20	7∶1	3	35.18	87.151
20	8∶1	3	49.76	81.826
20	10∶1	3	56.7	79.291
20	12∶1	3	92.9	66.070
20	13∶1	7	60.2	78.013
20	14∶1	7	57.3	79.072

从上表数据可以看出，随着相比的增大，在同一萃取级数下，萃取率有所下降，但是在 4∶1～5∶1 的相比条件下，当萃取级数达到 7 级及以上时，铟的萃取率绝大部分可达 98%及以上。若采用 A∶O=6∶1 的相比，通过计算可知，经过多级逆流萃取后，负载有机相中铟的含量可达约 2.2g/L。

5. 铟萃取过程中其他元素的萃取性能研究

在试验过程中，对铟萃原液中所含的其他元素在萃取过程中的萃取性能进行了研究，考察了萃取结束之后，负载有机相中各元素的含量，见表 6.19。

表 6.19 铟负载有机相中其他元素含量及萃取率

元素	Cu	Fe	Zn	As
含量/(g/L)	0.035	0.040	0.015	＜0.100
萃取率/%	0.101	0.363	0.135	＜7.816

由表中数据可以看出，负载有机相中砷、铁、锌、铜含量均很低，由此可知，在 P204 萃取铟的过程中，该萃取剂对砷、锌、铁、铜的萃取能力几乎为零。

6.4.5 反萃铟的试验结果

以铟负载有机相作为研究对象进行铟的反萃试验，萃取剂浓度为 20%，铟含量为 1.42g/L（萃铟条件试验的混合有机相）。

1. 盐酸浓度条件试验

在相比 A/O=1∶1、混合时间为 3 min 的条件下，配制不同盐酸浓度反萃液，反萃结果见表 6.20。

表 6.20　盐酸浓度对铟反萃率的影响

盐酸浓度/(mol/L)	反萃后液 In/(g/L)	反萃率/%	有机相是否清澈
3	1.186	83.52	否
4	1.384	97.46	否
5	1.303	91.76	是
6	1.360	95.77	是
7	1.366	96.20	是

2. 混合时间条件试验

在相比 A/O=1∶1、反萃液盐酸浓度为 6mol/L 的条件下，使用不同的混合时间，反萃结果见表 6.21。

表 6.21　混合时间对铟反萃率的影响

混合时间/min	反萃后液 In/(g/L)	反萃率/%	有机相是否清澈
2	1.392	98.02	是
3	1.360	95.77	是
4	1.308	92.11	是
5	1.372	96.62	是
6	1.383	97.39	是

注：以上反萃 In 试验分相时间均少于 1min，反萃后液呈亮黄色。

3. 多级逆流反萃取铟试验

由以上的条件试验结果可见，在相比 A/O=1∶1，混合时间为 2min，反萃液盐酸浓度为 6mol/L 的条件下，有机相中铟的反萃率高达 98.02%，但是此时反萃后液中的铟浓度只能达到 1.392g/L，为了提高反萃后液中铟的浓度，拟进行 A∶O 小于 1 的多级逆流萃取试验，但在实验室小试验过程中获得的负载有机相有限，未能进一步进行反萃试验，查阅相关文献[62]~[64]，得知工业上通常使用3mol/L HCl+2mol/L $ZnCl_2$溶液作为反萃剂，当负载有机相的 In 为 0.37g/L 时，在室温 20℃下，按 O/A=10/1，混合时间为 15min，进行两级反萃，铟反萃率为 99.32%；当负载有机相的 In 为 1.5g/L 时，在室温 20℃下，按 O/A=15/1，混合时间为 15min，进行三级反萃，铟反萃率可达 90%；对于本研究中的负载有机相，可采用相比 A∶O=1∶10、级数为 3～5 级的条件，使铟的反萃率达到预期的值，通过计算可知，此时反萃后液中铟的含量可高达约 20g/L。

6.4.6　置换铟的试验结果

通过课题组前期的研究成果得知，对于铟的含量约为 20g/L、HCl 浓度为 70～140g/L 的置换前液，用锌板或铝板进行置换，铟的置换率可达约 99%，海绵铟的品位最高可达 94%；对于铟的含量约为 3g/L、HCl 浓度约为 70g/L 的置换前液，铟的置换率可达约 99%，海绵铟的品位略低，约为 80%。

6.5　铅冰铜加压酸浸推荐工艺流程及技术指标

通过上述的研究，确定了铅冰铜加压酸浸分离提取有价元素的工艺流程，当处理含铟较高(达 2300g/t)的铅冰铜 1 时，一次加压浸出很难达到铟浸出率约 85%，因此，添加了常压浸出过程，其工艺流程见图 6.32；当处理含铟约 1800g/t 的铅冰铜 2 时，一次加压浸出就能达到铟浸出率约为 85%，为此确定的工艺流程见图 6.33。

该工艺全流程的主要技术经济指标如下。

(1) 加压浸出：在液固比为 4∶1、浸出温度为(150±5)℃、氧气压力为 1.2～1.3MPa、浸出时间为 180min、搅拌转速为 850r/min、H_2SO_4 浓度为 210～220g/L、加入表面活性物质 2%～3%的条件下，对磨矿 30min(粒度为–38μm 占 96%以上)的铅冰铜 2 进行加压

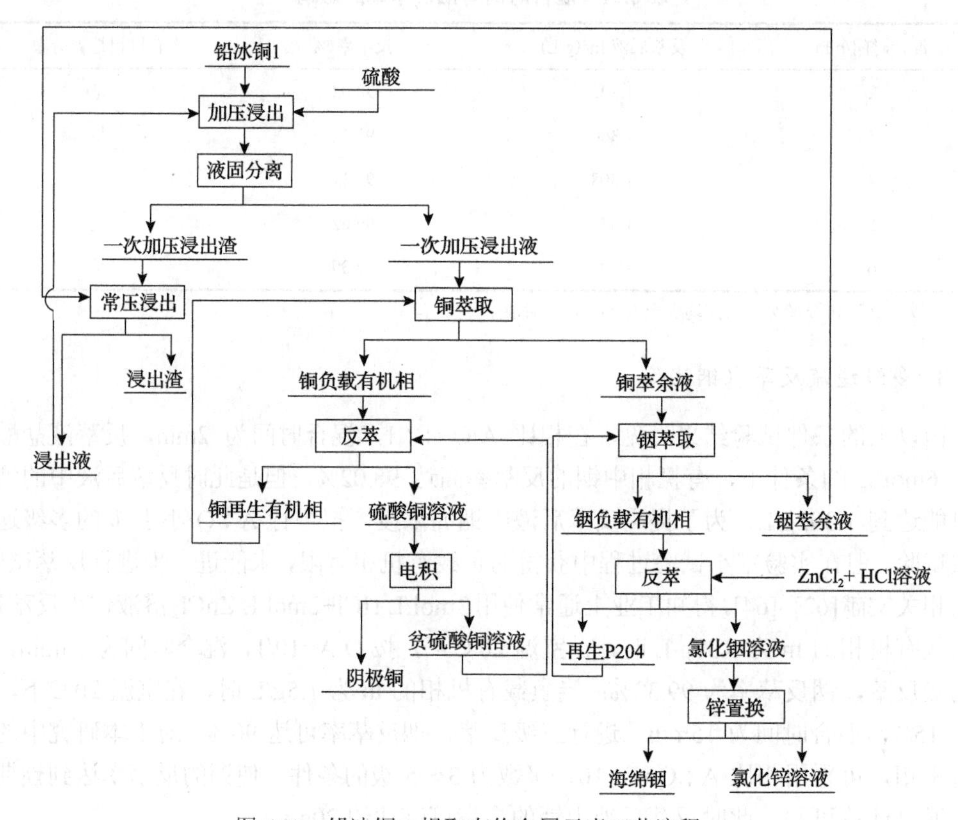

图 6.32　铅冰铜 1 提取有价金属元素工艺流程一

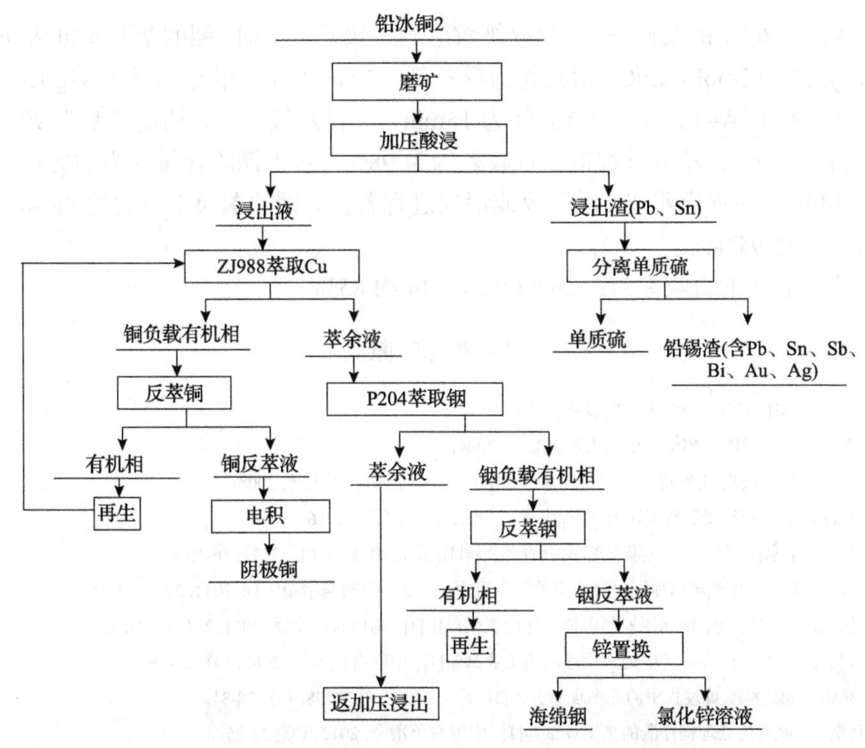

图 6.33 铅冰铜 2 提取有价金属元素工艺流程二

浸出试验，得到的浸出液的成分为：Zn 约 11g/L、Cu 约 30g/L、Fe 约 18g/L、As 约 1.0g/L、H_2SO_4 约 60g/L。浸出渣产出率为 95%～105%，其成分为：Cu 约 0.4%、Zn 约 0.2%、Fe 约 6%、Pb 约 45%、Sb 约 0.5%、Ag 约 400g/t、As 约 1.0%、S^0 约 18%、$S_{总}$ 30%～32%。各金属的浸出率分别可以达到：Zn 约 95%、Cu 约 97%、In 约 88%，其他主要金属的入渣率为(%)：Pb、Sn、Ag、Bi、Sb 的约 98%；其中 Bi、Sb 的渣计和液计入渣率有出入，可能是分析或试验操作造成的误差，在今后的试验中进一步考察。

加压浸出的浸原液可以由铟的萃余液返回，在加压过程中，铜、锌、铟、铅、铁、砷等都消耗硫酸，而在后续的提铜、提铟过程中可以回收部分硫酸，但其他金属消耗的酸无法在此流程中回收，因此返回的萃余液中约 100g/L 的硫酸浓度需补充硫酸到 220g/L。

单质硫的影响：在试验研究过程中，铅冰铜中的大部分硫转化为元素硫进入浸出渣中，在一般的加压浸出过程中，需添加分散剂及时分散元素硫，以避免元素硫对物料的包裹，而铅冰铜物料中还含有大量铅，在加压浸出过程中铅转化为硫酸铅也进入浸出渣中，因此在此加压浸出过程中更要避免包裹现象的发生。

(2) 铜的提取：在有机相浓度为 40%，相比 O/A 等于 3∶1，每级混合时间 3min，温度为室温 20℃时，采用 7 级逆流萃取，铜的萃取率可达 99.171%；当反萃液中含有铜离子 5～10g/L，O/A=1∶(1～2)，进行 7～9 级逆流萃取时，铜的反萃取可达 95.74%；铜萃取过程的直收率为 94.95%。铜电积的验证过程电流效率可达 100%。

(3) 铟的提取：在有机相浓度为 20%，温度为室温 20℃，每级混合时间为 3min，相比 A：O=4：1～6：1 的条件下，当萃取级数达到 7 级及以上时，铟的萃取率可达 99.52%；使用 3mol/L HCl+2mol/L $ZnCl_2$ 溶液作为反萃剂，当负载有机相的 In 为 0.37g/L，在室温 20℃条件下，按 O/A=10：1，混合时间为 15min，进行两级反萃，铟反萃率为 99.32%(需在扩大试验中验证)；萃取过程铟的直收率约为 98%；对于铟的含量约为 20g/L、HCl 浓度为 70～140g/L 的置换前液，用锌板或铝板进行置换，铟的置换率可达约 99%，海绵铟的品位最高可达 94%。

整个流程金属的直收率为：Cu 约 92%、In 约 85%。

参 考 文 献

[1] 彭容秋. 铅冶金[M]. 长沙: 中南大学出版社, 2005.
[2] 彭容秋. 重金属冶金学[M]. 长沙: 中南大学出版社, 2004.
[3] 金炳界. 铅冰铜氧压酸浸-电积提铜工艺及理论研究[D]. 昆明: 昆明理工大学, 2008.
[4] 邓志城. 铅冰铜氧化和酸浸制硫酸铜的研究[J]. 福建化工, 1994, (2): 15-16.
[5] 王火印, 吴玲, 李永祥, 等. 湿法富集铅冰铜中的贵金属[J]. 湿法冶金, 2014, 33(1): 16-19.
[6] 肖锋, 杨天足. 碱性高压处理铅冰铜过程中铜的行为研究[J]. 金属材料与冶金工程, 2011, 39(2): 7-11.
[7] 文剑锋, 杨天足, 王安, 等. 铅冰铜控制电位选择性氯化浸出[J]. 湖南有色金属, 2011, 27(1): 24-29.
[8] 包崇军, 贾著红, 吴红林, 等. 转炉处理铜浮渣的工业试验[J]. 中国有色冶金, 2009, (3): 27-29.
[9] 吴坤华. 高铅冰铜连续吹炼过程中的几个现象分析[J]. 广东有色金属, 1998, (2): 28-31.
[10] 杨明, 狄聚才. 底吹炉处理铜浮渣的半工业试验[J]. 中国有色冶金, 2012, (8): 22-25.
[11] 徐培伦. 氧气底吹炉处理高铜铅精矿的生产实践[J]. 中国有色冶金, 2009, (3): 29-31.
[12] 黄海飞, 谢兆凤, 刘万里, 等. 一种铅冰铜火法处理工艺: CN103320614A[P]. 2013-09-25.
[13] 赵志强. 一种用感应电炉贫化铅冰铜、铋冰铜的方法: CN102332732A[P]. 2012-10-17.
[14] 王成彦, 郜伟, 伊飞. 一种熔融液态含铅渣直接还原熔炼的方法: CN102312103A[P]. 2012-01-11.
[15] 宋兴诚, 杨继生, 王建伟, 等. 铅冰铜顶吹炉富氧吹炼生产粗铅和冰铜工艺: CN103938990A[P]. 2014-03-23.
[16] Li X H. Indium recovery from zinc oxide flue dust by oxidative pressure leaching[J]. Transactions of Nonferrous Metals Society of China, 2010, 20(1): 141-145.
[17] Xu B, Yang Y B, Li Q, et al. Fluidized roasting-stage leaching of a silver and gold bearing polymetallic sulfide concentrate[J]. Hydrometallurgy, 2014, 147(8): 79-82.
[18] De Oliveira D M, Sobral L G S, Olson G J, et al. Acid leaching of a copper ore by sulphur-oxidizing microorganisms[J]. Hydrometallurgy, 2014, (147-148): 223-227.
[19] Rodríguez-Rodríguez C, Nava-Alonso F, Uribe-Salas A. Silver leaching from pyrargyrite oxidation by ozone in acid media[J]. Hydrometallurgy, 2014, (149): 168-176.
[20] Sinha S N, Sohn H Y, Nagamori M. Distribution of lead between copper and matte and the activity of PbS in copper-saturated mattes[J]. Metallurgical and Materials Transactions B, 1984, 15(3): 441-449.
[21] Degterov S A, Pelton A D. Thermodynamic modeling of lead distribution among matte, slag, and liquid copper[J]. Metallurgical and Materials Transactions B, 1999, 30(6): 1033-1044.
[22] 李卫平, Ayhan M. 真空蒸馏铅冰铜[J]. 真空冶金, 1993, (32): 1-38.
[23] 杨先凯. 一种从冰铜中脱除铅、锌、砷、锑、铋、锡的方法: CN103397200A[P]. 2013-11-20.
[24] 徐传华. 铜冰铜的闪速连续吹炼[J]. 中国有色冶金, 1986, (5): 58-59.
[25] 吴扣根, 洪新, 杨慧振, 等. 冰铜富氧吹炼工艺的模型开发与应用[J]. 有色金属, 1999, 51(2): 42-46.
[26] 傅作健. 高铅铅冰铜的浓缩熔炼[J]. 有色金属(冶炼部分), 1965, (10): 47-49.
[27] 黄永敬. 铅冰铜反射炉富集熔炼[J]. 有色金属(冶炼部分), 1965, (1): 50.

[28] 山东沂蒙冶炼厂三结合试验组, 东北工学院三结合试验组. 铅冰铜富集熔炼[J]. 有色金属(冶炼部分), 1975, (12): 45-46.
[29] 黄觉民. 铅冰铜制取硫酸铜的试验[J]. 有色金属(冶炼部分), 1957, (5): 60-62.
[30] 柯英. 生产高品位冰铜新闪速熔炼技术的开发[J]. 有色冶炼, 1998, (5): 41-45.
[31] 冀春霖, 许茜, 翟玉春. 实际转炉吹炼的冰铜熔体中 S 和 Fe 活度的测定[J]. 金属学报, 1992, 28(7): 283-287.
[32] 黄觉民. 铜铅锍的富集熔炼[J]. 有色金属(冶炼部分), 1964, (6): 48.
[33] Minić D, Petković D, Štrbac N, et al. Kinetic investigations of oxidative roasting and afterwards leaching of copper-lead matte[J]. Journal of Mining and Metallurgy, 2004, 40B(1): 57-73.
[34] Minić D, Štrbac N, Mihajlović I, et al. Thermal analysis and kinetics of the copper-lead matte roasting process[J]. Journal of Thermal Analysis and Calorimetry, 2005, (82): 383-388.
[35] 鲁兴武, 蒲敬文, 程亮, 等. 低品位含铜铂精矿综合回收新工艺研究[J]. 有色金属(冶炼部分), 2014(8): 42-44.
[36] 金嗣水. 铅冰铜的湿法处理[J]. 有色金属(冶炼部分), 1982, (2): 29-32.
[37] 杨显万, 沈庆峰, 金炳界. 从铅冰铜中回收铜的工艺: CN101225476A[P]. 2008-07-23.
[38] Jin B J, Yang X W, Shen Q F. Pressure oxidative leaching of lead-containing copper matte[J]. Hydrometallurgy, 2009, 96: 57-61.
[39] 李少龙. 氯化浸出工艺在高镍锍浸出系统中的应用[J]. 中国有色冶金, 2010, 39(05): 21-24.
[40] 吴连平. 氯化溶浸法处理铅冰铜[J]. 有色金属, 1995, (2): 7-8.
[41] 方兆珩. 酸性溶液中复杂铜锍的氯气浸取[J]. 有色金属, 1993, (4): 6-10.
[42] 费多洛夫. 铟化学手册[M]. 北京: 北京大学出版社, 2005.
[43] Zhang Q. Geochemical enrichment and mineralization of Indium[J]. Chinese Journal of Geochemistry, 1998, (3): 221-225.
[44] 冯同春, 杨斌, 刘大春, 等. 铟的生产技术进展及产业现状[J]. 冶金丛刊, 2007, (2): 42-46.
[45] Belski A A, Elyutin A V, zubkov A A, et al. Process for producing high-purity indium: US42870303[P]. 1981-09-01.
[46] 周洪杰. 优化工艺提高铟的回收[J]. 中国有色冶金, 2013, (1): 57-59.
[47] 侯新刚, 张琰, 张霞. 从铜转炉烟灰中浸出铜、锌试验研究[J]. 湿法冶金, 2011, 30(1): 57-59.
[48] 黄迎红, 王亚雄, 王伟昌. 含铟锡烟尘硫酸氧压浸出提铟试验[J]. 有色金属(冶炼部分), 2011, (12): 35-38.
[49] 韦岩松, 吴志鸿, 张燕娟, 等. 加压氧化对锌渣氧粉中铟和锌浸出的影响[J]. 金属矿山, 2010, (5): 183-190.
[50] 高熙国, 曹耀华, 刘红召. 含铟铅烟尘提铟试验研究[J]. 稀有金属, 2010, 34(3): 414-419.
[51] 王巍, 徐政, 李岩, 等. 废杂铜冶炼渣两段浸出铜锌试验研究[J]. 中国有色冶金, 2012, (4): 76-71.
[52] 刘缘缘, 黄自力, 秦庆伟. 酸浸-萃取法从炉渣中回收铜、锌的研究[J]. 矿业工程, 2012, 32(2): 76-79.
[53] 彭建蓉, 李怀仁, 谢天鉴, 等. 铜渣氧压酸浸制备硫酸铜的研究[J]. 有色金属(冶炼部分), 2013, (8): 49-52.
[54] 吴跃东, 范兴祥, 董海刚, 等. 氧化焙烧-酸浸法从铜浮渣中提取铜[J]. 有色金属(冶炼部分), 2013, (8): 5-7.
[55] 胡一平. 复杂转炉渣中铟的浸出工艺研究[D]. 长沙: 中南大学, 2010.
[56] 王继民, 曹洪杨, 吴斌秀, 等. 从脱锌氧化硬锌渣中选择性浸出锗和铟[J]. 有色金属(冶炼部分), 2013, (3): 47-50.
[57] 吴军, 宋祥莉, 姜国敏. 炉烟灰硫酸化焙烧后焙砂浸出试验研究[J]. 有色金属(冶炼部分), 2013, (3): 5-7.
[58] 杨显万. 微生物湿法冶金[M]. 北京: 冶金工业出版社, 2003.
[59] Ballester A, Gonzalez F, Blazquez M L, et al. Microbiological leaching of copper from lead mattes[J]. Metallurgical Transaction B, 1989, 20B: 773.
[60] Kristofova D, Cablik V, Fecko P. Lead matte behaviour during biological leaching[J]. Hutnicke Listy, 2001, (6-7): 95-98.
[61] 俞小花, 谢刚, 李永刚, 等. In_2S_3-H_2O 系电位-pH 图[J]. 材料与冶金学报, 2008, 7(1): 26-29.
[62] 李小英. 高铁硫化锌精矿氧压酸浸——萃取提铟的工艺研究[D]. 昆明: 昆明理工大学, 2006.
[63] 曾冬铭, 舒万艮, 刘又年, 等. 低酸浸出-溶剂萃取法从含铟渣中回收铟[J]. 有色金属, 2002(3): 41-44.
[64] 郭小东, 魏昶, 李兴彬, 等. 次氧化锌酸性浸出液中萃取分离铟的工艺[J]. 中国有色金属学报, 2017, 27(12): 2590-2597.

第 7 章　硫化镍精矿和镍铁合金的加压酸浸技术

7.1　概　　述

7.1.1　镍冶金工艺概述

镍在地壳中的丰度为 0.008%，居第 24 位[1]。其矿物资源主要有三种，即硫化镍矿、氧化镍矿(红土矿)和储存于深海底部的含镍锰结核[1]。目前工业应用的镍资源主要是前两者，现有的镍冶炼工业生产方法见图 7.1[1]。硫化镍矿和氧化镍矿一般采用不同的冶炼方法，在这些冶炼方法中，硫化镍矿以火法造锍熔炼为主，氧化镍矿的冶炼方法包括火法冶金(主要生产镍铁)和湿法冶金(高压酸浸、氨浸)。

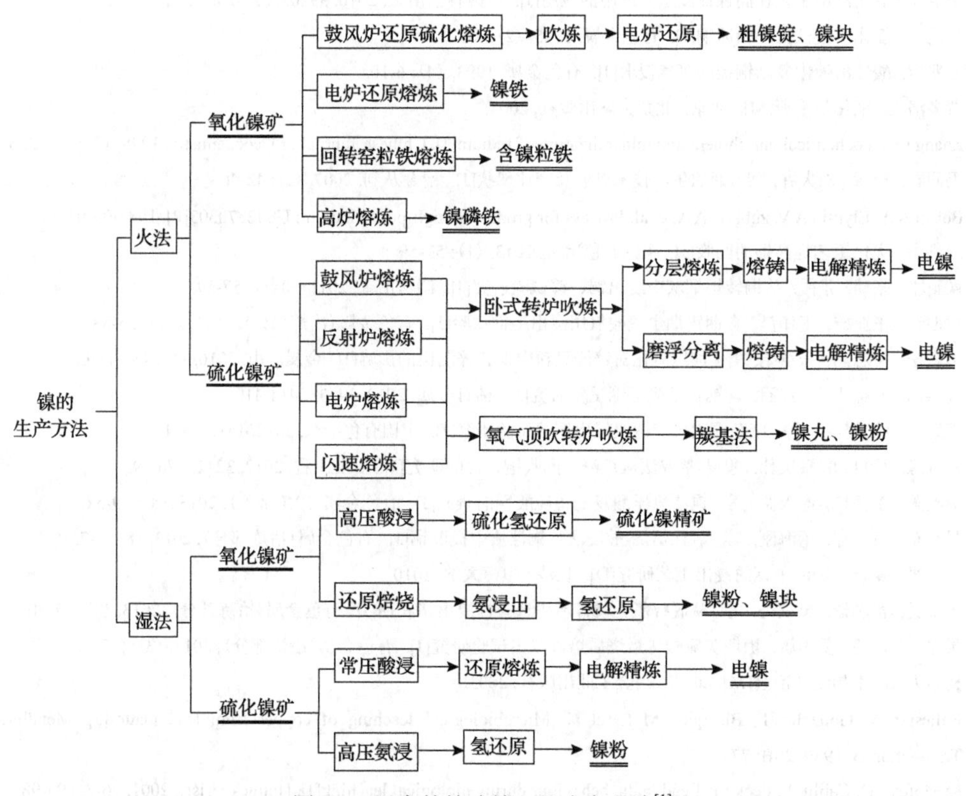

图 7.1　现有的镍冶炼工业生产方法[1]

硫化镍精矿处理首先采用焙烧或造锍熔炼。焙烧主要是脱硫或硫酸化焙烧，以便于下一个工序处理，焙烧获得氧化镍或硫酸镍，从而实现氨浸或硫酸浸出[1-5]；造锍熔炼获得的锍可以采用吹炼，然后进行加压浸出或磨浮分离、电解(积)等工艺获得金属镍。造锍熔炼的工艺有鼓风炉熔炼、反射炉熔炼、电炉熔炼、闪速熔炼以及熔池熔炼。这也是传统的火法冶炼处理硫化镍精矿的流程，很多著作中都有较详细的介绍，本书不再赘述。

氧化镍矿可分为硅酸镍矿和红土镍矿。红土镍矿含铁高，硅镁含量低，含镍并不高；硅酸镍矿含铁低、含硅镁高，含镍相对于红土镍矿而言要高。世界上开发红土镍矿已有 80 多年的历史，主要有三种工艺：火法熔炼生产镍铁工艺[6-8]、还原焙烧-常压氨浸工艺[卡隆(Caron)工艺][9]、加压硫酸浸出工艺[6]。

1. 红土镍矿镍铁熔炼

镍含量较高(>2.0%)的硅酸镍矿或蛇纹石矿大多采用火法冶金处理，工艺流程为焙烧→还原熔炼→生产镍铁工艺和焙烧→硫化还原熔炼→生产镍锍→精炼金属镍工艺，但目前用得比较多的是镍铁熔炼[10-12]。熔炼获得的低镍铁在高温下加石英作造渣剂(渣型选择时控制形成 $2FeO \cdot SiO_2$)，通入空气或富氧，使镍铁合金中的铁被氧化形成 FeO，然后与石英造渣而与铁分离，实现镍的富集。

生产镍铁用的矿石，要求镍品位较高，矿石中的 Mg、SiO_2 比例要求严格。新喀里多尼亚是全球第一大镍铁生产国，日本从菲律宾、印度尼西亚等国进口高品位镍矿石来生产镍铁，此外，多米尼加、哥伦比亚、印度尼西亚等国也生产镍铁。但随着矿石品位越来越低，对环保要求越来越高，以及能源涨价等因素，新近镍铁项目越来越少。同样，生产镍锍也因矿石品位、环保、能源涨价等因素而受到限制。

2. 火法与湿法相结合的还原焙烧-氨浸法

还原-氨浸法是荷兰的冶金学家 M. H. Caron 在 1924 年发明的一种冶金方法，又称卡隆(Caron)法[9]。该法最早于 20 世纪 40 年代在古巴的尼加罗建成。此后，印度的苏金达、澳大利亚的雅布鲁、新喀里多尼亚的多博尼安、菲律宾的苏里高等相继建厂生产[13-16]。该法能耗高，镍回收率为 75%～80%，钴回收率为 20%～40%，同样对环境(主要是大气)产生不利影响。所以苏里高厂于 1976 年建成，生产至 1984 年被迫停产。到了 20 世纪 90 年代，该项目又重新活跃起来。其工艺流程见图 7.2。

尼加罗镍厂处理的红土镍矿是一种次生矿床，是蛇纹岩经长时期氧化水解和溶解作用逐渐形成的矿床。矿石中的矿物主要为铁的氧化物、水化硅酸镁、游离二氧化硅等。镍在矿石中很可能有部分是以氧化镍形式存在于富铁矿中，部分以硅酸镍形式存在。尼加罗镍厂处理的红土镍矿的化学成分：Ni 1.4%、Co 0.06%、SiO_2 14%、Mg 10.3%、Fe 38%。矿石含水量视季节不同，在 28%～36%之间波动。

卡隆法的工艺过程：矿石先经干燥细磨，然后在焙烧炉中选择性还原焙烧，镍和钴还原成金属状态，铁呈不溶的氧化物。焙砂用氨性碳酸铵溶液浸出镍和钴，浸出液加硫化铵沉淀钴，有 10%的镍随钴沉淀，得到镍钴硫化物精矿。沉钴后的含镍氨浸液经蒸氨得碱式碳酸镍沉淀，再煅烧得到氧化镍产品。碱式碳酸镍也可酸溶，再经氢还原或电解生产金属镍。

还原焙烧的目的是使硅酸镍及氧化镍最大限度地还原成金属镍，同时控制条件使少量的氧化铁还原成金属铁，而大部分仅还原成 Fe_3O_4。整个生产过程回收率的高低主要取决于镍还原率的高低，还原焙烧工序在整个生产过程中占有极重要的地位。

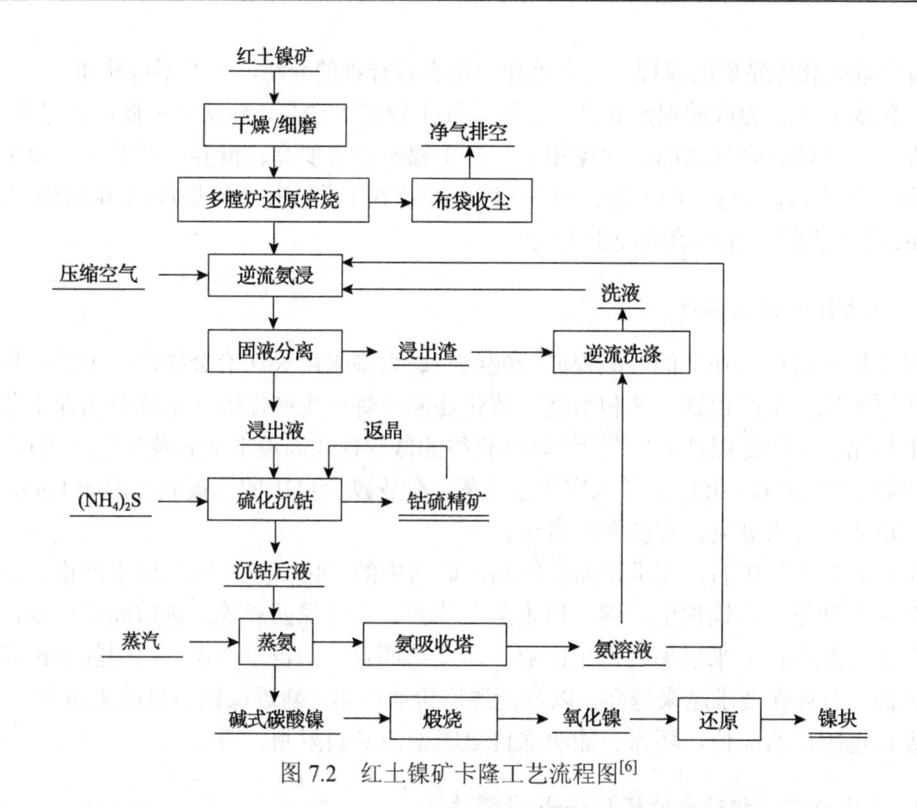

图 7.2 红土镍矿卡隆工艺流程图[6]

常压氨浸的作用是用氨及二氧化碳在有空气存在的条件下，浸出还原焙烧后的矿石中的镍，以供下一步提取镍，同时用含氨及二氧化碳的溶液洗涤浸出渣，以提高镍的回收率。常压氨浸时，已被还原的金属镍和金属钴生成镍氨及钴氨络合物进入溶液。金属铁也先生成二价铁氨络合物进入溶液，然后被氧化成三价，再水解生成氢氧化铁沉淀。氢氧化铁沉淀时，会吸附大量钴氨络合物和少量镍氨络合物，造成钴、镍损失。同时铁溶解及氧化会释放大量的热量，造成浸出温度难以控制。因此，还原时尽可能控制铁的还原率，保证铁的还原率较低。

氨的回收是将沉钴后液送入蒸馏塔，驱出氨和过剩二氧化碳，使镍成为碱式碳酸镍沉淀。蒸馏塔排出的含氨及二氧化碳的气体，则送至吸收塔用水吸收后部分返回浸出系统，部分用来逆流洗涤氨浸渣，洗液也返回浸出系统。浸出液在蒸馏塔内的反应是随着蒸氨过程逐步进行的。当溶液中氨浓度降至2%时，溶液中的镍虽以二氨络合物存在，再进一步降低氨浓度，镍离子与溶液中的氢氧根离子和碳酸根离子相互化合，生成不溶性的碱式碳酸镍。

蒸氨塔获得的浆状碱式碳酸镍经过滤后得到含水67%的滤饼，其在煅烧窑煅烧，脱去游离水、结合水和二氧化碳，最终烧成粉状氧化镍，再在烧结机上烧成块状氧化镍；也可经还原，得到镍块。

3. *湿法-加压酸浸法*

对于镍含量较低的红土镍矿则以采用湿法冶金为宜，红土镍矿目前还没有方法富集，只能直接处理低品位原矿。湿法冶金处理红土镍矿与前两种工艺相比，加压酸浸法的能耗相对较低，镍、钴的浸出率很高，对环境(尤其是对大气)的影响小。因此，该法为国际镍界所瞩目，它代表了当前红土镍矿加工方法的总趋势。图 7.3 列出了四个工厂的主要工艺

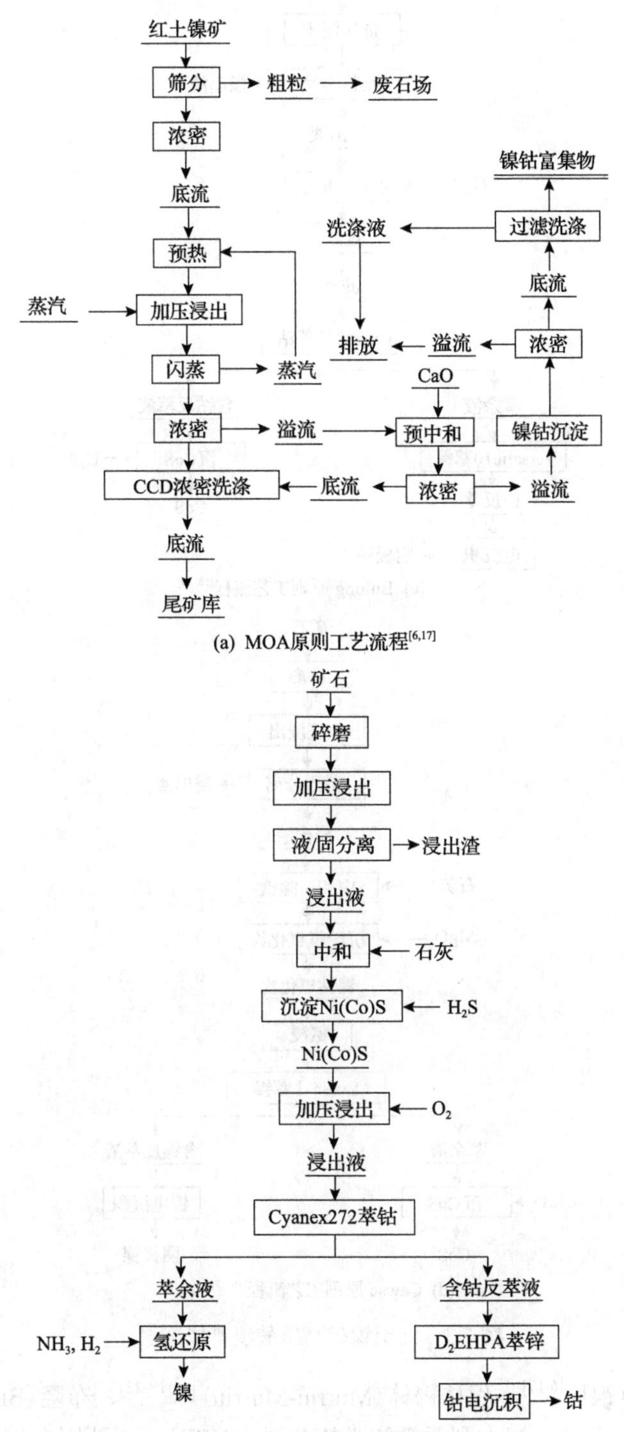

(a) MOA原则工艺流程[6,17]

(b) Murrin-Murrin 原则工艺流程[18, 19]

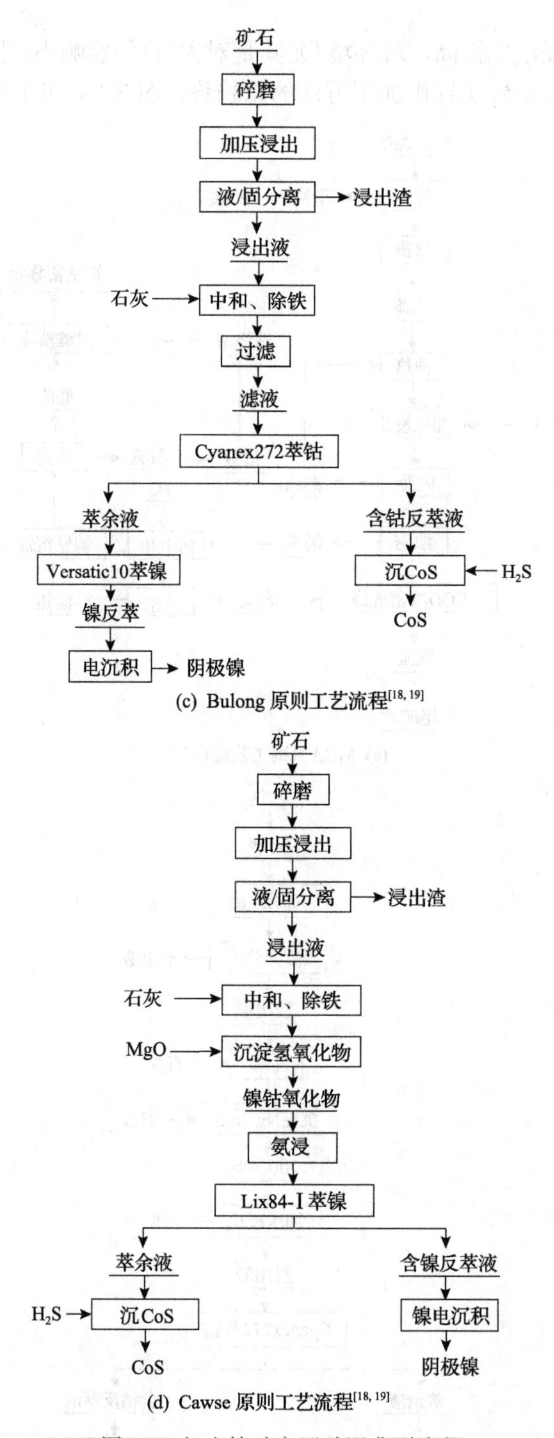

(c) Bulong 原则工艺流程[18, 19]

(d) Cawse 原则工艺流程[18, 19]

图 7.3　红土镍矿高压酸浸典型流程

流程：毛阿(MOA)镍厂[6,17]、穆林穆林(Murrin-Murrin)厂[18-22]、布隆(Bulong)厂[18-22]和考斯(Cawse)厂[18-22]。此外，澳大利亚必和必拓公司(BHPB)、巴西国有矿业公司(CVRD)、加拿大鹰桥公司(Falconbridge)等几家大公司也都进行了加压硫酸浸出的技术开发[23-25]。

1959 年开工的古巴毛阿镍厂是最早使用加压酸浸法处理红土矿石的工厂[17]，其从1952 年开始试验研究，1957 年开始建设，1959 年建成，是由美国自由港硫磺公司投资。毛阿红土镍矿与尼加罗红土镍矿不同，其含铁、钴高，含镁低。

毛阿镍厂采用加压酸浸工艺的主要目的是提高钴的回收率。该厂处理的矿石含钴较高，镍钴比达 10∶1。试验证明，毛阿镍厂所处理的矿石，若采用尼加罗镍厂的常压氨浸工艺，镍的浸出率也可以达到 90%以上，但钴的浸出率则很低。毛阿镍厂采用加压酸浸的另一原因是矿石含铁、铝高，采用加压酸浸不消耗硫酸。此外，矿石含 MgO 较低，酸的消耗量不大，也是其优势。

加压酸浸的操作过程，首先是将储存矿浆(含固 45%～47%)浓密机的底流先通过预热器，用压力为 0.1MPa 的蒸汽预热到 82℃，再进入 2 台储槽。储槽设有机械搅拌器，并有空气搅动，防止矿浆沉淀。

加压釜内输送矿浆的过程是由两段串联的矿浆泵来完成的，第一段用离心式衬胶砂泵将矿浆压力提高到 0.7MPa，第二段用四联隔膜泵将矿浆压力进一步提高到 4.5MPa 后送入加压釜前的矿浆加热器内，矿浆在此加热到 246℃，自流入加压釜。

矿浆在釜内的反应温度为 246℃，反应压力为 3.6MPa。矿浆在每台加压釜内的停留时间为 28min，通过一组加压釜的时间为 112min。硫酸加入量为干矿量的 22.5%，用泵直接加到每组的第一台釜中。矿浆流量为 1.76m^3/min。含固体 45%的矿浆由于在预热、加热和浸出过程中被蒸汽冷凝水稀释，至浸出终了时浆浓度约为 33%。浸出液成分为：Ni 5.95g/L、Co 0.64g/L、Zn 0.2g/L、Fe 0.8g/L、Mn 2.0g/L、Cr 0.3g/L、Mg 2g/L、Al 2.3g/L、SiO_2 2g/L、游离酸 28g/L。镍的浸出率为 96%，钴的浸出率为 95%。

中和后浸出液采用硫化氢沉淀法，使浸出液中的镍、钴变成硫化物而沉淀。在沉淀镍钴硫化物之前，必须先还原溶液中所含的高价铬和高价铁，以避免高价铬、铁在镍、钴沉淀过程中生成胶状沉淀。采用硫化氢使高价铬和高价铁还原，铁由三价变为二价，铬由六价变为三价。铁、铬还原过程在管道中进行。硫化氢气体通过直径为 25mm 的 Hastelloy C 合金管进入浸出输送管道。

在沉淀镍钴硫化物前，还要中和浸出液中多余的游离酸，以满足沉淀镍钴硫化物所要求的酸度(pH 为 2.6 左右)。毛阿镍厂利用当地海边所产的珊瑚(含 $CaCO_3$ 90.9%)调制成含固体 40%的珊瑚浆，中和还原后液中的硫酸。中和后液的典型成分：Ni 4.15g/L、Co 0.45g/L、Cu 0.8g/L、Zn 0.1g/L、Fe 0.6g/L、Mn 1.4g/L、Cr 0.2g/L、Mg 1.9g/L、Al 0.6g/L、Ca 0.1g/L、硫酸盐 270g/L，pH 2.4。

中和后液在预热器内利用浸出的低压二次蒸汽。直接将溶液加热到 82℃，再经加热器用 0.1MPa 压力的蒸汽加热到 118℃。加热后溶液用离心泵送入加压釜，并通入硫化氢，使镍钴变成硫化物沉淀。加压釜内的工作压力为 1MPa，温度为 118～121℃。当溶液流量为 3.64m^3/min 时，镍钴沉淀率都为 99%。在镍钴沉淀过程中有部分铜、锌共沉淀，而铁、铝、锰、镁、铬都不沉淀，随废液丢弃。因此，沉淀镍钴硫化物的过程有一定的净化效果。镍钴硫化物的典型成分：Ni 55.1%、Co 5.9%、Cu 1.0%、Pb 0.003%、Zn 1.7%、Fe 0.3%、Cr 0.4%、Al 0.02%、硫化物形态的硫 35.6%、硫酸盐形态的硫 0.04%。镍钴硫化物及溶液经水封槽排入两台并联的浓密机。浓密机的溢流即为废液，经稀释后排入下水道；浓密机的底流用隔膜泵送到两台较小的木制浓密机内，用热水进行两段逆流洗涤，洗水弃去，底流即为镍钴硫化物。

由闪蒸槽顶部排出的硫化氢和水蒸气混合气体进入 1 台降湿塔，闪蒸槽来的硫化氢和水蒸气混合气体由底部入塔，降湿塔顶部淋水，使水蒸气在此冷凝，硫化氢气体则被冷却。排出的热水，部分送去洗涤镍钴硫化物沉淀，部分用来稀释废液后排入下水道。硫化氢气体则进入循环压缩机，压缩后与新的硫化氢混合，供加压釜使用。

Murrin-Murrin 矿含镍为 0.99%，钴为 0.065%，采用类似毛阿镍厂的工艺，浸出液先经硫化氢硫化转化为镍钴硫化物沉淀富集，加压氧化转化为可溶性硫酸盐，后续采用 Cyanex272 萃取钴，以 D_2EHPA 从反萃液除去锌等杂质，最后电解得到阴极钴。萃余液采用 Sherritt 技术加氢还原生产镍粉，副产品为硫酸铵[18,19]。

Bulong 矿含镍为 1.1%，钴为 0.08%，浸出液直接用 Cyanex272 萃取钴，钴反萃液用 H_2S 沉淀为 CoS，再精炼。萃取钴后萃余液用羧酸萃取剂 Versatic10 萃取镍，反萃液直接电沉积回收镍。由于萃取剂 Versatic10 水溶性很好，需设计回收装置[18,19]。

Cawse 矿含镍为 1.1%，钴为 0.15%，浸出液 pH 低，镍、钴以氢氧化物形式沉淀。氢氧化物再进行氨浸，除去铁、锰、镁、钙等杂质。然后采用 Lix84-I 萃取镍，反萃电沉积得到镍，钴采用硫化氢沉积。由于全过程仅萃取一次，且在萃取前将二价钴离子氧化为三价，提高了 Lix84-I 对钴与镍的选择性，因此运行成本低，每磅镍的现金成本为 1.5～1.8$[18,19]。

酸浸法虽然能量消耗比卡隆法低，但酸耗较大，对矿石的适应性较差，不能处理酸溶性成分较高的矿石，特别是氧化镁含量高的矿石。

除以上湿法处理红土镍矿流程外，近年来也出现了一些其他不同浸出体系或不同浸出方式相结合的处理红土镍矿的方法，如常规 HPAL(加压酸浸)-AL(常压酸浸)[26-28]、澳大利亚 BHPB 提出的 EPAL 法[28]、北京矿冶研究总院提出的 AL-HPAL 联合硫酸浸出法[6]、硝酸加压浸出法[29-33]等；加压浸出技术在红土镍矿的冶炼方面得到了越来越广泛的应用[34-38]。

7.1.2 硫化镍精矿和镍铁合金的提镍工艺分析

1. 硫化镍精矿的提镍冶金工艺分析

硫化镍精矿的提镍冶金工艺相对比较成熟，有采用火法冶金的造锍熔炼-吹炼-铜镍分离及精炼、焙烧-氨浸-氢还原和全湿法的硫酸化焙烧-浸出和加压酸浸等工艺。

火法冶金工艺造锍熔炼-吹炼在采用富氧技术后，可以实现自热熔炼、烟气制酸，但或多或少存在二氧化硫的排放，在国家实施节能减排的政策时，存在一些环境污染问题，但该工艺容易实现脉石元素与镍的分离，所形成的渣为固态渣，其环境影响则比较小。火法冶金工艺比较适合大型硫化镍精矿的冶炼厂，不适用于小型的硫化镍精矿冶炼。

氧化焙烧-氨浸-氢还原工艺相对而言，焙烧的环境污染严重，氢还原的危险性大，需要配套氢生产装置，对于小型的硫化镍精矿的冶炼厂而言，选择这样的工艺流程不太合理，主要是投资大，安全作业危险性高，环境污染严重。

湿法冶金采用硫酸化焙烧-浸出，与氨浸法相比虽然减少了氢还原的危险性，仍然存在焙烧时产生低二氧化硫浓度不易制酸，相当部分二氧化硫排放，造成严重环境污染。相对而言加压浸出却能够减少二氧化硫排放所引起的环境污染，但加压浸出也存在投资大，需要富氧装置等问题。

由于社会发展的要求，减少环境污染是全社会共同努力的方向，对于小型的硫化镍精矿冶炼厂而言，采用加压浸出技术是相对比较合适的。加压浸出技术的优点是浸出率高，综合回收效果好，能够实现资源的高效经济利用。

2. 镍铁合金的提镍冶金工艺分析

镍铁合金提镍可以按产品方案不同分为多个工艺。生产高镍铁合金时，采用氧化精炼，使铁氧化与熔剂石英造渣而使镍富集，该工艺简单，但不能实现合金中其他有价元素如 Co 的综合回收。同时火法精炼相对来说适合大中型规模镍铁合金精炼要求，对于小规模精炼生产，火法精炼的灵活性和适应性都不太好。

镍铁合金粉碎后酸浸工艺可以实现镍铁合金镍和钴等的综合回收，对于小规模的镍铁合金提镍有相对优势，缺点是该过程产生氢气，该资源不能充分利用，常压浸出过程的液固分离存在困难等。采用氧压浸出，虽然可以使过程所产生的氢与氧反应，补充加压所需要的能耗，但氢在 150℃左右的氧化情况目前还不是十分清楚，残留气体由于氧和氢含量高，造成操作爆炸的危险性高；需要配套富氧装置，建设投资相对于火法要高。

镍铁合金的浸出工艺使合金中大量的铁转化为价值不高的硫酸亚铁，虽然除铁可以得到品位高的铁渣，但该铁渣由于杂质含量高不能充分利用，造成资源的浪费。

镍铁合金可以浇铸成阳极进行海绵铁电解，使合金中的铁转化为产品海绵铁，从阳极泥中再回收镍、钴等金属。但对于高镍铁合金，在海绵铁的生产过程，由于研究程度低，技术成熟度小，镍、钴的回收率等技术指标如何，需要进行详细的研究后才能确定，技术开发的周期长，对于立即使用存在的技术问题相对比较多。

7.2　加压酸浸硫化镍精矿工艺研究

通过光谱分析确定试验所用的硫化镍精矿的主要元素，并对可能影响工艺的元素进行化学分析，结果见表 7.1。

表 7.1　硫化镍精矿化学成分　（单位：%）

元素	Ni	Fe	Cu	S	Co	SiO_2	MgO	Al_2O_3	Zn	Mn	Pb	Cd	F	Cl
含量	7.27	36.10	2.43	25.27	0.37	9.50	6.94	0.61	0.092	0.029	0.012	＜0.005	0.034	0.18

由表 7.1 的分析结果可见，该精矿中 S、Fe、Ni 是主要元素，是典型的高铁硫化镍矿，同时该精矿中有价元素钴和铜的含量也较高，也具有综合回收的价值。

试验所用硫化镍精矿的 XRD 分析结果如图 7.4 所示。

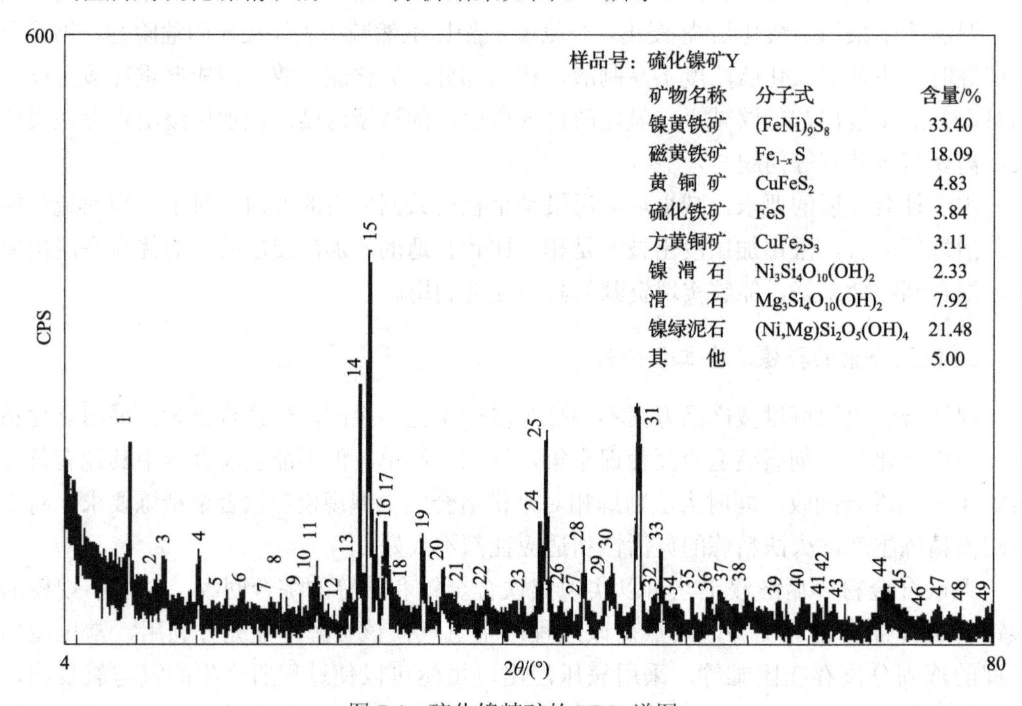

图 7.4　硫化镍精矿的 XRD 谱图

由图 7.4 的结果可见，镍主要以镍黄铁矿形态存在，少量镍还以镍滑石和镍绿泥石形态存在，铁还以磁黄铁矿和硫化铁矿形态存在，铜以黄铜矿形态存在，MgO 和 SiO_2 以滑石和镍绿泥石矿物形态存在。

从该硫化镍精矿的矿物组成可见，要是镍从矿物中被浸出，采用加压氧化浸出技术是可行的，但浸出过程中同时伴随有磁黄铁矿、黄铁矿、黄铜矿的氧化浸出和滑石、镍绿泥石酸性浸出，浸出液中杂质元素 Fe、SiO_2 含量高，造成液固分离困难和溶液的后处理工艺复杂。

7.2.1　浸出温度对浸出过程的影响

在加压酸浸过程中，提高浸出温度可以增大浸原液中硫酸的扩散速度，提高有价金属的浸出速率，使浸出反应能快速达到反应平衡。从动力学角度来看，在试验条件准许的情况下，增大浸出温度可加快反应进程。因此，考察浸出温度(135℃、150℃、165℃)对硫化镍精矿中 Ni、Co、Cu、Fe 浸出率的影响(图 7.5)。

由图 7.5 中的数据可见，在试验温度范围内，随着温度的升高，镍和钴的浸出率变化不大，而铁的浸出率升高，铜的浸出率也随之升高，综合全流程考虑，认为合适的浸出温度为(150±3)℃。

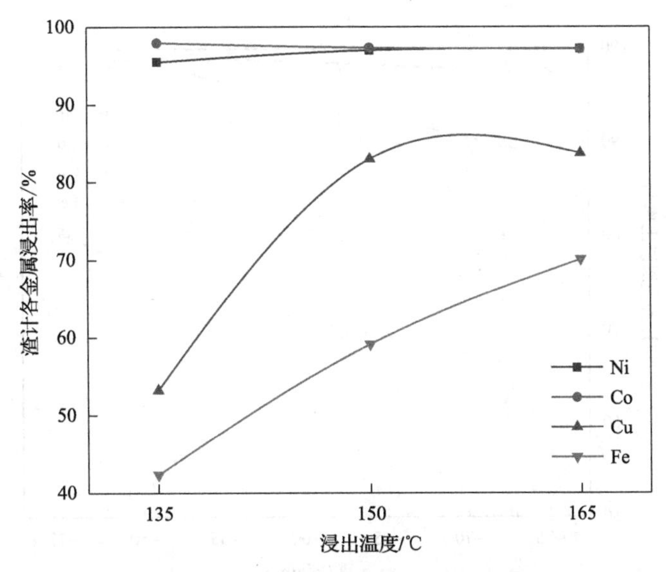

图 7.5　浸出温度对金属浸出率的影响结果

H_2SO_4 浓度为 180g/L，L∶S=4∶1，氧气压力为 1.2MPa，浸出时间为 120min，搅拌转速为 850r/min，少许木质素磺酸钠

7.2.2　粒度对浸出过程的影响

在加压酸浸过程中，相同体积的浸原液条件下，当硫化镍精矿颗粒的粒度增大时，其比表面积减小，硫化镍精矿与浸出剂之间的有效接触面积、碰撞概率减小，造成硫化镍精矿中有价金属的有效浸出量减小，其浸出率下降。而硫化镍精矿粒度太小，有可能会造成团聚现象，同样降低金属浸出率。因此，考察粒度(–75μm 占 70%以上、–53μm 占 95%以上、–45μm 占 95%以上)对硫化镍精矿中 Ni、Co、Cu、Fe 浸出率的影响(图 7.6)。

由图 7.6 中数据及试验过程中的现象可知，对原矿粒度进行细磨后浸出，试验过程中没有结块现象，并且主金属镍的浸出率有所升高。由试验结果可知，较合适的粒度为 –53μm 占 95%以上，平均粒度为 17.25μm，中值为 10.98μm，峰值为 19.76μm，比表面积为 12683cm^2/mL。

7.2.3　硫酸浓度对浸出过程的影响

在硫化镍精矿的浸出过程中，主要氧化浸出反应可能如下：

$$(FeNi)_9S_8+18H_2SO_4+9O_2 = 9FeSO_4+9NiSO_4+8S+18H_2O \tag{7.1}$$

$$Fe_{1-x}S+(1-x)H_2SO_4+(1-x)/2O_2 = (1-x)FeSO_4+S+(1-x)H_2O \tag{7.2}$$

$$2FeS+2H_2SO_4+O_2 = 2FeSO_4+2S+2H_2O \tag{7.3}$$

$$FeCuS_2+2H_2SO_4+O_2 = FeSO_4+CuSO_4+2S+2H_2O \tag{7.4}$$

$$(MgNi)Si_2O_4(OH)_4+2H_2SO_4 = MgSO_4+NiSO_4+2H_2SiO_3+2H_2O \tag{7.5}$$

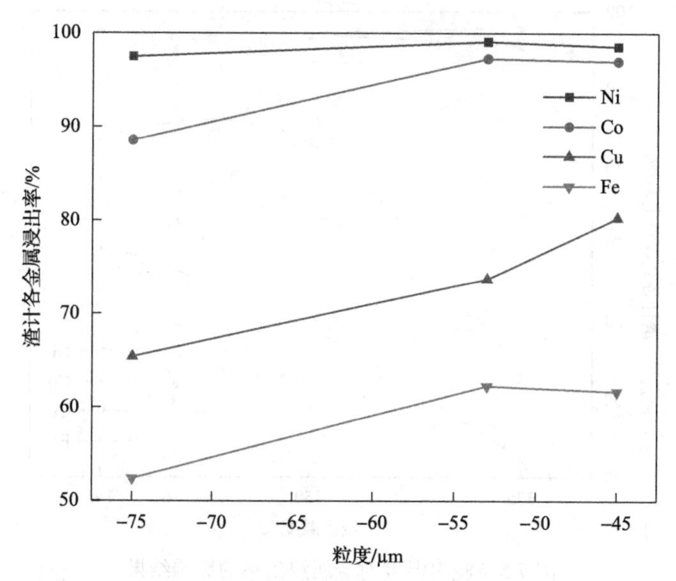

图 7.6　粒度对金属浸出率的影响结果

H_2SO_4 浓度为 200g/L，L∶S=4∶1，氧气压力为 1.2MPa，温度为(150±3)℃，浸出时间为 120min，搅拌转速为 850r/min，少许木质素磺酸钠

同时，加压过程中，也存在这样的反应：

$$4FeSO_4+O_2+4H_2O = 2Fe_2O_3+4H_2SO_4 \tag{7.6}$$

该反应的结果一方面使 Fe 从溶液中沉淀到渣中，减少浸出液的含铁量，从而减少溶液除铁的负担；另一方面，也释放出游离酸，减少酸的消耗。因此在加压浸出过程中，在考虑镍等有价金属的浸出时，同时也要考虑降低酸耗和降低铁的浸出。

在加压酸浸过程中，当采用低浓度硫酸对硫化镍精矿进行浸出时，有价金属元素的浸出率会降低，同时，高浓度硫酸浸出会造成浸出液酸度过大，对后续溶液中有价金属的分离会非常不利。因此，考察硫酸初始酸度(30～150g/L)对硫化镍精矿中 Ni、Co、Cu、Fe 浸出率的影响(图 7.7)。

由图 7.7 中的数据可知，在图中试验酸度范围内，随着始酸浓度的降低，镍、钴的浸出率变化不大，其波动可以认为是分析误差所致；当酸度从 150g/L 降至 30g/L 时，铜的浸出率从 70.79%降至 58.93%，铁的浸出率则从 34.34%降低到 2.09%，相当于浸出液中的铁离子浓度从 36g/L 降低到 2.5g/L，明显降低了除铁的负担并提高了除铁时金属的回收率及消耗。这主要是由于在试验进行过程中，铁先氧化浸出，而后又以赤铁矿的形式沉淀在渣中，在沉淀过程中，有酸生成，生成的酸进一步被用来浸出矿中的其他金属硫化物，因此，随酸度的降低，除铁和铜外的其他金属浸出率有所升高。考虑到浸出过程的稳定性和所有金属的浸出性能，认为合适的始酸浓度为 40～50g/L。

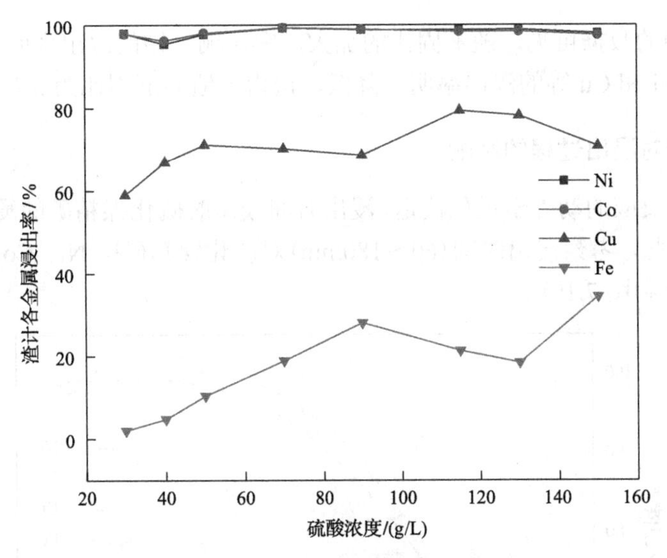

图 7.7　硫酸浓度对金属浸出率的影响结果

L∶S=3∶1，氧气压力为 1.2MPa，温度为(150±3)℃，浸出时间为 150min，搅拌转速为 850r/min，少许木质素磺酸钠

7.2.4　液固比对浸出过程的影响

在加压酸浸过程中，当浸出过程液固比较小时，浸出剂的用量相对于硫化镍精矿质量过小，造成硫化镍精矿中有价金属元素不能被有效地浸出。在增大浸出液固比的过程中，硫化镍精矿颗粒能够在搅拌的作用下悬浮于足够多的液体中，进行充分反应。虽然液固比较大时能够增大有价金属的浸出率，但是过大的液固比会造成后续酸液处理过程难度的增大，同时也会增加生产成本。因此，考察液固比(2∶1～4∶1)对硫化镍精矿中Ni、Co、Cu、Fe 浸出率的影响(图 7.8)。

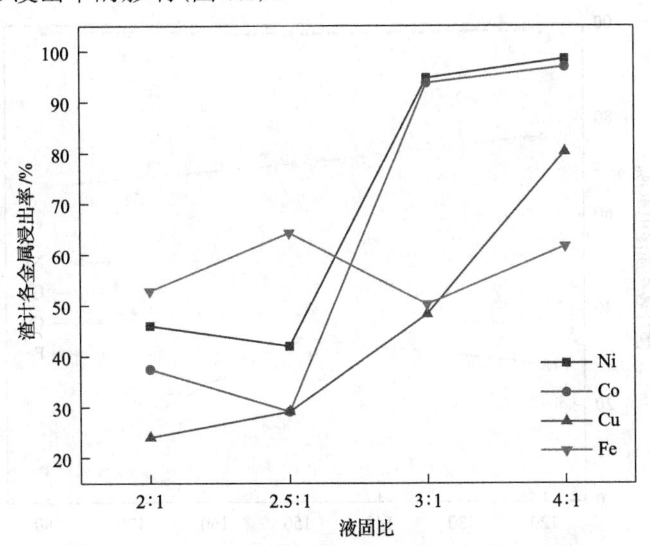

图 7.8　液固比对金属浸出率的影响结果

H_2SO_4浓度为 200g/L，氧气压力为 1.2MPa，温度为(150±3)℃，浸出时间为 120min，
搅拌转速为 850r/min，少许木质素磺酸钠

由图 7.8 中的数据可见，随液固比的加大，镍、铜、钴的浸出率明显升高，液固比低于 3∶1 时，Ni 和 Cu 等的浸出率明显降低，认为合适的液固比为 3∶1。

7.2.5　浸出时间对浸出过程的影响

浸出时间由反应的动力学过程决定，浸出时间较短时硫化镍精矿的浸出反应不完全，浸出率较低。因此，考察浸出时间(60～180min)对硫化镍精矿中 Ni、Co、Cu 和 Fe 浸出率的影响(图 7.9 和图 7.10)。

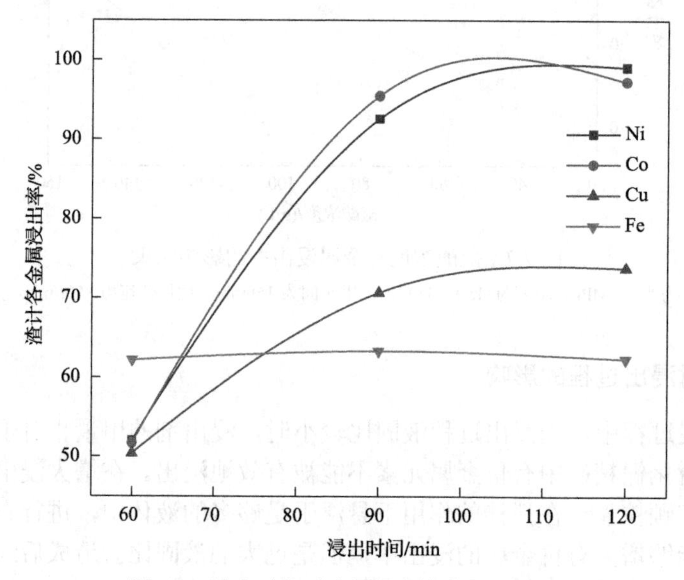

图 7.9　浸出时间对金属浸出率的影响结果

H_2SO_4 浓度为 200g/L，L∶S=4∶1，氧气压力为 1.2MPa，温度为(150±3)℃，搅拌转速为 850r/min，少许木质素磺酸钠

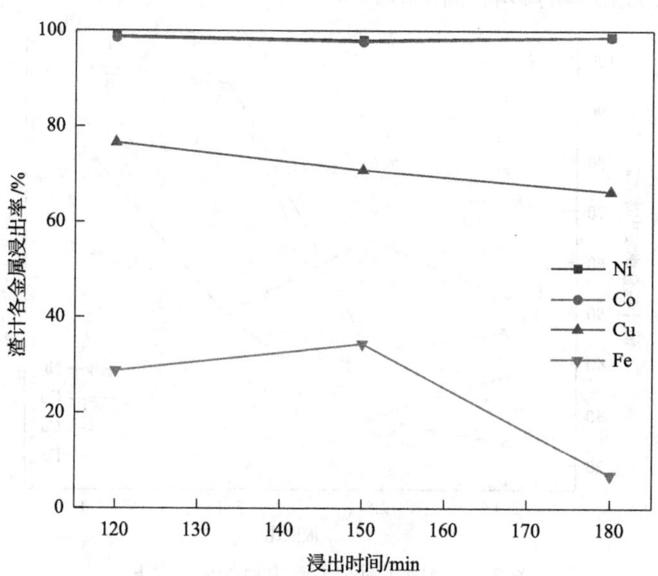

图 7.10　浸出时间对金属浸出率的影响结果

H_2SO_4 浓度为 50g/L，L∶S=3∶1，氧气压力为 1.2MPa，温度为(150±3)℃，搅拌转速为 850r/min，少许木质素磺酸钠

由图7.9和图7.10中的数据可见，在高酸度条件下（H_2SO_4 200g/L），浸出时间从60min延长至120min，Ni的浸出率由51.99%增大至99.08%，Co的浸出率由51.67%增大至97.28%，Cu的浸出率由50.39%增大至73.73%，Fe的浸出率变化不大。但当酸度降低至50g/L时，铁的浸出率随时间的延长而降低，可降低至6.98g/L（浸出时间延长至180min时），其他主金属的浸出率变化不大。因此，建议选择150～180min的浸出时间，H_2SO_4浓度可降至50g/L。

7.2.6　氧气压力对浸出过程的影响

在硫化镍精矿的氧压浸出过程中，氧气是作为一种重要的反应物质被引入浸出系统的。采用较大的氧气压力进行浸出，可以增大氧的溶解度，进一步提高硫化镍精矿的氧化速率。因此，进行了氧气压力（0.6～1.2MPa）对金属浸出率的影响试验，结果见图7.11。

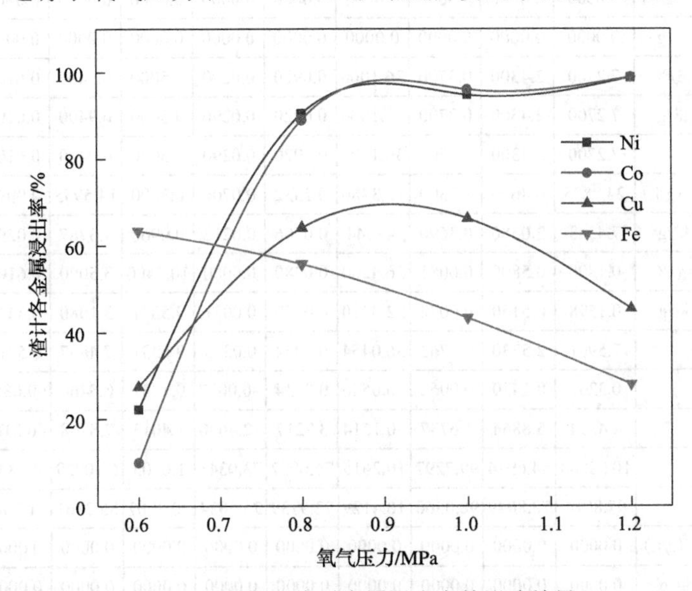

图7.11　氧气压力对金属浸出率的影响结果

H_2SO_4浓度为90g/L，L∶S=3∶1，温度为（150±3）℃，浸出时间为150min，搅拌转速为850r/min，少许木质素磺酸钠

由图7.11中的数据可见，在试验压力范围内，随着氧气压力的升高，镍和钴的浸出率明显增大，而铁的浸出率降低，铜的浸出率先增大而后又降低，这可能是由于铜在加压后期有部分随铁一起沉淀到渣中。为了尽可能降低溶液中的铁含量，建议选择1.2MPa以上的氧气压力。

7.2.7　氧气浓度对浸出过程的影响

在工业生产过程中，工业纯氧成本较高，考虑成本问题研究了氧气浓度对金属浸出率的影响。在L∶S=3∶1，温度为（150±3）℃，浸出时间为150min，搅拌转速为850r/min，少许木质素磺酸钠的条件下进行了75%和99%氧气浓度的试验，通过试验发现，随着氧气浓度的升高，氧分压保持在1.1～1.2MPa，氧气浓度从75%增加到99%，使镍和钴浸出率分别从96.99%和96.18%增加至99.09%和98.50%；铜的浸出率明显增加，从51.16%

增加至 75.34%；铁的浸出率从 35.16%降至 22.71%，降低约 10%。镍、铜和钴的浸出率有所增大。

7.2.8　综合试验

通过前面的试验研究，获得硫化镍精矿的合适浸出条件为硫酸浓度为 40～50g/L，L∶S=3∶1，温度为(150±3)℃，搅拌转速为 850r/min，氧气压力为 1.2MPa 以上，反应时间为 2.5～3h，氧气为 99%的工业纯氧，少许木质素磺酸钠。在该条件下进行综合条件试验，结果见表 7.2。

表 7.2　综合试验结果

元素			Ni	Cu	Co	Fe	Zn	Mn	SiO_2	MgO	Al_2O_3	F	Cl
加 YJC-30	浸原液 300mL	成分/(g/L)	0.0000	0.0000	0.0000	0.0000	0.0000	0.0000	0.0000	0.0000	0.0000	0.0000	0.0000
		总量/g	0.0000	0.0000	0.0000	0.0000	0.0000	0.0000	0.0000	0.0000	0.0000	0.0000	0.0000
	矿石 100g	含量/%	7.2700	2.4300	0.3700	36.1000	0.0920	0.0290	9.5000	6.9400	0.6100	0.0340	0.1800
		总量/g	7.2700	2.4300	0.3700	36.1000	0.0920	0.0290	9.5000	6.9400	0.6100	0.0340	0.1800
投入合计/g			7.2700	2.4300	0.3700	36.1000	0.0920	0.0290	9.5000	6.9400	0.6100	0.0340	0.1800
加 YJC-30	浸出液 300mL	成分/(g/L)	24.7875	6.8600	1.2300	12.3480	0.2352	0.0706	0.3200	14.5955	0.0993	0.0549	0.1000
		总量/g	7.4363	2.0580	0.3690	3.7044	0.0706	0.0212	0.0960	4.3787	0.0298	0.0165	0.0300
	浸出渣 88.8g	含量/%	0.1800	0.5800	0.0081	36.4200	0.0280	0.0080	10.7400	3.5000	0.6100	0.0210	0.1500
		总量/g	0.1598	0.5150	0.0072	32.3410	0.0249	0.0071	9.5371	3.1080	0.5417	0.0186	0.1332
产出合计/g			7.5961	2.5730	0.3762	36.0454	0.0954	0.0283	9.6331	7.4867	0.5715	0.0351	0.1632
绝对误差/g			0.3261	0.1430	0.0062	–0.0546	0.0034	–0.0007	0.1331	0.5466	–0.0385	0.0011	–0.0168
平衡误差/%			4.4854	5.8864	1.6737	–0.1514	3.7217	–2.4690	1.4013	7.8768	–6.3164	3.2882	–9.3333
液计浸出率/%			102.2868	84.6914	99.7297	10.2615	76.6957	73.0345	1.0105	63.0929	4.8836	48.4412	16.6667
渣计浸出率/%			97.8014	78.8049	98.0560	10.4129	72.9739	75.5034	–0.3907	55.2161	11.2000	45.1529	26.0000
加 YJC-32	浸原液 420mL	成分/(g/L)	0.0000	0.0000	0.0000	0.0000	0.0000	0.0000	0.0000	0.0000	0.0000	0.0000	0.0000
		总量/g	0.0000	0.0000	0.0000	0.0000	0.0000	0.0000	0.0000	0.0000	0.0000	0.0000	0.0000
	矿石 140g	含量/%	7.2700	2.4300	0.3700	36.1000	0.0920	0.0290	9.5000	6.9400	0.6100	0.0340	0.1800
		总量/g	10.1780	3.4020	0.5180	50.5400	0.1288	0.0406	13.3000	9.7160	0.8540	0.0476	0.2520
投入合计/g			10.1780	3.4020	0.5180	50.5400	0.1288	0.0406	13.3000	9.7160	0.8540	0.0476	0.2520
加 YJC-32	浸出液 420mL	成分/(g/L)	23.2500	5.0138	1.2200	10.4967	0.1787	0.0810	0.2200	14.1600	0.0820	0.0391	0.1200
		总量/g	9.7650	2.1058	0.5124	4.4086	0.0751	0.0340	0.0924	5.9472	0.0344	0.0164	0.0504
	浸出渣 120.7g	含量/%	0.1100	0.9500	0.0060	38.9500	0.0430	0.0050	11.1900	3.6000	0.6200	0.0230	0.1500
		总量/g	0.1328	1.1467	0.0072	47.0127	0.0519	0.0061	13.5063	4.3452	0.7484	0.0278	0.1811
产出合计/g			9.8978	3.2524	0.5196	51.4213	0.1270	0.0401	13.5987	10.2924	0.7828	0.0442	0.2315
绝对误差/g			–0.2802	–0.1496	0.0016	0.8813	–0.0018	–0.0005	0.2987	0.5764	–0.0712	–0.0034	–0.0206
平衡误差/%			–2.7533	–4.3961	0.3170	1.7437	–1.4325	–1.3424	2.2461	5.9325	–8.3396	–7.1786	–8.1548
液计浸出率/%			95.9422	61.8988	98.9189	8.7230	58.2717	83.7931	0.6947	61.2104	4.0328	34.5000	20.0000
渣计浸出率/%			98.6955	66.2948	98.6019	6.9793	59.7042	85.1355	–1.5514	55.2779	12.3724	41.6786	28.1548

注：由于数据四舍五入，合计等存在误差，后同。

由表 7.2 所列数据可知以下几点。①加压酸浸的综合试验较好地验证了上述加压酸浸的条件试验结果。②在液固比为 3∶1、浸出温度为(150±3)℃、氧气压力为 1.2～1.4MPa、浸出时间为 150～180min、搅拌转速为 850r/min、H_2SO_4浓度为 50g/L、加入表面活性物质的条件下，对粒度为–53μm 占 95%以上的硫化镍精矿进行一段加压酸浸，得到的浸出液的成分为：Ni 约 25g/L、Co 约 1g/L、Cu 约 7g/L、Fe 约 13g/L、Zn 约 0.25g/L、MgO 约 14g/L、Mn 约 0.07g/L、F 约 0.055g/L、Cl 约 0.07g/L、SiO_2 约 0.25g/L、H_2SO_4 约 22g/L。浸出渣产出率为 88%左右，其成分为：Ni 约 0.15%、Co 约 0.006%、Cu 约 0.7%、Fe 约 36%、Fe^{2+}约 1%、Zn 约 0.04%、MgO 约 3.50%、Mn 约 0.0015%、F 约 0.02%、Cl 约 0.1%、SiO_2 约 11%。③在上述条件下，各金属的浸出率分别可以达到：Ni＞98%、Cu 约 70%、Co＞98%、Fe 约 10%。

7.3　镍铁合金的加压浸出性能研究

试验所用的镍铁合金通过光谱分析确定主要元素后进行化学分析，结果见表 7.3。

表 7.3　镍铁合金化学成分　(单位：%)

元素	Ni	Fe	Cu	Ti	Co	Si	Mg	Al	Zn	Mn	Cr	V	Mo
含量	20.49	54.78	0.24	0.38	1.39	6.79	1.18	0.64	0.14	0.50	0.44	0.75	2.19

由表 7.3 的分析结果可见，该镍铁合金中镍、铁含量非常高，同时钴、钼和钒的含量也较高，也具有回收的价值。与精矿相比，该镍铁合金具有 Mg 低 Si 高的特点。

试验所用镍铁合金的 XRD 分析结果如图 7.12 所示。

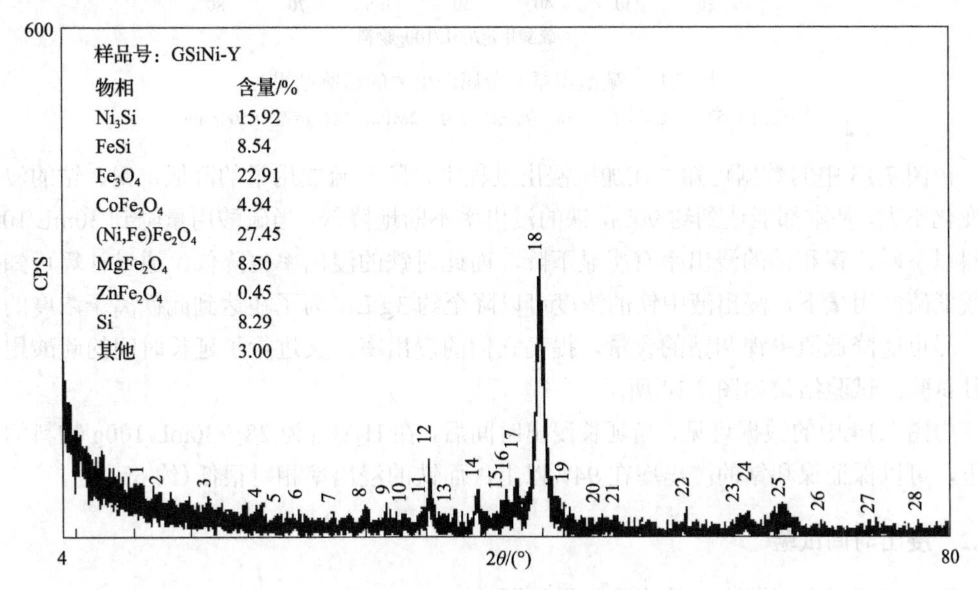

图 7.12　镍铁合金的 XRD 谱图

由图 7.12 的结果可见，镍、铁和硅主要以金属相特别是金属间化合物形态存在，少量镍和铁还以氧化物形态存在于 Fe_3O_4 中，少量硅以元素硅的形态存在。此外，铁还以铁酸盐形态存在，镍以外的有价金属如 Co 等主要存在于该化合物中。Zn 和 Mg 呈铁酸盐形态存在。

对镍铁合金原粒度分析得出，其中−106μm 占 96.5%以上，平均粒度为 29.73μm，中值为 21.16μm，峰值为 37.97μm，比表面积为 9323cm^2/mL。

根据 7.2 节中硫化镍精矿加压酸浸的试验结果，针对此镍铁合金粉末也开展了加压浸出性能的研究，研究结果叙述如下。

7.3.1　硫酸用量试验

硫酸用量对金属浸出率的影响结果见图 7.13。

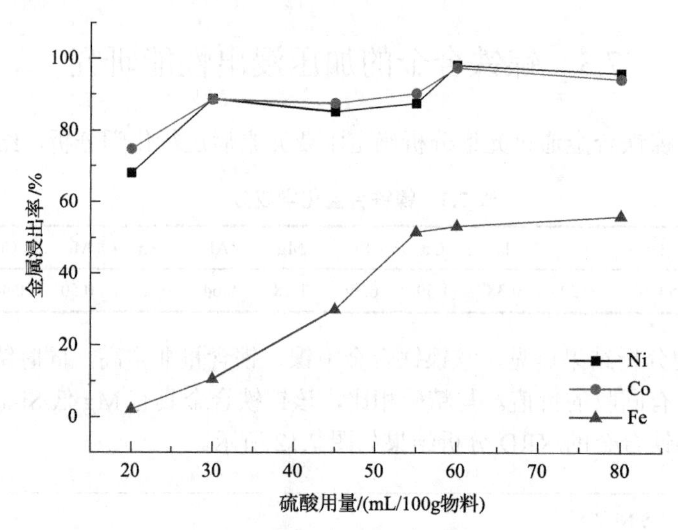

图 7.13　硫酸用量对金属浸出率的影响结果

温度为 165℃，浸出时间为 3h，氧气压力为 1.2MPa，搅拌转速为 500r/min

由图 7.13 中的数据可知，在加压浸出过程中，随着硫酸用量的降低，镍、钴的浸出率变化不大，基本都能达到约 90%，铁的浸出率不断地降低。当硫酸用量降到 30mL/100g 物料以下时，镍和钴的浸出率有明显下降，而此时铁的浸出率也降低，通过计算可知，在较低硫酸用量下，浸出液中铁的浓度可以降至约 3g/L，为了在达到此铁离子浓度的同时，尽可能降低渣中镍和钴的含量，提高它们的浸出率，又进行了延长时间的硫酸用量条件试验，试验结果如图 7.14 所示。

由图 7.14 中的数据可见，当延长浸出时间后，在 H_2SO_4 为 28～30mL/100g 物料的用量下，可以保证镍和钴的浸出率在 94%以上，而铁的浸出率相对很低(约 6%)。

7.3.2　浸出时间试验

浸出时间对金属浸出率的影响结果见图 7.15。

由图 7.15 中的数据可见，时间延长对 Ni 和 Co 的浸出率影响不大，但对 Fe 的浸出影响比较大，浸出时间延长，Fe 的浸出率降低。综合考虑，合适的浸出时间为 3～4h。

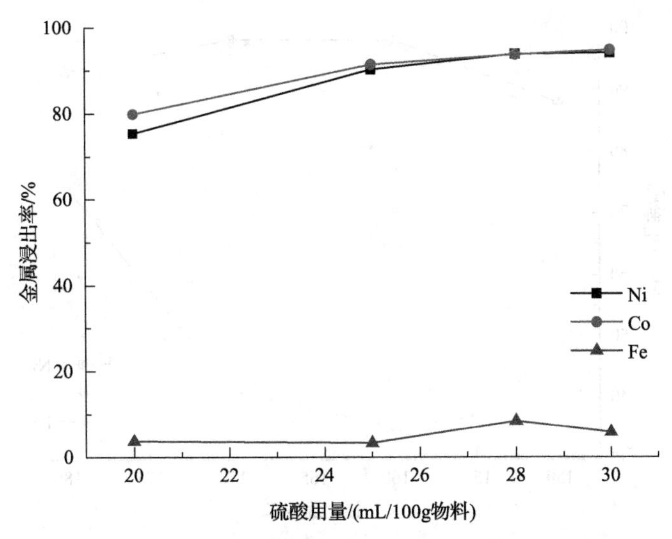

图 7.14　硫酸用量对金属浸出率的影响结果

氧气压力为 1.4MPa，温度为 165℃，浸出时间为 4h，搅拌转速为 500r/min

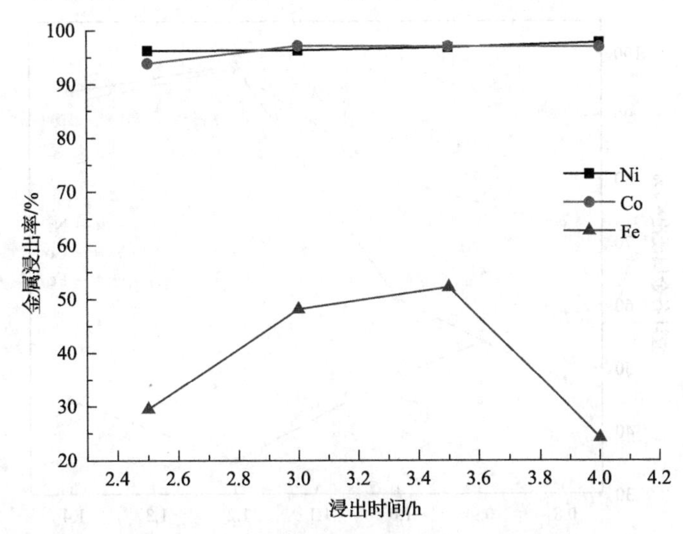

图 7.15　浸出时间对金属浸出率的影响结果

温度为 165℃，氧气压力为 1.2MPa，H_2SO_4 为 60mL/100g 物料，搅拌转速为 500r/min

7.3.3　浸出温度试验

浸出温度对金属浸出率的影响结果见图 7.16。

由图 7.16 中的数据可见，在试验的条件下，随着浸出温度的升高，Ni、Co 和 Fe 的浸出率增加，但当浸出温度从 170℃升至 180℃时，Ni 和 Co 的浸出率反而稍有下降，因此合适的浸出温度为 160～170℃。

7.3.4　氧气压力试验

氧气压力对金属浸出率的影响结果见图 7.17。

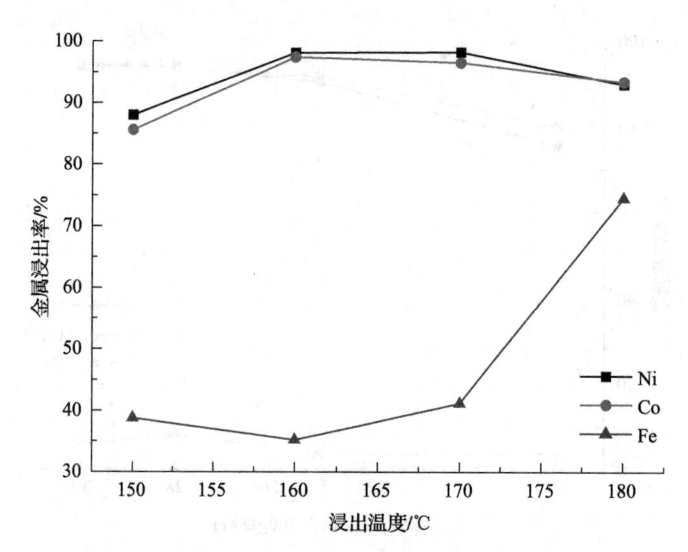

图 7.16 浸出温度对金属浸出率的影响结果

浸出时间为 3h，氧气压力为 1.2MPa，H_2SO_4 为 60mL/100g 物料，搅拌转速为 500r/min

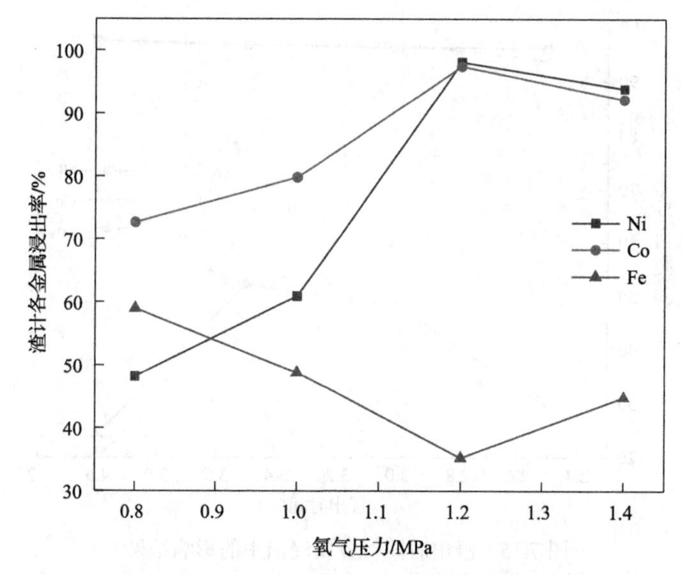

图 7.17 氧气压力对金属浸出率的影响结果

浸出时间为 3h，温度为 165℃，H_2SO_4 为 60mL/100g 物料，搅拌转速为 500r/min

由图 7.17 中的数据可见，在试验压力范围内，随着氧气压力的升高，镍和钴的浸出率明显增大，而铁的浸出率有所降低，为了尽可能降低溶液中的铁含量，建议选择 1.2MPa 以上的氧气压力。

7.3.5 氧气浓度试验

在 L∶S=3∶1，浸出温度为 165℃，浸出时间为 3h，搅拌转速为 500r/min，H_2SO_4 为 60mL/100g 物料的条件下进行了 75%和 99%氧气浓度的试验，通过试验发现，随着氧气浓度的升高，在氧分压保持 1.2MPa 时，氧气浓度从 75%增加到 99%，使镍和钴浸出率分别从 86.83%和 85.45%增加至 98.11%和 97.42%；Fe 的浸出率从 32.41%变化至 35.25%，变化不大。由此认为 75%浓度的氧气也可以作为加压过程的氧化剂。至于工业上采用什么样的氧气浓度，应综合考虑制氧成本与金属浸出性能后确定。

7.3.6　镍铁合金粉加压浸出过程分析

在镍铁合金粉的浸出过程中，各种金属和金属间化合物及铁酸盐被酸性氧化浸出和酸分解：

$$Ni_3Si+3H_2SO_4+2.5O_2 = 3NiSO_4+H_2SiO_3+2H_2O \tag{7.7}$$

$$FeSi+H_2SO_4+1.5O_2 = FeSO_4+H_2SiO_3 \tag{7.8}$$

$$2Fe+2H_2SO_4+O_2 = 2FeSO_4+2H_2O \tag{7.9}$$

$$2Ni+2H_2SO_4+O_2 = 2NiSO_4+2H_2O \tag{7.10}$$

$$Si+H_2O+O_2 = H_2SiO_3 \tag{7.11}$$

$$CoFe_2O_4+4H_2SO_4 = Fe_2(SO_4)_3+CoSO_4+4H_2O \tag{7.12}$$

$$MgFe_2O_4+4H_2SO_4 = Fe_2(SO_4)_3+MgSO_4+4H_2O \tag{7.13}$$

$$ZnFe_2O_4+4H_2SO_4 = Fe_2(SO_4)_3+ZnSO_4+4H_2O \tag{7.14}$$

浸出结果是各种元素都被浸出，产生的偏硅酸溶液形成胶体，使液固分离困难；浸出的铁使溶液中的硫酸亚铁含量高，黏度大，也难以分离，同时其结晶容易阻塞管道，影响生产。

在加压浸出过程中，还可能存在这样的反应：

$$4FeSO_4+4H_2O+O_2 = 2Fe_2O_3+4H_2SO_4 \tag{7.15}$$

$$H_2SiO_3 = SiO_2+H_2O \tag{7.16}$$

反应(7.15)、(7.16)的结果，使偏硅酸转化为结晶二氧化硅，减少了溶液中硅的含量，从而增大了浸出液与固体颗粒的分离难度；赤铁矿的形成，减少了铁的浸出率，降低了溶液中铁的含量，为溶液除铁减少消耗和提高金属回收率奠定了基础。

从前面的条件试验和 $FeSO_4$、H_2SiO_3 脱除的条件综合考虑，浸出温度在 160℃左右是比较合适的，既能满足工艺的要求，也能实现有效脱杂。

7.3.7　综合试验

通过前面的试验研究，获得镍铁合金粉的浸出合适条件为：硫酸用量为 28～30mL/100g 物料，L：S=4：1～5：1，浸出时间为 3h，浸出温度为 165℃，搅拌转速为 700r/min，氧气为 99%的工业纯氧，氧气压力为 1.2MPa 以上。

在该条件下进行综合条件试验，结果见表 7.4。

表 7.4　镍铁合金加压浸出综合试验结果

编号	元素		Ni	Cu	Co	Fe	Zn	Mn	SiO_2	MgO	Al_2O_3	Cr	V	Ti	Mo
56	浸原液 450mL	成分/(g/L)	0.0000	0.0000	0.0000	0.0000	0.0000	0.0000	0.0000	0.0000	0.0000	0.0000	0.0000	0.0000	0.0000
		总量/g	0.0000	0.0000	0.0000	0.0000	0.0000	0.0000	0.0000	0.0000	0.0000	0.0000	0.0000	0.0000	0.0000
	矿石 100g	含量/%	20.4900	0.2400	1.3900	54.7800	0.1400	0.5000	14.5600	1.6500	1.2090	0.4400	0.7500	0.3800	2.1900
		总量/g	20.4900	0.2400	1.3900	54.7800	0.1400	0.5000	14.5600	1.6500	1.2090	0.4400	0.7500	0.3800	2.1900
	投入合计/g		20.4900	0.2400	1.3900	54.7800	0.1400	0.5000	14.5600	1.6500	1.2090	0.4400	0.7500	0.3800	2.1900
	浸出液 450mL	成分/(g/L)	41.4300	0.4600	2.8200	4.2300	0.2490	0.8230	0.5510	2.4510	0.0120	0.0520	0.0800	0.0433	3.4480
		总量/g	18.6435	0.2070	1.2690	1.9035	0.1121	0.3704	0.2480	1.1030	0.0054	0.0234	0.0360	0.0195	1.5516
	浸出渣 115.66g	含量/%	1.1000	0.0250	0.0760	43.3900	0.0200	0.0800	12.8100	0.3800	1.0700	0.3300	0.5700	0.3300	0.7300
		总量/g	1.2723	0.0289	0.0879	50.1849	0.0231	0.0925	14.8160	0.4395	1.2376	0.3817	0.6593	0.3817	0.8443
	产出合计/g		19.9158	0.2359	1.3569	52.0884	0.1352	0.4629	15.0640	1.5425	1.2430	0.4051	0.6953	0.4012	2.3959
	绝对误差/g		−0.5742	−0.0041	−0.0331	−2.6916	−0.0048	−0.0371	0.5040	−0.1075	0.0340	−0.0349	−0.0547	0.0212	0.2059
	平衡误差/%		−2.8025	−1.7021	−2.3812	−4.9135	−3.4414	−7.4244	3.4615	−6.5177	2.8091	−7.9368	−7.2984	5.5692	9.4026
	液计浸出率/%		90.9883	86.2500	91.2950	3.4748	80.0357	74.0700	1.7030	66.8455	0.4467	5.3182	4.8000	5.1276	70.8493
	渣计浸出率/%		93.7908	87.9521	93.6761	8.3883	83.4771	81.4944	−1.7586	73.3632	−2.3624	13.2550	12.0984	-0.4416	61.4467
57	浸原液 450mL	成分/(g/L)	0.0000	0.0000	0.0000	0.0000	0.0000	0.0000	0.0000	0.0000	0.0000	0.0000	0.0000	0.0000	0.0000
		总量/g	0.0000	0.0000	0.0000	0.0000	0.0000	0.0000	0.0000	0.0000	0.0000	0.0000	0.0000	0.0000	0.0000
	矿石 100g	含量/%	20.4900	0.2400	1.3900	54.7800	0.1400	0.5000	14.5600	1.6500	1.2090	0.4400	0.7500	0.3800	2.1900
		总量/g	20.4900	0.2400	1.3900	54.7800	0.1400	0.5000	14.5600	1.6500	1.2090	0.4400	0.7500	0.3800	2.1900

续表

编号	元素		Ni	Cu	Co	Fe	Zn	Mn	SiO_2	MgO	Al_2O_3	Cr	V	Ti	Mo
57	投入合计/g		20.4900	0.2400	1.3900	54.7800	0.1400	0.5000	14.5600	1.6500	1.2090	0.4400	0.7500	0.3800	2.1900
	浸出液 450mL	成分/(g/L)	40.9700	0.4250	2.8500	3.3600	0.2810	0.9010	0.1300	2.7100	0.0800	0.0316	0.1100	0.0514	4.7700
		总量/g	18.4365	0.1913	1.2825	1.5120	0.1265	0.4055	0.0585	1.2195	0.0360	0.0142	0.0495	0.0231	2.1465
	浸出渣 115.95g	含量/%	1.0400	0.0240	0.0630	45.1200	0.0080	0.0610	13.8400	0.2200	0.9500	0.3400	0.5700	0.3400	0.0250
		总量/g	1.2029	0.0278	0.0729	52.1858	0.0093	0.0706	16.0073	0.2545	1.0988	0.3932	0.6593	0.3932	0.0289
	产出合计/g		19.6394	0.2190	1.3554	53.6978	0.1357	0.4760	16.0658	1.4740	1.1348	0.4075	0.7088	0.4164	2.1754
	绝对误差/g		–0.8506	–0.0210	–0.0346	–1.0822	–0.0043	–0.0240	1.5058	–0.1760	–0.0742	–0.0325	–0.0412	0.0364	–0.0146
	平衡误差/%		–4.1515	–8.7465	–2.4917	–1.9756	–3.0694	–4.7995	10.3423	–10.6696	–6.1398	–7.3945	–5.4984	9.5721	–0.6660
	液计浸出率/%		89.9780	79.6875	92.2662	2.7601	90.3214	81.0900	0.4018	73.9091	2.9777	3.2318	6.6000	6.0868	98.0137
	渣计浸出率/%		94.1295	88.4340	94.7579	4.7357	93.3909	85.8895	–9.9405	84.5787	9.1175	10.6264	12.0984	–3.4853	98.6797

由表 7.4 所列数据可知以下几点。①加压酸浸的综合试验较好地验证了上述加压酸浸的条件试验结果。②在液固比为 4∶1～5∶1、浸出温度为 165℃、氧气压力为 1.2～1.4MPa、浸出时间为 3.5～4h、搅拌转速为 700r/min、H_2SO_4用量为 28～30mL/100g 物料的条件下，对粒度为–106μm 占 96.5%以上的镍铁合金进行加压酸浸，得到浸出液的成分为：Ni 约 40g/L、Co 约 3g/L、Cu 约 0.5g/L、Fe 约 5g/L、Fe^{2+}约 0.5g/L、Zn 约 0.25g/L、MgO 约 3g/L、Mn 约 1g/L、Cr 约 0.055g/L、SiO_2约 0.25g/L、H_2SO_4<5g/L。浸出渣产出率为 115%左右，其成分为：Ni 约 1%、Co 约 0.06%、Cu 约 0.025%、Fe 约 44%、Zn 约 0.008%、MgO 约 0.2%、Mn 约 0.06%、Cr 约 0.3%、V 约 0.6%、SiO_2约 11%。③在上述条件下，各金属的浸出率分别可以达到：Ni 约 94%、Co 约 94%、Fe 约 5%。④在浸出过程，V 基本上残留在浸出渣，估计以钒酸盐形态存在，Mo 约 60%被浸出，以钼酸盐存在于溶液中。

7.4　加压浸出液的除铁工艺研究

20 世纪 60 年代末，黄钾铁矾法、针铁矿法和赤铁矿法作为新的除铁方法，比较完美地解决了锌湿法冶金中的除铁问题，并随着方法的完善，被应用到更多金属的湿法冶金系统中。这三种方法和氢氧化铁沉淀法是目前湿法冶金行业中普遍使用的沉淀除铁方法。

通过硫化镍精矿和镍铁合金的加压浸出综合试验研究，考虑在实际可能存在铁浓度和终点游离酸浓度偏高的最难的情况下除铁，选择 Fe、H_2SO_4浓度高的浸出液作为除铁研究对象。不同原料的加压浸出液成分见表 7.5。

表 7.5　加压浸出模拟液成分　　(单位：g/L)

成分	Ni	Cu	Co	Fe	Fe^{2+}	H_2SO_4
镍铁合金粉浸出液-1	37.48	1.18	2.44	14.5	1.35	21.56
硫化镍精矿浸出液-2	23.45	5.04	1.12	13.8	1.52	21.60

7.4.1　除铁方法选择和原理

1. 氢氧化铁沉淀法除铁

高价铁离子的电位很高，极化能力较强，能和溶液中的羟基结合，形成难溶的氢氧化铁 $Fe(OH)_3$或 $Fe_2O_3\cdot 3H_2O$。发生的离子反应为

$$Fe^{3+}+3H_2O═══Fe(OH)_3+3H^+ \text{ 或 } 2Fe^{3+}+6H_2O═══Fe_2O_3\cdot 3H_2O+6H^+ \quad (7.17)$$

高价铁离子的水溶液与各种碱作用所生成的沉淀也是这种水合物。三水氧化铁是氧化铁水合物中含水最多的一种，它和天然矿物黄赭石铁矿的成分相同，属于褐铁矿类型。黄赭石铁矿就是平常所说的沼铁矿，它是一种沉积矿床、颜色亮黄或暗黄的矿。

三水氧化铁从溶液中析出时多半呈胶体状态，很难结晶，因而工业上为了加速其沉降加入各种絮凝剂。氢氧化铁呈胶体析出是湿法冶金最难的问题之一，因为它使下一步液固分离作业困难。特别是当溶液含铁太高时，甚至可能导致生产过程无法进行。虽然如此，氢氧化铁沉铁法仍然是目前湿法冶金工艺中普遍采用的沉淀除铁方法之一。因为

这种方法过程简单，只要小心控制操作条件，在经济上是合算的。

2. 黄钾铁矾法除铁

在硫酸铁溶液中加入 Na_2SO_4、K_2SO_4 和 $(NH_4)_2SO_4$ 后，其与这些盐形成铁矾，实现除铁。沉淀铁矾的反应为

$$3Fe_2(SO_4)_3+12H_2O+Na_2SO_4=Na_2Fe_6(SO_4)_4(OH)_{12}+6H_2SO_4 \tag{7.18}$$

$$3Fe_2(SO_4)_3+10H_2O+2NH_4OH=(NH_4)_2Fe_6(SO_4)_4(OH)_{12}+5H_2SO_4 \tag{7.19}$$

$$3Fe_2(SO_4)_3+14H_2O=(H_3O)_2Fe_6(SO_4)_4(OH)_{12}+5H_2SO_4 \tag{7.20}$$

黄钾铁矾形成时有硫酸产生，必须将酸中和，反应才能继续进行。在锌冶金中通常采用焙砂作中和剂，在其他情况下可用氧化铁、碳酸盐等。黄钾铁矾结晶形成需要 Fe^{3+}，在实际的工业滤液中都含有比例不等的 Fe^{2+}，因此氧化是结晶前的首要步骤。采用的氧化剂标准还原电位必须高于 Fe^{3+}/Fe^{2+}对在 25℃时的电位+0.77V，常用的有：二氧化锰、高锰酸钾、过硫酸盐等。

3. 针铁矿法除铁

针铁矿是含水氧化铁的主要矿物之一，常称为 α 型-水氧化铁，它的组成为 α-$Fe_2O_3\cdot H_2O$ 或 α-FeOOH，与纤铁矿（γ-FeOOH）是同质多象变体。

只有当硫酸盐溶液中 Fe^{3+}浓度很低时，才可能形成针铁矿沉淀。湿法冶金过程中工业料液中含铁一般为高价和低价铁的混合物，为了使针铁矿沉淀过程顺利进行，必须预先降低 Fe^{3+}，使沉淀过程中的 Fe^{3+}量始终保持在 1g/L 左右，实现这一目标有两种方法，即还原-氧化法（V.M 法）和部分水解法（E.Z 法）。此过程中采用的还原剂主要有：亚硫酸盐、闪锌矿精矿、二氧化硫、硫化氢等。而二价铁离子的氧化一般采用空气作氧化剂。

4. 赤铁矿法除铁

赤铁矿是 Fe^{3+}高温水解的产物，温度越高，越有利于在较高酸度条件下沉铁。温度高于 150℃时，Fe^{3+}硫酸盐水解随酸度改变具有不同的反应历程。

低酸度时：

$$Fe_2(SO_4)_3+3H_2O=Fe_2O_3+3H_2SO_4 \tag{7.21}$$

高酸度时：

$$Fe_2(SO_4)_3+2H_2O=2FeOHSO_4+H_2SO_4 \tag{7.22}$$

赤铁矿稳定存在的酸度范围随金属硫酸盐浓度增大和温度升高而变大。

为了避免在过程中 Fe^{3+}水解沉淀，沉淀前浸出液应基本是 Fe^{2+}离子。所采用的还原剂与针铁矿法相似。

由前面的加压浸出综合试验结果可以看出，两种物料加压浸出之后，浸出液中的铁

基本以 Fe^{3+}的形式存在，若采用针铁矿或赤铁矿法除铁，需将溶液先进行还原，而黄钾铁矾法产生的渣量比较大，并且这三种方法要求的反应温度较高，因此，综合考虑，对于硫化镍精矿和(或)镍铁合金加压浸出液可采用中和水解法除铁。

5. 萃取法除铁

P204、Cyanex272 等许多萃取剂都能够萃取 Fe，实现铁与其他金属分离。但由于铁与萃取剂结合比较牢固，反萃困难，一般采用 NH_4F 反萃，形成的 FeF_3 再用氨水再生。

通过前面的除铁方法分析，每种方法都有其优缺点。采用氢氧化铁沉淀法除铁，溶液形成胶体，液固分离困难，造成有价金属损失增加；采用黄钾铁矾法除铁，试剂消耗大，成本高；针铁矿法除铁则要求氧化速度慢，缓慢沉淀，需要时间长；采用赤铁矿法除铁，沉淀温度高，实际在加压浸出的同时部分铁就以赤铁矿的方式被除去，其要求温度高，需要加压，能耗高；采用萃取法，同样消耗高、成本高。考虑加压浸出液温度在 80～100℃，选择针铁矿法除铁和中和水解法除铁相结合的除铁方法。

在除铁过程中，需要采用氧化剂和中和剂，考虑对系统不产生影响，采用石灰石和石灰作中和剂，过硫酸钠作氧化剂。

过硫酸钠在除铁过程中是使 Fe^{2+}氧化为 Fe^{3+}，Fe^{3+}水解或形成针铁矿实现除铁的目的：

$$Na_2S_2O_8+2FeSO_4 = Fe_2(SO_4)_3+Na_2SO_4 \tag{7.23}$$

过硫酸钠的理论用量按此氧化方程式和 Fe^{2+}溶液中的量进行确定。

7.4.2　终点 pH 试验

试验条件：500mL，然后再用 $CaCO_3$ 调节 pH 到指定终点 pH。终点 pH 对金属沉淀率的影响结果见图 7.18。

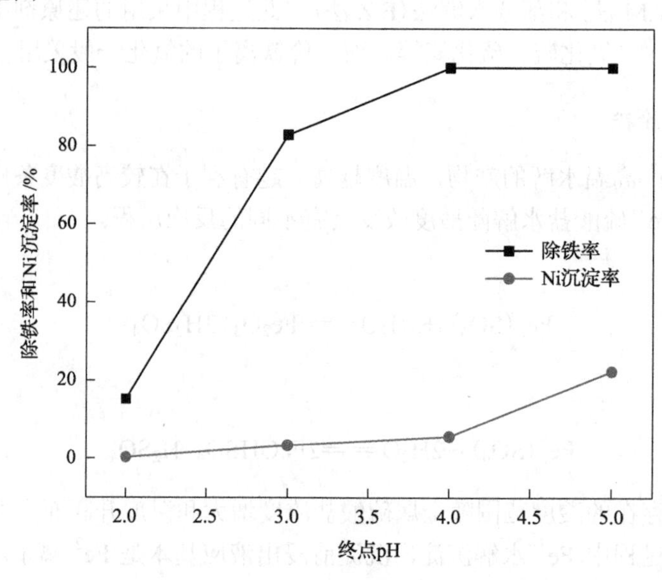

图 7.18　终点 pH 对金属沉淀率的影响结果

浸出液-2，温度为 60℃，2.0g $Na_2S_2O_8$

由图 7.18 中的试验数据可见，随着终点 pH 的升高，各种金属的沉淀率(损失率)都上升，当 pH 达到 4.0 时，溶液中的铁基本除干净，而此时镍的沉淀率不是很高(5.65%)，渣中镍含量也比较低，因此，建议选择合适的终点 pH 为 3.5～4.0。

7.4.3　$Na_2S_2O_8$ 用量试验

$Na_2S_2O_8$ 用量对金属沉淀率的影响结果见图 7.19。

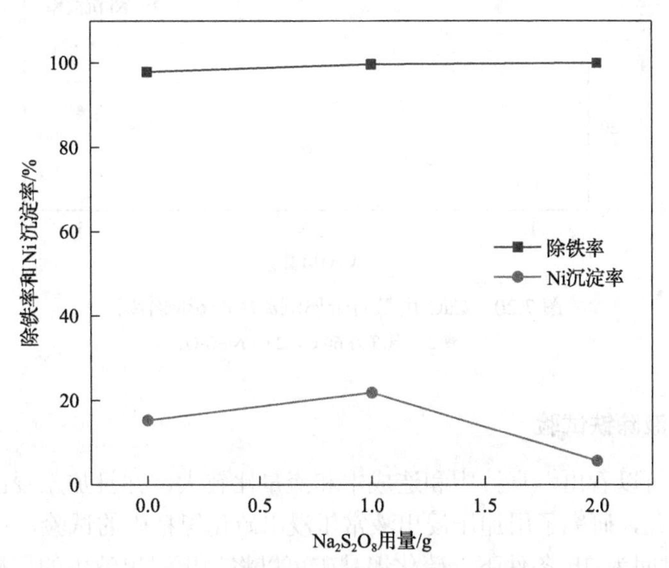

图 7.19　$Na_2S_2O_8$ 用量对金属沉淀率的影响结果

浸出液-2，温度为 60℃，pH 为 4.0

由图 7.19 中试验数据可见，随着 $Na_2S_2O_8$ 用量的增加，铁的沉淀率变化不大；而镍的沉淀率变化不稳定，分析认为和试验操作有关，可能是由于试验过程中氧化剂加入速度过快，导致局部 pH 偏高，使部分镍沉淀。为了使溶液中的铁除干净，建议加入适量氧化剂。

铁需要氧化剂才能有效脱除与前面铁价态分析是吻合的，溶液中有少量的铁以 Fe^{2+} 形态存在，其必须要被氧化才能水解除去。

7.4.4　CaO 用量试验

试验条件：500mL 浸出液-2，水浴锅温度为 60℃，加入 24g $CaCO_3$ 调节 pH 后，加入氧化剂 $Na_2S_2O_8$ 2.0g，然后再用适量 CaO 调成石灰乳后加入到溶液中。CaO 用量对金属沉淀率的影响结果见图 7.20。

由图 7.20 中的试验数据可见，随着 CaO 用量的增加，终点 pH 随之升高，金属的沉淀率也上升，当 CaO 的用量为 1.0～1.5g 时，溶液中的铁基本除净，且镍的沉淀率也不高(CHT-31$Na_2S_2O_8$ 的用量为 1.0g)。而这个用量相当于总共添加 $CaCO_3$ 25.5～27g，即此效果和直接用 $CaCO_3$ 调节 pH 到 3.5～4.0 的效果是一样的。

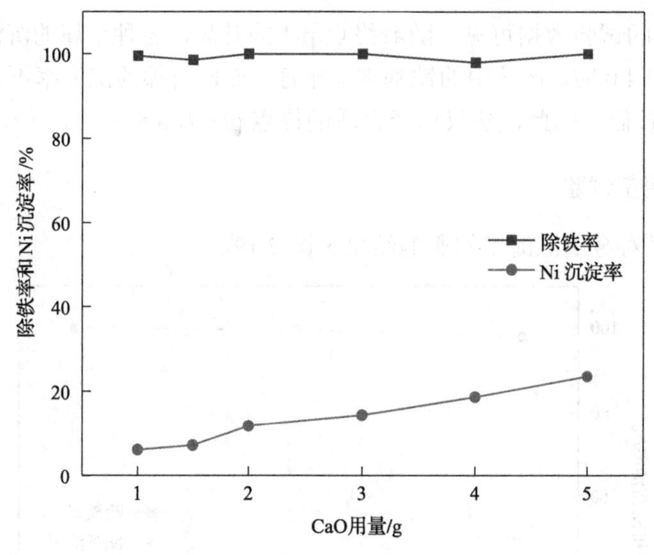

图 7.20 CaO 用量对金属沉淀率的影响结果

浸出液-2，温度为 60℃，2.0g $Na_2S_2O_8$

7.4.5 预中和后液除铁试验

由上述试验可以看出，直接中和造成中和渣量比较大，并且加压浸出液中的尾酸未能得到利用，因此，研究了用加压浸出液常压浸出硫化镍精矿的试验，在 L∶S=3∶1，温度为 80℃，时间为 3h 条件下，硫化镍精矿可以将加压浸出液中的尾酸中和至 pH 为 2.0～3.0，预中和后液的 Fe 为 22.6g/L，Fe^{2+}为 19.1g/L，以这种预中和后液为原料进行了一系列除铁试验，试验温度为 60℃。试验结果见表 7.6。

表 7.6 预中和后液的除铁试验结果

编号	$CaCO_3$用量/g	CaO用量/g	$Na_2S_2O_8$用量/g	终点pH	液含铁/(g/L)	除铁率/%	渣重/g	渣成分/%		金属沉淀率/%	
								Ni	Co	Ni	Co
CHT-6	2.72	0	0	4.0	18.62	17.59	4.06	1.62	0.073	0.35	0.24
CHT-7	6.00	0	0	5.0	16.12	28.66	12.06	5.20	0.14	3.35	1.38
CHT-8	4.0	2.0	0	4.5	16.71	26.06	14.54	6.11	0.20	4.74	2.38
CHT-9	4.0	3.0	0	4.5	17.82	21.11	16.70	5.47	0.17	4.87	2.33
CHT-10	4.0	4.0	0	5.0	15.35	32.05	20.52	9.20	0.25	10.07	4.20
CHT-16	21.64	0	5.0	5.0	3.92	82.65	48.48	5.47		14.15	
CHT-17	26.20	0	6.0	5.0	2.58	88.58	50.64	4.02		10.86	
CHT-11	28.68	0	10.0	5.0	0.0013	99.99	63.84	2.92		9.95	
CHT-12	32.00	0	15.0	5.0	0.0016	99.99	73.04	4.27		16.64	
CHT-13	35.32	0	20.0	5.0	0.0011	99.99	83.20	5.68		25.22	

由表 7.6 中数据可以看出，当不添加氧化剂时，中和剂的用量很小，中和沉淀的渣率比较小，金属损失率也比较小，但溶液中的铁无法有效地除去，这主要是由于溶液中

的铁主要以 Fe^{2+}存在，无法以中和水解法有效除去。

当向浸出液中添加氧化剂后，在合适的 pH 下可以有效地除去其中的铁，但此时中和剂的用量以及中和渣量与未预中和前溶液的除铁过程相当，同时，镍的损失率增加，氧化剂用量增大，因此，对浸出液中的游离酸不建议用硫化镍精矿进行预中和处理。

7.4.6　综合试验

在上述试验的基础上，确定最终除铁工艺条件：温度为 60～80℃，终点 pH 为 3.5～4.0，$CaCO_3$ 用量为 51～54g/L 加压浸出液(含硫酸约 22g/L)，$Na_2S_2O_8$ 用量为理论量。以 500mL 模拟浸出液-2 为原料，以上述试验条件进行综合试验，试验结果见表 7.7。

表 7.7　中和水解法除铁的综合试验结果

编号	$Na_2S_2O_8$ 用量/g	终点 pH	液含铁/(g/L)	除铁率/%	渣重/g	渣成分/%				金属沉淀率/%			
						Ni	Co	Cu	Fe	Ni	Co	Cu	Fe
CHT-30	1.0	3.5～3.8	0.198	98.58	53.21	2.03	0.092	1.25	11.96	9.21	8.74	26.39	91.58
CHT-31	1.0	3.5～3.8	0.203	98.54	52.42	1.60	0.070	1.66	12.68	7.15	6.55	34.53	95.64
CHT-32	1.5	3.8～4.0	0.0036	99.97	60.56	1.35	0.072	1.70	11.30	6.97	7.79	40.85	98.46

从表 7.7 的结果可见，在所研究的条件下，能够实现铁的有效脱除，但 Ni、Co、Cu 的损失都相对要高些，造成全流程的有价金属回收率不高。

虽然可以采用萃取法除铁，但萃取后溶液的镍钴分离也存在中和过程，也必然造成有价金属的损失，因此，只能对中和渣进一步研究，以回收其中的有价元素，提高全流程的综合回收率。

7.5　推荐镍精矿和镍铁合金处理工艺流程及参数

通过前面的研究，并结合镍钴综合利用的有关工艺，获得硫化镍精矿和镍铁合金的综合处理工艺流程，见图 7.21 和图 7.22。

硫化镍精矿与水一同进入球磨机磨矿，磨至–53μm 占 95%以上，平均粒度为 17.25μm，然后与镍铁合金提钼后溶液和部分废电解液或加压浸出液一同进行加压浸出，加压浸出的条件为：硫酸浓度为 40～50g/L，L∶S=3∶1，温度为(150±3)℃，硫化镍矿浸出的搅拌转速为 850r/min，镍钛合金浸出的搅拌转速为 500r/min，氧气压力为 1.2～1.4MPa，反应时间为 2.5～3h，可以采用 75%以上浓度的氧气和少许木质素磺酸钠。废电解液和部分加压浸出液的返回目的是进一步提高浸出液中镍的浓度，相对降低浸出液中铁的浓度。加压浸出时金属的浸出率分别可以达到：Ni＞98%、Cu 约 70%、Co＞98%、Fe 约 10%。

由于原料含铜高，如果需要单独回收铜，则加压浸出液用 M5640 或 Lix984 等萃取其中的铜，负载有机相反萃获得硫酸铜溶液，生产硫酸铜或电积铜，萃取后液进行中和除铁。如果不单独回收铜，则浸出液直接中和除铁。

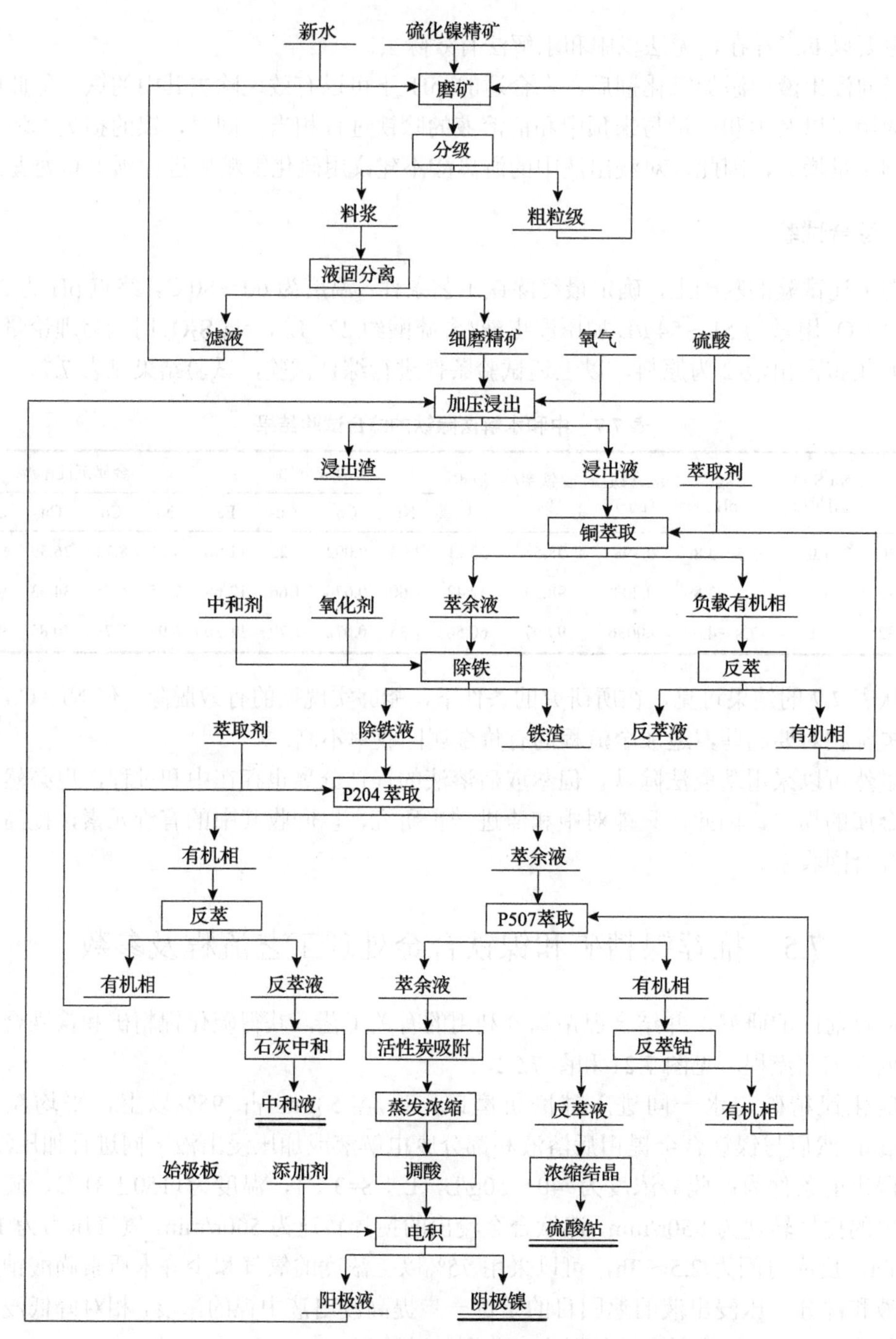

图 7.21　硫化镍精矿加压浸出综合利用工艺流程

加压浸出液首先加入过硫酸钠作氧化剂，并加入石灰石和石灰进行中和，使铁基本上被除去，除铁的条件为：温度为 60～80℃，终点 pH 为 3.8～4.0，$CaCO_3$ 用量为 51～54g/L 加压浸出液(含硫酸约 22g/L)，$Na_2S_2O_8$ 用量为理论量。铁的除去率＞99%，溶液含铁＜0.01g/L。

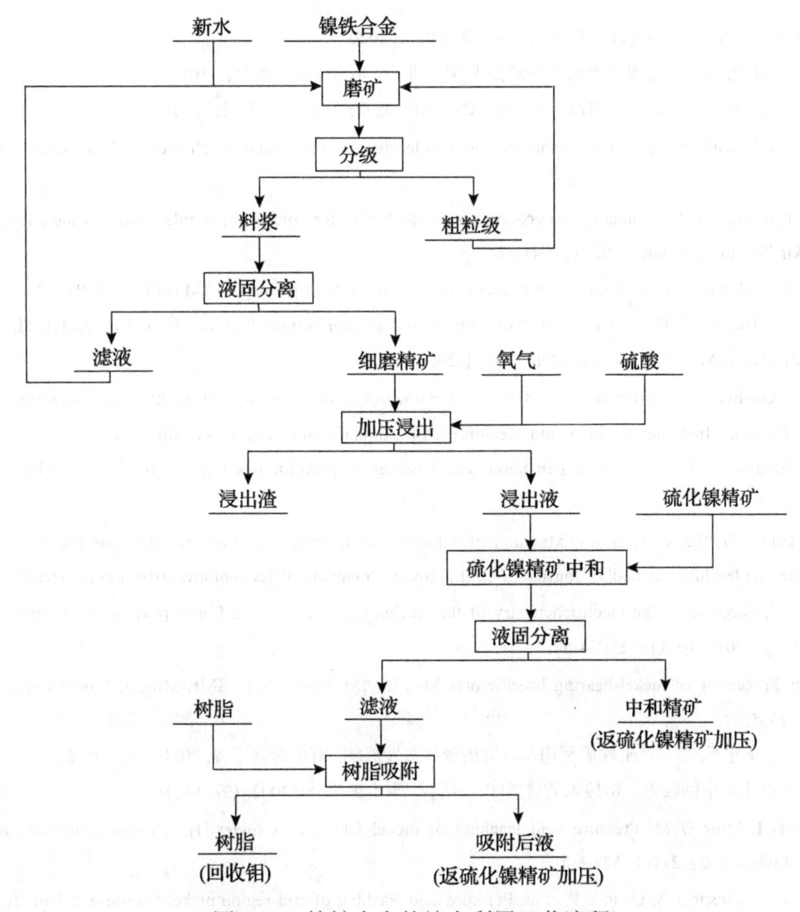

图 7.22　镍铁合金的综合利用工艺流程

除铁的后液则采用萃取分离 Zn、P507 萃取 Co 等杂质的传统工艺流程。

镍铁合金细磨后，与废电解液和硫酸等混合进行加压浸出，加压浸出条件为：硫酸用量为 28～30mL/100g 物料，L∶S=4∶1～5∶1，浸出时间为 4h，温度为 165℃，氧气压力为 1.4MPa，氧气浓度＞75%，加压浸出的技术指标为：各金属的浸出率分别可以达到：Ni 约 94%、Co 约 94%、Fe 约 5%、Mo 约 95%，90%以上 V 基本上残留在浸出渣。

浸出液首先用硫化镍精矿中和游离酸，中和条件：温度为 60～80℃，终点 pH 为 3.8～4.0，$CaCO_3$ 用量为 51～54g/L 加压浸出液(含硫酸约 22g/L)，中和后液用 717 等树脂进行离子交换，提取浸出液中的钼，提钼后液再返回硫化镍精矿加压浸出的系统，同时实现铁的氧化沉淀。

参 考 文 献

[1] 翟秀静. 重金属冶金学[M]. 北京：冶金工业出版社, 2011.
[2] 彭容秋, 任鸿九, 张训鹏. 镍冶金[M]. 长沙：中南大学出版社, 2005.
[3] 彭容秋. 重金属冶金学[M]. 长沙：中南大学出版社, 2004.
[4]《有色金属提取冶金手册》编辑委员会. 有色金属提取冶金手册[M]. 北京：冶金工业出版社, 2000.
[5] 黄其兴, 王立川, 朱鼎元. 镍冶金学[M]. 北京：中国科学技术出版社, 1990.

[6] 王成彦, 马保中. 红土镍矿冶炼[M]. 北京: 冶金工业出版社, 2020.

[7] 李光辉, 姜涛, 罗骏, 等. 红土镍矿冶炼镍铁新技术[M]. 北京: 冶金工业出版社, 2018.

[8] 周建男, 周天时. 利用红土镍矿冶炼镍铁合金及不锈钢[M]. 北京: 化学工业出版社, 2016.

[9] Caron M H. Fundamental and practical factors in ammonia leaching of nickel and cobalt ores[J]. Transactions of AIME, 1950, 188: 67-90.

[10] Matsumori T, Ishizuka T, Uchiyama K. An economical production of ferronickel for stainless steel by the oheyama process[J]. Nippon Yakin Technical Report, 1992, (1): 41-48.

[11] Bergman R A. Nickel production from low iron laterite ores: Process descriptions[J]. CIM Bulletin, 2003, 107(2): 127-138.

[12] Warner A E M, Diaz C M, Dalvi A D, et al. World nonferrous smelter survey: Part Ⅲ. Nickel laterite[J]. The Journal of the Minerals, Metals and Materials Society, 2006, (4): 11-20.

[13] Stevens L G, Goeller L A, Miller M. The UOP nickel extraction process—an improvement in the extraction of nickel from laterites[C]. Canadian Institute of Mining and Metallurgy, 14th Annual Conference of Metallurgists, 1975.

[14] Chander S, Sharma V N. Reduction roasting/ammonia leaching of nickeliferous laterites[J]. Hydrometallurgy, 1981, 7(4): 315-327.

[15] Chen S L, Guo X Y, Shi W T, et al. Extraction of valuable metals from low-grade nickeliferous laterite ore by reduction roasting-ammonia leaching method[J]. Journal of Central South University of Technology, 2010, 17(1): 765-769.

[16] Nikoloski A N, Nicol M J. The electrochemistry of the leaching reactions in the Caron process Ⅱ: Cathodic processes[J]. Hydrometallurgy, 2010, 105(1～2): 54-59.

[17] Dufour M F. Processing of nickel-bearing lateritic ores-Moa Bay[M]//Weiss N L. SME Mineral Processing Handbook. New York: SME, 1985.

[18] 彭犇, 岳清瑞, 李建军, 等. 红土镍矿利用与研究的现状与发展[J]. 有色金属工程, 2011, 1(6): 15-22.

[19] 刘大星. 从镍红土矿中回收镍、钴技术的进展[J]. 有色金属(冶炼部分), 2002, (3): 6-10.

[20] Whittington B I, Muir D M. Pressure acid leaching of nickel laterites: A review[J]. Mineral Processing and Extractive Metallurgy Review, 2000, 21(6): 527-600.

[21] Whittington B I, Johnson J A, Quan L P, et al. Pressure acid leaching of arid-region nickel laterite ore: Part Ⅱ: Effect of ore type[J]. Hydrometallurgy, 2003, 70(1/3): 47-62.

[22] Whittington B I, McDonald R G, Johnson J A, et al. Pressure acid leaching of Bulong nickel laterite ore: Part Ⅰ: effect of water quality[J]. Hydrometallurgy, 2003, 70(1/3): 31-46.

[23] Georgiou D, Papanglakis V G. Sulphuric acid pressure leaching of a limonitic laterite: Chemistry and kinetics[J]. Hyrometallurgy, 1998, 49(1/2): 23-46.

[24] Rubisov D H, Papangelakis V G. Sulphuric acid pressure leaching of a Limonitic laterites-speciation and prediction of metal solubilities "at temperature"[J]. Hydrometallurgy, 2000, 58(1): 13-26.

[25] Crundwell F K, Moats M S, Ramachandran V, et al. High-temperature sulfuric acid leaching of laterite ores[M]//Extractive Metallurgy of Nickel, Cobalt and Platinum Group Metals. Oxford: Elsevier, 2011.

[26] 马保中, 杨玮娇, 王成彦, 等. 红土镍矿湿法浸出工艺的进展[J]. 有色金属(冶炼部分), 2013, (7): 1-8.

[27] Mcdonald R G, Whittington B I. Atmospheric acid leaching of nickel laterites review: Part Ⅰ: Sulphuric acid technologies[J]. Hydrometallurgy, 2008, 91(1/4): 35-55.

[28] Adams M, Meulen D V D, Czerny C, et al. Piloting of the beneficiaton and EPAL circuits for Ravensthorpe nickel operations[C]. International Laterite Nickel Symposium-2004, Charlotte, 2004: 347-367.

[29] Ma B Z, Wang C Y, Yang W J, et al. Selective pressure leaching of Fe(Ⅱ)-rich limonitic laterite ores from Indonesia using nitric acid[J]. Minerals Engineering, 2013, 45: 151-158.

[30] 杨永强. 高镁红土镍矿非常规介质温和提取基础研究[D]. 北京: 北京矿冶研究总院, 2008.

[31] 马保中, 王成彦, 杨卜, 等. 硝酸加压浸出红土镍矿的中试研究[J]. 过程工程学报, 2011, 11(4): 561-566.

[32] Ma B Z, Yang W J, Yang B, et al. Pilot-scale plant study on the innovative nitric acid pressure leaching technology for laterite ores[J]. Hydrometallurgy, 2015, 155: 88-94.

[33] Liu H Y, Gillaspie J D, Lewis C A, et al. Atmospheric pressure leach process for lateritic nickel ore: US0226797A1[P]. 2005-10-13.

[34] 常龙娇, 伞欣悦, 梁栋, 等. 红土镍矿冶金技术研究现状[J]. 矿冶, 2020, 29(5): 63-68.

[35] 朱宇平. 红土镍矿湿法冶金工艺综述及进展[J]. 世界有色金属, 2020, (18): 5-7.

[36] 杨泽宇, 张文, 申亚芳, 等. 红土镍矿处理方法现状[J]. 中国有色冶金, 2020, 49(4): 1-6.

[37] 王盼盼, 李新生. 红土镍矿湿法冶金工艺现状及前景分析[J]. 化工设计通讯, 2020, 46(1): 99-100.

[38] 武兵强, 齐渊洪, 周和敏, 等. 红土镍矿湿法冶金工艺现状及前景分析[J]. 中国冶金, 2019, 29(11): 1-5.

第8章　加压浸出铀矿石的技术

8.1 概　　述

铀(Uranium)-92是自然界中存在的最重的元素。其在自然界中有三种同位素，均带有放射性，拥有非常长的半衰期(数亿年至数十亿年)。铀通常被人们认为是一种稀有金属，尽管它在地壳中的含量很高，但由于提取铀的难度较大，所以发现得较晚。铀元素是克拉普洛特(M. H. Klaproth)于1789年发现的，1841年彼利戈利用金属将氯化铀还原，第一次制得了金属铀。1896年贝克勒尔(H. Bacquerel)发现了铀的放射性。铀在地壳中分布广泛，但只是有沥青铀矿和钾钒铀矿两种常见的矿床。据报道[1]，地壳中铀的含量为平均每吨地壳物质中约含2.5g铀。铀在各种岩石中的含量很不均匀。例如，在花岗岩中的含量就很高，平均每吨花岗岩含 3.5g 铀。在地壳的第一层(距地表 20km)内含铀近 1.3×10^{14}t。依此推算，$1km^3$的花岗岩就会含有约10kt铀。从1853年直至1942年，铀矿的开采和处理量不大。开始仅将铀用作玻璃、陶瓷和搪瓷生产中的着色剂或釉料。后来，铀主要作为从铀矿石提取镭时的副产品，铀矿的开采有了一些发展。直到1938年铀核裂变现象被发现，以及核反应堆可控裂变链式反应的实现，为核能利用和铀生产的发展开拓了广阔前景。

虽然铀元素的分布相当广，但铀矿床的分布却很有限。铀资源主要分布在美国、加拿大、南非、纳米比亚、澳大利亚等国家和地区。据统计[1]，到2009年，全球已探明的铀矿储量已经达到630.63万t。我国的铀矿资源比较丰富，铀资源储量为世界的4%～7%，几乎各省均发现了有工业价值的铀矿床，能满足我国核工业中期发展的需要，并且在2012年，内蒙古大营发现了国内最大规模的铀矿，使我国控制铀资源量跻身世界级大矿行列。目前，我国已探明的铀矿类型按其赋存的岩石种类划分，主要有花岗岩型、火山岩型、砂岩型、碳硅泥岩型、碳酸盐型、石英岩型和含铀煤型等。整体上讲，我国的铀矿床类型复杂，一般品位较低，共生元素各异。在我国铀矿冶创建的初期，一般采用常规的矿石破磨—搅拌浸出—固液分离—浓缩纯化的工艺进行铀的提取加工，浸出的选择性不好、工艺流程比较复杂，致使铀矿资源回收率较低、提铀成本偏高、生产的经济效益较差。

从20世纪40年代初直至60年代初，是大规模生产铀工业的建立和大发展时期。在开始阶段，铀生产的主要目的在于制造核武器。1942年，加拿大将大熊湖镭厂改建成铀工厂，开始了铀的大规模工业生产。此后，美国、苏联、澳大利亚、南非与法国等国相继建立了铀工业。1950～1959年，美国、加拿大、南非等共建成投产了70座铀加工工厂。1959年，西方国家铀的年产量达到近4万t(按U_3O_8计)。这一时期，从矿石中提取铀的湿法冶金技术得到了巨大发展。铀矿石的硫酸浸出和碳酸盐浸出的工艺与设备更趋完善。清液离子交换和矿浆离子交换技术获得广泛应用。磷类和胺类萃取剂的溶剂萃取法提取铀的技术已引起各国冶金界的普遍重视，成为铀提取工艺的一种新趋势。

1960～1966 年，由于对核燃料的需求锐减，铀矿加工工业出现了停滞与下降。1966 年是西方国家生产量最低的年份，U_3O_8 的总产量约为 1.7 万 t，还不及 1959 年产量的一半。

这一时期，各国为提高铀作为能源的竞争力，研究开发了一些新工艺、新技术与新设备，以降低铀的生产成本。例如，铀矿石的堆浸、细菌浸出等从低品位铀矿中提取铀的新技术、淋萃法工艺的应用、各种类型的连续离子交换设备的研究等都取得了长足的进展。

1967 年至今是铀加工工业生产回升和新发展的时期。一方面，能源问题在世界范围内日益突出，西方各国普遍出现能源短缺。另一方面，核电技术的发展，使铀作为核燃料在经济上具备了和煤、石油等化学燃料竞争的能力，发展核电已成为世界趋势。核能作为安全、清洁和经济的能源，发展速度惊人，这必然对作为核燃料的铀产生巨大的需求。例如，900MW 压水堆堆芯一般装载 157 个燃料组件，约合 80t UO_2。第一次装料元件含 ^{235}U 为 1.8%～2.1%、2.4%～2.6%及 2.9%～3.2%的加浓 UO_2 各占约 1/3。每年换料约 1/3，换入 ^{235}U 浓度为 3.1%～3.4%的元件。对添加浓铀的这种需求必将促使铀生产的回升和新发展。

20 世纪 70 年代以来，美国、加拿大、南非、法国、澳大利亚等国相继投产了一批新的铀矿山和铀水冶厂。1985 年西方各国铀产量已回升到近 3.5 万 t。新建的铀水冶厂多数选用了清液萃取流程和淋萃流程。不少老厂也进行了改扩建并采用了新工艺。这一时期，从低品位铀矿石中提取铀的技术和含铀资源的综合回收工艺都取得了很大进展，还促进了诸如堆浸、原地浸出、浓酸熟化浸出、流化床连续逆流离子交换等新技术的研究和应用[2]。

对铀矿石来说，加压浸出是从矿石浸出铀的直接提取技术。国内外对铀矿石的加压浸出已有很多年的生产实践，建立了许多酸法、碱法加压浸出工厂。据估计，在西方国家中，铀浓缩物的 10%～15%是由加压浸出法生产的。主要是酸法加压浸出，少量是用碱法加压浸出生产[3]。所以，铀矿加压浸出技术的发展与高压釜及其配套设备、仪器的完善和发展是紧密相关的。初期，为解决密闭环境下物料的搅拌问题，曾推出滚动式和摇摆式高压釜。此外，利用矿浆的自行搅拌、气体搅拌的高压釜也已在工业上广泛应用。高压釜的容积也越来越大，可达 30～50m^3，甚至更大，分隔成多个室，与之配套的给料泵和温度、压力控制系统等也都得到相当程度的发展[3]。所以，在铀矿处理工艺中加压浸出是相当成熟的技术。

8.2　铀矿浸出化学

铀在天然矿石中以氧化物形式存在，工业上利用的主要铀矿为沥青铀矿，具有 UO_2 和 U_3O_8(或写成 $UO_2·2UO_3$)两种状态。由于铀矿石的含铀品位一般很低，难以通过选矿富集，多是直接浸出原矿，所以在工业上加压浸出铀矿石的生产规模也比较大。浸出方法一般有酸法和碱法两种。多数铀水冶厂采用酸法浸出，少数厂用碱法浸出，只有个别厂同时采用酸、碱两种浸出流程。酸法浸出一般用硫酸作为浸出剂，浸出时常加入氧化剂(二氧化锰、氯酸钠等)，在浸出时矿石中六价铀(UO_2^{2+})和硫酸直接反应以硫酸铀酰离子$[UO_2(SO_4)_n^{2-2n}]$进入溶液，而四价铀(U^{4+})则首先被氧化为六价铀(UO_2^{2+})后再被浸出。其主要反应式为：

$$UO_2+MnO_2+2H_2SO_4 \longrightarrow UO_2SO_4+MnSO_4+2H_2O \tag{8.1}$$

$$UO_3+H_2SO_4 \longrightarrow UO_2SO_4+H_2O \tag{8.2}$$

如果铀矿石含碱性脉石(如 CaO 或 MgO 的碳酸盐矿物)为主，主要用碱法浸出，常用的浸出剂为碳酸钠，在鼓入空气的条件下，矿石中的铀与碳酸钠生产碳酸铀酰钠$Na_4[UO_2(CO_3)_3]$，溶于浸出液，反应为

$$2UO_2+O_2+6Na_2CO_3+2H_2O \longrightarrow 2Na_4[UO_2(CO_3)_3]+4NaOH \tag{8.3}$$

$$UO_3+3Na_2CO_3+H_2O \longrightarrow Na_4[UO_2(CO_3)_3]+2NaOH \tag{8.4}$$

所得浸出液用离子交换法或溶剂萃取法进行分离与富集。我国对低品位铀矿石的加压浸出技术已有多年的生产实践。

8.3　铀矿浸出工艺及流程

从铀矿石中浸出铀是铀湿法冶金的第一步，也是最重要的关键工序。其核心是浸出剂和浸出方法的选择。铀矿物和脉石矿物的浸出性能、浸出剂的价格、浸出剂对设备材料的腐蚀性等都是影响浸出剂选择的重要因素。铀矿石种类繁多，组成复杂。铀主要赋存在酸性火成岩中，脉石矿物主要有硅酸盐、硅铝酸盐、碳酸盐等。浸出剂与浸出方法的选择主要取决于脉石矿物组成和铀矿物类型(原生铀矿、次生铀矿以及混合矿物)。脉石矿物以硅酸盐和硅铝酸盐为主的铀矿石适宜用酸法浸出；而硫化物含量低，以碱性碳酸盐脉石矿物如方解石、白云石为主的铀矿石，则适宜用碱法浸出。铀矿物类型常决定在浸出过程中是否需要添加氧化剂。对于以 U(Ⅵ)氧化物状态存在的次生铀矿物，就不需要添加氧化剂；而对于原生铀矿物(晶质铀矿、沥青铀矿)及混合铀矿物，由于铀全部或部分以 U(Ⅳ)状态存在，浸出过程就必须添加氧化剂。

在铀水冶厂中，浸出过程的加工费用占整个铀水冶加工费用的 40%～50%，浸出试剂费用又占浸出过程加工费用的 70%～80%。例如，我国日处理量为 1000～3000t 铀矿石的水冶厂，试剂材料费(主要是浸出剂费用)占直接加工费的 40%～69%。由于碳酸盐等碱性脉石矿物耗酸，一般认为其在矿石中的含量达到 8%～12%时就不能采用酸法浸出。硫化物(如黄铁矿 FeS_2)耗碱，当它们在铀矿石中的含量达 2%～4%时，就不宜用碱法浸出。不同类型铀矿石的浸出方法示于表 8.1。

表 8.1　铀矿石矿物与浸出方法

矿石类型	矿物类型	矿物名称	组成	浸出
原生矿石	氧化物	晶质铀矿	U_3O_8	稀酸或浓酸氧化浸出
		沥青铀矿	U_3O_8	稀酸氧化浸出、碱浸
	钛钽铌氧化物	钛铀矿	$(TiO_2 \cdot U_2U_3)\ TiO_3$	浓酸氧化浸出
		铀钛磁铁矿	$FeTi_3O_7$	
次生矿石	氢氧化物	深黄铀矿	$7UO_2 \cdot 11H_2O$	稀酸氧化浸出
		脂铅铀矿	晶质铀矿蚀变产物	
	硅酸盐	水硅铀矿	$U(SiO_4)_{1-x}(OH)_{4-x}$	稀酸氧化浸出或碱浸
		硅钙铀矿	$(H_2O)_2Ca(UO_2)(SiO_4) \cdot 3H_2O$	稀酸氧化浸出或碱浸
		铀石	$U(SiO_4)_{1-x}(OH)_{4x}$	稀酸或浓酸氧化浸出
		铀钍矿	钍石 $ThSiO_4$ 的含铀变种	稀酸或浓酸氧化浸出
	磷酸盐	钙铀云母	$Ca(UO_2)_2P_2O_8 \cdot H_2O$	稀酸浸出或碱浸
		铜铀云母	$Cu(UO_2)P_2O_8 \cdot 2H_2O$	稀酸浸出或碱浸
	钒酸盐	钾钒铀矿	$K_2(UO_2)_2(VO_4)_2 \cdot 2H_2O$	稀酸氧化浸出
		钙钒铀矿	$CaO \cdot UO_3 \cdot V_2O_5 \cdot nH_2O$	稀酸浸出或碱浸
	碳氢化合物	碳铀钍矿	晶质铀矿与碳氢化合物络合物	稀酸或稀酸氧化浸出
		沥青岩	含铀有机络合物变种	稀酸或稀酸氧化浸出
		含铀页岩	含铀有机络合物变种	稀酸或稀酸氧化浸出
		含铀煤	含铀有机络合物变种	稀酸或稀酸氧化浸出
混合矿石	沥青铀矿-铀黑	原生和次生铀矿共生		稀酸氧化浸出
	沥青铀矿-铀云母	原生和次生铀矿共生		稀酸氧化浸出
	沥青铀矿-含水铀氧化物	原生和次生铀矿共生		稀酸氧化浸出
	沥青铀矿-硅钙铀矿	原生和次生铀矿共生		稀酸氧化浸出或碱浸
	沥青铀矿-钾钒铀矿-钙钒铀矿	稀酸氧化浸出		稀酸氧化浸出或碱浸

硫酸是铀水冶厂最常用的浸出剂，它对铀浸出效率高，价格便宜，对设备材料的腐蚀比硝酸和盐酸轻。含钼不锈钢、耐酸陶瓷或内衬橡胶的碳钢设备对硫酸介质都相当稳定。碱浸常用 Na_2CO_3 +$NaHCO_3$ 混合溶液作浸出剂。酸浸常以价廉的软锰矿（MnO_2）或氯酸钠作氧化剂，常压碱浸则以 $KMnO_4$ 为氧化剂，加压热碱浸以空气中氧为氧化剂，铜氨络离子催化氧化。

浸出方式主要是常规搅拌浸出，多采用多槽串联浸出系统。此外还有渗滤浸出，以及适宜低品位铀矿、尾矿与废矿中铀的提取回收的堆(置)浸出、细菌浸出和原地浸出等。为强化浸出过程，开发出了加压热浸出过程和浓(拌)酸熟化浸出过程。

8.3.1　常压酸浸——硫酸络合浸出

硫酸浸出是获得最广泛应用的铀矿浸出过程。含硅酸盐、硅铝酸盐和硫化物型脉石矿物的铀矿石特别适合酸浸。

铀酰离子（UO_2^{2+}）有强烈的络合倾向。硫酸浸出时，UO_2^{2+} 与 SO_4^{2-} 络合生成 $UO_2(SO_4)_2^{2-}$、$UO_2(SO_4)_3^{4-}$ 等络阴离子，在不同配位体（SO_4^{2-}）浓度下，它们之间存在着

动态平衡(图 8.1)：

$$UO_2^{2+} \underset{}{\overset{SO_4^{2-}}{\rightleftharpoons}} UO_2SO_4 \overset{SO_4^{2-}}{\rightleftharpoons} UO_2(SO_4)_2^{2-} \overset{SO_4^{2-}}{\rightleftharpoons} UO_2(SO_4)_3^{4-} \tag{8.5}$$

UO_2^{2+} 与 SO_4^{2-} 络阴离子的生成促进了铀的浸出。

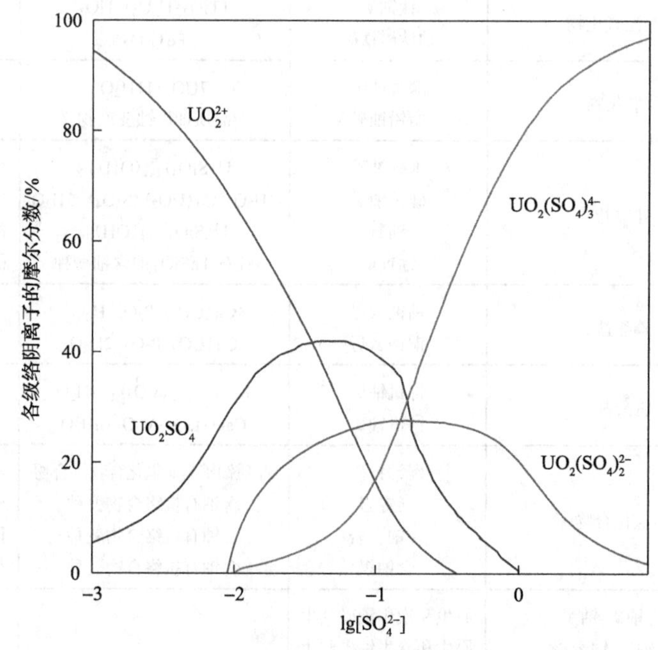

图 8.1 UO_2^{2+} 与 SO_4^{2-} 的各级络阴离子的摩尔分数与 lg[SO_4^{2-}]的关系

晶质铀矿、沥青铀矿等含有低价铀氧化物(UO_2、U_2O_3)的原生铀矿，酸浸时需添加氧化剂，常用软锰矿作氧化剂。但软锰矿对 U(Ⅳ)矿物的氧化速度很慢，而 Fe^{3+}对此氧化过程可起催化氧化作用。

无 Fe^{3+}体系：

$$UO_{2(s)} + MnO_{2(s)} + 2H_2SO_{4(l)} \longrightarrow UO_2SO_{4(l)} + MnSO_{4(l)} + 2H_2O \tag{8.6}$$

有 Fe^{3+}体系：

$$UO_{2(s)} + 2Fe_{(l)}^{3+} \longrightarrow UO_{2(l)}^{2+} + 2Fe_{(l)}^{2+} \tag{8.7}$$

$$2Fe_{(l)}^{2+} + MnO_{2(s)} + 4H^+ \longrightarrow 2Fe_{(l)}^{3+} + Mn_{(l)}^{2+} + 2H_2O \tag{8.8}$$

由于改变了氧化过程机制，使 MnO_2 对四价铀氧化矿物的氧化得到加速。

硫酸对矿石中的铁、铝、硅、钼、钒等杂质组分也有部分溶解。一般 SiO_2 溶出量不超过它在矿石中含量的 1%，但它生成溶胶硅。铝矾土(Al_2O_3)溶出量不超过 3%～5%，Fe_2O_3 溶出量则不超过 5%～8%。钼矿物生成 $MoO_2(SO_4)_n^{2(n-1)-}$、MoO_4^{2-} 等离子，钒矿物则部分生成 VO_2^+、VO_3^-、VO_4^{3-}、$V_2O_7^{4-}$ 或 $VO_2(SO_4)_n^{(2n-1)-}$ 离子。钙、镁的氧化物或碳酸盐矿物与硫酸能完全反应，是耗酸的主要矿物组分。因此当铀矿石中钙镁氧化物或碳酸盐矿物含量达 8%～12%时，不宜采用酸浸而宜采用碱浸，或在酸浸前将这些碱性脉石矿物选出。

铀矿硫酸浸出时，矿浆中磨细的矿粒粒度一般为–0.991mm～+0.147mm，浸出温度为 60～90℃，矿浆液固比（1～1.5）：1，溶液电位 400～500mV，剩余酸度为 3～8g/L（对易浸矿石）或 30～40g/L（对难浸矿石），酸耗和氧化剂用量与矿石组成有关。

由于铀矿石组成复杂，除含铀之外，还含有钍、稀土、钽、锆、钛等多种金属，它们的盐相互组成类质同象，化学性质相当稳定。故采用常压酸浸时，酸用量相当大，浸出条件苛刻，浸出效果不好，而采用加压酸浸往往能得到较好的浸出率。同时，对于部分高酸耗的铀矿石，采用加压碱浸能极大地降低试剂消耗量。

8.3.2 常压碱浸——Na_2CO_3+$NaHCO_3$ 络合浸出

铀矿的常压碱浸是以 Na_2CO_3+$NaHCO_3$ 为浸出剂的浸出过程，基于 UO_2^{2+} 与 CO_3^{2-} 的强络合作用，生成稳定的 $UO_2(CO_3)_3^{4-}$ 络阴离子（络合物生成常数为 5.9×10^{22}）而被浸出：

$$UO_3 + 3Na_2CO_3 + H_2O \longrightarrow Na_4\left[UO_2(CO_3)_3\right] + 2NaOH \tag{8.9}$$

随着反应进行，所生成的 NaOH 将提高溶液的 pH。当 pH＞10.5 时，发生 $Na_4[UO_2(CO_3)_3]$ 分解生成重铀酸钠（$Na_2U_2O_7$）沉淀的反应：

$$2Na_4\left[UO_2(CO_3)_3\right] + 6NaOH \longrightarrow Na_2U_2O_7 + 6Na_2CO_3 + 3H_2O \tag{8.10}$$

为抑制 pH 上升，防止 $Na_4\left[UO_2(CO_3)_3\right]$ 分解，浸出剂中需添加一定量的 $NaHCO_3$（一般在 Na_2CO_3+$NaHCO_3$ 碳酸盐浸出剂中，$NaHCO_3$ 占 15%～30%）。$NaHCO_3$ 的作用是与浸出反应生成的 NaOH 进行反应：

$$NaOH + NaHCO_3 \longrightarrow Na_2CO_3 + H_2O \tag{8.11}$$

碱浸对铀浸出的选择性高，脉石矿物浸出少。钙、镁的碳酸盐，铁、铝、硅的氧化物在碳酸盐溶液中都相当稳定。碱浸液中 SiO_2 浓度不超过 0.4g/L，Fe_2O_3 为 0.07～0.1g/L，Al_2O_3 为 0.09～0.6g/L。仅钼、钒、磷的氧化物（如 V_2O_5、P_2O_5）或含氧酸盐（如 $CaMoO_4$）能与 Na_2CO_3 反应生成可溶性 VO_3^-、PO_4^{3-}、MoO_4^{2-} 等离子进入碱浸液。脉石矿物中如果含大量硫化物（如 FeS_2、$CuFeS_2$ 等），则应在碱浸前将它们浮选除去，否则将增加碱耗。对于高碳酸盐脉石型铀矿石，如含方解石等矿物达 8%～12%时，特别适宜采用碱浸。若采用酸浸则酸耗太高，显然不经济。碱浸还有一个优点，即对设备的腐蚀性小。但碱浸的浸出速率慢，所需浸出时间较长（一般 30～96h）。由于碳酸盐溶液对矿物的侵蚀能力弱，要求浸出矿石的粒度更细，一般为–147μm～+74μm。当含 U（Ⅳ）矿物时，常压碱浸常用氧化剂为 $KMnO_4$。

8.3.3 浓酸熟化浸出

浓酸熟化浸出[4]也称拌酸熟化浸出，是一种强化酸浸技术。以浓酸溶液(通常 2～5mol/L H_2SO_4)代替常规酸浸(通常约为 0.5mol/L H_2SO_4)作为浸出介质，在低液固比下浸出，显著强化了浸出过程的化学反应和物质传递过程。我国与美国、英国、法国、日本等国都进行了大量研究，并将其应用于工业实践。

浓酸熟化浸出包含三个过程：①拌酸，矿石一般干磨至一定粒度后拌酸；②加热(或保温)熟化；③溶出。拌酸熟化后的矿粒制浆搅拌或置于槽中淋滤，将铀等有价金属转入溶液。

浓酸熟化浸出的优越性十分显著。主要有：①能处理难浸铀矿石；②铀浸出率提高，铀在浸出液中的浓度高，浸出液量小，酸耗降低，浸出时间缩短；③用水量及废水量大幅降低；④矿石不需细磨，一般只需干磨至 1～2mm，省去了固液分离，简化了湿法冶金流程；⑤能显著降低可溶性 SiO_2 的浸出，并能破坏有机物，消除有机物的干扰。

在工业化过程中，早期遇到的困难主要是矿石干磨矿粉的环境污染和拌酸设备的选型及腐蚀问题。各国相继选用回转圆筒式拌酸装置(拌酸转鼓)来解决这一问题。

1977 年美国开发了“薄层浸出法”，矿石只需破碎至–10mm，避免了磨矿，省去了固液分离，是浓酸熟化和堆浸技术的结合。但其适应性差，不适于处理高致密坚硬的矿石与酸耗高的矿石。我国于 1987 年进一步开发出“浓酸熟化-高铁淋滤浸出法”，将浓酸熟化与高铁氧化浸出结合，拓宽了从粗粒矿石提取铀等金属的适用范围。

值得注意的是，由于浓酸熟化浸出技术的某些特点，例如，在浓酸熟化浸出过程中几乎不产生溶胶硅，克服了含铀褐煤灰在常规酸浸体系中大量浸出溶胶硅产生的问题。拌酸操作本身就是一种有效的“造粒”过程的这一特性，克服泥质粉矿进行常规堆浸的困难，形成“造粒-熟化浸出”工艺。因此，在铀的湿法冶金中，这些都将成为十分有竞争力的工艺技术。

8.3.4 堆置浸出(堆浸)

堆浸法是湿法冶金处理矿石的经典方法之一，此法曾用于处理大量的氧化铜矿和某些钒矿石。近年来，堆浸法越来越广泛地应用于低品位铀矿、含铀表外矿和铀矿选矿的尾矿中提取铀。堆浸法适于处理含铀 0.01%～0.08%的矿石。

堆浸法是基于毛细管作用和浸出化学反应的渗滤原理进行的，又称为“毛细管浸出法”，包括地下铀矿采空区残矿的地下堆浸与低品位铀矿的露天地表堆浸，其工艺流程图如图 8.2 所示。国外一些铀矿堆浸厂的主要技术参数列于表 8.2[4]。

8.3.5 细菌浸出

细菌浸出又称微生物催化浸出。铀是细菌浸出技术在湿法冶金中应用最主要的金属之一，主要应用于低品位铀矿石(贫矿、废矿、表外矿)的细菌堆浸。作为强化低品位铀矿石渗滤浸出、堆浸和地下浸出的有效方法，很有发展前途，对含有硫化物的铀矿石尤为有效。表 8.3 列出了细菌浸出菌种及其主要生化特性[2]。

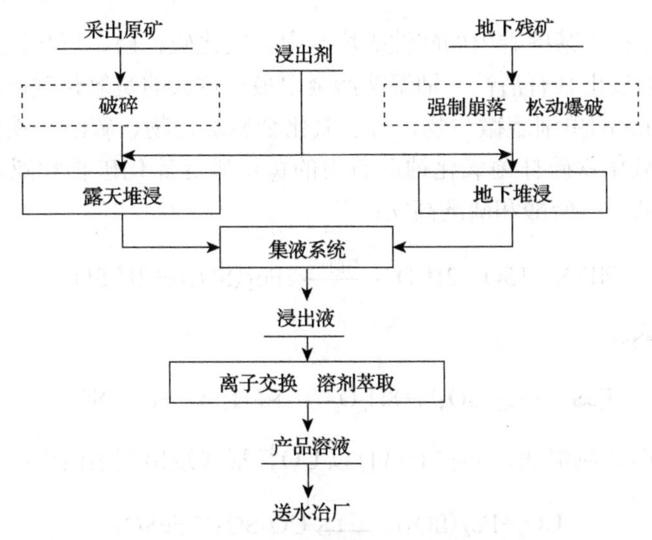

图 8.2　铀矿石堆浸工艺流程

表 8.2　国外一些铀矿堆浸厂的主要技术参数

矿山名称	美国斯普利特罗克(Split Rock)	美国皮特罗托米克斯(Petrotomic)	加拿大阿格纽湖(Agnew Lake)	法国贝托勒纳(Bertholene)	日本人形咔(Ningyo-Toge)	墨西哥埃尔诺帕(EI Nopal)	阿根廷唐奥托(Don Otto)	尼日尔阿利特(Arlit)
矿石品位/U_3O_8%	0.05	0.05	0.05	0.167	0.1	0.28～0.29	0.1	表外 0.04～0.08 边界 0.08～0.12
岩性	胶结砂岩	可渗砂岩	砾岩	钒酸盐水硅铀矿	易碎氧化矿	流纹岩、凝灰岩，渗透性好	砂岩	泥岩、砂岩
矿石入堆粒度/mm	原矿	原矿	–76	–8	原矿	原矿	–65	原矿(0～1000)
矿堆规模	91m×40m 堆高 6.1～7.6m	堆高 7.6m 约 5 万 t	每层堆高 1.2m 10 万 t	堆高 2.5m 2100t	槽浸 500t		20m×36m 堆高 3.5m, 4000t	堆高 4m, 10 万 t
溶液浓度/H_2SO_4%	7～10		喷淋速度 0.167L/(min·m²)	3	2～3			表外矿 1.5～2 边界矿 10～30

表 8.3　细菌浸出菌种及其主要生化特性

细菌名称	主要生化作用	最佳 pH
氧化铁硫杆菌	$Fe^{2+} \longrightarrow Fe^{3+}$, $S_2O_3^{2-} \longrightarrow SO_4^{2-}$	2.5～5.3
氧化铁杆菌	$Fe^{2+} \longrightarrow Fe^{3+}$	3.5
氧化硫铁杆菌	$S \longrightarrow SO_4^{2-}$, $Fe^{2+} \longrightarrow Fe^{3+}$	2.8
氧化硫杆菌	$S \longrightarrow SO_4^{2-}$, $S_2O_3^{2-} \longrightarrow SO_4^{2-}$	2.0～3.5
聚生硫杆菌	$S \longrightarrow SO_4^{2-}$, $H_2S \longrightarrow SO_4^{2-}$	2.0～4.0

这些细菌常存在于某些矿山的酸性矿坑水中。氧化硫杆菌、氧化铁硫杆菌及氧化铁杆菌对硫化矿物的浸出具有活性。铀湿法冶金中最有意义的是氧化铁硫杆菌，它是直径为 0.25μm、长 1μm 的单细胞微生物，善于氧化金属硫化物、硫酸亚铁、硫代硫酸盐和元素硫。例如，氧化铁硫杆菌氧化铀矿石中的黄铁矿等硫化矿物和亚铁离子，产生铀矿物的高效浸出剂——硫酸和硫酸高铁：

$$4FeS_2+15O_2+2H_2O \xrightarrow{细菌} 2Fe_2(SO_4)_3+2H_2SO_4 \tag{8.12}$$

$Fe_2(SO_4)_3$ 氧化 FeS_2：

$$FeS_2+7Fe_2(SO_4)_3+8H_2O \longrightarrow 8H_2SO_4+15FeSO_4 \tag{8.13}$$

$Fe_2(SO_4)_3$ 将 U(Ⅳ)矿物氧化，并将 U(Ⅵ)以 UO_2^{2+} 形式浸出到溶液中：

$$UO_2+Fe_2(SO_4)_3 \longrightarrow UO_2SO_4+2FeSO_4 \tag{8.14}$$

在细菌作用下，Fe^{2+}被氧化为 Fe^{3+}：

$$4FeSO_4+O_2+2H_2SO_4 \xrightarrow{细菌} 2Fe_2(SO_4)_3+2H_2O \tag{8.15}$$

包括氧化铁硫杆菌在内的自养菌能在酸性甚至有重金属离子存在的强酸性介质中生存和繁殖。在细菌浸出中，细菌的培养、繁殖技术以及浸出剂制备和再生技术非常重要。每一种细菌都有自己的最佳繁殖条件。铀矿细菌浸出的最佳温度为 25～40℃，pH 为 1.8～3.5，给矿浆充气也是有利于细菌生长的条件。

低品位铀矿的细菌堆浸：我国利用放射性选矿排出的尾矿(含铀 0.017%～0.020%)进行了细菌堆浸。矿石主要成分为碳质石灰岩和硅质页岩，含 SiO_2 80%以上。铀矿物以吸附状态和细分散状态存在的沥青铀矿为主，伴生的金属矿物主要是黄铁矿。

矿石堆浸所用细菌是由该矿矿坑水中分离出来的氧化铁硫杆菌。用 pH=1.5 的细菌浸出剂 H_2SO_4 与 $Fe_2(SO_4)_3$ 堆浸，浸出温度为 25～37℃，浸出时间为 40 天，铀浸出率为 50%～60%，浸出渣中含铀小于 0.01%。

堆浸场矿石粒度对浸出周期的长短影响很大，以上结果是在矿石粒度为–30mm 的情况下取得的。工业堆场每堆矿石量为 2000t，堆矿层高约 2m。

与稀硫酸(2% H_2SO_4)堆浸相比，细菌堆浸可节省 80%的酸，浸出时间可减少三分之一。处理铀品位为 0.02%的尾矿，生产铀的成本与普通铀水冶厂用常规酸浸工艺处理铀品位为 0.08%～0.1%矿石的生产成本相近。

加拿大斯坦洛克(Stanrock)铀矿和米利根(Milliken)铀矿，均由于多年开采，矿石铀品位降低，生产成本上升，利润下降，而于 1964 年停止了通常的采矿作业，改用细菌浸出回收铀。斯坦洛克矿铀厂的生产流程如图 8.3 所示[4]。

该矿山有 1200 个工作面，每个工作面平均面积为 510m^2。由于矿坑内存在细菌，矿坑水 pH 为 3.0 左右。用高压水冲洗工作面，对矿柱和低品位矿进行细菌浸出。将含铀溶液集中用泵送至地面，浸出液含 0.1～0.15g/L U_3O_8，pH=2.4，用离子交换法回收铀。回收铀后的离子交换尾液(含 0.0001g/L U_3O_8)再返回采区循环用于浸出。

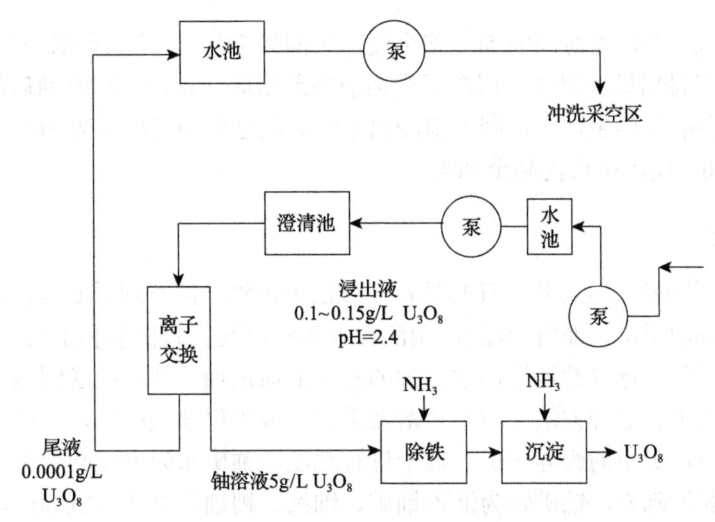

图 8.3　斯坦洛克矿生产流程图

米利根矿也采用类似方法。细菌浸出剂利用附近已停产的拉克诺(Lacnor)矿的矿坑水(含铀 70mg/L，pH=3.45)。通过钻孔将此含菌酸性矿坑水引入该矿地下采区，冲洗工作面。浸出液中含铀 0.135g/L，用泵送至地面，以离子交换法回收铀。

无论从资源利用、生态环境还是从经济性角度看，细菌堆浸与地浸的优越性是不言而喻的。其不足之处是铀浸出率尚不够高，浸出周期长。

铀矿石的细菌搅拌浸出：探索将细菌浸出技术用于铀水冶厂常规搅拌酸浸工艺的可能性很有意义。加拿大采用一种半连续的逆流倾析系统进行细菌浸出。中间试验厂的工艺流程如图 8.4 所示[4]。

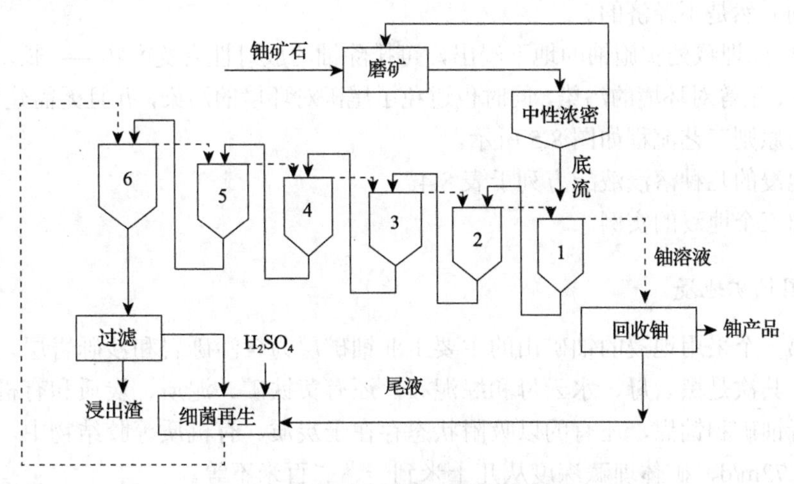

图 8.4　铀矿细菌搅拌浸出流程图

矿石品位为 0.12% U_3O_8，碎磨并浓密至粒度为–74μm 占 65%以上，矿浆浓度为 35%的底流矿浆在 6 台串联的浓密机(Φ0.95m，高 4.5m)中进行细菌浸出。该底流矿浆由第一台浓密机加入，由第 6 台浓密机引入细菌浸出剂[pH=1.8，$Fe_2(SO_4)_3$ 6g/L]，并提供细菌所需的 O_2 和 CO_2。矿浆与细菌浸出剂逆向流动，在 32℃空气搅拌下进行细菌浸出。矿浆在每台浓密机中的停留时间为 5h，整个浸出时间共 31h。由第 6 台浓密机排出浸出渣，由第 1 台浓密机排出铀浸出液，用离子交换或溶剂萃取回收铀。回收铀后的尾液进入充气槽，进行细菌氧化再生，再返回细菌浸出系统。此过程铀浸出率为 86%。如果将浸出时间延长至 45h，浸出率可提高至 90%。

8.3.6　原地浸出

原地浸出[1,4]也称就地浸出，简称地浸。该法无需将铀矿石回采到地面，而是在矿体埋藏原地进行铀的浸出，即将溶浸液(由酸、碱等浸出剂、氧化剂和水组成)通过注液钻孔注入地下铀矿体，选择性地浸出铀。铀的浸出液通过抽液钻孔抽送回地表，并输送到水冶车间加工处理。这种方法又称为“溶液采矿”或“化学采矿”，目前主要用于高度氧化的铀矿物或铀矿山的废弃尾矿。适于进行地浸的铀矿床为淋积和后生矿床，含矿岩石为疏松砂岩和沙砾岩，铀矿物为沥青铀矿、铀黑、钙铀云母和钙钒铀矿，矿物分布于沙砾间隙、砂粒表面和胶结物中，铀在矿石中或以吸附状态存在。矿石中常含有机质、泥质和黄铁矿、白硒铁矿、方解石等伴生矿物。铀品位大于 0.05%。当矿石中碳酸盐含量小于 2%时用酸浸，大于 2%则用碱浸。

地浸的优越性主要体现在以下几点：

(1) 显著降低铀的生产成本。铀矿石开采与运输的费用约占提取铀全部费用的 40%，而地浸和将成品液输送到铀水冶厂的费用则不超过 5%，地浸可省去铀矿石的破磨、固液分离等程序。

(2) 能充分利用含铀原料。苏联某矿山由于符合工业铀品位的矿石已采完，原已准备关闭，后用地浸法成功回收了贫铀矿石中的大量铀。而这类贫矿采用常规的采矿、冶炼方法回收铀显然是不经济的。

(3) 在矿脉埋藏处实施铀的地下浸出，可排除铀的放射性衰变产物——长寿命天然放射性核素镭、氡等对环境的污染，同时也避免了尾矿对环境的污染，并且无需建设尾矿坝。

地浸的原则工艺流程如图 8.5 所示。

铀矿地浸的几种溶浸液配方列于表 8.4。

现介绍三个地浸的实例。

1. 我国铀矿地浸

我国第一个采用地浸的铀矿山的主要工业铀矿层为含沙砾岩和沙砾岩层，以石英和长石为主，其次是黑云母、水云母和绿泥石，还有黄铁矿、泥质、炭质和有机质等。铀矿物为沥青铀矿和铀黑，还有的以吸附状态存在于炭质、有机质等胶结物中。矿石渗透系数大于 0.72m/d，矿体埋藏深度从几十米到一、二百米不等。

溶浸液用硫酸、过氧化氢和地下水配制。注液钻孔和抽液钻孔的结构基本相同，其间距为 15m 左右。钻孔按三角形和长方形布置，孔深数十米，孔径 130mm，在矿体部位的孔径为 300～400mm。注液用不锈钢卧式泵，抽液用气升泵和不锈钢潜水泵。抽出液中的铀含量为 50～150mg/L。用离子交换法吸附提取铀，$NaCl+H_2SO_4$ 液淋洗，NaOH 沉淀，产品为浆状黄饼。

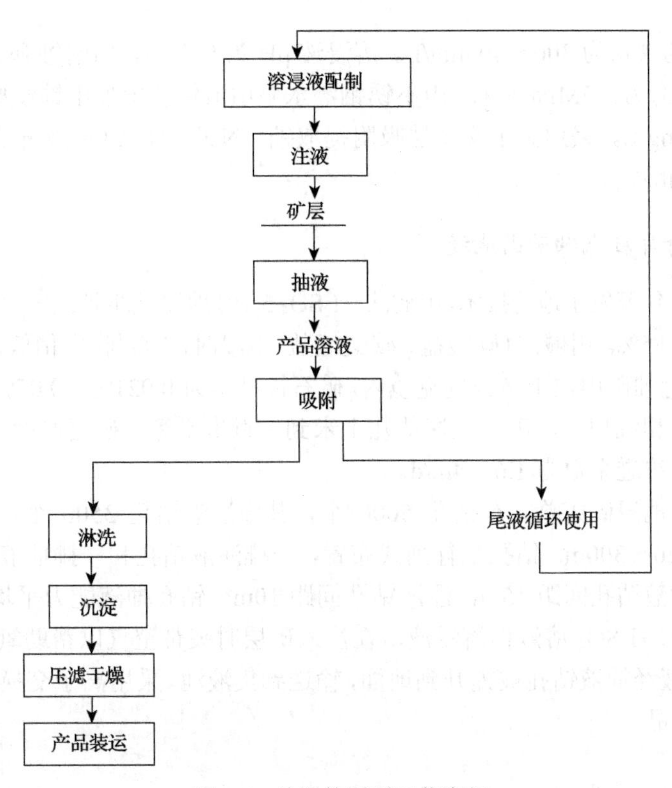

图 8.5　地浸的原则工艺流程

表 8.4　溶浸液配方

矿种	配方种类	溶浸剂和氧化剂	溶浸液浓度/%
铀矿	1	H_2SO_4 O_2/30% H_2O_2	0.5～2 0.03～0.05/0.05～0.1
	2	H_2SO_4/Fe^{3+}	0.5～2/0.03
	3	$Na_2CO_3 + NaHCO_3$ O_2/30% H_2O_2	0.5～1.5 0.03～0.05/0.05～0.1
	4	$(NH_4)_2CO_3 + NH_4HCO_3$ O_2/30% H_2O_2	0.5～1.5 0.03～0.05/0.05～0.1
	5	利用空气中的氧，注入 CO_2， 这也是目前常用的氧化剂和溶浸剂	

参照该矿地浸工艺技术，后来又投产了我国第二个地浸铀矿山。

2. 美国克莱韦斯特(Clay West)铀矿山

美国现有 10～15 个铀矿山采用地浸工艺。克莱韦斯特矿是美国第一个大规模商业性生产的地浸铀矿山，1975 年投产，年产 U_3O_8 450t。

铀矿体呈舌状赋存在砂岩中。矿石铀的平均品位为 0.1%，主要铀矿物是沥青铀矿和水硅铀矿。矿层平均埋藏深度为 116～150m，平均厚度为 10m，含矿砂岩结构疏松，渗透性好。

溶浸液初期曾用$(NH_4)_2CO_3$+NH_4HCO_3+H_2O_2 配制，后换用 Na_2CO_3+$NaHCO_3$+O_2，

O_2在溶浸液中的含量为300～400mg/L。溶浸液pH为9左右。用耐蚀卧式泵向矿体注入溶浸液，注入压力为1.5MPa左右。用不锈钢潜水泵由液钻孔中抽出铀浸出液，其中U_3O_8含量为20～30mg/L。采用离子交换法吸附提取铀，$NaCl+Na_2CO_3$液淋洗，最后用NH_3将铀沉淀为重铀酸铵。

3. 苏联乌奇库杜克铀矿山地浸

苏联于1972年开发了地浸技术。用酸法(H_2SO_4 5g/L)地浸，铀回收率一般为70%～75%，有时可达80%～85%。用碱法(碳酸盐、碳酸氢盐)地浸时，铀回收率稍低，一般为60%～70%。乌奇库杜克铀矿山位于乌兹别克境内。矿石铀品位为0.021%～0.07%(平均0.03%)。含矿岩石属浅海相沉积岩，矿层埋深从几十米到二百米不等，矿层厚度从几十厘米至十几米不等。矿层渗透系数为1.6～4m/d。

乌奇库杜克地浸矿床总共有钻孔5000个，其中注液钻孔3500个，抽液钻孔1500个。钻孔深为120～300m。钻孔呈行列式布置，一排注液钻孔和一排抽液钻孔相间配置，行间距15m，抽液钻孔间距15m，注液钻孔间距10m。钻孔抽液能力平均为5～10m^3/h。

用5～15g/L H_2SO_4溶液作溶浸液，在注入矿层时夹带空气以帮助氧化。含铀15～30mg/L的浸出液经抽液钻孔被提升到地面，输送到集液池。采用离子交换法吸附提取铀，并制出黄饼为产品。

8.4　压热浸出(加压浸出)

压热浸出是在加压、高温下进行的浸出过程，目的在于强化浸出过程，提高浸出速率，提高铀的浸出率。铀矿的压热浸出在高压釜(也称压热釜或压煮器)中进行。工业上有卧式或立式高压釜。每台高压釜有三个机械搅拌器。中间的一个为涡轮型搅拌器，它的作用是将通入高压釜中的空气进行分散。两边的搅拌桨用于保持卧式高压釜矿浆中的固体颗粒处于悬浮状态。

8.4.1　铀矿石的加压热酸浸[1,4]

有两类铀矿石很适宜进行加压热酸浸。

一类是难处理铀矿石。由于其组成复杂，不适宜用常规酸法浸出。如澳大利亚的镭山矿，是一种含铀的钛铈铁复合矿，钛铈铁矿与磁铁矿、赤铁矿、钛铁矿、金红石、黑云母以及石英紧密伴生。表8.5列出了该精矿常压酸浸与加压酸浸浸出效果的对比。

表8.5　含铀钛铈铁精矿常压酸浸与加压酸浸的对比

铀矿石	浸出参数	吨矿硫酸耗量/kg	铀浸出率/%	浸出液中杂质含量/(g/L)	
				Ti	Fe
含铀钛铈铁精矿品位$U_3O_8$0.7% 粒度-104μm～+74μm	常压, 100℃, 8h	300～600	90	约1	＞50
	工作压力0.7MPa, 150℃, 6h	150	94	＜0.05	约3

采用加压浸出强化过程，显著降低了酸耗，浸出时间有所减少，并使杂质(钛、铁)在浸出液中的含量大幅度下降。

另一类是含有较多硫化物矿物的铀矿石。含有较多硫化物矿物的铀矿粒在水中的悬浮体，在压热条件下氧化所生成的硫酸和硫酸高铁是铀的有效铀矿石。

$$FeS_2+3.5O_2+H_2O \longrightarrow FeSO_4+H_2SO_4 \tag{8.16}$$

$$2FeSO_4+0.5O_2+H_2SO_4 \longrightarrow Fe_2(SO_4)_3+H_2O \tag{8.17}$$

$$UO_2+Fe_2(SO_4)_3 \longrightarrow 2FeSO_4+UO_2SO_4 \tag{8.18}$$

$$Fe_2(SO_4)_3+6H_2O \longrightarrow 2Fe(OH)_3+3H_2SO_4 \tag{8.19}$$

高氧压和高温(如 140℃)对实现这些反应过程起了很大作用。酸性介质可促进 O_2 将 Fe^{2+} 氧化为 Fe^{3+}，而 Fe^{3+} 是四价铀矿物的高效氧化剂。$Fe_2(SO_4)_3$ 在高温下深度水解，生成氢氧化铁沉淀。整个过程非常有效。

加拿大含硫化物的铀矿石(U 0.17%，硫化物 4.4%)，在水悬浮体中进行压热浸出(10 个大气压)，铀的浸出率高达 96%～98%。而如果用常规酸浸法处理此矿，铀浸出率低得多，硫酸及软锰矿的耗量很大，且溶液被杂质严重沾污。

1. 国外加压酸浸工艺

加拿大基湖铀水冶厂于 1983 年 10 月投产，是世界上较先进的铀矿加压酸浸工厂。日处理矿石 800t，采用加压酸浸和溶剂萃取流程生产高纯重铀酸铵。整个生产工艺流程包括浸出(含加压酸浸)、逆流倾析、溶剂萃取、沉淀镍和砷、沉淀铀、除镭、结晶硫酸铵和尾矿处理等工序[4]。

基湖铀水冶的矿石组成复杂，组分质量分数分别为：铀 2.0%～2.5%，镍 2.5%，砷 1.5%，石墨 1%。铀以氧化物和硅酸盐形式存在，镍以硫砷化物、硫化物和砷化物形式存在。浸出工艺分两段完成，第一段为常压酸浸，第二段为加压酸浸。

首先把磨细的矿浆(固体的质量分数为 15%)泵入 4 台串联的帕丘卡槽(直径为 3m，高为 12m，容积为 87m^3)进行常压酸浸，浸出条件：温度为 30℃，H_2SO_4 质量浓度为 31g/L，总浸出时间为 8h。第一段常压酸浸结果：浸出液中 U_3O_8 质量浓度为 6.5g/L，浸出渣中 U_3O_8 质量分数为 1%～2%，铀浸出率约为 35%。第一段常压酸浸矿浆经浓密(浓密机直径为 20m)，溢流进行溶剂萃取提铀，浓密底流(固体质量分数为 40%～50%)再打入 10 台(其中 2 台备用)串联立式机械搅拌釜进行第二段加压酸浸。浸出条件为：矿浆中固体质量分数为 40%～50%，矿浆酸度 pH 小于 1.0(H_2SO_4 质量浓度为 1.5g/L)，温度为 70℃，氧分压为 0.65MPa，总时间为 3～4h，铀浸出率为 99%。第二段加压浸出后矿浆送至 8 台串联浓密机(直径为 20m)逆流倾析，溢流返回常压酸浸，底流经洗涤后尾弃，加压酸浸及逆流倾析系统如图 8.6 所示。基湖铀厂加压酸浸系统效果较好，而且可适应变化范围较大的矿石。

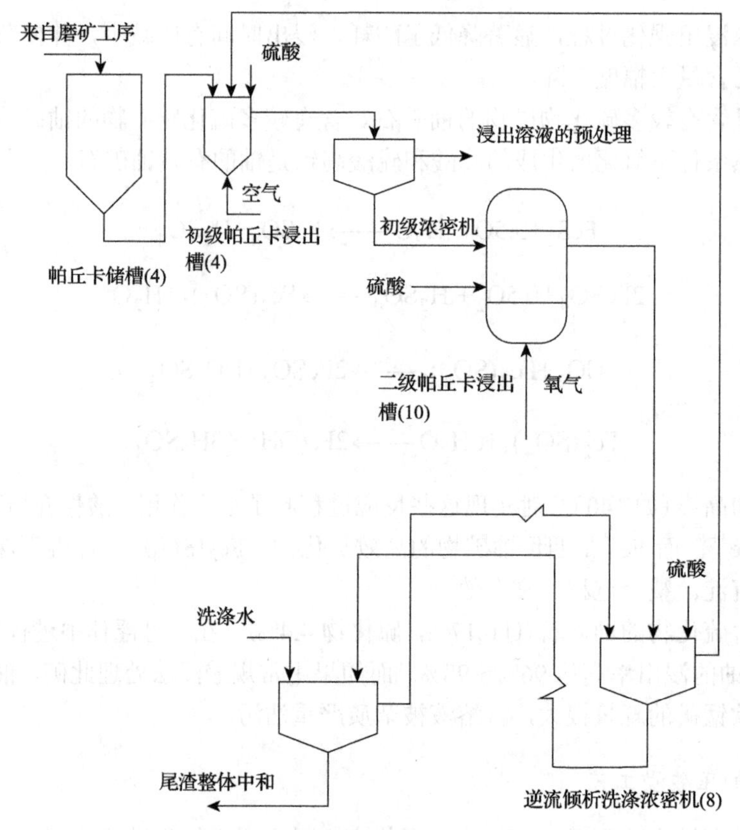

图 8.6　加压酸浸及逆流倾析系统示意图[2]

2. 我国加压酸浸工艺

加压酸浸作为一种省酸和强化方法，国内对其进行了多年深入试验研究，并取得了很大进展[5]。

例如，采用加压酸浸碱性霓霞正长岩的矿石，矿床中主要含铀、钍和稀土矿物，为绿层硅铈钛矿。由于铀、钍在绿层硅铈钛矿中以类质同象形态存在，必须破坏该矿物，才能浸出铀、钍和稀土。对于碱法无法浸出，常规酸浸和搅拌酸浸出时，每吨精矿的耗酸量高达 300kg。加压酸浸该矿石的磁选精矿取得较好的结果(表 8.6)[5]。

试验在 6 个串联气体搅拌立式釜中进行，釜体容积为 60L，釜体材质为含钼的钛基合金。工艺条件：精矿粒度为–74μm，精矿质量分数为 90%；硫酸质量分数为 18%～20%；温度为 100～200℃(第一釜)，其余各釜为 150～160℃；总压为(14.7±1)×10^5Pa；时间为 2～3h；液固体积质量比为 3.5L/kg。

浸出结果表明，加压酸浸不仅金属的浸出率较高(铀、钍和稀土的浸出率分别为 82.9%、86.0%和 88.3%)，而且浸出精矿的硫酸用量降低至 180kg/t，与常规酸浸和搅拌酸浸相比，酸用量相应降低 120kg/t。

表 8.6　绿层硅铈钛矿石的磁选精矿的加压酸浸试验结果[5]

取样时间	进釜矿浆					
	精矿中 w_B/%			H_2SO_4的质量分数/%	−74μm 矿石的质量分数/%	液固体积质量比/(L/kg)
	U	Th	Re_2O_3			
第 1 天	0.0640	0.196	1.500	20.0	90.0	3.5
第 2 天	0.0615	0.200	1.380	18.0	92.8	3.3
第 3 天	0.0600	0.180	1.400	18.0	87.5	2.7

取样时间	出釜矿浆						渣计浸出率/%		
	溶液中浓度 c/(g/L)			渣中 w_B/%					
	U	Th	Re_2O_3	U	Th	Re_2O_3	U	Th	Re_2O_3
第 1 天	0.233	0.174	0.554	0.0122	0.032	0.230	82.8	85.3	86.0
第 2 天	0.191	0.184	0.501	0.0104	0.026	0.116	84.8	88.3	92.4
第 3 天	0.208	0.188	0.651	0.0125	0.031	0.211	81.2	84.5	86.5

此外，某些含铀较多的硫化物矿石，碱浸与常压酸浸处理都不理想。但是，将这种矿石用水制浆，不加酸(或只加少量起始酸)，直接在高压釜中进行加压浸出，硫化物氧化生成的硫酸就可将矿石中的铀和其他一些金属浸出，在行业内这种浸出法称为加压水浸。浸出过程除供空气和水之外，不消耗其他化学试剂，余热能源可以回收再利用，因此是一种加工某些含硫铀矿石较为经济的方法。

我国曾对多种含硫铀矿石进行加压水浸试验研究，如含硫铀矿泥、含铀镍锌硫精矿、含铀铜铅锌矿石等，都取得了较好的结果[4]。曾建成规模为 20t/d 的加压水浸工厂装置。物料为矿泥，产品为黄饼。采用 3 台串联气体搅拌立式釜浸出—单级冷却釜冷却—二级减压器减压—四段逆流洗涤—清液离子交换—中和沉淀回收铀的工艺流程。

其中高压釜外形尺寸为 Φ1000mm×6000mm，容积为 4.7m^3，采用蒸汽夹套加热，釜体为含钼不锈钢。加压水浸工艺条件：温度为(130±5)～(140±5)℃；压力为 0.98～1.37MPa(首釜为 1.37MPa)；时间为 4h；进料矿浆液固体积质量比为 1.5～2.2L/kg；矿泥中−74μm 粒度质量分数为 90%，最大粒度小于 0.5mm；矿浆体积流量为 1.3～1.5m^3/h；空气体积流量为 4.5m^3/min；蒸汽用量为 0.5t/h；冷却温度为 75～80℃；减压阀最终压力小于 0.98MPa。经连续运转 90 多天，工厂试验证明：工艺流程可行，设备可靠，技术经济指标较好，平均铀浸出率达 86%，尾渣经洗涤后铀质量分数为 0.0176%，黄饼生产成本大幅度降低，为含硫铀矿石加压水浸巩固处理提供了实践经验[6]。

8.4.2　某铀钼矿浸出过程氧化剂高效使用研究

在以上铀矿加压酸性浸出的研究及工业实践基础上，越来越多的研究集中在其他含铀矿物的浸出性能，以及浸出过程中的氧化剂。下面是关于核工业北京化工冶金研究院所研究的某铀钼矿浸出过程氧化剂的高效使用。

1. 某铀钼矿矿石成分、岩性与矿物特征

本试验样品由中核某铀业有限责任公司提供，具有较强代表性，矿石第一步经颚式破碎机粗碎，第二步经对辊破碎机细碎，第三步经球磨机细磨至–147μm 占 100%，而后缩分、细磨后制成分析样品，每种样品各取 1kg 经圆盘制样机细磨至–74μm 占 100%，对矿样进行多元素化学分析，结果见表 8.7。

表 8.7 沽源铀钼矿典型矿石化学成分 （单位：wt%）

组分	U	U^{6+}	Mo	S	C	ΣFe	Fe^{3+}	Fe^{2+}	F	Ca
1#	0.066	0.029	3.00	6.18	0.42	3.97	3.421	0.549	0.251	0.487
2#	0.192	0.097	1.25	4.00	0.43	2.81	2.470	0.340	0.182	0.278
3#	0.262	0.149	1.25	2.03	0.35	1.77	0.957	0.813	0.452	0.663
组分	Al	SiO_2	TiO_2	MnO	K	CO_2	P_2O_5	W^*	Pb^*	烧失量
1#	4.49	69.26	0.048	0.009	1.30	<0.05	0.053	974.3	726	8.90
2#	4.54	73.81	0.059	0.012	0.96	<0.05	0.044	1932.3	516	7.27
3#	5.41	74.48	0.092	0.012	1.97	<0.05	0.04	1050.6	276	5.32

*单位为 ppm。

可见 1#样品中 U 含量较低，属于单钼矿；其他组分含量差别不大，只是 3#样品中 K 含量相对较高；3 种样品中 1#样品 U^{4+}/U^{6+}比例较高，而 2#、3#样品 U^{4+}/U^{6+}比例基本为 1∶1。

矿石的铀钼矿物特征表明其主要以胶硫钼矿、钼铀矿、多水钼铀矿、辉钼矿形式存在。

(1) 胶硫钼矿。胶硫钼矿是矿石中的主要钼矿物，主要呈胶状集合体与黄铁矿或多水钼铀矿紧密共生，有时呈浸染状分布在石英斑晶表面，粒度极细，一般为 5μm 左右，均质，表面易被氧化形成蓝钼矿。在 1#和 2#样品中分布较多，含量为 3%～5%；在 3#样品中分布较少。图 8.7 即为胶硫钼矿和黄铁矿在 2#样品中的共存状态。

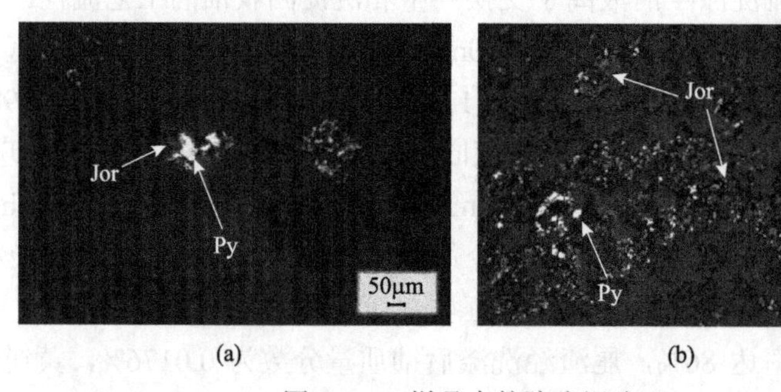

图 8.7 2#样品中的胶硫钼矿

(a) 黄铁矿与胶硫钼矿；(b) 网脉状黄铁矿与胶硫钼矿，Py 表示黄铁矿，Jor 表示胶硫钼矿

(2) 钼铀矿。少量，黑色或蓝黑色，晶体呈针状，六边形板状。板状晶体有时有三角形状的条纹，集合体呈叶片状或放射状，反射光下呈暗褐色。钼铀矿多与辉钼矿、黄铁矿、石英共生，边缘常发育钼华，有时被石英斑晶或辉钼矿包裹。粒径多为 10μm 左右。

(3) 多水钼铀矿。少量，黑色或棕色，微透明，集合体呈细脉状、皮壳状，具沥青光泽，粒径多为 5μm 左右，反射光下呈亮灰色。产于含胶硫钼矿的破碎石英斑晶或长石裂隙中，多见于裂隙中心。

(4)辉钼矿。主要在 3#样品中发育，是矿石中的主要钼矿物，主要呈粒状或浸染状分布在石英斑晶中或晶粒间隙，多数发生蚀变。深灰色，反射光下呈铅灰色，粒径多为 0.05～0.1mm。有时表面发育钼华，内部包裹钼铀矿。图 8.8 即为辉钼矿在 3#样品中的赋存状态。

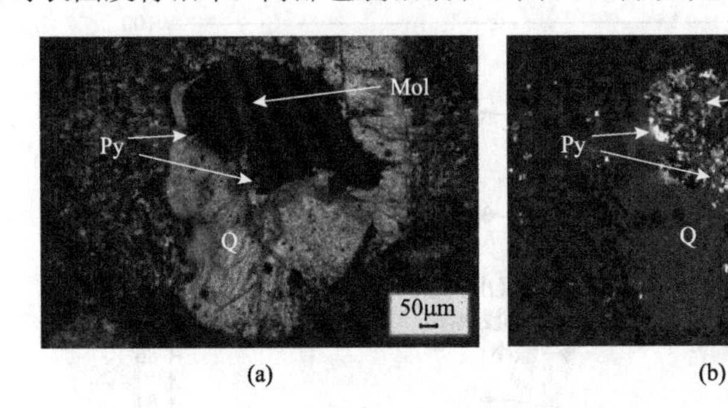

图 8.8　3#样品中的辉钼矿

(a)单偏光，硅化斑晶、水云母、黄铁矿与辉钼矿共生；(b)反射光，硅化斑晶、水云母、黄铁矿与辉钼矿共生，Q 表示石英，Py 表示黄铁矿，Mol 表示辉钼矿

三种矿物中主要含铀矿物的化学成分如表 8.8。

表 8.8　主要铀矿物化学成分　(单位：%)

矿物	样品号	UO_2	MoO_3	TiO_2	SiO_2	Al_2O_3	FeO	CaO	P_2O_5
钼铀矿	2#-1	68.4	8.63	0.29	6.45	0.28	0.17	0.98	4.63
	1#-1	64.84	9.3	0.02	10.91	0.12	0.18	0.37	0.86
	1#-2	51.68	16.6	0.12	9.95	0.38	0.39	0.8	0.28
	3#-1	67.81	4.47	0.47	13.94	1.07	0.67	1.07	2.51
	3#-2	47.99	6.17	1.43	11.15	0.49	0.38	1.85	0.98
多水钼铀矿	1#-3	15.86	5.89	0.22	34.27	5.75	0.62	1	0.55
	1#-4	19.67	7.55	0.11	28.81	4.25	1.59	1.13	0.62
铀石	3#-3	68.88	0.97	0.02	10.96	0.06	4.34	1.72	4.75

2. 铀钼矿加压酸浸过程研究

易浸矿石一般采用常压浸出。但一些较难浸矿石，常压浸出往往只能获得很低的金属浸出率，而在加压条件下，浸出温度高于常压液体的沸点，故浸出动力学条件对金属浸出有利。

1)温度对铀钼矿加压浸出影响

试验中，92%H_2SO_4 的加入量为矿石量的 10%，35%H_2O_2 的加入量为矿石量的 8%，液固质量比为 5∶1，一方面可减少试验矿石用量，另一方面可消除液固质量比对试验结果的影响，浸出时间为 3h。铀钼浸出率与试验温度的关系如图 8.9 所示。可见温度变化范围内 U 浸出率几乎不变，Mo 浸出率在 140℃时达到峰值 68.38%，该数据已比目前生产数据保有增量 25%～30%。三次试验渣率平均值为 91.10%。试验表明加压过程由于对冶金过程强化，致使铀在保持目前生产浸出率的同时钼浸出率有大幅增长。分析其原因有可能是加压促进了浸出过程中生成的沉淀 H_2MoO_4 在 H_2SO_4 溶液中的溶解。故基于能耗考虑，铀钼矿加压浸出的推荐温度为 130～140℃。

$$H_2MoO_4+H_2SO_4 = MoO_4^{2-}+SO_4^{2-}+4H^+ \tag{8.20}$$

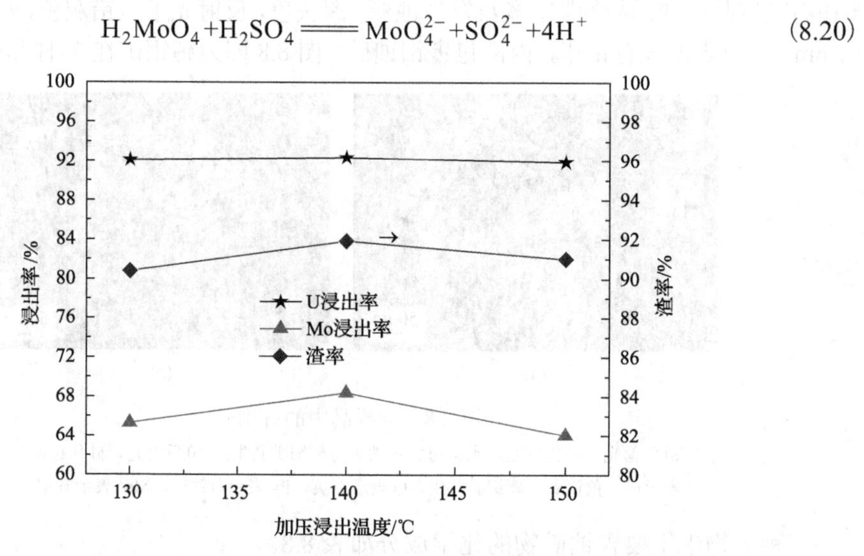

图 8.9　加压浸出温度对铀钼浸出率和渣率的影响

以 150℃试验为例，其加热升温制度与釜内饱和蒸气压曲线如图 8.10 所示。可见加热到 20min 时釜内温度达到约 150℃，并在此后均处于维持阶段；而釜体加热套温度在第 20min 达到约 230℃，并在此后维持釜内温度恒定的阶段不断降低；试验饱和蒸气压在试验温度最高时也达到峰值约 4.1atm（1atm=1.01325×10^5Pa）。

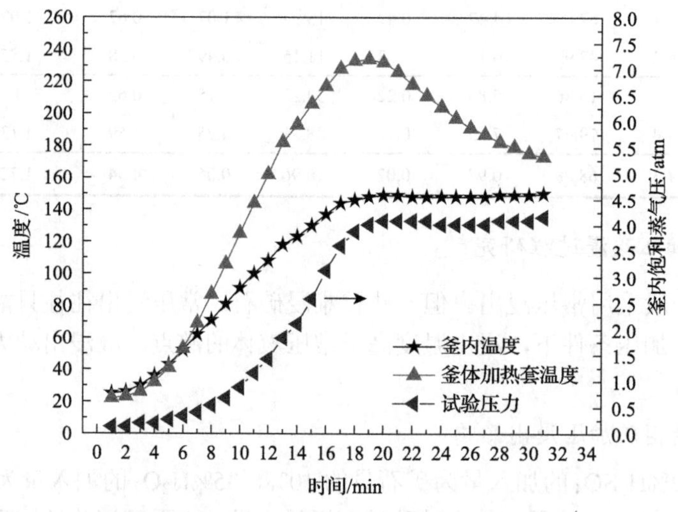

图 8.10　加压试验升温制度及饱和蒸气压曲线

2）H_2O_2 添加量对铀钼矿加压浸出的影响

试验 92%H_2SO_4 的加入量为矿石量的 10%，液固质量比为 5∶1，浸出时间为 3h，浸出温度为 140℃。铀钼浸出率、渣率与 H_2O_2 添加量关系如图 8.11 所示。由图可见，在

H_2O_2添加量变化范围内 U 浸出率、Mo 浸出率、渣率均保持小幅增长。该过程中 Mo 浸出率较现有生产数据有较大幅度增长，但是 U 浸出率只在最后一个试验点达到 92.34%，其他三个点均在 90.8%以下。这可能是由于 H_2O_2 在密闭釜体内分为两部分，一部分存于溶液中直接参与氧化反应，另一部分在釜内已经分解且分解产物 O_2 弥漫在釜内气氛中，并在高温高压下部分溶解于溶液中参与目标金属的氧化过程，但 O_2 在溶液中溶解量十分有限，故其氧化能力也受到制约。所以在 H_2O_2 添加量≤7%时，高温高压环境下 H_2O_2 的分解量已经导致溶液中有效存留量的氧化能力开始减弱，故 U、Mo 浸出率均出现不同幅度降低。基于试剂消耗与浸出率的考虑，铀钼矿加压浸出推荐 H_2O_2 添加量为 7%～8%。

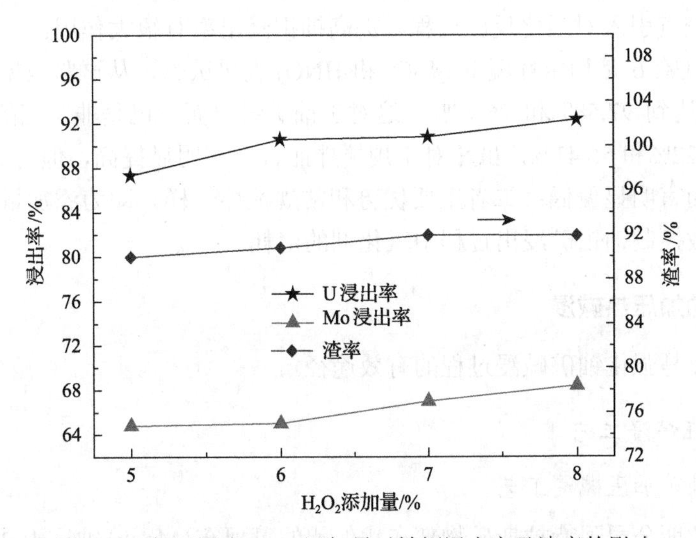

图 8.11　加压浸出 H_2O_2 添加量对铀钼浸出率及渣率的影响

3) 加压浸出过程其他对比试验

针对加压浸出过程进行其他对比试验，结果见表 8.9。其中包括加压低液固比试验和常温高液固比试验，以及不通氧化剂的加压高液固比试验，由表中数据可见，常压高液固比试验中 U 比前述试验有小幅上升，而 Mo 浸出率达到约 67%并有较大幅度上升。从而可知无论在常压还是加压过程中，增大液固比均可明显提高 Mo 浸出率，这是因为其促进了 H_2MoO_4 有效溶解，从而减少了渣中残余量。

表 8.9　加压浸出过程的其他对比试验

编号	类别	试验条件	U 浸出率/%	Mo 浸出率/%
1	加压	液固比为 1.5∶1、温度为 140℃、H_2O_2 为 8%	92.00	61.57
2	常压	液固比为 5∶1、温度为 60℃、H_2O_2 为 8%	93.80	66.97
3	加压通空气	液固比为 5∶1、温度为 140℃、空气为 6atm、H_2O_2 为 8%	93.75	76.07
4	釜内常温通空气	液固比为 1∶1、温度为 60℃、时间为 6h 空气为 6atm、H_2O_2 为 8%	94.06	66.40
5	加压	液固比为 5∶1、温度为 140℃、$Na_2S_2O_8$ 为 2%	97.58	59.22
6	加压	液固比为 5∶1、温度为 140℃、HNO_3 为 1%	96.77	56.41

试验 3 是加压通空气高液固比试验，可见 U 浸出率已经接近 94%，而 Mo 浸出率已超过 76%，分析原因一是因为高压空气能促使 O_2 在矿浆中溶解从而增加氧化能力；二是高压气体的存在使得式(8.21)无法向正反应方向进行，从而可以有效抑制 H_2O_2 分解，从而保证了其氧化性有效发挥。

$$2H_2O_2 = 2H_2O + O_2\uparrow \tag{8.21}$$

试验 4 是釜内常温通空气试验，即在釜内密闭环境下进行铀钼矿常温浸出并配以高压空气，可见其结果 U 浸出率已超过 94%，Mo 浸出率达到 66.40%，比常规浸出提升至少 20%。高压空气引入对强化反应过程、提高铀钼浸出率有很大作用。

试验 5 和试验 6 是加压环境 $Na_2S_2O_8$ 和 HNO_3 氧化试验，从试验数据可见二者分别可使 U 浸出率达到 97.58%和 96.77%，这对于铀矿浸出而言已是非常高的结果；而 Mo 浸出率则为 59.22%和 56.41%，虽相对常规搅拌而言已有明显提高，但与 H_2O_2 加压浸出试验数据比较而言明显偏低；二者主要优势和常规搅拌一样，即为添加量优势，从这点出发则可以有效控制铀钼矿浸出过程中氧化剂的消耗。

8.4.3　铀矿石的加压热碱浸

加压热碱浸是强化铀矿碱浸过程的有效途径。

1. 国外加压碱浸工艺

1) 莫阿布铀矿加压碱浸工艺

美国阿特拉斯公司阿特拉斯矿物部在犹他州的莫阿布(Moab)铀厂于 1956 年投产运营[4,7]。由于矿石的变化在工艺上经历过几次较大的变动，其处理矿石以碱法处理为主，酸法为辅。其碱法系统的日处理量为 850～950t 矿石，采用铜氨配离子催化氧化的加压碱浸工艺，其工艺流程如图 8.12 所示。

矿石取自犹他州东南部地区和科罗拉多州相邻地区，为晶质铀矿，碱法系统的进料矿石平均含 0.28%U_3O_8，$CaCO_3$ 大于 10%，V_2O_5 小于 0.5%。矿石经破碎和两段磨矿，制得粒度为–0.23mm 的原料粒度。第一段是球磨机-分级机系统，把进料矿石磨到–0.3mm 左右。然后将分级机溢流泵入与第二段球磨机形成闭路操作的两台 15 英寸(1 英寸=25.4mm)旋流器中，旋流器的溢流是磨矿车间的最终产品。磨矿系统中稀释用的工厂溶液约含 50g/L Na_2CO_3、15g/L $NaHCO_3$ 和 8g/L U_3O_8。由磨矿工序制得的矿浆在进入预热和高压釜浸出系统之前，先在直径 85 英寸的浓密机中浓密到约含 50%固体。为改善沉降性能，在浓密机进料中加入聚丙烯酰胺絮凝剂，每吨矿石约 0.03kg。浓密机溢流返回到工厂溶液储槽，经补充试剂后重新用于磨矿系统。浓密机底流的预热分两段完成。在第一段中矿浆通过同心管热交换器的外管，被浸出系统排出的热矿浆逆流加热到 70～75℃，然后进料矿浆在两个串联的槽中被高压釜排出的蒸汽进一步预热到 75～80℃。

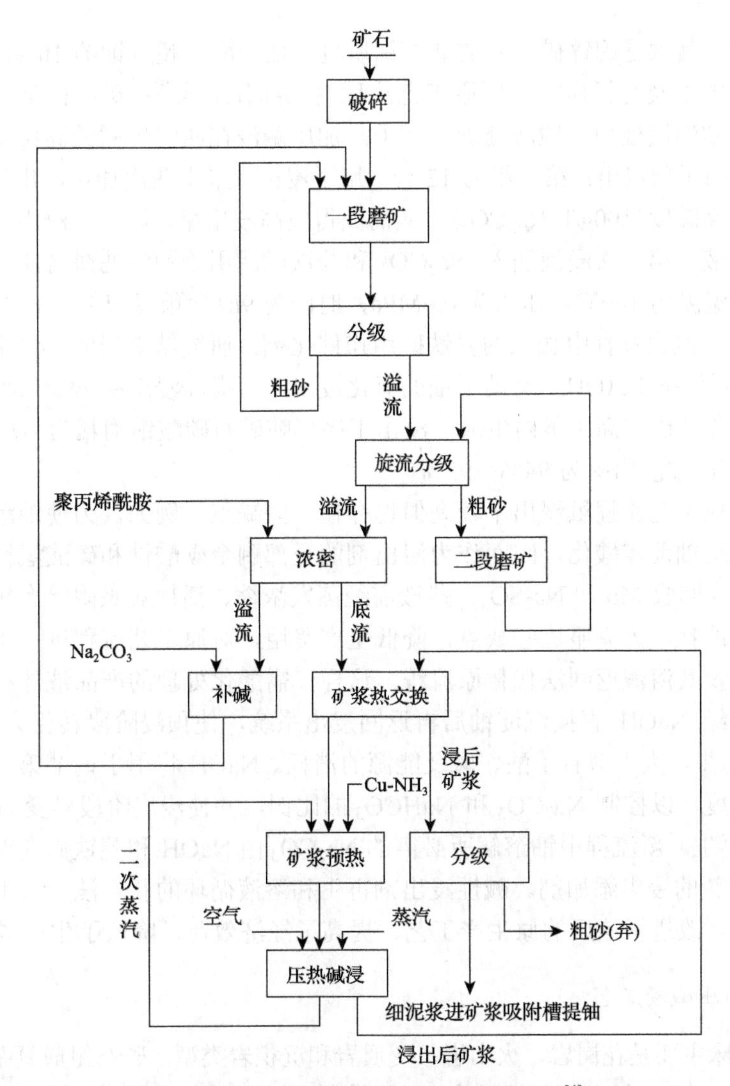

图 8.12　莫阿布铀矿加压碱浸工艺流程[4]

高压釜系统由平行的两排釜组成。每排串联七台 $3000m^3$ 的高压釜装有机械搅拌器，在叶轮下面装有空气喷射管，使空气更好地分散。每排的头台釜都装有蒸汽蛇管，保证第一台釜加热到 115℃左右，第二台釜加热到 120℃左右。浸出的时间约为 6.5h，每吨矿石约消耗 30kg 碳酸钠。碳酸氢钠是在浸出过程中由碳酸钠和矿石的硫化物作用产生的。氧化剂以含 Cu 34g/L 和 NH_3 53g/L 的溶液形式加入，每吨矿石平均消耗 $CuSO_4 \cdot 5H_2O$ 0.6kg、絮凝剂 73g、压缩空气 $45m^3$。此碱法系统的铀总回收率平均为 96%。

2) 洛代夫 (Lodeve) 铀矿加压碱浸工艺

洛代夫铀水冶厂是法国核材料总公司(Cogema)在法国本土的三大铀水冶厂之一，是新一代的典型碱法工厂[8]。该厂于 1991 年建成投产，年处理矿石 40 万 t，年产铀 1000t。

洛代夫铀矿石中铀的质量分数为 0.2%左右，为铀与钼、硫化物、有机质共生的复杂难处理矿石。碳酸盐含量高，氧化钙质量分数为 6%～10%；硫质量分数为 0.6%～0.8%，主要是黄铁矿，其次是闪锌矿、硫酸盐；钼质量分数一般不超过铀的 10%，另外还含有溶于碱性介质的锆及有机质。该厂原工艺流程由三部分组成[9]：矿石破磨、加压碱浸和固液分离，含铀溶液处理，残液处理。其中，加压碱浸在两组串联的高压釜内进行，第一组为 6 台，用于预浸出；第二组为 12 台，用于浸出。采用两次加压浸出，目的是维持第二次浸出的高碱度(100g/L Na_2CO_3)，从而获得较高浸出率。第一次浸出(预浸)所得的浸出液为产品液，第二次浸液加入 Na_2CO_3 和菱铁矿后用于预浸滤饼再制浆，渣洗水返至磨矿。浸出温度为 140℃，压力为 0.6MPa，时间为 9h(含预浸 3h)，并通入氧气(氧分压为 0.3MPa)。浸出过程中加入的菱铁矿用作催化剂。研究结果表明，浸出中每吨矿石加入 10kg 的新生态 $Fe(OH)_3$ 有助于铀的氧化浸出，可提高浸出率 4%～5%，而新生态 $Fe(OH)_3$ 可由菱铁矿在高压釜内生成。浸出工序每吨矿石碳酸钠消耗为 47.5kg，氧气消耗为 16～17m^3，铀浸出率为 94%～95%。

洛代夫厂原工艺流程虽浸出率较高但也存在一些缺点。例如，为使铀沉淀完全，全部产品液在沉淀铀前需酸化，因而作为浸出剂的全部剩余碳酸钠和碳酸氢钠会破坏并消耗酸；又如，为回收 Mo 和 Na_2SO_4，残液需经蒸发浓缩、活性炭吸附除有机质处理，故需庞大设备和能耗。为克服这些缺点，降低生产费用，对原工艺流程进行了改进，用碱性浸出剂再生及其溶液返回法代替原流程。这样，需酸化处理的产品液体积大大减小，大部分产品液经 NaOH 直接沉淀铀后再返回浸出系统，使预浸阶段转化为 $NaHCO_3$ 的 Na_2CO_3 得以再生，大大节省了酸、碱及能源的消耗。NaOH 将用于调节第二次浸出所获得的浸出液碱度，以控制 Na_2CO_3 和 $NaHCO_3$ 的比例，并使浸出阶段转变为 $NaHCO_3$ 的 Na_2CO_3 得到再生。新流程中铀溶解所必需的 Na_2CO_3 由 NaOH 和菱铁矿在循环中产生。NaOH 是一种新的浸出添加剂。碱性浸出剂再生和溶液循环的新方法，在不更新和增加设备的条件下，改进了该厂的原生产工艺，提高了经济效益，降低了生产成本。

2. 国内加压碱浸工艺

我国铀矿床主要是花岗岩、火山岩、变质岩和沉积岩类型，矿石组成复杂，铀质量分数低，一般为 0.06%～0.25%，铀矿物多为沥青铀矿、铀黑以及晶质铀矿等原生矿物，伴生矿物多，常规浸出时试剂消耗大，铀浸出率低，较难加工，适合用加压浸出工艺处理。我国主要有三家碱法加压浸出工厂，都采用加压碱浸—浓密—酸化萃取工艺流程。我国某厂采用加压碱浸工艺处理含铀、钼和铼等多种金属矿石，其浸出工艺流程如图 8.13 所示[4]。

原矿中各成分比例：U 0.132%、Mo 0.356%、Re 0.00078%、CaO 1.74%、MgO 5.339%、SiO_2 54.2%、CO_2 3.68%、Fe_2O_3 9.92%、Al_2O_3 8.66%；由于钙、镁碳酸盐的含量高，适用压热碱浸工艺。矿石磨至：+0.18mm 矿石的质量分数小于 5%，–0.074mm 矿石的质量分数不小于 70%；浸出液固体积质量比为 1.6L/kg；浸出剂(Na_2CO_3+$NaHCO_3$)浓度为 50～60g/L，温度为 145℃；空气从高压釜底部吹入，空气流量为 8～9m^3/min，釜内压力为 1.86MPa。浸出过程在 10 台串联立式空气搅拌高压釜中完成。浸出液中各成分浓度：U 0.955g/L、Mo 1.35g/L、Re 0.0074g/L、总碱 11.72g/L，各金属浸出率为：U 90%、Mo 78.3%、Re 90%。浸出矿浆经减压、浓密，溢流送溶剂萃取分离铀、钼、铼，底流送尾矿坝。

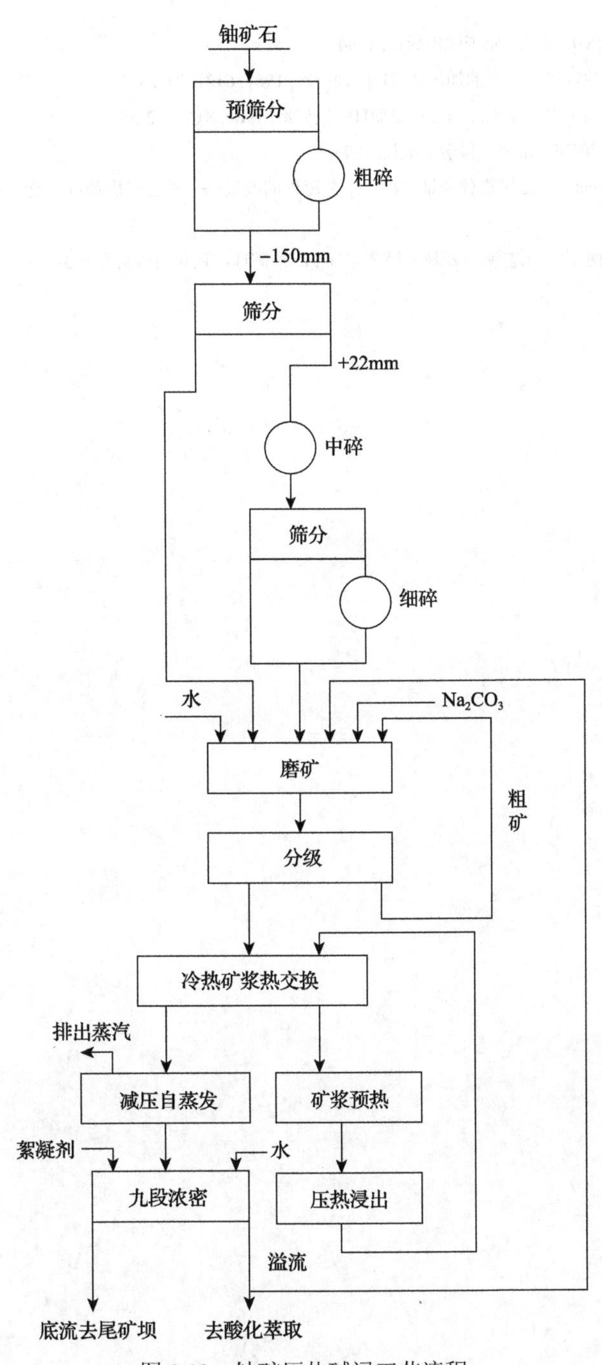

图 8.13　铀矿压热碱浸工艺流程

参考文献

[1] 蒋开喜. 加压湿法冶金[M]. 北京: 冶金工业出版社, 2016.

[2] 吴华武. 核燃料化学工艺学[M]. 北京: 原子能出版社, 1989.

[3] 高仁喜, 田原, 关自斌. 铀矿石加压浸出技术的进展[J]. 铀矿冶, 1999, 18(3): 171-178.

[4] 乔繁盛, 等. 浸矿技术[M]. 北京: 原子能出版社, 1994.
[5] 兰兴华, 彭如清. 一种铀钍稀土矿石的加压酸浸[J]. 铀矿冶, 1987, 6(3): 21-25.
[6] 朱禹钧, 吴凤英. 含硫铀矿泥加压水浸的工厂试验[J]. 铀矿冶, 1989, 8(4): 32-38.
[7] 梅里特. 铀的提取冶金学[M]. 北京: 科学出版社, 1978.
[8] 陈绍强, Moret J, Lyaudet G. 法国洛代夫铀水冶厂工艺流程的改进——碱性浸出剂再生及溶液返回法[J]. 铀矿冶, 1993, (4): 233-241.
[9] 陈绍强. 法国洛代夫铀水冶厂工艺流程及技术经济指标[J]. 铀矿选冶通讯, 1989, (3): 3-7.

第 9 章　黝铜矿碱性加压浸出及加压沉淀制备锑酸钠技术

9.1　概　　述

地壳中锑的含量为 0.0001%，属于较稀少的金属元素，据美国地质勘探局 2014 年数据显示，全球锑资源储量约为 180 万 t。目前已知的含锑矿物多达 120 种，但具有工业利用价值，并且含锑在 20%以上的锑矿物仅有 10 种。锑作为一种稀有金属，也是各个国家争相储备的宝贵的战略资源，越来越受到重视和保护，被各国列为实行保护性开采和冶炼的特定矿种。我国锑的储量、产量和出口量均居世界首位，分别占世界总量的 70%、84%和 90%。锑及其化合物主要用于印刷业、蓄电池、助燃剂、军事等[1]。锑合金可用于蓄电池、焊料、印刷合金、轴承合金、电缆包皮及枪弹等。高纯锑可作为半导体硅材料的掺杂元素；锑白(Sb_2O_3)常用作白色颜料的添加剂、阻燃剂等[2]；硫化锑可作为橡胶的红色颜料；生锑可用于生产火柴和发烟剂。

目前锑的矿物原料主要是硫化物，最常见的工业矿物为辉锑矿(Sb_2S_3)，另外还有锑金矿、脆硫铅锑矿($Pb_4FeSb_6S_{14}$)、锑汞矿等矿物。金属锑的现代生产方法可分为火法和湿法[1]，绝大多数炼锑采用火法冶炼，可处理辉锑矿、脆硫铅锑矿等，辉锑矿的火法处理以挥发焙烧-还原熔炼和挥发熔炼-还原熔炼为主，即先生产三氧化二锑，再进行还原熔炼生产粗锑。脆硫铅锑矿是一个富含锑、铅、银、锌、铋、铟、硫等多种有价元素的复杂锑矿床，其储量很大，占我国锑矿资源的 30%～40%，脆硫铅锑精矿的大致成分为 Pb 28%～32%、Sb 24%～28%、S 18%～25%[3-7]。这种矿中的铅和锑以硫化物固溶体形态存在，铅锑互相嵌布，物理选矿不能分离，必须通过冶金方法才能得以综合利用。目前，我国脆硫铅锑精矿的主要冶炼方法是烧结-鼓风炉熔炼-吹炼法。其工艺流程为：脆硫铅锑精矿经沸腾炉焙烧脱硫，焙砂与脆硫铅锑精矿、返料、石英砂、石灰石粉、焦粉共同混合配料，使用烧结盘进行烧结，而后烧结块经鼓风炉还原熔炼，产出铅锑合金。铅锑合金经反射炉吹炼，得到锑氧粉和底铅(Pb＞80%)，熔渣和吹渣返回鼓风炉，产出的锑氧粉和沸腾炉焙烧烟气经布袋收尘得到的粗锑氧粉与铅电解阳极泥吹炼得到的锑氧粉一同用反射炉还原熔炼和精炼，生产 2#精锑。此工艺存在如下问题：①冶炼过程低浓度 SO_2 烟气污染环境；②原料中伴生的有价金属元素的综合回收有限；③传统生产工艺流程太长，中间物料积压严重，污染源多；④得到的砷碱渣难处理[1, 7]。

除了以上典型含锑矿物作为炼锑原料外，其他重金属硫化矿物中也含有较高的锑，这些锑在传统的冶炼过程中不能很好地富集，例如，在铜的火法冶炼过程中[8]，熔炼阶段锑的分布与冰铜的品位有关，冰铜品位越高，进入冰铜中的锑量越高，当冰铜品位高于 60%时，锑在冰铜中的活度系数降低，导致其蒸气分压下降，从而使其进入气相的数量减少，约 5%进入烟尘、约 60%进入冰铜、约 35%进入炉渣，而进入冰铜的锑在后续的吹炼、火法精炼、电解精炼工序中又有分散，大部分进入阳极泥、部分进入渣中。因此对于含锑较高的硫化铜精矿、其他火法冶炼原料中含锑较高时，应预先进行锑的分离富集，降低锑在火法系统中的分散，并减少锑对火法冶炼系统的影响。

随着锑资源的不断枯竭，锑的供应不容乐观。近年来，锑的回收以保护生态环境、减少环境污染、发展节约型经济为主要决策因素，合理利用含锑物料已经成为锑冶炼技术工作者的重要课题。目前，国内外重金属冶炼企业产出的含锑物料主要有：粗锑氧粉、砷碱渣、高锑砷烟灰、精炼铋烟尘、铅阳极泥等。对于不同原料的锑物料处理方法也不尽相同。

9.1.1 砷碱渣

在锑冶炼过程中，粗锑精炼加碱除砷产生大量的砷碱渣。砷碱渣含 Sb 为 30%～40%，含 As 为 3%～9%，总碱度在 20%～30%。砷、锑均为第五主族元素，原子结构相似，在冶炼中的行为大多相似，难以深度分离[9]。一般对于砷碱渣的处理常以处理砷为主，锑的处理则采用火法精炼。虽然此工艺流程短，但是这种方法锑回收率低、回收成本高、易产生二次污染[10]。

锑碱性精炼中产出砷碱渣，人们利用亚锑酸钠、锑酸钠不溶解于水的原理，把亚锑酸钠、锑酸钠与砷酸钠等可溶性钠盐分离开[11]。过程中的 Sb 主要以亚锑酸钠（Na_3SbO_3）的形式存在，浸出后溶液呈强碱性，通过添加氧化剂，将 Na_3SbO_3 氧化成 Na_3SbO_4 而使锑沉淀下来，达到砷、锑深度分离的目的。万文玉等[12]采用过氧化氢进行氧化脱锑，脱锑率达到 95%以上。仇勇海等[13]使用此方法对砷碱渣进行脱锑，然后向脱锑液中通入二氧化碳气体，可以去除脱锑液中大部分碳酸钠。再向其中加入硫化钠溶液，在酸性条件下可沉淀出砷的硫化物。结果表明：锑的浸出率达 99%，同时脱砷达 90%。彭新平[14]研究了砷碱渣浸出工艺，分析了影响砷和锑浸出效果的主要因素，锑的回收率达 80%以上，砷的脱出率达 90%以上。陈白珍等[15]以锑生产中含锑 2%左右的二次砷碱渣为原料，加入脱锑剂将硫代锑酸钠转化为锑酸钠，从而回收锑。王建强等[16]以湿法工艺处理砷碱渣得到的五氧化二锑和三氧化二锑混合物为原料，过氧化氢为氧化剂，磷酸为稳定剂进行了制备胶体五氧化二锑的研究。王建强等[9]水浸实现了砷碱渣中的砷锑分离，再对水浸渣进行盐酸浸出，得到了可作为工业原料的氯化锑溶液，可使锑的浸出率达到 88%。

9.1.2 粗锑氧粉

我国有色冶金系统每年产生大量的粗锑氧粉，近年来，粗锑氧粉的综合利用越来越受到重视，很多学者对此进行了研究，如用氯化法制取 $SbCl_3$ 或 Sb_2O_3，用碱浸法制取偏锑酸钠或焦锑酸钠，用粗锑氧粉制备乙酸锑等[17-19]。

陈朴[19]以粗锑白为原料，用碱性氧化浸出、盐酸浸出、酸碱中和等三道工序进行制取焦锑酸钠的实验室试验，过氧化氢和氢氧化钠作粗锑白的浸出剂，盐酸为碱浸渣的浸出剂，氢氧化钠为中和剂，脱砷率达到 97.92%，脱铅率达到 95%以上，锑回收率达到 97.96%。该工艺的主要亮点是将三氧化二锑氧化成为五氧化二锑，最终与氢氧化钠化合产出焦锑酸钠[20]。主成分锑的工艺直收率达到 92.81%，回收率达到 97.96%。潘朝群等[21]用 NaOH、甘油或木糖醇的水溶液浸出锑氧粉得到双金属醇盐。

9.1.3　高锑砷烟灰

高锑砷烟灰中含有大量的锑、砷、铅、银等有价金属，其中砷、锑主要以氧化形态存在[22]。为了综合回收其中的有价金属，陈顺[23]提出了高锑砷烟灰—硫化钠浸出—浸出液氧化—固液分离—不溶物酸溶、过滤、中和—氧化液蒸发结晶的综合回收工艺，最终制得 $NaSb(OH)_6$、Na_3AsO_4 产品。

龙志娟[24]以 Na_2S-NaOH 作浸出剂，在强碱性介质中浸出锑砷烟灰，锑的浸出率为 94.5%，铅、银、铜、铁等金属不被浸出而进入浸出渣，入渣率为 99.6%，实现锑与其他有价金属的分离，同时指出碱性条件下，用氧化剂氧化浸出液，分别生成锑酸钠和砷酸钠，由此实现了锑、砷分离。陈顺[23]用 Na_2S 作浸出剂，在强碱性介质中浸出高砷高锑烟灰，砷的浸出率为 98%，锑的浸出率为 94%，铅、银、铜、铁等金属不被浸出而进入浸出渣，入渣率为 99%；在保持碱性条件下，用氧化剂氧化浸出液，实现了砷、锑分离，锑的入渣率大于 98%，砷的入渣率小于 0.1%；采用酸洗和中和工艺，可将氧化工序所得粗锑酸钠精炼成焦锑酸钠产品。Guo 等[25]在 Na_2S-NaOH 浸出高砷烟灰的试验中研究发现，锑的浸出率随着碱料比的增加而增加，而砷和其他金属则形成难溶于水的化合物如砷酸铅、硫化砷和砷酸锌，如果将其应用于高锑砷烟灰中，效果将更加明显。

9.1.4　重金属电解精炼阳极泥

锑在硫化铜及硫化铅矿中有一定赋存，在铜/铅火法冶炼过程中，部分锑最终进入阳极泥[26]。阳极泥中金属锑大部分与金属银等以金属间化合物形态或单质存在[27]，回收利用锑的同时应尽可能回收其他有价金属[28]。

李彦龙等[29]用 NaOH 和甘油浸出铅阳极泥，Sb、Bi 浸出率分别为 82.5%和 84.15%。经 NaOH+甘油浸出阳极泥中 Sb 和 Bi 后得到的浸出渣中，Au、Ag 富集比分别为 139.8%和 122.7%，损失率低于 1%。王安[30]提出了碱性加压氧化浸出和盐酸浸出相结合的工艺来处理高砷铅阳极泥。李阔[31]在焙烧预氧化—碱性浸出高铋铅阳极泥试验中，用一定的焙烧温度、液固比、碳酸钠用量、氧化剂用量及氢氧化钠浓度对铋铅阳极泥浸出，发现此法对铋铅阳极泥中砷的浸出率达到了 95%以上，脱砷效果较好，但锑的浸出率仅为 4%左右。为实现砷锑分离，他用加压氧化碱性浸出工艺对铅阳极泥进行了一步法脱除砷锑的试验研究，并配合一定的浸出条件，使锑的浸出率达到 80.51%。刘伟峰[32]研究了碱性氧化浸出铜铅阳极泥的过程，通过对关键因素和金属行为的研究，选择氧气或空气和过氧化氢作为氧化剂，以加压氧化方式来提高反应过程温度、压力和氧分压等，结果表明铜、铅、铋、锑、金和银被氧化后以氧化物、含氧酸盐或单质形态进入碱性浸出渣；砷、硒、碲、硫、硅和氟以含氧钠盐形态进入碱性浸出液。赖建林等[33]对铜阳极泥处理过程产出的净化渣，经稀酸初步脱铜砷后，在碱性介质条件下，采用硫化钠浸出-氧化工艺回收锑，研究了硫化钠浓度、液固比、反应温度等对浸出过程的影响，取得了最佳结果，锑回收率达 93.27%。

9.1.5 脆硫铅锑矿

脆硫铅锑矿作为一种重要的锑资源，储量十分丰富，该矿是一种富含铅、锑、银、锌、铟、铋、硫等有价元素的复杂锑矿，约占我国锑矿资源的35%[34]。脆硫铅锑矿的主要化学成分为：Pb 40.16%、Fe 2.71%、Sb 35.39%、S 21.74%，通常采用火法冶炼。火法冶炼流程具有过程复杂、中间产品多且数量大、SO_2浓度较低、金属回收率低等缺点[35]。

谢兆凤[36]提出了一种处理脆硫铅锑矿的碱性浸出综合工艺流程，用 Na_2S 浸出脆硫铅锑矿制备焦锑酸钠，把其他金属富集于碱浸渣中，锑的浸出率大于91%。柯剑华等[37]用试验方法确定了 Na_2S-NaOH 浸出锑的最佳条件，发现在最佳条件下，锑的浸出回收率达96.12%。硫化钠碱浸脆硫铅锑矿获得的硫代锑酸钠在空气中被氧化成锑酸钠[38]。

9.1.6 其他

除了上述几种典型的含锑物料外，还有些物料含锑如黑铜泥、氧化锑矿、锡锑冶炼浮渣、含锑金精矿等。对于这些物料有不少研究者做过大量浸出研究。

周兴等[39]用硫化钠碱性浸出黑铜泥，Sb、As 以硫代亚锑酸钠和硫代亚砷酸钠的形式进入溶液，Cu、Bi、Fe、Pb 等金属进入渣中，实现 As、Sb 与其他有价金属的分离。刘鹊鸣等[40]将难处理的氧化锑矿通过碱液浸出、浸出液氧化得到锑酸钠。得到的低品位氧化锑矿在还原剂的作用下，用氢氧化钠溶液浸出，锑的浸出率为95%～99%。然后，用铜盐进行净化除杂，最后用过氧化氢氧化得到锑酸钠，整个过程锑的直收率达到了90%～95%。杨玮娇等[41]采用碱性浸出技术对铅锡锑冶炼浮渣中的锡锑分离进行研究，试验表明，控制合适的初始溶液 NaOH 浓度、浸出液固比、反应温度、氧化剂加入量、反应时间的情况下，锡的浸出率可达到85%以上，而锑基本不浸出，实现锡锑的分离，然后将含锑原料进一步处理。靳冉公等[42]提出碱性硫化钠体系浸出难处理含锑金精矿，探讨浸出条件对金和锑浸出的影响，重点对该体系中金的浸出机理进行考察。结果表明，在一定浓度硫化钠、氢氧化钠中、常温条件下锑的浸出率达到 95.3%。以硫化锑矿为原料，采用 $FeCl_3$ 或 $SbCl_5$ 浸出，然后从浸出液中电积制取金属锑或水解制取锑白的工艺，称为酸性湿法炼锑[43]。该工艺的研究工作虽然起步较晚，但其生产能耗低，矿物中的硫能以固态元素硫形式回收利用，消除了火法炼锑工艺中 SO_2 对环境的污染，受到冶金科技工作者的普遍关注[44]。在 Na_2S 碱性浸出中，加入氧化剂能够提高锑的浸出率。徐忠敏等[45]在加压氧化浸出含锑金矿制备焦锑酸钠的研究中发现，加压能够提高焦锑酸钠的产能，缩短反应时间，提高产品的质量。

由以上叙述可以看出，湿法炼锑既能处理单一的含锑原料，又能处理多金属的复杂矿，如锑金矿、铅锑矿、锑汞矿、硫化-氧化混合矿以及铜、铅精炼过程的阳极泥、冶炼厂含锑烟尘等，可分为碱性浸出-硫代亚锑酸钠溶液电解和酸性浸出-氯化锑溶液电解两种方法。此过程金属回收率较高，锑碱性浸出回收率可达99%，还可按无渣工艺处理多金属锑精矿，得到越来越多的重视。本章将介绍几种典型的含锑物料，分别阐述其湿法处理和提取锑的方法。

9.2　Na_2S 浸出锑及加压氧化沉淀锑的基本原理及流程

9.2.1　Na_2S 浸出硫化锑矿原理

(1)用硫化钠溶液浸出硫化锑精矿(辉锑矿)及脆硫铅锑矿，在常温常压碱性条件下，主要发生以下反应，生成硫代亚锑酸钠(Na_3SbS_3)，其化学反应式如下：

$$Sb_2S_{3(s)}+3Na_2S_{(aq)} = 2Na_3SbS_{3(aq)} \tag{9.1}$$

$$Sb_6Pb_4FeS_{14(s)}+9Na_2S_{(aq)} = 6Na_3SbS_3+4PbS+FeS_{(aq)} \tag{9.2}$$

从反应式(9.1)中可以看出，NaOH 并不与辉锑矿或脆硫锑铅精矿反应，但由于 Na_2S 在水中发生强烈的水解反应，其化学反应式如下：

$$Na_2S_{(aq)}+H_2O = NaOH_{(aq)}+NaHS_{(aq)} \tag{9.3}$$

而在空气中 O_2 和 CO_2 则会使溶液发生一定的氧化及碳酸化，其化学反应式如下：

$$2Na_2S_{(aq)}+3O_{2(g)} = 2Na_2SO_{3(aq)} \tag{9.4}$$

$$2Na_2S_{(aq)}+H_2O+CO_2 = 2NaHS_{(aq)}+Na_2CO_{3(aq)} \tag{9.5}$$

Na_2S 水解和副反应生成的 NaHS 进一步被氧化，生成多硫化钠(Na_2S_2)和硫代硫酸钠($Na_2S_2O_3$)，其化学反应如下：

$$4NaHS_{(aq)}+O_2 = 2H_2O+2Na_2S_{2(aq)} \tag{9.6}$$

$$2Na_2S_{2(aq)}+3O_2 = 2Na_2S_2O_{3(aq)} \tag{9.7}$$

因此添加一定量的 NaOH，既可以抑制 Na_2S 的水解也可以抑制 NaHS 的生成；而在常温常压条件下，应控制浸出时间或者尽量在密闭条件下进行反应，过长的浸出时间会导致在空气中氧化和碳酸化太长时间，影响其浸出率。试验证明，在添加 NaOH 的情况下，Na_2S 的用量略高于理论量，就能得到很高的锑浸出率。因此，实际上所用的浸出剂为 Na_2S+NaOH，当 Na_2S 不足时，NaOH 对 Sb_2S_3 也有一定的溶解作用，其反应为

$$Sb_2S_{3(s)}+4NaOH_{(aq)} = NaSbO_{2(aq)}+Na_3SbS_{3(aq)}+2H_2O \tag{9.8}$$

Na_2S+NaOH 的混合溶液也可溶解 Sb_2O_3，其反应分两步进行：

$$Sb_2O_{3(s)}+3Na_2S_{(aq)}+3H_2O = Sb_2S_{3(s)}+6NaOH_{(aq)} \tag{9.9}$$

$$Sb_2S_{3(s)}+3Na_2S_{(aq)} = 2Na_3SbS_{3(aq)} \tag{9.10}$$

$$Sb_2O_{3(s)}+6Na_2S_{(aq)}+3H_2O = 2Na_3SbS_{3(aq)}+6NaOH_{(aq)} \tag{9.11}$$

高价氧化物 Sb_2O_4 和 Sb_2O_4 在 Na_2S 溶液中不溶解。硫化锑精矿中的伴生金属或复杂

含锑矿物中的其他金属元素，除 Hg 和 As 外，Cu、Pb、Fe、Zn、Ag 等在 Na_2S 溶液中都难溶解，在浸出过程中富集于渣中，Hg 和 As 硫化物的浸出反应如下：

$$HgS_{(s)}+Na_2S_{(aq)}=Na_2HgS_{2(aq)} \tag{9.12}$$

$$As_2S_{3(s)}+3Na_2S_{(aq)}=2Na_3AsS_{3(aq)} \tag{9.13}$$

$$As_2S_{5(s)}+3Na_2S_{(aq)}=2Na_3AsS_{4(aq)} \tag{9.14}$$

砷的硫化物也能被 NaOH 溶解，但毒砂(FeAsS)中的砷不溶。

(2)黝铜矿($Cu_{12}Sb_4S_{13}$)在硫化钠与氢氧化钠体系中，除了会发生上述相应的反应外，在碱性硫化物溶液中能够选择性浸出锑，其他金属元素如铜，则会以铜的硫化物形式产出辉铜矿(Cu_2S)、铜蓝(CuS)。而锑则取决于原矿的性质及反应条件，能够以硫代亚锑酸根离子(SbS_3^{3-})的形式进入到溶液中。具体化学反应式如下：

$$Cu_{12}Sb_4S_{13(s)}+2Na_2S_{(aq)}=5Cu_2S_{(s)}+2CuS_{(s)}+4NaSbS_{2(aq)} \tag{9.15}$$

$$NaSbS_{2(aq)}+Na_2S_{(aq)}=Na_3SbS_{3(aq)} \tag{9.16}$$

9.2.2 加压氧化沉锑制备锑酸钠理论基础

硫化锑矿浸出锑后，溶液中主要成分为硫代亚锑酸钠(Na_3SbS_3)。再通过氧气氧化可获得锑酸钠[$NaSb(OH)_6$]沉淀。具体化学反应式如下：

$$2Na_3SbS_{3(aq)}+7O_{2(g)}+2NaOH_{(aq)}+5H_2O=2NaSb(OH)_{6(s)}+3Na_2S_2O_{3(aq)} \tag{9.17}$$

在反应过程中，应注意硫化锑矿被氧化成三氧化二锑(Sb_2O_3)，锑酸钠产品中要尽量降低 Sb^{3+}含量。硫化锑矿一旦进入碱性溶液中，就会以硫化物和氧化物形式的三价锑浸出，见式(9.18)。当加入氧气时，$SbS_3{}^{3-}$直接氧化生成五价锑和硫代硫酸根离子，见式(9.19)。而 SbO_3^-通过水解反应以水合物的形式沉淀，见式(9.20)和式(9.21)。同时三价锑酸盐(SbO_2^-)氧化生成五价锑酸盐(SbO_3^-)，见式(9.22)。整个试验过程中，避免在通氧之前发生三价锑酸盐(SbO_2^-)水解生成三价锑氧化物，见式(9.23)，此副产物是影响锑酸钠质量的重要指标。

$$Sb_2S_{3(s)}+4OH^-=SbS_3^{3-}+SbO_2^-+2H_2O \tag{9.18}$$

$$2SbS_3^{3-}+7O_{2(aq)}+2OH^-=2SbO_3^-+3S_2O_3^{2-}+H_2O \tag{9.19}$$

$$SbO_3^-+3H_2O=Sb(OH)_6^- \tag{9.20}$$

$$Sb(OH)_6^-+Na^+=NaSb(OH)_{6(s)} \tag{9.21}$$

$$2SbO_2^-+O_{2(aq)}=2SbO_3^- \tag{9.22}$$

$$2SbO_2^-+H_2O=Sb_2O_{3(s)}+2OH^- \tag{9.23}$$

浸出液完成其氧化过程的总反应式可归纳为式(9.24)：

$$2Sb_2S_{3(s)}+10OH^-+8O_2 = 4SbO_3^-+3S_2O_3^{2-}+5H_2O \tag{9.24}$$

从以上的反应式可以看出，高碱度有利于锑的氧化沉淀，并减小副产物(Sb_2O_3)产出。

9.2.3　硫化锑矿碱性浸出-加压氧化沉淀制备锑酸钠工艺流程

由上述可知，各种硫化锑矿都可以采用碱性浸出方法浸出其中的锑。本章使用硫化钠和氢氧化钠体系分别浸出辉锑矿[46]与黝铜矿，并对其浸出液进行氧压沉锑制备锑酸钠，具体工艺流程图如图 9.1 所示。

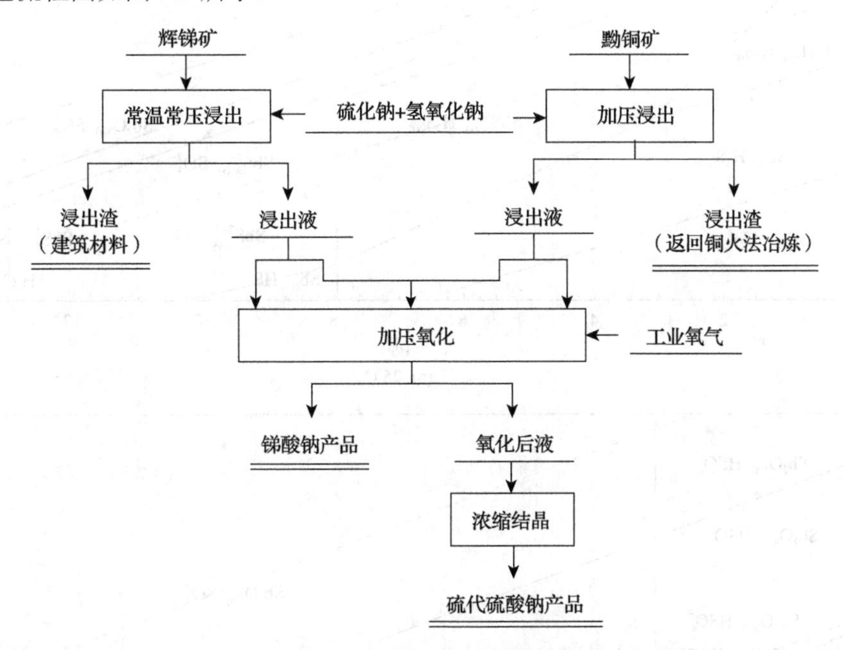

图 9.1　硫化锑矿碱性浸出-加压氧化沉淀制备锑酸钠工艺流程

9.3　碱性湿法炼锑过程的热力学

9.3.1　碱性浸出过程中锑的行为

为了确定浸出过程中 Sb 的行为及其与溶液 pH 的关系，使用 FactSage 7.2 软件绘制了在温度为(a)25℃、(b)90℃、(c)150℃，压强为 101325Pa 时的 Sb-S-H_2O 系 φ-pH 图，见图 9.2。

由图 9.2 中可以看出，在水的稳定区内，锑能够以 SbS_3^{3-}、Sb_2S_3、Sb_2O_3、SbO_2、Sb_2O_5 的形式稳定存在，但随着 pH 的增加和电位的降低(控制氧势)，锑会以锑的络合离子 SbS_3^{3-} 的形式稳定存在于溶液中，促进了锑的溶解；硫随着 pH 的增加和电位的降低(控制氧势)主要以 S^{2-}的形式存在，抑制了 Na_2S 的水解；电位的降低(控制氧势)也会促进锑的溶解，因此，硫化锑矿适用于在密闭、碱性条件下浸出锑[47]。

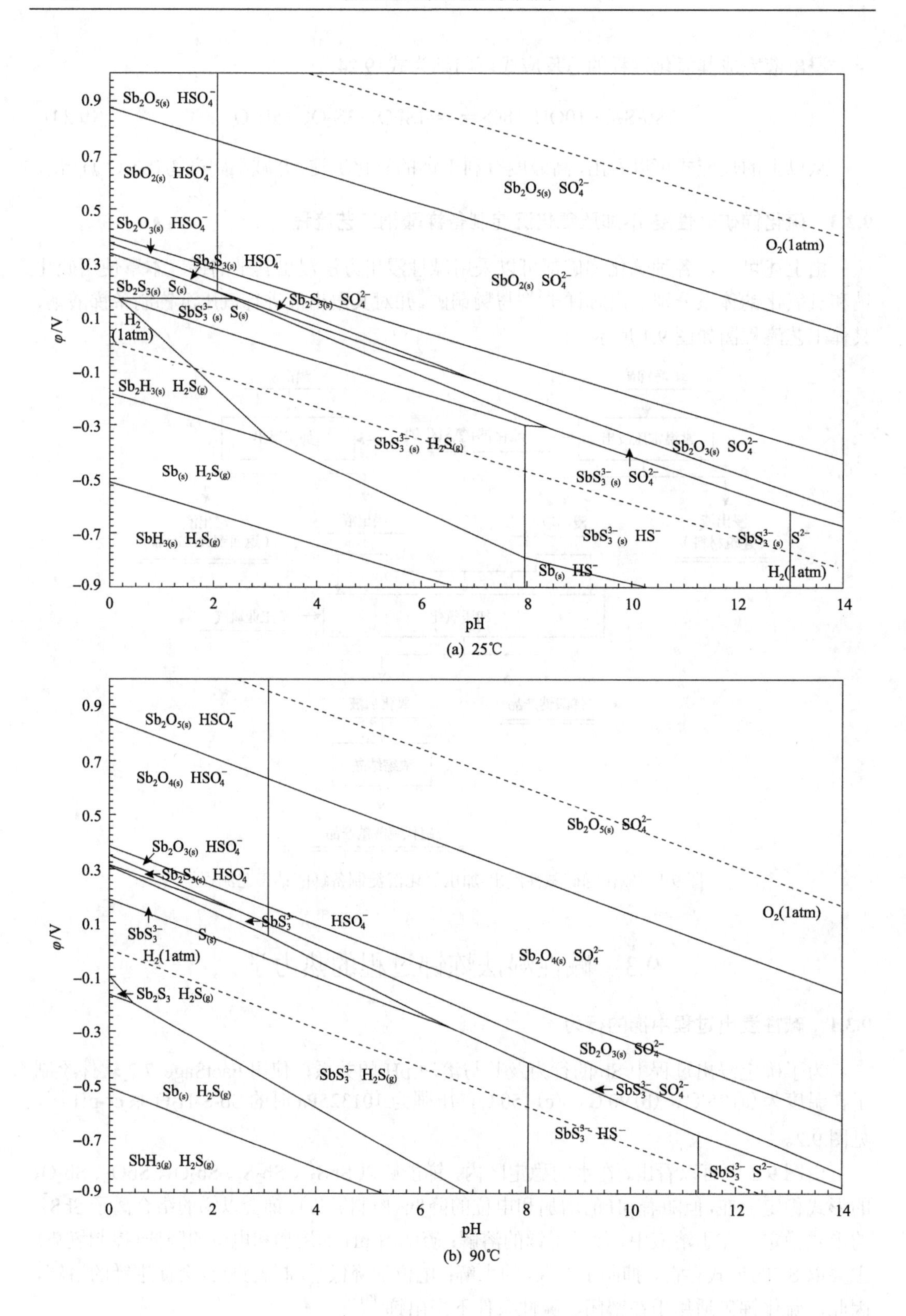
$Sb_2O_{5(s)}$ HSO_4^-
$SbO_{2(s)}$ HSO_4^-
$Sb_2O_{3(s)}$ HSO_4^-
$Sb_2S_{3(s)}$ HSO_4^-
$Sb_2S_{3(s)}$ $S_{(s)}$
$SbS_3^{3-}{}_{(s)}$ $S_{(s)}$
H_2 (1atm)
$Sb_2S_{3(s)}$ SO_4^{2-}
$Sb_2O_{5(s)}$ SO_4^{2-}
$SbO_{2(s)}$ SO_4^{2-}
O_2(1atm)
$Sb_2H_{3(s)}$ $H_2S_{(g)}$
$SbS_3^{3-}{}_{(s)}$ $H_2S_{(g)}$
$Sb_{(s)}$ $H_2S_{(g)}$
$SbH_{3(s)}$ $H_2S_{(g)}$
$Sb_2O_{3(s)}$ SO_4^{2-}
$SbS_3^{3-}{}_{(s)}$ SO_4^{2-}
$SbS_3^{3-}{}_{(s)}$ HS^-
$SbS_3^{3-}{}_{(s)}$ S^{2-}
$Sb_{(s)}$ HS^-
H_2(1atm)
φ/V
pH
$Sb_2O_{5(s)}$ HSO_4^-
$Sb_2O_{4(s)}$ HSO_4^-
$Sb_2O_{3(s)}$ HSO_4^-
$Sb_2S_{3(s)}$ HSO_4^-
SbS_3^{3-} HSO_4^-
SbS_3^{3-}
$S_{(s)}$
H_2(1atm)
Sb_2S_3 $H_2S_{(g)}$
$Sb_2O_{5(s)}$ SO_4^{2-}
O_2(1atm)
$Sb_2O_{4(s)}$ SO_4^{2-}
$Sb_2O_{3(s)}$ SO_4^{2-}
SbS_3^{3-} $H_2S_{(g)}$
SbS_3^{3-} SO_4^{2-}
$Sb_{(s)}$ $H_2S_{(g)}$
SbS_3^{3-} HS^-
$SbH_{3(g)}$ $H_2S_{(g)}$
SbS_3^{3-} S^{2-}
φ/V
pH

(a) 25℃

(b) 90℃

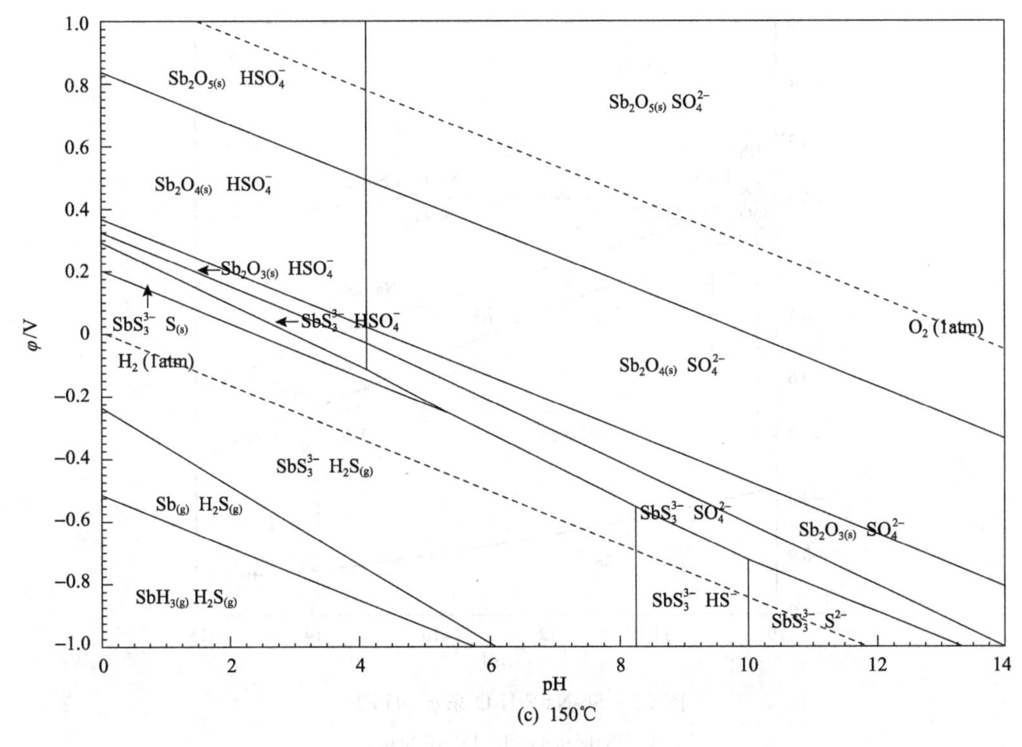

(c) 150℃

图 9.2　Sb-S-H_2O 系电位-pH 图

对比图 9.2 中(a)、(b)、(c)，发现随着温度的升高，Sb_2S_3 的稳定区不断缩小，当温度达到 150℃时，Sb_2S_3 的稳定区消失；同时，SbS_3^{3-}、S^{2-}溶液稳定区扩大。这说明提升温度能够促进硫化锑矿锑的溶解和 S^{2-}的生成。

碱性湿法炼锑过程实际上存在有 Na^+的更加复杂的 Sb-Na-S-H_2O 体系，该体系中存在溶液与 Na_3SbO_4 晶体，溶液与 $NaSbS_2$ 晶体及固态锑与固态 $NaSbS_2$ 的平衡。通过电子计算机求解指数方程，绘制出图 9.3 和图 9.4。

由图 9.3 和图 9.4 可以看出，Na_3SbO_4 和 $NaSbS_2$ 具有较宽的稳定区，即实际存在的大片溶液稳定区为这两个固相区所覆盖，这与含锑量高的电解液冷却时出现结晶的情况相符。由于 Na_3SbO_4 稳定区较宽，因此在碱性溶液中由 Na_3SbS_3 制取 Na_3SbO_4 结晶是很容易进行的。这对研究新产品——锑酸钠具有一定的指导意义，直接法制取锑酸钠的新工艺就是在该理论指导下完成的。

9.3.2　碱性浸出过程中铜的行为

在碱性条件下黝铜矿浸出时，铜的行为关系到其是否能够有效地与锑进行分离，并以何种物相形式存在，以及对锑的浸出过程是否有影响，使用 FactSage 7.2 软件绘制了在温度为(a) 25℃、(b) 150℃，压强为 101325Pa 条件下的 Cu-S-H_2O 系 φ-pH 图，见图 9.5。

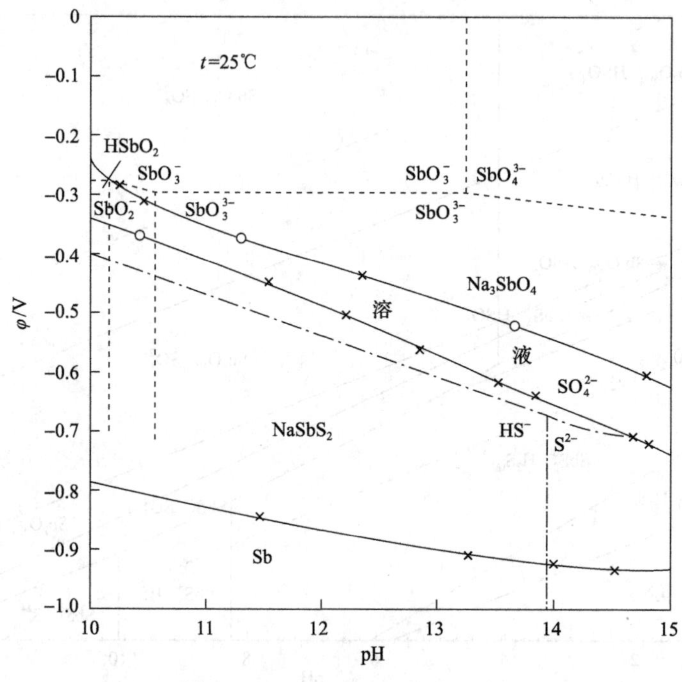

图 9.3　Sb-Na-S-H_2O 系 φ-pH 图

25℃，$[Sb]_T$=0.5mol/L，$[S]_T$=0.2mol/L

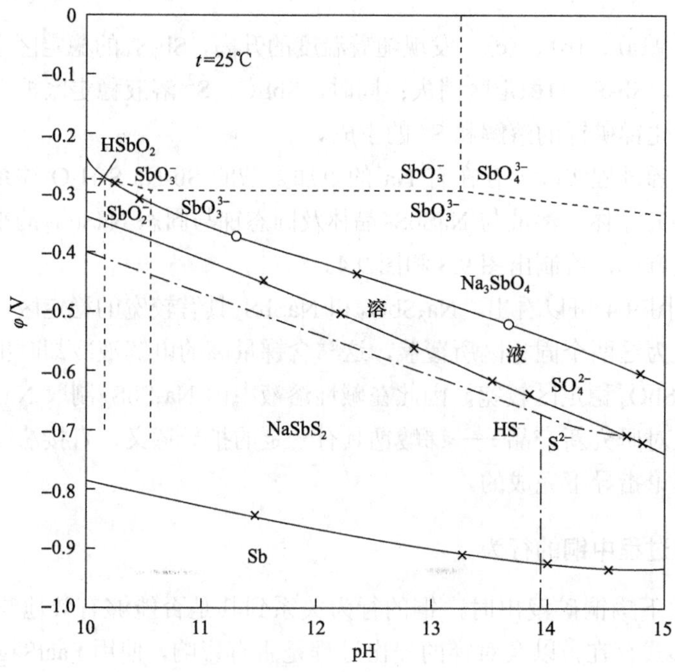

图 9.4　Sb-Na-S-H_2O 系 φ-pH 图

25℃，$[Sb]_T$=0.5mol/L，$[S]_T$=3.0mol/L

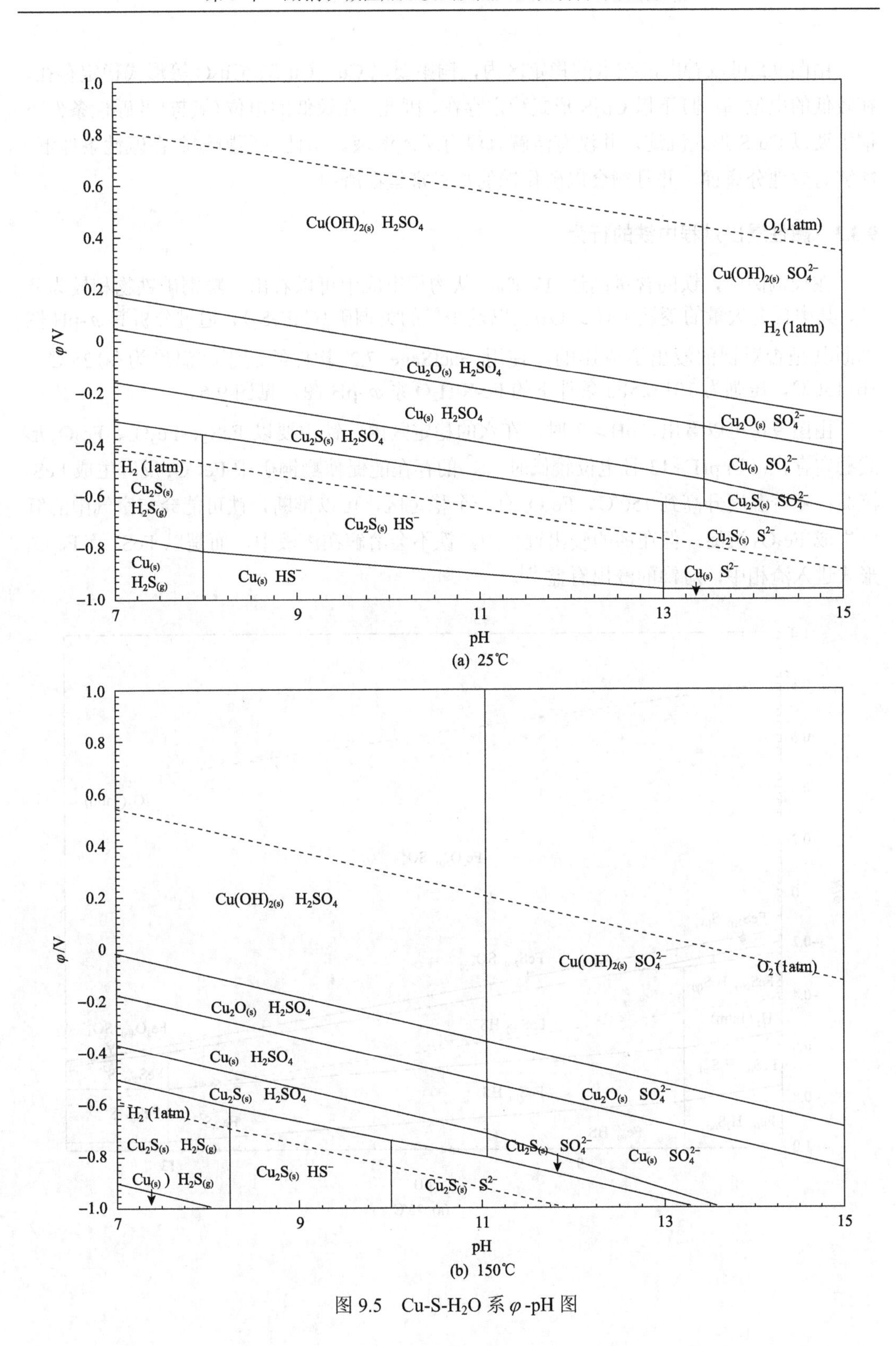

(a) 25℃

(b) 150℃

图 9.5　Cu-S-H_2O 系 φ-pH 图

由图 9.5 可以看出，在水的稳定区内，铜主要以 Cu、Cu_2S、Cu_2O 等形式稳定存在，在较低的电位(氧势)下以 Cu_2S 形式稳定存在，因此，在较低的电位(氧势)及碱性条件下铜主要以 Cu_2S 形式沉淀，并没有溶解且没有进入溶液。由此推断黝铜矿在碱性条件下，能够有效地分离锑，并且铜会以硫化铜的形式富集在渣中。

9.3.3 碱性浸出过程中铁的行为

在黝铜矿中，铁的含量高达 17.6%，从物相组成中可以看出，黝铜矿铁物相较为复杂，其中含有大量的菱铁矿($FeCO_3$)，以及少量的黄铜矿($CuFeS_2$)，通过分析其 φ-pH 图判断其是否对锑的浸出造成影响，使用 FactSage 7.2 软件绘制了在温度为(a) 25℃、(b) 150℃，压强为 101325Pa 条件下的 Fe-S-H_2O 系 φ-pH 图，见图 9.6。

由图 9.6 可以看出，pH＞7 时，在水的稳定区内，铁主要以 FeS_2、Fe_3O_4、Fe_2O_3 形式稳定存在；当 pH＞13 且电位较低时，S^{2-}的存在能促使黝铜矿中 $FeCO_3$ 反应生成 FeS_2 沉淀；随着温度升高到 150℃，Fe_3O_4 有一个稳定区，可以推断，铁可能会与空气中的氧气生成 Fe_3O_4 沉淀。但在锑的浸出过程中，铁不会溶解在溶液中，而是以 FeS_2 及 Fe_3O_4 形式进入渣相中，对锑的浸出有益[48]。

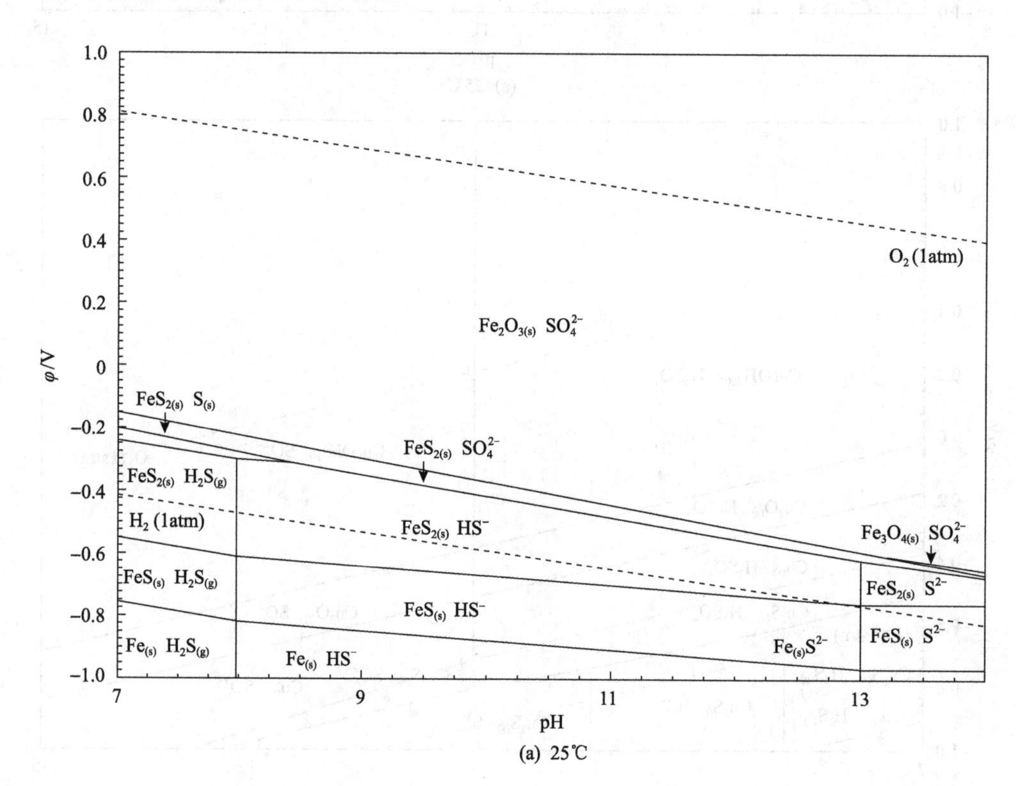

(a) 25℃

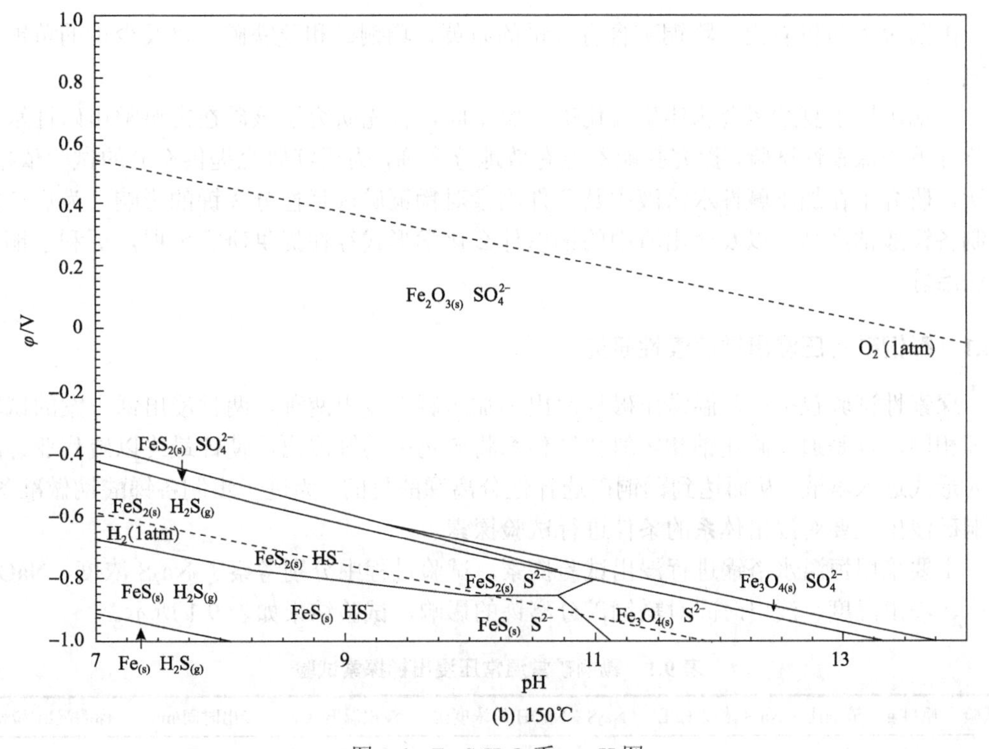

图 9.6　Fe-S-H₂O 系 φ-pH 图

9.4　碱性浸出黝铜矿选择性分离锑的试验研究

选用国内某地黝铜矿，经破碎、混匀、研磨至试验需求粒度(–74μm 占 97.45%)，做出浸出试样。对其中 Sb、Fe、Cu、Al 进行元素分析，其含量分别为 Sb 2.96%、Fe 17.6%、Cu 8.32%、Al 3.56%。利用 XRD 对黝铜矿进行物相分析，结果如图 9.7 所示。

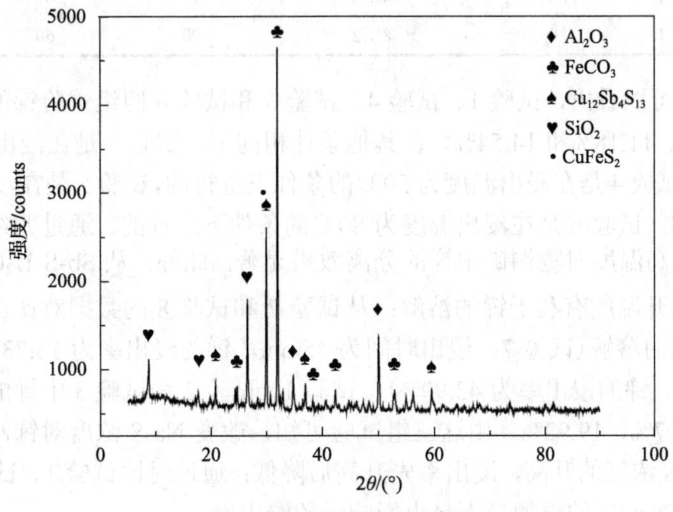

图 9.7　黝铜矿 XRD 谱图

由图 9.7 可以看出，黝铜矿含有大量的石英、黝铜矿和菱铁矿，以及少量的黄铜矿和氧化铝。

黝铜矿属于复杂多金属伴生硫化矿，鉴于此，首先研究了该矿在常温常压碱性水溶液条件下的探索性试验，探究其能不能有效地分离锑，为后续研究提供充分的试验依据。其次，研究了在加压碱性水溶液中其条件因素对黝铜矿选择性分离锑的影响。为后续能否制备锑酸钠产品，以及浸出渣中的铜以什么化学形式存在提供研究依据，更利于铜的火法冶炼。

9.4.1 黝铜矿常压浸出锑探索性研究

探索性试验包括：常温常压碱性浸出和加压碱性浸出两种，两种浸出锑方案的试验原理相同，都是通过硫化钠和氢氧化钠体系将矿物中的锑浸出，使锑最终以硫代亚锑酸钠的形式进入溶液，从而达到黝铜矿选择性分离锑的目的，为进一步制备锑酸钠做准备。黝铜矿浸出主要对浸出体系的条件进行试验探索。

主要采用恒温水浴锅进行浸出试验探索，试验过程中分别考察了 Na_2S 浓度、NaOH 浓度、浸出温度、浸出时间对黝铜矿分离锑的影响，试验结果如表 9.1 所示。

表 9.1 黝铜矿常温常压浸出锑探索试验

试验	原料/g	液固比	Na_2S 浓度/(g/L)	Na_2S：NaOH 的浓度比	浸出温度/℃	浸出时间/min	锑的浸出率/%
1	30	6：1	80	6：4	90	60	23.49
2	30	6：1	100	6：4	90	60	24.07
3	30	6：1	120	6：4	90	60	19.92
4	30	6：1	80	6：4	50	60	0.63
5	30	6：1	80	6：4	70	60	11.18
6	30	6：1	80	6：4	80	60	14.54
7	30	6：1	80	6：4	90	45	13.73
8	30	6：1	80	6：4	90	75	43.99
9	30	6：1	80	4：6	90	60	38.92
10	30	6：1	80	8：2	90	60	6.19

从表 9.1 中可以看出，试验 1、试验 4、试验 5 和试验 6 四组试验锑的浸出率分别为 23.49%、0.63%、11.18%和 14.54%。在其他条件相同下，试验 1 是在浸出温度为 90℃的条件下进行的，试验 4 是在浸出温度为 50℃的条件下进行的，试验 5 是在浸出温度为 70℃的条件下进行的，试验 6 是在浸出温度为 80℃的条件下进行的。通过四组试验浸出锑数据对比可知，升高温度对黝铜矿中锑的分离效果显著，此外，从 Sb-S-H_2O 系的 φ-pH 图中可以看出，提升温度有利于锑的溶解；从试验 7 和试验 8 的数据对比可知，浸出时间的增加有利于锑的溶解(试验 7：浸出时间为 45min，锑的浸出率为 13.73%；试验 8：浸出时间为 75min，锑的浸出率为 43.99%)；试验 1、试验 2 和试验 3 中锑的浸出率分别达到 23.49%、24.07%、19.92%。由这三组试验可知，改变 Na_2S 浓度对锑浸出率的影响不大，但随着 Na_2S 浓度的升高，浸出率先升高后降低；通过对比试验 1、试验 9 和试验 10 三组试验可知，NaOH 的添加量不足也影响锑的浸出率。

综上所述，在常压条件下进行浸出试验，黝铜矿中锑的浸出率都不理想，均在 45%以下，其原因可能是在常压下黝铜矿中的锑与铜结合在一起，浸出过程很难完全实现其浸出，造成浸出率不高。若研究采用常温常压碱性水溶液浸出锑，即使对试验条件进行优化也很难达到预期效果，故采取加压碱性浸出。

9.4.2　黝铜矿加压碱性浸出选择性分离锑研究

黝铜矿的加压碱性浸出在 Na_2S+NaOH 体系中进行，是一个自加压浸出过程，不需额外通入氧气或其他气体参与反应或提升压力，主要研究浸出温度、浸出时间、浸出剂浓度等试验条件在自加压碱性体系中对锑浸出率的影响，并优化试验方案，达到黝铜矿碱性浸出分离锑的目标。

1. 硫化钠浓度对浸出率的影响

在研究硫化钠浓度对锑的浸出影响中，浸出条件为：黝铜矿质量为 100g、NaOH 浓度为 80g/L、浸出温度为 150℃、浸出时间为 6h、液固比为 6∶1，Na_2S 浓度在 80～150g/L 范围内变化，考察其对黝铜矿中锑浸出率的影响。试验结果如图 9.8 所示。

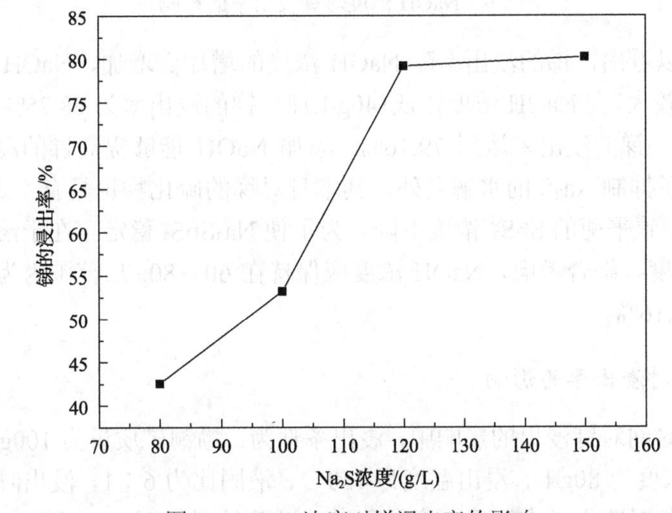

图 9.8　Na_2S 浓度对锑浸出率的影响

由图 9.8 可以明显看出，随着 Na_2S 浓度的增加，锑的浸出率上升，Na_2S 浓度对黝铜矿中浸出锑具有显著的影响。Na_2S 浓度为 80g/L 时，锑的浸出率仅为 42.55%，当 Na_2S 浓度增加到 120g/L 时，锑的浸出率为 79.16%，当进一步增加 Na_2S 浓度至 150g/L 时，锑的浸出率趋于平稳，变化不大，达到 80.2%。浸出过程中，反应体系中的 Na_2S 与锑作用生成可溶的硫代亚锑酸钠溶液，在一定范围内，Na_2S 用量越大，与锑反应越充分，锑的浸出率越高。综合考虑，Na_2S 的加入量为 120～150g/L 为宜，此时锑的浸出率能达到 80.2%。

2. 氢氧化钠浓度对浸出率的影响

在研究 NaOH 浓度对锑的浸出影响中，浸出条件为：黝铜矿质量为 100g、Na_2S 浓度为 120g/L、浸出温度为 150℃、浸出时间为 6h、液固比为 6∶1，NaOH 浓度在 40～80g/L 范围内变化，考察其对黝铜矿中锑浸出率的影响。试验结果如图 9.9 所示。

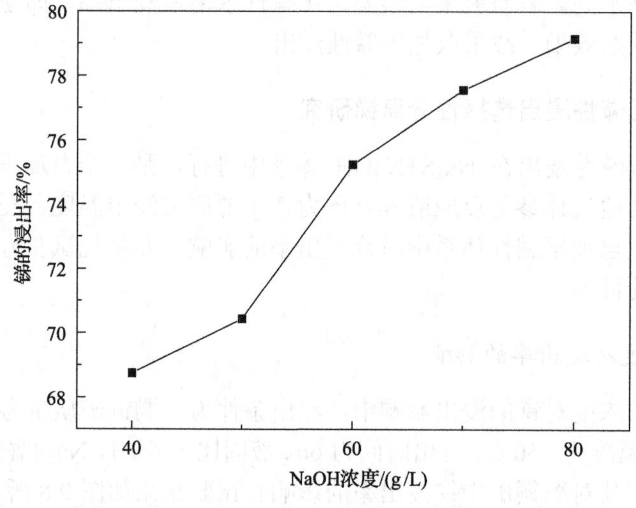

图 9.9　NaOH 浓度对锑浸出率的影响

由图 9.9 可以看出，锑的浸出率随 NaOH 浓度的增加而增加，NaOH 浓度对矿料中的锑浸出率影响较大。在 NaOH 浓度较低（40g/L）时，锑的浸出率为 68.75%。当增加 NaOH 浓度至 80g/L 时，锑的浸出率达到 79.16%。添加 NaOH 能够提高锑的浸出率，是因为 NaOH 的添加除了抑制 Na_2S 的水解之外，其本身对锑的硫化物也具有一定的溶解作用。而且 pH 降低会导致平衡的 SbS_3^{3-} 浓度下降，为了使 Na_3SbS_3 稳定存在于溶液中，应保持一定的 NaOH 浓度。综合考虑，NaOH 浓度应保持在 60～80g/L 范围内为宜，此时锑的浸出率能达到 79.16%。

3. 浸出时间对浸出率的影响

在研究浸出时间对锑浸出的影响中，浸出条件为：黝铜矿质量为 100g、Na_2S 浓度为 120g/L、NaOH 浓度为 80g/L、浸出温度为 150℃、液固比为 6∶1，浸出时间在 1～6h 范围内变化，考察其对黝铜矿中锑浸出率的影响。试验结果如图 9.10 所示。

由图 9.10 可以看出，浸出时间是影响锑浸出率的重要条件之一，在文献[46]中提到，硫化锑在 Na_2S 与 NaOH 溶液中的溶解速度很快，但在黝铜矿浸出过程中，由于矿物本身的复杂性，以及本身矿物中锑的含量较低，锑的浸出较为不易。当浸出时间为 1h 时，锑的浸出率仅为 48.25%。随着浸出时间的增加，锑的浸出率增加，当浸出时间在 4～5h 时，锑的浸出率达到 76%左右，曲线趋于平缓。若继续增加浸出时间至 6h，锑的浸出率为 79.16%，虽然能得到较高的浸出率，但是其增幅不大。故综合考虑，浸出时间应保持在 4～6h 范围内为宜，此时锑的浸出率约为 76%。

4. 浸出温度对浸出率的影响

在研究浸出温度对锑浸出的影响中，浸出条件为：黝铜矿质量为 100g、Na_2S 浓度为

120g/L、NaOH 浓度为 80g/L、浸出时间为 6h、液固比为 6∶1，浸出温度在 100～180℃范围内变化，考察其对黝铜矿中锑浸出率的影响。试验结果如图 9.11 所示。

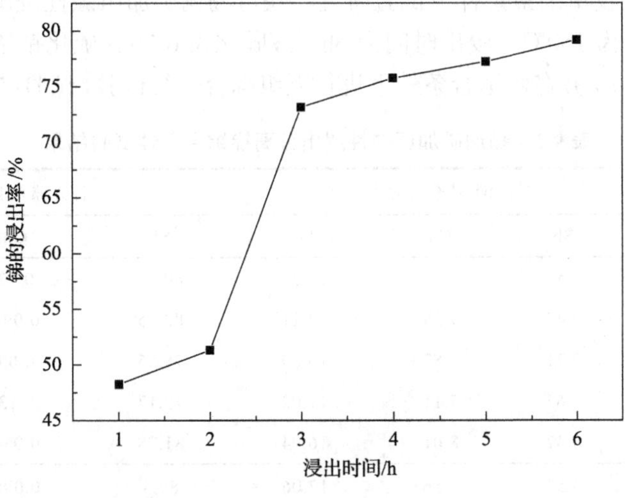

图 9.10　浸出时间对锑浸出率的影响

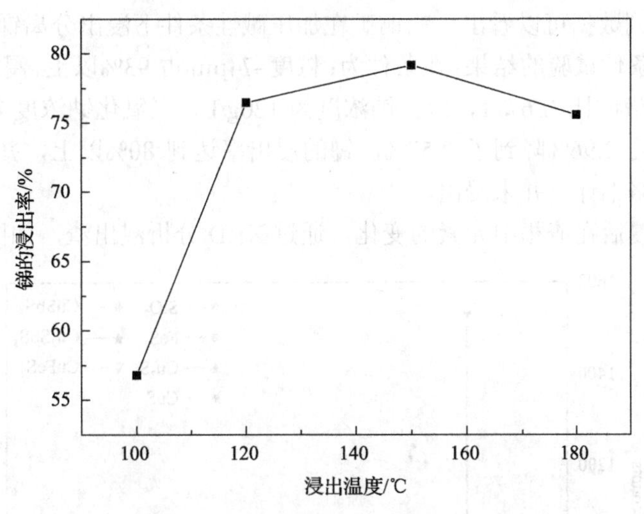

图 9.11　浸出温度对锑浸出率的影响

由图 9.11 可以看出，黝铜矿在浸出 6h 后，浸出温度对锑浸出率影响明显。随着浸出温度的增加，锑的浸出率上升，浸出锑的最佳温度为 150℃，此时锑的浸出率达到了 79.16%。结合上文中黝铜矿常温常压碱性水溶液试验结果，当浸出温度在 100℃以下时，其浸出率为 56.78%以下，温度的变化对其浸出率影响不大，只有继续升高温度才有利于浸出锑的进行。因此，继续升温到 120℃时，锑的浸出率提升明显。但从 120℃上升到 150℃，浸出率增加约为 3%，这说明浸出过程受到了一定程度的化学反应控制。而继续升温至 180℃时，浸出率反而有所降低，其原因是温度过高，溶液挥发过快，溶液主成分挥发并沾留在高压釜釜壁上，矿料比重又很大，造成滞留损失。综合考虑，浸出温度应选择 120～150℃为宜。

5. 综合条件试验

通过探索试验及单因素条件下试验研究，获得黝铜矿加压碱性浸出分离锑的最佳工艺条件：浸出温度为150℃、浸出时间为6h、液固比为6∶1，硫化钠浓度为120g/L、氢氧化钠浓度为80g/L。并在此综合条件下进行五组综合平行试验，试验结果如表9.2所示。

表9.2 黝铜矿加压碱性浸出分离锑综合条件试验结果

试验次数	浸出渣中各元素含量/%			各元素浸出率/%		
	Sb	Cu	Fe	Sb	Cu	Fe
1	0.57	7.28	17.36	80.37	0.12	0.097
2	0.45	7.59	17.11	82.15	0.098	0.094
3	0.71	7.82	16.89	78.55	0.09	0.11
4	0.67	7.11	17.02	79.17	0.13	0.078
5	0.47	8.01	16.94	81.78	0.054	0.086
平均	0.57	7.56	17.06	80.4	0.098	0.093

由表9.2所列数据可以看出，黝铜矿在加压碱性条件下浸出分离锑的综合试验充分验证了上述工艺条件试验的结果，在条件为：粒度–74μm占93%以上、浸出温度为150℃、浸出时间为6h、液固比为6∶1，硫化钠浓度为120g/L、氢氧化钠浓度为80g/L。黝铜矿中锑含量从原来的2.96%降到了0.57%，锑的浸出率达到80%以上，并且铜和铁的浸出率过小，可以忽略不计，并未浸出。

为了确定碱浸后在渣相中元素的变化，通过XRD分析浸出渣，如图9.12所示。

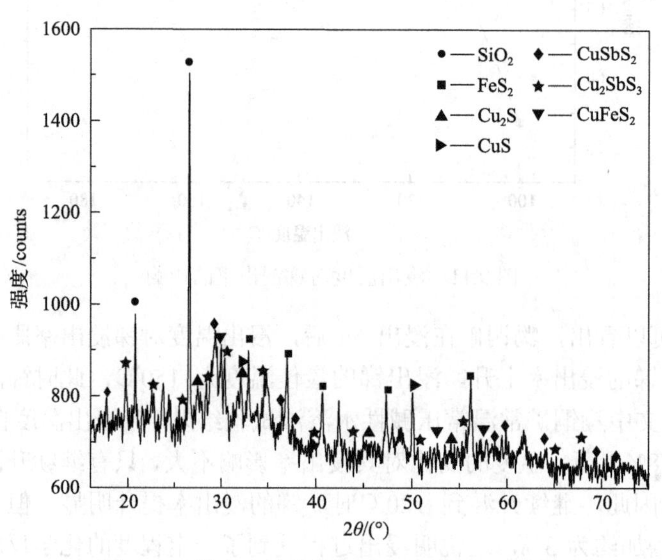

图9.12 综合试验条件下浸出渣的XRD谱图

对比浸出渣与黝铜矿的XRD谱图，可以看出，浸出后渣中产生了新的铜物相（CuS、Cu_2S）和新的铁物相（Fe_2S），再结合浸出渣中Cu和Fe化学元素分析，可以得出Cu和Fe

存在于浸出渣相中，并未进入浸出液，与 Sb 分离。试验结果达到了预期设想：选择性地分离锑，回收有价金属，并有利于浸出渣返回铜的火法冶炼。由于锑的浸出率为 82.15%，并没有完全浸出，所以浸出渣中还有少量的 Cu_3SbS_3、$CuSbS_2$。而黄铁矿并未参与反应，故存在于浸出渣中。

综上所述，该方法适用于黝铜矿在火法冶炼之前进行选择性分离锑，从而减少了锑在火法炼铜过程中的危害。

9.5　浸出液加压氧化制备锑酸钠的研究

黝铜矿经过加压条件下碱性浸出选择性分离锑后，可获得较好锑浸出率(80%以上)，基本满足了后续浸出液制备锑酸钠工艺的要求。本章主要研究了辉锑矿和黝铜矿浸出混合液加压氧化制备锑酸钠的研究，其浸出混合液中锑含量为 16.4g/L。

9.5.1　温度对沉锑效果的影响

温度对加压氧化制备锑酸钠的氧化速率的影响主要体现在两个方面：首先，根据阿仑尼乌斯方程，提升温度能够增加反应速率常数，即增加反应速率；其次，提升温度能够降低液体的黏稠度，有利于物质的扩散，提升氧化速率。故设计较大温度差的条件试验。

试验条件：浸出液为 600mL、氧化时间为 3h、NaOH 过量系数为 1.6 倍、氧气压力为 0.8MPa，改变反应温度，考察温度对沉锑效果的影响，试验结果如图 9.13 所示。

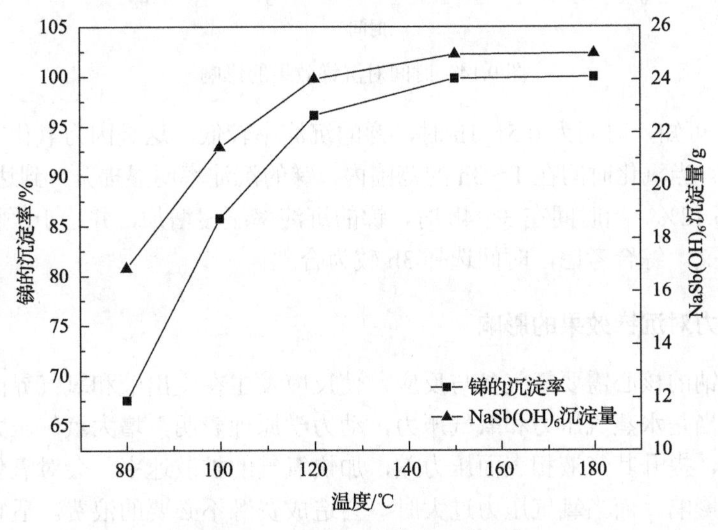

图 9.13　温度对沉锑效果的影响

由图 9.13 可以看出，当温度在 80～120℃时，随着氧化温度的升高，在相同条件下，锑的沉淀率显著升高，生成锑酸钠的质量也明显升高，沉锑过程明显加速；当温度在 120～180℃时，对沉锑效果的影响已趋于稳定。这是因为：一方面，温度越高显然越有利于加速沉锑过程；另一方面，氧化剂氧气是一种气体，温度升高，其在溶液中的溶解度反而下降，从而锑的氧化速率降低。因此，当反应温度达到 120℃左右时，沉锑效果趋于稳定，达到 96%以上。当温度达到 150℃时，锑的沉淀率达到 99%以上。综合考虑，温度选择 120～150℃为宜。

9.5.2　时间对沉锑效果的影响

氧化时间是影响锑沉淀率的重要因素，较适宜的氧化时间可以充分氧化沉锑，还可以节约时间和氧气用量，也能减少设备仪器的损害。

试验条件：浸出液为 600mL、温度为 120℃、NaOH 过量系数为 1.6 倍、氧气压力为 0.8MPa，改变反应时间，考察反应时间对沉锑效果的影响，试验结果如图 9.14 所示。

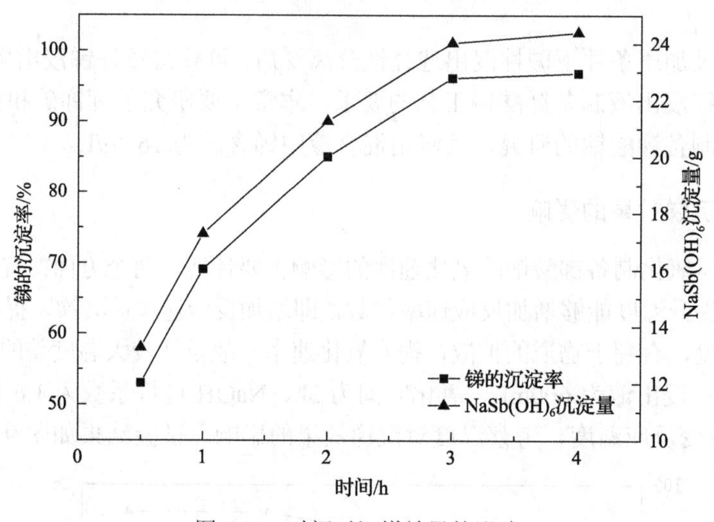

图 9.14　时间对沉锑效果的影响

由图 9.14 可知，时间为 0.5～1h 时，锑的沉淀率较低，这是因为氧化时间较短，影响其沉锑效果。当氧化时间在 1～3h 的范围内，锑的沉淀率明显提升，到达 3h 时，锑的沉淀率达到 96.12%。当时间在 3～4h 时，锑的沉淀率缓慢增加，并趋于平稳。再延长反应时间已无意义。综合考虑，时间选择 3h 较为合理。

9.5.3　氧气压力对沉锑效果的影响

制备锑酸钠的核心需要氧气参与反应，使反应发生在浸出液和氧气界面上；而高压釜中总压力应当是水蒸气压力和氧气压力，动力学原理表明，增大氧气压力可提高反应体系中的氧势，提升其气液相表面压力差，加快氧气的扩散速率，会对氧化沉淀反应的速率产生直接影响。而当氧气压力过大时，会造成资源不必要的浪费。适宜的氧气压力是保证氧化过程中高效地制备锑酸钠的因素之一。

试验条件：浸出液为 600mL、温度为 120℃、氧化时间为 3h、NaOH 过量系数为 1.6 倍，改变氧气压力，考察氧气压力对沉锑效果的影响，试验结果如图 9.15 所示。

由图 9.15 可以看出，氧气压力越大，溶液中相应氧气的浓度也越大，而且均匀分布，明显有利于沉锑过程。当氧气压力为 0.2～0.8MPa 时，随着氧气压力的增大，在相同条件下，锑的沉淀率明显增大；但随着氧气压力达到一定程度，由于氧气在液相中的溶解度有限，所以继续增加氧气压力，并不能再增加作为氧化剂在溶液中的 O_2 浓度，沉锑过程基本上趋于平稳。但锑的沉淀率能达到 96.12%。综合考虑，氧气压力可选择为 0.8～1MPa。

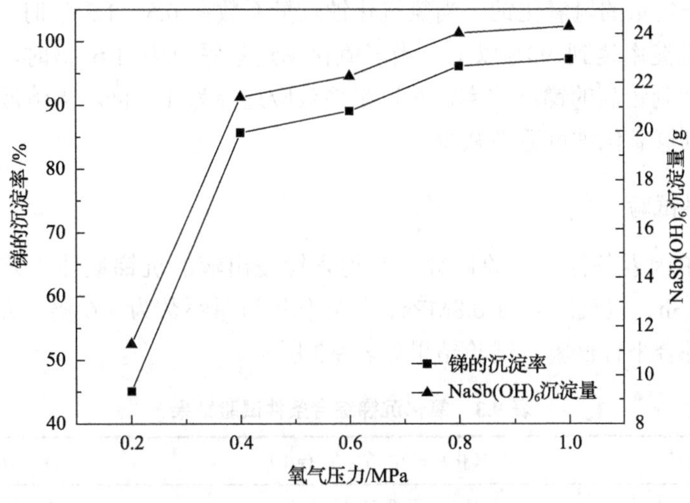

图 9.15　氧气压力对沉锑效果的影响

9.5.4　氢氧化钠浓度对沉锑效果的影响

由反应(9.17)可知，在硫锑酸钠的加压氧化沉锑过程中，氢氧化钠参与沉锑反应，因此，根据动力学条件可知，体系中氢氧化钠浓度的变化对沉锑反应的速率及最终效果会有一定影响，需考虑氢氧化钠的过量系数对氧化沉锑过程沉锑率的影响。

试验条件：浸出液为 600mL、温度为 120℃、反应时间为 3h、氧气压力为 0.8MPa，改变氢氧化钠浓度，考察氢氧化钠浓度对沉锑效果的影响，试验结果如图 9.16 所示。

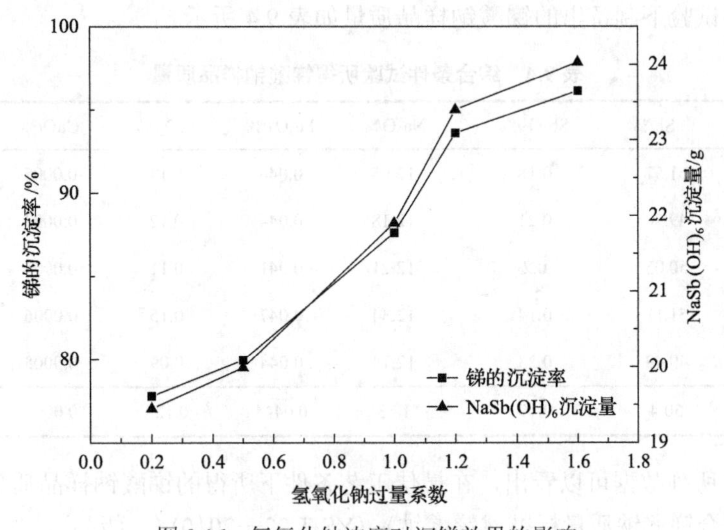

图 9.16　氢氧化钠浓度对沉锑效果的影响

由图 9.16 可知，浸出液中氢氧化钠起始浓度为 10.54g/L，故不添加氢氧化钠时，锑的沉淀率也能达到 77.8%。当氢氧化钠过量系数为 0.2～0.5 倍时，锑的沉淀率缓慢增加，沉锑效果不太明显，这是由于反应过程中氢氧化钠浓度不够，所以要使锑完全氧化，溶液中必须保持一定量的氢氧化钠。当氢氧化钠过量系数在 0.5～1.2 倍时，锑的沉淀率明显变快，锑的沉淀率达到 93%以上。当氢氧化钠过量系数为 1.6 倍时，锑的沉淀率为 96.12%。若要达到较高的锑沉淀率，其过量系数应选择为 1.6 倍。当溶液中游离的 OH^- 浓度较高时，则氢氧化钠可适当减少。

9.5.5　综合条件试验

通过上面单因素条件下试验研究，获得含锑浸出液的沉锑最佳工艺条件：温度为 120℃、时间为 3h、氧气压力为 0.8MPa、氢氧化钠过量系数为 1.6 倍。并在此综合条件下进行了 5 组综合平行试验，试验结果如表 9.3 所示。

表 9.3　氧化沉锑综合条件试验结果

试验次数	氧化后液中锑含量/(g/L)	锑沉淀率/%
1	0.51	96.87
2	0.51	96.86
3	0.58	96.44
4	0.54	96.7
5	0.68	95.88
平均	0.56	96.55

由表 9.3 所列数据可以看出，在此沉锑条件下，浸出液中锑浓度 16.4g/L 降到了平均 0.56g/L，锑的沉淀率达到 96%以上。

综合条件试验下制备出的锑酸钠样品质量如表 9.4 所示。

表 9.4　综合条件试验所得锑酸钠样品质量

锑酸钠样品	总 Sb/%	Sb_2O_3/%	Na_2O/%	Fe_2O_3/%	SiO_2/%	CuO/%	粒度/μm
1	51.57	0.18	12.65	0.046	0.17	0.0005	150
2	49.78	0.21	12.18	0.044	0.12	0.0003	150
3	50.05	0.2	12.21	0.041	0.11	0.0006	150
4	51.11	0.14	12.34	0.047	0.15	0.0006	150
5	49.48	0.23	12.14	0.044	0.09	0.0005	150
平均	50.4	0.19	12.3	0.0444	0.128	0.0005	150

由表 9.4 所列数据可以看出，在最佳工艺条件下所得的锑酸钠样品质量，基本符合电子工业级水合锑酸钠质量标准《锑酸钠》(YS/T 22—2010)(二级品)，如表 9.5 所示。

表 9.5　电子工业级水合锑酸钠质量标准《锑酸钠》(YS/T 22—2010)

化学标准/%	指标	
	一级品	二级品
Sb_2O_5	64.10～65.50	63.50～65.50
Na_2O	12.00～13.00	12.00～13.00
Sb^{3+}，不大于	0.10	0.30
Fe_2O_3，不大于	0.005	0.05
CuO，不大于	0.005	0.05
As_2O_3，不大于	0.001	0.005
PbO，不大于	0.001	0.005
Cr_2O_3，不大于	0.005	0.010
V_2O_5，不大于	0.060	0.080
物理水分，不大于	0.30	0.30
外观质量	产品呈白色结晶微粒，不应含有目视可辨的夹杂物	
粒度	平均粒度(D_k)分为粗颗粒和细颗粒 D_k＞10μm 的为粗颗粒，D_k≤10μm 的为细颗粒	

对制备出的锑酸钠样品成分进行 XRD 分析，结果如图 9.17 所示。

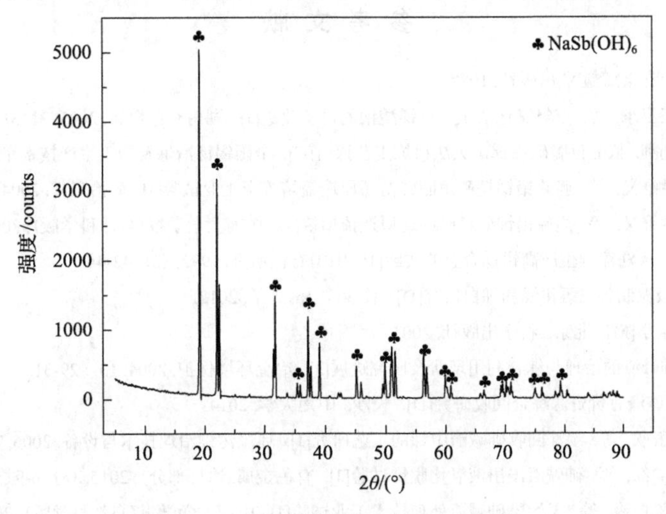

图 9.17　所得锑酸钠产品 XRD 谱图

从图 9.17 中可以看出，制备出的产品中主要成分是锑酸钠[$NaSb(OH)_6$]，由此可以证明，此产品即为锑酸钠。

9.5.6　黝铜矿浸出液制备锑酸钠验证性试验

本试验单独对黝铜矿浸出液制备锑酸钠，浸出液中 Sb 含量为 3.25g/L，具体试验结果如表 9.6 所示。

由表 9.6 所列数据可以看出，加压氧化沉锑处理黝铜矿的浸出液也能够达到理想沉锑效果。总体上符合上述条件试验规律，锑的沉淀率能达到 97%以上，所得锑酸钠产品基本符合电子工业级水合锑酸钠质量标准《锑酸钠》(YS/T 22—2010)(二级品)。

表 9.6　黝铜矿浸出液制备锑酸钠试验结果

试验编号	浸出液/mL	NaOH 过量系数	氧气压力/MPa	温度/℃	时间/h	锑的沉淀率/%
3	600	1.6	0.8	120	2	96.25
5	600	1.6	0.8	120	2	96.25
6	600	1.6	1	120	2	97.32
8	600	1.6	0.8	120	2	96.25
9	600	1.6	0.8	150	2	98.78
11	600	1.6	0.8	120	1	96.25
12	600	1.6	0.8	120	2	97.33

黝铜矿为多金属复杂硫化矿，通过前期物理选矿很难与其他金属(铜)分离，以至于直接进铜的火法冶炼会使锑在铜的火法冶炼过程中分散在冰铜及渣相中，很难富集回收。综合本章所述，若以硫化钠和氢氧化钠体系对黝铜矿进行浸出分离锑，可实现锑与铜、铁等元素的分离，并可以从锑的浸出液中加压氧化沉淀出合格的水合锑酸钠产品。此项研究，可以应用于某些含锑较高的重金属硫化矿中锑的分离与提取。

参 考 文 献

[1] 赵天从. 锑[M]. 北京: 冶金工业出版社, 1987.

[2] 王志明, 刘伟锋, 王卫东, 等. 空气氧化法生产焦锑酸钠的设备改进[J]. 湖南有色金属, 2005, 21(3): 14-17+44.

[3] 冷新村, 蔡勇, 安剑刚. 低品位脆硫铅锑矿火法粗炼工艺探讨[C]. 全国锡锑冶炼及加工生产技术交流会, 2006.

[4] 唐朝波, 唐谟堂, 姚维义, 等. 脆硫铅锑精矿短回转窑还原造锍熔炼半工业试验[J]. 矿冶工程, 2004, 24(1): 51-53.

[5] 唐朝波, 唐谟堂, 姚维义, 等. 脆硫铅锑矿精矿的还原造锍熔炼[J]. 中南大学学报(自然科学版), 2003, 34(5): 502-505.

[6] 韦万新. 脆硫锑铅矿火法流程生产高铅锑合金的实践[J]. 中国有色冶金, 1992, (2): 42-44.

[7] 陈进中. 高锑铅阳极泥制备三氯化锑和锑白研究[D]. 长沙: 中南大学, 2012.

[8] 朱祖泽. 现代铜冶金学[M]. 北京: 科学出版社, 2003.

[9] 王建强, 柴立元. 砷碱渣的治理与综合利用现状及研究进展[J]. 冶金环境保护, 2004, (3): 29-31.

[10] 邓卫华. 锑冶炼砷碱渣有价资源综合回收研究[D]. 长沙: 中南大学, 2014.

[11] 王建强, 王云燕, 王欣, 等. 湿法回收砷碱渣中锑的工艺研究[J]. 环境污染治理技术与设备, 2006, 7(1): 64-67.

[12] 万文玉, 陈伟, 黄顺红, 等. 砷碱渣浸出液氧化脱锑试验[J]. 有色金属(冶炼部分), 2015, (8): 6-9.

[13] 仇勇海, 卢炳强, 陈白珍, 等. 无污染砷碱渣处理技术工业试验[J]. 中南大学学报(自然科学版), 2005, 36(2): 234-237.

[14] 彭新平. 锑冶炼砷碱渣水热浸出脱砷回收锑试验研究[J]. 湖南有色金属, 2013, 29(1): 54-57.

[15] 陈白珍, 王中溪, 周竹生, 等. 二次砷碱渣清洁化生产技术工业试验[J]. 矿冶工程, 2007, 27(2): 47-49.

[16] 王建强, 王焕梅, 侯侠. 胶体五氧化二锑的制备研究[J]. 无机盐工业, 2010, 42(5): 50-52.

[17] 王晶. 酸性湿法炼锑工艺中杂质砷去除的研究与实践[J]. 湖南有色金属, 2012, 28(6): 23-25.

[18] 张荣良, 唐淑贞, 佘媛媛, 等. HCl-NaCl 浸出铅锑合金氧化吹炼渣过程中锑的浸出动力学[J]. 过程工程学报, 2006, 6(4): 544-547.

[19] 陈朴. 粗锑白湿法制取焦锑酸钠试验研究[J]. 矿冶工程, 2014, (5): 113-117.

[20] Yang J G, Wu Y T. A hydrometallurgical process for the separation and recovery of antimony[J]. Hydrometallurgy, 2014, 143(3): 68-74.

[21] 潘朝群, 邓先和, 宾万达, 等. NaOH、甘油的水溶液浸出三氧化二锑的机理研究[J]. 矿冶, 2001, 10(2): 50-54.

[22] 陈家镛. 湿法冶金手册[M]. 北京: 冶金工业出版社, 2005.

[23] 陈顺. 从高砷高锑烟灰中综合回收有价金属工艺研究[J]. 株冶科技, 2002, 30(1): 5-7.

[24] 龙志娟. 用锑砷烟灰制取焦锑酸钠和砷酸钠[J]. 辽宁化工, 2009, 38(10): 738-740.

[25] Guo X Y, Yu Y I, Shi J, et al. Leaching behavior of metals from high-arsenic dust by $NaOH-Na_2S$ alkaline leaching[J]. Transactions of Nonferrous Metals Society of China, 2016, 26(2): 575-580.

[26] 杨洪英, 李雪娇, 佟琳琳, 等. 高铅铜阳极泥的工艺矿物学[J]. 中国有色金属学报, 2014, 34(1): 269-278.

[27] 张华, 任新平. 铅阳极泥中有价金属综合回收的工艺设计[J]. 有色金属设计, 2015, (3): 17-20.

[28] 陈进中, 杨天足. 高锑低银铅阳极泥控电氯化浸出[J]. 中南大学学报(自然科学版), 2010, 41(1): 44-49.

[29] 李彦龙, 易超, 鲁兴武, 等. 铅阳极泥碱性浸出锑、铋研究[J]. 矿冶工程, 2016, 36(1): 80-82.

[30] 王安. 碱性加压氧化处理铅阳极泥的工艺研究[D]. 长沙: 中南大学, 2011.

[31] 李阔. 高铋铅阳极泥脱砷锑工艺研究[D]. 昆明: 昆明理工大学, 2015.

[32] 刘伟锋. 碱性氧化法处理铜/铅阳极泥的研究[M]. 长沙: 中南大学, 2011.

[33] 赖建林, 周宇飞, 饶红, 等. 从净化渣中回收锑生产锑酸钠[J]. 铜业工程, 2015, (1): 9-12.

[34] 赵天从, 汪键. 有色金属提取冶金手册: 锡锑汞[M]. 北京: 冶金工业出版社, 2005.

[35] 周坚林. 粗铅火法精炼过程中杂质控制的生产实践[J]. 湖南有色金属, 2005, 21(2): 17-19, 40.

[36] 谢兆凤. 火法-湿法联合工艺综合回收脆硫铅锑矿中有价金属的研究[M]. 长沙: 中南大学, 2011.

[37] 柯剑华, 郭旦奇, 覃用宁, 等. 脆硫铅锑矿中 Pb-Sb 预分离新工艺研究[J]. 有色金属(冶炼部分), 2014, (7): 4-7.

[38] 戴伟明, 雷禄, 范庆丰, 等. 脆硫铅锑矿冶炼工艺研发进展综述[J]. 黄金科学技术, 2015, (2): 98-102.

[39] 周兴, 黄雁, 王玉棉, 等. 用黑铜泥制备砷酸钠和焦锑酸钠[J]. 甘肃冶金, 2012, 34(1): 1-3.

[40] 刘鹊鸣, 单桃云, 金承永. 氧化锑矿碱法制备锑酸钠工艺探讨[J]. 湖南有色金属, 2014, 30(3): 31-33.

[41] 杨玮娇, 刘勇, 王成彦, 等. 铅锡锑冶炼浮渣的锡锑分离[J]. 有色金属(冶炼部分), 2016, (1): 1-3.

[42] 靳冉公, 王云, 李云, 等. 碱性硫化钠浸出含锑金精矿过程中金锑行为[J]. 有色金属(冶炼部分), 2014, (7): 38-41.

[43] 列醒泉, 钟启愚, 林世英, 等. 酸性五氯化锑溶液浸出硫化锑矿制取锑白[J]. 中南大学学报(自然科学版), 1990, (6): 615-621.

[44] 许素敏, 刘秀庆. 硫化锑矿直接制取锑白的研究[J]. 甘肃冶金, 2003, 25(1): 24-26.

[45] 徐忠敏, 叶树峰, 庄宇凯. 含锑难处理金精矿加压氧化法制备焦锑酸钠的工艺研究[J]. 黄金, 2013, 34(11): 48-52.

[46] 杨帆, 谢刚, 李荣兴, 等. 辉锑矿碱性体系浸出锑的试验研究[J]. 云南冶金, 2019, 48(1): 40-44.

[47] Caisa S, Ake S, Samuel A. Dissolution kinetics of tetrahedrite mineral in alkaline sulphide media[J]. Hydrometallurgy, 2010, 103(4): 167-172.

[48] Sanghee J, Ilhwan P, Kyoungkeun Y. The effects of temperature and agitation speed on the leaching behaviors of tin and bismuth from spent lead free solder in nitric acid leach solution[J]. Geosystem Engineering, 2015, 18(4): 213-218.

第10章 加压氢还原沉淀

10.1 概 述

加压湿法冶金技术除可用于矿物加压浸出之外，还可用于加压沉淀、材料制备等过程。在水溶液体系中可使用氢气加压反应的手段实现钴、镍等过渡金属[1]以及银、铱及铑等稀贵金属的还原[2,3]，在还原的同时实现上述金属与溶液中其他金属离子的分离。

加压湿法冶金制备技术的优势主要体现在：①采用中温液相控制，能耗相对较低，适应性广，既可用于超微粒子的制备，也可得到尺寸较大的单晶；②原料相对廉价易得，反应在液相快速对流中进行，产率高、物相均匀、纯度高、结晶良好，并且形状、大小可控；③可通过调节反应温度、压力、处理时间、溶液成分、pH、前驱物和矿化剂的种类等因素，来达到有效地控制反应和晶体生长特性的目的；④反应在密闭的容器中进行，可控反应气氛形成合适的氧化还原反应条件，获得某些特殊的物相，尤其有利于有毒体系中的合成反应，这样可以尽可能地减少环境污染。

加压沉淀是在高温高压下从溶液中沉淀金属或金属氧化物的过程，其中利用加压湿法冶金技术制备金属主要采用还原的方式。因加压氢还原(hydrogen pressure reduction)技术具备设备紧凑、占地面积少、污染程度轻、金属回收率和生产效率高等特点，本章重点介绍加压氢还原在镍、钴过渡金属以及银、铁等贵金属过程中的应用。

加压氢还原法是指在密闭容器内用氢气使水溶液中的金属水溶物还原成金属化合物或低价离子的化学提取方法。过程的特点是用氢气作还原剂，在高温、加压、适宜的溶液酸碱度以及使用催化剂和添加剂条件下，发生还原并沉出金属、氧化物或硫化物，或只将溶液中的高价金属离子还原为低价金属离子。

1859年，就有人用此法沉淀析出银和汞。1901～1931年期间，人们对这种方法进行了大量的研究，并成功地从水溶液中沉淀析出了金属铜、镍、钴、铅、铋、砷、铂和铱。自1955年工业上开始用这种方法生产铜、镍、钴粉以来，相继建成了许多这类工厂，有的工厂规模年产金属在万吨以上。如今，加压氢还原成为金属分离和生产纯金属或金属化合物的一种新方法，也是加压湿法冶金的重要部分[4]。

用还原性气体，如一氧化碳、二氧化硫，特别是氢气，直接从溶液中还原沉淀是工业实践中生产金属粉末的一种重要方法。在金属粉末生产中，气体还原较电积法更有优势，它耗电低、生产效率高，而且可以通过使用表面活性剂及控制反应条件来控制粉末的粒度、形貌和其他性质。对于较活泼的金属，如U、V、Mo和W等，气体还原则只能得到它们的低价氧化物。

10.2　氢还原的热力学基础

氢在湿法冶金中的应用已有详尽的总结[5,6]。目前工业上应用氢还原技术生产粉末的金属大多为二价金属，如 Cu、Ni、Co 等。金属离子被氢还原的反应可写成如下通式：

$$M^{2+}+H_2 \longrightarrow M+2H^+ \qquad \Delta G=-2\varphi F \tag{10.1}$$

式中，M——某些二价金属。

该反应发生的可能性可从它的标准自由能ΔG来判断，而对于氧化还原反应，用它的电动势ε计算更为方便。该反应由金属离子的还原和氢分子的氧化两个电极反应组成：

$$2H^+ +2e^- \longrightarrow H_2 \qquad \Delta G_{H_2}=-2\varphi(H^+,1/2H_2)F \tag{10.2}$$

$$M^{2+}+2e^- \longrightarrow M \qquad \Delta G_M=-2\varphi(M^{2+},M)F \tag{10.3}$$

两电极的可逆电位分别为

$$\varphi(H^+,1/2H_2)=\varphi^{\ominus}(H^+,1/2H_2)-(RT/F)\ln[\{H_2\}^{1/2}/\{H^+\}]$$

$$=\varphi^{\ominus}(H^+,1/2H_2)-(RT/2F)\ln\{H^+\}^{-1}-(RT/F)\ln\{H_2\}^{1/2} \tag{10.4}$$

$$\varphi(M^{2+},M)=\varphi^{\ominus}(M^{2+},M)-(RT/2F)\ln\{M^{2+}\}^{-1}=\varphi^{\ominus}(M_{2+},M)+(RT/2F)\ln\{M^{2+}\} \tag{10.5}$$

金属离子氢还原反应的电动势为

$$\varphi=\varphi(M^{2+},M)-\varphi(H^+,1/2H_2) \tag{10.6}$$

式中，$\varphi(M^{2+},M)$——电极(M^{2+},M)反应的可逆电位；

R——气体常数；

T——热力学温度；

F——法拉第常数；

{}——活度。

作为气体电极的氢电极，电极电位由与之接触的溶液中的氢离子浓度及氢分子分压决定，氢气的活度就是氢的逸度$p(H_2^*)$。当氢分压为 1 大气压即 0.1MPa 时氢气逸度的单位为 1，因此，氢电极的电位可以写成

$$\varphi(H^+,1/2H_2)=\varphi^{\ominus}(H^+,1/2H_2)+(RT/F)\ln\{H_2\}-(RT/2F)\ln p(H_2^*) \tag{10.7}$$

在 1～100 大气压下，用分压$p(H_2)$代替逸度的误差可以忽略。即使在 100 大气压下，氢气的逸度为 106，与用分压计算氢电极的末项引起的误差不到 1%。因此，在 25℃$(H^+,1/2H_2)$电极的可逆电位可简化为

$$\varphi(H^+,1/2H_2)=-0.0591pH-0.0296\lg p(H_2) \tag{10.8}$$

Monhemius[7]分别将 25℃下氢分压$p(H_2)$在 1atm、100atm 和 1000atm 下的氢电极电

位对溶液 pH 作图，如图 10.1 所示。从实际应用的角度出发，图中 pH 范围取 1～14，可以看出，氢电极电位随溶液 pH 的变化比较显著，而受氢分压的影响很小。

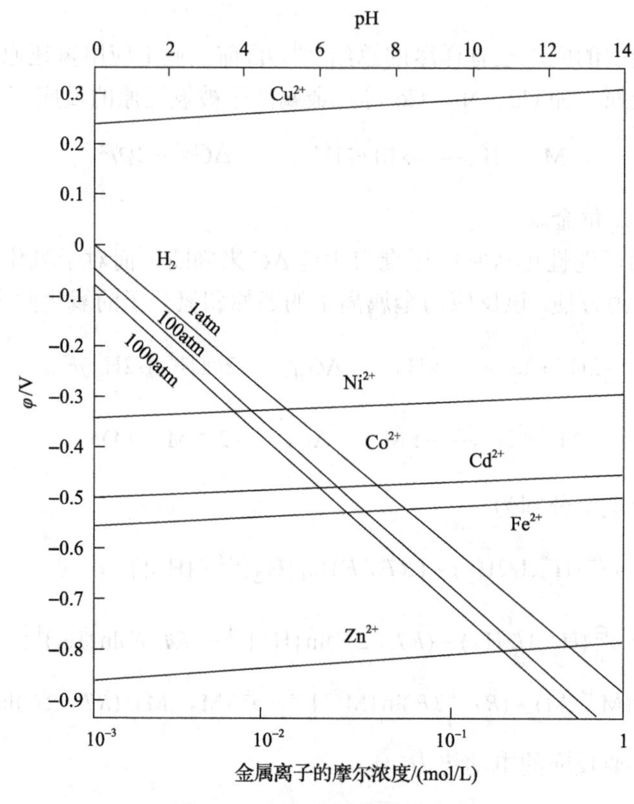

图 10.1　氢与金属的电极电位

在 25℃下电极 (M^{2+},M) 的可逆电位为

$$\varphi(M^{2+},M)=\varphi^{\ominus}(M^{2+},M)+0.0296\lg\{M^{2+}\} \tag{10.9}$$

将式(10.9)中金属 M 电极电位随金属离子活度的变化同时绘在图 10.1 上。由于金属离子活度与 pH 所取刻度是互不相干的，图上代表氢电极电位的线与代表金属电极电位的线交叉的具体坐标并无实际意义。

将式(10.8)和式(10.9)代入式(10.6)，则有

$$\varphi=\varphi^{\ominus}(M^{2+},M)+0.0296\lg\{M^{2+}\}+0.0591\text{pH}+0.0296\lg p(H_2) \tag{10.10}$$

根据式(10.10)可以判断 25℃时氢还原金属离子 M^{2+}在热力学上的可能性。在热力学上，一个反应要发生，应满足其标准吉布斯自由能 $\Delta G<0$，对于氧化还原反应，应有 $\varphi>0\,(\Delta G=-2\varphi F)$。即在特定的氢分压和 pH 下，只有金属离子的电极电位比氢电极电位更正，用氢还原溶液中该金属离子在热力学上才有可能。$\varphi<0$ 时还原不能发生，除非改变体系的条件，使 $\varphi>0$ 成立。或者使金属电极电位在新的条件下比氢电极电位更正。为达此目的，原则上可以采用如下两种措施。

(1) 降低氢的电极电位：可以通过提高溶液的 pH 或氢分压来达到。提高溶液的 pH 对增加还原的推动力比较有效，技术上也比较容易实现，但 pH 的增加也促使过渡金属阳离子水解，因此一般应保持在待还原金属的水解 pH 以下，避免生成沉淀。提高氢分压不仅受到技术限制，而且效果也很有限。

(2) 提高金属电极的电位：可以通过提高溶液中金属离子浓度来达到，但这受到金属盐的溶解度的限制，而且欲保持溶液中较高的金属离子浓度，则金属的还原沉淀率必然低。

氢还原反应式 (10.1) 达到还原平衡时，φ=0，从式 (10.10) 可知，此时存在如下关系：

$$\varphi^{\ominus}(M^{2+},M)+0.0296\lg\{M^{2+}\}=-0.0591pH-0.0296\lg p(H_2) \tag{10.11}$$

由式 (10.11) 也可以计算 25℃时指定的氢分压和金属离子浓度下，一种金属离子氢还原所要求的最低 pH，或一定 pH 下所要求的最低氢分压。设溶液中金属离子浓度可以经还原而降低到 10^{-2}mol/L，则视为还原能实际进行，对几种常见金属如铜、镍、钴和锌的氢还原的计算表明，Cu^{2+}在所有 pH 下都可被 H_2 还原，而镍在氢分压 latm 下欲用 H_2 还原则需在 pH=5.6 以上。即使将氢分压提高到 10MPa，也要求 pH=4.4。钴的情况与镍类似。锌又有所不同，氢在 pH=6 时的电极电位比锌的电极电位高 0.47V，如果通过提高氢分压来弥补这一差距，则氢 pH=6 时欲还原锌，其分压需要提高到 8×10^{15}MPa，显然用氢还原锌是不实际的。将氢分压 1atm 下金属离子浓度 10^{-2}mol/L 时的平衡 pH 定为金属还原要求的临界 pH，计算得到的几种常见金属临界 pH 列于表 10.1。

表 10.1　几种金属氢还原的临界 pH

金属离子	Zn^{2+}	Fe^{2+}	Cd^{2+}	Co^{2+}	Ni^{2+}	Cu^{2+}	Ag^{+}
临界 pH	13.9	8.5	7.8	5.5	5.1	–4.7	–11.5

如式 (10.1) 所示，金属离子的氢还原伴随有酸的产生。如果不中和产生的酸，则在金属离子还原析出的过程中，溶液的 pH 将不断下降，直至达到临界 pH，此时还原反应停止。同时，金属电极电位也随着金属离子浓度的降低而持续下降，当和氢电极电位相等时，还原反应也会停止。从式 (10.11) 也可计算给定条件下氢还原进行的程度或溶液中残留的金属离子浓度。

为了在需要的较高 pH 下还原而又不致引起金属水解沉淀，可以使用配位剂。不过配合物的形成也导致金属电极电位的改变。对于配合物形成反应

$$M^{2+}+nL \rightleftharpoons ML_n^{2+} \tag{10.12}$$

累积稳定常数 β_n 为

$$\beta_n=\{ML_n^{2+}\}/\{M^{2+}\}\{L\}^n \tag{10.13}$$

式中，n——金属离子 M^{2+}与配位体 L 的最大配位数。

为简便计，只考虑配位体 L 大大过量的情形，并假定所有活度系数皆为 1，配离子

ML_n^{2+}的浓度可以认为等于溶液中金属的总浓度，未配位的游离配位体 L 的浓度可以利用配位剂总浓度与金属总浓度计算。从式(10.13)求得的$\{M^{2+}\}$代入式(10.9)，并设金属总浓度及未配位的游离配位体 L 的浓度都等于 1，由此可以得出配离子还原成金属与游离配位体的标准电极电位$\varphi^{\ominus}(ML_n^{2+},M)$：

$$\varphi^{\ominus}(ML_n^{2+},M)=\varphi^{\ominus}(M^{2+},M)+0.0296\lg\{1/\beta_n\} \tag{10.14}$$

这里假定配离子ML_n^{2+}，不是直接被还原，而是先离解成简单水合离子再还原的两步过程。这种计算电极电位的方法也只适用溶液中ML_n^{2+}是唯一的含金属的配离子的情形。

从式(10.14)不难看出，配离子 ML_n^{2+}的电极电位低于对应金属离子的电位，因此，配合物的形成有不利于金属还原的方面。

实践中镍的氢还原添加氨作配位剂。氨在这里实际上起着多重作用，一方面，作为碱它可以将溶液 pH 提高到需要的值；另一方面，它可以作为配位剂与 Ni^{2+}离子形成配合物$[Ni(NH_3)_n]^{2+}$，防止 Ni^{2+}离子在高 pH 下水解。此外，它还可以作为缓冲剂，与还原产生的氢离子形成 NH_4^+离子，防止溶液 pH 在氢还原过程中下降。

氨加入镍盐溶液即与镍离子生成配离子$[Ni(NH_3)_n]^{2+}$，其中 n 为 1～6 的整数。对于每一个 n 值的配离子$[Ni(NH_3)_n]^{2+}$可以利用式(10.14)计算其电极电位，但镍盐的氨性溶液中并不是单一的一种镍氨配离子，其配位数 n 也并非等于溶液中的 NH_3/Ni^{2+}摩尔比。实际上，溶液是配位数 1～6 的所有镍氨配离子的混合物，除非溶液中 NH_3/Ni^{2+}摩尔比足够高，镍氨配离子才有可能为单一的$[Ni(NH_3)_6]^{2+}$。因此，需要求得不同 Ni^{2+}浓度和 NH_3/Ni^{2+}摩尔比的溶液中各种镍氨配离子的组成才可计算此溶液的镍电位值。计算表明，当 NH_3/Ni^{2+}=2～2.5 时，氢还原镍的推动力最大。钴的氢还原的最佳 NH_3/Co^{2+}也为 2～2.5。

10.3　氢还原的动力学讨论

金属的氢还原中，动力学问题显得更为重要。一些热力学上认为可以进行的金属氢还原实际并不发生。例如，热力学计算表明，铜在 25℃时即可被分压 1atm 的氢气在任何 pH 下还原，但实际上即使在氢分压 6MPa 下几天后都不见有铜析出。同样，热力学判断在 25℃、氢分压 1atm 和 pH 5 以上的条件下镍应能被氢气还原，而实际上也不发生。实践中金属的氢还原要在高温高压下进行，许多情况下还需要借助催化剂的作用，例如，氨性溶液中镍的氢还原是在 140～200℃和氢分压 5.6MPa 下进行的。

成核，即从母液中形成新相的热力学上稳定的最小颗粒(晶核)，是氢还原中一个十分重要的过程。成核可以是同核(均相)过程，即金属晶核直接通过溶液体相中化学还原产生的金属原子聚集而形成。晶核作为新相往往要求体系达到过饱和才能生成，有时甚至要求较高的过饱和度。当组成新相的原子、分子或离子聚集达到临界粒度时，过饱和状态被打破，形成晶核。铜在酸性溶液中氢还原可以发生均相沉淀，而从氨性溶液中铜、镍和钴很难甚至不可能自成核。许多物质如金属、金属氧化物和硫化物、石墨以及惰性固体经过一些化合物活化后可以作为晶核。此时的成核是异核(多相)过程，金属最初在外加的固体颗粒的表面沉积。有的情况下成核是一次性的，晶核形成后还原的金属在晶核上长大，不再出现新核。另一些情况下成核过程是连续发生的。

分子氢是一种相对不活泼的物质，它的电子构型是特别稳定地完全充满体系。当氢分子彼此接近或与其他分子接近时，会产生强斥力。这种稳定性造成氢的离解能很高，约为 24.6kJ/mol，因而活化势垒也高。使用催化剂可以有效降低分子氢参与反应的活化能。可以用作催化剂的多为固体，如 Ni、Co、Fe、Pd 和 Pt 金属，或者 Cu、Zn 和 Cr 的氧化物。此外，某些金属盐的水溶液或有机溶剂也可作为均相催化剂。

大多数金属盐在水中的溶解度随温度上升而增加，至 120～150℃后反而下降，多数金属硫酸盐在 250℃下溶解度小于 $1kg/m^3$，到水的临界温度 374℃时溶解度变为零。在较高温度下金属碱式盐、氢氧化物或氧化物比在低的温度下更容易形成。因此，欲沉淀不含其他固体的金属粉末必须在 250℃以下。溶液中不活泼的盐如硫酸铵的存在有利于防止或限制碱式盐沉淀。另外，在 80℃以上大多数气体，包括氢气，溶解度增加很快。

搅拌在氢还原中起很大作用，它可保持固体颗粒悬浮在溶液中，维持氢向液相足够的传质速度，使之不成为控速因素。搅拌对速度的影响通常用以雷诺数 Re 表示的搅拌转速来反映。以氨性溶液中镍的氢还原为例，200℃下 0.5mol/L 的镍还原，Re 值大于 18000 时还原是镍离子浓度的一级反应，随着 Re 值不断下降，反应级数变为分数，到 Re 值为零时反应级数也降到零。同时，表观活化能也从 74.0kJ/mol 降到 16.7kJ/mol，表明随着搅拌转速降低，反应从化学反应控制变为扩散控制。而随着 Re 值从 18000 降到 0，还原速度从氢分压的 0.5 级增加到 1 级。

晶种的使用对氢还原的速度及沉积金属的形貌都很有影响。舍里特·戈登公司用活性很高的晶种在 135～180℃氢还原发现，镍的沉淀速度与最初使用的晶种的表面积及氢的分压成正比，而与溶液中镍的浓度无关[8]。镍的沉淀速度很高，达到 $33kg/(m^3 \cdot h)$。表观活化能为 42.64kJ/mol，表明在此还原条件下还原动力学是化学反应与传质混合控制。用氧化铝作晶种时还原得很慢，经过一个诱导期后才在氧化铝上成核并进一步在其上沉积金属，形成棒状金属颗粒。沉积速度与氢分压无关而与金属浓度成正比，表观活化能为 33.1kJ/mol，略高于标准扩散控制的值[9]。钴金属沉积的表观活化能，在钴金属晶种上为 68.5kJ/mol，在氧化铝晶种上为 81.9kJ/mol，在两种不同镍金属晶种上为 70.6kJ/mol 和 71.1kJ/mol，在石墨晶种上为 66.9kJ/mol。

与热力学的分析一致，对应氢还原速度最快的最佳 NH_3/Ni^{2+}摩尔比也是在 1.9～2.2 之间[8]。这是二氨合镍离子量最大处，每还原 1mol 镍恰好可以游离出 2mol 氨分子，正好中和氢分子氧化产生的 2mol 氢离子，于是在整个还原过程中溶液的 pH 及 NH_3/Ni^{2+}摩尔比都可以保持稳定。NH_3/Ni^{2+}摩尔比太低，则镍还原产生的氢离子多于它游离出的氨分子，因而溶液的 pH 将随镍的还原而逐渐下降，还原到某一程度时反应将因 pH 太低而突然停止，如图 10.2 中曲线 1 的情形。NH_3/Ni^{2+}摩尔比太高，则随着还原的进行此摩尔比不断加大，造成被配合的镍离子增加而简单镍离子浓度降低，到某种程度时反应也将停止，如图 10.2 中曲线 4 的情形。钴还原的最大速度发生在二氨和三氨合钴离子量最大处。

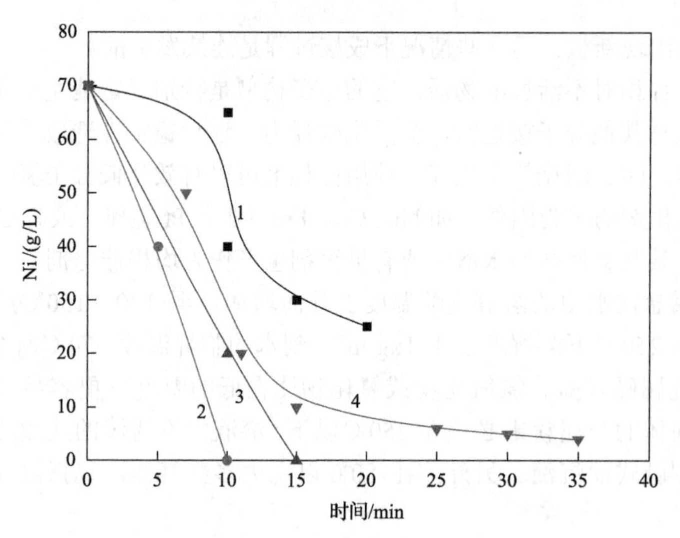

图 10.2　不同 NH_3/Ni^{2+}摩尔比下的镍还原[8]

曲线上的数字代表 NH_3/Ni^{2+}摩尔比值

新成核或生长的颗粒(0.1～5μm)在高压釜的高温条件下趋于彼此或在反应器壁上团聚。团聚是不希望发生的现象，可以通过某些添加剂在金属颗粒表面形成薄层阻止团聚。添加剂有聚苯烯酸胺、阿拉伯树胶、明胶、糊精、葡萄糖及脂肪酸等。

10.4　金属氢还原的应用

加压氢还原技术已在工业上用于生产金属粉末，包括超细、异型粉末、复合涂层粉末，以及低价金属氧化物等。最常用气体还原法生产的金属主要是镍、钴和铜。

10.4.1　镍的加压氢还原

镍可以从微酸性的溶液中沉淀，但热力学分析表明反应的条件不太有利，而且在还原条件下腐蚀问题也很严重。因此实践中都是在氨性溶液中加压氢还原生产镍粉。

舍里特·戈登公司 1954 年在加拿大萨斯喀彻温堡(Fort Saskachewan)建成了世界上第一座处理硫化镍物料的湿法冶金厂，用开发的加压氢还原技术生产 15000t/a 镍粉[9]。硫化镍氨性氧压浸出得到的溶液送往加压氢还原前须先行净化除去不饱和硫组分和浸出的铜。大部分铜是通过蒸出多余的游离氨后被溶液中有意保留的不饱和硫组分沉淀为 CuS：

$$Cu^{2+} + S_2O_3^{2-} + H_2O = CuS\downarrow + 2H^+ + SO_4^{2-} \tag{10.15}$$

$$Cu^{2+} + S_3O_6^{2-} + 2H_2O = CuS\downarrow + 4H^+ + 2SO_4^{2-} \tag{10.16}$$

蒸氨操作控制在使排出的残液中游离氨与镍加钴的摩尔比降至 2.2 以下，为下一步镍的还原做好准备。残余的铜通过 H_2S 沉淀除去。不饱和硫组分和氨基磺酸根在氢还原时会污染产品，因而要氧化和水解除去：

$$S_2O_3^{2-}+S_3O_6^{2-}+4O_2+3H_2O+6NH_3 = 6NH_4^++5SO_4^{2-} \quad (10.17)$$

$$NH_4SO_3NH_2+H_2O = (NH_4)_2SO_4 \quad (10.18)$$

净化后的溶液含 Ni 45kg/m^3，Co 1kg/m^3，$(NH_4)_2SO_4$ 350～400kg/m^3，在不锈钢高压釜中氢还原沉淀金属镍粉。还原的基本参数：温度为 175℃，氢分压为 2.3MPa，NH_3/Ni^{2+} 摩尔比为 2。镍的还原反应可以用式(10.19)表示：

$$Ni(NH_3)_2^{2+}+H_2 = Ni+2NH_4^+ \quad (10.19)$$

还原采用间歇式，每一操作循环包括 3 个主要步骤：成核、长大和浸出。此外还有独立于操作循环的还原尾液的处理。

1. 成核

镍的氨性溶液氢还原不发生自成核，需要外加催化剂晶种作“引子”诱发反应，是一个多相反应过程。首次还原的成核需依靠外加催化剂提供金属生长的晶核，催化剂最初是用硫酸亚铁，用量为 1kg/m^3 的 Fe。后来也使用其他无机盐或有机催化剂。硫酸亚铁成核的确切机理尚难确定，可能是以 $Fe(OH)_2$ 或 Fe(Ⅱ)-Ni(Ⅱ)混合氢氧化物或碱式硫酸盐的形式提供胶粒尺度的晶核。此后可以使用新生成的镍粉作催化剂，因而这是一个自催化过程。成核还原在 30～40min 内完成。

2. 长大

成核还原完成后，极细的成核镍粉沉降并排出还原尾液，固体保留在还原高压釜中，重新装入料液，进行新的还原，金属镍沉积在晶核表面。溶液还原沉积到要求的镍钴浓度比后，停止还原，沉降、排尾液后，装新料液再次还原。此时沉积的镍可以作为催化表面，更多的镍不断沉积其上。多次重复以上操作，镍粉不断长大。沉积 25 次以后间歇地在排放尾液时排出部分粒度已达要求的镍粉，避免高压釜过载。初沉积的镍粉形状不规则，表观密度(松装比)仅为 0.5～1.0g/mL，而比表面积却可达 1m^2/g。随着重复沉积的次数增加，镍粉不但粒度长大，而且表观密度增高，所以该操作也称为密化(densification)。沉积初期镍粉颗粒因团聚而长大很快，经过 15 次还原镍粉粒度可长到 20～30μm。此后镍粉颗粒生长慢而均匀，通常还原 60 次，粒度达到 200～250μm，沉积循环完成。排空还原高压釜中全部物料，回收镍粉并清理高压釜，然后再加入料液进行新一轮还原循环。

3. 浸出

加压氢还原过程中，有部分镍还原沉积在反应器壁上，因此，每过几个循环就需要浸出器壁上沉积的镍。浸出是在氨性硫酸铵介质中用空气氧化溶解。溶液含硫酸铵 200kg/m^3，空气压力为 2.76MPa，浸出温度为 100℃。为了保证浸出液镍的浓度，浸出中另外加入足够量的镍粉。浸出液含 Ni 45kg/m^3，NH_3 30kg/m^3，$(NH_4)_2SO_4$ 220kg/m^3。浸出完成后向浸出液中鼓入氮气驱除溶液中残留的氧，再加入成核催化剂，用氢气还原制备晶核。

4. 还原尾液的处理

每个还原循环后及循环中各次还原排出的尾液合并单独处理。还原尾液的典型成分为 Ni 1kg/m^3，Co 1.5kg/m^3。在常压及 80℃下通 H_2S 沉淀镍和钴，并用氨调 pH。滤出镍、钴硫化物沉淀后，滤液蒸发结晶硫酸铵。镍钴硫化物沉淀在稀硫酸溶液中用压缩空气氧化浸出，压力为 960kPa，pH 为 1～3，温度为 140℃。浸出的硫酸镍、钴溶液的 pH 用氨调节至 4.5，同时通入空气氧化，从而将浸出液中以硫酸亚铁形式存在的少量铁基本除去。酸浸渣和除铁渣合并过滤，然后返回镍精炼厂，或者废弃。初步除铁的溶液再用氨将 pH 提高到 5.8，通入空气，并加上返回的五氨合硫酸钴(III)，将铁全部除去。溶液澄清后采用可溶性五氨合高钴法[10]进行镍钴分离。向净化液注入无水氨生成 Ni(II)和 Co(II)的氨合物，使游离氨与镍加钴的摩尔比为 5～6，然后在 70℃下用压缩空气(压力 690kPa)氧化，大部分钴形成可溶性五氨合硫酸高钴$[Co(NH_3)_5]_2(SO_4)_3$和一些氨合物沉淀。滤出沉淀后，滤液加硫酸将 pH 调至 2.6，结晶析出硫酸镍铵复盐。五氨合硫酸高钴溶液的 Co/Ni 达到 35∶1。蒸发此溶液，将硫酸铵浓度从 300kg/m^3 提高到 500kg/m^3。加入钴粉将部分 Co(III)还原为 Co(II)，加入硫酸沉淀硫酸镍-钴铵，滤出后返回 Co(II)氨合物氧化作业。滤液 Co/Ni 超过 1000/1，加入硫酸与钴粉将所有的 Co(III)还原为 Co(II)，再用氢还原生产金属钴粉。

镍港镍钴精炼厂是采用加压氢还原技术生产镍钴金属的又一个例子。该厂处理莫阿湾从镍红土矿提取产出的高品位硫化物精矿，其成分为：Ni 55.1%、Co 5.9%、Cu 1%、Zn 1.7%、Fe 0.3%、S 35.6%。

硫化物精矿用硫酸和压缩空气氧化浸出产生的含镍钴溶液供加压氢还原。此浸出液氢还原前先经两段净化，第一段净化用氨水将 pH 调至 5～5.5，然后鼓空气氧化水解沉淀 Fe、Al 和 Cr。第二段净化将 pH 降至 1.5 并通 H_2S 沉淀 Cu、Pb 和 Zn。该溶液与舍里特·戈登法的料液不同之处在于含钴高，含 Ni 50kg/m^3 和 Co 5kg/m^3。溶液预热到 190℃后送还原高压釜，在分压 4.92MPa 下用氢还原。还原 pH 为 1.8，用加氨来维持。总的反应为

$$NiSO_4+2NH_3+H_2 \longrightarrow Ni+(NH_4)_2SO_4 \tag{10.20}$$

只要料液中 Ni/Co 足够高，即可选择性沉淀纯镍粉，随着该比例持续下降，钴开始随镍沉淀。沉淀出大约 90%的镍以后，蒸发结晶得到钴、镍和锌与硫酸铵的复盐，复盐在氨水中重溶后鼓入空气氧化 Co(II)为 Co(III)，然后加硫酸沉淀镍和锌的硫酸铵复盐循环处理，Co(III)被氨配合而留在溶液中，溶液下一步处理回收钴。

中国科学院过程工程研究所(原化工冶金研究所)与国内一些单位合作，在援建阿尔巴尼亚红土矿镍钴提纯厂项目中，采用氢还原工艺制取镍粉和钴粉[11]。镍红土矿经还原焙烧-氨浸-蒸氨得到的碱式碳酸镍用硫酸铵溶解：

$$Ni(OH)_2 \cdot NiCO_3+2(NH_4)_2SO_4 = 2Ni(NH_3)_2SO_4+CO_2+3H_2O \tag{10.21}$$

碱式碳酸镍中所含的钴也以与镍类似的反应溶解。溶解后的残渣再用硫酸溶解回收其中的其他元素，含硫酸镍铵与硫酸钴铵的溶液经氧化不饱和硫及水解除氨基磺酸盐后，

净液中 Ni 40kg/m^3，NH_3/Ni (M.R.) =2.0 (M. R.为摩尔比)，$(NH_4)_2SO_4$/Ni (M.R.) =2.0，不饱和硫≤0.003kg/m^3，加热到 175℃入釜，在氢分压 2.0MPa 下还原约 45min。控制还原终点 Ni 还原率 98%，Co 还原率 5%，使镍钴初步分离。经 45 次长大后镍粉平均粒径达 50μm。粉末成分为：Ni+Co＞99.5%，Co 0.20%，S 0.015%，Cu 0.023%，Fe 0.002%，C 0.01%。

10.4.2　钴的加压氢还原

钴的氢还原与镍的很相似，钴还原料液的准备也与镍还原密切相关。一般镍还原的料液实际上是 Ni/Co 摩尔比很高的镍钴混合溶液，常常是先还原镍至某一 Ni/Co 摩尔比作为还原终点，分出镍粉后的还原尾液沉淀出镍钴混合物、重溶、分离镍钴，得到的钴液净化后作为钴还原的料液。有关从处理镍还原尾液直至得到钴料液的情况已在镍还原部分介绍。

钴还原液的游离氨对钴的摩尔比一般用硫酸调节至 2.3，用 Na_2S-NaCN 作成核催化剂，到长大阶段则可改用还原得到的钴粉。与镍还原类似，钴粉的长大既通过表面沉积，也通过团聚。大约长大 30 次后即可完成一个循环排出钴粉。钴在釜壁上的沉积比镍少，经过 3 个 30 次长大的循环后，用 300kg/m^3 浓度的硫酸铵溶液在 90℃下通空气(压力 690kPa)氧化溶解，所得溶液与料液合并。钴还原尾液含 2kg/m^3Co，返至镍钴硫化沉淀作业。

中国科学院过程工程研究所的钴还原采用 $CrSO_4$ 作成核催化剂[11]，晶种还原的工艺条件为：Cr^{3+} 0.5kg/m^3，Co 20kg/m^3，$(NH_4)_2SO_4$ 350kg/m^3，NH_3/Co=2.0 (M.R.)，120℃，氢分压 3.0MPa；长大还原的工艺条件为：Co＞30kg/m^3，$(NH_4)_2SO_4$ 350kg/m^3，130℃，氢分压 3.2MPa，长大次数 50 次。最终得到的钴粉平均粒度为 60μm。

类似地，钴也可以进行浆料氢还原和包覆涂层。

10.5　加压氢还原制取复合涂层粉末

复合涂层粉末是在核心材料上包覆一种或多种金属的非均相粉末。作为核心材料的有：金属、合金、氧化物、氮化物、碳化物、天然矿物、非金属等。作为涂层的金属有：镍、钴、铜、银、钼、铝、钨及其合金等。复合涂层粉末是随热喷涂技术的发展而产生的新型涂层材料。由于它的优异使用性能，反过来又促进了热喷涂技术的发展。在热喷涂过程中它具有如下优点。

(1) 这种粉末具有非均相性质，因此，可以根据涂层工作的要求而设计各种不同材料的组合。

(2) 金属涂层在热喷涂过程中可保护核心材料免于氧化或失碳。

(3) 由于核心与涂层之间有较大的接触面积，对化学反应动力学有利，在热喷涂过程中易于生成合金或金属间化合物，涂层的密度和沉积率较高。

(4) 与混合粉末相比，密度差大的两种材料在同时使用时，不会发生偏析现象。

以上的优点使复合涂层粉末在粉末冶金领域也有很好的应用前景，如制造合金、弥散强化材料、多孔金属板、硬面材料等。

复合涂层粉末按照涂层的功能可分为：自结合型粉末、硬质耐磨粉末、耐高温和隔热粉末、耐腐蚀和抗氧化粉末、绝缘和导电粉末以及减磨自润滑粉末等。硬质耐磨粉末的核心材料为各种碳化物、硬质合金如碳化钨，包覆材料为镍、钴或合金。减磨自润滑粉末核心材料为固体润滑剂如石墨，包覆材料有镍、钴、钼、铬等。用于导电层的复合粉末通常在镍粉表面包覆铜、银、金、铂、钯等贵金属。国内常用的复合涂层粉末的成分、性能及其用途见表 10.2。

表 10.2　国内常用复合涂层粉末的成分、性能及用途[12]

名称	化学成分/%	性能及用途
镍包铝 铝包镍	Ni-Al(80～20 或 90～10) Al-Ni(5～95)	放热型自黏结材料，涂层致密，抗高温氧化， 抗多种自熔合金和玻璃熔体的侵蚀
镍包石墨	Ni-C(75～25)或(80～20)	良好的减磨自润滑可磨密封涂层，用于 550℃以下
镍包硅藻土	Ni-硅藻土(75～25)	良好的减磨自润滑可磨密封涂层，用于 800℃以下
镍包硫化钼	Ni-MoS_2(80～20)	良好的减磨性能，用作无油润滑涂层
镍包氟化钙	Ni-CaF_2(75～25)	良好的减磨性能，用作无油润滑涂层，用于 800℃以下
镍包氧化铝	Ni-Al_2O_3(80～20,50～50,30～70)	高硬度，耐磨蚀涂层，Al_2O_3 含量高则韧性下降
镍包氧化铬	Ni-Cr_2O_3(20～80,25～75)	耐高温，耐磨，耐腐蚀
镍包碳化钨	Ni-WC(20～80)	高硬度，耐磨蚀，用于 500℃以下
钴包碳化钨	Co-WC(12～80,17～83)	高硬度，耐磨蚀，耐热，耐腐蚀，用于 700℃以下
镍包复合碳化物	Ni-$WTiC_2$(85～15)	高硬度，高耐磨
镍包碳化铬	Ni-Cr_3C_2(20～80)	高硬度，高耐磨，耐腐蚀，抗高温氧化，耐高温
镍铬包碳化铬	NiCr-Cr_3C_2(25～75)	高硬度，高耐磨，耐腐蚀，抗高温氧化
镍铬包硅藻土	Ni60%,Cr15%,硅藻土 25%	高温抗氧化，耐磨，耐腐蚀，可磨耗封严涂层，用于 900℃
镍铬铝包硅藻土	Ni60%,Cr10%,Al3%，硅藻土 27%	耐高温，抗氧化，耐腐蚀，可磨耗封严涂层，用于 1050℃
镍包金刚石	Ni-C	高硬度，高耐磨，耐冲击，切削刀具
镍包氧化锆	Ni-ZrO_2(80～20)	耐热，耐磨，耐腐蚀，抗氧化
镍包铜	Ni-Cu(30～70, 70～30)	耐磨，耐腐蚀
镍包铬	Ni-Cr(20～80, 40～60)	耐热，耐腐蚀，抗氧化，耐磨
镍包聚四氟乙烯	Ni-PTFE(30～70)	耐腐蚀，减磨自润滑涂层
铜、银、贵金属包镍	Cu,Ag,Au,Pt,Pd-Ni	用于绝缘陶瓷材料上的导电涂层
镍包合成纤维	Ni90%-92%-合成纤维 8%～10%	电子工业材料，过滤材料，可磨耗封严材料

复合涂层粉末的制备方法有三种：

(1) 气相沉积：通过金属有机化合物热分解将金属沉积在核心表面，如 $Ni(CO)_4$ 热分解将镍沉积在铝颗粒表面。

(2) 液相沉积：用次亚磷酸钠在 90℃左右将镍还原形成镍涂层。

(3) 加压氢还原：采用氢气作还原剂，将溶液中金属还原沉积在核心表面，由于这一方法可与湿法冶金工艺相结合，因而得到广泛应用。下面将介绍镍、钴及其合金复合涂层粉末制备方法及其应用。

10.5.1　加压氢还原制取镍包覆涂层粉末

1. 基本原理

用氢还原制备金属粉末的方法[13,14]经过改进可用来制备复合涂层粉末。在包涂时，核心材料必须是与溶液体系不发生化学反应，对沉淀金属具有催化作用，借助搅拌应能均匀分散在液相中的材料。硫酸镍铵溶液是常用的涂镍溶液，为了在核心表面获得包覆完整而均匀的涂层，核心表面必须活化，其表面活性应大于新沉积金属的活性，否则将形成斑点状涂层。蒽醌及其衍生物是包覆镍的有效活化剂，它易于进行可逆加氢反应生成氢化蒽醌，并吸附在核心表面形成还原的活性点。其反应可写成

$$\text{蒽醌} + H_2 \rightleftharpoons \text{氢化蒽醌（9,10-二羟基蒽）}$$

吸附在表面的氢化蒽醌作为表面催化剂使镍离子还原并沉积在表面形成均匀的涂层。反应式可写成

$$\text{氢化蒽醌} + Ni^{2+} \longrightarrow Ni^0 + \text{蒽醌} + 2H^+$$

总的还原反应可表达为

$$Ni^{2+}+H_2 \longrightarrow Ni^0+2H^+ \tag{10.22}$$

采用 $PdCl_2$ 溶液处理活化核心表面也是常用的获得良好涂层的方法。

2. 镍包铝复合涂层粉末的制备[15]

以铝粉为核心，在它的外围均匀地包覆一层金属镍，形成 Ni/Al 复合涂层粉末。具体制备方法如下：根据 Ni/Al 粒度要求，选择一定粒级的铝粉与硫酸镍、氢氧化铵、硫酸铵配制的硫酸镍铵溶液以及表面活性剂一起装入高压釜内，用 N_2 置换釜内空气后，开始升温并同时搅拌，达到反应温度后充入氢气至所需压力，即开始反应。在反应过程中不断补充消耗的氢以维持所需氢分压，一直到不消耗氢气为止。反应结束后通冷却水降温、放气，待温度降至 60℃以下，停止搅拌、开釜、排料。所得 Ni/Al 粉末与溶液分离、洗涤、烘干后即得最终产品，并测定化学成分和物理性能。表面活性剂的用量、溶液组成、反应温度以及氢分压对 Ni/Al 质量都有明显影响。研究结果表明：不加活化剂得不到包覆完整的 Ni/Al 粉末，涂层是星点状，且反应速率很慢，加入足够的蒽醌或茜素后可得到包覆完整的 Ni/Al 粉，而且反应速率提高 5～10 倍。表面活性剂用量有一临界值，在该值以下，反应速率、涂层质量随其增加而加快和提高。超过此值反应速率不变。升

高温度可以提高还原速率，但随着镍的沉积速率加快，包覆情况也趋于恶化，出现团聚现象。硫酸铵浓度低时，反应速率快，涂层均匀性差，硫酸铵浓度高时，反应速率慢，但涂层比较均匀致密。优化后的最佳制备工艺条件：温度为135～150℃，表面活性剂用量为蒽醌0.1g/L、茜素0.05g/L、硫酸铵200～300g/L，NH_3∶Ni=2.1∶2.3(摩尔比)，p_{H_2}为2MPa，Ni^{2+}在40～160g/L范围内不影响涂层质量，核心粒度根据用户要求选用，一般在-0.124mm～+0.040mm粒度范围，蒽醌对Ni/Al包覆反应速率的影响见图10.3。

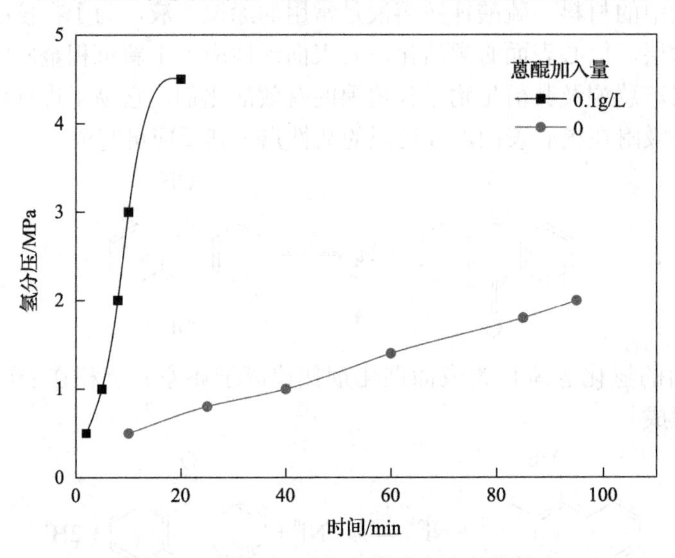

图 10.3　蒽醌对Ni/Al包覆反应速率的影响

Ni/Al粉末的主要用途是在热喷涂过程中Ni与Al发生反应形成金属间化合物并释放大量热，所得涂层致密，与基体结合牢固，可作热喷涂自结合涂层材料，在基体和工作涂层之间作过渡层；也可单独作为工作涂层，具有抗氧化、抗热震和耐腐蚀功能；还可作为多孔活性表面材料。Ni/Al粉末与普通钢、铸钢、硬质合金、镍、钛及其合金、青铜等材料都能形成冶金结合，因而广泛应用于航空航天、机械、交通、化工各领域。例如，Ni/Al粉末可作为耐磨涂层的中间过渡层材料应用于涡轮发动机风扇叶片及导轨上，用Ni/Al粉末修复涡轮发动机轮盘及轴颈，用Ni/Al粉末固结人造聚晶金刚石钻头以增强固结力等。目前国内应用此法生产的Ni/Al粉达百吨。主要生产单位有：中国科学院过程工程研究所、北京矿冶研究院等。

3. 镍包石墨复合涂层粉末的制备[16]

镍包石墨制备过程与镍包铝相似。石墨粉表面对氢还原反应不具备催化活性。以蒽醌及其衍生物或氯化钯作为表面活性剂都能起到活化作用，加速反应过程，获得均匀和完整的包覆粉末。由于石墨在溶液中的浸润性较差，尤其是细粉，因此在氢还原过程中其表面吸附较多的气体，而且相当部分石墨呈泡沫状漂浮在液面上，起不到核心作用而无法被镍沉积包覆。同时，这些泡沫层还会阻隔和影响氢从气相到液相中的溶解和传递，降低反应速率。解决的方法是添加润湿剂或加大搅拌转速，不同来源和性质的石墨粉在添加足够量的表面活性剂和合适的还原条件下均可获得包覆均匀的涂层粉末。图 10.4 为镍包石墨粉末的剖面图。

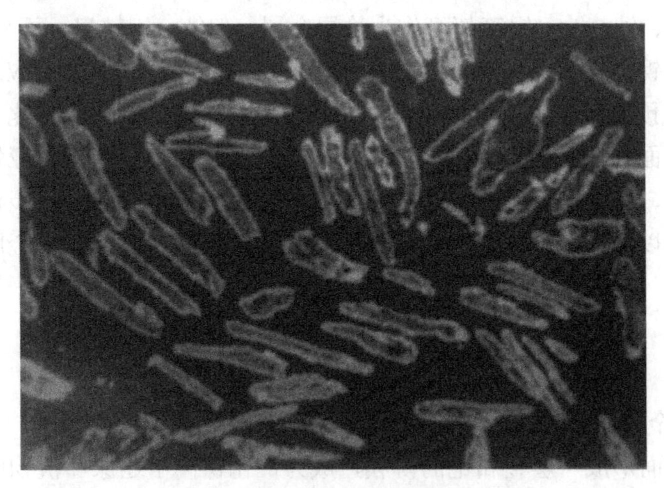

图 10.4　镍包石墨粉末剖面图

镍包石墨是一种良好的固体润滑剂，具有可磨性和润滑性，在低温(＜500℃)下作为可磨密封润滑涂层材料。在 Rolls Royce RB211 风扇涡轮发动机、Pratt 和 Whitney TE30P100 发动机和通用电气公司 TF39 发动机上均用镍包石墨粉末作可磨密封圈。镍包石墨粉末还可经压制成型、烧结、脱碳、冷轧制成供多种气体介质使用的过滤材料。冶金工业上镍包石墨粉末作为一种添加剂，可以避免石墨粉的飞扬和解决由于比重小而不易弥散于熔体中的难题，有效地利用碳组分。因此，镍包石墨粉末对许多工业部门具有重要的现实意义。镍包石墨粉末在我国，于 20 世纪 70 年代初，由中国科学院化工冶金研究所和原三机部 420 厂合作首先研制成功并得到应用，目前已大量应用于生产。

4. 镍包硅藻土复合涂层粉末的制备[17]

镍包石墨粉末用作可磨密封圈有一定的局限性，因为石墨在超过 600℃就会烧毁。镍包硅藻土是中温可磨密封圈的理想材料，是制备镍包硅藻土的核心材料。

镍包硅藻土复合涂层粉末制备方法与镍包铝相似。采用 $PdCl_2$ 为活化剂，在氢还原前，其以溶液形式与硅藻土混合，此时，由于硅藻土的多孔性而吸附 Pd 离子于其表面，继而在氢还原过程中还原成金属钯。金属钯是活化氢的催化剂，促使镍离子被氢还原并沉积在硅藻土表面形成镍包硅藻土复合粉末。$PdCl_2$ 的用量一般为硅藻土质量的 0.005%～0.02%。蒽醌也可作为活性剂，其用量为核心硅藻土质量的 1%～2%。

利用天然硅藻土的热稳定性和金属镍的强度，在热喷涂时可形成具有良好抗氧化性、抗冲刷和抗热震的涂层，主要用于 750℃以下可磨耗封严涂层。其既可控制涡轮径向间隙，又可保持压气机气路封严，可提高发动机效率。

5. 镍包金刚石复合涂层粉末的制备[18]

金刚石作为磨料、磨具广泛应用于机械、冶金、玻璃陶瓷、石材加工和电子行业中。

提高金刚石工具寿命和工作效率的重要措施是提高金刚石粉在胎体中与基体的结合力。将金刚石包覆一层金属或合金是非常有效的方法。选择的涂层金属应对金刚石有较好的浸润性。铜、镍、钴、钛、钽等都可作为涂层金属，但钛、钽较贵，不易加工，成本高，故通常选用铜、镍、钴。而包覆镍的技术比较成熟，因而作为首选而应用于生产。制备镍包金刚石包括预处理和包覆两个过程。预处理包括清洗、敏化和活化。清洗是采用乙醇或丙酮洗去表面的油污，酸碱液清洗污垢和尘土。敏化是采用氯化亚锡的盐酸饱和溶液浸泡金刚石粉，使金刚石粉表面形成一层 Sn^{2+}薄膜，这层膜是下一步活化工序必需的还原剂。活化是以适量的氯化钯溶液滤沥经敏化的金刚石粉。此时，金刚石表面发生如下反应：

$$Sn^{2+}/Dia.+Pb^{2+} \longrightarrow Pb/Dia.+Sn^{4+} \tag{10.23}$$

式中，Dia.——金刚石。

在金刚石表面形成一层金属钯的薄膜，成为催化镍离子还原和沉积的中心。不经过敏化与活化处理的金刚石，很难在其表面形成镍的包覆层。活性剂使用量有一最佳值，低于此值反应速率慢，涂层不均匀。高于此值反应速率快，但有较多的游离镍粉。通常其用量为金刚石质量的 0.05%～0.1%。用蒽醌作活性剂时，直接添加 0.2g/L 入高压釜即可。金刚石的粒度根据用户要求加以选择，一般在–0.147mm～+0.043mm 之间。镍涂层表面状态粗糙有利于提高黏结性和强度，添加少量铜离子可以提高镍涂层的粗糙度，图 10.5 为镍包金刚石粉末的 SEM 照片。

图 10.5　镍包金刚石粉末的 SEM 照片

采用本方法制备的镍包金刚石粉末所制作的树脂型金刚石砂轮和切削工具，使用寿命较传统方法平均提高 30%～50%。

利用相似的方法还可制备一系列其他复合涂层粉末：Ni/Ti、Ni/Cr、Ni/Al_2O_3、Ni/ZrO_2、Ni/W、Ni/玻璃球、Ni/CaF_2、Ni/FeCr、Ni/BN 等。

10.5.2 钴包碳化钨复合涂层粉末的制备[19]

Co/WC 在硬质合金和耐磨涂层材料的制备上得到应用。它在克服机械混料不均匀性和偏析现象以及防止在热喷涂过程中核心材料的氧化和失碳方面有很大的优越性。Co/WC 制备方法与 Ni/Al 相似。以 WC 粉为核心，在 Co-NH_3-$(NH_4)_2SO_4$ 溶液中加压氢还原，将 Co 沉积在 WC 粉末表面形成 Co/WC 复合粉末。所不同的是：WC 粉末表面具有催化氢还原的能力，因此，不需要添加任何表面活性剂，便可得到包覆完整的涂层粉末。Co/WC 粉末中 Co 含量可由溶液中 Co 离子浓度加以调节，一般在 8%～12%之间。影响 Co 的还原速率的主要因素有：反应温度、溶液组成、搅拌转速、氢分压。反应速率随温度、氢分压、$(NH_4)_2SO_4$ 浓度、NH_3/Co 摩尔比的增加而增加，典型的工艺条件如下：温度 160～170℃，p_{H_2}=2.5MPa，NH_3/Co=2.5(摩尔比)，$(NH_4)_2SO_4$/Co=2.0(摩尔比)，应用本方法制备的 Co/WC，采用热喷涂技术在飞机涡轮发动机风扇叶片等部件上制备耐磨涂层取得良好的效果，涂层气孔率约为 1.0%，气孔平均直径不大于 10μm，氧化物含量均达到发动机标准工艺手册规定的要求。Co/WC 还可用于制造硬质合金代替目前使用的机械混合粉末。

10.5.3 镍基合金复合涂层粉末的制备

上述单金属复合涂层粉末，制备工艺较简单，成本较低，作为热喷涂和粉末冶金原料，在不太苛刻的工作环境下得到广泛应用。但是这种单金属复合涂层粉末在性能方面很难满足航空燃气涡轮机的高温、燃气腐蚀和热冲击等非常复杂的环境要求。因此制备具有高温强度、抗高温氧化和腐蚀，又具有热稳定性良好且抗磨性或可磨性的多组分合金复合涂层粉末有重要意义[20]。以下介绍采用加压氢还原-热扩散方法制备镍基合金复合涂层粉末的方法。

1. 镍铬合金包硅藻土复合涂层粉末的制备[21]

镍基合金复合涂层粉末制备的方法是：以镍复合涂层粉末为基础原料，通过固相热扩散方法使铬或其他合金元素与镍生成合金，从而形成多金属复合涂层粉末。具体制备工艺如下：将定量的 Ni/D.E.粉末(D.E.即硅藻土)、金属铬粉及活性剂放在一起混合均匀，混合料置于石英容器中，放在高温扩散炉的冷点区，通入低露点(−45℃以下)的高纯氢，清除炉管和混合料中存在的氧气，清洗 15min 后，把试样移入高温区，在高纯氢的保护气氛下加热到要求温度后，恒温一定时间以保证镍和铬完全形成合金。再把试样移到低温区并冷却至 400℃以下，取出试样，经洗涤、烘干、过筛后即得 Ni-Cr/D.E.复合粉末。试验结果表明：扩散温度、扩散时间、催化剂、合金元素的粒度等对 Cr 在 Ni 中的固溶量都有很大影响。在试验条件下，Cr 在合金中的固溶量随温度升高而迅速增加(图 10.6)。但温度过高将导致样品严重烧结，温度过低则 Cr 的扩散速度很慢，最佳温度为 1000～1050℃。Cr 在 Ni 合金中的固溶量随时间的延长而增加，一般以 5～8h 为宜。在热扩散过程中可加入少量卤素化合物(如氯化铵、溴化物、氟化物等)。本方法中选用 NH_4Cl 作为催化剂，其用量为原料质量的 0.5%～5%。合金元素 Cr 粉的粒度越细，Cr 在 Ni 中的固溶量就越大。例如，用粒度为 50μm 的 Cr 粉，经 8h 热扩散后，固溶量少于 4%；而用 10μm 的铬粉，热扩散 4h，固溶量为 8.5%。

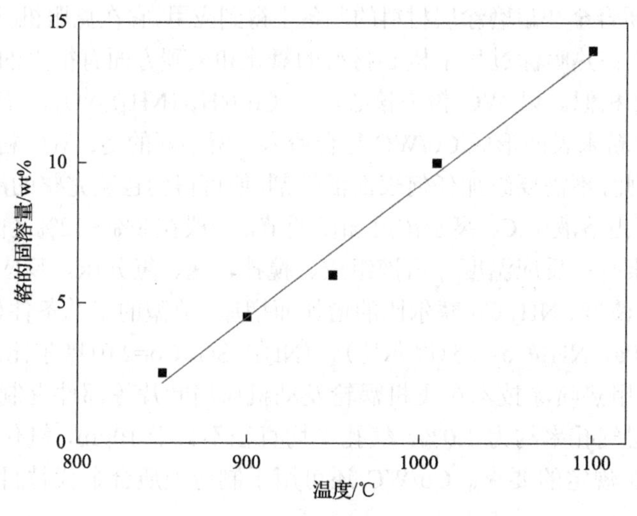

图 10.6　温度对 Cr 在 Ni 中固溶量的影响

时间为 4h，Ni：Cr=84：16

Ni-Cr/D.E.粉末适用于制造燃气涡轮发动机的可磨耗封严涂层，使涡轮叶片与机壳之间和定子叶片与转子之间余隙减至最小，提高级间压力差和发动机效率。与 Ni/石墨、Ni/D.E.相比，Ni-Cr/D.E.具有更优良的高温性能，可使用于更高性能的发动机。

2. 镍铬包碳化铬复合涂层粉末的制备[22]

以镍为黏结剂的碳化铬硬质合金不但具有碳化钨基硬质合金的耐磨性能，而且具有独特的耐磨蚀、抗高温氧化和低密度等性能。它之所以具有这样的特性是因为在制造合金的烧结过程中，碳化铬中的铬扩散到镍中生成 Ni-Cr 合金。选用 $NiCr/Cr_3C_2$ 作为热喷涂材料正是基于它的硬质合金特性。与 $NiCr+Cr_3C_2$ 混合粉末相比，包覆型粉末具有失碳率小，以及更好的结合强度、沉积效率和涂层等性能。它的制备方法与 NiCr/D.E.的方法相同。将一定组成和计算量的 Ni/Cr_3C_2、金属铬粉、NH_4Cl 混合均匀，在 1050℃下进行 5～6h 热扩散，即可制得 $NiCr/Cr_3C_2$ 粉末。也可用一定组成的 Ni/Cr_3C_2 代替上面的混合粉末进行内核中的 Cr 向 Ni 涂层扩散形成 Ni-Cr 合金包覆层。

10.6　浆料加压氢还原制取超细金属粉末[23,24]

超细颗粒技术被科技界称为 21 世纪的高新技术。材料经超细化后，其光、电、磁、力学、热力学及表面与界面特性都发生奇特变化，在使用时往往可以获得超常效果。超细粉末通常分为微米级(＞1.0μm)、亚微米级(0.1～1.0μm)和纳米级(1～100nm)粉末。超细粉末的制备是难度很大的科学技术。在制备过程中要提供巨大的能量做功并把这些能量转化为粉末的表面能。超细金属粉末制备方法有气相沉积和液相沉积两类。采用物理气相沉积法，通过熔融、蒸发、冷凝可制备一系列超细金属粉末，如 Ni、Co、Cu、Fe、V、W、Mo、Ag 等。液相沉积有电化学沉积和化学还原法。电化学沉积采用旋转阴极双层液相电解槽和表面活性剂可以制得纳米级金属和合金粉末。化学还原法以联氮(N_2H_2)为还原剂，从溶液中还原出金属粉末，如 Ni、Co、Cu、Pd、Pt、Ag 等。浆料氢还原是在加压氢还原提取金属粉末的基础上发展起来的一种新的超细金属粉末制备方法。这种方法的实质是将一些难溶的金属盐类，如氢氧化物、碱式碳酸盐、草酸盐、氧化物等与水或水溶液调浆后，无需或只需少量化学试剂，直接加入高压釜内进行氢还原制备金属粉末。这种方法的优点是：无杂质污染、粉末纯度高、对粉末的物理性质可控、能耗低、易于批量生产。有关反应可用下式表示：

$$Me(OH)_2 \cdot xH_2O + H_2 \longrightarrow Me + (x+2)H_2O \tag{10.24}$$

$$xMe(OH)_2 \cdot 2yMeCO_3 + (x+y)H_2 \longrightarrow (x+2y)Me + 2yCO_2 + 2(x+y)H_2O \tag{10.25}$$

$$Me_xO_y + yH_2 \longrightarrow xMe + yH_2O \tag{10.26}$$

$$2MeCl + H_2 \longrightarrow 2Me + 2HCl \tag{10.27}$$

式中，Me——金属 Ni、Co、Cu、Ag、Au、Pt、Pd 等。

式中的氢氧化物和碱式碳酸盐等可由金属盐的水溶液与碱性氧化物反应得到，也可能是湿法冶金过程中的中间产物。这些氢氧化物和碱式碳酸盐和水调浆后形成的高度分散的胶体体系提供了巨大的固体反应表面，有利于晶核生成。而体系液相中极低的金属离子浓度又抑制了晶核的进一步长大，从而使生成的金属粉末粒度在超细范围内得到有效控制。以下介绍的是超细 Ni、Co 粉制备方法。

10.6.1 碱式碳酸镍(BNC)浆化氢还原制取超细镍粉[25]

BNC 由镍氨溶液蒸馏成 Na_2CO_3 和 $NiSO_4$ 水溶液经沉淀反应制得。采用纯水作分散介质，与 BNC 制成浆料直接加入高压釜内进行氢还原。控制反应条件可以获得 0.2～2.0μm 的类球形镍粉。研究结果表明：BNC 的组成随制备条件不同有很大差异。BNC 中的 NiO∶CO_2 比例可由 2∶1 变化到 22∶1。BNC 的组分对浆化氢还原的速率有很大影响。由图 10.7 可见，NiO∶CO_2 高的物料反应速率慢，诱导期长。为了加快反应速率和控制镍粉粒度，在 BNC 浆料中添加 $PdCl_2$ 或蒽醌催化剂是有效的。其用量范围分别为 0～60mg/L 和 0～0.2g/L。

在 BNC 浆料溶液中保持适量的 Ni^{2+}(0～1.0g/L)对加快反应速率和控制粉末粒度也有效果，制备的镍粉为六方晶型结构，粒度分布较均匀，粒度分别为 0.2μm 和 2.0μm。

采用本方法制得的镍粉在硬质合金和镍镉电池电极材料中得到应用。应用细镍粉生产 GNY-3 型电池，其常温容量、电荷保持能力、循环寿命、放电特性都可达到我国电子工业部规定的指标，并已投入生产。

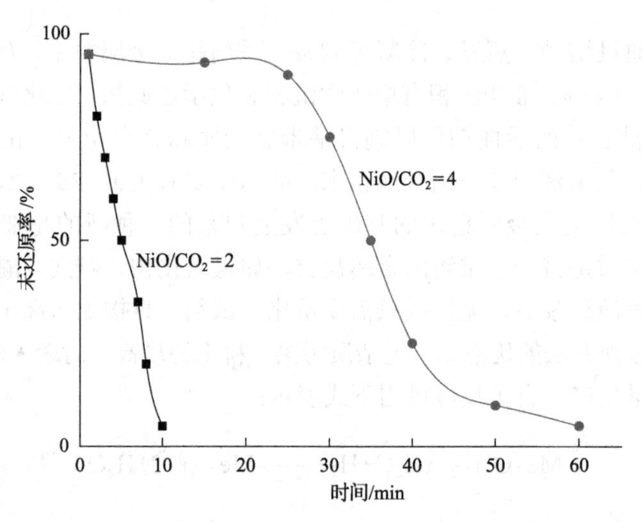

图 10.7　组分对反应速率的影响

Ni=24g/L，175℃，p_{H_2}=3MPa，$PdCl_2$=0.01g/L

10.6.2　氢氧化镍浆化氢还原制取超细镍粉[26]

Petit 和 Dobrokhotov 等通过研究[27,28]认为，氢氧化镍的浆化氢还原是经液相中少量的金属离子完成的。酸性介质会增加液相中镍离子浓度，从而加快反应速率，同时又使镍的还原不彻底，而导致金属回收率下降。所获镍粉的粒度在亚微米范围内，一般为 2～5μm。碱性介质浆料中溶液镍离子浓度极低，从而反应速率大大减慢，甚至使反应无法进行。一般碱的加入量控制在所需化学计量的 97%～105%之间，氢还原终点的 pH 尽可能接近 7，当有催化剂存在时，情况发生根本变化。喻克宁等[26]的研究工作表明，在添加少量$PdCl_2$催化剂的条件下，即使$Ni(OH)_2$浆料体系的pH为13，镍离子浓度低至10^{-16}mol/L，氢还原反应仍可在 30min 内完成，而且所获镍粉的粒度小于 50nm。采用相似的方法可从铜、钴、银等金属的氢氧化物浆料制备出纳米级超细金属粉末。$Ni(OH)_2$ 浆料由 $NiSO_4$ 和 NaOH 水溶液在室温下混合而成，不经过滤洗涤便可转入高压釜内直接进行氢还原反应。反应结束后，镍粉与 Na_2SO_4 溶液很容易分离。

经过对反应机理的初步研究表明[29]，碱性 $Ni(OH)_2$ 浆化氢还原反应不是经过液相中的镍离子进行的，而是经由 $Ni(OH)_2$ 固体微粒与活化氢之间的反应实现的，即

$$NiSO_4+2NaOH=\!=\!=Na_2SO_4+Ni(OH)_2 \tag{10.28}$$

$$H_2+*=\!=\!=2H^* \tag{10.29}$$

$$Ni(OH)_2+2H^*=\!=\!=Ni+2H_2O \tag{10.30}$$

式中，*——Pd 或新生 Ni 表面的活性点；

H^*——活化氢。

图 10.8 为反应机理模型。

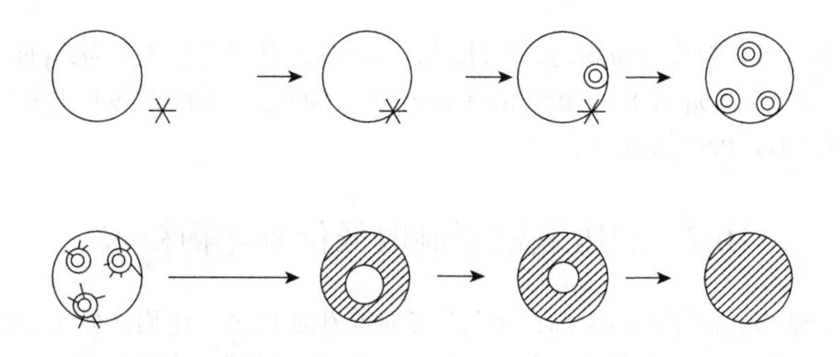

图 10.8 $Ni(OH)_2$浆化氢还原反应机理模型

10.6.3 氢氧化钴浆化氢还原制取超细钴粉[30]

与镍相似，氢氧化钴浆料也可采用浆化氢还原的方法制备超细钴粉。浆料的 pH 是控制粉末粒度和反应速率的关键。为了有效控制 pH，采用乙酸作为缓冲体系。图 10.9 表示还原尾液 pH 和钴的回收率以及还原速率的关系。图中除 pH=3.2 和 pH=3.5 两点外，其余都添加了乙酸缓冲液，其添加量可根据 NaOH 加入量来决定，由图可见：还原速率随 pH 的增加而下降。与此同时，钴的回收率在 pH=3.2～5.2 区间，随 pH 的增加在 90%～99.5%区间几乎呈直线上升。然后，在 pH=5.2～9.0 区间维持在 99%～100%，但钴的还原速率已经变得很慢。除 pH 外，温度、氢的分压、催化剂用量等都对反应速率有明显影响。在 145～195℃范围内还原速率随温度的上升而加快。$PdCl_2$ 的用量从 2mg/L 增加到 8mg/L，反应速率几乎增加 3 倍。为了进一步改进超细钴粉的制备方法，喻克宁等[31]研究了 $Co(OH)_2$ 乙二醇浆化氢还原。这一方法结合了水相氢还原过程，其反应速率快且多元醇浆化氢还原过程所获粉末粒度均匀、分散性好。而且反应温度可降至 145℃。所

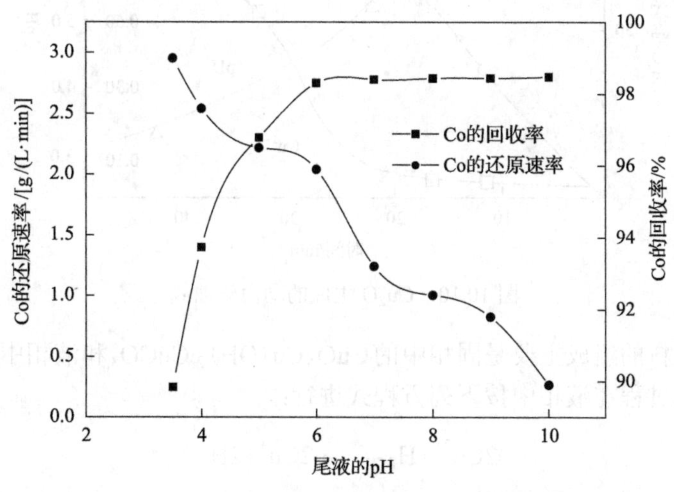

图 10.9 终点 pH 对还原速率和钴的回收率的影响

Co=40g/L，p_{H_2}=3MPa，180～190℃，$PdCl_2$=4g/L

得钴粉为亚微米级，粒度分布均匀，呈球形。其制备的典型工艺条件为：pH=4.5～12.0，温度为 140～170℃，p_{H_2}=0.8～3.0MPa，Co 为 20～50g/L，PVP/Co(wt)为 0.5(PVP 即聚乙烯基吡咯烷酮)，$PdCl_2$/Co 为 2×10^{-4}。

10.7 加压氢还原制取低价氧化物粉末

一些变价的金属离子在高温高压下与氢反应可生成低价氧化物，如 Cu_2O、MoO_2、WO_2、V_2O_3、UO_2 等。这些粉末在化工、冶金、能源等领域有特殊的用途。

10.7.1 加压氢还原制取氧化亚铜粉末[32]

Cu_2O 作为无机化工原料，在颜料、船底涂料、焊膏、催化剂等方面都有特殊的用途。在工业上生产 Cu_2O 的方法有焙烧法、电解法、葡萄糖还原法等。它们存在着能耗高、原材料昂贵、劳动条件差等缺点。中国科学院过程工程研究所发明的碱式碳酸铜(BCC)水浆加压氢还原制取 Cu_2O 的新工艺具有工艺简单、试剂消耗少、Cu_2O 纯度高、粒度细等优点，便于工业推广应用。具体制备方法如下：BCC 与水制成含 Cu^{2+}63.5g/L 的浆料，再加入少量的硫酸或硫酸铜以调节溶液最终 pH，在高温高压下与氢反应即可生成暗红色 Cu_2O 产品。添加少量 $PdCl_2$ 作催化剂可大大加快反应速率。图 10.10 为 Cu_2O 生成过程的动力学曲线。试验结果表明：在浆料升温过程中(155℃)已有部分 BCC 按式(10.31)分解为 CuO：

$$Cu(OH)_2\cdot CuCO_3\cdot xH_2O \longrightarrow 2CuO+CO_2+(x+1)H_2O \tag{10.31}$$

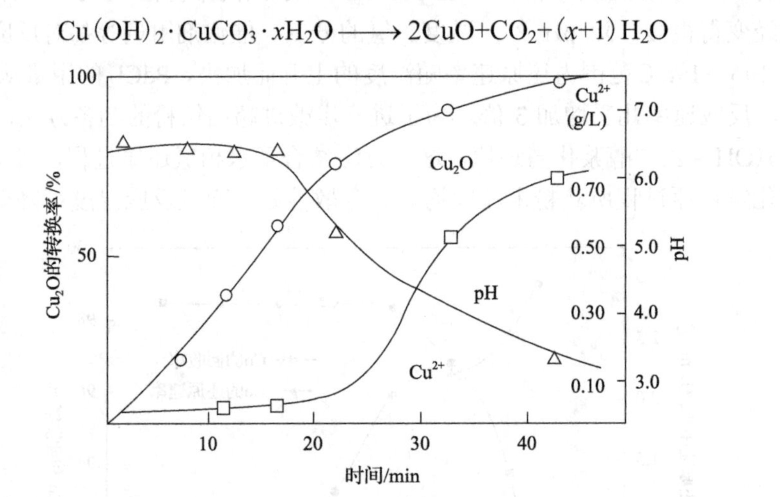

图 10.10 Cu_2O 生成的动力学曲线

还原初始浆料的组成主要是固相中的CuO、$Cu(OH)_2\cdot CuCO_3$和液相中少量的$CuSO_4$，可以设想氢还原过程在液相中按下列方程式进行：

$$2Cu^{2+}+H_2 \longrightarrow 2Cu^++2H^+ \tag{10.32}$$

$$2Cu^++H_2O \longrightarrow Cu_2O+2H^+ \tag{10.33}$$

反应生成的 H^+与固相中铜的氧化物反应，不断补充所消耗的 Cu^{2+}：

$$CuO+2H^+ \longrightarrow Cu^{2+}+H_2O \tag{10.34}$$

$$Cu(OH)_2 \cdot CuCO_3+4H^+ \longrightarrow 2Cu^{2+}+3H_2O+CO_2 \tag{10.35}$$

这时，随着固相中 Cu_2O 的增多，溶液中 Cu^{2+}浓度和 pH 基本保持不变。反应后期由于 CO_2 的影响，pH 有所下降，Cu^{2+}的还原速率和 Cu_2O 的生成速率变慢，溶液中 Cu^{2+}浓度有所增加。Cu^{2+}作为均相催化剂能活化氢分子。因此，$CuSO_4$ 溶液的氢还原过程是自催化过程。但是，在 BCC 浆化氢还原过程中，水溶液中铜离子浓度太低。为了促进还原反应，需要添加 $PdCl_2$ 催化剂，其用量约为 12mg/L。$PdCl_2$ 催化剂的影响见图 10.11。由图可见，不加催化剂，反应几乎无法进行。而加入 12mg/L Pd^{2+}，还原反应在 50min 内即可完成，在热力学上，Cu^0 在很宽的 pH 范围内是稳定的。Cu_2O 的生成主要受动力学因素控制。控制终点的 pH 和反应温度是保证获得纯 Cu_2O 的关键。生成 Cu_2O 的 pH 范围为 3.2～4.25。当 pH＜2.0 或 pH＞5.0 时，有 Cu^0 相产生，而且 Cu 的量随温度的增加而增加。

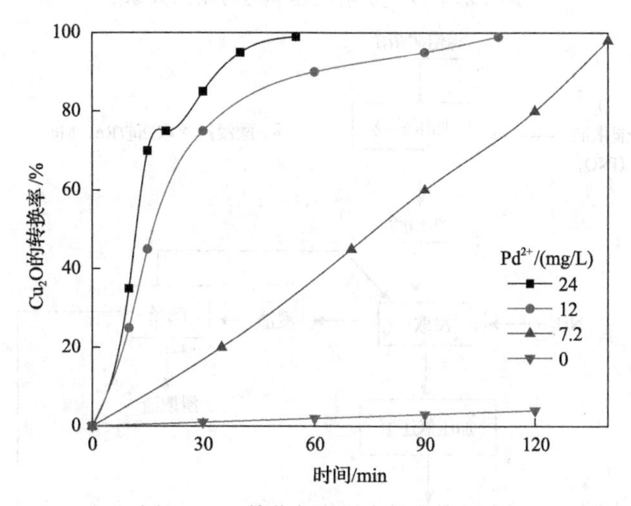

图 10.11　催化剂对反应速率的影响

试验结果表明：在 pH 3.2～4.25 范围内 Cu_2O 有最高的产出率，而当 pH＜2.0 时，产物几乎全是 Cu^0，当 pH＞5.0 时，产物中 Cu_2O 相的比例数增至 87%后，然后迅速下降，同时 Cu^0 相增加。溶液的最终 pH 需添加 $CuSO_4$ 或 H_2SO_4 加以调节。

反应所得产物为暗红色 Cu_2O，粒度在 1～2.0μm，具有八面体结构，晶型完整。采用本方法制备的 Cu_2O 粉末，按标准配方制成防污漆，涂布在样板上，在海水中进行半年实地浸泡试验(图 10.12)。测定的 Cu_2O 溶出速率均高于标准样，证明可以用于船底涂料。

10.7.2　加压氢还原制取低价氧化钼[33,34]

我国钨钼资源十分丰富。但是，钨钼冶金处于落后状态，依靠出口初级原料换回深加工产品。为了改变这种不合理的状态，中国科学院过程工程研究所和湖南省株洲钨钼材料厂合作，开展加压氢还原制取低价氧化钼、氧化钨新工艺的研究，并取得很好的效果。采用辉钼矿精矿高压酸浸获得的粗钼酸为原料，加氨水浸出，获得钼酸铵溶液。然后，在高温高压下加氢还原得到 MoO_2。原则工艺流程见图 10.13。

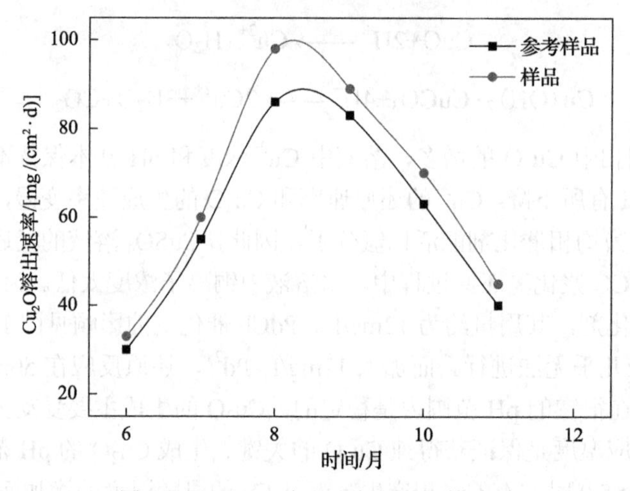

图 10.12　Cu_2O 溶出速率与时间的关系

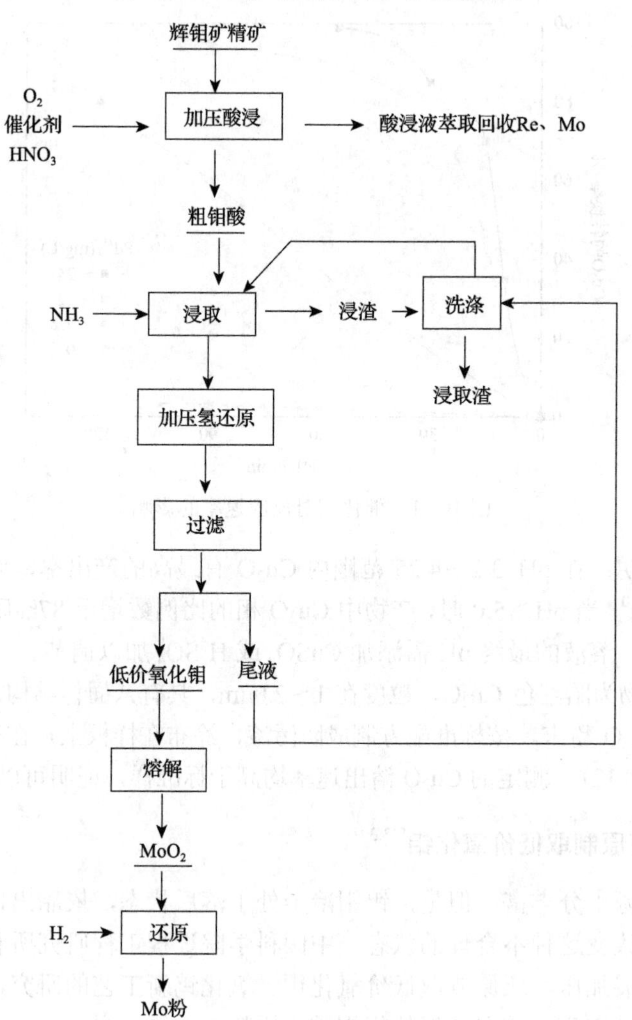

图 10.13　辉钼矿精矿高压湿法冶金原则流程

钼酸铵溶液氢还原必须添加 $PdCl_2$ 作催化剂。当溶液组分 Mo 为 100～150g/L、$(NH_4)_2SO_4$ 为 200～250g/L、$NH_3/Mo=0.1～1.0$（摩尔比）、$PdCl_2$ 约为 0.15g/L，200℃，$p_{H_2}=2.0～2.5MPa$，时间为 1.5～2.0h 时，Mo 的还原率可达 99%以上。在还原过程中约有 20%Pd 留在固体产物中。因此，采用部分 MoO_2 粉末作晶种进行还原可以降低 $PdCl_2$ 的用量，每次只需补加 0.05g/L $PdCl_2$ 即可。动力学试验结果表明：溶液组成对反应速率有明显的影响，NH_3/Mo（摩尔比）低，反应速率快。$(NH_4)_2SO_4$ 浓度在 0～100g/L 范围内，随硫酸铵浓度增加反应速率略有增加。当硫酸铵浓度超过 100g/L 时，反应速率减慢。反应速率与晶种加入量、催化剂加入量、氢分压平方根成正比。对反应机理可作如下假设。

(1) 氢气在溶液中的溶解：

$$H_2(\text{气}) = H_2(\text{液}) \tag{10.36}$$

(2) 氢分子在晶种上附着的金属钯表面吸附与活化：

$$H_2(\text{液}) = 2H(\text{活化}) \tag{10.37}$$

(3) 钼酸根离子在晶种表面上的吸附：

$$(MoO_4^{2-}) = (MoO_4^{2-})(\text{吸附}) \tag{10.38}$$

(4) 固体表面上的化学反应：

$$(MoO_4^{2-})(\text{吸附})+H(\text{活化}) \longrightarrow MoO_3^-+OH^- \tag{10.39}$$

$$MoO_3^-+H(\text{活化}) \longrightarrow MoO_2+OH^- \tag{10.40}$$

(5) 反应产物的再反应：

$$OH^-+NH_4^+ \longrightarrow NH_4OH \tag{10.41}$$

根据反应速率与溶液中 Mo 浓度、$p_{H_2}^{1/2}$ 成正比，以及有较高的活化能，可以推测反应在固体表面上进行。假设 (4) 似为速率控制步骤。对反应产物进行差热、热重、XRD 以及化学分析，其化学组成可表达为：$(NH_4)_2O \cdot 3MoO_2 \cdot Mo_2O_5 \cdot 2H_2O$。还原反应可表达为：

$$5(NH_4)_2MoO_4+4H_2+2H_2O \longrightarrow (NH_4)_2O \cdot 3MoO_2 \cdot Mo_2O_5 \cdot 2H_2O+8NH_4OH \tag{10.42}$$

产品在 550℃下熔解、脱氨、950℃下氢还原，可得纯度较高的钼粉。采用本工艺生产的钼粉，经粉末冶金加工制得的钼条具有良好的加工性能，可以制出 d=0.0154mm 的超细钼丝。这种钼丝可以满足电光源的需要，为电子工业和电火花精密加工提供了新材料。

10.7.3　加压氢还原制取低价氧化钨[35,36]

白钨矿精矿加压浸出与加压氢还原制取蓝色氧化钨工艺流程见图 10.14，白钨矿精矿经加压碱浸后得到钨酸钠溶液，经过溶液净化和转化，最终得到氢还原的原料液钨酸铵。

热力学计算表明：钨酸铵溶液加压氢还原得到的产品是蓝色氧化钨 W_4O_{11}，而不可能得到钨粉。蓝色氧化钨是钨丝工业的重要原料，通常采用重钨酸铵气相还原方法制得。例如，湿法氢还原制得的蓝色氧化钨能满足钨丝生产要求，具有很好的经济效益。中国科学院过程工程研究所与湖南省株洲钨钼材料厂对湿法冶金制取新材料工艺进行了研究开发，取得了满意的结果。

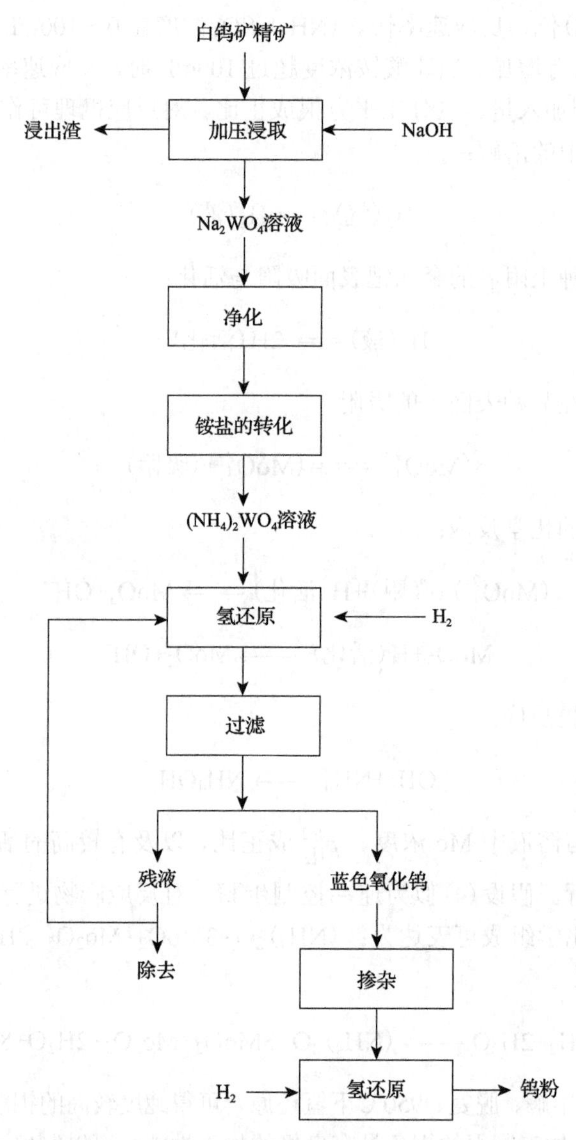

图 10.14　白钨矿精矿加压浸出-加压氢还原工艺流程

研究结果表明：在溶液中钨浓度为 100～200g/L，$(NH_4)_2SO_4$ 为 200g/L，$PdCl_2$ 为 0.04g/L，180℃，p_{H_2}=2.5MPa 的条件下可以获得蓝色氧化钨，钨的还原率可达 99.5%以上。溶液的组成、催化剂用量、晶种的用量、温度和氢分压都对还原速率和钨的沉淀率有影响。钴粉和 $PdCl_2$ 均可作为催化剂，其用量钴粉为 0.2～0.5g/L，$PdCl_2$ 为 5～10mg/L，反应速率随催化剂用量的增加而增加。图 10.15 为 $PdCl_2$ 用量对钨的还原速率的影响。反应速率在 160～190℃范围内，随温度的升高而增加。表观活化能为 125.4kJ/mol，反应动力学似由化学反应控制。添加适量 H_2SO_4 对控制蓝色氧化钨的性质和提高还原速率有很大作用。一般添加量为 1mol/L H_2SO_4。这时初始 pH 为 2.5～5，如不加硫酸则初始 pH 为 7.0，这时所获蓝色氧化钨色浅而且疏松，过滤困难，产品纯度下降。$(NH_4)_2SO_4$ 的加入量在 113～250g/L 范围内也有加快反应的效果。对还原产物蓝色氧化钨进行 XRD、光电子能谱、差热及热重分析，结果表明：产物的主要成分为 W、O 和少量 N，近似的化学组分为 $3.5(NH_4)_2O\cdot 5WO_2\cdot 13WO_3\cdot 4.5H_2O$，还原反应可表示为：

$$18(NH_4)_2WO_4+5H_2+14H_2O=\!=\!=3.5(NH_4)_2O\cdot 5WO_2\cdot 13WO_3\cdot 4.5H_2O+29NH_4OH \quad (10.43)$$

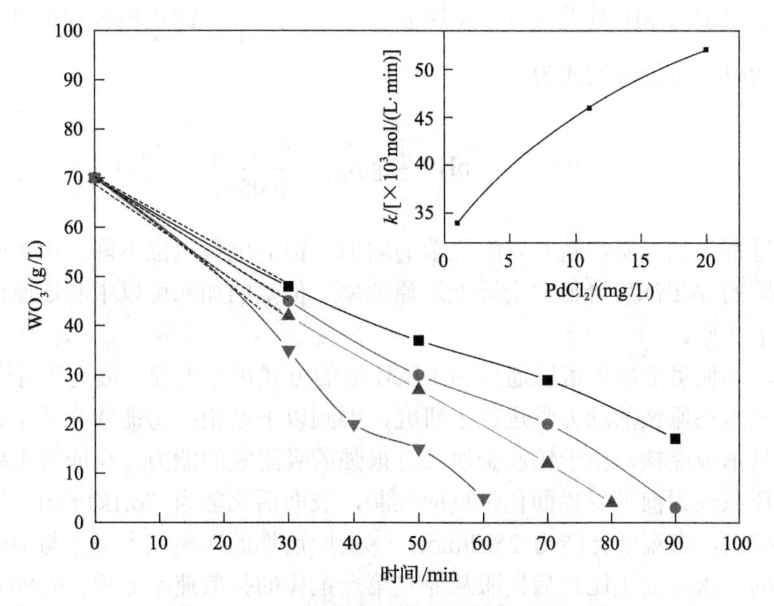

图 10.15　$PdCl_2$ 用量对钨的还原速率的影响

对湿法蓝钨进行高温氢还原的研究结果表明：在 420℃下脱氨、脱水，在 500～550℃下还原可获得 β-W 相，继续升温到 580～650℃则 β-W 相转变为 α-W 相，其还原过程与火法蓝钨基本相似，在湿法蓝钨中加硅、铝、钾，经 550℃和 850℃二段氢还原可以获得含有 K 的钨粉，它的化学状态与火法蓝钨相同。采用本方法制备的蓝钨，经粉末冶金加工成钨条，并拉出耐高温非下垂钨丝。

10.8　加压氢还原制取贵金属

加压氢还原技术可用于贵金属如银的提取过程，柯家俊[37]研究了利用该技术还原金属银的热力学。

该过程的总反应为

$$2Ag^{+}+H_2=\!=\!=2Ag+2H^{+} \quad (10.44)$$

其中阳极反应及电位表达式(25℃)为

$$H_2 = 2H^+ + 2e^- \tag{10.45}$$

$$E_{H^+/H_2} = -0.0591pH - 0.0295\lg p_{H_2} \tag{10.46}$$

阴极反应及电位表达式(25℃)为

$$Ag^+ + e^- = Ag \tag{10.47}$$

$$E_{Ag^+/Ag} = E^{\ominus}_{Ag^+/Ag} + 0.0591 \tag{10.48}$$

该反应在很宽的 pH 范围内可以实现 $E_{Ag^+/Ag} > E_{H^+/H}$，即还原过程可以进行，还原反应达到平衡时的电位表达式为

$$\lg c_{Ag^+} = -pH - \frac{1}{2}\lg p_{H_2} - \frac{E^{\ominus}_{Ag^+/Ag}}{0.0591} \tag{10.49}$$

在还原过程中加入氨，随着氨配位数的增加，银的电极电位下降。由于氨的络合作用，可被还原的 Ag^+浓度降低，会降低还原速率。但氨的加入可以中和还原过程析出的酸，而有利于还原。

除银外，其他贵金属也可以通过加压氢还原的方式进行处理。聂宪生等[38]针对盐酸介质体系下加压还原铱的动力学进行了研究，得到以下结论：①盐酸介质中铱的氢还原过程中，一旦形成晶核，由于铂族金属具有很强的吸附氢的能力，反应将主要在晶粒表面进行；②还原过程前期受界面化学反应控制，表面活化能为 76.1kJ/mol，后期受铱配离子的传质控制，表观活化能为 25kJ/mol；③反应前期的速率在宏观上与溶液中铱配离子及氢分压的一次方成正比，后期服从菲克第一定律的扩散速率方程；④80℃是氢还原铱的临界温度；⑤该过程的还原机理是被晶粒吸附和活化的原子态氢以铱配离子的配体 Cl^-为“桥”，向铱传递电子。

加压氢还原的方式还可以实现贵金属的分离，陈景等[39]发现在室温及低氢压条件下，氢气能选择性还原铑，从而实现铱和铑的分离。然而，该过程单从热力学角度是不可能实现的，其原因为 $IrCl_6^{3-}$还原的反应推动力比 $RhCl_6^{3-}$还原的推动力大得多。对于铂族金属配离子在水溶液中的化学过程，动力学因素更重要。由于 Ir(Ⅱ)离子含有 14 个 4f 电子，它们对 5d 轨道的屏蔽效应较差。因此，Ir(Ⅲ)的有效核电荷高于 Rh(Ⅲ)，Ir(Ⅲ)对氯配离子的静电吸引也大于 Rh(Ⅱ)，这是造成 $IrCl_6^{3-}$的热力学稳定性和动力学惰性高于 $RhCl_6^{3-}$的主要原因。

参 考 文 献

[1] 王峰珍. 加压氢还原沉析钴和镍的动力学[J]. 有色金属(冶炼部分), 1982, (4): 53-56.

[2] 柯家骏. 在氨性溶液中用加压氢还原析出金属银的热力学[J]. 黄金, 1983, (2): 32-34.

[3] 聂宪生, 陈景. 从盐酸介质中加压氢还原铱的动力学[J]. 贵金属, 1990, 11(3): 1-12.

[4] Jerzy W, Witold A. Reduction of aqueous nickel(Ⅱ)from acetate buffered solution by hydrogen under pressure [J]. Hydrometallurgy, 1991, 27, (2): 191-199.

[5] Monhemius A J. Precipitation diagrams for metal hydroxides, sulfides, arsenates and phosphates[J]. Transactions of Institution of Mining and Metallurgy, 1977, 88(Section C): C202-C206.

[6] Mackiw V N, Lin W C, Kunda W. Reduction of nickel by hydrogen from ammoniacal nickel sulfate solutions[J]. The Journal of the Metals, 1957, (209): 786-793.

[7] Meddings B, Mackiw V N. The gaseous reduction of metals from aqueous solutions[C]. Unit Processes in Hydrometallurgy, Wadsworth M E, Davis F T. Gordon and Breach, New York, 1964: 345-386.

[8] Needes C R S, Burkin A R. Kinetics of reduction of nickel in aqueous ammoniacal ammonium sulfate solutions by hydrogen[C]. Leaching and Reduction in Hydrometallurgy. IMM, London, 1975.

[9] Nashner S. The sherritt gordon lynn lake project[J]. Transactions of the Canadian Institute of Mining Metallurgy and Petroeum, 1955, 58: 212-225.

[10] Kunda W, Warner J P, Mackiw V N. The hydrometallurgical production of cobalt[J]. Transactions of the Canadian Institute of Mining Metallurgy and Petroeum, 1962, 65: 21-25.

[11] 陈家镛, 杨守志, 柯家骏, 等. 湿法冶金的研究与发展[M]. 北京: 冶金工业出版社, 1998.

[12] 钱苗根. 材料表面技术及其应用手册[M]. 北京: 机械工业出版社, 1998.

[13] Mackiw V N, Lin W C, Kunda W. Reduction of nickel by hydrogen from ammoniacal nickel sulfate solution[J]. The Journal of the Minerals, Metals and Materials Society, 1957, 209(6): 786-793.

[14] Kunda W. New development in the preparation of composite powders[J]. High Temperature-High Pressures, 1971,11(3): 594-612.

[15] 秦瑞云. 镍包铝涂层粉末的研制报告[J]. 化工冶金, 1976, 2: 7-28.

[16] 梁焕珍, 张荣源, 毛铭华. 水热法制备镍包石墨复合粉末[J]. 化工冶金, 1996, 17(2): 111-116.

[17] 张登君, 罗世民, 梁焕珍. 镍包硅藻土复合粉末研制[J]. 化工冶金, 1982, 3(1): 1-10.

[18] Meddings B, Kunda W, Mackiw V N. The Preparation of Nickel-Coated Powders[C]. Powder Metallurgy, Edited by Werner Lesaynki, Interscience INC, New York, 1961.

[19] 陈丙瑜. 钴包碳化钨粉末的研制阶段报告[J]. 化工冶金, 1976, 22: 29-35.

[20] 罗勋, 宣天鹏. 镍基合金耐磨镀覆层的研究现状及进展[J]. 电镀与环保, 2007(3): 8-11.

[21] 张登君, 罗世民, 陈家镛. 镍铬合金包覆粉末的制取[J]. 粉末冶金技术, 1985, 3(4): 7-13.

[22] 张登君, 罗世民. Ni-Cr/Cr_3C_2复合粉末的研制[R]. 中国科学院化工冶金研究所研究报告, 1984.

[23] Franco M. Process for preparing finely divided metallic nickel powder having a spheroidal form: US 37481181973[P].

[24] Kutty T R N. Low-temperature hydrothermal reduction of metal hydroxide to metal powders[J]. Mater Letter, 1982, (12): 67.

[25] 毛铭华, 涂桃枝, 高文考. 碱式碳酸镍水浆加压氢还原制取超细镍粉的研究[J]. 化工冶金, 1988, 9(4): 20.

[26] 喻克宁, 毛铭华, 陶昌源, 等. 金属粉末技术进展[M]. 北京: 冶金工业出版社, 1990.

[27] Petit H, Deremieux J L, Dugleux P. Nickel Powder Production From Nickel Oxalate by Autoclave Reduction With Hydrogen[M]. Fine Particles. By Electrochem Soc Princeton, 1973, 227.

[28] Dobrokhotov G N, Onuchkina N I, Ratner A L. Autoclave reduction of nickel and cobalt hydroxides with hydrogen[J]. Metall, 1962, 3(8): 47.

[29] 徐菊, 喻克宁, 梁焕珍, 等. $Ni(OH)_2$浆化氢还原制备纳米金属镍粉的反应机制研究[J]. 材料研究学报, 2002, 16(2): 158-163.

[30] 喻克宁, 金东镇, 郑宪生. 氢氧化钴浆化氢还原制备细钴粉的研究[C]. 第五届全国颗粒制备与处理学术大会论文集. 1997.

[31] 喻克宁, 金东镇, 郑宪生, 等. 21世纪重有色金属冶金高新技术及材料国际会议[C]. 昆明: ICHNM, 2002.

[32] 毛铭华, 涂桃枝. 水热还原法制取氧化亚铜的研究[J]. 化工冶金, 1990, 11(3): 216.

[33] 舒代萱, 陶昌源. 用高压氢还原从钼酸铵溶液制取低价氧化钼[R]. 中国科学院化工冶金研究所内部报告, 1978.

[34] Shu D X, Wang Z K, Tao C Y, et al. Kinetics of precipitation of low-vatent tungsten and molybdenum oxides from solutions by high pressure hydrogen reduction[C]. Mineral Processing and Extractive Metallurgy, Ed. by Jones M J, Gill P, The Institution of Mining and Metallurgy, London, England, 1984.
[35] 舒代萱, 王志宽, 徐桂芹. 湿法高压氢还原制取蓝色氧化钨动力学的研究[R]. 中国科学院化工冶金研究所内部报告, 1981.
[36] 舒代萱, 王志宽, 陶昌源. 从湿法蓝色氧化钨氢还原制取钨粉的研究[R]. 中国科学院化工冶金研究所内部报告, 1982.
[37] 柯家俊. 在氨性溶液中用加压氢还原析出金属银的热力学[J]. 黄金, 1983, (2): 32-34.
[38] 聂宪生, 陈景. 从盐酸介质中加压氢还原铱的动力学[J]. 贵金属, 1990, 11(3): 1-12.
[39] 陈景, 聂宪生. 加压氢还原法分离铑铱[J]. 贵金属, 1992, (2): 7-12.

第11章 加压设备

11.1 压力釜的结构及材料

11.1.1 压力釜的结构

加压浸出需使用压力反应容器。浸出过程中无需鼓入空气或氧气时，为防止蒸气逸散，采用密闭反应容器即可。机械搅拌密闭浸出槽如图 11.1 所示。此时，浸出所需的压力条件主要借助于溶液的蒸气压来获得。密闭浸出方式多见于铝土矿、白钨矿、钛铁矿、红土矿等矿物的溶出。浸出过程中需鼓入空气或氧气作氧化剂时，氧分压往往为浸出速率的控制性因素，在某一温度条件下，随氧分压增大，浸出速率明显增大。相对而言，采用氧气作氧化剂更为有利，因为在相同需氧量条件下，压力釜总压将更低，压力釜设计要求也随之降低，压力釜尺寸也可以减小。

图 11.1 机械搅拌密闭浸出槽外观

压力釜设计必须要考虑矿石或精矿处理量、给料速度、矿石品位、矿浆停留时间、操作温度、操作压力及矿浆浓度等多个因素。对于难处理金矿加压预氧化用压力釜，其尺寸还与矿石含硫量直接有关。工业用加压浸出设备容积通常为 10～70m^3，操作压力为 2500～5000kPa，有多种类型，如加压的帕丘卡槽、压力塔、球形压力釜、压力锅、立式压力釜、管式压力釜及卧式压力釜[1-8]。压力釜搅拌方式有多种，既有高压蒸气搅拌，也有机械搅拌，甚至还有通过旋转整个压力釜来实现搅拌。立式压力釜多为蒸气搅拌，也有机械搅拌；卧式压力釜多为叶轮机械搅拌，而球形压力釜则通过沿着水平中轴线缓慢转动来达到搅拌目的。其中，蒸气搅拌及压力釜旋转搅拌方式所需的设备维护费用是最低的，而叶轮机械搅拌方式由于需要旋转轴承，设备维护费用通常较高。

就结构而言，蒸气搅拌压力釜属最简单的一类。如图 11.2 所示[9]，蒸气搅拌压力釜两端呈球形并与圆柱形钢制釜体焊接而成，釜体外有一层绝热层以保温。该类压力釜直径为 1.5～2m，高为 6～12m，在压力釜的顶部设有矿浆入口、压力表、安全阀以及排料管，蒸气直通入釜底用于加热并搅拌。该类压力釜主要用于铝土矿的拜耳法溶出，操作温度和压力分别为 140～150℃和 2500～3500kPa。此外，在氧化矿的酸浸时，所采用的蒸气搅拌压力釜会内衬耐酸砖，如 20 世纪 60 年代古巴毛阿冶炼厂(Moa plant，Cuba)在 250℃和 4000kPa 条件下硫酸浸出红土矿时，压力釜就采用了防酸内衬材料，即在钢壳内层先衬了 6mm 厚的金属铅，而保护砖衬则由耐酸砖和碳砖构成，碳砖可以对耐酸砖起到保护作用，防止其因受侵蚀而破裂。压力釜内所有器件以及各连接管道均为钛制，除非温度低于 100℃处才用不锈钢材质。

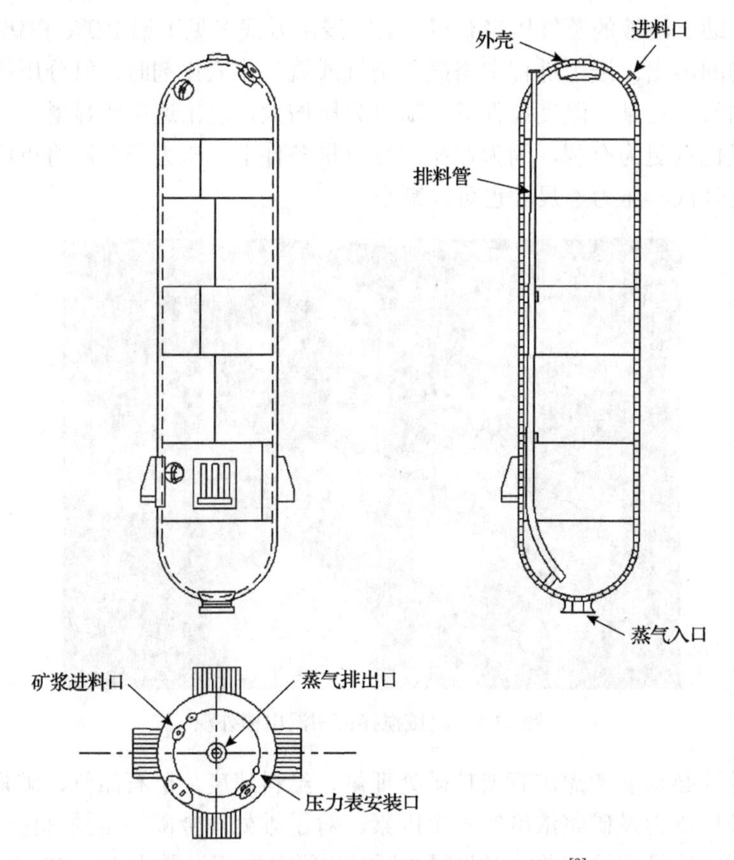

图 11.2　蒸气搅拌立式压力釜结构示意图[9]

旋转式压力釜形状上有筒形或球形，由合适内衬的钢材制成，沿转轴转动，转速为 8～15r/min。装料或卸料以及蒸气导入都是通过中空轴完成的。当浸出反应生成难溶产物并包覆矿物颗料进而影响浸出效率时，可在釜内装一些钢球，通过钢球在釜内转动和撞击以破坏难溶产物包覆层，促进浸出剂与未反应矿物颗粒的接触进而促进浸出。图 11.3 和图 11.4 所示分别为 225℃和 2500kPa 条件下浸出钨精矿和钼精矿的筒形压力釜，而图 11.5 所示为用于钛矿浸出的球形压力釜。

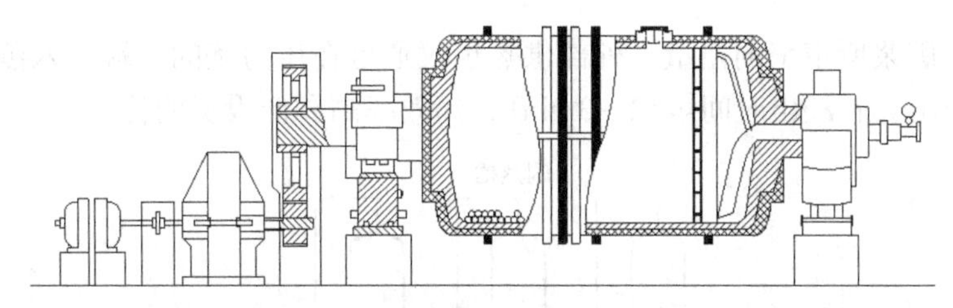

图 11.3 筒形旋转式压力釜结构示意图[9]

图 11.4 旋转式压力釜外观[9]

图 11.5 球形压力釜外观[9]

管式压力釜为外加热厚壁管道状，矿浆由一端泵入，由另一端排出，20 世纪 60 年代德国就采用管式压力釜连续浸出铝土矿。如图 11.6 和图 11.7 所示，管式压力釜直径约为 30cm，长为 30～50m。能在如此长的管道内实现矿浆流动，主要得益于隔膜活塞泵的技术进步，隔膜活塞泵能达到 10000～20000kPa 的压力。管道内浸出反应所需的热量主要还是来自于矿浆所带来的热量，外部供热也仅通过在压力釜的一端通入蒸气来实现。管式压力釜浸出具有浸出时间短(2～3min)、热效率高和低投资的特点。

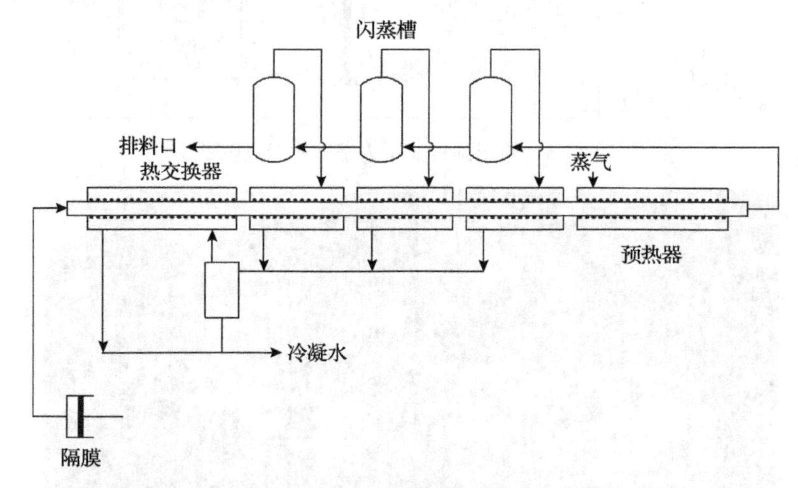

图 11.6　管式压力釜浸出系统示意图[9]

图 11.7　管式压力釜外观[9]

图 11.8 所示为机械搅拌立式压力釜，用于铀矿浸出的立式压力釜直径约为 3m，高约为 6m。当浸出过程中需通氧时，可以通过机械搅拌以强化气-液接触，此时所用压力釜多为卧式多隔室压力釜。在重有色金属的加压湿法冶金中，用得最为普遍的就是卧式压力釜。从 20 世纪 50 年代第一个加压湿法冶金工厂投产以来，几乎所有的工业生产厂都采用了卧式压力釜。

在工业生产中，物料通过加压泵泵入卧式压力釜的一端，矿浆通过 V 形隔墙从一室流入另一室，矿浆从压力釜的另一端排出。压力釜填充率通常为 65%～70%(静态)，以保证气体有足够的蒸发空间，从而避免安全阀口堵塞。一般情况下，为便于加工好的釜体运输和安装，卧式压力釜直径最大约为 3.3m，如果直径还需更大，则必须就地加工和安

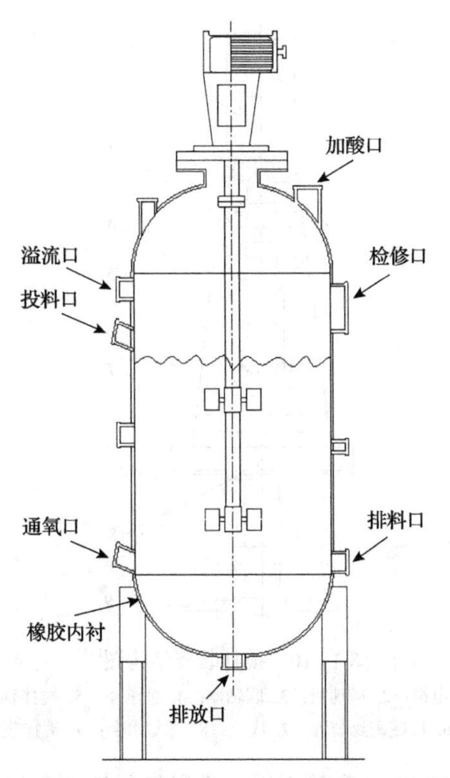

图 11.8 机械搅拌立式压力釜结构示意图[9]

装。卧式压力釜体长约为直径的 4 倍，即对于直径 3.3m 的卧式压力釜而言，其长约为 13.2m。按填充率 65%计算，其静态操作空间就有 77.3m^3。卧式压力釜多设计为四隔室，如果隔室数过多，为保证矿浆在各室间流动所需的静压力，势必会浪费过多空间。各隔室均有电驱动叶轮搅拌(图 11.9)。由搅拌装置结构图(图 11.10)可知，每套搅拌装置由电机、减速机、联轴器、轴承座、搅拌轴、机械密封装置、底座和搅拌浆组成，减速机的输出轴与搅拌轴依靠弹性块式联轴器联接。为避免搅拌轴在旋转过程中不慎与其他部件发生摩擦而引发安全事故，一般会对容易产生相对运动的部分进行隔离或加固设计。浸出所需的氧气或空气由通入各室的专用氧气管供给。氧气管由外接管和弯管组成，靠上、下支

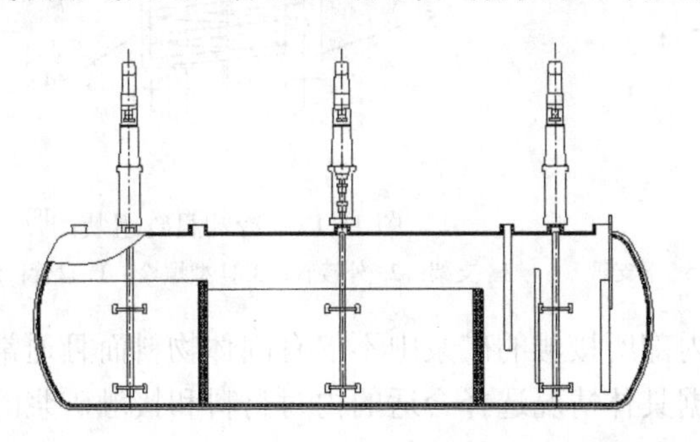
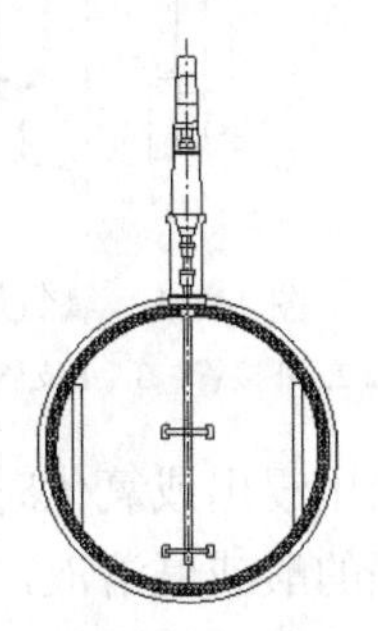

图 11.9 卧式机械搅拌压力釜结构示意图[9]

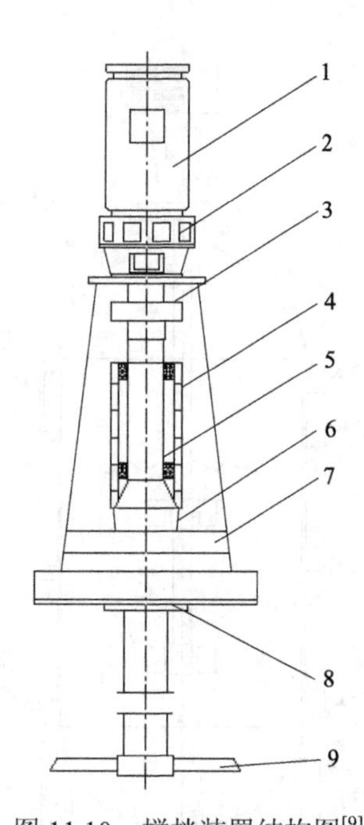

图 11.10　搅拌装置结构图[9]

1. 电机；2. 减速机；3. 联轴器；4. 轴承座；5. 搅拌轴；
6. 机械密封装置；7. 底座；8. 冷却水套；9. 搅拌浆

撑固定在釜内支架上(图 11.11)，弯管下端水平段氧气管置于搅拌器侧下方，垂直于搅拌轴轴线吹出氧气，氧气在搅拌桨的搅拌下迅速分散并参与反应，并在底部叶轮某个位置通入以强化搅拌。气体经排气阀不断排出以除去不凝性气体，从而保证所需的氧分压。为控制浸出反应温度，一般压力釜内都设有冷却盘管，图 11.12 即为整体盘管安装示意图。

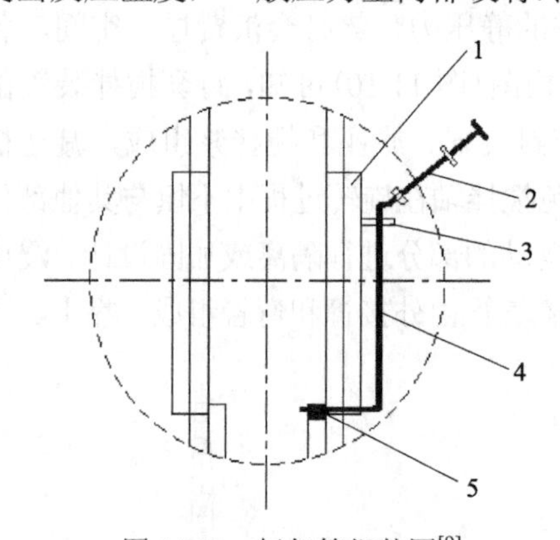

图 11.11　氧气管组装图[9]

1. 支架；2. 外接管；3. 上支管；4. 氧气管；5. 下支管

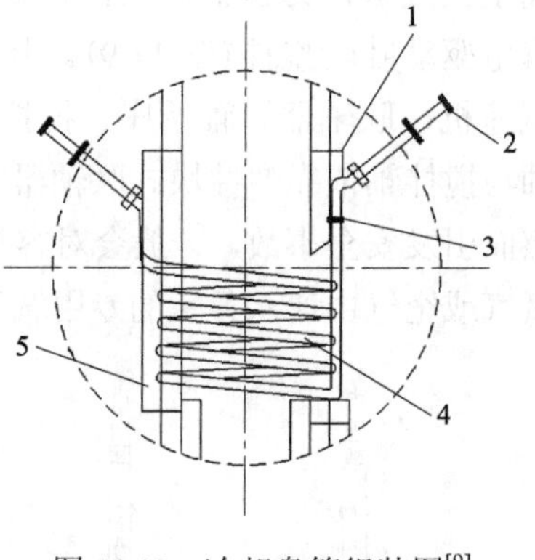

图 11.12　冷却盘管组装图[9]

1. 支架；2. 外接管；3. U 型螺栓；4. 盘管；5. 挡板

在加压浸出或氧化时，压力釜内部所接触的矿浆中不仅有固体物料而且通常还含腐蚀性很强的酸或碱溶液，因此应根据具体情况选择合适的内衬材料和接触矿浆的部件。对于介质为硫酸铵或氨的浸出系统，容器及釜内部件材质常采用不锈钢；在稀硫酸氧化浸出中，当溶液含有一定数量的铜离子时，也可以使用不锈钢；对于卧式压力釜进行高温强酸浸出时，最常见的材质设计是碳钢壳体(在约200℃操作条件下，压力釜外壳碳钢厚度约为60mm，并与系统压力成正比)、内衬铅(厚度为6～7mm)或加强纤维乙烯基酯，为了降低衬铅表面温度，通常再衬一层或两层耐酸砖(总厚约为230mm)。图11.13即为卧式压力釜内衬耐酸砖。

图11.13 压力釜内衬耐酸砖[9]

由于在压力釜工作前和工作中内衬系统所受压力是变化的，因此，内衬必须能与压力釜升温、冷却等过程相适应，并将所受压力最小化，从而保护内衬。对于新内衬在投入使用前，一般需在沸点附近的酸性溶液中进行“蒸煮”预处理，在该预处理中，砖衬与酸发生化学反应致使砖衬产生不可逆膨胀，由此提高内衬系统的抗压强度。在压力釜工作的前几周，砖会发生膨胀并在持续数月后终止。此外，金属铅也是传统的内衬材料，但由于铅对人体健康具有一定的危害性，在铅衬安装时需有充足的预防措施，这既费时又费钱，而且在较高操作温度条件下喷嘴、管口附近区域铅衬也易腐蚀，因此，有的压力釜采用乙烯酯材料替代铅膜，更有采用氟聚合物膜作替代材料的。目前，氟聚合物膜已成功应用于闪蒸槽。

11.1.2 加压釜的常用材料

在加压釜的内衬用料选择上，常见的有钛、锆、铅、钽、铌及其合金等。

1. 钛及其合金

地壳中，钛储量丰富，在地壳外层16km的范围内，钛约占0.6%，居各种元素的第9位。而在结构金属中仅次于铝、铁、镁，居第4位。钛矿主要有金红石和钛铁矿两类。按含钛量计，世界已发现的钛储量十多亿吨，为铁储量的1/4、铬的20倍、镍的30倍、铜的60倍、钼的600倍。我国钛矿储量按钛含量计约为5亿t，多为钛铁矿。钛矿先冶炼为海绵钛，再熔炼成锭。由于钛的活性高，需要消耗大量的能量才能将钛从含钛化合物(钛矿)中游离出来成为海绵钛，纯钛的熔点高达(1668±4)℃，极易与氧化合，必须在真空中熔炼。目前主要采用真空自耗电极电弧炉熔炼钛锭，采用真空凝壳炉熔炼钛铸件。生产钛的成本较高，钛材价格也较高，应用受到一定限制，因此，钛的产量并不是很高。世界海绵钛和钛锭的年产量均为 10 万 t 左右，我国分别为 8 万 t 左右。虽然在结构金属中钛的储量名列世界第 4 位，但产量仅排在约第 10 位。钛的应用主要有两个领域：一方面，利用钛的密度小、强度高的特点，钛在航空航天中得到广泛应用，代表性的合金类型为 Ti-6Al-4V；另一方面，钛具有优异的耐腐蚀性能，可用于加压设备，代表性的合金类型为工业纯钛及耐腐蚀低合金钛。因而有人将钛列为铁、铝之后的“第三金属”。

钛具有良好的物理性能和化学性能。

1) 钛的物理性能

钛的相对密度为 4.51g/cm^3，是不锈钢和碳素钢的 60%左右。因此钛制构件的几何尺寸与钢相同时，其质量只有钢的 60%左右。在比较用钛和用钢的材料价格时，不应比较单位质量的价格，而应比较单位体积的价格。纯钛在 882.5℃会发生同素异构转变，成为体心立方晶格的 β 相类型。但钛中加入合金元素(包括杂质元素)并溶入基体中后，会改变钛的组织，根据合金元素稳定 α 相或 β 相的作用，即对 α 相或 β 相相区和同素异构转变温度的作用，合金元素可分为三类，即 α 相稳定元素、β 相稳定元素和中性元素。按合金元素在钛中固溶的方式，可分为置换式溶解的元素和间隙式溶解的元素。

2) 钛的化学性能

钛是元素周期表中第四周期的副族元素，钛原子的 2 个 4s 电子和 2 个 3d 电子的电离势均小于 50eV，很容易失去这 4 个价电子，其最高化合价通常为+4 价。钛是高活性元素，其标准电极电位很低，为–1.87V(相对于饱和甘汞电极)，能与氧、氮、氢等气体元素及一氧化碳、二氧化碳、水蒸气和许多挥发性有机物的气态化合物发生反应。

钛表面氧化生成的氧化物基体主要是 TiO_2。较低温度下形成的氧化膜致密，且极牢固地附着于金属上。当温度较高且时间较长时，生成的灰色氧化物薄膜变厚，在冷却时有脱离金属基体而成片脱落的倾向，基体的表面开始出现薄黑层。当薄膜变得足够厚时，就碎裂成多孔状。这时，氧将通过薄膜中的小孔，畅通无阻地进入金属表层。当温度继续升高，加热时间也足够长时，则生成易剥落的淡黄棕色多孔性氧化物鳞片。

氧在 α 钛中的最大溶解度为 14.5%(质量分数)，在 β 钛中的最大溶解度为 1.8%(质量分数)。

此外，钛还能与卤素、氧、氮、氢、磷、硫、碳和硅等多种元素发生化学反应。

3) 钛的耐腐蚀性能

钛耐蚀机理为：钛是一种具有高度化学活性的金属，但它对许多腐蚀介质都呈现出特别优异的耐蚀性。原因是钛和氧有很大的亲和力，当钛暴露于大气或任何含氧介质中时，表面立即形成一层坚固而致密的钝性氧化薄膜(以下简称钝化膜)。这层薄膜十分稳定，如果产生机械损伤，则会立即重新形成(只要存在一定量的氧)。钝化膜的厚度随温度和阳极电位而变化，其成分随厚度而改变，接近金属的膜内表面是 TiO，上面是 TiO_2，中间是 Ti_2O_3。此膜属两性化合物，碱性略大于酸性，因此这层钝化膜保护性非常强，使钛在许多腐蚀介质中具有优异的耐蚀性。但是，当钝化膜超过某一厚度时，单位体积中的应变能就可能超过膜脱离金属所需要的能量，从而可能发生膜的破裂或其他破坏，因此厚膜又变为非保护性的。

钛对介质的耐蚀性归纳如下：对中性、氧化性、弱还原性介质耐蚀，如淡水、海水、湿氯气、二氧化氯、硝酸、铬酸、乙酸、氯化铁、氯化铜、熔融硫、氯化烃类、次氯酸钠、含氯漂白剂、乳酸、苯二甲酸、尿素、质量分数低于3%的盐酸、质量分数低于4%的硫酸等；对强还原性和无水强氧化性等介质不耐蚀，如发烟硝酸、氢氟酸、质量分数大于3%的盐酸、质量分数大于4%的纯硫酸、不充气的沸腾甲酸、沸腾浓氯化铝、磷酸、草酸、干氯气、氟化物溶液和液溴等。

另外，钛在卤族元素和氯化物中，对其他一些碱性溶液，有机酸和酸酐、有机化合物、液态金属、液氧、过氧化氢、二氧化硫也具有很好的耐蚀性。

在正常情况下，钛对于气态氧是钝态的，然而在高压下，钛若有新鲜表面暴露，则可能发生猛烈的燃烧。当氧含量不超过35%时，则不会发生反应。

在室温下，钛对浓度较低的过氧化氢有较好的耐蚀性能。但对30%以上的化学纯过氧化氢却不耐蚀。在湿的二氧化硫中，钛有较好的耐蚀性能。在干的二氧化硫中耐蚀性更好。而钛在无机盐溶液中也具有耐蚀性。钛几乎对高温高浓度的各种无机盐溶液都具有优异的耐蚀性能，即使在稀的硫化钠溶液中，也基本上没有腐蚀。即使钛在多种情况下，都能够耐腐蚀，但钛仍存在几种特殊腐蚀形式，如高温腐蚀、应力腐蚀、电偶腐蚀及缝隙腐蚀等。

压力容器用钛材要求良好的塑性、成形性及焊接性能，且具有优良的耐蚀性能，因此我国只采用杂质含量不太多的工业纯钛以及耐蚀的低合金钛，如Ti-0.2Pd合金和Ti-0.3Mo-0.8Ni合金。美国机械工程师协会(ASME)还采用了Ti-0.06Pd合金和Ti-0.11Ru合金等耐蚀合金。航空工业常用的钛合金如Ti-6Al-4V等，由于塑性、成形性及焊接性能较差，耐蚀性也比工业纯钛稍差，因而压力容器一般不用，只有特殊情况下才考虑。

加压设备中的流体机械如泵、阀、风机、分离机管件等的过流部件常采用钛铸件。钛属活性金属，在400℃以上会与空气中的氧、氮、氢等反应成钛的化合物，使钛失去原有的性能，因此钛的熔铸必须在真空中或惰性气体保护下进行。我国铸钛的熔炼一般都采用真空自耗电极电弧凝壳炉，简称真空自耗凝壳炉或凝壳炉。我国已有500kg的凝壳炉，熔炼时真空度为1.33～0.0133Pa。铸造也应在真空下进行。

钛的熔点为(1668±40)℃，高温下几乎与所有氧化物、氮化物都起反应，因此钛铸件的铸型不能采用以SiO_4为基础的造型材料。钛铸型目前常采用石墨型、有机加工石墨型和石墨粉捣实型。造型材料也可用氧化锆、氧化钛，但价格较贵，也有在金属模内壁等离子喷涂一层钨、钼等难熔金属粉末作为铸钛的铸型。

钛具有较窄的液相线到固相线的结晶温度区间，具有较好的流动性。钛中加入铝能提高结晶潜热，改善流动性。钛液对不同的造型材料具有不同的湿润角：二氧化锆为135°、电炉刚玉为120°、镁砂为107°、20℃的石墨为90°、800℃的石墨接近0°。石墨对钛的湿润性最好，因此工业中多采用石墨型铸钛，以获得最好的充填性。

2. 锆

锆与钛同属化学元素周期表中第四族副族，在稀有金属中同属高熔点稀有金属。在美国 UNS 金属分类中，钛和锆同属于活性和高熔点金属，其牌号均为 UNS R××××，其中钛为 UNS R50001-R59999，锆为 UNS R60001-R69999。钛和锆都存在同素异构转变，纯钛的同素异构转变温度为 882.5℃。而纯锆的同素异构转变温度为 862℃。在转变温度以下为密排六方晶格（α 相），在转变温度以上均为体心立方晶格（β 相），因此皓和钛具有许多类似的物理化学性能。例如，钛和锆的熔点都很高，纯钛为 1668℃，纯锆为 1852℃；钛和锆的化学活性都很高，而且锆比钛更高，且表面都能形成致密的钝化层，具有很高的耐蚀性，在多数强腐蚀性介质中锆的耐蚀性常比钛更好，这就是锆材比钛材贵的原因。

锆具有较好的耐腐蚀性能，属钝化型金属。锆的标准电极电位为–1.53V（相对于标准氢电极），很易与氧化合，在表面生成致密的钝化膜。使锆材能耐大多数有机酸、无机酸、强碱、熔融盐、高温水及液态金属的腐蚀。锆能耐受在常压沸点以下所有浓度的盐酸，但在 149℃以上的盐酸中可能产生氢脆。锆可用于 250℃以下、质量分数不超过 70%的硝酸。锆在有机酸中耐蚀，但在氢氟酸、浓硫酸、浓磷酸、王水、溴水、氢溴酸、氟硅酸、次氯酸钙、氯硼酸中不耐蚀。在氧化性氯化物如氯化铜、氯化铁溶液中不耐蚀，但在还原性氯化物溶液中耐蚀。

锆在空气中时，425℃会严重起皮，540℃生成白色氧化锆，100℃以上吸氧变脆。锆在 400℃以上与氮反应，800℃左右反应剧烈。真空退火不能去除其中的氧和氮。锆在300℃以下开始吸氢，会产生氢脆，可通过 1000℃的真空退火消除氢。

将锆制成合金后，其合金元素对锆的力学性能有一定的影响。

锆中的杂质元素除铅外，主要有氧、氮、氢、碳和铬。由于氧和氮在 α-锆中形成间隙固溶体，并有较大的溶解度，因而有显著的强化作用，尤其以氮最为显著，不但会使塑性下降，氮含量达到 0.14%以上时还会使室温冲击韧性下降。碳在锆中的溶解度很小，固溶的碳对力学性能影响不大。超过溶解度的碳会在铸锭中形成网状脆性碳化物，易使铸锭在加工中开裂。氢也可溶于锆，氢含量超过溶解度时，会析出氢化物，使锆的塑性、韧性降低。化工级锆主要应用锆的耐蚀性，并不要求很高的强度。制造中材料进行变形与焊接的构件要求有好的塑性。最常用的工业纯锆 UNS R60702 在退火状态的断后伸长率的标准值下限为 16%，明显偏低。应当尽量使锆材具有较高的塑性。因此，锆材包括铅焊丝中的氧、氮、氢、碳等间隙式杂质元素，以及铁、铬等金属杂质元素的含量，应控制在规定含量以下。

我国还没有锆制压力容器的国家标准与行业标准，国外也只有 ASME 中有锆制压力容器的具体内容。德国 AD-2000 中设计章和材料章中均没有锆容器的内容，只在容器检验的类型与内容 HP5/2 章中提及锆、钛、钽等其他金属材料制容器的检验项目。法国 CODAP-2000 中也没有锆制压力容器的具体内容，只给出了锆材的泊松比为 0.35，各温度（20～500℃）时锆的弹性模量值和线胀系数值。钛和锆的规定设计应力应为设计温度下的抗拉强度 R_m 的 1/3（抗拉强度的安全系数为 3）。因此我国与许多国家实际上常按照 ASME 的规定来设计制造锆制压力容器。国内有的压力容器制造厂已有锆制压力容器的企业标准，其抗拉强度的安全系数取3，屈服强度的安全系数取1.5。实际上由于锆及锆合金的屈强比均高于 0.5，因此在确定许用应力时均以抗拉强度作为决定性因素。ASME-2004中对锆的抗拉强度的安全系数取3.5，屈服强度的安全系数取1.5。

3. 铅

铅呈苍灰色，也为较早应用的金属材料。纯铅的熔点为 327.4℃，相对密度为 11.37g/cm^3，20℃时的热导率为34.8W/(m·K)，20～100℃的线胀系数为28×10^{-6}℃$^{-1}$。

由于铅的强度很低，而且很软，因而用铅材单独制造容器设备很困难，通常在钢制容器或管道中采用衬铅或搪铅的方法，使铅层不承载，仅为耐蚀层。有时制造槽、管等也需从外部加强。铅中加入 6%～14%的锑成为铅锑合金后，其强度可成倍提高，在流体机械中可制造阀门、泵壳、管件等，耐蚀性比纯铅略低，如加入少量碲(Te)可提高耐蚀性。

由于铅强度低，不宜承载，除日本外，各国压力容器标准中都没有把铅作为正式的压力容器用材。

铅的铸造性能不好，不用铸件。铅很软，不适于在摩擦条件下使用。铅属有毒金属，施工中应特别注意防护。铅设备不允许用于饮水、食品、医药等设备中。铅有吸收X射线和γ射线的特性。由于铅熔点低，衬铅和搪铅中的焊接一般用气焊。

衬铅与搪铅相比，施工方法简单，施工周期短，成本低。但衬铅层与基层间总有间隙，在高温、振动、冲击载荷或负压条件下，衬铅层容易开裂或鼓包，因而衬铅设备适用于不超过90℃的操作温度，且在静载荷和正压下工作。搪铅层与基层结合紧密牢固，没有间隙，传热性能好。搪铅施工比衬铅复杂，搪铅过程中会放出大量有毒气体，环境条件恶劣，搪铅时设备易因受热产生变形。

4. 铌

铌在元素周期表中属 VB 族元素，体心立方晶格，没有同素异构转变，相对密度为 8.57g/cm^3，沸点为4927℃，熔点为2468℃，属难熔金属。室温的弹性模量为105MPa，泊松比为0.40。铌可在350～400℃中温成形，950～1000℃高温成形，可在1200℃左右进行完全退火。

铌和钽常相伴相生，但铌在地壳中的含量约为 2.4×10^{-3}%，为钽的 10 倍，主要以铌铁矿的形式存在。过去铌在欧洲称为铌(Nb)，而在美国称为钶(Cb)，直到1952年才统一称为铌。铌的热中子吸收截面小，可用作原子能反应堆的结构材料和核燃料的包套材料。

铌具有耐蚀性能。它在空气中从 230℃开始氧化，300℃开始强烈氧化，温度高于 400℃时氧化膜破坏并脱落，大大加快氧化速率。铌在空气中600℃开始氮化。铌在含氢介质中，250～950℃会吸氢。因而铌的焊接和热处理均应在真空中或在惰性气体保护下进行，即 300℃以上的热过程都应在真空或惰性气体或高温涂料保护下进行。铌制设备与容器暴露在大气中时，应用温度一般不宜超过 230℃，只有在保证不接触到大气时，才可适当提高温度。铌焊接用氩气的纯度不宜低于 99.999%。惰性气体保护焊时，不但焊接熔池部位应有惰性气体保护，焊完冷却中的焊缝及热影响区部位的温度在 230℃以上时也应将其置于惰性气体保护之下。最好在铌焊件冷却到200℃以下再停供惰性气体。

应保证焊接接头与每道焊缝表面呈银白色或淡黄色，淡蓝色应磨去，不应出现深蓝、灰色或白色粉末。

一般来说，铌的耐蚀性能高于钛、锆而稍低于钽，由于铌的价格低于钽，因而在某些腐蚀介质中可用铌代替更贵的钽。同时，铌的相对密度仅约为钽的1/2，在同样构件尺寸的情况下，铌的用量(质量)仅约为钽的1/2，可以降低成本。

铌与钽一样，都靠表面生成致密的氧化膜而成为钝化型耐蚀金属，因而铌的耐蚀性能与钽接近。铌主要用于一些温度不高的还原性的强酸介质中，但在氢氟酸、热浓硫酸、氢氧化钠、氢氧化钾等介质中不耐蚀，在热浓盐酸和热浓磷酸中的腐蚀率也偏高，在这些介质中应用铌时应慎重。

5. 钽

钽在元素周期表中属ⅤB族，体心立方晶格，沸点为5427℃，熔点为2996℃，属难熔金属，熔点比常用的其他金属都高，熔炼钽所耗能量也多。钽的相对密度为16.6g/cm^3，为碳素钢的2.1倍、铝的6.2倍、钛的3.7倍、锆的2.6倍。因而钽比其他常用金属的相对密度都高，钽本身价格就很高，采用相同尺寸的构件时所需质量也比其他材料大。钽在室温时的弹性模量为187MPa，泊松比为0.34。

钽的焊接性能较好，但由于熔点高，焊接应采用较集中的能源，钽可在350～400℃中温成形，可在950～1000℃高温成形，完全退火温度可在1200℃左右。

钽在地壳中的含量仅为2.1×10^{-4}%，很少，提取工艺复杂，因而很贵。

钽具有耐蚀性能，它在空气中300℃开始与氧反应，700℃开始与氮反应，在含氢气体中350℃开始与氢反应，在氨气中300℃开始与氮反应，均会生成脆性化合物。因此钽设备和容器在操作时如会接触空气，操作温度一般不宜超过 250℃，当不与空气等环境接触时，才可考虑是否能在较高的温度下使用。钽的焊接和热处理应在真空中或在惰性气体保护下进行，即 300℃以上的热过程都应在真空或惰性气体保护下进行。钽常用惰性气体保护焊，氩气纯度不宜低于 99.999%，不但焊接熔池部位应有情性气体保护，焊完冷却中的焊缝及热影响区在250℃以上时也应有惰性气体保护。最好在温度降到200℃以下再停供惰性气体。应保证焊接接头与每道焊缝表面呈银白色或淡黄色。淡蓝色应磨去，不应出现深蓝、灰白或白色粉末。

钽主要用作耐蚀材料。钽表面生成 Ta_2O_5 薄膜，有很好的耐蚀性。一般而言，钽的耐蚀性优于钛、锆、铌，可以认为是耐蚀性能最好的工程金属材料。钽在硝酸、王水、盐酸、磷酸、有机酸等强腐蚀介质中常有优异的耐蚀性，但也不能认为钽在任何腐蚀介质中都能耐蚀，如在一些温度和浓度的发烟硫酸、氢氟酸、氢硅酸、氟硅酸、氟硼酸、氢氧化钠、氢氧化钾、氢氧化铵、氟化铵、氟化氢铵、硝酸钠、高氯酸钠、氟化钠、六氟化钠、氟化钾、硫酸氢钾、亚硝酸钾、氯化铝、氟化铝、氧、溴(甲醇中)等介质溶液中都曾得到过不耐蚀或耐蚀性不良的使用或试验结果，对于这些介质应谨慎确认钽的适用性。

钽如与金属铁(钢)、铝、锌等同时与液相电解质腐蚀介质接触，易形成电偶腐蚀，钽成为阴极，腐蚀过程中的阴极析氢反应所产生的初生态氢离子会使钽吸氢脆化。

11.1.3 加压釜的技术改进

近年来有的压力釜用钛作内衬。由于钛与铁之间并不具良好兼容性，因此多采用爆炸复合技术制造衬钛钢，即利用爆炸力在钛、铁两种金属间形成电子共有的冶金结合。钛内衬仅用于防腐，在计算壳体厚度时，钛内衬的强度并未考虑在内。当钛与基体金属的屈服强度低于 345MPa 时，两者之间结合才会产生较优的机械性能。因此，在中等强度压力容器钢(如 SA 516 Gr 70)表面衬钛时，所得钛衬的结合强度和韧性都将是理想的。符合 ASTM(北美压力容器设计标准)1 级、11 级和 17 级的金属钛具有相似的屈服强度和结合性能，上述钛材可用于镍冶金用压力釜生产。ASTM 各级金属钛的成分及机械性能如表 11.1 所示。

表 11.1 ASTM 各级金属钛的成分及机械性能

ASTM 级别	成分	屈服强度/ksi	屈服应力/ksi	弹性模量/psi×10^6
1	纯钛	35	25	14.9
2	纯钛	50	40	14.9
3	纯钛	65	55	14.9
4	纯钛	80	70	15
5	Ti, 6% Al, 4%V	130	120	16.4
7	Ti, 0.15% Pd	50	40	14.9
9	Ti, 3% Al, 2.5%V	90	70	13.1
11	Ti, 0.15% Pd	35	25	14.9
12	Ti, 0.3% Mo, 0.8% Ni	70	50	14.9
13	Ti, 0.5% Ni, 0.05% Ru	40	25	14.9
14	Ti, 0.5% Ni, 0.05% Ru	60	40	14.9
15	Ti, 0.5% Ni, 0.05% Ru	70	55	14.9
16	Ti, 0.05% Pd	50	40	14.9
17	Ti, 0.05% Pd	35	25	14.9
18	Ti, 3% Al, 2.5% V, 0.05% Pd	90	70	15.3
19	Ti, 3% Al, 8% V, 6% Cr, 4% Zr, 4% Mo	115	110	14.9
20	Ti, 3% Al, 8% V, 6% Cr, 4% Zr, 4% Mo, 0.05% Pd	115	110	14.9
21	Ti, 15% Mo, 2.7% Nb, 3% Al, 0.25% Si	115	110	14.9
23	Ti, 6% Al, 4%V	120	110	16.3
24	Ti, 6% Al, 4% V, 0.05% Pd	130	120	16.4
25	Ti, 6% Al, 4% V, 0.05% Ni, 0.05% Pd	130	120	16.4
26	Ti, 0.1% Ru	50	40	14.9
27	Ti, 0.1% Ru	35	25	14.9
28	Ti, 3% Al, 2.5% V, 0.1% Ru	90	70	13.1
29	Ti, 6% Al, 4% V, 0.1% Ru	120	110	16.3

注：1ksi=6.895MPa；1psi=0.006895MPa。

对于砖衬压力釜维护而言，最大的问题莫过于管口部位，特别是位于蒸气区的管口。

压力釜共计有30个接头管口，有管口处必有砖衬穿透，因此，为使砖衬穿透降至最低，一般将管口集中在一个区域，为此只需一次穿透砖衬即可满足多个管口联接要求。由于铅膜在高温下易蠕变且易受侵蚀，为此，铅膜受热温度一般要低于85℃。由于釜内温度较高，虽经釜体多层环形材料热量传递时温度会逐步降低，但不足以降至铅膜可接受范围。为此，采用绝热砖、聚乙烯块和绝热绳等均见效不明显，此外还曾试用过将玻璃纤维覆盖于铅膜上或者用硫增强橡胶替换铅膜，但最有效的还是在钢壳内沿着管口方向置入因科镍625缠绕垫片，而垫片又可以被砖衬或砌砖泥浆以及垫衬所保护。垫衬主要用于保护管口的砖衬，既可使其免于机械损伤，又可使其免于暴露于冷凝水中，如果冷凝水流入砖衬，将使砖衬过早破坏。

在接管法兰的密封面处需要使用因科镍合金或其他高合金密封环，以防止釜内环境与压力釜的钢壳相接触。此外，还需使用到缠绕式垫片和非金属材质的垫圈。

在加压酸浸及加压氧化中，压力釜所用高温高压阀通常为双片式浮球阀，由于工作环境恶劣，浮球和阀座的表面一般都进行了等离子喷涂以形成陶瓷保护涂层。实际上，涂层是多孔的，因此涂层不是100%抗腐蚀的，浮球和阀座表面涂层的孔隙度能达到低于3%。当然，涂层质量(致密度、黏附力)越好，那涂层在基底材料上的保留时间也将越长，这有助于改善阀的密封性能并降低扭矩要求。如果涂层被破坏，将导致基底材料的损坏，从而降低阀的使用寿命。常用的涂层主要有TiO_2和CrO_2混合物、纳米涂层、Ta黏合CrO_2、因科镍625合金黏合CrO_2等。

相较于早期应用于金矿加压预氧化的压力釜而言，现有的压力釜矿浆排料螺塞和节流口设计已有明显改进。Hexoloy SA碳化硅曾一度成为陶瓷角阀制造的主要材料，虽然Hexoloy SA陶瓷材料具有极强的抗腐蚀能力，但随着抗腐蚀能力增强，其断裂韧度降低，而且失效时间也不可预测。为此，1998年研发出了增强型Hexoloy SA材料，其威布尔系数(Weibull modulus)和平均抗弯强度均明显优于Hexoloy SA。为进一步改善排料螺塞和节流口性能，人们还对碳化硅、氮化硅、氧化锆、氧化铝等多种陶瓷材料进行了试验。1994～1999年间，陶瓷节流口均为整体化设计(one-piece design)。之后又发展出了分段节流口设计(segmented choke design)。虽然采用分段设计制造的陶瓷节流口，其所受压力明显降低，使其使用寿命提高4倍以上，但目前高压酸浸工厂已去除了陶瓷节流口装置，这主要是由磨损、陶瓷裂纹或尺寸变化等原因导致其突然失效，致使高压酸浸作业被迫中止。与陶瓷节流口所面临的问题类似，由于应力集中，压力釜排料螺塞也会因其头部与阀塞断裂而突然失效，致使流量无法控制，最终被迫停釜。

对于加压酸浸压力釜而言，加酸系统是一个主要的技术瓶颈。目前，由加拿大著名的工程公司SNC-Lavalin为Bulong镍矿设计的压力釜加酸系统已成为标准并为其他工厂所采用。加酸系统中的加酸枪(图11.14)不仅要能抗腐蚀，而且其强度还得足够高，能承受釜内矿浆搅拌导致的冲击力。虽然金属钽具有良好的机械强度和抗腐蚀性，但鉴于250℃及更高温度的酸浸条件下，金属钽的机械强度将大量降低，因此，加酸枪一般要进行双层衬钽。随着钽-钛爆炸复合技术的发展，加酸枪在原有基础上有了进一步的改进。

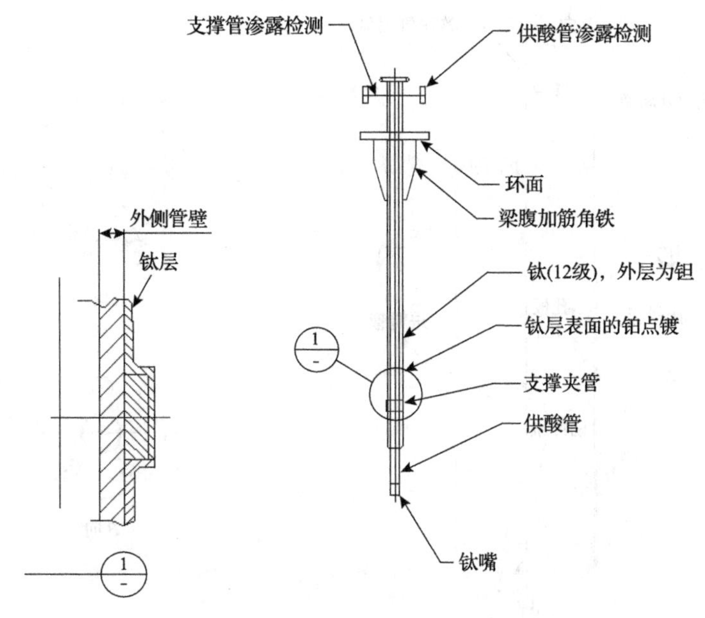

图 11.14 压力釜加酸枪结构示意图[9]

11.2 加压釜配套及附属设备

11.2.1 自蒸发器

在湿法冶金工艺流程中，高压反应的后续步骤通常是常压作业，完成高温高压反应的料浆不能直接从高压反应器排出进入下一常压工序，几个兆帕的压力瞬间释放会发生爆炸，过程无法控制。因此，高压料浆在进入下一常压处理工序前需要预先进行可控的缓释降压操作，使之降至常压。

工业上使用的降压设备为矿浆自蒸发器，又称闪急蒸发器(简称闪蒸器或闪蒸槽)。氧化铝生产溶出过程所用矿浆自蒸发器结构及不同类型孔板示意图如图 11.15 所示。自蒸发器主要由钢制罐体、进料管、节流孔板、防冲锥、出料管、气液分离器、二次蒸气出口等部件构成。由于含有固体颗粒的料浆在高速流动中具有很强的冲击力和磨蚀性，所以，管道、孔板、阀门、防冲锥通常采用耐磨硬质合金或做耐磨处理，自蒸发器进料管以下空间内壁根据需要内涂(衬)耐磨材料。为了保证料浆在较短时间内完成闪蒸过程，自蒸发器的容积和直径一般会随着所处理矿浆的压力降低而增大。

自蒸发器的工作原理是通过控制自蒸发内压力低于进入料浆的饱和蒸气压，高温高压的溶出矿浆进入低压槽罐后，由于溶液沸点的降低，矿浆的温度高于其沸腾温度，料浆会自发沸腾汽化，分离排出的水蒸气带走部分热量，使矿浆的温度和压力降低，矿浆温度和压力下降的程度由自蒸发器中产生的二次蒸气压力决定。自蒸发器不仅是一种降温降压设备，同时也是一种重要的余热回收设备。高温高压料浆在自蒸发器内降压降温的同时闪蒸出大量二次蒸气，这些高压蒸气含有可观的热能，通常用来预热低温矿浆，通过利用闪蒸出的二次蒸气的热量，可以大幅降低新蒸气的消耗，对生产的节能降耗起重要的作用。

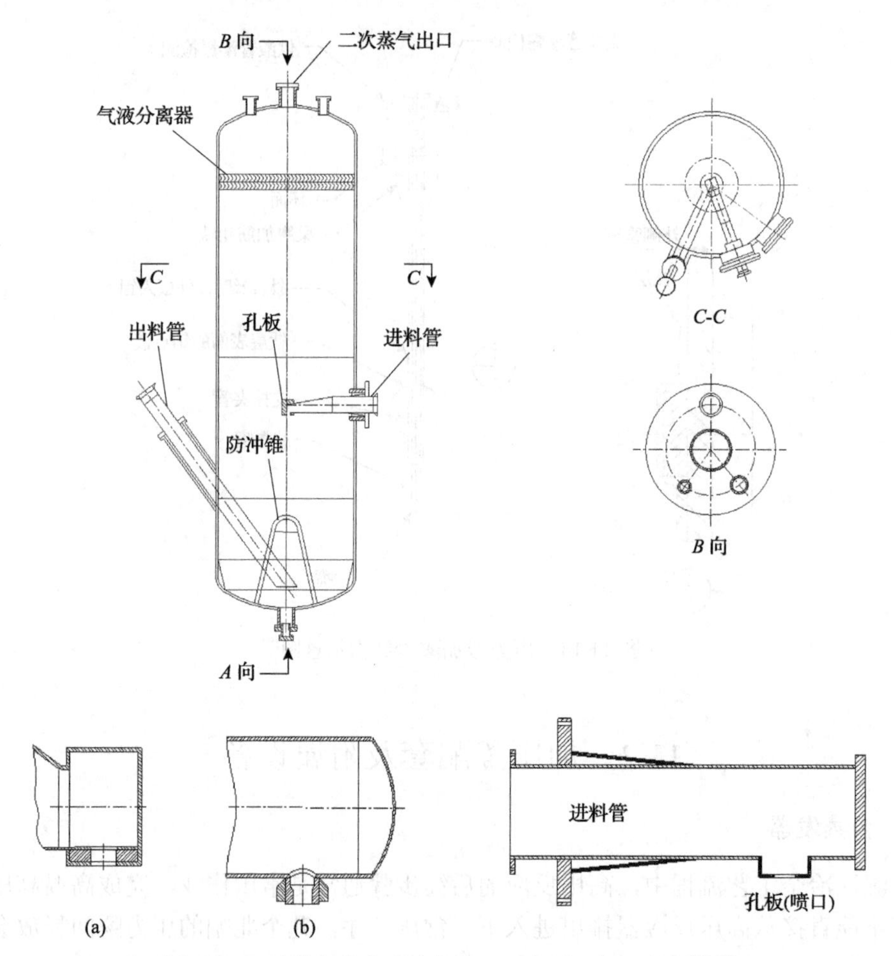

图 11.15　矿浆自蒸发器结构及不同类型孔板示意图[10-12]

当反应器内排出的溶出矿浆压力较高时，工业上通常将不同规格的多台自蒸发器串联在一起组成闪蒸系统使用，采用逐级降压操作，实现从高压到常压状态的转换。

从空间布局上讲，矿浆自蒸发系统可分为阶梯排列式和水平直线式。阶梯排列式结构的自蒸发器前后高差 2m 布局，钢材耗量大，料浆在前后罐内压力差和液位差的推动下自流通过各级自蒸发器，便于系统建立平衡。水平直线式结构可以节约钢材并且便于检修，料浆仅靠前后罐内压力差推动通过各级自蒸发器，系统平衡受多种因素影响，易产生波动。

从自蒸发器的调控方式上讲，自蒸发系统又可分为孔板节流式和调节阀控制式。孔板节流式调控特点是：矿浆进入自蒸发器后，通过进料管末端的孔板垂直向下高速喷射到防冲锥上，液体剧烈飞溅破碎成很多小液滴，增大了液体表面积，强化蒸发。随着矿浆压力逐渐减小，自蒸发器节流孔板的孔径扩大，但孔板孔径固定后，各级闪蒸器间的压力梯度也相对固定，无法任意调节，所以，生产负荷发生波动时，自蒸发系统不易及时做出调整，系统平衡也会被打破。调节阀式调控的特点是：实践发现，矿浆经过调节阀后会形成气液固三相湍流，对阀后管道的磨蚀非常严重，因此，需要对阀后管道进行处理，使用硬质合金或内衬耐磨材料以延长寿命，或将调节阀紧贴自蒸发器壁安装，并省去后部管道，矿浆进入自蒸发器后直接水平喷向对面器壁内的耐磨衬板上，完成闪蒸过程。当生产负荷发生波动时，可随时调节阀门开度控制压力和流量变化，系统平衡较易维持，因此这种调控方式的生产适应性强。

不同的闪蒸系统有着不同的特点，尽管矿浆自蒸发器的建造布局、构造、个数、液体分散方式等不大相同，但是它们在生产过程中所承担的功能作用却有“异曲同工”之妙，即回收矿浆溶液闪蒸的乏汽热能，降温降压便于下一工序物料的接收[12-15]。图 11.16 为两种不同类型的自蒸发系统。

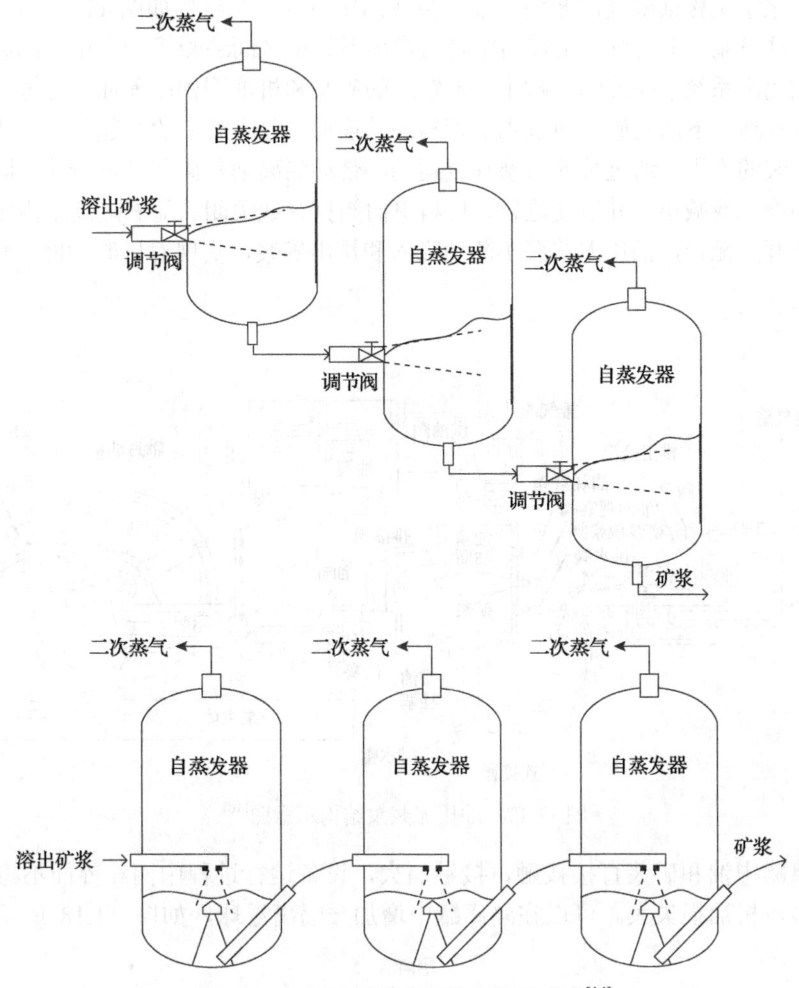

图 11.16 两种不同自蒸发系统示意图[14]

11.2.2 高压矿浆泵

在加压湿法冶金生产过程中，物料需要输送到高压反应器内在高温高压的环境中与浸出剂、氧化剂、还原剂等发生溶解、解离等物理、化学反应，强化促进固体物料中金属组分的浸出过程，实现有价金属高效提取的目的。通常，固体原料与浸出剂水溶液经混合预制成原矿浆的形式通过矿浆泵输送到高压反应器内。由于反应器内的压力较高，矿浆泵需要具备较高的工作压力，能够转化给矿浆足够高的压头，同时保证连续向高压反应容器内输送料浆。因此，高压矿浆泵是高压溶出工艺的核心，像高压溶出系统的“心脏”，实现矿浆在溶出系统中以较高的压力连续流动。

加压湿法冶金常用的高压矿浆泵主要有油压泥浆泵和隔膜泵，它们都属于往复泵，因此，只要输送泵体结构强度足够大，就能给泵送的矿浆提供足够高的压头。

1. 油压泥浆泵

油压泥浆泵又称油隔离泥浆泵、油隔泵或油压泵等，其结构如图 11.17 所示。它属于一种特殊的往复泵，主要特点是在活塞缸与进出料阀箱之间装配了一套由油隔离罐和乙形管组成的油隔离系统。在油隔离罐中，被输送的矿浆和机油因密度差而自然分离，上部的油与活塞缸连通，下部的矿浆通过乙形管与阀箱连通。隔离罐中的油起到液压传递和隔离活塞缸与矿浆的作用。通过泵的活塞往复运动，带动隔离油及矿浆液位变化，同时造成阀箱内压强的增大或减小，并迫使进料、排料单向阀打开或关闭。随着隔离罐内压力的变化以及阀门的开关配合，油压泥浆泵不断地吸入和排出矿浆，实现对矿浆的降压输送。

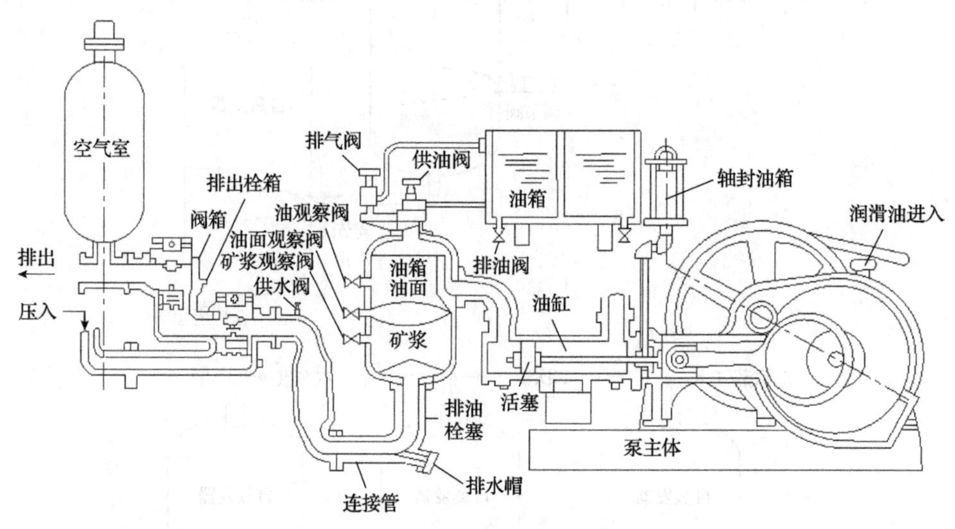

图 11.17　油压泥浆泵结构示意图[16]

油隔离罐中油和矿浆直接接触，接触面大，设备运行过程中两相界面不稳定，导致矿浆带油多，机油损失大。可以在隔离罐中增加一隔离浮球，如图 11.18 所示，浮球密

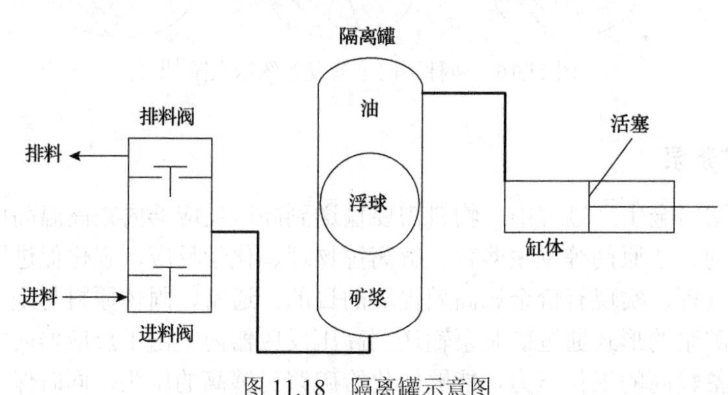

图 11.18　隔离罐示意图

度小于料浆，大于隔离油，保证浮球始终处于油、浆的分界面，浮球表面距罐壁最近处仅为 1.5～2mm，这样隔离油和料浆的接触面仅是一个圆环，油、浆接触面积大大减少，可显著降低油耗[17]。虽然采取措施可以减少机油消耗，但仍然无法从根本上解决机油损耗增加处理成本的问题，因此，目前更多地被隔膜泵所取代。

2. 隔膜泵

隔膜泵是一种用一弹性薄膜将活塞组和被输送矿浆分隔开的往复泵，其结构示意图如图 11.19 所示。隔膜泵主要由驱动系统(电机、减速机、联轴器等)、动力端(齿轮轴、曲轴、连杆、十字头等)、液力端(隔膜室及隔膜，进、出料管及缓冲器，进、排料阀及阀箱，活塞组，推进液控制系统，压力控制系统等)、电气控制系统等组成。隔膜用弹性、耐磨、耐腐蚀的橡胶或特殊金属制成，将隔膜室分成浆室和油室两部分。隔膜外侧的浆室及所有与矿浆接触部分均用耐腐蚀材料制成或衬以耐腐蚀物质；隔膜内侧的油室与活塞缸连通，内装推进液。驱动装置带动活塞做往复运动时，活塞再借助推进液迫使隔膜室内的隔膜交替做凹凸运动，隔膜室中浆室的容积和压力因此发生周期性增大和缩小，致使料浆从进料阀吸入，再经排料阀压出，以此完成对料浆的输送[18]。由于隔膜将输送的矿浆与活塞、活塞杆、活塞缸等运动部件分隔开来而不发生直接接触，避免了矿浆中固体颗粒对运动构件的磨损，保证了运动构件的使用寿命，同时可以保持隔膜泵较高的运转率和较低的运行成本[19]。

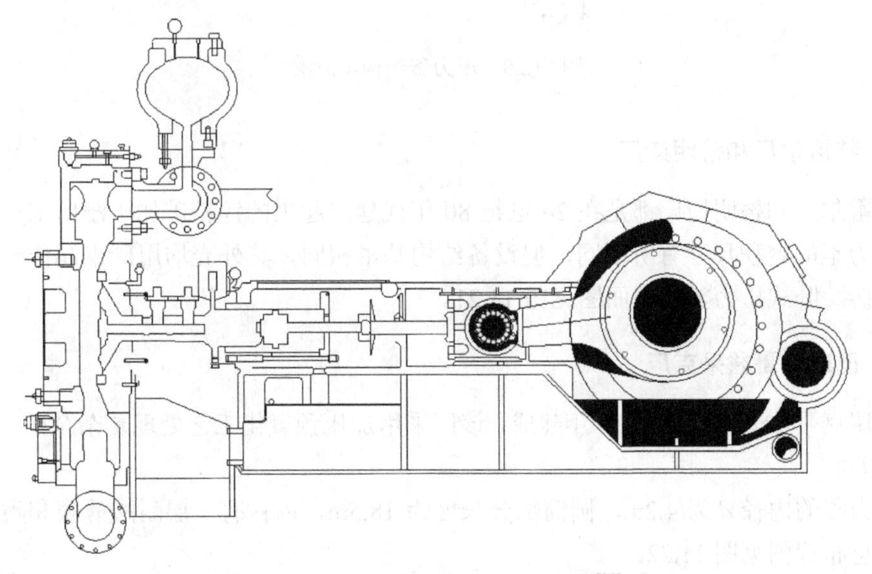

图 11.19 液动隔膜泵结构示意图[20]

11.3 生产厂使用的压力釜举例

目前，压力釜在镍、钴、铜(含铂族金属)的硫化矿和镍锍、硫化锌精矿和难处理金矿等的湿法冶金中得到了广泛的应用。下面举例说明。

11.3.1 萨斯喀切温精炼厂

萨斯喀切温精炼厂的铜镍硫化矿加压氨浸采用两段逆流流程，第一段浸出用 3 台压力釜，第二段浸出用 5 台压力釜。

压力釜的尺寸为 (d/mm) 3350× (l/mm) 13700。釜内由溢流堰分隔为 4 室，形成液面梯度，矿浆从入口端流到出口端，氨和空气同时由底部通入各室。由于浸出为放热反应过程，在釜内装有冷却管调控温度。每台压力釜都装有 4 个搅拌器，每个搅拌器都设有双层桨叶，搅拌转数为 170～180r/min。而且每个搅拌器都配有内部水封机械密封装置，并以石墨为填料，压力釜的结构示意如图 11.20 所示。

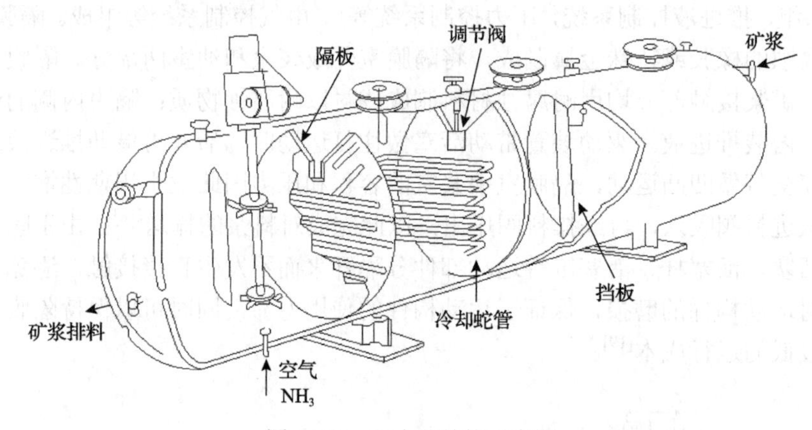

图 11.20 压力釜结构示意图

11.3.2 特雷尔厂和蒂明斯厂

特雷尔厂和蒂明斯厂都是在 20 世纪 80 年代建立起来的锌精矿加压浸出工厂。上述两厂压力釜的容积尺寸有所不同，但设备结构基本相同，其外壳均用碳钢制作并内衬铅和耐酸砖。卧式压力釜的截面图见图 11.21。

11.3.3 巴瑞克哥兹采克厂

巴瑞克哥兹采克厂于 1990 年建成，该厂采用加压预氧化工艺处理复杂金矿，日处理矿石 1360t。

压力釜的内径 d 为 4.2m，圆筒部分长度为 18.5m，内衬有一层耐酸薄膜和耐酸砖。压力釜总布置图见图 11.22。

如图 11.22 所示，在压力釜 5 个分室中各配置了 1 台 93kW 的搅拌机，各轴也都安装了双机械密封垫圈。在依次排列的法兰盘上各安装了 1 台搅拌机，这些搅拌机、轴和叶轮可以单独拆除。当矿石含硫很低，反应热不足以维持所需温度时，可以向釜内导入蒸汽以加热矿浆；当矿石含硫过高，反应热过量时，也可通入冷却风以控制矿浆温度。

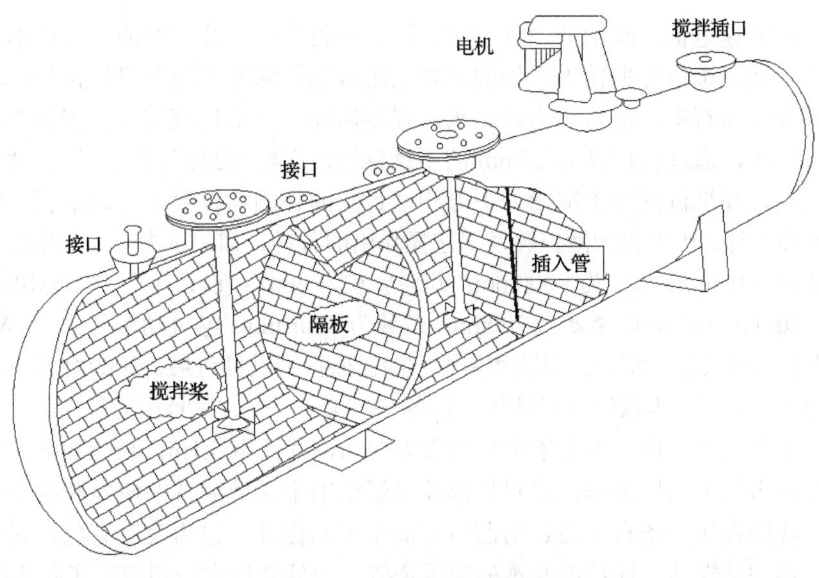

图 11.21 卧式压力釜截面图

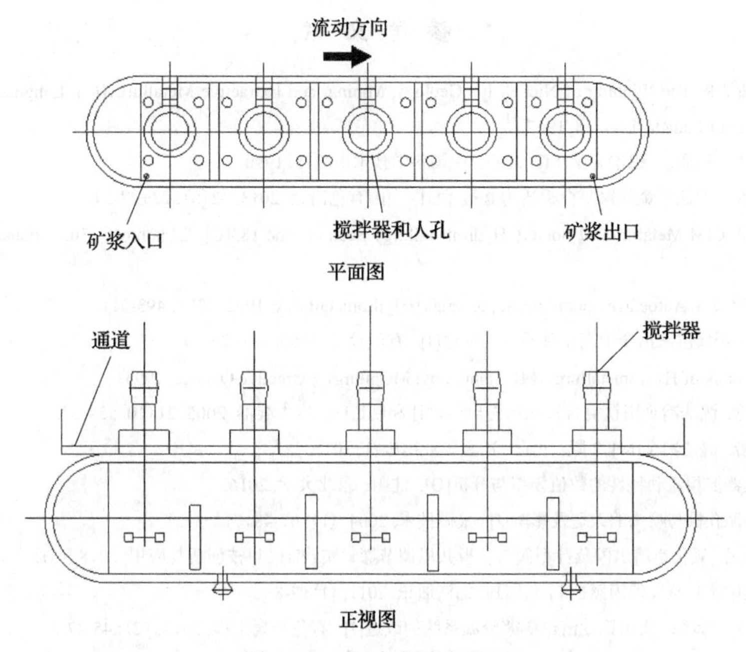

图 11.22 压力釜总布置图

11.3.4 中国阜康冶炼厂

中国阜康冶炼厂的卧式垂直轴搅拌压力釜于 1993 年投产，压力釜尺寸为(d/mm) 2600×(l/mm)9000，其两端为椭圆封头。釜体放置于两个鞍式支座上，其中一个为活动支座，以适应釜体冷热变化的需要。压力釜内分为四隔室，从进料端到出料端，隔板高度依次递减 50mm。隔室内安装有钛制的空气管和蛇型盘管用以调节釜内温度。采用复合防腐衬里，钢板内壁搪铅再衬两层耐温耐酸砖，用来防腐蚀和耐磨。每隔室都装配有搅拌装置，由减速电机、联轴节、轴承座、轴、密封件和搅拌桨组成。搅拌轴下端装有六叶涡轮搅拌桨。釜体与搅拌轴之间的密封采用双端面部分平衡型机械密封。动环为氮化硅，静环为浸渍石墨。密封液为软化水，强制循环，由密封液加压装置供给，加压装置利用氨气加压，通过直径 d 为 25mm 的不锈钢增压泵将密封液打入机械密封中。由于压力釜温度高，在机械密封下端面的下方和密封腔的外侧均设置了冷却水套。此外，釜上还设置了温度计、压力表和液位计及工艺操作用的各种接口。压力釜的主要技术参数如下：直径 d 为 2600mm，长 l 为 9000mm；几何容积为 $40m^3$；设计压力为 1.6MPa；设计温度为(423±10)K；搅拌桨直径 d 为 700mm，转数为 200r/min；电机功率为 18.5kW(每个)。

我国在压力釜设计、研究、制造和使用方面已取得突破性进展。2009 年 5 月，由我国设计制造的中冶集团瑞木镍钴项目的核心设备——第一、二、三号压力釜先后全部运抵巴布亚新几内亚并安装到位。压力釜单个总重为 780t，直径为 5.1m，长为 39m，是我国有色金属行业迄今最大的压力釜，这对提高我国湿法冶金大型装备的研发和制造水平具有示范效应。我国在压力釜自主设计与制造方面水平的提升，也为我国有色金属和黄金的湿法冶金，特别是镍钴、锌精矿和难处理黄金氧压预处理技术应用奠定了扎实的基础。

参 考 文 献

[1] Joseph R, Boidt J R. The Winning of Nickel, It's Geology, Mining, and Extractive Metallurgy[M]. Longman: The Internation Nickel Company of Canada, Limited, 1967.

[2] 黄其兴, 王立川, 朱鼎之. 镍冶金学[M]. 北京: 中国科学技术出版社, 1990.

[3] 周凤娟. 红土镍矿湿法冶金钛钢复合板压力釜技术[J]. 中国有色冶金, 2013, 42(5): 22+27-29.

[4] Michael E, et al. CIM Metallurgical Society Hydrometallurgy Section Zinc 183[C]. Edmonton: 13th. Annual Hydrometallurgy Meeting, 1983.

[5] King J A, Knight D A. Autoclave operations at porgera[J]. Hydrometallurgy, 1992, (29): 493-511.

[6] 魏焕起. 对有色金属湿法冶金中高压釜设计的探讨[J]. 有色设备, 1995, (3): 26-30.

[7] Habashi F. Textbook of Hydrometallurgy[M]. Sainte Foy: Metallurgy Extractive Ouebec, 1993.

[8] 茅陆荣, 贺国伦. 湿法冶金用钛复合板加压浸出釜设计和制造[J]. 压力容器, 2005, 21(10): 34-37.

[9] 杨显万, 邱定蕃. 湿法冶金[M]. 2 版. 北京: 冶金工业出版社, 2011.

[10] 王剑. 自蒸发器多相流动特性的数值模拟与分析[D]. 沈阳: 东北大学, 2016.

[11] 黄清, 闪蒸节流孔板与喷头的改造及影响[J]. 采矿技术, 2004, (1): 47-48+77.

[12] 古正环, 钟为民. 氧化铝溶出闪蒸针型阀与孔板共用调节探索实践[J]. 科技创新与应用, 2018, (31): 101-102.

[13] 李晓飞. 溶出矿浆自蒸发器闪蒸控制技术[J]. 铝镁通讯, 2011, (1): 7-8.

[14] 乔举旗, 刘定明, 黄源. 文山铝业溶出矿浆降温系统的改进[J]. 有色金属工程, 2013, (2): 45-47.

[15] 刘海明. 延长闪蒸槽孔板和孔板座寿命的改进措施[J]. 中国高新技术企业, 2011, (9): 41-43.

[16] 符岩, 张春阳. 氧化铝厂设计[M]. 北京: 冶金工业出版社, 2008.

[17] 宁保建. 泥浆泵有隔离系统的智能化改造[J]. 中国设备工程, 2012, (3): 46-47.

[18] 黄晓云, 王禁非, 刘大志. 液压驱动隔膜泵的研究与设计[J]. 黄金, 2009, (10): 33-35.

[19] 凌学勤. SGMB、DGMB 系列往复式隔膜泵在氧化铝工艺流程中的应用[J]. 有色设备, 2003, (2): 1-4.

[20] 朱云. 冶金设备[M]. 2 版. 北京: 冶金工业出版社, 2013.